"十二五"职业教育国家规划教材
经全国职业教育教材审定委员会审定

汽轮机设备及运行

主　编　杨巧云　李建刚
副主编　杨雪萍　王学斌
编　写　李钰冰
主　审　黄树红

中国电力出版社
CHINA ELECTRIC POWER PRESS

内 容 提 要

本书分为汽轮机设备认知、汽轮机工作过程分析、汽轮机启动、汽轮机运行维护、汽轮机停机及汽轮机典型事故处理六个学习情境，系统地介绍了汽轮机设备及汽轮机运行的知识。各学习情境分为若干学习任务，通过具体任务的实施，学习汽轮机设备、运行的专业知识，培养汽轮机运行维护的专业技能，提升综合素质。

本书可作为火电厂集控运行、电厂热能动力装置、新能源发电技术等专业学生的学历教育教材，也可作为企业职工职业资格培训和岗位技能培训用书，还可供发电厂安装、调试、运行、检修和管理人员参考。

图书在版编目（CIP）数据

汽轮机设备及运行/杨巧云，李建刚主编. —北京：中国电力出版社，2014.12

“十二五”职业教育国家规划教材

ISBN 978-7-5123-6579-7

Ⅰ.①汽… Ⅱ.①杨… ②李… Ⅲ.①火电厂－汽轮机运行－高等职业教育－教材 Ⅳ.①TM621.4

中国版本图书馆CIP数据核字（2014）第234590号

中国电力出版社出版、发行

（北京市东城区北京站西街19号 100005 http://www.cepp.sgcc.com.cn）

北京丰源印刷厂印刷

各地新华书店经售

*

2014年12月第一版 2014年12月北京第一次印刷

787毫米×1092毫米 16开本 20印张 491千字

定价 **40.00** 元

前　言

本教材采用行动导向编写方式，以岗位分析为基础，根据岗位规范和职业资格标准选取教学内容，并跟踪汽轮机的发展，加入新技术、新工艺，使教学内容具有较强的针对性、适应性、科学性和先进性。全书设计的学习情境由简单到复杂，由浅到深，符合学生的学习认知规律和能力递进的职业能力培养规律。

本书以汽轮机生产过程为主线序化教学内容，划分为六个学习情境，包括汽轮机设备认知、汽轮机工作过程分析、汽轮机启动、汽轮机运行维护、汽轮机停机及汽轮机典型事故处理。

本书由武汉电力职业技术学院杨巧云、郑州电力高等专科学校李建刚担任主编。杨巧云编写了学习情境二、四、五，并负责全书的统稿工作；李建刚编写了学习情境一中的任务一和任务二；郑州电力高等专科学校杨雪萍编写了学习情境一中的任务三和任务四及学习情境三；武汉电力职业技术学院王学斌编写了学习情境六；武汉电力职业技术学院李钰冰对书稿进行了整理。

本书由华中科技大学黄树红教授、国电汉川发电有限公司张国军高级工程师审阅。两位审稿老师对本书稿进行了认真的审阅，提出了许多宝贵的意见和建议，在此表示诚挚的感谢。

本书在编写过程中，参考了大量书籍及相关资料文献，同时得到了有关企业和院校领导、专家及老师的大力支持和热情帮助，在此表示衷心的感谢。

由于编者水平有限，书中疏漏和不妥之处在所难免，恳请读者批评指正。

编　者

2014 年 9 月

目 录

学习情境一

汽轮机设备认知

【学习情境描述】

以汽轮机实物、模型及火电机组仿真运行系统为教学载体，通过具体工作任务的实施，引导学生学习汽轮机做功基本理论及汽轮机设备的知识，培养对汽轮机设备的认知能力、分析汽轮机主要部件结构对其运行影响的能力及对汽轮机设备的运行情况进行监视和检查的初步技能。

【教学目标】

1. 知识目标

(1) 掌握汽轮机的基本概念。

(2) 掌握汽轮机本体的组成及其主要零部件的结构。

(3) 掌握汽轮机主要零部件的工作特性。

(4) 掌握汽轮机结构对其运行的影响。

(5) 掌握凝汽设备的作用、组成及工作过程。

(6) 熟悉凝汽器的组成部分及工作过程。

(7) 掌握汽轮机调节系统的作用、组成及工作过程。

(8) 熟悉功频电液调节系统的概念、工作原理，反调产生的原因及消除方法。

(9) 掌握数字电液调节系统的工作原理、特性及主要设备。

(10) 掌握汽轮机保护系统的功用、原理，汽轮机设置的主要保护项目。

(11) 掌握汽轮机供油系统的作用、组成设备及工作过程。

2. 能力目标

(1) 能说出汽轮机主要零部件的作用、形式及特点。

(2) 能分析汽轮机主要部件结构对其运行经济性、安全性的影响。

(3) 能分析说明影响凝汽器真空的因素。

(4) 能分析调节、保护系统的工作流程；能看懂仿真机组上数字电液调节系统的各种画面，能在仿真机组上进行数字电液调节系统的相关操作与监控。

(5) 能分析汽轮机供油系统的工作流程；能在仿真机组上进行油系统的启动操作。

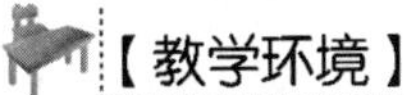

【教学环境】

多媒体教室及多媒体课件，汽轮机实物或模型，火电机组仿真运行系统。

任务一　汽轮机初步认知

【教学目标】

1. 知识目标

(1) 了解汽轮机的基本结构。

(2) 掌握级的基本概念及其做功原理。

(3) 掌握级的类型及其特点。

(4) 掌握汽轮机的分类及其型号。

(5) 了解汽轮机的发展概况。

2. 能力目标

(1) 根据汽轮机模型，能讲述汽轮机的基本结构及作用。

(2) 能讲述汽轮机级的定义及作用，能定性讲述冲动作用原理与反动作用原理。

(3) 能讲述级反动度的概念，能根据反动度将级进行分类，能讲述不同类型级的特点。

(4) 能根据工作原理、热力特性、主蒸汽参数将汽轮机进行分类。

(5) 能表述汽轮机的型号。

3. 素质目标

(1) 培养团队意识与协作精神。

(2) 培养刻苦钻研业务，爱岗、敬业的精神。

(3) 培养安全和责任意识。

【任务描述】

汽轮机的初步认知是正确认知汽轮机设备和掌握汽轮机做功基本理论的重要基础。通过汽轮机实物或模型上的模拟，熟悉汽轮机的基本结构与组成，培养学生对汽轮机的初步认知能力，以及掌握汽轮机做功基本理论的初步能力。

【任务准备】

分析汽轮机初步认知工作任务单，明确该任务的内容、目标和要求；制定实施工作任务的方案。

【任务实施】

分析工作任务单；查阅汽轮机技术资料，熟悉汽轮机设备的基本构成；在教师的指导下，学习汽轮机的相关基础知识，在汽轮机实物或模型上完成对汽轮机的初步认知。

【相关知识】

汽轮机是以水蒸气为工质，将热能转变为机械能的高速旋转式原动机。与其他热力原动机相比，它具有单机功率大、效率较高、运转平稳、单位功率制造成本低和使用寿命长等优点，因而得到广泛应用。汽轮机不仅是现代火电厂和核电站中普遍采用的发动机，而且还可设计成变速运行，广泛用于冶金、化工、船运等部门直接驱动各种从动机械，如各种泵、风机、压缩机和船动螺旋桨等。在使用化石燃料的现代常规火电厂、核电站、生物质电厂以及地热发电站中，汽轮机是用来驱动发电机生产电能的，故汽轮机与发电机的组合称为汽轮发电机组。全世界发电总量的绝大部分是由汽轮发电机组发出的，所以汽轮机是现代化国家中重要的动力机械设备。

一、概述

（一）汽轮机基本结构

1. 基本结构简介

汽轮机是电厂最重要的设备之一，其作用是将水蒸气的热能转变为机械能。汽轮机从结构上可分为单级汽轮机和多级汽轮机。

图 1-1 所示为单级汽转机主要部分结构简图。动叶按一定的距离和一定角度安装在叶轮上形成动叶栅，并构成了许多相同的蒸汽通道。动叶栅与叶轮以及叶轮轴组成汽轮机的转动部分被称为转子。静叶按一定距离和一定角度排列形成静叶栅，静叶栅固定不动，构成的蒸汽通道称为喷嘴，转子及静叶都装在汽缸内。具有一定的压力和温度的蒸汽先在固定不动的喷嘴中膨胀，膨胀时，蒸汽压力、温度降低而速度增加，在喷嘴出口形成高速汽流。从喷嘴出来的高速汽流，以一定的方向进入动叶通道，在动叶通道中汽流改变速度，对动叶产生一个作用力，推动转子转动做功。喷嘴的作用是将蒸汽的热能转换成动能。动叶栅的作用是将来自喷嘴高速汽流的动能转换为机械能。一列静叶栅和一列动叶栅组成了从热能到机械能转换的基本单元，称为级。

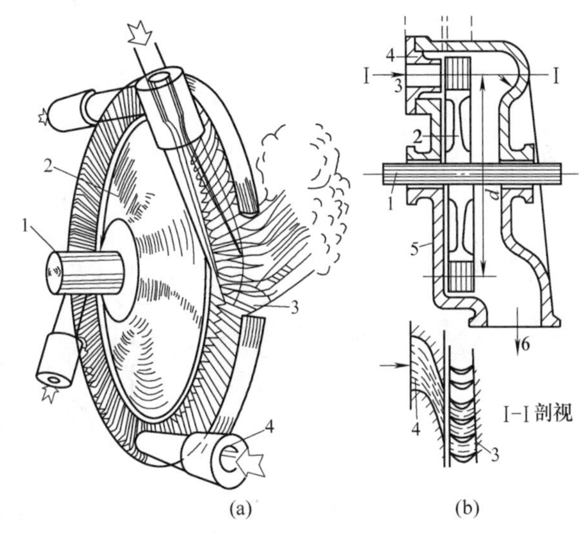

图 1-1　单级汽轮机主要部分结构简图

（a）立体图；（b）剖面图

1—主轴；2—叶轮；3—动叶；4—喷嘴；5—汽缸；6—排汽口

汽轮机以转速 n 工作时，旋转着的动叶栅具有圆周速度 u（牵连速度）。假定从喷嘴出来的高速汽流速度为 c_1（绝对速度），则蒸汽以相对速度 w_1 流进动叶通道。当蒸汽从动叶通道流出时，其相对速度为 w_2，绝对速度为 c_2。动叶中蒸汽的绝对速度 c、相对速度 w 以及动叶的圆周速度 u 之间的矢量关系为

$$\vec{c}=\vec{w}+\vec{u} \tag{1-1}$$

由于单级汽轮机容量有限，故现代汽轮机均为多级汽轮机，它由按工作压力高低顺序排列的若干个级组合而成。图 1-2 所示为上海汽轮机厂生产的 1000MW 超超临界压力汽轮机组的纵剖面图，图 1-3 所示为上海汽轮机厂生产的 300MW 反动式汽轮机组的纵剖面图。虽然汽轮机由很多零部件组成，但概括地看，可分为转动部分（转子）和静止部分（定子）。转子主要由主轴和叶轮（反动式汽轮机为转鼓）以及叶轮上嵌有的动叶片等构成。静止部分

主要是汽缸、隔板（反动式汽轮机为静叶环）、静叶以及轴承等。汽缸的作用是将汽轮机中的蒸汽和大气隔开，形成蒸汽能量转换的密闭空间，并对汽缸内的其他部分起支承定位作用。根据机组容量的不同，汽缸可以是一个，也可以是多个。隔板装在汽缸内，隔板上装有喷嘴（静叶）。轴承分支承轴承和推力轴承。支承轴承用于保证定子对转子的支承作用，并且确定转子与定子的相对径向位置。推力轴承用于保证转子在轴向推力的作用下仍然能够维持相对于定子的正确轴向位置。

转子和定子之间的密封是用汽封来实现的。在汽轮机内部，凡是有压力差存在而又不希望有大量工质流过的地方都装有汽封。在汽缸的两端装有轴封，在多级汽轮机的级与级之间装有隔板汽封，在动叶顶部装有叶顶汽封。

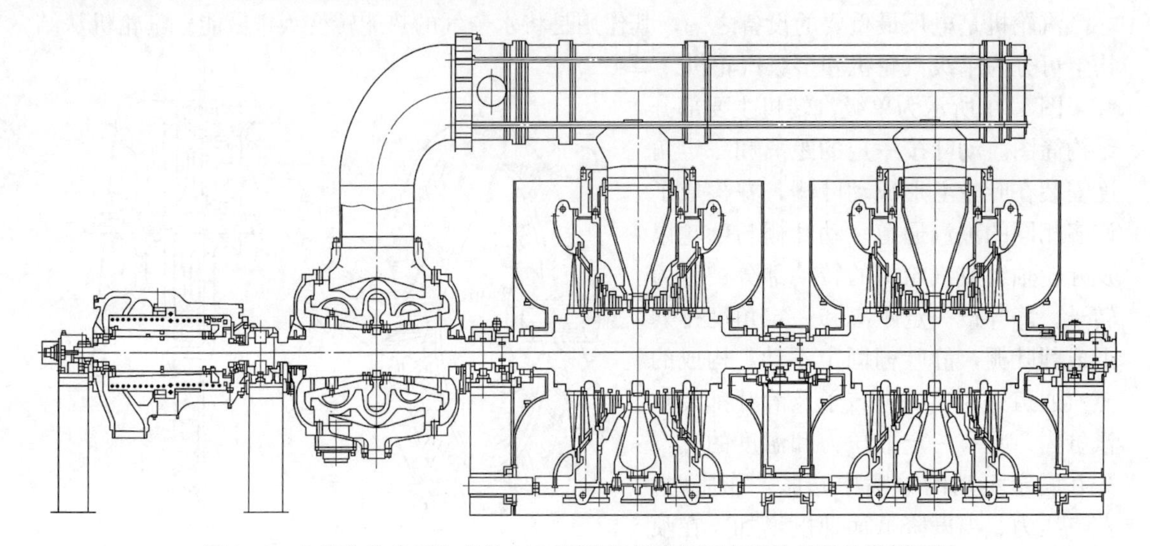

图 1-2　上海汽轮机厂生产的 1000MW 超超临界压力汽轮机组的纵剖面图

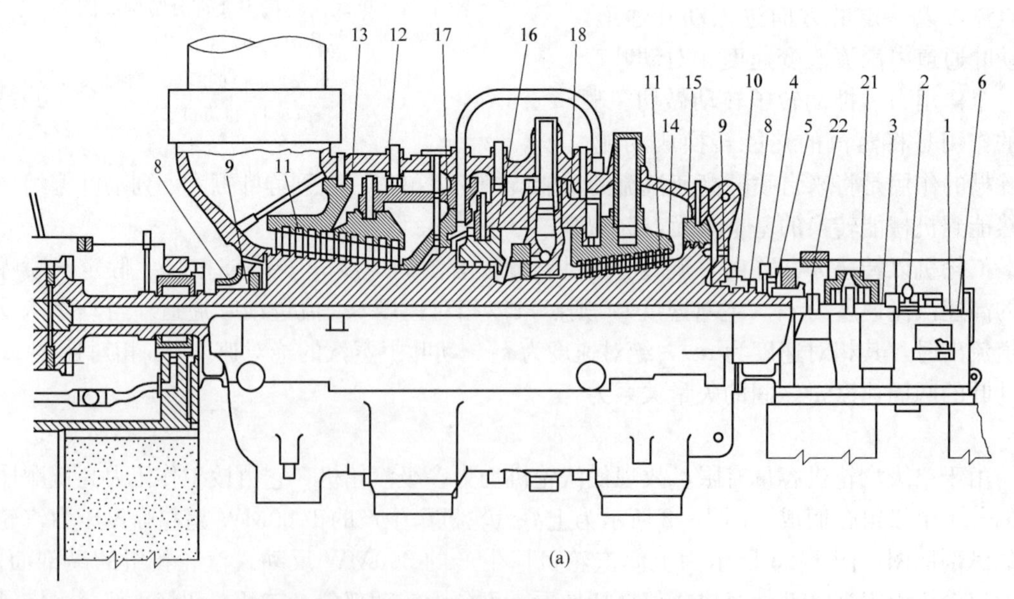

图 1-3　上海汽轮机厂生产的 300MW 反动式汽轮机组的纵剖面图（一）

(a) 高、中压部分

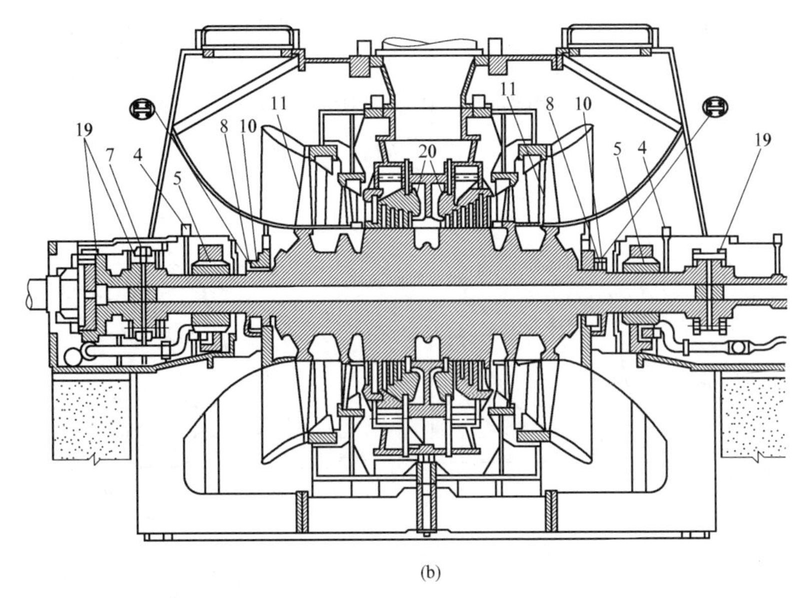

(b)

图 1-3　上海汽轮机厂生产的 300MW 反动式汽轮机组的纵剖面图（二）

（b）低压部分

1—超速脱扣装置；2—主轴泵；3—转速传感器＋零转速检测；4—振动检测器；5—轴承；6—偏心＋鉴相器；7—胀差检测器；8—外轴封；9—内轴封；10—汽封；11—叶片；12—中压 1 号持环；13—中压 2 号持环；14—高压 1 号持环；15—低压平衡持环；16—高压平衡持环；17—中压平衡持环；18—内上缸；19—联轴器；20—推力轴承；21—轴向位移＋推力轴承脱扣检测器；22—测速装置（危急脱扣系统）

汽轮机除以上简介的本体主要结构外，还有附属于本体的各种系统，如滑销系统、调节保护系统、供油系统、汽水系统等，只有各系统有机协同工作，汽轮机才能很好地完成将水蒸气的热能转变为机械能的任务。

2. 叶栅的几何特性

由汽轮机级的基本结构可知，无论是静叶栅还是动叶栅都是由各自叶型相同的叶片以相同的间隙和角度在同一回转面上排列而成。所谓叶型是指叶片的横断面形状，其周线称为型线。良好的叶片型线应全部由圆滑曲线组成。叶型沿叶高不变的叶片称为等截面叶片，叶型沿叶高变化的叶片则称为变截面叶片。汽轮机叶栅是一种环形叶栅，如图 1-4（a）所示。如果把叶栅展开在一个平面内则称为平面叶栅，如图 1-4（c）所示。不同的叶栅具有不同的几何特性参数，这些参数影响着蒸汽在叶栅通道中的能量转换。

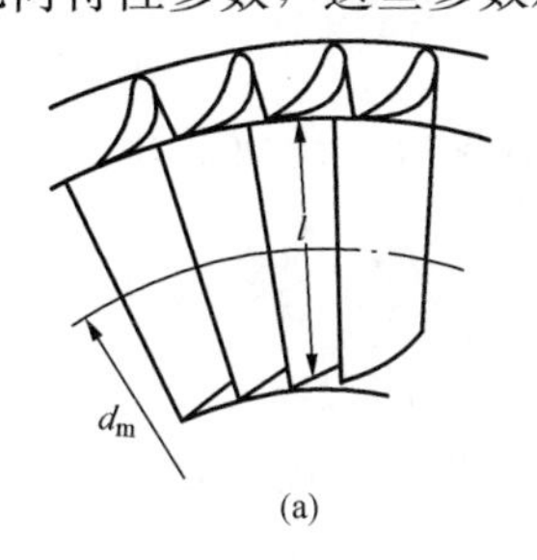

(a)

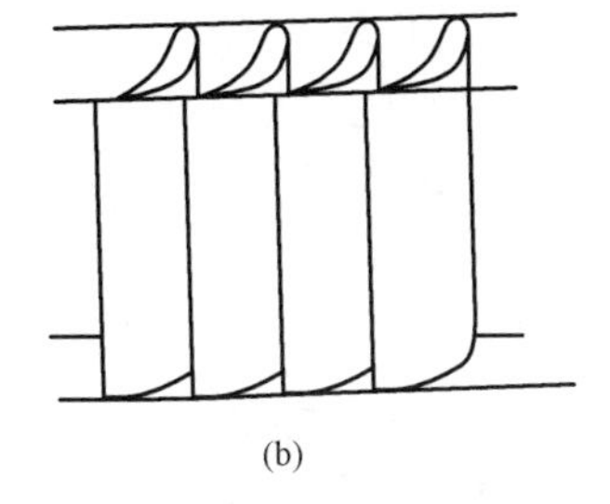

(b)

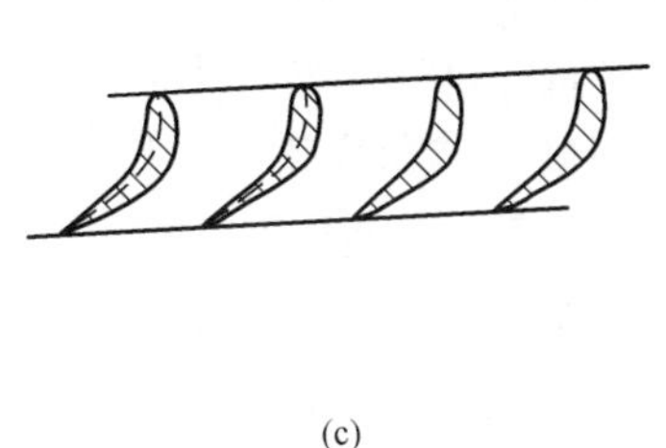

(c)

图 1-4　叶栅示意

（a）环形叶栅；（b）直列叶栅；（c）平面叶栅

反映叶栅几何特性的主要参数（见图 1 - 5），有环形叶栅的平均直径 d_m、叶片高度 l、叶栅节距 t（叶栅中两相邻叶型相应点间的距离）、叶栅宽度 B、叶型弦长 b（中弧线两端点间的距离）、出口边厚度 Δ、进口边宽度 a 和出口边宽度 a_1、a_2 等。叶型的中弧线是叶型各内切圆圆心的连线，叶型中弧线的前端点和后端点分别称为叶栅的前缘点和后缘点。

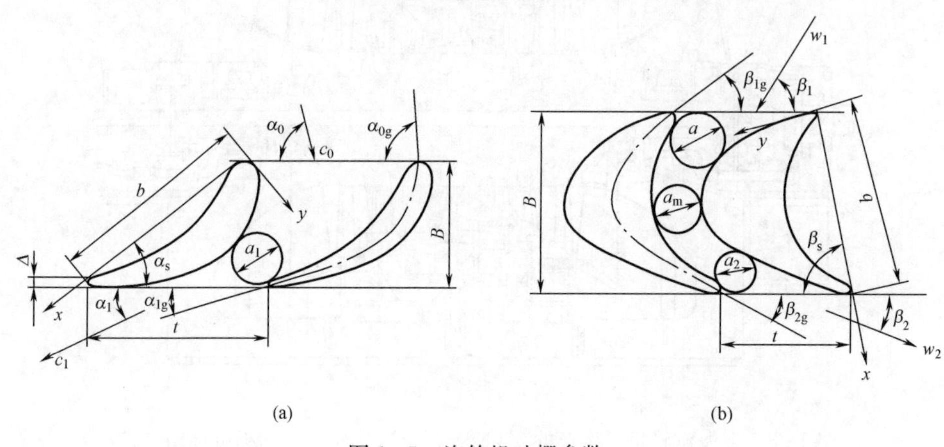

图 1 - 5　汽轮机叶栅参数

(a) 喷嘴叶栅；(b) 动叶栅

为了便于说明汽流特性相同的几何相似叶栅，一般用无因次的相对值来表征叶栅的几何特性。在汽轮机中常用的相对参数有相对节距 $\bar{t}=t/b$，相对高度 $\bar{l}=l/b$，径高比 $\theta=d_m/l$ 等。尽管在汽轮机级中所采用的叶栅都是环形叶栅，但当级的径高比较大时，除叶片上下两端面外，汽流参数沿叶片高度将无显著变化。所以，对于大径高比的级（一般 $\theta>8\sim12$），可将其叶栅当作直列叶栅研究，如图 1 - 4（b）所示。在直列叶栅中，除端部外，沿任何叶片高度上流面内，汽流的运动情况是相同的。因此，只需研究叶栅某一高度上流面内（通常为平均直径处的流面）的流动就可知道其他流面内的流动状况。

为了表明静叶栅和动叶栅相应的叶栅几何特性参数，可对上述叶栅几何特性参数分别加注下标 n 或 b 以示区分。

此外，还有一些与叶栅汽道形状和汽流方向有关的汽流角和叶型角，也是叶栅几何特性的重要参数。图 1 - 5 中，α_1 和 β_2 为喷嘴叶栅和动叶栅的出口汽流角，α_0 和 β_1 为进口汽流角。对于亚声速汽流，$\alpha_1=\arcsin(a_{nmin}/t_n)$，$\beta_2=\arcsin(a_{bmin}/t_b)$，其中，$a_{nmin}$ 和 a_{bmin} 分别为喷嘴叶栅与动叶栅通道最小截面宽度，t_n 和 t_b 分别为喷嘴叶栅与动叶栅节距。

α_s 和 β_s 是叶栅的安装角，它是叶栅额线与弦长之间的夹角。对一定的叶型，安装角直接影响到叶栅汽道的形状和出口汽流角 α_1 和 β_2 的大小。

α_{0g} 和 β_{1g} 为叶型进口几何角，它是叶型中弧线在前缘点的切线与叶栅前额线之间的夹角，它只随安装角变化，与汽流无关。α_{1g} 和 β_{2g} 为叶型出口几何角。

（二）蒸汽的冲动作用原理和反动作用原理

来自喷嘴的高速汽流通过动叶栅时，发生动量变化对动叶栅产生冲力，使动叶栅转动做功而获得机械能。由动量定理可知，所获得机械能的大小取决于工作蒸汽的质量流量和速度变化量，质量流量越大，速度变化越大，作用力也越大。这种作用力一般可分为冲动力和反动力两种形式。汽流在动叶汽道内不膨胀加速，即 $w_1=w_2$，而只随汽道形状改变其流动方向，汽流改变流动方向对汽道所产生的离心力，称为冲动力 F_i，这时蒸汽所做的机械功等于它在动叶栅中动能的变化量，这种级称为冲动级，如图 1-6 所示。

当蒸汽在动叶汽道内随汽道改变流动方向的同时仍继续膨胀、加速，即汽流不仅改变方向，而且因膨胀使其速度也有较大的增加，即 $w_1<w_2$，则加速的汽流流出汽道时，对动叶栅将施加一个与汽流流出方向相反的反作用力，这个作用力称为反动力 F_r。此力如同火箭发射时，从火箭尾部喷出的高速气流，给火箭一个与气流流动方向相反的反作用力，推动火箭飞向太空。依靠反动力推动做功的级称为反动级。

现代汽轮机级中，通常蒸汽在汽道中一方面将其在静叶栅内所获得的动能转换为动叶栅上的机械功，在动叶栅上施加冲动力；另一方面，在动叶栅中继续膨胀，对动叶栅产生一个反作用力。在冲动力和反动力的共同作用下产生合力 F，合力 F 在轮周方向上的分力 F_u 使动叶栅旋转而产生机械功，如图 1-7 所示。

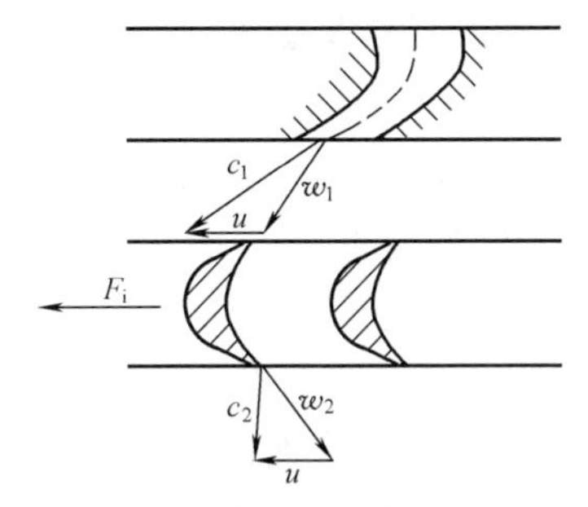

图 1-6　无膨胀动叶汽道内蒸汽的流动情况

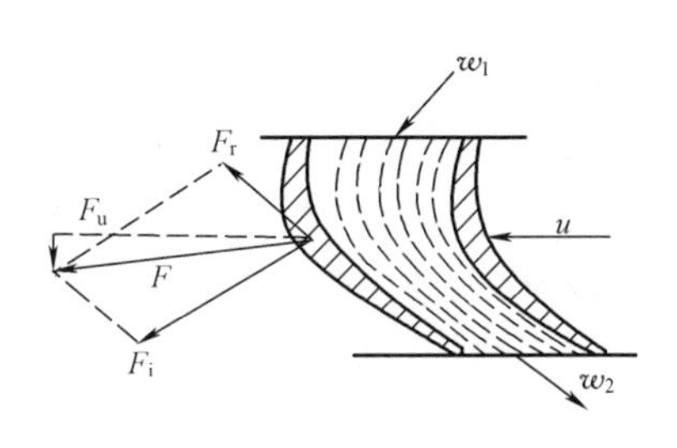

图 1-7　有膨胀动叶汽道内蒸汽的流动情况

（三）汽轮机级的反动度

常用级的反动度 Ω_m 表示蒸汽在动叶汽道内膨胀程度的大小，它等于蒸汽在动叶汽道内膨胀时的理想比焓降 Δh_b 和整个级的滞止理想比焓降 Δh_t^* 之比，即

$$\Omega_m=\frac{\Delta h_b}{\Delta h_t^*} \tag{1-2}$$

式中：Ω_m 为级的平均反动度，是指在级的平均直径截面上的反动度，它由平均直径截面上喷嘴和动叶中的理想比焓降所确定。平均直径是动叶顶部和根部处叶栅直径的平均值。

图 1-8 是级中蒸汽膨胀在焓熵图上的热力过程线。0 点是级前的蒸汽状态点，0^* 点是蒸汽等熵滞止到初速等于零的状态点，p_1、p_2 分别为喷嘴出口压力和动叶出口压力。蒸汽从滞止状态 0^* 点在级内等熵膨胀到 p_2 时的比焓降为级的滞止理想比焓降 Δh_t^*。而蒸汽从级前状态 0 点在级内等熵膨胀到 p_2 时的比焓降为级的理想比焓降 Δh_t。按照同样的定义，Δh_n^* 为蒸汽在喷嘴中的滞止理想比焓降，Δh_b 为蒸汽在动叶中的理想比焓降。

由于 $h-s$ 图上等压线向着熵增方向有渐扩趋势，则 $\Delta h_b'\neq\Delta h_b$，但可以认为 $\Delta h_b'\approx\Delta h_b$。根据图 1-8 和式 (1-2) 可得

$$\Omega_m=\frac{\Delta h_b}{\Delta h_n^*+\Delta h_b'}\approx\frac{\Delta h_b}{\Delta h_n^*+\Delta h_b} \tag{1-3}$$

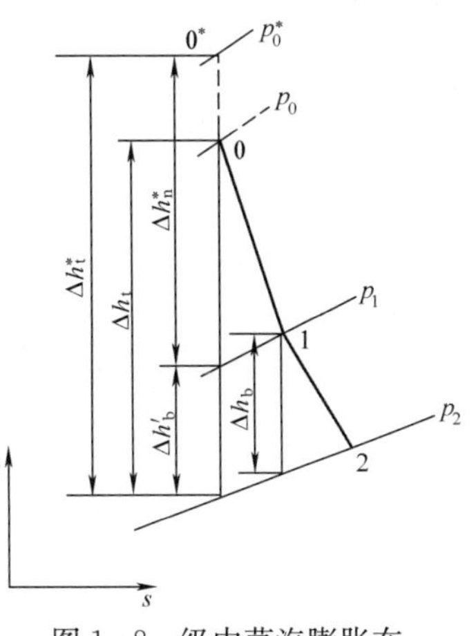

图 1-8　级中蒸汽膨胀在焓熵图上的热力过程线

则有 $\Delta h_b = \Omega_m \Delta h_t^*$，$\Delta h_n^* = (1-\Omega_m)\Delta h_t^*$。

实际上蒸汽参数沿叶高是变化的，在动叶不同直径截面上的理想比焓降是不同的，因此，反动度沿动叶高度也不相同。对于较短的直叶片级，由于蒸汽参数沿叶高差别不大，因此通常不计反动度沿叶高的变化，均用平均反动度表示级的反动度。对于长叶片级，在计算不同截面时，须用相应截面的反动度。

（四）汽轮机级的类型及其特点

根据蒸汽在汽轮机级的通流部分中的流动方向，汽轮机级可分为轴流式与辐流式两种。电厂用汽轮机级绝大多数采用轴流式。轴流式级通常有下列几种分类方法。

1. 冲动级和反动级

按照蒸汽在动叶内不同的膨胀程度，可将轴流式级分为冲动级和反动级两种。

(1) 冲动级。

1) 纯冲动级。反动度 $\Omega_m=0$ 的级称为纯冲动级，它的特点是蒸汽只在喷嘴叶栅中膨胀，在动叶栅中不膨胀而只改变其流动方向，其动叶片的形式为对称叶片。因此，动叶栅进、出口压力及其相对速度均相等，即 $p_1=p_2$，$w_1=w_2$，且 $\Delta h_b=0$，$\Delta h_t^*=\Delta h_n^*$。纯冲动级做功能力大，流动效率较低，现代汽轮机中均不采用纯冲动级。

2) 带反动度的冲动级。为了提高汽轮机级的效率，冲动级应具有一定的反动度（$\Omega_m=0.05\sim0.20$），这时蒸汽膨胀大部分在喷嘴叶栅中进行，只有一小部分在动叶栅中继续进行。因此，$p_1>p_2$，$w_1<w_2$，$\Delta h_n^*>\Delta h_b$。由流体力学知识可知，汽流加速可改善汽流的流动状况，故这种级具有做功能力比反动级大且效率比纯冲动级高的特点，得到了广泛的应用。

3) 复速级。复速级（又称双列速度级）通常是一个级内要求承担很大比焓降时才采用。它由喷嘴叶栅、装于同一叶轮上的两列动叶栅和两列动叶栅之间固定不动的导向叶栅组成。第二列动叶栅是将第一列动叶栅的余速动能进一步转换成机械能，导向叶栅的作用是改变汽流方向，与第二列动叶栅进汽方向相符。复速级的做功能力比单列冲动级要大，但效率较低。为了改善复速级的效率，也采用一定的反动度，使蒸汽在各列动叶栅和导向叶栅中进行适当的膨胀。复速级常用于单级汽轮机和中小型多级汽轮机的第一级。

图 1-9 表示蒸汽流经各种冲动级时，其压力和速度的变化情况。图中表明了蒸汽在各冲动级喷嘴叶栅、导向叶栅和动叶栅出口处的压力和速度的数值差异。

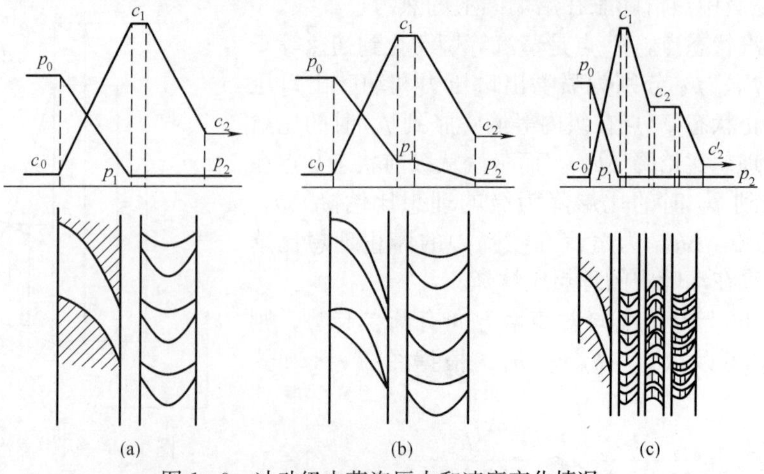

图 1-9 冲动级中蒸汽压力和速度变化情况

(2) 反动级。反动度 $\Omega_m=0.5$ 的级称为反动级。其工作特点是蒸汽在反动级中的膨胀一半在喷嘴叶栅中进行，另一半在动叶栅中进行，即 $p_1>p_2$，$w_1<w_2$，$\Delta h_n^*=\Delta h_b=0.5\Delta h_t^*$。也就是说，蒸汽在级中的膨胀各占一半左右，流动情况一样，故动静叶栅互为镜内映射状叶栅。这种级的结构特点是喷嘴叶型和动叶型相同。由于蒸汽在动叶栅中膨胀加速，因此它是在冲动力和反动力的合力作用下，使叶轮转动做功。反动级的效率比冲动级高，但做功能力较小。图 1-10 表示反动级中蒸汽压力和速度变化情况。

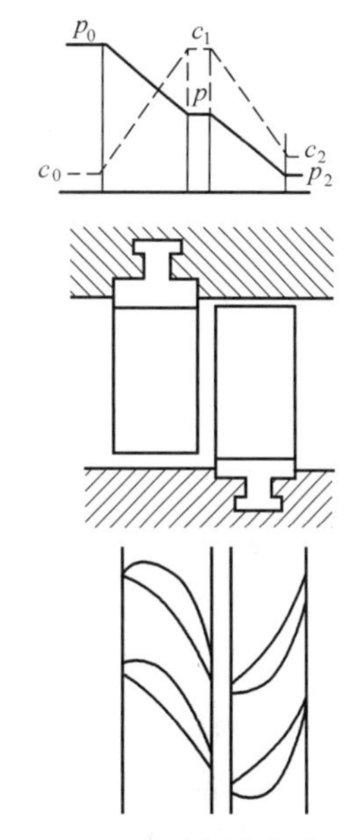

图 1-10　反动级中蒸汽压力和速度变化情况

2. 压力级和速度级

按照蒸汽的动能转换为转子机械能的过程不同，汽轮机的级可分为压力级和速度级。

(1) 压力级。蒸汽的动能转换为转子机械能的过程在级内只进行一次的级，称为压力级。这种级只装一列动叶栅，故又称单列级。它可以是冲动级，也可以是反动级。

(2) 速度级。蒸汽的动能转换为转子机械能的过程在级内不只进行一次的级，称为速度级。速度级有双列和多列之分。

3. 调节级和非调节级

按级通流面积是否随负荷大小而变，汽轮机的级可分为调节级和非调节级。

(1) 调节级。通流面积随负荷大小而变的级称为调节级。喷嘴调节汽轮机第一级采用的通流面积是可以随负荷变化而改变的，因而通常称其为调节级。调节级可以是复速级，也可以是单列级。一般中小型汽轮机用复速级作为调节级，而大型汽轮机常用单列冲动级作为调节级。

(2) 非调节级。通流面积不随负荷大小而变的级称为非调节级。非调节级既可以是全周进汽也可以是部分进汽，而调节级总是做成部分进汽。

二、汽轮机的分类及型号

(一) 汽轮机的分类

1. 按工作原理分类

(1) 冲动式汽轮机。主要由冲动级组成，蒸汽主要在喷嘴叶栅（或静叶栅）中膨胀，在动叶栅中只有少量膨胀。

(2) 反动式汽轮机。主要由反动级组成，蒸汽在喷嘴叶栅（或静叶栅）和动叶栅中都进行膨胀，且膨胀程度相同。现代喷嘴调节的反动式汽轮机，因反动级不能做成部分进汽，故第一级调节级常采用单列冲动级或双列速度级。

2. 按热力特性分类

(1) 凝汽式汽轮机。蒸汽在汽轮机中膨胀做功后，进入高度真空状态下的凝汽器，凝结成水。目前，凝汽式汽轮机均采用回热抽汽，若再将在汽轮机中做过功的蒸汽从某级引出送回锅炉进行再热后，返回汽轮机继续膨胀做功，即为中间再热凝汽式汽轮机。

(2) 背压式汽轮机。排汽压力高于大气压力，直接用于供热，无凝汽器。

(3) 调整抽汽式汽轮机。从汽轮机中间某级后抽出参数与流量可以调整的蒸汽对外供热，其排汽仍排入凝汽器。根据供热需要，分为一次调整抽汽和二次调整抽汽。

(4) 抽汽背压式汽轮机。它是具有调整抽汽的背压式汽轮机。调整抽汽和排汽都分别对外供热。

背压式汽轮机、调整抽汽式汽轮机和抽汽背压式汽轮机统称为供热式汽轮机。

对于背压式汽轮机，当排汽作为其他中、低压汽轮机的工作蒸汽时，称为前置式汽轮机。

3. 按主蒸汽压力分类

按进入汽轮机的主蒸汽压力不同等级可分类如下：

(1) 低压汽轮机。主蒸汽压力小于1.5MPa。

(2) 中压汽轮机。主蒸汽压力为2～4MPa。

(3) 高压汽轮机。主蒸汽压力为6～10MPa。

(4) 超高压汽轮机。主蒸汽压力为12～14MPa。

(5) 亚临界压力汽轮机。主蒸汽压力为16～18MPa。

(6) 超临界压力汽轮机。主蒸汽压力大于22.15MPa。

(7) 超超临界压力汽轮机。一般主蒸汽压力大于24.2MPa或蒸汽温度达到566℃以上。

此外，按汽流方向可分为轴流式汽轮机、辐流式汽轮机；按用途可分为电厂汽轮机、工业汽轮机、船用汽轮机；按汽缸数目可分为单缸、双缸和多缸汽轮机；按机组转轴数目可分为单轴和双轴汽轮机；按工作状况可分为固定式和移动式汽轮机等。

(二) 国产汽轮机产品型号

为了便于识别汽轮机的类别，常用一些符号来表示它的基本特性或用途，这些符号称为汽轮机的型号。我国生产的汽轮机所采用的系列标准及型号已经统一，主要由汉语拼音和数字所组成。

1. 产品型号组成

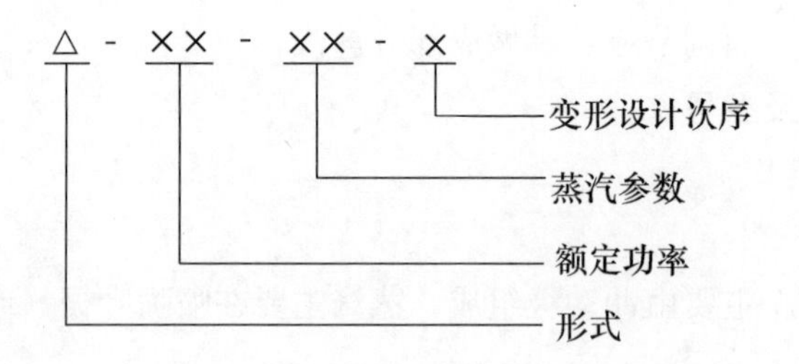

2. 汽轮机形式代号

汽轮机形式代号见表1-1。

表1-1 汽轮机形式代号

代号	N	B	C	CC	CB	H	Y
形式	凝汽式	背压式	一次调整抽汽式	二次调整抽汽式	抽汽背压式	船用	移动式

3. 汽轮机型号中蒸汽参数表示方式

汽轮机蒸汽参数的表示方式见表1-2。

表 1-2　**汽轮机蒸汽参数表示方式**

形式	参数表示方法	示例
凝汽式	主蒸汽压力/主蒸汽温度	N100-8.83/535
凝汽式（中间再热）	主蒸汽压力/主蒸汽温度/中间再热温度	N600-24.2/566/566
一次调整抽汽式	主蒸汽压力/抽汽压力	C12-4.9/0.981
二次调整抽汽式	主蒸汽压力/高压抽汽压力/低压抽汽压力	CC200-12.75/0.78/0.25
背压式	主蒸汽压力/背压	B50-8.83/0.98
抽汽背压式	主蒸汽压力/抽汽压力/背压	CB25-8.83/1.47/0.49

注　功率单位为 MW；压力单位为 MPa；温度单位为℃。

三、汽轮机的发展

汽轮机不仅是电厂最重要的设备，而且广泛用于冶金、化工、船运等部门用来直接驱动各种从动机械，如各种泵、风机、压缩机和传动螺旋桨等。因此，自从 1883 年制造出第一台实用的单级冲动式汽轮机以来，汽轮机已有一百多年的发展历史，特别是近几十年汽轮机的发展尤为迅速。

目前，在发电汽轮机中已有瑞士制造在美国投运的双轴 1300MW 汽轮机、苏联制造的单轴 1200MW 汽轮机和法国制造的 1500MW 核电站汽轮机等，2000MW 高参数全速汽轮机的开发研制工作正在进行中。汽轮机是在高温、高压、高转速下工作的大型动力机械，它的研发、制造和运行涉及许多高科技领域和工业部门，是一个国家科学技术和工业装备技术发展水平的重要标志。

随着汽轮机向着高参数、大容量方向的不断发展，提高汽轮机的经济性、安全性、负荷适应性和自动化水平始终是汽轮机发展的中心和重点。与此同时，汽轮机的热力系统、调节保护系统、监测控制系统等都将更加复杂。

核电是一种安全、可靠、清洁的能源。近年来，核电厂的发展很快，许多国家核电所占比重很大。核电站汽轮机是在火电厂汽轮机的基础上发展起来的，其发展的主流是大型化，为多缸、中间再热凝汽式汽轮机。

近几十年汽轮机的发展主要表现在以下几个方面：

（1）增大单机功率。增大单机功率不仅能迅速发展电力生产，而且可降低单位功率投资成本，有利于提高机组的热经济性和加快电厂建设速度。

（2）提高蒸汽参数。提高蒸汽初参数是提高热效率的重要途径，同时也可提高单机功率。

（3）提高效率。采用给水回热和具有合理中间再热参数的中间再热循环，两者均可提高机组的热效率。采用中间再热还可降低低压缸末级排汽湿度，提高机组运行的可靠性，为提高初压创造条件。

（4）提高机组的运行水平。现代大型机组增设和改善了保护、报警和状态监测系统，有的配置了智能化故障诊断系统，提高了机组运行、维护和检修水平，增强了机组运行的可靠性，并保证了规定的设备使用寿命。

目前，世界上主要汽轮机制造企业有：美国的通用电气公司（GE），日本的三菱、东芝和日立公司，瑞士的ABB公司，俄罗斯的列宁格勒金属工厂、哈尔科夫透平发动机厂和乌拉尔透平发动机厂，英国的通用电气公司（GEC），法国的阿尔斯通—大西洋公司（AA），德国的西门子公司等。

我国自1955年生产了第一台中压6MW汽轮机以来，先后陆续生产出从12MW到300MW的汽轮发电机组。20世纪80年代初开始从国外引进整套先进的汽轮机制造技术，经过消化吸收、不断优化，先后制造出300MW和600MW亚临界汽轮机，600MW超临界压力、1000MW超超临界压力汽轮机和1000MW核电站汽轮机，机组的各项技术指标均基本达到国外同类机组的先进水平。这标志着我国大功率等级的汽轮机制造与运行水平都进入了一个新阶段。

我国生产汽轮机的主要工厂有上海汽轮机厂、哈尔滨汽轮机厂、东方汽轮机厂，其次有北京重型电机厂、青岛汽轮机厂和武汉汽轮发电机厂等，还有以生产燃气轮机为主的南京汽轮发电机厂以及生产工业汽轮机为主的杭州汽轮机厂。

任务二 汽轮机结构认知

【教学目标】

1. 知识目标

（1）掌握叶片的结构和类型、受力及其振动特性。

（2）掌握转子的结构及组成，转子的临界转速对汽轮机启动过程的影响。

（3）掌握汽缸的结构及其支承方式，滑销系统的作用及组成。

（4）掌握隔板（静叶环）的结构类型及支承定位方法。

（5）掌握汽封的作用、类型、结构特点。

（6）掌握液体摩擦轴承的工作原理、类型及作用，油膜振荡的产生原因及防止和消除措施。

2. 能力目标

（1）能讲述叶片的结构和类型，叶片的受力，叶片振动的基本概念；能分析影响叶片安全工作的因素。

（2）能分析转子各部件的特点，能在仿真机上进行经过转子临界转速时的操作。

（3）能分析不同汽缸结构及其支承方式的特点，能解释滑销系统的作用及组成，能在仿真机上进行汽缸与滑销系统的安全运行监视。

（4）能根据汽轮机实物或模型，讲述隔板（静叶环）的结构类型及支承定位方法。

（5）能讲述不同汽封的特点及其对汽轮机安全性、经济性的影响。

（6）能讲述液体摩擦轴承的工作原理和油膜振荡的产生原因及特点，能在仿真机上进行轴承的安全运行监视。

3. 素质目标

（1）培养团队意识与协作精神。

（2）培养刻苦钻研业务，爱岗、敬业的精神。

（3）培养安全和责任意识。

【任务描述】

汽轮机设备的认知是正确操作运行汽轮机及其安装检修汽轮机的重要基础。借助于火电机组仿真运行系统、汽轮机实物或模型，熟悉汽轮机设备的基本结构与组成，培养学生对汽轮机设备的认知能力，以及对汽轮机设备的安全运行情况进行监视、检查和分析的初步能力。

【任务准备】

分析汽轮机设备认知工作任务单，明确该任务的内容、目标和要求；查阅资料；制定实施工作任务的方案。

【任务实施】

分析工作任务单；查阅汽轮机技术资料，熟悉汽轮机设备的基本构成；在教师的指导下，学习汽轮机设备的相关知识，在仿真机上完成汽轮机设备的安全监视操作，在汽轮机实物或模型上完成对汽轮机设备的认知。

【相关知识】

汽轮机本体设备由转动部分（转子）和固定部分（定子）组成。转动部分包括动叶片、叶轮（反动式汽轮机为转鼓）、主轴和联轴器及紧固件等旋转部件；固定部件包括汽缸、蒸汽室、喷嘴室、隔板、隔板套（或静叶持环）、汽封、轴承、轴承座、机座、滑销系统以及有关紧固零件等。

一、动叶片

（一）叶片的结构和分类

汽轮机叶片按用途可分为静叶片（又称喷嘴叶片）和动叶片（又称工作叶片）两种。

静叶片安装在隔板或静叶环上，相邻两个静叶片构成静叶栅蒸汽流动的通道，起喷嘴作用。

动叶片安装在转子叶轮（冲动式汽轮机）或转鼓（反动式汽轮机）上，相邻两个动叶片构成动叶栅蒸汽流动的通道，把喷嘴流出的高速汽流动能转换成机械能，使转子旋转。通常人们将动叶片简称为叶片，以下所说的叶片均指动叶片。

叶片是汽轮机中数量和种类最多的零件，其结构型线、工作状态将直接影响能量转换效率。叶片的工作条件很复杂，除因高速旋转和汽流作用而承受较高的静应力和动应力外，还因其分别处在过热蒸汽区、两相过渡区和湿蒸汽区段内工作而承受高温、高压、腐蚀和冲蚀作用，所以在叶片设计、制造过程中，要保证叶片既有足够的强度，又有良好的型线，以保证有较高的能量转换效率。

对于在高温区工作的叶片，应考虑材料的蠕变问题；对于在湿蒸汽区工作的叶片，应考虑材料受湿蒸汽冲蚀的问题。任何一只叶片的断裂都有可能造成严重事故。实践表明，汽轮机发生的事故以叶片部分为最多，所以必须给予足够的重视。

叶片一般由叶根、叶型、叶顶连接件（围带）或拉金三部分组成，如图 1-11 所示。

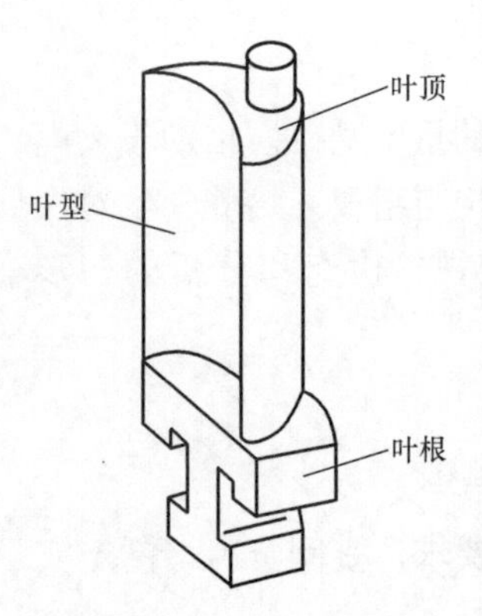

图1-11 叶片结构

1. 叶根

叶片通过叶根安装在叶轮或转鼓上。叶根的作用是紧固叶片，将其嵌固在叶轮轮缘或转鼓凸缘的沟槽里，在汽流力和旋转离心力的作用下，不至于从相应沟槽中甩出。因此要求叶根与叶轮或转鼓相应配合部分必须有足够的强度并且应力集中要小。同时要求它尺寸紧凑，便于加工、装配。叶根的结构形式取决于转子的结构形式、叶片的强度、制造和安装工艺要求等。常用的结构形式有T形、叉形和枞树形等，如图1-12所示。

T形叶根结构简单，加工方便，但在叶片离心力的作用下，叶根会对轮缘两侧产生弯矩，为此有些T形叶根会在两侧做出外包凸肩将轮缘包住，阻止轮缘张开，这种叶根称为外包T形叶根。T形叶根多用于短叶片，加有凸肩的可用于中长叶片。叶轮间距比较小的整锻转子常采用此种叶根。例如，哈尔滨汽轮机厂生产的300MW汽轮机组，其高压叶片采用的就是T形叶根。

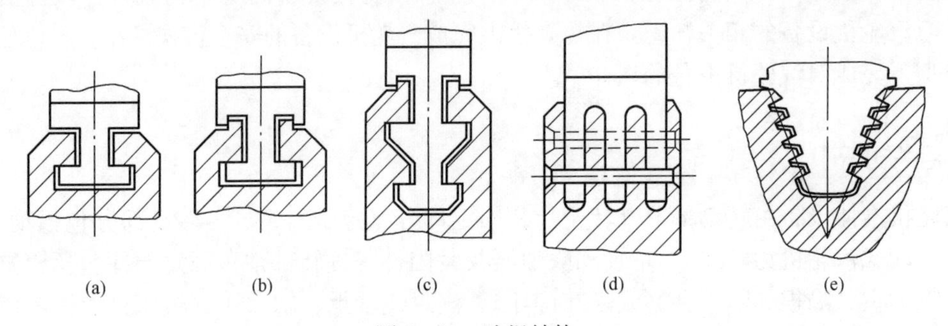

图1-12 叶根结构

(a) T形叶根；(b) 外包凸肩T形叶根；(c) 双T形叶根；(d) 叉形叶根；(e) 枞树形叶根

在叶片离心力较大的场合，为了避免过多地增加轮缘及叶根尺寸，就需要采用增加叶根承力肩数的方法来加大叶根的受力面积，于是就出现了双T形叶根，如图1-12（c）所示。例如，瑞士ABB公司生产的600MW超临界压力汽轮机组，其中间级叶片采用的就是双T形叶根。

叉形叶根安装时从径向插入轮缘上的叉槽中，并用铆钉固定，因而强度较高，适应性好，同时加工简单，更换方便，多用于大功率汽轮机的调节级和末几级；但其装配工作量大，且轮缘较厚，钻铆钉孔不方便，所以整锻转子和焊接转子不宜采用。例如，哈尔滨汽轮机厂生产的600MW超临界压力汽轮机，其调节级叶片采用了3只叶片为一组的三叉形叶根。

枞树形叶根呈楔形，叶根沿轴向装入轮缘上的枞树形槽中，这种叶根承载能力大，强度适应性好，但加工复杂，精度要求高，过去主要用于大型机组中载荷较大的叶片。随着制造水平的提高，有的超临界压力大容量汽轮机组除调节级外的所有叶片均采用了枞树形叶根，例如，哈尔滨汽轮机厂生产的600MW超临界压力汽轮机组。

2. 叶型

叶型部分是叶片的基本工作部分，相邻叶片的叶型部分构成蒸汽流动的通道。为了提高能量转换效率，叶型部分应符合气体动力学要求，同时还要满足结构强度和加工工艺的要求。

3. 叶顶连接件

叶顶连接件包括在叶顶处将叶片连接成组的围带和在叶型部分将叶片连接成组的拉金。汽轮机同一级中，用围带、拉金连在一起的数个叶片称为叶片组，用围带、拉金将全部叶片连接在一起的，则称为整圈连接叶片；不用围带、拉金连接的叶片称为单个叶片或自由叶片(一般只用于末几级长叶片)。

采用围带或拉金可增加叶片刚性，降低叶片汽流作用力引起的弯应力，调整叶片自振频率。围带还构成封闭的汽流通道，防止蒸汽从叶顶逸出，有的围带还做出径向汽封和轴向汽封，以减少级间漏汽。因此，目前成组叶片用得最多。

随着成组方式的不同，叶顶结构也各不相同。图 1 - 13 (a) 所示为叶片整体围带结构形式，围带和叶片实为一个整体部件，叶片装好后顶板互相靠紧即形成一圈围带，围带之间可以焊接，这种结构称为焊接围带，也可以不焊接。整体围带一般用于短叶片。将 3～5mm 厚的扁平钢带，用铆接方法固定在叶片顶部，称铆接围带，如图 1 - 13 (b) 所示。采用铆接围带结构的叶顶必须做出与围带上的孔相配合的凸出部分（铆头)，以备铆接。考虑到有热膨胀，各成组叶片的围带间必须留有约 1mm 的膨胀间隙。

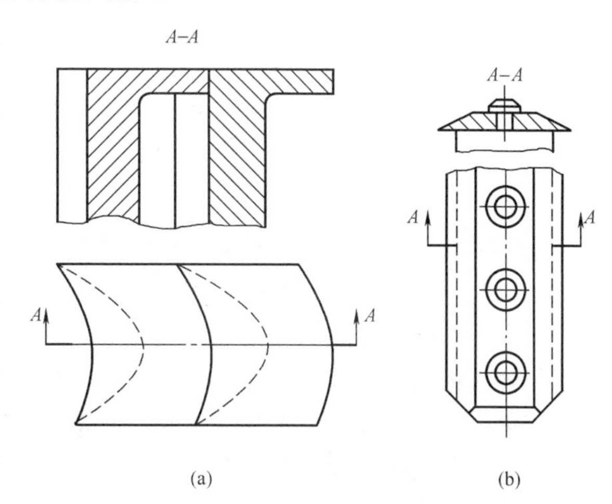

图 1 - 13 叶片整体围带结构形式
(a) 整体围带；(b) 铆接围带

拉金一般是以规格为 6～12mm 的金属丝或金属管，穿在叶身的拉金孔中。拉金与叶片之间可以是焊接的（焊接拉金)，也可以是不焊接的（松拉金)。焊接拉金的作用是减小叶片的弯应力，改变叶片的刚性，提高其振动安全性。松拉金的作用是增加叶片的离心力，以提高叶片的自振频率；增加叶片的阻尼，以减小叶片的振幅；同时对叶片的扭振也起到一定的抑制作用。但由于拉金处在汽流通道中间. 将影响级内汽流流动，同时，拉金孔削弱了叶片的强度，因此在满足振动和强度要求的情况下，有的长叶片可设计成自由叶片。常用的拉金结构如图 1 - 14 所示。

当叶片不用围带而用拉金连接成组或为自由叶片时，叶顶通常削薄，以减轻叶片质量并防止运行中与汽缸相碰时损坏叶片。

（二）叶片的受力

汽轮机在工作时，叶片主要受到叶片本身质量和围带、拉金所产生的离心力，汽流通过叶栅通道时产生的汽流力以及在汽轮机启动、停机过程中，由于叶片中的温差而引起的热应力。

离心力不仅会在叶片横截面上产生拉应力，而且当离心力的作用线不通过某个截面的形心时，还会在该截面上产生弯应力。由于离心力的大小与转速的平方成正比，而电厂汽轮机的工作转速一般是恒定的，所以离心拉应力和离心弯应力属于静应力。同时，也正是由于离心力的大小与转速的平方成正比，汽轮机的保护系统对转速采取了多重保护措施。

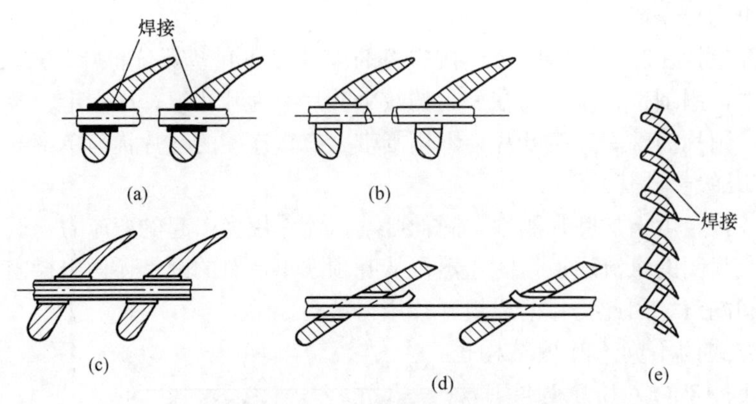

图 1-14　常用的拉金结构

(a) 实心焊接拉金；(b) 实心松装拉金；(c) 空心松装拉金；
(d) 部分松装拉金；(e) Z形拉金

由于喷嘴出汽边有一定的厚度及叶型上的附面层等原因，喷嘴出口汽流速度沿圆周分布不均匀，引起动叶片所受汽流作用力成周期性变化。这种力可以看作是由不随时间变化的平均值分量和随时间变化的交变分量组成。不变的分力在叶片中引起静弯应力 σ_{sb}，交变的分力则迫使叶片振动并在叶片中引起交变的振动应力 σ_d。汽流力的大小随汽轮机的功率（流量）而变化，因此计算叶片静弯应力时，应选择汽流力最大的工况作为计算工况。单就静弯应力来说，调节级叶片最危险的工况一般应为第一个调节阀全开而第二个调节阀尚未开启，中间级则为最大蒸汽流量，末几级为最大蒸汽流量且最高真空，所以汽轮机工作时不允许超过制造厂家规定的最大功率。

离心力和汽流力还可能在叶片上引起扭应力。扭应力和热应力都较小，这里主要讨论拉应力和弯应力。

1. 叶片的拉应力

叶片的拉应力由叶型部分的离心拉应力及围带、拉金离心力引起的拉应力所组成。

叶片上不同截面所承受的离心力各不相同，由叶顶向叶根逐渐增大，根部截面承受的离心力最大。对于等截面叶片，由于其横截面积沿叶高不变，故其根部截面所承受的离心力与离心拉应力均最大，而且离心拉应力的大小与横截面积无关，即使增大截面积也不能降低离心力引起的拉应力。在汽轮机转速和叶片尺寸已定的情况下，采用密度较小的叶片材料，是降低叶片离心拉应力的有效办法。对于变截面叶片，尽管根部截面所承受的离心力最大，因其横截面积沿叶高是变化的，故其最大的离心拉应力不一定在根部截面处。

围带和拉金的径向尺寸较小，可以认为它们的质量集中在重心上，并把它们按节距分配到每个叶片上。在计算出离心力后，结合叶片各截面面积，即可得到该离心力在叶片各个截面上产生的拉应力。

2. 叶片的弯应力

叶片的弯应力主要是由汽流力引起的；另外，离心力也可能引起弯应力。

(1) 汽流作用力引起的弯应力。作用在叶片上的汽流力在做功的同时，还会使叶片产生弯曲变形，对叶片产生弯应力。对于等截面直叶片，在汽流力的作用下，根部截面产生的弯矩与弯应力均最大；对于变截面叶片，由于其横截面积沿叶高是变化的，虽然根部截面受到的弯矩最大，但根部的弯应力不一定最大。

（2）离心力产生的弯应力。当叶片工作时，由于受到汽流力的作用而产生弯曲变形，弯曲部分叶型的离心力辐射线不通过这段叶型下面的截面形心，从而产生弯矩，如图 1-15 所示。这一离心力在该截面上产生的弯矩会部分抵消汽流力产生的弯矩，使叶片上的弯曲应力相应减小。

（3）围带和拉金对叶片弯应力的影响。用围带连接成组的叶片受到汽流力发生弯曲变形时，围带也随之产生弯曲变形，如图 1-16 所示。在围带变形的同时，给叶片一个反弯矩，部分抵消叶片上汽流力引起的弯矩，使叶片上的弯曲应力相应减小。

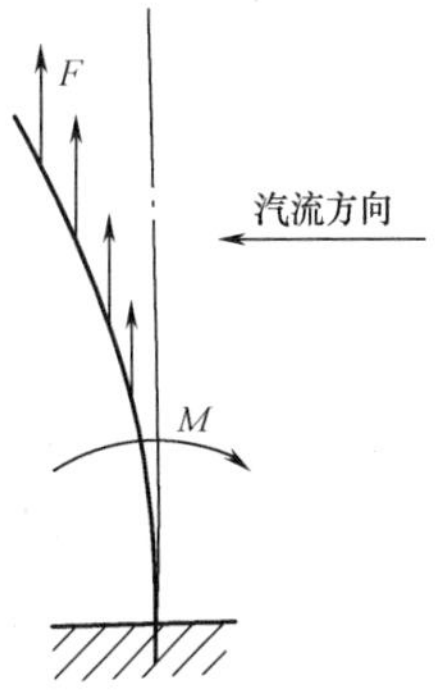

图 1-15　叶片弯曲变形后离心力产生的弯矩

同样，拉金也会对叶片产生一个反弯矩。

（三）叶片的振动

叶片是一个弹性体，当叶片受到一个外力作用时，它会偏离平衡位置。当外力消除后，由于叶片自身的弹性力和质量的惯性力作用，它会在其平衡位置附近反复振动，这种振动称为自由振动，叶片做自由振动时的频率就是自振频率。当叶片受到一周期性外力（又称激振力）作用时，它会按外力的频率进行振动，这就是强迫振动。在强迫振动中，当激振力的频率与叶片的自振频率相等或成整数倍时，叶片则发生共振。在共振状态下，叶片的振幅最大，振动应力急剧增加，可能引起叶片的疲劳损坏。

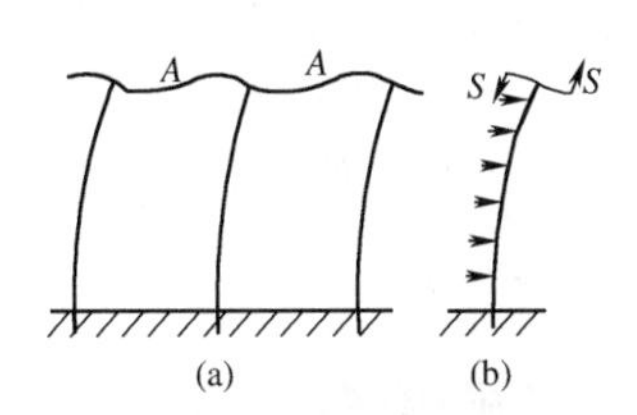

图 1-16　用围带成组的叶片弯曲变形
（a）叶片与围带在汽流力作用下的弯曲变形；
（b）单只叶片受力

在汽轮机的事故中，叶片事故占有一定的比例，而叶片事故大多数又是由于叶片共振引起的。一旦叶片发生共振，可在较短时间内产生疲劳裂纹直至因截面积减小承受不了离心力和汽流作用力的载荷而被拉断。个别叶片断裂后，其碎片可能将相邻叶片打坏，这些碎片若被高速汽流带走，还可将后面级的叶片打坏，转子因此失去平衡而发生强烈振动，从而引起更严重的事故。由此可知，叶片振动性能的好坏对汽轮机的安全运行至关重要，必须对引起叶片共振的激振力、叶片的自振频率以及避免共振的条件等问题加以研究。

1. 引起叶片振动的激振力

引起叶片振动的周期性外力称为激振力，按其来源不同，可分为机械激振力和汽流激振力。机械激振力是汽轮机其他零部件的振动传给叶片的，其大小和方向取决于振源的振动特性；汽流激振力则是由于沿圆周方向不均匀汽流对旋转叶片的脉冲作用而产生的，其特性与叶片的共振有密切的关系。汽流激振力按频率的高低可分为低频激振力和高频激振力。

（1）低频激振力。在汽轮机级的轮周上，有个别地方汽流的方向或大小可能异常，叶片每转到此处，其受力就变化一次，这样形成的激振力称为低频激振力。产生这种现象的主要原因有：个别喷嘴损坏或制造、安装偏差；隔板中分面处结合不好使汽流异常；级前或级后有加强筋，干扰汽流；级前或级后有抽汽口或排汽口；隔板采用部分进汽等。

若一级中只存在一个激振源，则对于同一级中的任一叶片来说，每转一周就受到一次激

振，则激振力的频率为

$$f_{\mathrm{d}}=\frac{1}{T}=\frac{\omega}{2\pi}=\frac{2\pi n}{2\pi}=n \tag{1-4}$$

式中：n 为转子转速，r/s；T 为激振力的周期，s；ω 为激振力的圆频率，rad/s。

同理，若一级中有 i 个均匀分布的激振源，则激振力的频率为

$$f_{\mathrm{d}}=\frac{2\pi n}{2\pi/i}=in \tag{1-5}$$

由此可见，能够引起叶片共振的低频激振力的频率 f_{d} 为转子转速的 i 倍（$i=1$，2，3，…，n）。

（2）高频激振力。由于喷嘴的出汽边有一定的厚度，使得喷嘴叶栅出口的汽流速度分布不均匀，通道中间部分高而出汽边尾迹处低，则当旋转着的叶片处在通道中部时，汽流作用力较大，而当它进入喷嘴出汽边后面时，汽流力便突然减小，再转到下一个通道中部时，汽流力又突然增大。所以，叶片每经过一个喷嘴，所受的汽流力就变动一次，即受到一次激振（见图 1-17）。如整圈喷嘴数目为 z 的级，在全周进汽时，叶片每秒钟所受的激振次数即激振频率为

$$f_{\mathrm{g}}=\frac{2\pi n}{2\pi/z}=zn \tag{1-6}$$

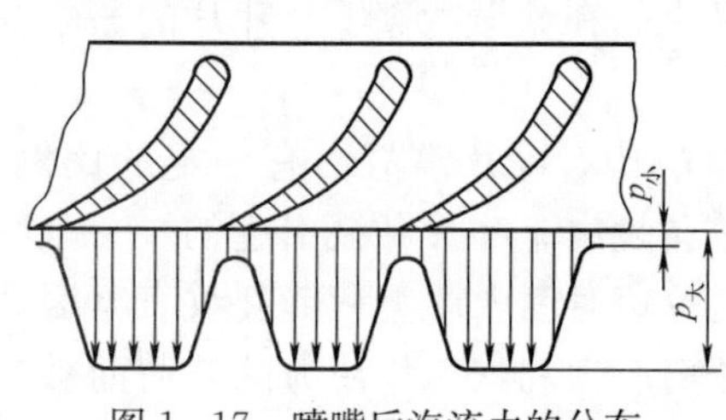

图 1-17　喷嘴后汽流力的分布

通常，一级的喷嘴数为 $z=40\sim80$，$n=50$r/s，则激振力的频率范围为 $f_{\mathrm{g}}=2000\sim4000$Hz，故称这类激振力为高频激振力。

对于部分进汽的级，激振力的频率为

$$f_{\mathrm{g}}=\frac{z'}{e}n \tag{1-7}$$

式中：z' 为进汽弧段中的喷嘴数；e 为级的部分进汽度。

2. 叶片的振型

对于装在叶轮（或转鼓）上的叶片，可以看成是一端固定的弹性梁，当受到激振力的作用后，这个弹性梁—叶片便产生振动。振动的形式虽然较复杂，但都可将其分解为弯曲振动和扭转振动，弯曲振动又分为切向振动和轴向振动。绕叶片截面最小主惯性轴的弯曲振动，由于其振动方向接近于叶轮圆周的切线方向，故这一振动称为切向振动；绕叶片截面最大惯性轴的弯曲振动，由于其振动方向接近于汽轮机的轴向，故这一振动称为轴向振动；沿叶片高度方向，叶片围绕着通过其横截面形心的轴线往复扭转，称为扭转振动。

需要指出的是，扭叶片在工作时，通常会产生弯曲—扭转的复合振动。由于这种振动的频率较宽，要使叶片复合振动的自振频率避开高频激振力的频率比较困难。随着测试水平的不断提高，越来越多的人致力于研究扭振问题。

叶片的扭转振动主要发生在大型汽轮机末几级的长叶片中，由于扭转振动发生在汽流作用力较小而叶片刚度较大的方向，故扭转振动应力较小。轴向振动通常与叶轮振动同时发生，形成叶轮—叶片系统的轴向振动，由于在轴向作用于叶片的载荷较小而叶片的刚度又较大，因此轴向振动应力一般比较小。汽轮机工作时，汽流力几乎是沿着切向作用在叶片上的，而且切向方向的叶片刚性最小，所以切向振动是最容易发生且最危险的振动。本节只讨

论叶片的切向振动。

按振动时叶顶的状态，叶片切向振动又可分为A型振动和B型振动。叶片振动时，叶根固定不动，叶顶摆动的振动形式称为A型振动；叶根固定不动，叶顶基本上不动的振动称为B型振动。

(1) 自由叶片的振型。自由叶片只可能发生A型振动而不会发生B型振动。因叶片实际上具有无限多个自振频率，当激振力的频率改变时，便可能引起无限多阶共振，出现无限多种振型。通过实验可以观察这些振型，随着激振力频率的升高自由叶片在做切向A型振动时，开始出现的是振幅沿着叶高逐渐增大的振型，随后出现了有一个、两个或更多个节点的振型（振动时不动的点称为节点），如图1-18所示。从振型曲线上可以看出：节点上振幅为零，节点两侧的振动相位相反。这类切向A型振动，按节点数目的不同，其振型分别称为A_0、A_1、A_2等型振动。

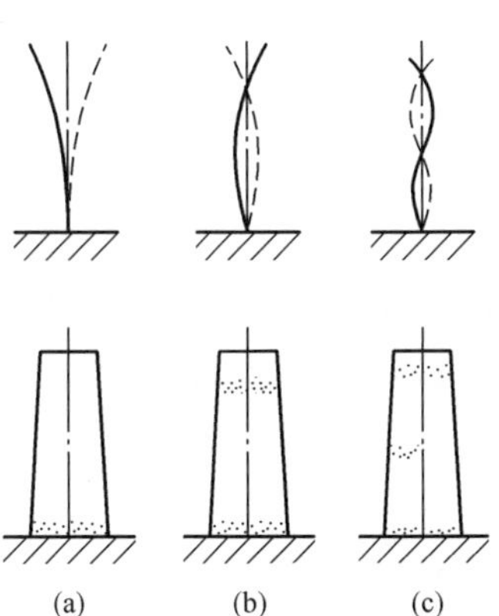

图1-18　自由叶片的A型振动

(a) A_0型振动；(b) A_1型振动；(c) A_2型振动

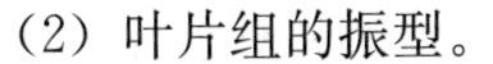

(2) 叶片组的振型。

1) 切向A型振动。与单个叶片一样，叶片组也可能发生A_0、A_1、A_2等不同频率的A型振动，如图1-19所示。叶片组做A型振动时，组内各叶片的频率及相位均相同，振型曲线与单个叶片相似。但由于围带或拉金的影响，叶片组的振动频率与同阶次单个叶片的振动频率不同。同样，按振动时节点数目的不同，其振型也可用A_0、A_1、A_2等表示。

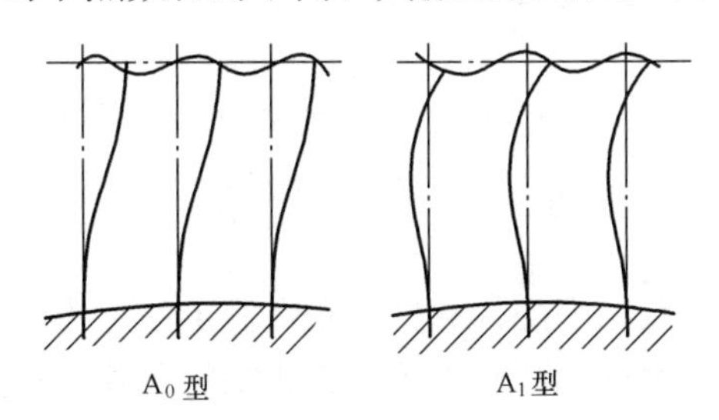

图1-19　叶片组的切向A型振动

2) 切向B型振动。装有围带的叶片组可能发生B型振动。叶片组的B型振动，根据节点的数目，其振型分别用B_0、B_1、B_2等表示。

叶片组做B型振动时，组内叶片的相位大多数是对称的。图1-20所示为叶片组的B_0型振动，每个叶片的振幅都是由叶根向上逐渐增大，达到最大值后又逐渐减小，叶片上没有节点。图1-20(a)中，对称于叶片组中心线的叶片振动相位相反，即第一个和最末一个、第二个和倒数第二个等振动相位都相反。若组内叶片数为奇数，中间的叶片不振动，这样的振型称为第一类对称的B_0型振动。图1-20(b)中，对称于叶片组中心线的叶片振动相位相同，这样的振型称为第二类对称的B_0型振动。

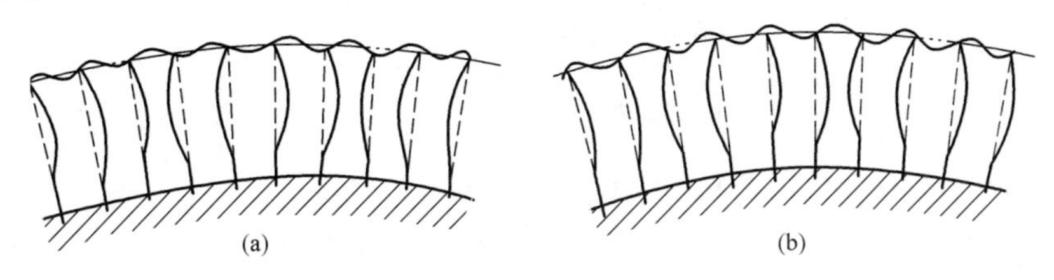

图1-20　叶片组的B_0型振动

(a) 第一类对称的B_0型振动；(b) 第二类对称的B_0型振动

仅用围带连成的叶片组既可能产生A型振动，也可能产生B型振动；单个叶片和仅以拉金连成的叶片组，由于叶顶没有支点，故只可能产生A型振动；以围带和拉金连成的叶片组，因叶片间的节距被固定，故不可能产生B型振动。

当激振力的频率逐渐升高时，叶片组将会依次出现A_0、B_0、A_1、B_1等振型。由于振动频率越低时，振幅越大，叶片内的动应力越大，因此通常把A_0、B_0、A_1看作是最危险的振型，又称为叶片振动的主振型。

3. 叶片的自振频率

叶片的自振频率分静频率和动频率。所谓动频率是指考虑叶片旋转工作离心力影响时的自振频率；静频率是指不考虑叶片旋转工作离心力影响时的自振频率。

(1) 等截面自由叶片的静频率。根据弹性体振动理论，可以导出单个等截面叶片的静频率为

$$f_s=\frac{(kl)^2}{2\pi}\sqrt{\frac{EI}{\rho A l_b^4}}=\frac{(kl)^2}{2\pi}\sqrt{\frac{EI}{m l_b^3}} \tag{1-8}$$

式中：E为叶片材料的弹性模数，Pa；I为叶片截面的最小形心主惯性短，m^4；ρ为叶片材料密度，kg/m^3；A为叶片横截面积，m^2；m为叶片的质量，kg；l为叶片的高度，m；kl为叶片频率方程式的根，其值与叶片的振型有关。

由式（1-8）可知，叶片的静频率与下列因素有关：

1）叶片的抗弯刚度（EI）。EI越大，频率越高。

2）叶片的质量［$m=(\rho A l_b)$］。m越大，频率越低。

3）叶片的高度（l_b）。l_b增加时，叶片的质量增大，刚度减小，频率降低。

4）叶片频率方程的根（kl）。

对于同一叶片，不同的振型，其自振频率不同，但如果知道了某一振型的频率值，则其他振型的频率值可用各振型的kl值换算得出，即$f_{A0}:f_{A1}:f_{A2}=(k_0l)^2:(k_1l)^2:(k_2l)^2=1:6.25:17.6$。

(2) 叶片工作时影响自振频率的因素。上述叶片自振频率的计算公式是在假定叶片为一细长的弹性梁，根部绝对刚性固定，并且不考虑阻尼、温度和离心力等因素影响的条件下得出的，而实际叶片和它的工作条件却往往与这些假设条件不相符，因此，计算叶片工作时的自振频率还要在上述计算结果的基础上加以修正。

1）工作温度。由于叶片材料的弹性模数E随着温度的升高而降低，因此在计算叶片的自振频率时，一般都采用温度为20℃条件下的弹性模量，测量叶片的自振频率时也是在室温条件下进行的。如果要想知道在较高温度下工作的叶片自振频率，则应对计算出的频率值或测得的频率值进行温度修正。温度修正系数为

$$K_t=\sqrt{\frac{E_t}{E_{20}}} \tag{1-9}$$

式中：E_t、E_{20}分别为在工作温度和20℃时叶片材料的弹性模量。

2）叶根的连接刚度。在进行上述叶片自振频率的理论计算时，假定叶根是刚性固定的，而实际上叶片由于制造不精确、安装不当或因工作时叶根连接处产生弹性变形等，都可能使根部夹紧力不够，在叶根之间或叶根与轮缘之间产生间隙，叶片的振动将延伸到叶根部分，从而使叶片参与振动的质量增加，而自身刚性与连接刚性均减小，故其自振频率有所降低。

叶片的连接刚性对叶片自振频率的影响可以用叶根牢固系数 K_r 来修正。K_r 值可查图 1-21。图中的 $\lambda=l_b/i$ 为叶片柔度，其中 i 为叶片的惯性半径，$i=\sqrt{I/A}$。

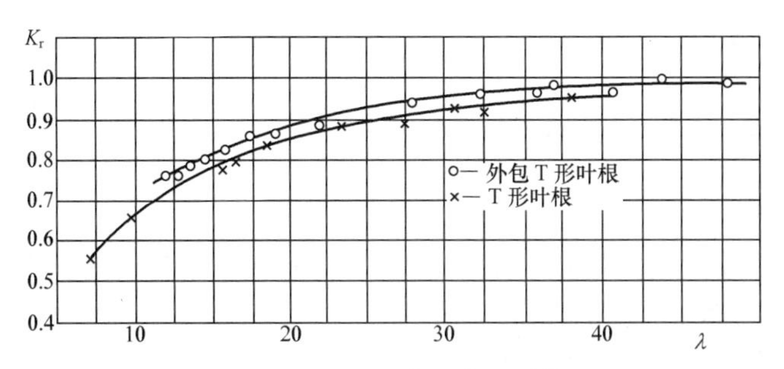

图 1-21　叶根牢固修正系数

考虑以上两种因素的影响后，等截面自由叶片的静频率为

$$f_s=K_rK_t\frac{(kl)^2}{2\pi}\sqrt{\frac{EI}{ml_b^3}} \tag{1-10}$$

3）离心力。叶片工作时，叶型部分因振动而离开平衡位置，这时叶片质量离心力的作用线将不通过根部截面的形心，从而形成了一个附加的弯矩作用在叶片上，这个附加的弯矩与叶片弹性力共同促使叶片返回平衡位置。由此可见，离心力的存在相当于增加了叶片的刚度，使叶片的自振频率提高。叶片动频率 f_d 与静频率 f_s 的关系为

$$f_d=\sqrt{f_s^2+Bn^2} \tag{1-11}$$

式中：f_s 为经过连接刚度和工作温度修正后的静频率；n 表示汽轮机的工作转速；B 表示动频系数，它与叶片的结构和振型等许多因素有关。

叶片的调频以动频率作为依据。

4）叶片成组。叶片成组后，围带或拉金对组内单个叶片的自振频率有两方面的影响：一方面，它们的质量分配到每个叶片上，相当于叶片的质量增加了，使频率有所降低；另一方面，它们对叶片的反弯矩则使叶片抗变形的能力增强，相当于叶片的刚度增加，使频率升高。叶片成组后的自振频率到底是升高还是降低，还要看这两种相反的影响因素中哪一个起的作用更大。一般情况下，由于刚度增加使频率升高的数值大于质量增加使频率降低的数值，因此叶片组的频率通常比单个叶片的同阶频率高。

拉金对叶片自振频率的影响还与拉金的安装位置有关。一般，拉金装在 $0.6l$ 时，A_0 型的自振频率升高得最多；对于 A_1 型振动，因节点在 $0.8l$ 附近，故拉金装在 $0.8l$ 处，其惯性力的影响可以忽视，只有反弯矩起作用，刚度明显增加，频率明显升高。如果改用空心拉金，叶片受的反弯矩变化不大，而拉金的质量明显减小，从而可使叶片组的自振频率升高。

4. 叶片的振动安全准则

当叶片工作时，在随时间变化的汽流力作用下发生振动后，其所承受的应力应是在一个不随时间变化的静应力 σ_m 基础上叠加一个幅值为 σ_d 的交变动应力，如图 1-22 所示。静应力 σ_m 为离心拉应力、离心弯应力和汽流弯应力之和；动应力是由汽流力引起的，可认为动应力的幅值 σ_d 正比于汽流弯应力 σ_{sb}，即

$$\sigma_d=D\sigma_{sb} \tag{1-12}$$

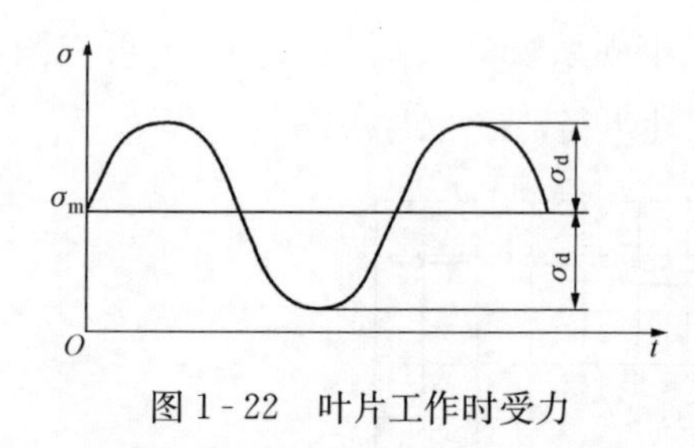

图 1-22 叶片工作时受力

式中：D 为动应力系数。

为保证叶片的工作安全，除了要满足静强度的要求外，还应满足动强度的要求。动强度采用叶片材料在动、静载荷联合作用下的耐振强度 σ_a^* 来衡量。耐振强度是指在一定工作温度和一定静应力作用下，叶片所能承受的最大交变应力的幅值，也称复合疲劳强度。

运行实践表明，叶片最危险的共振有三种：①切向 A_0 型振动与低频激振力的共振；②切向 B_0 型振动与高频激振力的共振；③切向 A_0 型振动与高频激振力的共振。

理论与运行实践表明，对有些叶片允许其某个主振型频率与某类激振力合拍而处于共振状态下长期运行，不会导致疲劳破坏，这种叶片对这一主振型称为不调频叶片；对有些叶片要求其某个主振型频率避开某类激振力频率才能安全运行，这种叶片对这一主振型称为调频叶片。对具有各种振型某一具体叶片而言，对某一主振型为不调频叶片，对另一主振型可能是调频叶片。

（1）不调频叶片的安全准则。不调频叶片的动应力幅值 σ_d 应小于许用耐振强度 σ_a^*，在实际应用中还需考虑一定的安全系数 n_s。由于 D 和 n_s 不能精确确定，而 σ_a^* 和 σ_{sb} 分别可以通过试验和计算确定，故人们将考虑各种因素修正后的耐振强度 σ_a^* 与汽流弯应力 σ_{sb} 比值作为校核叶片动强度的指标。

为便于计算，不调频叶片的安全准则为

$$A_b=\frac{K_1K_2K_d\sigma_a^*}{K_3K_4K_5K_\mu\sigma_{sb}}\geqslant[A_b] \tag{1-13}$$

式中：A_b 为安全倍率，即考虑各种因素修正后的耐振强度 σ_a^* 与汽流弯应力在最大主惯性轴上分量 σ_{sb}^* 的比值；K_1、K_2、K_d 分别为介质腐蚀修正系数、表面质量修正系数和尺寸修正系数，是考虑影响材料耐振强度的因素；K_3、K_4、K_5、K_μ 分别为应力集中修正系数、通道修正系数、流场不均匀修正系数和成组修正系数，是考虑影响弯应力的因素。这些系数选取的条件和范围可查阅有关资料，这里不再赘述。$[A_b]$ 称为许用安全倍率，即确保叶片安全运行的安全倍率界限值。

许用安全倍率 $[A_b]$ 一般用统计的方法得到。对大量在共振条件下运行的叶片，分别计算出它们的安全倍率 A_b 和振动倍率 k（即叶片动频率与激振力频率之比），按振型归纳后将这些点标在 A_b-k 图上，安全工作的叶片和出事故的叶片分别用不同的符号表示，如图 1-23所示。该图为 A_0 型振动与低频激振力 kn 共振的 A_b-k 图，由图可以看出，在安全叶片与被损坏的叶片之间有一个明显的分界线，分界线上的 A_b 值为安全倍率的界限值，即许用安全倍率 $[A_b]$。

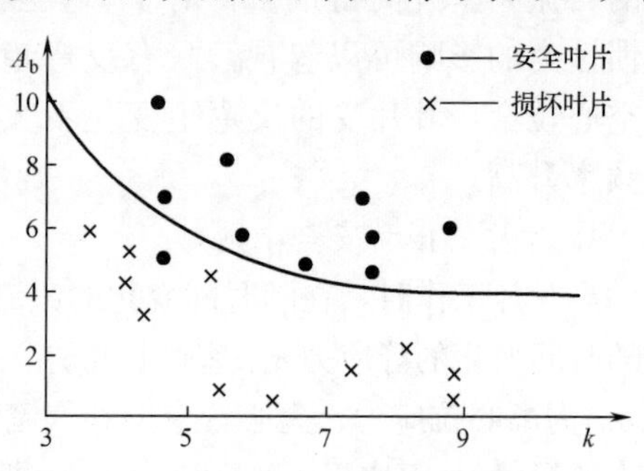

图 1-23 不调频叶片 A_0 型振动 A_b-k 图

对 A_0 型振动与低频激振力 kn 的共振，不同振动倍率下的 $[A_b]$ 值见表 1-3。$k=1$ 的叶片不存在，不予考虑；$k=2$（有时为 3）时，为保证安全，采用调频叶片。

B_0 型振动与高频激振力 zn 共振的叶片，要求 $[A_b] \geqslant 10$。

对与高频激振力 zn 共振的 A_0 型振动，全周进汽的级，$[A_b] \geqslant 45$；部分进汽的级，$[A_b] \geqslant 55$。

表 1-3　不调频叶片 A_0 型振动的 $[A_b]$ 值

k	3	4	5	6	7	8	9	10	11	12
$[A_b]$	10.0	7.8	6.2	5.0	4.4	4.1	4.0	3.9	3.8	3.7

（2）调频叶片的安全准则。要想保证调频叶片长期安全运行，不仅要满足调频指标的要求，同时还应满足安全倍率许用值的要求。由于调频后避开了共振，动应力大为减小，则 $[A_b]$ 值也相应减小。

1）A_0 型振动与低频激振力 kn 的共振。叶片的动频率应调至 kn 与 $(k-1)n$ 之间，并满足下列要求

$$\begin{cases} f_{d1}-(k-1)n_1 \geqslant 7.5\text{Hz} \\ kn_2 - f_{d2} \geqslant 7.5\text{Hz} \end{cases} \tag{1-14}$$

式中：n_1、n_2 分别为汽轮机工作转速允许变化的上、下限值；d_{d1}、f_{d2} 分别为叶片在转速 n_1、n_2 时的动频率；k 为振动倍率。

调频后，这种叶片的安全倍率许用值见表 1-4。

表 1-4　调频叶片 A_0 型振动的 $[A_b]$ 值

k		2～3	3～4	4～5	5～6
$[A_b]$	自由叶片	4.5	3.7	3.5	3.5
	成组叶片	3			

2）B_0 型振动与高频激振力 zn 的共振。叶片静频率（对高频振动，动频率与静频率近似相等，可用静频率代替动频率）应满足如下要求

$$\begin{cases} \Delta f_1 = \dfrac{f_1 - zn}{z} > 15\% \\ \Delta f_2 = \dfrac{zn - f_2}{z} > 12\% \end{cases} \tag{1-15}$$

式中：Δf_1、Δf_2 为频率避开率；f_1、f_2 分别为全级叶片组最低、最高的 B_0 型振动静频率。

这种叶片在满足上述调频要求后，其 A_0 型振动往往又与低频激振力 kn 共振，所以安全倍率许用值 $[A_b]$ 仍采用表 1-3 中的数值。

5. 叶片的调频

根据叶片振动的安全准则，当叶片的自振频率不符合安全避开率的要求，而强度又不能满足不调频叶片的要求时，应对叶片进行调频。通过改变叶片固有频率或激振力频率来调开叶片共振的方法，称为叶片的调频。实际应用时，通常是调整叶片的自振频率，因激振力的情况比较难以估计。

调整叶片（叶栅）的自振频率主要是通过改变叶片的质量和刚性来实现的，常用的调频方法有以下几种：

（1）重新安装叶片，改善安装质量。叶片经过一段时间的运行后，常出现叶根松动，这时应考虑研磨叶根结合面，以增加接触面积及叶根与轮缘的紧力，改善安装质量。

（2）增加叶片与围带或拉金的连接牢固度。

（3）加大拉金直径或改用空心拉金。可以增加拉金对叶片的反弯矩。

（4）改变成组叶片数目。当组内叶片数小于12个时，增加组内叶片数可使叶片组的自振频率提高，但当组内叶片数超过12个以后，再增加叶片，效果提升甚微。

（5）叶顶钻孔。对具有整体围带的等截面叶片，为提高叶片频率，可采用叶顶钻孔的方法，即减小叶片质量，提高自身频率。

二、转子

汽轮机的转动部分总称转子，它是汽轮机最重要的部件之一，担负着工质能量转换及扭矩传递的重任。转子的工作条件相当复杂，它处在高温工质中，并以高速旋转，因此它承受着叶片、叶轮、主轴本身质量离心力所引起的巨大应力以及由于温度分布不均匀引起的热应力。另外，蒸汽作用在动叶片上的力矩，通过转子上的叶轮、主轴和联轴器传递给发电机或其他工作机。所以转子要具有很高的强度和均匀的质量以保证安全工作。运行中要特别注意转子的工作状况。

（一）转子的一般分类

汽轮机转子可分为轮式转子和鼓式转子两大类。

1. 轮式转子

轮式转子主轴上装有叶轮，动叶片安装在叶轮上，常用于冲动式汽轮机。按主轴与其他部件间的组合方式，轮式转子可分为套装转子、整锻转子、焊接转子和组合转子四大类。

（1）套装转子。套装转子的叶轮、轴封套、联轴器等部件是分别加工后热套在阶梯形主轴上的，如图1-24所示。各部件与主轴之间采用过盈配合，以防止叶轮等因离心力及温差作用引起松动，并用键传递力矩。中、低压汽轮机的转子和高压汽轮机的低压转子常采用套装结构。

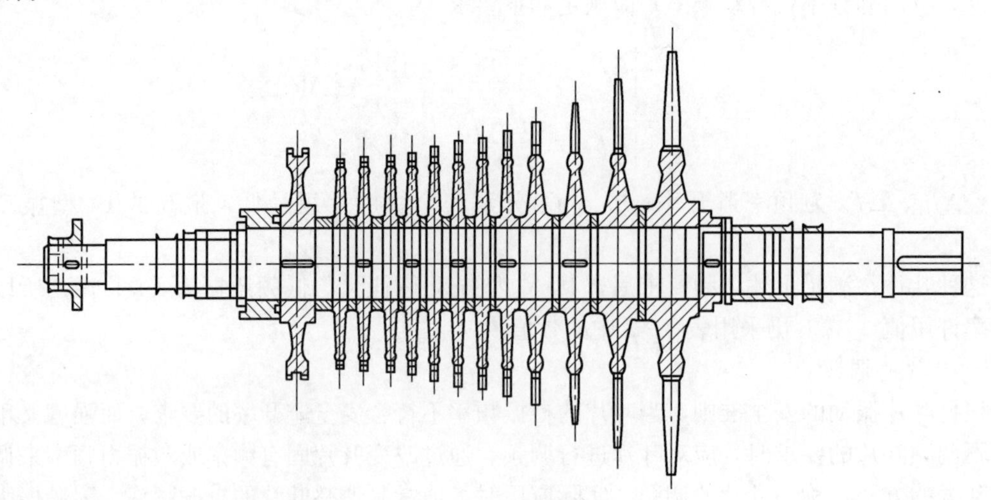

图1-24 套装转子

套装转子加工方便，生产周期短；可以合理利用材料，不同部件采用不同的材料；叶轮、主轴等锻件尺寸小，易于保证质量，造价较低。但在高温条件下，叶轮内孔直径将因材料的蠕变而逐渐增大，最后导致装配过盈量消失，使叶轮与主轴之间产生松动，从而使叶轮中心偏离轴的中心，造成转子质量不平衡，产生剧烈振动，且快速启动适应性差。因此，套装转子不宜作为高温高压汽轮机的高压转子。

（2）整锻转子。整锻转子的叶轮、轴封套和联轴器等部件与主轴是由一整锻件车削而成，无热套部件，如图1-25所示，解决了高温下叶轮等与主轴连接可能松动的问题。

在高温区工作的转子一般都采用整锻转子。现代大型汽轮机，由于末级叶片长度增加，套装叶轮的强度已不能满足要求，所以许多机组的低压转子也采用了整锻结构。例如，我国引进型亚临界压力300MW和600、1000MW汽轮机的高、中、低压转子一般均为整锻转子。

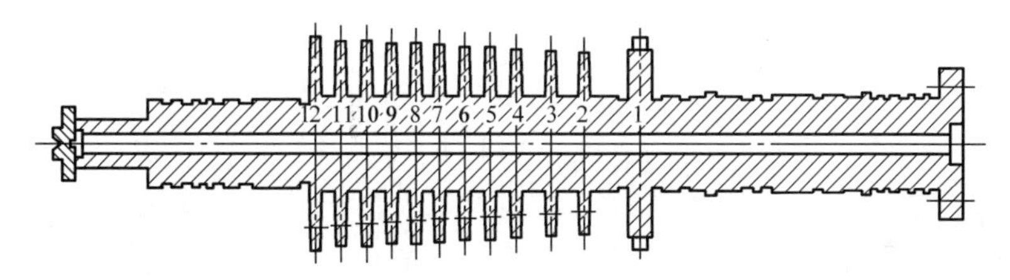

图1-25　整锻转子

整锻转子的优点是：①结构紧凑，装配零件少，可缩短汽轮机轴向尺寸；②没有热套的零件，对启动和变工况的适应性较强，适于在高温条件下运行；③转子刚性较好。缺点是锻件大，工艺要求高，且检验比较复杂又不利于材料的合理使用。

过去的整锻式转子通常钻有一个直径为100mm的中心孔，其目的是将锻件材质较差的部分去掉，防止缺陷扩展，同时也便于检查锻件质量。随着金属锻造水平的提高，目前所采用的是实心整锻式转子，例如，东方汽轮机厂生产的600MW超临界压力和1000MW超超临界压力汽轮机，其高、中、低压转子均为实心整锻无中心孔转子。

（3）焊接转子。汽轮机的低压转子直径大，特别是大功率汽轮机的低压转子质量大，叶轮承受很大的离心力。当采用套装结构时，叶轮内孔在运行中将发生较大的弹性形变，因而需要设计较大的装配过盈量，但这样又引起很大的装配应力。若采用整锻转子，则因锻件尺寸太大，质量难以保证。为此采用分段锻造，焊接组合的焊接转子，如图1-26所示。它主要由若干个实心叶轮与两个端轴焊接而成。

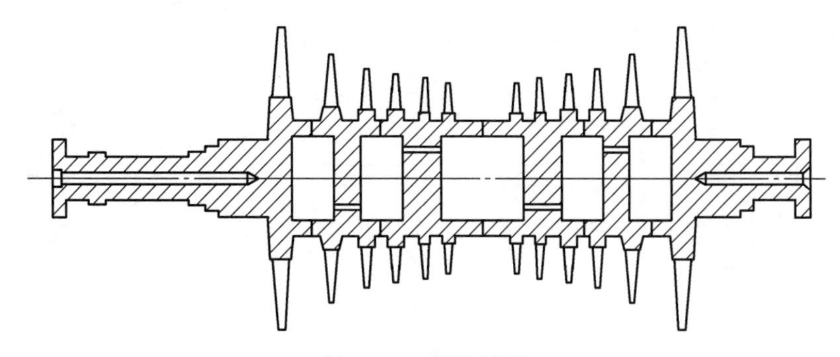
图1-26　焊接转子

焊接转子质量轻，锻件小，结构紧凑，承载能力高。与尺寸相同、带有中心孔的整锻转子相比，焊接转子强度高，刚性好，质量减轻20%～25%。由于焊接转子工作可靠性取决于焊接质量，故对焊接工艺要求高，材料焊接性能好，否则难以保证。因此这种转子的应用受到焊接工艺及检验方法和材料种类的限制，随着焊接技术的不断发展，它的应用将日益广泛。例如，国产300MW汽轮机的低压转子以及北重-ALSTOM生产的600MW超临界压力汽轮机，其高、中、低压转子均采用焊接结构。此外，反动式汽轮机因为没有叶轮也常用此类转子。例如，瑞士制造的1300MW双轴反动式汽轮机，其高、中、低压转子均为焊接转子。

(4) 组合转子。因转子各段所处的工作条件不同，故可在高温段采用整锻结构，而在中、低温段采用套装结构，形成组合转子，以减小锻件尺寸，如图1-27所示。

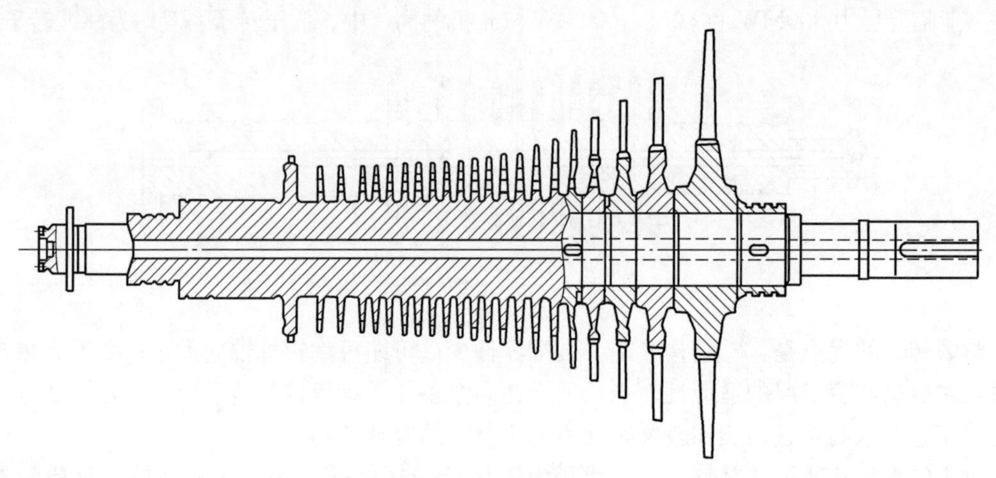

图1-27 组合转子

2. 鼓式转子

鼓式转子没有叶轮或有叶轮径向尺寸也很小，动叶片装在转鼓上，可缩短轴向长度和减小轴向推力，主要用于反动式汽轮机。

图1-28所示为带有中心孔的反动式300MW汽轮机高中压转子，除调节级外，其他各级动叶片直接装在转子上开出的叶片槽中。该机组工作时会产生很大的轴向推力，因此高中压压力级反向布置，同时转子上还设有高、中、低压三个平衡活塞，以平衡轴向推力。哈尔滨汽轮机厂和上海汽轮机厂生产的600MW超临界压力汽轮机以及1000MW超超临界压力汽轮机，其高、中、低压转子则为实心整锻无中心孔鼓式转子。而瑞士ABB公司为华能石洞口第二发电厂生产的600MW超临界压力汽轮机采用了焊接鼓式转子。

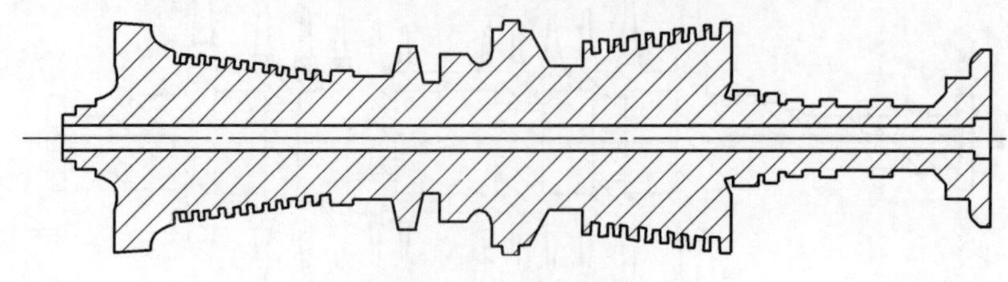

图1-28 鼓式转子

(二) 叶轮的结构

叶轮是轮式转子用来安装叶片并将叶片上产生的扭矩传递给主轴的，工作时受力情况相当复杂。除叶轮自身和叶片等零件的质量引起巨大离心力外，还有因温度沿叶轮径向分布不均匀所引起的热应力、叶轮两边蒸汽的压差作用力以及轮系（叶片和叶轮）振动应力，对于套装叶轮，其内孔上还受到因装配过盈而产生的接触压力。因此正确地选择叶轮的结构形式是非常重要的。

叶轮的结构与转子的结构形式密切相关，叶轮主要由轮缘和轮面组成，套装式叶轮上还有轮毂，图 1-29 所示为套装式叶轮纵截面图。轮缘上开有叶根槽以安装叶片，其形状取决于叶根的形式；套装式叶轮的轮毂是为了减小内孔应力的加厚部分，其内表面上通常开有键槽；轮面把轮缘与轮毂连成一体，高、中压级叶轮的轮面上还通常开有 5 个或 7 个均匀分布的奇数平衡孔。叶轮轮面的型线主要根据叶轮的工作条件来选择。

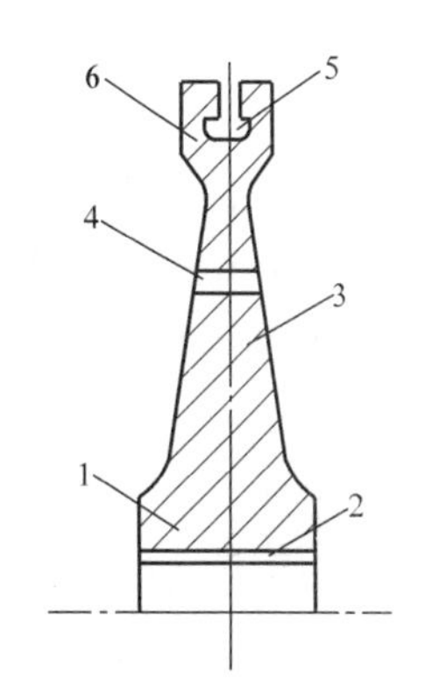

图 1-29　套装式叶轮纵截面图
1—轮毂；2—键槽；3—轮面；4—平衡孔；5—叶根槽；6—轮缘

（三）联轴器

联轴器俗称靠背轮或对轮，是连接多缸汽轮机转子或汽轮机转子与发电机转子的重要部件，其作用是传递扭矩。

联轴器一般可分为刚性、半挠性、挠性三类。若两半联轴器直接刚性相连，则称为刚性联轴器；若中间通过波形筒等来连接，即称为半挠性联轴器；若通过啮合件（如齿轮）或蛇形弹簧等来连接，就称为挠性联轴器。

刚性联轴器是由两根主轴上带有凸缘的圆盘（称为对轮）组成，用螺栓将两对轮紧紧地连接在一起，如图 1-30 所示。

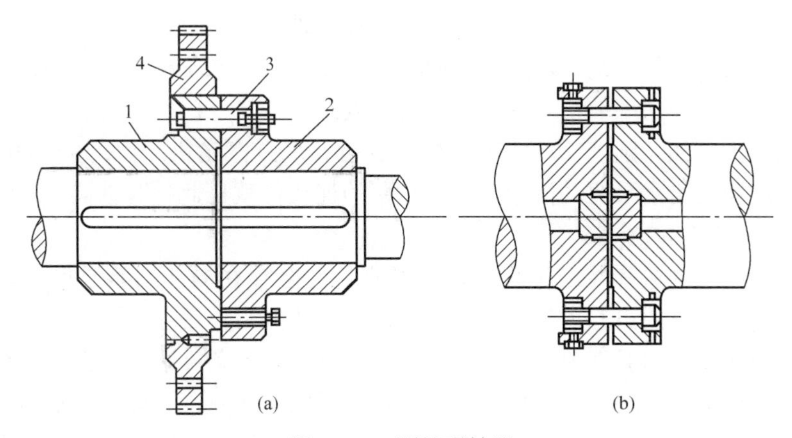

图 1-30　刚性联轴器
(a) 装配式；(b) 对轮与主轴成整体结构
1、2—联轴器；3—螺栓；4—盘车齿轮

图 1-30（a）所示为装配式刚性联轴器，对轮与主轴用热套加键的方法连接固定，而图 1-30（b）所示为整锻转子或焊接转子的对轮与主轴做成的整体结构。

刚性联轴器结构简单，连接刚性强，轴向尺寸短，工作可靠，不需要润滑，没有噪声，除可传递较大的扭矩外，又可传递轴向力和径向力，将转子质量传递到轴承上。因此，在多缸汽轮机中以刚性联轴器连接的转子轴系，其轴向力可以只用一个推力轴承来承受。就径向情况而论，甚至可在刚性联轴器处省去一个支承轴承。因此，刚性联轴器在大功率汽轮机中得以普遍采用，如引进的日本、法国等大容量机组及国产引进型 300MW 亚临界与 600MW 机组、600MW 超临界压力与 1000MW 超超临界压力机组，其高、中、低压转子间全部采用了刚性联轴器。上海汽轮机厂生产的 1000MW 超超临界压力汽轮机的转子采用了单轴承支承结构，其高、中、低压四段转子共用五个轴承支承。刚性联轴器的缺点是不允许被连接的两个转子在轴向和径向有相对位移，所以对两轴的同心度要求严格。制造与安装的少许偏差都会使联轴器承受不应有的附加应力，从而引起机组较大的振动。又因其对振动的传递比较敏感，故增加了现场查找振动原因的难度。

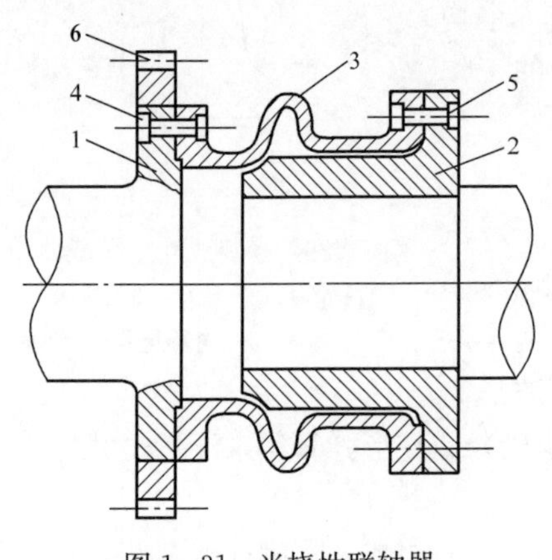

图 1 - 31　半挠性联轴器
1、2—联轴器；3—波形套筒；
4、5—螺栓；6—齿轮

半挠性联轴器如图 1 - 31 所示。其结构特点是，在联轴器间装有波形套筒，它由具有较好弹性的材料制成。套筒两端有法兰盘分别与两只联轴器相连接，联轴器 1 的外缘上紧套的一只齿轮，是供连接盘车用的。汽轮机运行时，由于两转子轴承热膨胀量的差异等原因，可能会引起联轴器连接处大轴中心的少许变化。波形套筒则可略微补偿两转子不同心的影响，同时还能在一定程度上吸收从一个转子传到另一个转子的振动，且能传递较大的扭矩，并将发电机转子的轴向推力传递到汽轮机的推力轴承上，由于具有以上优点，因此它也曾得到广泛应用。例如，国产 200、300MW 汽轮机的低压转子与发电机转子之间的连接均采用此种联轴器。

半挠性联轴器有较强的挠性，它允许两转子有相对的轴向位移和较大的偏心，对振动的传递也不敏感；但传递功率较小，并且结构较为复杂，需要专门的润滑装置，因此一般只在中小机组上采用。例如，国产 200MW 超高压机组、东方汽轮机厂生产的 1000MW 超超临界压力机组所配用的给水泵驱动汽轮机与给水泵的连接件就是此种联轴器。

（四）转子的临界转速

在汽轮机转子的制造和装配过程中，不可避免地会存在局部的质心偏移。当转子转动时，这些质心偏移产生的离心力就成为一种周期性的激振力作用在转子上，使转子产生强迫振动。当转子的转速（即激振力的频率）与转子系统在转动条件下的自振频率合拍时，转子就会发生共振，振幅急剧增大，产生剧烈振动，此时的转速就称为转子的临界转速。它在运行中表现为：汽轮机启动升速过程中、在一些特定的转速下，机组振动急剧增大，超过这些转速后，振动便迅速减小。

如果转子在临界转速下持续运行，轻则使转子振动加剧，重则造成事故。特别在转子平衡较差的情况下，振动会更大，这时可能导致叶片碰伤或折断、轴承和汽封磨损，甚至使大轴断裂。因此必须对转子的临界转速给予足够的重视，在启动操作过程中，应使机组在保证安全的前提下迅速通过临界转速，避免在此转速下停留。设计时，要精确计算出转子的临界转速，使它与工作转速避开一定的范围。

为了说明转子的临界转速，下面进一步介绍等直径均布质量转轴的临界转速和汽轮机转子的临界转速。

1. 等直径均布质量转速的临界转速

图 1-32 所示为一等直径均布质量转轴的振型，其跨度为 l，轴的横截面积为 A，截面积的形心主惯性矩为 I，转轴材料的弹性模量为 E、密度为 ρ，转轴两端为铰支。

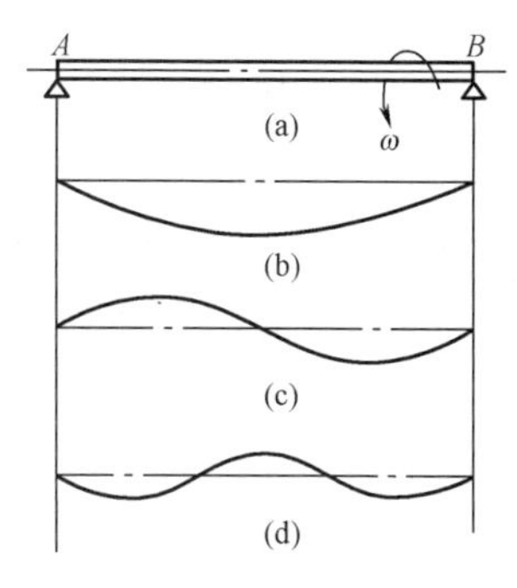

图 1-32　等直径均布质量转轴的振型

(a) 铰支转轴；(b) 一阶振型；(c) 二阶振型；(d) 三阶振型

根据弹性梁的振动原理，可以求出该转轴的临界转速为

$$n_{ci}=\frac{30i^2\pi}{l^2}\sqrt{\frac{EI}{\rho A}} \tag{1-16}$$

式中：i 为正整数，$i=1$，2，3，…。

由式 (1-16) 可知，等直径均布质量转轴的临界转速有无穷多个，$i=1$，2，3，…时的临界转速 n_{c1}，n_{c2}，n_{c2}，…分别称为一阶，二阶，三阶，…临界转速。

式 (1-16) 表明，转轴的临界转速值与其抗弯刚度 EI 的平方根成正比，与其跨度的平方及单位长度质量 ρA 的平方根成反比。总的来说，刚度大、质量轻、跨度小的转轴，临界转速高；反之，临界转速就低。

2. 汽轮机转子的临界转速

汽轮机转子通常不是等直径而是呈阶梯形，上面还安装着叶轮（轮式转子）和其他零部件，其形状和结构比较复杂。前面讨论的等直径均布质量转轴临界转速的结论同样适用于汽轮机转子，但汽轮机转子的各阶临界转速之间不再成一定规律的比例关系。

在汽轮机中，转子是由轴承支承的。一般轴瓦和轴承座是具有一定弹性的物体，所以转子的临界转速接近于弹性支承时的临界转速，改变轴承刚度会影响临界转速。临界转速的理论计算值最终将由实测验证。对已投产的汽轮发电机转子，影响临界转速的因素是转子的温度和轴承支承刚度。

在汽轮发电机组中，汽轮机的各段转子及发电机转子之间用联轴器连接起来，构成了一个多支点的转子系统，称为轴系。轴系的临界转速由组成该轴系的各段转子的临界转速汇集而成，但又不是它们的简单集合。联轴器的连接作用使各转子的刚度增加，因而轴系的临界转速比单跨转子相应的临界转速有所提高；联轴器的质量有使转子临界转速降低的作用。一般前一种作用占主导地位，所以轴系的临界转速通常比单跨转子相应的临界转速要高。

3. 转子临界转速的校核标准

当转子的工作转速与轴系的任一个临界转速相等（或在附近）时，轴系就会发生共振而引起机组强烈的振动，所以为保证机组的安全运行，汽轮机的工作转速应当避开各阶临界转速，并有一定的富裕度。

当转子的工作转速 $n_0<n_{c1}$时，这种转子称刚性转子，设计要求 $n_{c1}=(1.25\sim1.8)n_0$；当 $n_0>n_{c1}$时的转子称作挠性转子，要求 $1.4n_{ci}<n_0<0.7n_{c(i+1)}$。国际标准化组织把转子自然挠曲变形引起的附加不平衡可以不计的转子称为刚性转子；反之，则称为挠性转子。

随着高速动平衡技术的发展，转子在出厂前已达很高平衡精度，故转子的临界转速与工作转速避开的余量可以减小，国外有些制造厂采用了只有 $5\%n_0$ 的避开余量。特别是挠性转子平衡技术的普遍采用，使机组启、停通过临界转速时，不再产生过分异常的振动，使机组启动不必采取冲过或快速通过临界转速的办法，因为冲过或快速通过临界转速，对机组都是不利的；但转子在临界转速下也不宜长时间运行。

三、汽缸与滑销系统

（一）汽缸的结构

汽缸是汽轮机的外壳，它质量大、形状复杂并且处在高温高压下工作。汽缸的作用是将汽轮机的通流部分与大气隔绝，以形成一个蒸汽做功的封闭空间；另外，汽缸内安装着喷嘴室、隔板套、隔板等零部件，汽缸外连接着进汽、排汽、抽汽等管道，因此它还起着支承定位的作用。汽缸除了承受内外压差以及本身和装在其中的各零部件质量等静载荷外，还要承受由于沿汽缸轴向、径向温度分布不均而产生的热应力，特别是高参数大功率汽轮机，这个问题更加突出。因此，对汽缸的结构要求主要有以下几点：

（1）要保证有足够的强度和刚度，足够好的蒸汽严密性。

（2）保证各部分受热时能自由膨胀，并能始终保持中心不变。

（3）通流部分有较好的流动性能。

（4）汽缸形状要简单、对称，壁厚变化要均匀，同时在满足强度和刚度的要求下，尽量减薄汽缸壁和连接法兰的厚度。

（5）节约贵重钢材消耗量，高温部分尽量集中在较小的范围内。

（6）工艺性好，便于加工制造、安装、检修，也便于运输。

1. 总体结构

为了安装、检修方便，汽缸多由水平对分的上、下缸组成，上、下缸之间的结合面称为水平中分面，绕水平中分面一周伸出的凸缘称为水平法兰。上、下缸就是通过水平法兰用螺栓连接在一起。

由于汽轮机的形式、容量、蒸汽参数、是否采用中间再热以及制造厂家的不同，汽缸的结构也有多种形式。

50MW 及以下的机组，采用单缸结构。图 1 - 33 所示为高压凝汽式单缸汽轮机汽缸外形。从机头方向看，汽缸大致呈圆筒形或近似圆锥形。为了合理地利用材料，该汽缸除有水平中分面外，还有两个垂直结合面将汽缸分为高、中、低压三段。与水平结合面一样，垂直结合面也通过法兰、螺栓连接，只不过垂直结合面通常是在制造厂一次装配完就不再拆卸了。前部有四个和汽缸焊在一起的蒸汽室，分别与四根进汽管相连，下部留有各级抽汽管口，尾部则是与凝汽器相连接的排汽管口。汽缸的高、中压段一般采用合金钢或碳钢铸造结构，低压段可根据容量和结构要求，采用铸造结构或钢板焊接结构。

大容量中间再热汽轮机则采用多个汽缸，按蒸汽压力的高低可将汽缸分成高、中、低压缸，下面分别介绍。

2. 高中压缸

高中压缸的结构形式有两种，一种是高中压分缸，即分成两个汽缸；另一种是高中压合缸，即高中压缸并成一个汽缸。例如，我国引进美国西屋技术生产的 600MW 亚临界压力机组、上海汽轮机厂引进德国西门子技术生产的 1000MW 超超临界压力机组等为前一种形式，即采用独立的高压和中压缸，而哈尔滨汽轮机厂生产的 300MW 机组及 600MW 超临界压力机组采用的是合缸形式，即高压和中压部分合并在一个汽缸中。新蒸汽和再热蒸汽均由中间进入汽缸，高中压通流部分采用反向布置。图 1 - 34 所示为哈尔滨汽轮机厂生产的 600MW 超临界压力汽轮机高中压缸结构示意。

高中压缸合缸布置的优点：

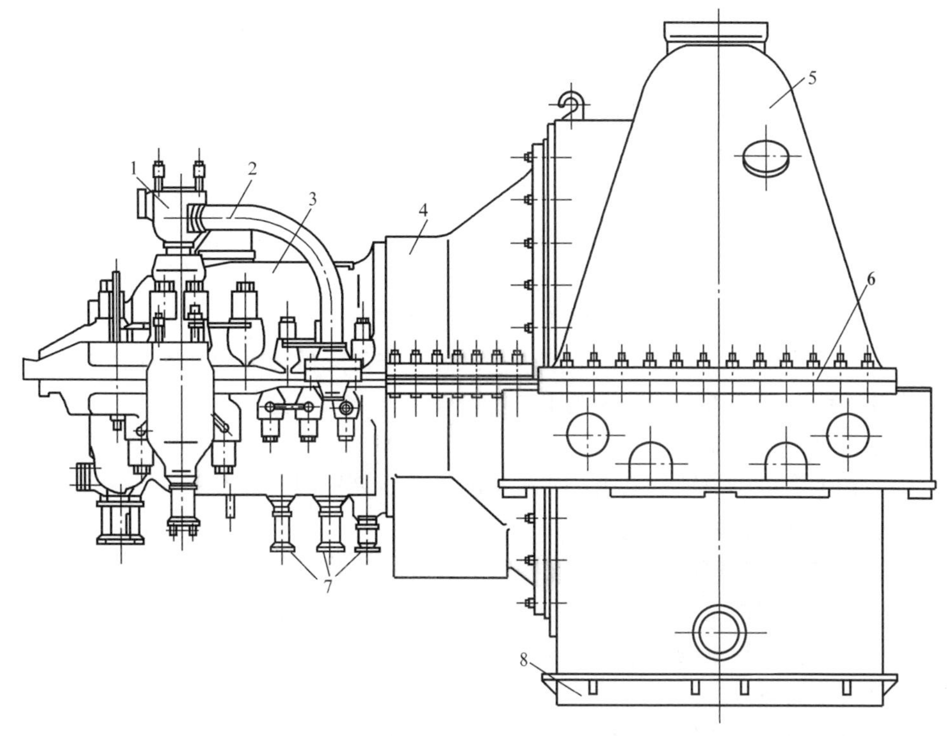

图 1-33　高压凝汽式单缸汽轮机汽缸外形

1—蒸汽室；2—进汽管；3—高压段；4—中压段；5—低压段；
6—水平中分面；7—抽汽管口；8—排汽管口

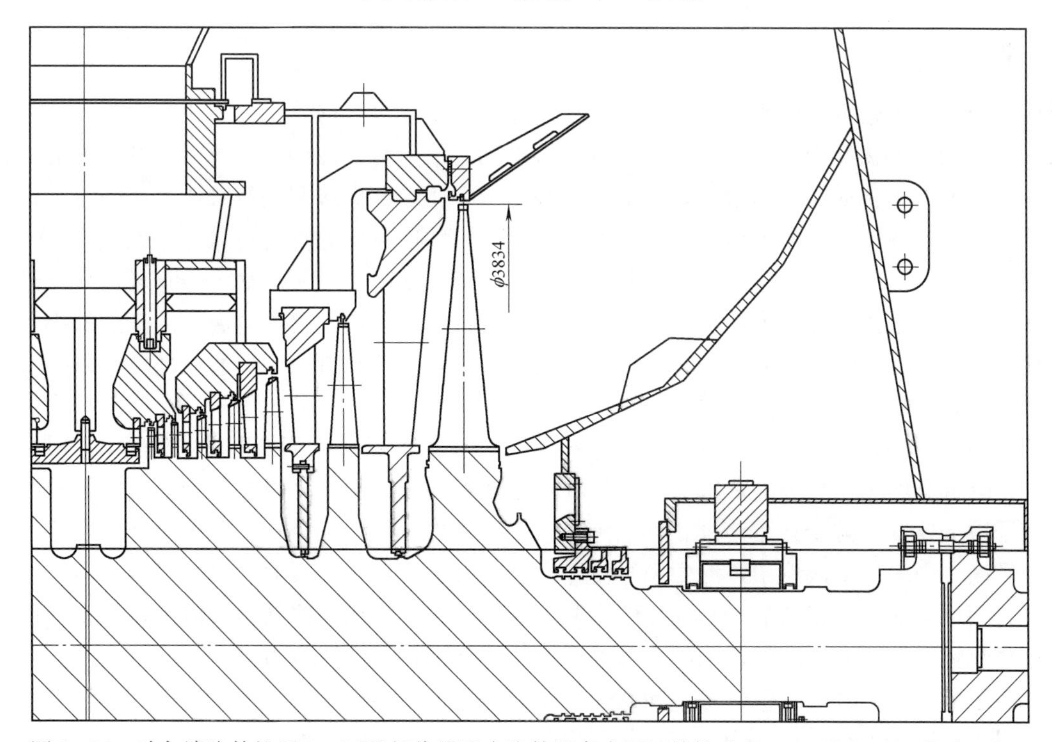

图 1-34　哈尔滨汽轮机厂 600MW 超临界压力汽轮机高中压缸结构示意（24.2MPa/566℃/566℃）

(1) 高中压进汽部分集中在汽缸中部，即高温区在中间，又由于采用了双层缸结构，改善了汽缸温度场分布情况，使汽缸温度分布较均匀，汽缸热应力较小，因温差过大而造成汽缸变形的可能性减小，同时也改善了轴承的工作条件。

(2) 高中压缸的两端分别是高压缸排汽和中压缸排汽，压力和温度都较低，因此两端的外汽封漏汽量少，轴承受汽封温度的影响也较小，有利于轴承、转子的稳定。

(3) 高中压缸通流部分反向布置，轴向推力可互相抵消一部分，再辅之增加平衡活塞，轴向推力也较易平衡，推力轴承的负荷较小，推力轴承的尺寸减小，有利于轴承箱的布置。

(4) 采用高中压合缸，减少了径向轴承的数目（减少1～2个），减小了汽缸中部汽封的长度，可缩短机组主轴的总长度，制造成本和维修工作量降低。为此，高中压缸合缸和通流部分反向布置的结构在高参数大容量机组中用得较多。

高中压缸合缸布置的缺点：

(1) 推力轴承常位于前轴承箱中，使机组的胀差不易控制。

(2) 合缸后汽缸形状复杂，孔口太多。

(3) 汽缸、转子的几何尺寸较大，质量较大。

(4) 管道布置较拥挤。

(5) 机组相对膨胀较复杂，使机组对负荷变化的适应性较差。

(6) 安装、检修较复杂。

高参数大容量中间再热机组高压汽缸的工作特点是缸内所承受的压力和温度都很高，这就要求汽缸缸壁应适当加厚，因而使法兰尺寸和螺栓直径等也相应加大，当机组启动、停机和工况变化时，将导致汽缸和法兰、法兰和螺栓之间因温差过大而产生很大的热应力，甚至使汽缸变形、螺栓拉断。为此，一般对于初参数在12.7MPa、535℃及以上的汽轮机，都将高压缸做成双层汽缸，并在内外汽缸的夹层中间通以低于初温、初压的蒸汽，使每层汽缸所承受的温差与压差大为减少，每层汽缸壁和法兰的厚度就可减薄，从而减小了启动、停机以及工况变动时的热应力。同时，由于外缸能够得到夹层蒸汽的冷却，还可以降低对外缸的材料要求，节约了优质耐热合金钢。有的机组甚至将中压缸也做成双层汽缸或者在中压缸进汽段内壁设置遮热罩。哈尔滨汽轮机厂生产的600MW超临界压力汽轮机采用了与350MW超临界压力汽轮机相同的高中压缸夹层及转子冷却系统，如图1-35所示。一股来自高压缸排汽区的蒸汽通过挡汽板进入高、中压外缸与高压内缸的夹层内，再经过高压内缸上的小孔进入外缸中压部分与隔热罩之间的夹层内，最后经隔热罩冷却孔进入中压通流部分，以冷却高温进汽区，防止高中压外缸过热。

采用高中压缸合缸的汽轮机，所设置的高中压缸冷却系统除用于对内、外缸的冷却外，还用于降低高温蒸汽包围的汽缸进汽口处叶片根部和转子的温度，以改善受影响区域的叶根和转子蠕变速度，减少转子弯曲的可能性。如图1-35所示，另有一股来自调节级后的蒸汽，经高、中压平衡鼓流出，沿中压导流环内侧进入中压第一级，通过第一级动叶根部的缝隙，利用反动式动叶特有的动叶前后的压差流动，使转子表面被冷却蒸汽覆盖，不直接接受高温蒸汽辐射，能大大降低转子的金属温度，从而降低转子的热应力。

为了减小启动时汽缸壁、法兰和螺栓之间的温差，缩短启动时间，对高压缸甚至中压缸可采用法兰螺栓加热装置。图1-36所示为国产300MW汽轮机的高压外缸法兰、螺栓加热装置示意图。高压外缸采用对穿螺栓，在上、下法兰侧与螺孔对应处开有与螺孔相同的蒸汽

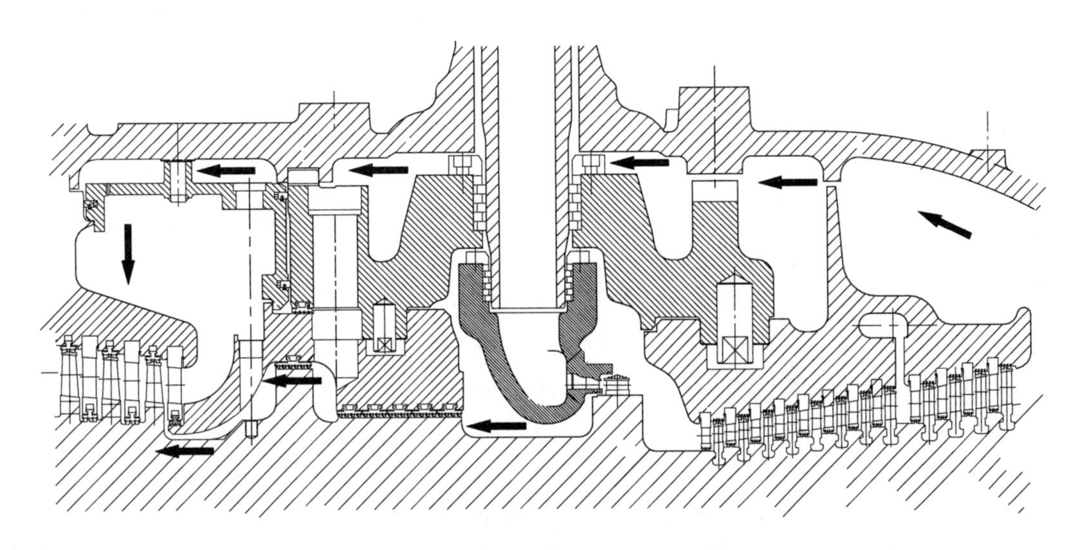

图 1 - 35　350MW 超临界压力汽轮机高中压缸夹层及转子冷却系统示意

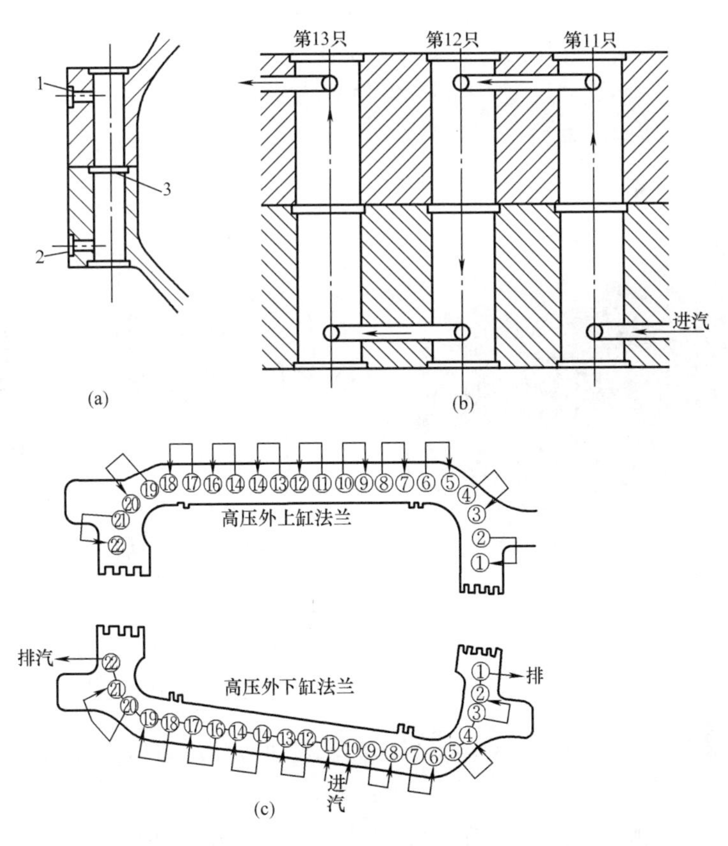

图 1 - 36　国产 300MW 汽轮机的高压外缸法兰、螺栓加热装置示意

(a) 高压外缸法兰；(b)、(c) 螺栓加热流程

1、2—蒸汽连接口；3—平面槽

连接管口1和2，法兰外面有许多小弯管将相邻两个螺孔连通。来自法兰螺栓调温加热联箱的加热（冷却）蒸汽从下法兰第10和11号螺孔进入，分别依次经过10～1号螺孔及11～12号螺孔，然后排入法兰螺栓加热集汽联箱。蒸汽在螺孔周围流动时，对螺栓及法兰进行了加热（冷却）。

此外，为了简化汽缸结构，减小热应力，减少启停操作次数，有些机组采用高窄法兰及小而密的连接螺栓，以解决汽缸壁、法兰和螺栓之间的温差问题，不设法兰螺栓加热装置。而有些机组的高压缸采用了圆筒形结构。例如，北重-ALSTOM公司生产的600MW超临界压力汽轮机，其高压内缸采用了无水平法兰的红套结构，用几道热套上的紧箍密封；上海汽轮机厂生产的1000MW超超临界压力汽轮机，其高压外缸采用圆筒形汽缸，垂直法兰结构，内缸则采用垂直纵向中分结构，如图1-37所示。

3. 高压进汽部分

高压进汽部分是指调节阀后蒸汽进入汽缸第一级喷嘴这段区域，它包括调节阀至喷嘴室的主蒸汽（或再热蒸汽）导管、导管与汽缸的连接部分和喷嘴室。它是汽缸内承受蒸汽压力和温度最高的区域。为了便于制造和减小热应力，此部分（喷嘴室）都是单独制造的，这也是超高参数大容量机组进汽部分的特点之一。

由于高压缸为双层缸，喷嘴室装在内缸，而高压进汽管焊在外缸上，这样就产生了外缸上进汽管与内缸中的喷嘴室连接问题。为此，主蒸汽进汽管与喷嘴室之间需装一进口连接短管，通常通过弹性密封环滑动连接。图1-38所示为东方汽轮机厂生产的1000MW超超临界压力汽轮机汽缸进汽结构示意。

图1-37 圆筒形高压外缸

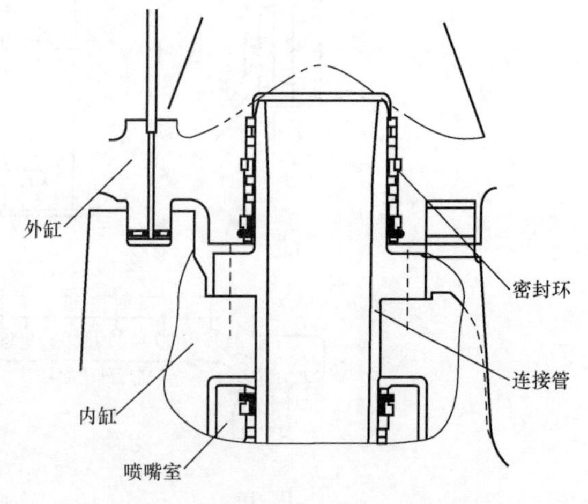

图1-38 东方汽轮机厂生产的1000MW超超临界压力汽轮机汽缸进汽结构示意

哈尔滨汽轮机厂生产的600MW超临界压力汽轮机高压缸进汽部分如图1-39所示，高压缸四个喷嘴室沿圆周方向整圈布置，通过水平中分面形成了上下两半。它采用中心线定位，上、下半各两个喷嘴室支承在内缸水平中分面处。喷嘴室的轴向位置由上下半的凹槽与内缸上下半的凸台配合定位。上下两半内缸上均有滑键，以确定喷嘴室的横向位置。高压缸进汽管与喷嘴室之间采用弹性密封环滑动连接。这种支承和密封系统使每个部件都能自由地膨胀和收缩，并且密封性和对中性好，应力小，热负荷适应性好。

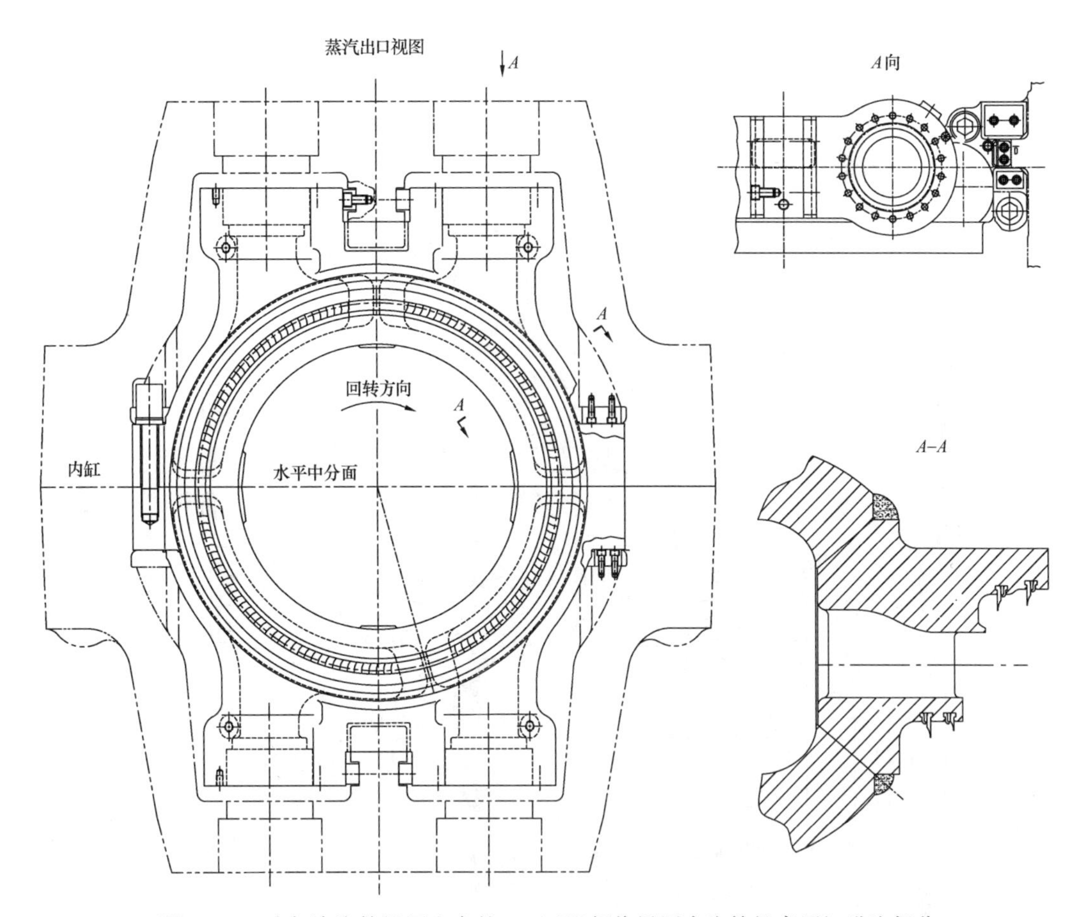

图 1-39　哈尔滨汽轮机厂生产的 600MW 超临界压力汽轮机高压缸进汽部分

4. 排汽缸

单缸汽轮机的低压段及多缸汽轮机的低压缸，统称排汽缸。大功率凝汽式汽轮机因容积流量很大，往往不止一个排汽口，排汽缸尺寸也很大。由于排汽缸承受的压力、温度都比较低，它的强度一般没有什么问题，但因其进汽口与排汽温度相差较大，因此，必须处理好其热膨胀问题，以及防止因刚度不足而产生变形。另外，为充分利用排汽余速，减小流动损失，要求排汽缸有合理的导流形状。

中小功率汽轮机的排汽缸用铸铁铸成，汽轮机的后轴承座和发电机的前轴承座与排汽缸一体铸成。较大功率的单缸汽轮机，由于排汽缸尺寸增大，为减轻质量增加刚度，采用加强筋加固的钢板焊接结构，汽轮机后轴承座与排汽缸连成一体。

大功率汽轮机的排汽缸采用了双层或三层汽缸单层排汽室的结构。在排汽区设有低压缸喷水装置，以降低低压缸温度，保护末级叶片。因机组空转或低负荷时，其蒸汽流量太小而不足以带走低压缸内鼓风摩擦产生的热量，使排汽缸温度升高。排汽缸温度过高，则会影响与排汽缸连在一起的轴承座的标高，使低压转子中心线改变，造成机组振动或发生事故。排汽温度过高，还可能使凝汽器内冷却水管泄漏。

图 1-40 所示为哈尔滨汽轮机厂生产的 600MW 超临界压力汽轮机低压缸结构。该机组的低压缸为三层缸结构，由外缸、1 号内缸、2 号内缸组成，通流部分分段设在 1、2 号内缸

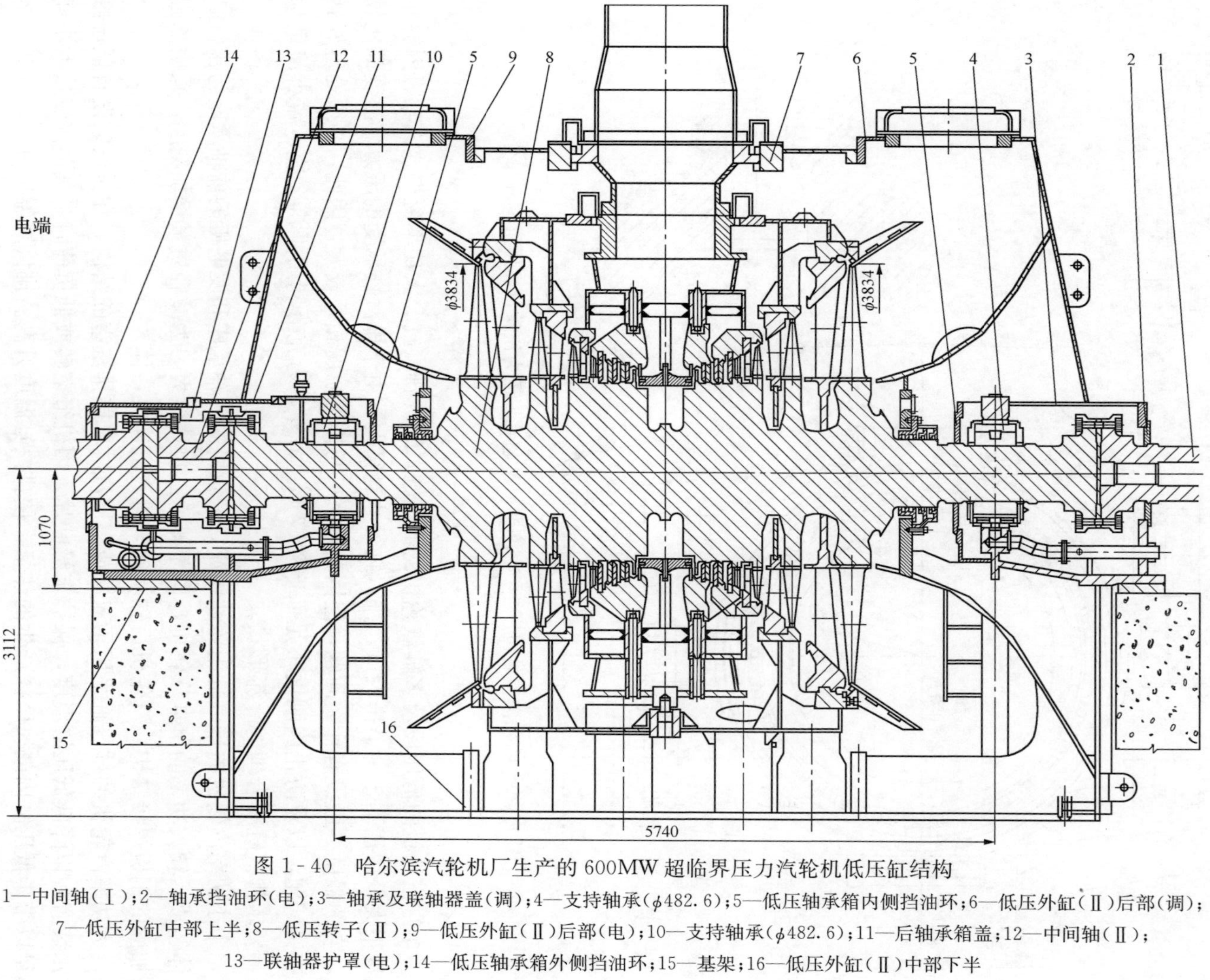

图 1-40 哈尔滨汽轮机厂生产的 600MW 超临界压力汽轮机低压缸结构

1—中间轴(Ⅰ);2—轴承挡油环(电);3—轴承及联轴器盖(调);4—支持轴承(ϕ482.6);5—低压轴承箱内侧挡油环;6—低压外缸(Ⅱ)后部(调);7—低压外缸中部上半;8—低压转子(Ⅱ);9—低压外缸(Ⅱ)后部(电);10—支持轴承(ϕ482.6);11—后轴承箱盖;12—中间轴(Ⅱ);13—联轴器护罩(电);14—低压轴承箱外侧挡油环;15—基架;16—低压外缸(Ⅱ)中部下半

（低压1～5级安在1号内缸内、6～7级安在2号内缸内）中，这样低压缸的较大温差可在三层缸之间得到合理分配。每个低压外缸的上半缸两端处，装有两个大气安全阀，其用途是当低压缸内超过其最大设计安全压力时，自动进行危急排汽。低压缸喷水装置在机组转速达到600r/min时自动投入，并在其带上15％额定负荷前连续运行，同时当排汽缸温度超过70℃时也会自动投入，凝结水泵向喷水装置供水。

（二）汽缸的支承和滑销系统

1. 汽缸的支承

汽缸的支承要平稳，因其自重而产生的挠度应与转子的挠度近似相等，同时要保证汽缸受热后能自由膨胀，且其动、静部分对中不变或变动很小。

汽缸的支承定位包括外缸在轴承座和基础台板（座架、机架等）上的支持定位，内缸在外缸中的支持定位，以及滑销系统的布置等。

（1）描爪支承。汽缸通过其水平法兰延伸的猫爪（搭爪）作为承力面，支承在轴承座上，故称猫爪支承。猫爪支承又分为上猫爪和下猫爪两种。高、中压汽缸均采用此种支承方式。

1）下猫爪支承。下汽缸水平法兰前后延伸的猫爪称下猫爪，又称工作猫爪（支承猫爪）。在高压缸的下缸前后备有两只猫爪，分别支承在高压缸前后的轴承座上。下猫爪支承又可分非中分面支承和中分面支承两种。

非中分面下猫爪支承。其猫爪支承的承力面与汽缸水平中分面不在一个平面内，如图1-41所示。其结构简单，安装检修方便，但当汽缸受热使猫爪因温度升高而产生膨胀时，导致汽缸中分面抬高，偏离转子的中心线，这样将使动、静部分的径向间隙改变。严重时会因动、静部分摩擦太大而造成事故。所以这种猫爪只用于温度不高的中低参数机组的高压缸支承。对于高参数大容量机组，因其汽封间隙小，而猫爪厚度大，受热后使汽缸上抬的影响大，需采用其他支承方式。

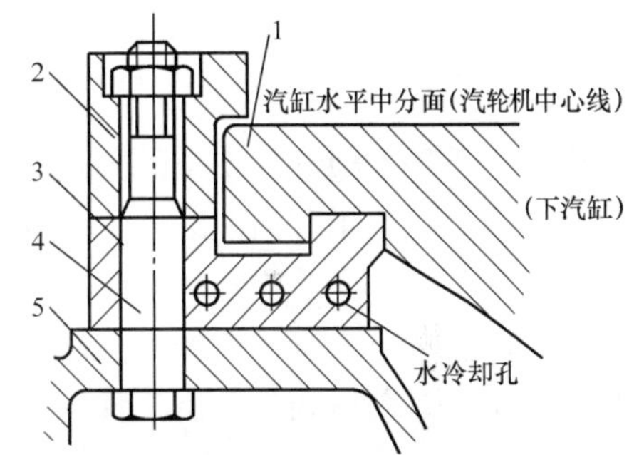

图1-41　下缸猫爪非中分面支承
1—下缸猫爪；2—压块；3—支承块；4—紧固螺栓；5—轴承座

中分面下猫爪支承。高参数大容量机组高压缸支承在轴承上可采用中分面支承方式，即汽缸法兰中分面（中心线）与支承面一致。下汽缸中分面猫爪支承方式是将下猫爪位置抬高，使猫爪承力面正好与汽缸中分面在同一水平面上，如图1-42所示。这样，汽缸温度变化时，猫爪热膨胀不会影响汽缸的中心线。但这种结构因猫爪抬高使下汽缸的加工复杂化。国产引进型300MW汽轮机的高、中压缸，哈尔滨汽轮机厂（以下简称哈汽）生产的350MW与600MW超临界压力汽轮机就采用了这种支承方式。

2）上猫爪支承。上缸的猫爪支承称作上猫爪支承，它采用中分面支承方式，如图1-43所示。上缸法兰延伸的猫爪（也称工作猫爪）作为承力面支承在轴承箱上，其承力面与汽缸水平中分面在同一平面内。猫爪受热膨胀时，汽缸中心仍与转子中心保持一致。下缸靠水平法兰的螺栓吊在上缸上，使螺栓受力增加。此种支承安装时比较麻烦，下缸必须安装猫爪，即图1-43中下缸猫爪。它只在安装时起支承下缸的作用。下边的安装垫铁用来调整汽缸洼窝中心，安装好后紧固螺栓，安装猫爪不再起支承作用，就不再受力，安装垫铁即可抽走，留待检修时再用。上缸猫爪支承在工作垫铁上，承担汽缸质量。运行时安装猫爪通过横销推动轴承座做轴向移动，并在横向起热膨胀的导向作用。水冷垫铁固定在轴承座上并通有冷却水，以不断地带走由猫爪传来的热量，防止支承面的高度因受热而发生改变。同时，也使轴承的温度不至于过高。国产125MW和300MW机组、日立的250MW机组、意大利安莎多的320MW机组，哈尔滨汽轮机厂生产的超超临界压力1000MW汽轮机都采用这种支承方式。

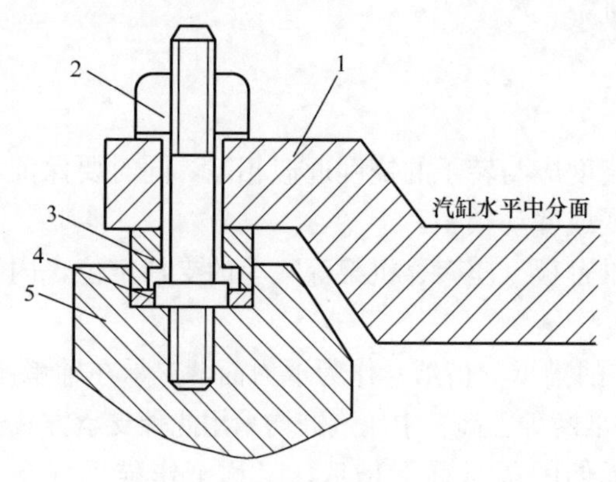

图1-42 下缸猫爪中分面支承

1—下缸猫爪；2—螺栓；3—平面键；4—垫圈；5—轴承座

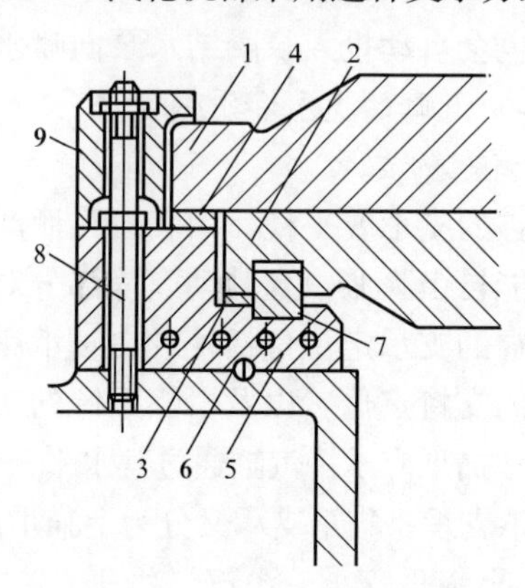

图1-43 上缸猫爪支承结构

1—上缸猫爪；2—下缸猫爪；3—安装垫铁；4—工作垫铁；5—水冷垫铁；6—定位销；7—定位键；8—紧固螺栓；9—压块

内缸也采用类似猫爪支承的方式，利用其法兰外伸的支承搭耳支承在外下缸的支承面上上，也有内下缸支承和内上缸支承两种方式。上海汽轮机厂生产的300MW机组，其高压内缸采用了内上缸的支承方式，如图1-44所示。它的内下缸通过法兰螺栓吊装在内上缸上，内上缸的法兰中分面支承在外下缸的法兰中分面上。外下缸又由外缸螺栓吊装在外上缸上。而外上缸是通过前后猫爪支承在轴承座上的。

(2) 台板支承。低压外缸由于外形尺寸较大，一般都采用下缸伸出的撑脚直接支承在基础台板上，如图1-45所示。虽然它的支承面比汽缸中分面低，但因其温度低，膨胀不明显，所以影响不大。但需注意，汽轮机在空载或低负荷运行时排汽温度不能过高，否则将使排汽缸过热，影响转子和汽缸的同心度或转子的中心线，所以要限制排汽温度，设置排汽缸喷水装置。

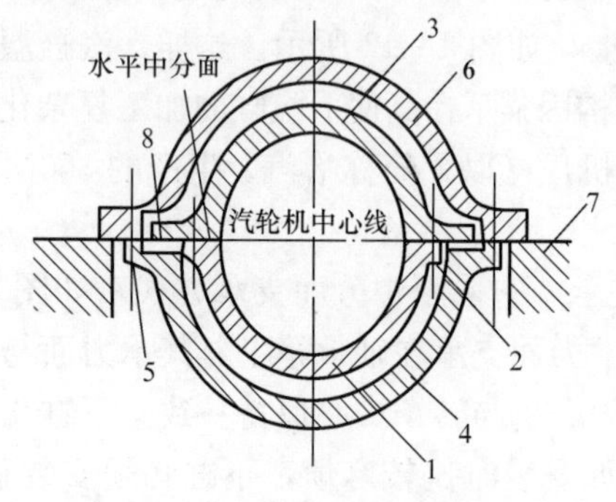

图1-44 内缸在外缸上的中分面支承

1—内下缸；2—内缸连接螺栓；3—内上缸；4—外下缸；5—外缸连接螺栓；6—外上缸；7—轴承座；8—支承垫片

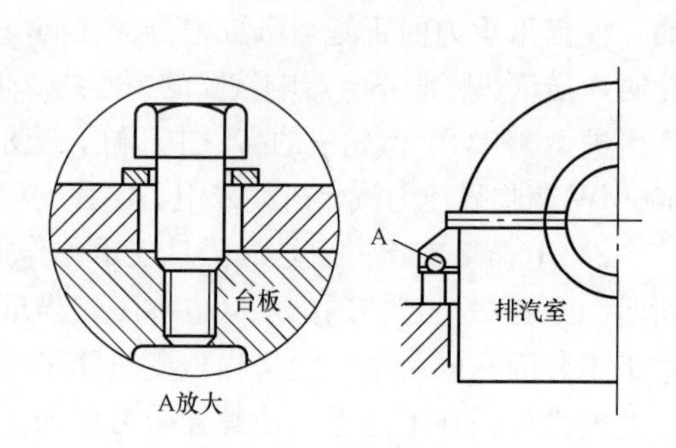

图1-45 低压缸支承

2. 滑销系统

汽轮机在启动、停机和运行时，汽缸的温度变化较大，将沿长、宽、高几个方向膨胀或收缩。由于基础台板与轴承座的温度升高低于汽缸，如果汽缸和基础台板或轴承座为固定连接，则汽缸将不能自由膨胀，因此，汽缸的自由膨胀就成了汽轮机的制造、安装、检修和运行中的一个重要问题。为了保证汽缸定向自由膨胀，并能保持汽缸与转子中心一致，避免因膨胀不均匀造成不应有的应力及伴随而生的振动，因而必须设置一套滑销系统。在汽缸与基础台板间和汽缸与轴承座之间应装上各种滑销，并使固定汽缸的螺栓留出适当的间隙，既保证汽缸自由膨胀，又能保持机组中心不变。

根据滑销的构造形式、安装位置和不同的作用，滑销系统通常由横销、纵销、立销、猫爪横销、斜销、角销等组成，图 1-46 所示为滑销的构造和间隙示意。横销的作用是引导汽缸在横向正确膨胀，并限制汽缸沿纵向移动，以确定其轴向位置，即横销处汽缸与台板（或轴承座）的轴向相对位置保持不变。高、中压缸猫爪与轴承座之间设有横销，称为猫爪横销；低压缸在其左右搭角与基础台板之间设有横销。纵销的作用是引导汽缸与轴承座在纵向正确膨胀，并限制汽缸沿横向移动，以确定其横向位置，即汽缸中心轴线上各点不发生左右移动。纵销一般安装在轴承座底部与基础台板之间以及低压缸与基础台板之间。立销的作用是引导汽缸在垂直方向上正确膨胀，使汽缸在垂直方向上与轴承座中心一致。角销也称作压板，防止轴承箱产生倾斜或抬高。

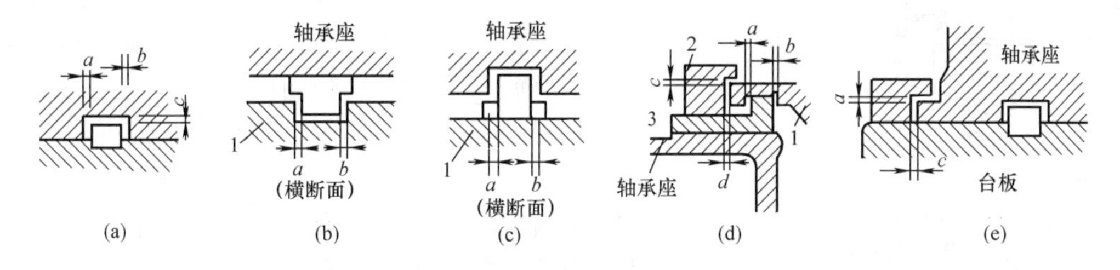

图 1-46　滑销的构造及间隙示意

(a) 纵销或横销；(b) 立销（固定于轴承座）；(c) 立销（固定于汽缸上）；(d) 猫爪横销；(e) 角销

1—汽缸；2—猫爪压销；3—猫爪横销

基础台板上横销中心线与纵销中心线的交点是整个汽缸膨胀的绝对死点。绝对死点相对于运转层基础是不动的。汽轮机的绝对死点一般都设置在低压缸上，使机组向前轴承座端膨胀。这样设置的目的是由于低压缸和凝汽器直接连接，低压汽缸又是最重的，且凝汽器也是庞大笨重的设备，它们一起移动很困难，如果强行使机组从高压缸向低压缸方向膨胀，若低压缸位移较大，势必造成巨大的连接应力。同时，很可能会因膨胀受阻而导致机组振动。

哈尔滨汽轮机厂生产的 600MW 超临界压力机组滑销系统如图 1-47 所示。由图可见，汽轮机静止部件膨胀的绝对死点在 1 号低压缸的中心，由预埋在基础中的两块横向定位键（纵销）和两块轴向定位键（横销）限制 1 号低压缸的中心移动，形成汽轮机的绝对死点。2 号低压缸只有两块横向定位键，限制它的横向移动，可沿轴向膨胀。发电机定子部件膨胀的绝对死点在发电机的中心，由预埋在基础中的两块轴向定位键和两块横向定位键限制中心的移动，形成发电机的绝对死点。

高、中压缸由四只猫爪支托，猫爪搭在轴承箱上，猫爪与轴承箱之间通过键（猫爪、横销）配合，猫爪在键上可以自由滑动，保持汽缸与轴承座的轴向相对位置。

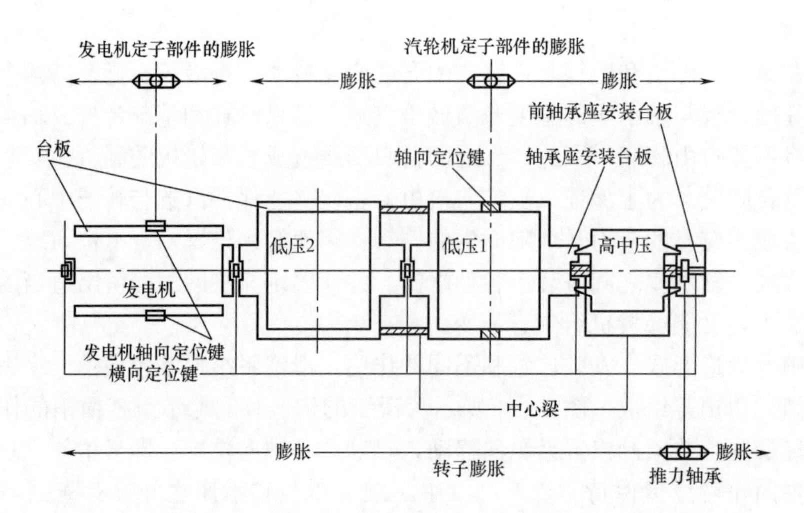

图1-47 哈尔滨汽轮机厂生产的600MW超临界压力机组滑销系统

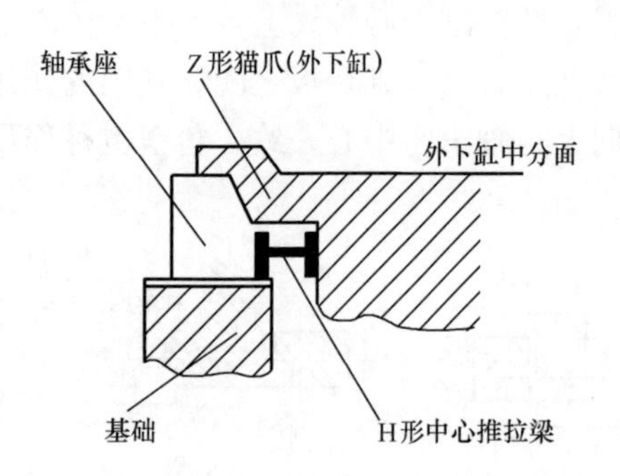

图1-48 外下缸Z形猫爪中分面支承与定位中心推拉梁示意

高中压缸与轴承箱之间（见图1-48）、1号与2号低压缸之间在水平中分面以下都用定位中心梁连接。汽轮机膨胀时，1号低压缸中心保持不变，它的后部通过定位中心梁推动2号低压缸沿机组轴向向发电机端膨胀。1号低压缸的前部推着中轴承箱、高中压缸、前轴承箱沿机组轴向向前端膨胀。轴承箱受基架上导向键的限制，可沿轴向自由滑动，但不能横向移动。前轴承箱侧面的压板限制了轴承箱产生的任何倾斜或抬高的倾向。这种滑销系统经运行证明，膨胀通畅，效果良好。

600MW超临界压力机组各转子之间都是采用刚性联轴器连接，形成轴系。整个轴系由8个轴承支承。轴系轴向位置是靠机组高压转子前端的推力盘来定位的。推力盘包围在推力轴承中，由此构成了机组动、静部件之间的相对膨胀死点。当机组静止部件在膨胀与收缩时，推力轴承所在的前轴承箱也相应地轴向移动，因而推力轴承或者轴系的定位点也随之移动，因此，称机组动、静部件之间的死点为机组的“相对死点”。当汽轮发电机转子受热时，整个汽轮发电机组轴系以推力盘定位向发电机端膨胀。

对于双层结构的汽缸，为保证内缸受热后能自由膨胀并保持与外缸中心一致，内缸与外缸之间也设有滑销。例如，哈尔滨汽轮机厂生产的600MW超临界压力机组，其高压内缸的进汽段水平法兰在进汽管中心线所在的纵剖面处有猫爪，支承在外缸水平法兰的凸台上，上、下半缸外壁两端纵剖面处有纵销，使其与外缸同心；高压内缸的中、后部，通过其外壁的凹槽嵌装在进汽段的凸环上，确定其轴向位置，并由水平挂耳确定其水平位置。

四、喷嘴组、隔板（静叶环）与隔板套（静叶持环）

（一）喷嘴组

为了提高机组对各种不同运行工况的适应性、快速性和安全性，高参数大容量汽轮机对不同的运行工况采用不同的配汽方式。其配汽方式有两种：①节流配汽方式（单阀方式）；

②喷嘴配汽方式（顺序阀方式）。因此，汽轮机的第一级一般都做成调节级。调节级喷嘴叶栅通常是由若干个喷嘴组成喷嘴弧段（即喷嘴组）后，再固定在单独制造的喷嘴室的出口圆弧形槽道中。机组在部分负荷时，调节级的喷嘴叶栅和动叶叶栅都是部分进汽，为了减小不进汽喷嘴弧段对应的动叶流道的漏汽损失，调节级采用冲动级，以降低动叶栅两侧的压力差。

大功率喷嘴组的制造方法主要有整组铣制焊接和精密铸造两种。

图 1-49 所示为整体铣制焊接喷嘴组。加工时，在一圆弧形锻件内环上直接铣出喷嘴叶片，再先后铣出隔叶件和外环，构成完整的喷嘴组。然后，将喷嘴组固定在相应的喷嘴室出口圆弧形槽道中。

哈尔滨汽轮机厂生产的 600MW 超临界压力机组，其调节级喷嘴组采用紧凑设计，各喷嘴组通过电火花加工形成一个整体的蒸汽通道，分别焊接在喷嘴室上，如图 1-49 所示。喷嘴采用先进的子午面收缩型线汽道，以降低二次流损失。而上海汽轮机厂生产的引进型 300MW 亚临界压力机组，其调节级喷嘴组采用整体电脉冲加工而成，通过进汽侧的凸肩用螺钉固定在喷嘴室出口的环形槽道内，如图 1-50 所示。

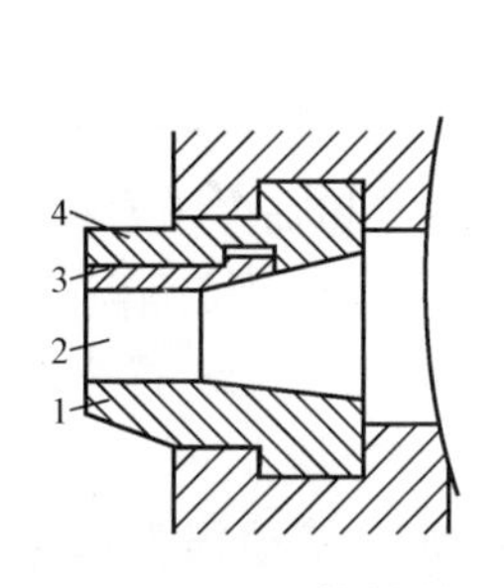

图 1-49　整体铣制焊接喷嘴组

1—内环；2—喷嘴叶片；3—隔叶件；4—外环

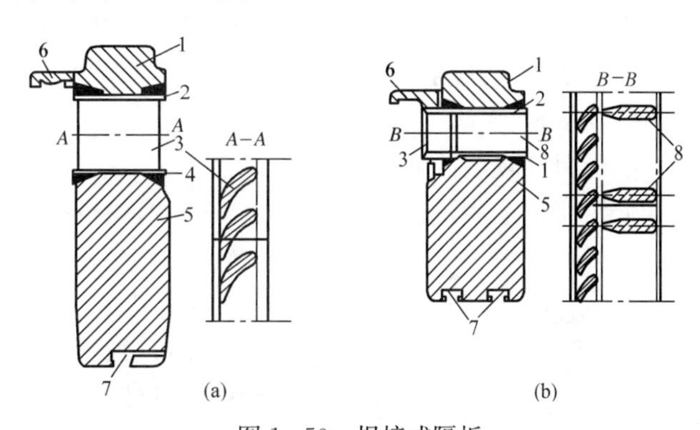

图 1-50　焊接式隔板

(a) 普通焊接隔板；(b) 带加强筋的焊接隔板

1—隔板外环；2—外围带；3—静叶片；4—内围带；5—隔板体；6—径向汽封；7—汽封槽；8—加强筋

采用精密铸造方法整体铸出的喷嘴组，其在喷嘴室中的固定方法与整体铣制焊接喷嘴组基本相同。这种喷嘴组的制造成本低，而且可以得到足够的表面粗糙度及精确的尺寸，使喷嘴流道型线有可能更好地满足蒸汽流动的要求，提高喷嘴效率，因此也得到越来越广泛的应用。

（二）隔板（静叶环）和隔板套（静叶持环）

隔板用以固定汽轮机各级的静叶片和阻止级间漏汽，并将汽轮机通流部分分隔成若干个级。隔板在工作时，承受其前后蒸汽压力差产生的均布载荷，所以必须具有一定的刚度和强度，并在隔板内圆孔处开有汽封槽，用以安装隔板汽封，减小隔板漏汽损失。隔板在结构上还应具有合理的支承与定位，以保证隔板与汽缸、转子有良好的同心度。它可以直接安装在汽缸内壁的隔板槽中，也可以借助隔板套安装在汽缸上。隔板通常做成水平对分形式，从水平中分面分为上下两半，分别称为上隔板和下隔板，以便于加工、安装、检修。

冲动式汽轮机从第二级开始以后的各压力级采用冲动级，蒸汽主要在喷嘴叶栅中膨胀，将其热能转换为动能，推动动叶栅的蒸汽作用力以冲动力为主。为了减少动、静部分间隙漏汽，采用隔板和叶轮结构，相应的喷嘴叶栅则固定在隔板上。而隔板可以直接固定在汽缸内壁的隔板槽中，也可以固定在隔板套上，但多半是固定在隔板套上，隔板套再固定在汽缸上。

反动式汽轮机采用鼓式转子，动叶片直接固定在转鼓上，且从第二级开始以后的各压力级采用反动级，蒸汽在喷嘴叶栅和动叶栅内的膨胀相同，动叶栅前后的压力差较大，为了减小轴向推力，不采用叶轮，无须采用隔板固定喷嘴叶栅。为了区别，通常将反动级的喷嘴叶栅和其内外环组成的隔板称为静叶环（或导叶环），其相应的隔板套称为静叶持环。静叶环可直接固定在汽缸内壁的环形槽道中，也可固定在静叶持环上，静叶持环再固定在汽缸上。

1. 冲动级隔板

冲动级隔板通常有焊接隔板和铸造隔板两大类，主要由隔板体、喷嘴叶栅和隔板外缘组成。其具体结构是根据隔板所承受的工作温度和蒸汽压差来决定的。

（1）焊接隔板。如图 1-50 所示，将用铣制或精密铸造、模压、冷拉等方法成型的静叶片嵌在冲有叶型孔槽的内、外围带上，焊成环形叶栅，然后将它焊在隔板体和隔板外缘之间，组成焊接隔板。在隔板出口与外缘连接处有两道叶顶径向汽封片，在隔板内圆孔处开有隔板汽封的安装槽。

焊接隔板具有较高的强度和刚度，较好的汽密性，用于 350℃以上的高、中压级，有些汽轮机的低压级也采用焊接隔板，例如，东方汽轮机厂生产的 600MW 超临界压力和 1000MW 超超临界压力汽轮机各压力级全部采用了焊接隔板。

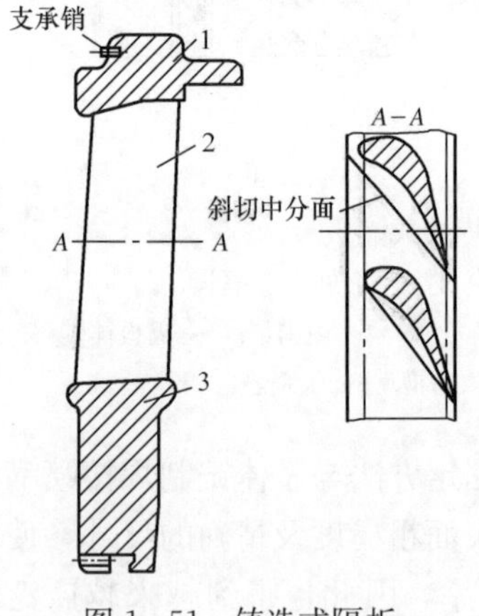

高参数大功率汽轮机的高压部分，每级的蒸汽压差较大，隔板必须做得很厚，若仍沿整个隔板厚度做出喷嘴，就会使喷嘴相对高度太小，导致端部流动损失增加，使级效率降低。为此采用窄喷嘴焊接隔板，即将喷嘴叶片做成狭窄形，而在隔板进汽侧设置许多加强筋，见图 1-50(b)。它的隔板体、隔板外缘及加强筋是一个整体。这种结构增加了隔板强度和刚度，减少了喷嘴损失。

（2）铸造隔板。铸造隔板是将已成型的静叶片在浇铸隔板体时同时铸入，如图 1-51 所示。这种隔板上下两半的结合面做成倾斜形，以避免水平对开截断静叶片。

铸造隔板加工制造比较容易，成本低，用于温度低于 350℃的级。

图 1-51 铸造式隔板

1—外缘；2—静叶片；3—隔板体

2. 反动级隔板（静叶环）

与冲动级隔板相比，反动级隔板（静叶环）没有隔板体，主要由外环、静叶栅和内环组成。

哈尔滨汽轮机厂生产的 600MW 超临界压力反动式汽轮机，其静叶栅是组焊成隔板形式的，如图 1-52 所示。机组高、中压部分中每只静叶片加工成自带内外环结构。静叶片通过内、外环焊接在一起形成整圈的隔板，并在水平中分面处分开。隔板套内壁加工有安装隔板的环形槽，保证隔板安装在正确的位置上。隔板槽与隔板所需要的尺寸相匹配。在每个隔板槽上加工有一个放置金属塞紧条的槽，用来将隔板固定在隔板套（静叶持环）的正确位置上。隔板装配时，在上半和下半水平中分面处，各加工骑缝螺孔，并安装紧定螺钉，防止隔板运行时转动。

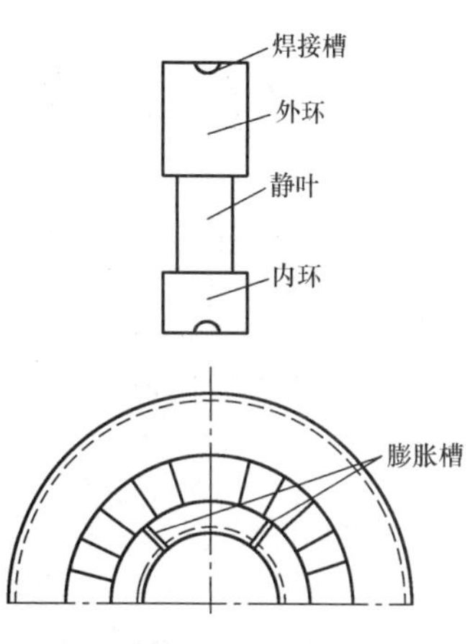

图 1-52　反动级隔板示意

3. 隔板套（静叶持环）

现代高参数大功率汽轮机中往往将相邻几级隔板装在一个隔板套中，然后将隔板套装在汽缸上，如图 1-53 所示。上下隔板套之间采用螺栓连接，隔板套在汽缸内的支承和定位采用悬挂销和键的结构。隔板套通过其下半部分两侧的悬挂销支承在下缸上，隔板套的上、下中心位置通过改变垫片的厚度来实现，其左右中心位置靠隔板套底部的平键或定位销来定位。为保证隔板套的热膨胀，它与汽缸凹槽之间一般留有 1～2mm 的间隙。隔板在隔板套或汽缸内的支承和定位也是采用悬挂销和键支承定位结构，如图 1-54、图 1-55 所示。

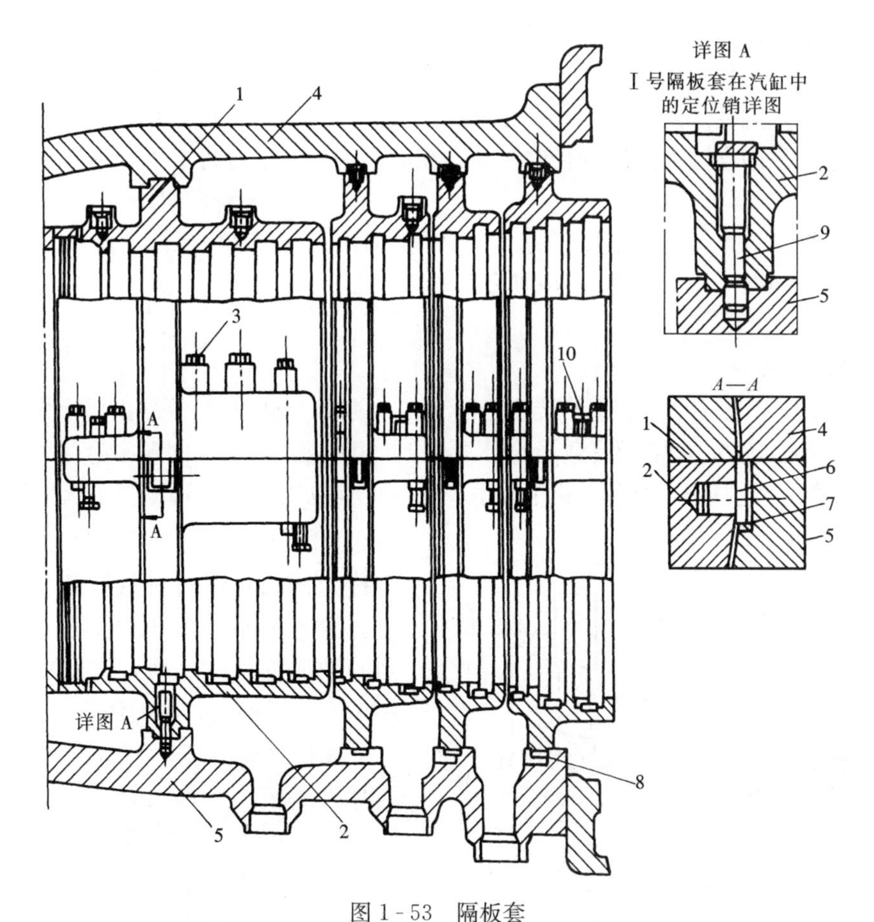

图 1-53　隔板套

1—上隔板套；2—下隔板套；3—连接螺栓；4—上汽缸；5—下汽缸；6—悬挂销；7—垫片；8—平键；9—定位销；10—顶开螺钉

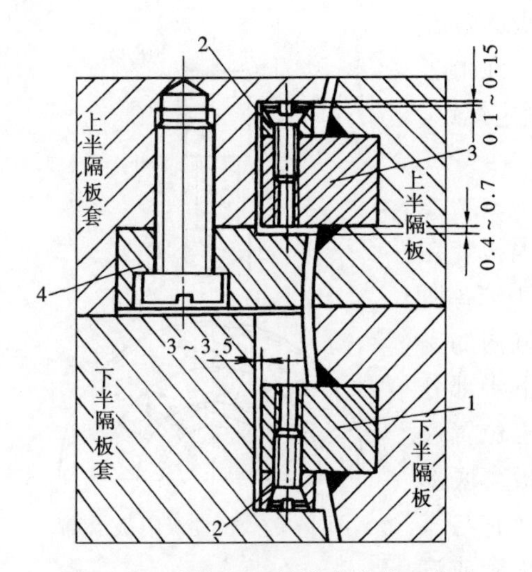

图1-54 隔板的悬挂销非中分面支承

1—悬挂销；2—调整垫片；3—止动销；4—制动压板

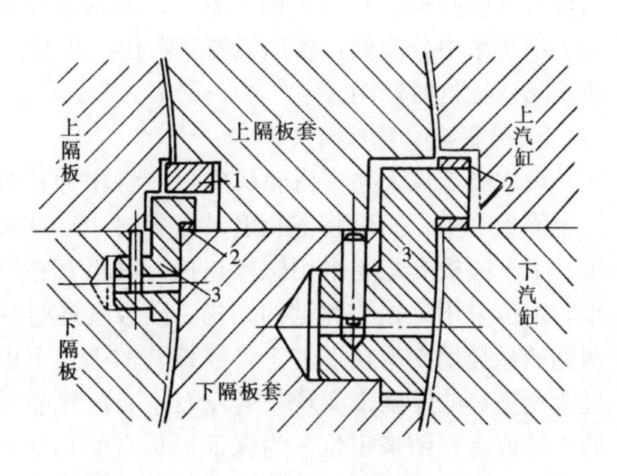

图1-55 隔板的Z形悬挂销中分面支承

1—压块；2—垫块；3—悬挂销

采用隔板套不仅便于拆装，而且可使级间距离不受或少受汽缸上抽汽口的影响，从而可以减小汽轮机的轴向尺寸，简化汽缸形状，使汽缸接近于柱形结构。另外，在采用隔板套的结构中，可减少汽缸变形对通流部分的影响，提高汽轮机在各种工况下适应温度变化的能力。但隔板套的采用会增大汽缸的径向尺寸，相应的法兰厚度也将增大，延长了汽轮机的启动时间。

哈尔滨汽轮机厂生产的超临界压力600MW反动式汽轮机高中压缸和低压缸隔板套（静叶持环）的分布如图1-34和图1-40所示。

五、汽封

（一）汽封的作用

汽轮机运转时，转子处于高速旋转状态，汽缸、隔板（静叶环）等静止部分固定不动，因此转子和相应静止部分之间需留有适当的间隙，以防相互碰磨。然而间隙两侧存在压差时就要导致漏汽（漏气），这样不仅会降低机组效率，还会影响机组安全运行。为了减少蒸汽泄漏和防止空气漏入，则需要设置密封装置，通常称为汽封。汽封按其安装位置的不同，可分为通流部分汽封、隔板（静叶环）汽封、轴端汽封。反动式汽轮机还装有高、中压平衡活塞汽封和低压平衡活塞汽封。

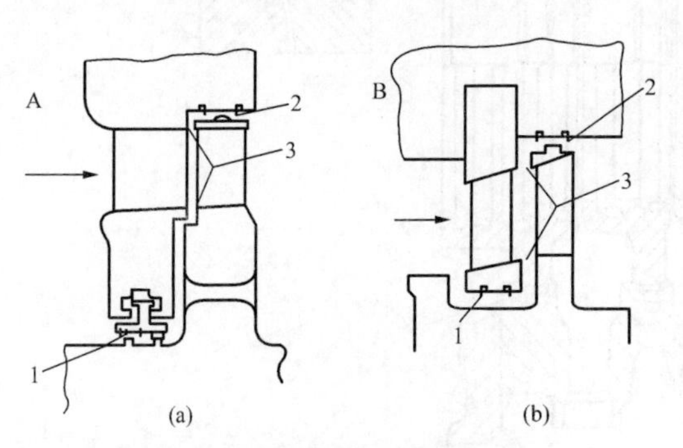

图1-56 隔板汽封和通流部分汽封

（a）冲动级；（b）反动级

1—隔板（静叶环）径向汽封；

2—围带径向汽封；3—围带轴向汽封

隔板（静叶环）内圆与转子之间的汽封称为隔板汽封，如图1-56（a）所示，它用来阻止蒸汽经隔板（静叶环）内圆绕过喷嘴流到隔板后造成的能量损失。

动叶顶部和根部的汽封称为通流部分汽封，如图1-56（b）所示，包括动叶顶部围带（复环）处的径向、轴向汽封和动叶根部汽封及根部处的径向、轴向汽封，它用来阻止叶顶及叶根处的漏汽。

转子穿过汽缸两端处的汽封称为轴端汽封，简称轴封。与高中压缸相对应的轴封称为高压轴封，用来防止蒸汽漏出汽缸而造成能量损失及恶化运行环境，且可能进入轴承座，影响润滑油的质量和轴承的正常工作；与低压缸相对应的轴封称为低压轴封，用来防止空气漏入汽缸使凝汽器的真空降低。

（二）汽封的结构

从结构原理上讲，汽封的结构形式一般可分为迷宫式汽封、炭精环式汽封和水封式汽封等。炭精环式汽封和水封式汽封属于接触式汽封，仅在小机组上使用。而大功率汽轮机广泛采用非接触式的迷宫式汽封。

迷宫式汽封又称曲径式汽封，其主要结构形式有梳齿形汽封、镶片式汽封和纵树形汽封。

1. 梳齿形汽封

梳齿形汽封是在大功率汽轮机中应用最广泛的一种汽封，其结构如图 1-57（a）、（b）、（c）所示。

图 1-57（b）、（c）所示为高低齿梳齿形汽封，汽封齿高低相间，汽封高齿对着主轴上的凹槽，低齿接近主轴上的凸环顶部，这样就构成了若干个节流间隙和涡流室，对漏汽形成很大的阻力。高低齿梳齿形汽封一般用在转子相对胀差较小的部位，例如，哈尔滨汽轮机厂生产的 600MW 反动式汽轮机，其高中压各级隔板以及高中压缸轴封均为高低齿梳齿形汽封。

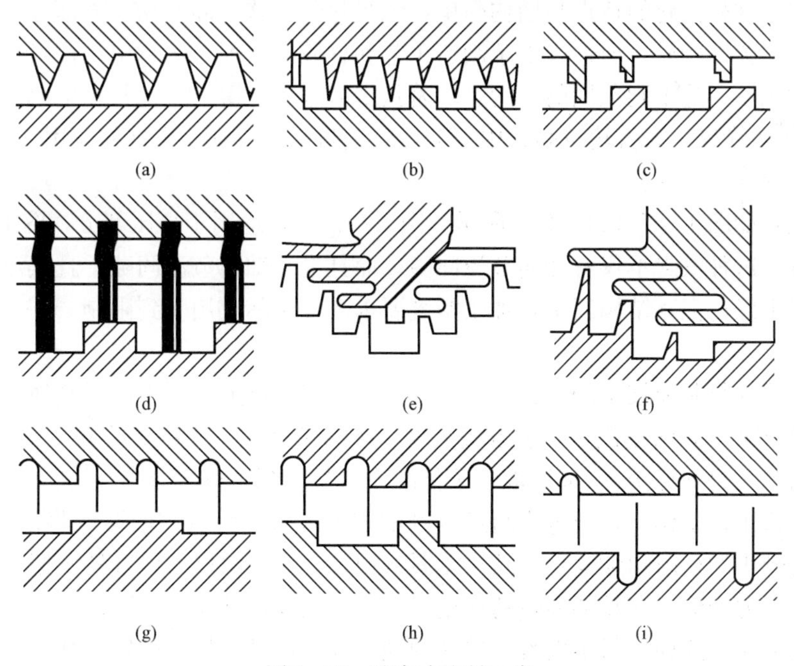

图 1-57　迷宫式汽封示意

（a）整体式平齿汽封；（b）、（c）整体式高低齿汽封；
（d）、（g）、（h）、（i）镶片式汽封；（e）、（f）整体式枞树形汽封

图 1-57（a）所示为平齿梳齿形汽封，其结构比高低齿梳齿形汽封简单，但阻汽效果较差。平齿梳齿形汽封一般用在转子相对胀差较大的部位，例如，哈尔滨汽轮机厂生产的

600MW 反动式汽轮机，其低压缸两端轴封即为平齿梳齿形汽封。

梳齿形汽封一般是在汽封环直接车出或镶嵌上汽封齿，汽封环通常沿圆周分成 4～6 段装在汽封体的 T 形槽中，并用弹簧片压向中心，例如，哈尔滨汽轮机厂生产的 600MW 反动式汽轮机，其高压隔板汽封见图 1-58。梳齿尖端很薄，若转子与汽封发生碰磨，也不会产生过大的热量，而且汽封环被弹簧片支承可做径向退让，这样仅对转子产生较小的损伤。

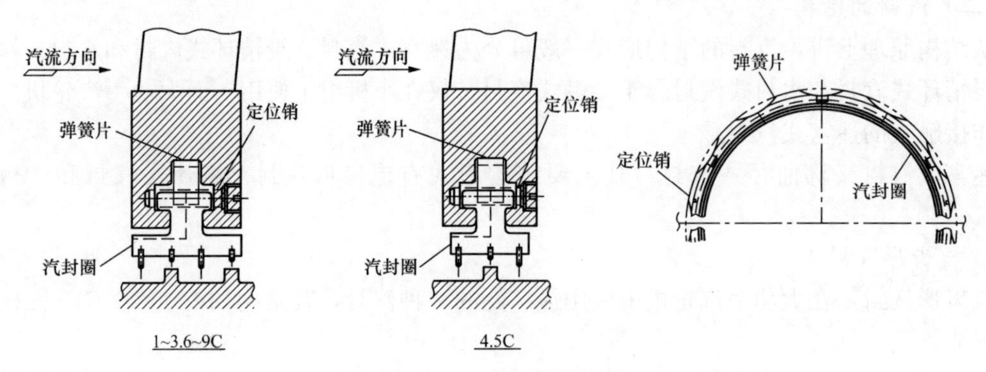

图 1-58 高压隔板汽封

2. 镶片式汽封

镶片式汽封如图 1-57（d）、(g)、(h)、(i) 所示，它把梳齿镶于转子、汽封环（或缸体）的凹槽中。这种汽封的特点是结构简单，汽封片薄且软，即使动、静部分碰摩，产生的热量也不多，安全性较好。但过去由于制造工艺和材质的原因，运行中往往发生汽封被吹到和局部脱落的现象，达不到预期的目的。随着技术的进步，镶片式汽封在上海汽轮机厂生产的 1000MW 超超临界压力汽轮机高、中、低压缸轴封中也得到了很好的应用。

3. 枞树形汽封

枞树形汽封如图 1-57（e）、(f) 所示。图 1-57（e）适用于高压部分，图 1-57（f）适用于低压部分。这种汽封不仅有径向节流间隙，而且也有轴向节流间隙，且汽流通道更为曲折，阻汽效果更好；但其结构复杂，加工精度要求高，实际应用受到限制。

4. 其他汽封

随着科学技术与制造技术的进步，在一些大功率汽轮机上，还采用了其他新型汽封，如布莱登（BRANDON）活动汽封、护卫式汽封、接触式汽封、蜂窝汽封等。

布莱登活动汽封（见图 1-59）取消了传统汽封后背弧的弹簧压片，在汽封块端部加装了弹簧。汽轮机正常工作时，经过汽封进汽侧槽道进入后背弧汽室的蒸汽将汽封压向转子，使两者间保持较小的径向间隙运行，减小了漏汽损失。在机组启、停及转子振动过大时，汽封背弧后蒸汽压力较低，在端部弹簧的作用下，汽封张开，从而避免了汽封与转子之间的摩擦。运行实践证明，这种汽封不仅具有较高的经济性，还具有较高的安全性。

护卫式汽封由普通梳齿形汽封和挡环组成，挡环旋入梳齿汽封，两者成为一个整体。挡环与转子之间的间隙小于普通梳齿形汽封的间隙。当转子发生较大振动时，挡环将首先与转子接触，压迫汽封背面的弹簧，使汽封整体向后退让，避免了梳齿汽封与主轴的碰磨。这样，既保护了汽封和主轴，又可以使汽封齿与主轴间保持较小的间隙。挡环材料的摩擦系数很小，与转子瞬间碰磨时不会划伤转子。

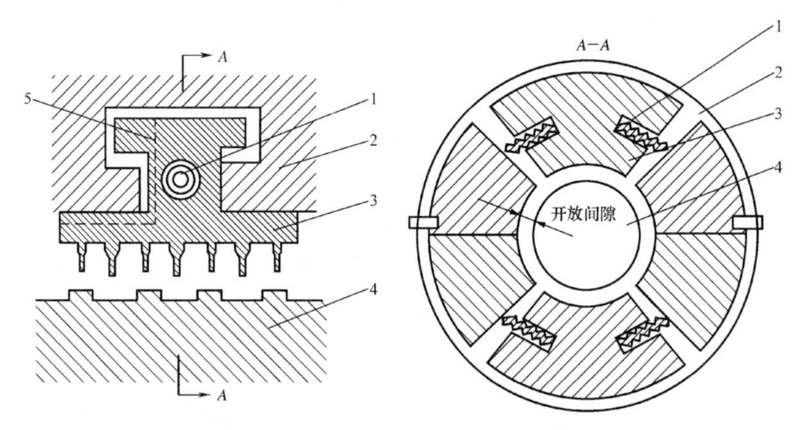

图 1-59　布莱登活动汽封

1—弹簧；2—汽封体；3—汽封环；4—汽封套；5—用于汽封环背面加压的切口

接触式汽封的密封圈与转轴表面无间隙，且密封圈能自动跟踪转轴的偏摆及晃动。这种汽封采用非金属、高分子材料，具有耐磨、耐高温、耐腐蚀、自润滑等特性，并且在运行中不会磨伤轴面，不会引起轴面发热。

六、轴承

汽轮机采用的轴承有径向支承轴承和推力轴承两种。径向支承轴承用来承担转子的重量和旋转的不平衡力，并确定转子的径向位置，以保持转子旋转中心与汽缸中心一致，从而保证转子与汽缸、汽封、隔板等静止部分的径向间隙正确。推力轴承承受蒸汽作用在转子上的轴向推力，并确定转子的轴向位置，以保证通流部分动静间正确的轴向间隙。所以推力轴承被看成转子的定位点，或称汽轮机转子对定子的相对死点。

（一）轴承工作原理

由于汽轮机轴承是在高转速、大载荷的条件下工作，因此，轴承工作必须安全可靠，要求摩擦力小。为了满足这两个要求，汽轮机轴承都采用以油膜润滑理论为基础的滑动轴承。这种轴承采用循环供油方式、由供油系统连续不断地向轴承供给压力、温度合乎要求的润滑油。转子的轴颈支承在浇有一层质软、熔点低的巴氏合金（牌号为 Chsnsbll-6，俗称乌金）的轴瓦上，并做高速旋转。为了避免轴颈与轴瓦直接摩擦，必须用油进行润滑，使轴颈与轴瓦间形成油膜，建立液体摩擦，从而减小其间的摩接阻力。摩擦产生的热量由回油带走，使轴颈得以冷却。为了实现液体摩擦，必须在轴颈和轴瓦之间形成一层稳定的油膜。这种稳定油膜的建立可用如图 1-60 所示的简单例子来说明。

设有两块无限长的平板 AB 和 CD，且 AB 平板相对较长。当两平板之间充满润滑油时，AB 以速度 u 向右与 CD 平行移动，如图 1-60（a）所示。由于润滑油具有黏性，附着在 AB 上的一层油膜便和它一起向右移动，而吸附在 CD 上的一层流速为零，各层的流速由 AB 至 CD 依次减小。两板间各油层流速分布的三角形，也可代表 AB 带入间隙中和从间隙中带出的油量，显然带入和带出的油量相等。

如果 AB 不动，在 CD 上加一载荷 p，则油要从 CD 板四周被挤出。这时中间油层向外溢出的速度最大，如图 1-60（b）所示。如果以上这两种运动同时进行，则进入间隙的油量为 AB 带进的油量与挤出的油量之差，而流出间隙的油量为两者之和，如图 1-60（c）所示。这样，将使进入间隙的润滑油量少于流出间隙的润滑油量，两块板终会接触在一起，形成干摩擦。

如果 AB 和 CD 两平面不平行而构成楔形间隙，如图 1 - 60（d）所示，在带入侧两平面间隙较大，带入的油量较多，在带出侧两平面间隙较小，带出的油量较少。这时在载荷的作用下，两平面间的角度将自动调整，使流入的油量和流出的油量相等。例如，若带出侧间隙过小，使进油量大于出油量，则间隙中油压升高，使带出侧间隙增大，出油量增加，直至进油量等于出油量，这样便在 AB 和 CD 两平面之间建立起稳定的油膜，并产生与载荷 p 的大小相等而方向相反的支承力 p_g，AB 平面就在油膜上滑行，而不会与 CD 平面产生干摩擦。

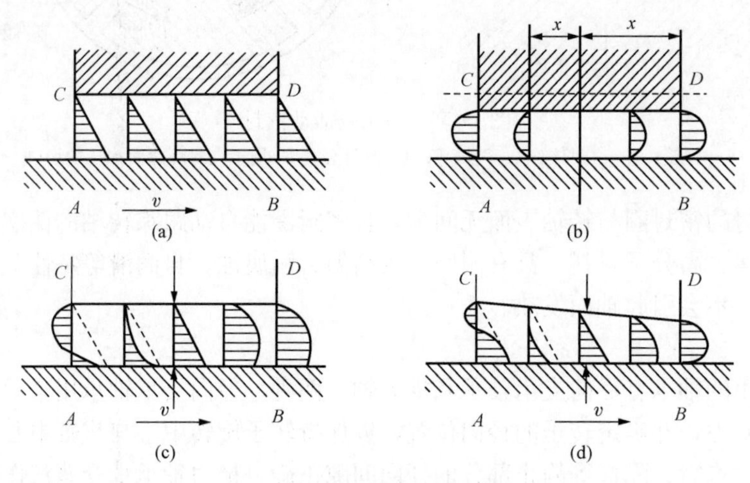

图 1 - 60　轴承润滑原理示意

由上述可知，两平面间建立油膜的条件如下：

（1）两平面之间必须形成楔形间隙。

（2）两平面之间有一定速度的相对运动，并承受载荷，平板移动方向必须由楔形间隙的宽口移向窄口。

（3）润滑油必须具有一定的黏性和充足的油量。润滑油黏度越大，油膜的承载力越大，但油的黏度过大，会使油的分布不均匀，增加摩擦损失。油温过高会使油的黏度大大降低，以致破坏油膜形成，所以必须有一定量的油不断流过，把热量带走。

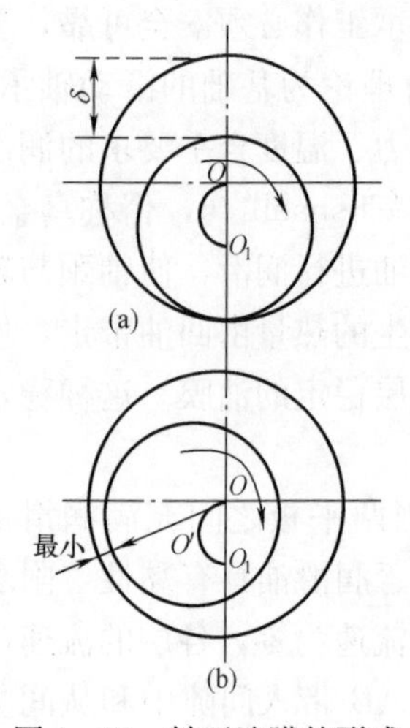

图 1 - 61　轴瓦油膜的形成

（a）$n \approx 0$；（b）$n > 0$

（二）径向支承轴承

1. 径向支承轴承油膜的形成

为了满足上述油膜形成的条件，须使轴瓦的内孔直径略大于轴颈的直径。当轴静止时，在转子自身重力的作用下，轴颈位于轴瓦内孔的下部，直接与轴瓦内表面的乌金接触，如图 1 - 61（a）所示，这时轴颈中心 O_1 在轴瓦中心 O 的正下方，距离为 OO_1，而在轴颈与轴瓦之间形成上部大、下部逐渐减小的楔形间隙，对称分布在轴颈两侧。

当连续地向轴承供给具有一定压力和黏度的润滑油之后，轴颈旋转时，黏附在轴颈上的油层随轴颈一起转动，并带动相邻各层油转动，进入油楔向旋转方向和轴承端部流动。由于楔形面积逐渐减小，带入其中的润滑油由于具有不可压缩性，润滑油被聚集到狭小的间隙中而产生油压。随着转速的升高，油压不断升高。当这个油压超过轴颈上的载荷时，便把轴颈抬起，使间隙增大，则所产生的油压有所降低。当油压作用在轴颈上的力与轴颈上载荷平衡时，轴颈便稳定在一定的位置上旋转，轴颈的中心由 O_1 移至 O'。此时，轴颈与轴瓦完全由油膜隔开，建立了液体摩擦。

在转速升高的过程中，轴颈中心移动的路线 O_1O' 是半圆弧线。偏心距逐渐减小，而楔形间隙内油膜逐渐加厚。从理论上讲，当转速为无穷大时，轴颈的中心由 O_1 与轴瓦中心 O 重合。由此可知，对于受到一定载荷的轴承，有一个转速，就有一个轴颈的偏心距，转速与偏心距成对应关系。

油楔中的压力分布如图 1－62（a）所示。在径向，油楔进口处油压最低，随着润滑油的进入，压力逐渐增大，在最小油膜厚度处，油压达最大值。在油楔出口处，由于油膜断裂，油压降低到零。最小油膜厚度应大于两相对运动的金属表面加工刀痕所造成的不平度，这样才能形成液体润滑，因此轴颈与轴瓦的表面必须异常光洁。

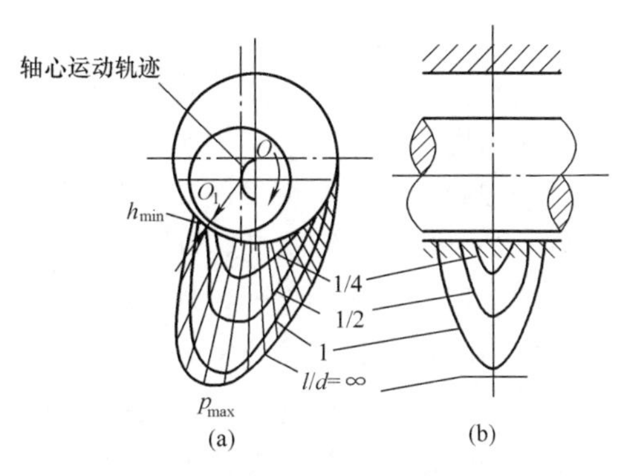

图 1－62　轴承中液体摩擦的建立
（a）轴心运动轨迹及油膜中的压力分布（周向）；
（b）油楔中的压力分布（轴向）
l—轴承长度；d—轴颈直径

由图 1－62（b）可知，轴承长度也影响轴承的承载能力。在轴向，轴承长度的中间压力最大，压力按抛物线规律向轴承两端下降。当载荷、转速、轴瓦内径、轴颈直径以及油滑油等条件都相同时，若轴承轴向长度越长，则产生油压越大，轴承的承载能力越大，轴颈抬起越高，偏心距越小；反之，轴承轴向长度越短，则承载能力越小，偏心距越大。但轴承长度过长，轴颈被抬起过高将影响其工作稳定性，且不利于轴承的冷却，并增加汽轮机转子轴向长度。因此，必须合理选择轴承尺寸。

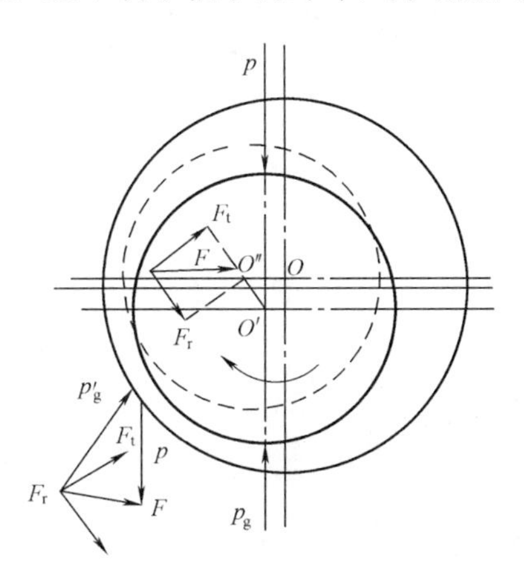

图 1－63　油膜自激振荡成因

2. 轴承油膜自激振荡

转子轴颈在轴瓦中稳定运行时，轴颈中心在平衡位置 O' 处，轴颈只绕其旋转，如图1－63所示。但是，当转子受到某种外力的扰动，如周围的振动源、进油黏度、油压瞬时变动等，使轴颈偏离了平衡位置，其中心由 O' 移到 O''。此时油膜支承力 p_g 与轴颈载荷 p 不再共线，而是偏转了一个角度，这样，该两力就产生一个合力 F，此合力 F 可分解为沿油膜变形方向的弹性恢复力 F_r 和垂直于油膜变形方向的切向力 F_t。弹性恢复力 F_r 推动轴颈中心返回平衡位置 O'，而切向力 F_t 驱使轴颈中心绕轴瓦内孔中心 O 旋转，产生涡动。此时轴颈中心的涡动频率接近或等于当时轴颈转速的一半，故称此涡动为半速涡动。由于一旦超过了这个转速，轴颈就失去了稳定性，故称这个转速为失稳转速，称引起轴颈中心涡动的切向力 F_t 为失稳分力。当轴颈转速继续增加时，半速涡动的振动频率也增加，当转速增加到等于转子的第一阶临界转速的2倍时，涡动频率等于转子的第一阶临界转速，则涡动被共振放大，振幅增大，转子产生强烈振动，这种现象称为油膜振荡。若轴承的失稳转速低于转子最高工作转速，且转子的临界转速低于1600r/min，在机组启动升速和运转过程中有可能出现油膜振荡。

由此可见，轴承失稳是产生油膜振荡的前提条件，而涡动频率与转子自振频率合拍是诱发油膜振荡的主要因素。只有这两个条件同时存在时，轴承油膜振荡才能形成。因此只有当转子的工作转速高于转子临界转速的2倍时，才有可能发生油膜振荡。

一般大容量发电机转子的临界转速较低，额定转速往往大于第一阶临界转速的2倍以上，且容量越大，第一阶临界转速越低，如果其支承轴承失稳，机组容易发生油膜振荡。

轴承油膜振荡引起的转子振动有以下三个特点：

（1）若轴承失稳，发生油膜振荡前，转子振动中含有频率约等于转速一半的谐波；在发生油膜振荡后，其主振频率等于转子的自振频率（第一阶临界转速），而与转速无关。

（2）油膜振荡具有突发性，当转子转速接近临界转速的2倍时，突然出现强烈共振。

（3）一旦出现油膜振荡，在较宽的转速范围内，转子振幅始终保持油膜振荡发生时共振状态下的大振幅，人们把这种现象称为油膜振荡的惯性效应。在一定的范围内提高或降低转速，振幅不降低，只有转速下降较多时，振幅才突然降至正常值，这是与不平衡离心力引起的共振明显不同点。因此，当油膜振荡发生时，不能用提高转速的办法来消除。

图1-64所示为油膜振荡的振动特性，图中ω_s为轴承失稳转速，ω_{c1}为转子的第一临界转速。

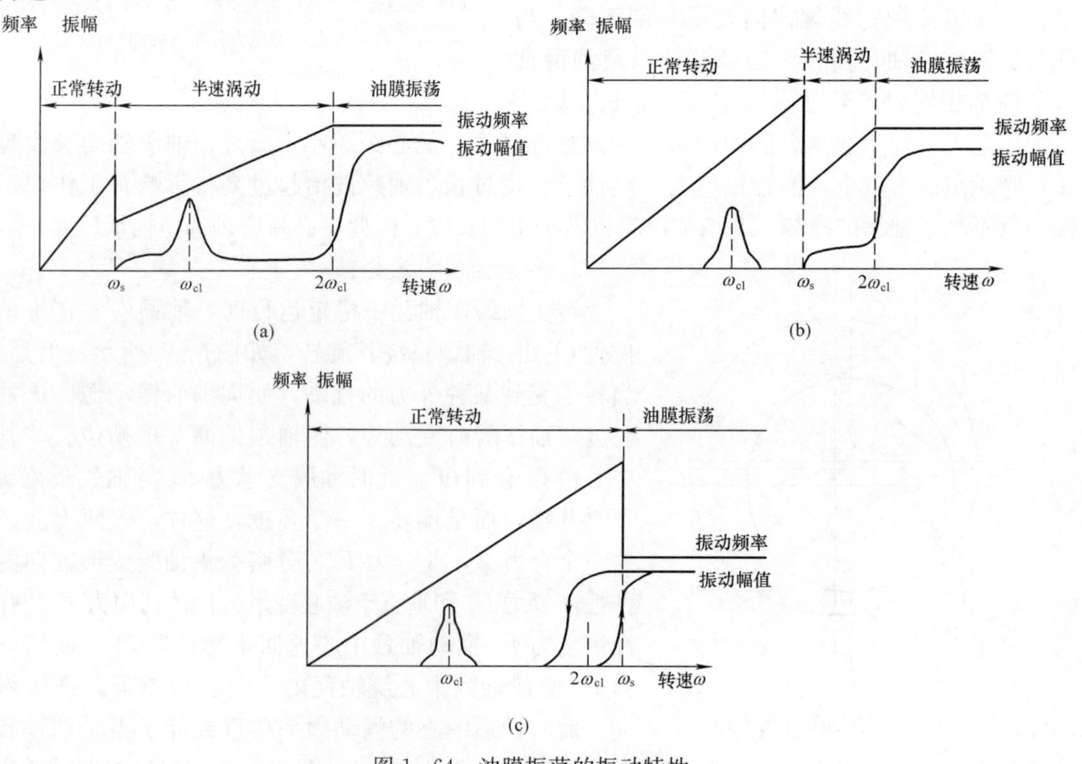

图1-64 油膜振荡的振动特性

(a) $\omega_s<\omega_{c1}$；(b) $\omega_{c1}<\omega_s<2\omega_{c1}$；(c) $\omega_s>2\omega_{c1}$

油膜振荡时，由于产生了共振，振幅很大，会使零件疲劳、松动，甚至会使轴承和轴系损坏，酿成事故。因此，要尽可能地抑制半速涡动，尤其是要防止大振幅的油膜振荡。

防止和消除油膜振荡的发生，主要从改进机组结构入手，防止轴承失稳。其具体方法有：改进转子设计，尽量提高转子的第一阶临界转速；改进轴承形式、轴瓦与轴颈配合的径向间隙、反映承载能力的轴承比压［轴承载荷/轴瓦垂直投影面积（轴承长度×轴颈直径）］、长径比（轴承长度/轴承内径）和润滑油黏度等因素，使失稳转速尽量提高。但对于发电厂已投运机组来说，临界转速一般是难以改变的，而润滑油黏度与润滑油温度有关，所以润滑油温度的监视与调整必须引起人们的高度重视。

迄今为止，防止油膜振荡效果最好的轴承是多油楔可倾瓦轴承和椭圆轴承。

3. 径向支承轴承的结构

径向支承轴承的形式很多，按轴承支承方式可分为固定式和自位式两种；按轴瓦可分为圆筒形轴承、椭圆形轴承、多油楔轴承及可倾瓦轴承等。

资料表明：圆筒形轴承主要适用于低速重载转子；三油楔支承轴承、椭圆形支承轴承分别适用于较高转速的轻、中和中、重载转子；可倾瓦支承轴承则适用于高转速轻载和重载转子。

（1）圆筒形轴承。这种轴承的轴瓦内径为圆柱形，静止时，顶部间隙为侧面间隙的两倍；工作时，轴颈下形成一油楔。它的稳定性不如其他三种轴承，常被用于中小容量机组或大机组的低压转子上。

图1-65所示为圆筒形轴承结构。轴瓦由上下两半组成，并用止口螺栓连接起来。下瓦支承在三个垫块上，调整时，通过改变垫片的厚度来找中心（垫片为钢质，且不得超过三层），增减垫片的厚度便可以调整轴瓦的径向位置。上瓦顶部的垫块和垫片则是用来调整轴瓦与轴承盖之间的紧力。

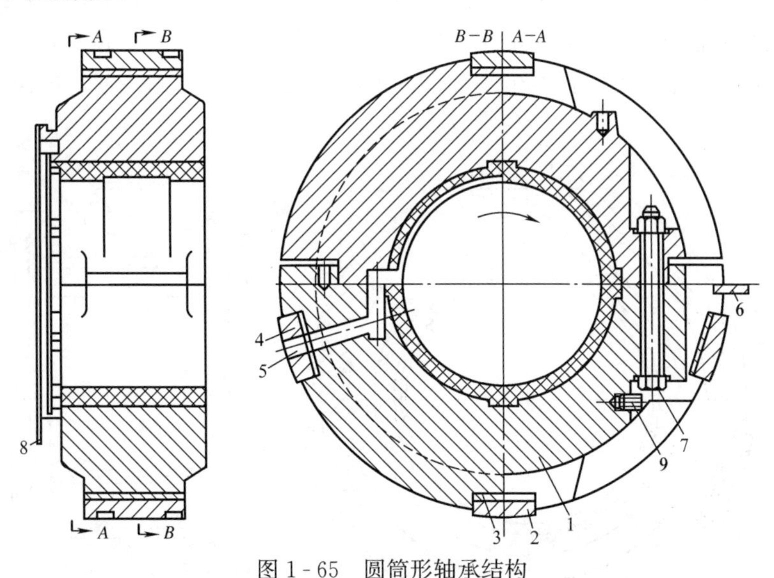

图1-65　圆筒形轴承结构

1—轴瓦；2—垫块；3—垫片；4—节流孔板；5—进油口；
6—锁饼；7—止口螺栓；8—油挡；9—止落螺钉

润滑油从进油口引入，经由下瓦内的油路，自轴瓦水平结合面处流进。经过轴瓦顶部间隙，然后经过轴和下瓦之间的间隙，最后从轴瓦两端泄出。下瓦进油口处的节流孔板用来调整进油量。润滑油在轴承中不仅起到润滑的作用，而且还有冷却的作用，大量的润滑油流过轴承时，可将润滑油起润滑作用时产生的摩擦热和从转子传来的热量带走。轴承的回油温度通常为50～60℃，最高不超过70℃。

水平结合面处的锁饼是用来防止轴瓦转动的。轴承在其面向汽缸的一侧装有油挡，以防止润滑油从这一侧被甩向轴承座。

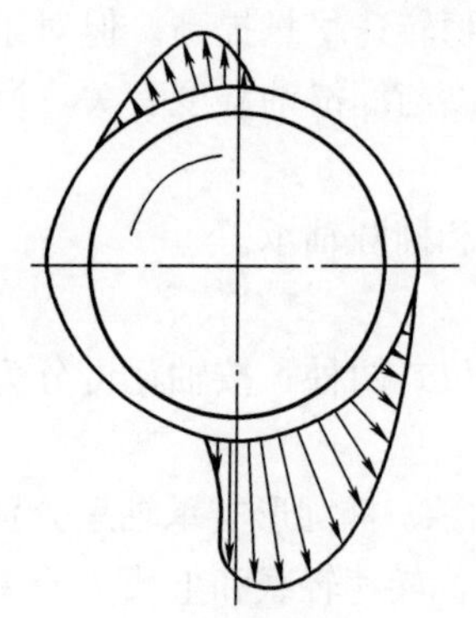

图1-66 椭圆形轴承油楔压力分布

(2) 椭圆形轴承。椭圆形轴承的结构与圆筒形轴承基本相同，其轴瓦内孔呈椭圆形，加大了轴瓦内孔的侧面间隙，如图1-66所示。由于轴承上部间隙减小，除下部的主油楔外，在上部又增加了一个副油楔。由于副油楔的作用，压低了轴心位置，使轴承的工作稳定性得到了改善；由于轴承侧面间隙的加大，使油楔的收缩更剧烈，有利于形成液体摩擦及增大了轴承的承载能力。椭圆形轴承在中、大型机组上得到了广泛的应用。例如，东方汽轮机厂生产的600MW超临界压力汽轮机组，其轴系中除1、2号轴承采用可倾瓦式轴承外，其余径向支承轴承均采用椭圆形轴承；600MW与1000MW超超临界压力汽轮机组，其两根低压转子均采用椭圆形轴承支承。

(3) 三油楔轴承。三油楔轴承是多油楔轴承中的一种，其结构简图如图1-67所示。轴瓦上有三个长度不等的油楔，上瓦两个、下瓦一个，它们所对应的角度分别为$\theta_1=105°\sim110°$，$\theta_2=\theta_3=55°\sim58°$，每个油楔入口的最大间隙为0.27mm。为了使油楔分布合理又不使结合面通过油楔区，上下瓦结合面M-M与水平面倾斜一个角度φ，通常$\varphi=35°$。润滑油首先进入轴瓦的环形油室，然后从三个进油口进入三个油楔中。转轴转动时，三个油楔中的油膜力分别作用在轴颈的三个方向上，如图1-67中F_1、F_2、F_3所示。下轴瓦大油楔的油膜力起承受载荷的作用，下轴瓦两个小油楔的油膜力可压低轴心的位置，这样便可使轴颈比

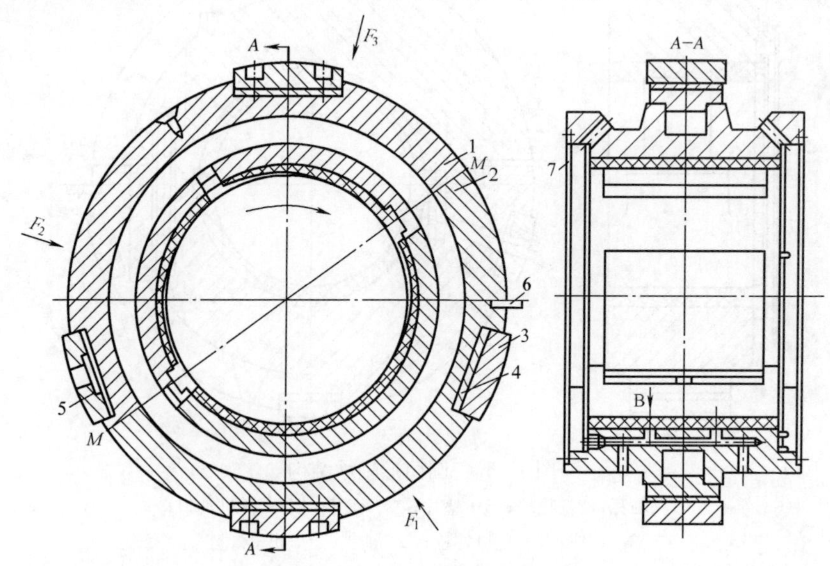

图1-67 三油楔轴承结构

1—上半轴承；2—下半轴承；3—垫块；4—垫片；5—节流孔板；6—锁饼；7—油挡

较平稳地在轴承中运转，并具有良好的抗振性。它的承载能力较大，适用于较高转速及中载轴承。

三油楔轴承的加工制造和安装检修比较复杂，特别是安装时要将轴瓦反转35°，给安装检修带来了很大的不便。随着加工制造和安装检修工艺的不断提高，有些三油楔轴承的中分面已改成水平中分面。

(4) 可倾瓦轴承。可倾瓦轴承通常由3～5块或更多块能在支点上自由倾斜的弧形瓦块组成，其原理如图1-68所示。瓦块在工作时可以随转速、载荷及轴承温度的不同而自由摆动，在轴颈四周形成多个油楔，自动调整着各油楔间隙，使其达到最佳位置。下瓦块承受着转子的载荷，其余瓦块保持了轴承的稳定性；上瓦块装有盘形弹簧，起到了减振的作用。如果忽略瓦块的惯性、支点的摩擦力等影响，每个瓦块作用到轴颈上的油膜作用力总是通过轴颈中心，而不会产生引起轴颈涡动的失稳分力，因此可倾瓦轴承具有较高的稳定性。由于瓦块可以自由摆动，增加了支承柔性，还具有吸收转轴振动能量的能力，即具有很好的减振性。可倾瓦轴承还具有承载能力大、功耗小及可承受各个方向的径向载荷等优点。可倾瓦轴承壳体制成两半，与轴承座的水平中分面齐平，因而制造简单，检修方便。目前，越来越多的大功率机组采用了这种轴承，例如，东方汽轮机厂生产的600MW超临界压力汽轮机组的1、2号轴承采用了三瓦块可倾瓦轴承，哈尔滨汽轮机厂生产的600MW超临界压力汽轮机组的轴承全部采用具有自位功能的四瓦块可倾瓦轴承，哈尔滨汽轮机厂生产的1000MW超超临界压力汽轮机组高中压转子的轴承均采用六瓦块可倾瓦轴承。

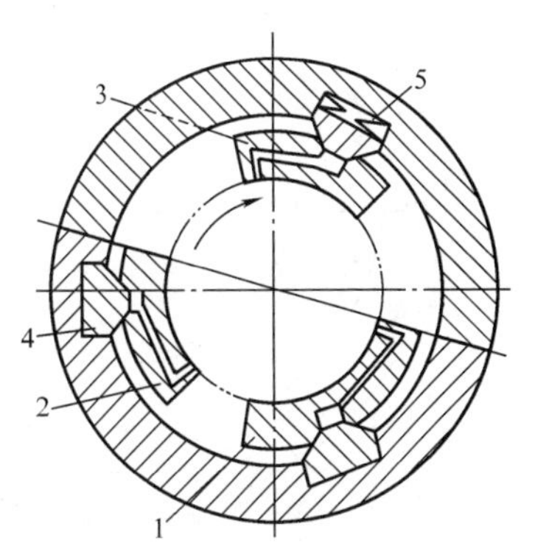

图1-68　可倾瓦轴承原理图

1—下瓦块；2—侧瓦块；3—上瓦块；4—支点；5—盘形弹簧

哈尔滨汽轮机厂生产的600MW超临界压力汽轮机组1、2号四瓦块可倾瓦支承轴承结构如图1-69所示。它们分别布置在高中压缸两侧，4个球面支承的具有自位功能的可倾瓦支承于轴承壳体内，且用支承销定位。位于瓦块中心的调整垫块与支承销的球面相接触，作为可倾瓦块的摆动支点。轴承壳体由5块钢制垫块支承在轴承座内。润滑油通过轴承壳体底部带孔垫块和节流孔板进入轴承壳体的环形槽，再经过环形槽水平和垂直方向上开的8个孔进入轴承各瓦块楔形间隙，形成油膜，并从两端排出。油封环及油封挡环防止从轴承两端大量漏油。油封环做成两半，固定在轴承体上用限位销防止挡油环转动。油通过两侧的挡油环的排油孔排出，返回轴承座。

(三) 推力轴承

推力轴承由推力盘两侧的推力瓦块和轴承壳体组成，推力盘与转子一体，两端面经过加工和磨削，为平滑和互相平行的表面，推力瓦块的基体为铜质，表面浇有巴氏合金层，瓦块间沿径向有进油通道。推力轴承也是根据油膜润滑原理工作，它借助于轴承上的若干块推力瓦块与推力盘之间构成楔形间隙而建立液体摩擦。

大容量机组为了减小高中压转子轴承的跨距多采用独立的推力轴承结构，图1-70所示为哈尔滨汽轮机厂生产的600MW超临界压力汽轮机推力轴承结构。轴承推力盘两侧的定位环内各安装8块推力瓦块。推力瓦块由背面的平衡块支承，推力瓦块和平衡块装在水平面上

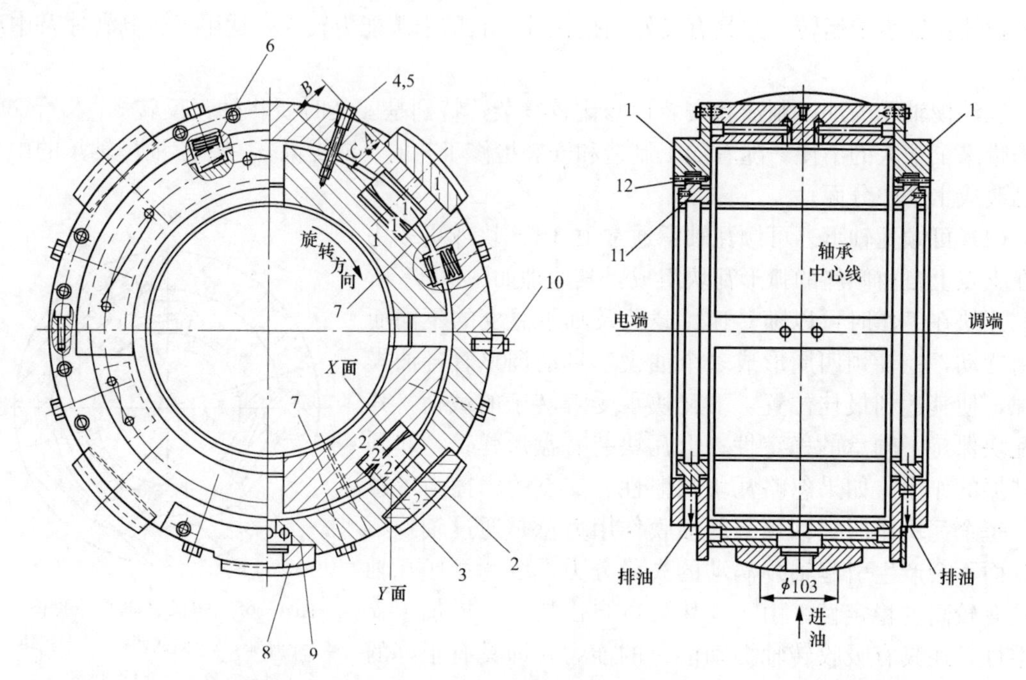

图 1-69 哈尔滨汽轮机厂生产的 600MW 超临界压力汽轮机组 1、2 号可倾瓦支承轴承结构
1—油封挡环；2—支持销；3—调整垫块；4—临时螺栓；5—螺塞；6—弹簧；
7—瓦块；8—垫块；9—垫片；10—止动销；11—油封环；12—限位销

分开的定位环内。通过调整块的摇摆运动，使同侧的各瓦块承载均匀，从而不受轴承与推力盘偏心的影响。在运行时，任何时候轴承中都充满润滑油，油直接从轴承供油管供给。每一瓦块表面沿推力盘转动方向刮出倾斜的坡度，从而使润滑油随推力盘的转动被带入瓦块与推力盘之间的楔形间隙，且楔形厚边在瓦块的前部（即逆旋转方向的进入边），形成油楔，平衡转子的轴向推力，并对各表面进行润滑。推力瓦设置在推力盘的两侧边，一边为工作瓦，一边为非工作瓦，工作瓦承受转子的正向推力，非工作瓦承受转子的反向推力。汽轮机的非工作瓦也称为定位瓦块，因为在汽轮机安装时是以推力盘完全紧靠在定位瓦上作为转子的定位位置，以此状态来测量通流部分各处的轴向间隙和整个轴向位移指示器的零位。在某些特殊工况下，可能出现反方向的轴向推力，即指向机组前端的推力，此时推力就由定位瓦块来承担，这是定位瓦块的另一个重要作用。

过去的中小型机组常将推力轴承与支承轴承合为一体，称为推力支承联合轴承。现在有的大容量机组也采用推力支承联合轴承。例如，上海汽轮机厂生产的 1000MW 超超临界压力汽轮机就采用了具有双推力盘的推力支承联合轴承。工作时，置于轴承体环状沟槽中的推力瓦块，因背面的柱销而可倾斜，与汽轮机转子推力盘之间形成油楔来平衡轴向推力。这种推力瓦能自动摆动的推力轴承称为密切尔推力轴承。

（四）轴承的运行监视

为保证轴承工作的安全可靠，应加强对轴承运行的监测。大功率汽轮机除监视轴承的进油温度和回油温度外，还要监视轴瓦巴氏合金的温度。例如，哈尔滨汽轮机厂生产的 600MW 超临界压力机组支承轴承可倾瓦块和推力瓦块装有测量巴氏合金温度的铂热电阻温度计。运行时，推力轴承巴氏合金温度上升到 90℃报警，100℃时停机，支承轴承巴氏合金温度上升到95℃报警，105℃时停机。轴承磨损不一定在巴氏合金温度测点区，所以监测回油温度也是保证轴承安全运行的手段。支承轴承端部回油槽和推力轴承回油口都装有测油温铂热电阻温度计，各轴承箱排油管上也装有温度计。回油温度升高标志着轴承工作出现异常，应及时处理，回油温度过高，也容易使油质老化。运行中，回油温度上升到65℃时报警，75℃时停机。

需强调的是，不能把轴承回油温度的监测作为保证轴承安全工作的唯一手段，特别是对推力轴承。在供油正常的情况下，推力轴承润滑油的温升能反映出转子轴向推力的变化。但由于在推力轴承中，形成油膜的润滑油占很少一部分，大部分油起冷却作用，因此借用润滑油温升不能敏感地反映轴向推力的大小。有时巴氏合金已被严重磨损或烧毁，而回油温度升高却不多。

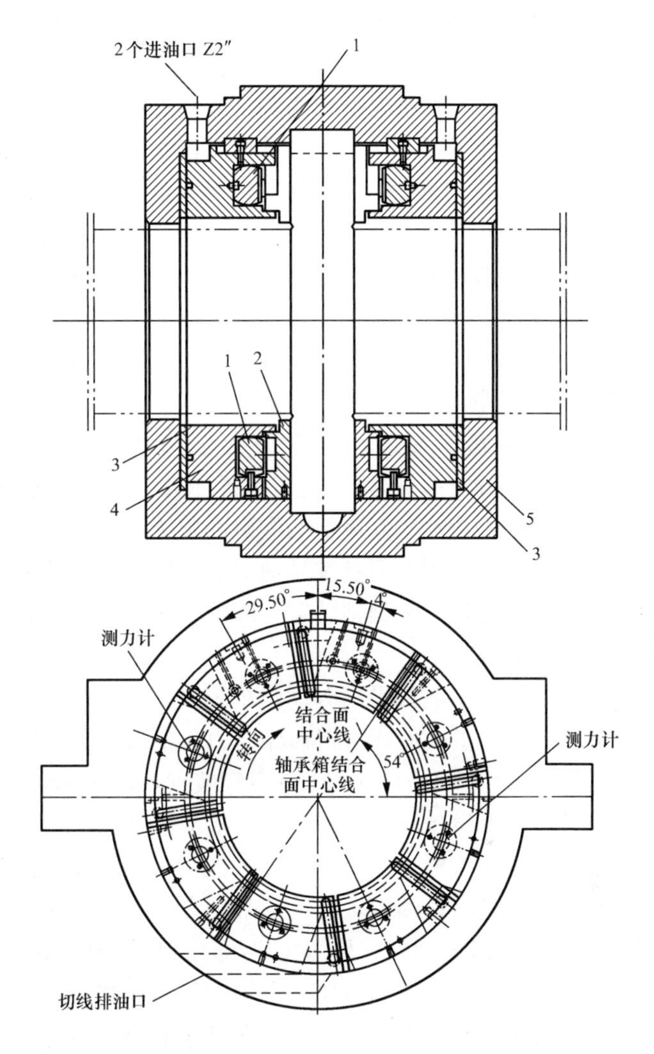

图1-70　哈尔滨汽轮机厂生产的600MW超临界压力汽轮机推力轴承结构
1—平衡块；2—推力瓦块；3—垫片；4—定位环；5—轴承外壳

七、盘车装置

在汽轮机启动冲转前和停机后，使转子以一定的转速连续地转动，以保证转子均匀受热和冷却的装置称为盘车装置。

汽轮机启动时，为了迅速提高真空，常需在冲动转子以前向轴封供汽。这些蒸汽进入汽缸后大部分滞留在汽缸上部，造成汽缸与转子上下受热不均匀，如果转子静止不动，便会因自身上下温差而产生向上弯曲变形。弯曲后转子重心与旋转中心不相重合，机组冲转后势必产生很大的离心力，引起振动，甚至引起动、静部分的摩擦。因此，在汽轮机冲转前要用盘车装置带动转子做低速转动，使转子受热均匀，以利机组顺利启动。

对于中间再热机组，为减少启动时的汽水损失，在锅炉点火后，蒸汽经旁路系统排入凝汽器，这样低压缸将产生受热不均匀现象。为此，在投入旁路系统前也应投入盘车装置，以保证机组顺利启动。

启动前，盘动转子，可以用来检查汽轮机是否具备运行条件，如动静部分是否存在摩擦、主轴弯曲度是否正常等。

汽轮机停机后，汽缸和转子等部件由热态逐渐冷却，其下部冷却快，上部冷却慢，因此汽缸的上部和下部存在温差。如果转子静止不动，转子必然因上下温差而产生弯曲，弯曲程度随着停机后的时间而增加，到某个时间达到最大值，以后随着部件冷却，上下温差减小，弯曲也逐渐减小，这种弯曲称为弹性热弯曲。对于大型汽轮机，这种热弯曲可以达到很大的数值，并且需要经过几十个小时才能逐渐消失，在热弯曲减小到规定数值以前，是不允许重新启动汽轮机的。因此，停机后，应投入盘车装置，将转子不间断地转动，盘车可搅和汽缸内的汽流，以利于消除汽缸上下温差，使转子四周温度均匀，防止转子发生热弯曲，有助于消除温度较高的轴颈对轴瓦的损伤。较长时间的连续盘车，可以使转子产生因机组长期停运和存放或其他原因的非永久性弯曲。

对盘车装置的要求是既能盘动转子，又能在汽轮机转子转速高于盘车转速时自动退出，并使盘车装置停止转动。

汽轮机的盘车装置，可以分为低速盘车（2～10r/min）装置和高速盘车（40～70r/min）装置两种，这两种盘车装置在大型汽轮发电机组中都得到广泛应用。盘车转速的选择以各轴承中能建立起完整的润滑油膜为下限。高速盘车还兼有在停机后减小上下缸壁和转子内部温差的作用。但盘车转速提高，启动转矩增大，电动机的功率要增大。为减小电动机功率，常采用高压油顶轴装置，以便在盘车装置投入前将轴颈顶起0.03～0.04mm以上，这样可减小启动转矩。

大中型机组一般都采用电动盘车装置，它们基本上都可以自动投入和切断。例如，哈尔滨汽轮机厂生产的600MW超临界压力机组和1000MW超超临界压力机组分别采用了转速为3.35r/min和1.8r/min的电动盘车装置，东方汽轮机厂生产的1000MW超超临界压力机组采用了转速为1.5r/min的电动盘车装置。常见的电动盘车装置有螺旋轴式和摆动齿轮式两种。

有的机组配有液压盘车装置，有控制滑阀控制油缸的进油和排油，使其活塞往复运动，通过活塞杆上的爪推动棘轮转动，带动盘车齿轮驱动机组转子低速转动。例如，上海汽轮机厂生产的1000MW超超临界压力机组就采用了液压盘车装置。

关于电动盘车装置和液压盘车装置的组成和工作原理，在此不做介绍，需要时可查阅有关书籍或技术资料。需强调的是，在盘车的投入和运行过程中，必须满足其相应的工作连锁条件。否则，盘车装置将不能投入或将自动停止运行。

任务三　凝汽设备认知

【教学目标】

1. 知识目标

（1）掌握凝汽设备的任务、组成及工作过程，能阐述凝汽器真空形成的原理。

（2）熟悉凝汽器的结构及工作过程，了解凝汽器的种类，能分析说明凝汽器压力的确定方法及影响因素。

（3）掌握凝汽设备的热力特性。

（4）熟悉抽气设备的作用、类型及不同类型的工作原理。

2. 能力目标

（1）能阐述凝汽设备的作用、组成及工作过程；能阐明凝汽器真空形成的原理。

（2）能根据凝汽器实物或模型，讲述凝汽器的结构、工作过程。

（3）能分析影响凝汽器压力的因素。

（4）能分析凝汽器的热力特性。

（5）能阐述抽气设备的作用、类型，并能阐明不同类型凝汽器的工作原理；能熟练地进行凝汽器抽真空操作。

3. 素质目标

（1）培养团队意识与协作精神。

（2）培养刻苦钻研业务，爱岗、敬业的精神。

（3）培养安全和责任意识。

【任务描述】

在汽轮机中做过功的蒸汽排入凝汽器，在凝汽器内凝结成水，同时凝汽器内形成高度的真空。那么，凝汽器内的真空是如何形成的？要维持凝汽器高度的真空还需要其他辅助设备吗？学生分组讨论，并通过发电厂及凝汽设备的模型、实物认知凝汽设备，通过火电机组仿真运行系统学习凝汽设备及运行的知识和技能，培养学生对凝汽设备的认知能力和初步的运行监视能力。

【任务准备】

分析工作任务单，明确该任务的内容、目标和要求，完成该任务所需的学习资源；将学生分组；学生明确完成任务所需的理论知识，查阅资料，制定实施工作任务的方案。

【任务实施】

分析工作任务单；查阅相关技术资料，熟悉汽轮机凝汽设备的基本构成；在教师的指导下，学习凝汽设备的相关知识，在汽轮机、凝汽设备的模型上完成对凝汽器、抽气器的认知，在仿真机上完成凝汽器的抽真空操作。

【相关知识】

凝汽设备是凝汽式汽轮机装置的一个重要组成部分，其工作的好坏直接影响整个设备运行的热经济性和运行可靠性。因此，必须了解凝汽设备的组成及工程，掌握其工作原理和运行特性。

一、凝汽设备的组成及作用

凝汽设备一般由凝汽器、循环水泵、抽气器和凝结水泵等主要部件以及它们之间的连接管道和附件组成。最简单的凝汽设备示意如图 1-71 所示。汽轮机的排汽进入凝汽器，循环水泵不断地把冷却水送入凝汽器，吸收蒸汽凝结放出的热量，蒸汽被冷却并凝结成水，凝结水被凝结水泵从凝汽器底部抽出，送往锅炉作为锅炉给水。

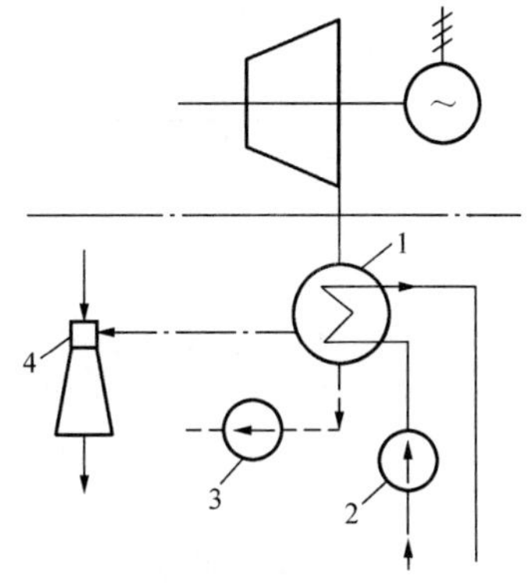

图 1-71　最简单的凝汽设备示意

1—凝汽器；2—循环水泵；3—凝结水泵；4—抽气器

在凝汽器中，蒸汽和凝结水是两相共存的，蒸汽压力是其凝结温度所对应的饱和压力。只要冷却水温度不高，在正常条件下，蒸汽凝结温度也不高，一般为30℃左右。30℃左右的蒸汽凝结温度所对应的饱和压力为4～5kPa，大大低于大气压力，形成高度真空。此时，处于负压的凝汽设备及管道接口并非绝对严密，外界空气会漏入，漏入的空气会阻碍传热。为了避免这些在常温条件下不凝结的空气在凝汽器中逐渐积累造成凝汽器中的压力升高，一般采用抽气器不断地将空气从凝汽器中抽出以维持凝汽器内真空。

由此可知，凝汽设备的作用是：①在汽轮机排汽管内建立并维持高度真空；②回收洁净的凝结水作为锅炉给水的一部分。

给水不洁净将使锅炉结垢和腐蚀，在凝汽器的运行过程中，必须保证凝结水不被污染，水质不合格的凝结水不能用作锅炉给水。

二、凝汽器

（一）凝汽器的类型

根据传热方式不同，凝汽器可分为混合式与表面式两大类。在混合式凝汽器中，蒸汽与冷却介质（水）直接混合，这种凝汽器虽然结构简单、成本低，但因无法回收凝结水，故不能应用于电厂实际生产过程中。目前火电厂和核电厂广泛使用表面式凝汽器。

根据冷却介质不同，表面式凝汽器又分为空气冷却式（简称空冷式）和水冷却式（简称水冷式）两种。其中空冷式凝汽器仅在干旱或富煤缺水地区使用，后面有专门介绍。这里先介绍水冷表面式凝汽器。

（二）表面式凝汽器的结构

图1-72所示为水冷表面式凝汽器结构简图。其主要组成部件包括外壳、端盖、冷却水管、管板及水室等。

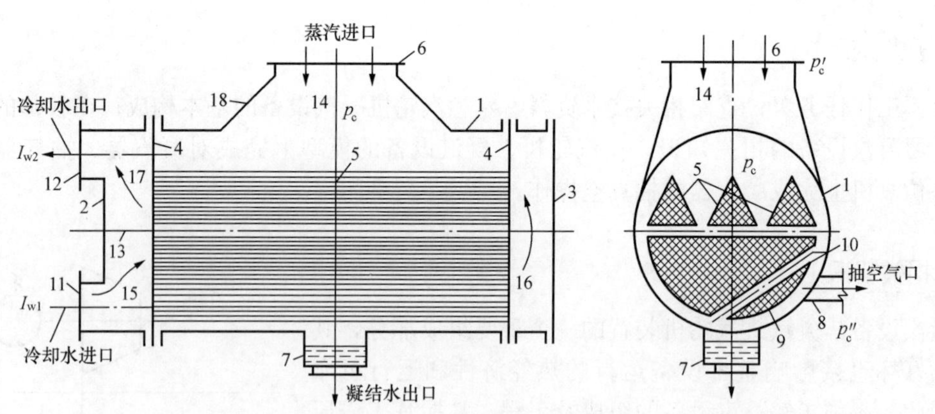

图1-72 水冷表面式凝汽器结构简图

1—外壳；2—水室端盖；3—回流水室端盖；4—管板；5—冷却水管；6—蒸汽入口；7—热井；8—空气抽出口；9—空气冷却区；10—空气冷却区挡板；11—冷却水进水管；12—冷却水出口管；13—水室隔板；14—凝汽器的汽侧空间；15、16、17—水室；18—喉部

1. 凝汽器的外壳

凝汽器的外壳有铸铁铸造和钢板焊接制成两种形式。铸铁铸造的凝汽器经受不住大的温度变化，容易产生裂纹，随着机组容量不断增大，用铸铁铸造的大型凝汽器加工、运输都比较困难，因此新式凝汽器外壳一般都采用10～15mm厚的钢板焊接而成，外壳上开有很多

孔，用短管或法兰接出，连接凝结水泵、加热器疏水排入口、抽气器等。外壳的两端连接着端盖和管板。为防止钢板氧化锈蚀，在凝汽器外壳的内壁上涂有一层防腐漆。钢板焊接的凝汽器结构简单，质量小，分组运输方便，制造成本低。

2. 凝汽器的水室和端盖

凝汽器的水室和端盖由铸铁或钢板制成，端盖与管板围成水室，对于双流程或多流程凝汽器的水室，内装水平挡板将其分成几个独立部分，以构成所需的流程数。端盖上开设有观察孔和人孔，供检修时使用。

3. 冷却水管

数目较多的冷却水管装在管板上，形成主凝结区。在凝汽器中，蒸汽与冷却水的热量交换是由冷却水管的管壁来传递的，如果管壁受到腐蚀穿孔，冷却水就会漏入蒸汽空间，污染凝结水。因此要求冷却水管的材料必须具有良好的抗腐蚀性，管子与管板的连接处也不能有漏水现象。管子材料一般采用黄铜制成，一是导热性能较好，二是有一定的抗腐蚀性。为了抵抗凝汽器汽侧高速湿蒸汽和水侧附着有机物等对冷却水管的腐蚀，对于采用淡水作为冷却水源的大型汽轮机，越来越多地采用了不锈钢管材；对于使用海水作为冷却水源的机组，因其对冷却水管的抗腐蚀性能要求更高，则采用钛管板和钛管材。

冷却水管在管板上的固定方法有三种，如图1-73所示。其中胀接法最为常见，它不仅结构和工艺简单，而且还能保证管子与管板接连的强度和严密性。

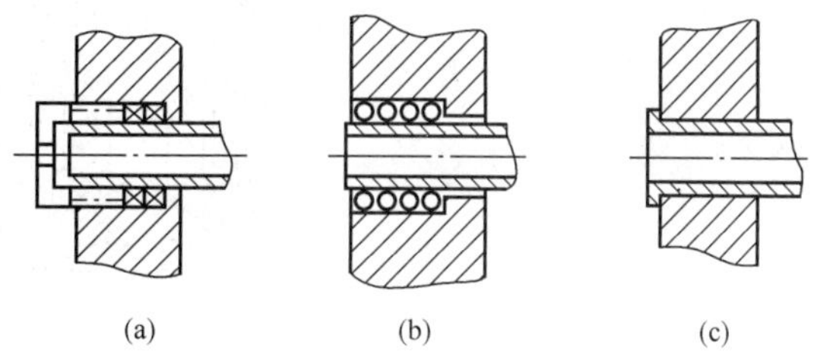

图1-73　凝汽器管子在管板上的连接方法

(a) 垫装法（用压紧螺母）；(b) 密封圈连接；(c) 胀接法

由于冷却水管很长，如果仅在两端固定，中间部分难免产生过大的挠曲，也容易产生振动。为此，在凝汽器两管板之间安装几块隔板，用以支承管子，以防发生振颤。

（三）表面式凝汽器的工作过程

如图1-72所示，冷却水从进水口进入凝汽器，沿箭头所示方向流经冷却水管后从出水口流出。汽轮机的排汽从进汽口（凝汽器的喉部）进入凝汽器，蒸汽和冷的管壁接触开始凝结成水，所有凝结水最后聚集在热井中，然后由凝结水泵抽走。通常，人们将汽轮机排汽所流经的冷却水管外表面一侧称为凝汽器汽侧，而将冷却水所流经的冷却水管内表面一侧称为凝汽器水侧。

在凝汽器壳体右下侧有空气抽出口，为了减轻抽气器的负荷，空气与少量蒸汽的混合物在从凝汽器抽出之前，要再进一步冷却以减少蒸汽含量，并降低蒸汽和空气混合物的比体积。为此把一部分冷却管束（为全部管数的8%～10%）用隔板与其他管束隔开，形成空气冷却区。由于不断地通过抽气口抽出空气，因此凝汽器中正在凝结的蒸汽就和空气一起向抽气口流动。蒸汽刚进入凝汽器时，所含的空气量不到排汽量的万分之一，凝汽器总压力可以用蒸汽分压力代替，直至蒸汽和空气混合物进入空气冷却区，蒸汽的分压力才明显减小，蒸汽和空气的质量流量在同一数量级上。

要维持蒸汽和空气混合物以一定速度向抽气口流动，抽气口处应保持较低的压力 p''_c。人们将凝汽器入口处的压力 p'_c 与抽气口处的压力 p''_c 之差（$\Delta p=p'_c-p''_c$）称为凝汽器的汽阻。汽阻越大，凝汽器内的压力 p_c 也越高，经济性越低，故应尽量减小汽阻。大型机组的凝汽器汽阻为 0.3～0.4kPa。

冷却水在流经凝汽器时所受到的阻力称为水阻。它由冷却水管内的沿程阻力、冷却水由水室进出冷却水管的局部阻力与水室中的流动阻力（包括由循环水管进出水室的局部阻力）三部分组成。水阻越大，循环水泵的耗功越大，因此应尽量减少水阻。双流程凝汽器的水阻较大，为 49～78kPa，例如，600MW 超临界压力汽轮机组双流程凝汽器的水阻为 49kPa；而单流程凝汽器的水阻较小，一般不超过 40kPa；国产 300MW 汽轮机组单流程凝汽器的水阻为 39.2kPa。

根据冷却水流程，表面式凝汽器可分为单流程、双流程、三流程和多流程几种。如果冷却水由凝汽器的一端流入，由另一端排出，在凝汽器内只流过一个单程而排出凝汽器的称单流程凝汽器。如果同一股冷却水在凝汽器内经过一个往返流程再排出凝汽器的，称为双流程凝汽器。三流程凝汽器和多流程凝汽器依此类推。流程数越多，水阻越大，大型机组一般采用单流程或双流程凝汽器，中小型机组多采用双流程凝汽器。

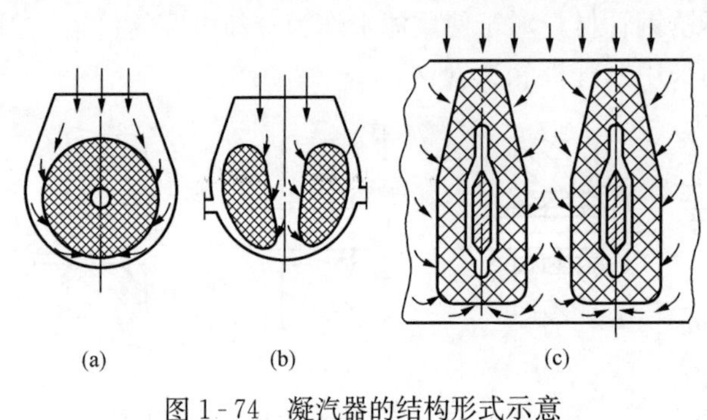

图 1-74 凝汽器的结构形式示意

(a) 汽流向心式；(b) 汽流向侧式；(c) 多区域汽流向心式

根据空气抽出口的位置不同，表面式凝汽器可分为汽流向心式和汽流向侧式两大类，如图 1-74 所示。这两种凝汽器应用都较广泛。汽流向侧式凝汽器的抽气口布置在凝汽器的两侧，这样排汽由排汽口到抽气口的流程较短，汽阻较小，能保证有较高的真空；另外，在管束的中部设有蒸汽通道，可使部分蒸汽快速到达热井加热凝结水，使凝结水温度接近排汽温度。汽流向心式凝汽器的抽气口布置于管束的中心位置，蒸汽由管束四周向中心流动，流程短，汽阻小，而且蒸汽可以从两侧流向热井以加热凝结水；但由于下部管束不易与蒸汽接触，各部分管子的热负荷不均匀。随着单机功率的增大，凝汽器尺寸和冷却水管数量也大大增加。为了加大管束四周的进汽周界，减短汽流途径，减小汽阻，出现了多区域向心式凝汽器，如图 1-74 (c) 所示。独立区域数由两个到十几个、平行布置于矩形外壳内，每个区域的中部都有空气冷却区。

三、凝汽器压力的确定

凝汽器压力通常泛指凝汽器汽侧蒸汽凝结温度所对应的饱和压力。但实际上凝汽器汽侧各处压力并不相等。凝汽器压力是指凝汽器入口截面上的蒸汽绝对压力 p_c'(静压)；凝汽器计算压力是指离凝汽器管束第一排冷却水管以上约 300mm 处的蒸汽绝对压力 p_c（静压)。p_c'与 p_c 之差取决于凝汽器喉部的阻力和扩压情况。从凝汽器角度出发，由于在凝汽器内，蒸汽是在汽侧蒸汽分压力相应的饱和温度下凝结，因而人们将 p_c 简称为凝汽器压力，并将凝汽器压力测点布置在离凝汽器管束第一排冷却水管约 300mm 处。此区域内所含空气量极少，凝汽器压力 p_c 可以用相应的蒸汽分压力 p_s 代替，即 $p_c \approx p_s$。蒸汽分压力 p_s 可由与之相对应的饱和蒸汽温度 t_s 来确定。t_s 则需根据蒸汽与冷却水的传热温度曲线确定。

对于火电厂和核电厂广泛使用的水冷表面式凝汽器，由于冷却水量和传热面积不可能为无限大，故蒸汽和冷却水之间的传热必然存在一定温差，其温度沿流程的变化规律如图 1-75 所示。t_s 在主凝结区基本不变，而在空气冷却区，空气相对含量增加，蒸汽分压力 p_s 明显减小，t_s 下降较多。由图 1-75 可知，与蒸汽分压力 p_s 相对应的饱和温度 t_s 为

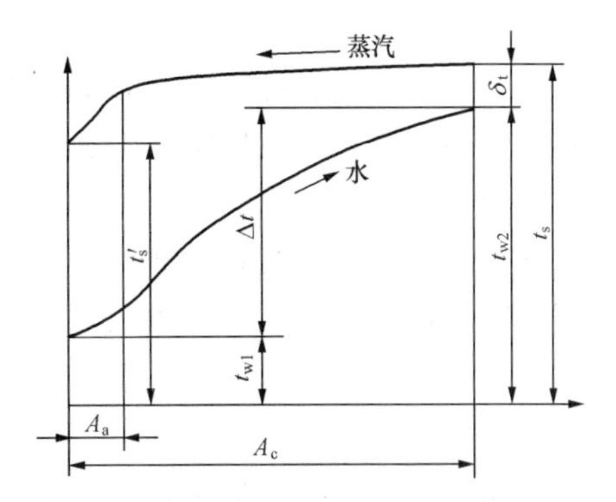

图 1-75　蒸汽和水的温度沿冷却表面的分布

A_c—凝汽器总传热面积；A_a—空气冷却区面积

$$t_s = t_{w1} + \Delta t + \delta t \qquad (1-17)$$

$$\Delta t = t_{w2} - t_{w1}$$

$$\delta t = t_s - t_{w2}$$

式中：t_{w1}、t_{w2}为冷却水进、出口温度,℃；Δt 为冷却水温升,℃；δt 表示凝汽器的传热端差,℃，即凝汽器压力所对应的饱和温度与冷却水出口温度之间的差值。

由式（1-17）求出 t_s 后即可求出 t_s 所对应的饱和压力，即为凝汽器压力 p_c。显而易见，凝汽器压力 p_c 的高低取决于 t_{w1}、Δt 和 δt 的变化。

四、凝汽器的工作特性

（一）影响凝汽器压力的因素

1. 冷却水进口温度 t_{w1}

由式（1-17）可知，如果 t_{w1}降低，则 t_s 与 p_c 必然降低，反之亦然。t_{w1}取决于冷却水的供水方式、季节和电厂所处的地区。若采用开式循环供水方式，t_{w1}完全由季节和电厂所处的地区决定。若采用闭式循环供水方式，t_{w1}除受季节和电厂所处的地区影响之外，还取决于该系统冷却水冷却设备运行的好坏，如冷却塔或喷水池。

2. 冷却水温升 Δt

根据式（1-17），如果 Δt 降低，则 t_s 与 p_c 必然降低，反之亦然。

冷却水温升 Δt 可根据凝汽器的热平衡方程式求得

$$\Delta t = \frac{h_c - h_c'}{c_p \dfrac{D_w}{D_c}} = \frac{h_c - h_c'}{c_p m} \qquad (1-18)$$

式中：h_c、h_c'为凝汽器进口蒸汽比焓和凝结水比焓，kJ/kg；D_c、D_w 为进入凝汽量和冷却水量，即进入凝汽器的蒸汽量和冷却水量，kg/h；c_p 为水的比定压热容，在低温范围内可视为定值，c_p=4.1868kJ/（kg·K）。

式（1-18）中的比值 D_w/D_c 称为凝汽器的冷却倍率，用 m 表示。m 的大小涉及循环水泵的耗功和末级叶片的尺寸，应通过经济技术比较确定。m 一般为 50～120。h_c-h_c'是每千克蒸汽的凝结放热量，在凝汽式汽轮机通常的排汽压力范围内，h_c-h_c'约为 2180kJ/kg。于是式（1-18）可改写为

$$\Delta t = \frac{520}{m} \qquad (1-19)$$

由式（1-19）可知，Δt 和 m 成反比，也即 Δt 与 D_c 成正比，与 D_w 成反比。在一定的冷却水量 D_w 下，如果 D_c 降低，则 Δt 减小。在 D_c 一定的情况下，如果冷却水量 D_w 减小，

则 Δt 增加。在运行时，进入凝汽量 D_c 是由外界负荷决定的。冷却水量减小的主要原因是循环水泵出力不足或水阻增加，而水阻增加的主要原因是冷却水管堵塞、循环水泵出口阀或凝汽器进水阀开度不足以及虹吸破坏。

3. 传热端差 δt

根据式（1－17），如果 δt 增大，则 t_s 与 p_c 必然升高，反之亦然。

凝汽器传热端差 δt 可根据凝汽器的传热方程求出，即

$$\delta t=\frac{\Delta t}{e^{\frac{KA_c}{c_p D_w}}-1} \tag{1-20}$$

式中：K 为凝汽器的总体传热系数，kJ/（$m^2\cdot h\cdot K$）；A_c 为冷却水管外表总面积，m^2。

凝汽器传热端差 δt 受传热面积 A_c 等因素的制约，其值不宜太小，设计时常取 3～10℃。多流程凝汽器取偏小值，单流程凝汽器取偏大值。

从式（1－20）可以看出，凝汽器传热端差 δt 受传热面积 A_c 的影响。若其他参数不变，传热面积 A_c 减小将使凝汽器传热端差 δt 变大，导致凝汽器压力 p_c 升高。如在运行中，凝汽器水位升高，淹没部分冷却水管，传热面积减小，而使凝汽器压力 p_c 升高（即真空下降）。

对于冷却水量 D_w，D_w 减小时将使冷却水温升 Δt 增加、K 值减小，因此冷却水量 D_w 与凝汽器传热端差 δt 之间难以定性地指出它们的对应关系。

凝汽器传热端差 δt 还受传热系数 K 和进入凝汽器的蒸汽量 D_c 的影响。当 K 增加时，δt 要减小；反之，K 减小，δt 增加。K 值与冷却水进口温度、冷却水流速、蒸汽流速和流量，凝汽器结构（含流程数、管子排列方式、管径、管材料）、冷却表面清洁程度及空气含量等有关。一般在运行时，若冷却水进口温度 t_{w1}、凝汽量 D_c 和冷却水量 D_w 不变，冷却水管表面结垢或脏污，汽轮机真空不严或抽气设备工作失常所造成的凝汽器汽侧空气积聚，均会使传热系数 K 减小；若冷却水进口温度 t_{w1}、凝汽量 D_c 以及冷却水管表面结垢或脏污程度不变，冷却水量 D_w 减小，将使冷却水流速降低，导致 K 值减小。在汽轮机负荷工况变化时，若冷却水进口温度 t_{w1} 和冷却水量 D_w 不变，凝汽量 D_c 下降不大，即在设计工况附近，K 值基本不变，δt 的变化与凝汽量 D_c 成正比，δt 随凝汽量 D_c 的减小而减小；凝汽量 D_c 下降较大时，即偏离设计值较多，汽轮机内负压区域扩大，漏入的空气量增加使 K 值下降，导致 δt 随凝汽量 D_c 的下降而缓慢下降。特别是当凝汽量 D_c 下降到一定程度后，δt 不再随凝汽量 D_c 的下降而缓慢下降，而是几乎维持不变。而且，冷却水进口温度 t_{w1} 越低，维持 δt 几乎不变的转折点所对应的凝汽量 D_c 越大；在相同的凝汽量 D_c 下所对应的凝汽器传热端差 δt 增大。这是因为 t_{w1} 越低，凝汽器压力 p_c 越低，漏入的空气量较多对 K 值的影响就越显著。凝汽器传热端差 δt 与热负荷率 D_c/A_c 及 t_{w1} 的关系如图 1－76 所示。

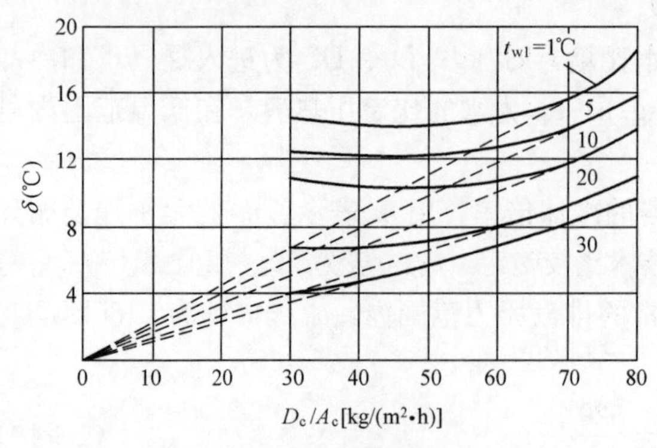

图 1－76　传热端差 δt 与热负荷率（D_c/A_c）及 t_{w1} 的关系

(二) 凝汽器的热力特性

随着气候条件、机组负荷以及循环水泵工作情况等的改变，t_{w1}、D_w 和 D_c 等将会偏离设计值。把凝汽器不在设计条件下工作时的工况看成凝汽器的变工况。通过对凝汽器压力影响因素的分析可知，凝汽器压力 p_c 取决于 t_{w1}、Δt 和 δt，而 Δt 和 δt 随着 D_w 和 D_c 变化而变化，因此凝汽器压力 p_c 随 t_{w1}、D_w 和 D_c 变化而变化。人们把凝汽器压力 p_c 随 t_{w1}、D_w 和 D_c 变化而变化的规律称为凝汽器的变工况特性或凝汽器的热力特性。$p_c = f$ (D_c、D_w、t_{w1}) 的关系曲线称为凝汽器的特性曲线。图 1 - 77 所示为 N - 11220 - 1 型凝汽器的特性曲线。当冷却水量和冷却水进口温度一定时，凝汽器压力随机组负荷的减小而降低，即凝汽器真空随机组负荷的减小而升高；当冷却水量和机组负荷一定时，凝汽器压力随冷却水进口温度的降低而降低，即凝汽器真空随冷却水进口温度的降低而升高。因此在其他条件相同的情况下，凝汽器的真空，冬天要比夏天高些。

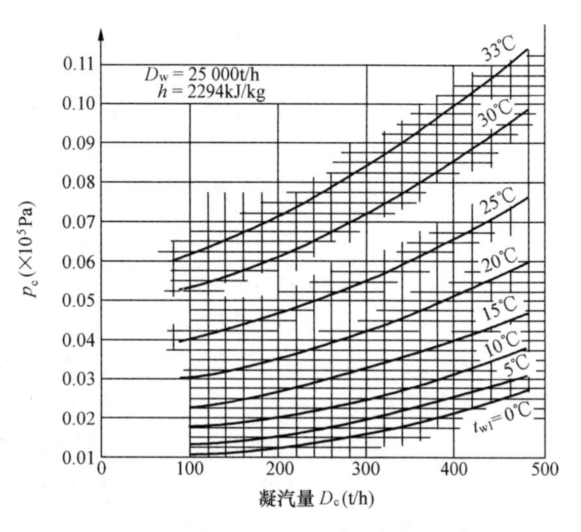

图 1 - 77　N - 11220 - 1 型凝汽器的特性曲线

(三) 极限真空和最佳真空

汽轮机运行时，进入凝汽量 D_c 取决于汽轮机负荷，运行人员主要靠增加冷却水量 D_w 来提高凝汽器真空。增加冷却水量 D_w，一方面可降低汽轮机末级排汽压力，使汽轮机所发功率增加，另一方面也增加了循环水泵耗功。所以，只有在汽轮机所发功率的增加值大于循环水泵耗功的增加值时，增加冷却水量 D_w 在经济上才是有利的。所谓最佳真空就是提高真空所增加的汽轮机功率与循环水泵等所消耗的厂用电之差达到最大时的凝汽器真空，如图 1 - 78 所示。运行中汽轮机要尽量保持在凝汽器最佳真空下工作。实际运行的循环水泵可能有几台，特别是当采用定速泵时，循环水量不能连续调节，故应通过试验确定不同蒸汽量及不同冷却水温下的最佳运行真空。

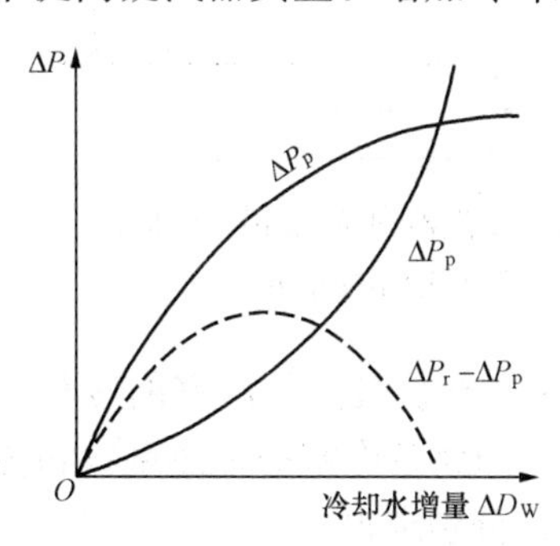

图 1 - 78　汽轮机功率增量及循环水泵耗功增量与冷却水增量的关系曲线

对于一台结构已定的汽轮机，汽轮机末级存在极限膨胀压力。若凝汽器压力的降低使汽轮机末级排汽压力低于末级极限膨胀压力时，蒸汽膨胀还要在末级动叶通道以外进行，当初参数和蒸汽流量不变时，汽轮机功率不再增加，反而由于凝结水温降低，最后一级回热抽汽量增加而使汽轮机功率减小。所谓极限真空是指使汽轮机做功达到最大值时汽轮机末级排汽压力所对应的凝汽器真空。虽然在极限真空下蒸汽的做功能力得到充分利用，但此时循环水量和水泵电耗维持在较高水平上，从经济上说这是不合算的。

五、多压凝汽器

随着单机容量的增加，汽轮机的排汽口也相应地增加。为了提高凝汽器的效率，对应着各排汽口，将凝汽器汽侧分隔为几个互不相通的汽室，冷却水管依次穿过各汽室。在运行时，冷却水在凝汽器冷却水管中流动是吸热过程，所以各汽室的冷却水进口温度不同，各汽室的汽侧压力也不相同，这种凝汽器称为多压凝汽器。图1-79（a）所示为单压凝汽器，四个排汽口的凝汽器压力都相等。图1-79（b）所示为该机组改为双压凝汽器，即将上边的单压凝汽器用中间隔板分为两个汽室，冷却水流程不做任何变化，两个汽室的压力不相等，显然，$p_{c1}<p_{c2}$，与之相对应的凝汽器汽室分别被称为低压侧汽室和高压侧汽室。同理，也可以制造出三压或四压的多压凝汽器。

（一）多压凝汽器的工作原理

如果把热负荷为Q、冷却面积为A_c的单压凝汽器改装为冷却面积各为$A_c/2$的双压凝汽器，并保持冷却水量不变，则凝汽器中冷却水及蒸汽的温度分布将相应改变，如图1-80所示。在冷却水总吸热量相同（即凝汽器热负荷相同）的情况下，虽然单压和双压凝汽器的冷却水最终出口温度相同，但在传热过程中，对应于同一冷却表面双压凝汽器的冷却水温度比单压凝汽器的低。图1-80中的虚线和实线分别表示了冷却水通过单压和双压凝汽器时的温升情况。

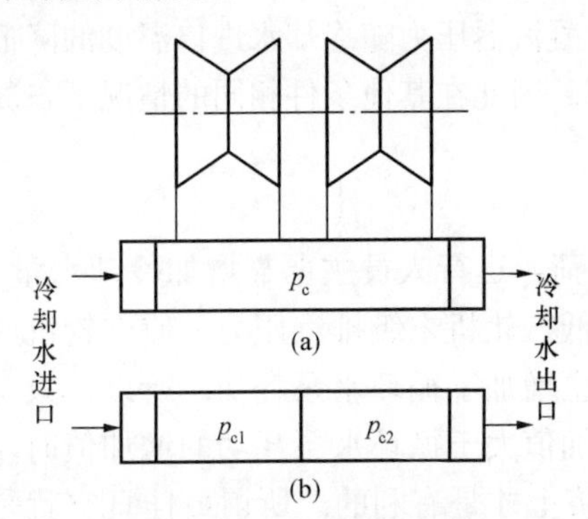

图1-79　多压凝汽器示意
（a）单压凝汽器；（b）双压凝汽器

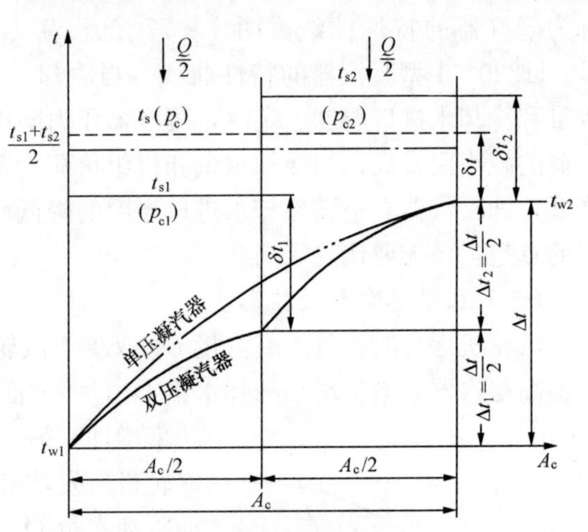

图1-80　双压凝汽器中蒸汽和冷却水温度沿冷却表面的分布

当冷却水在每个汽室中均吸收相同的热量$Q/2$时，则经过双压凝汽器各汽室的冷却水温升Δt_1和Δt_2相等；由于冷却水进口端汽室水温较出口端低，因此各汽室的传热系数和传热端差不同，$K_1<K_2$，$\delta t_1>\delta t_2$。δt_1和δt_2可根据式（1-20）分别求得。

根据式（1-17）可分别求得双压凝汽器各汽室的蒸汽凝结温度t_{s1}和t_{s2}，进而确定双压凝汽器各汽室的p_{c1}和p_{c2}。图1-81和图1-82所示分别为600MW超临界压力机组N-38000-1型凝汽器低压侧与高压侧的特性曲线。

双压凝汽器的平均蒸汽凝结温度$(t_s)_r$为

$$(t_s)_r=\frac{t_{s1}+t_{s2}}{2}=t_{w1}+\frac{3}{4}\Delta t+\frac{\delta t_1+\delta t_2}{2} \tag{1-21}$$

与双压凝汽器的平均凝结温度$(t_s)_r$相对应的饱和压力，被称为双压凝汽器的折合压力$(p_c)_r$。

由于凝汽器中传热现象复杂，双压凝汽器的折合压力$(p_c)_r$是否低于单压凝汽器的p_c，还必须根据具体情况确定。只有$(t_s)_r<t_s$时，才有$(p_c)_r<p_c$。

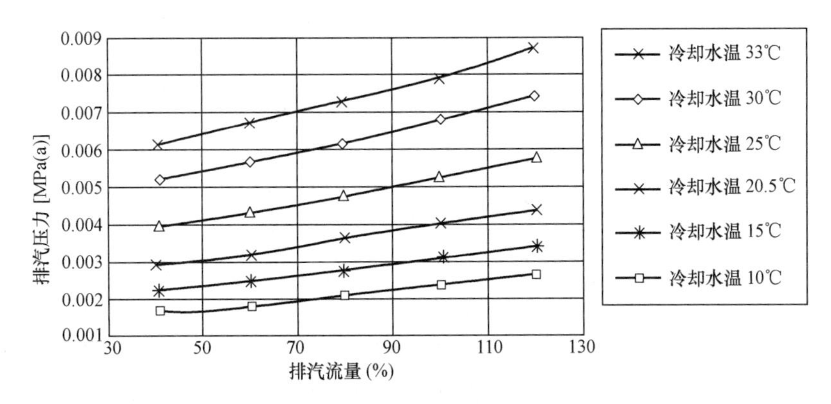

图 1 - 81　N - 38000 - 1 型凝汽器低压侧特性曲线

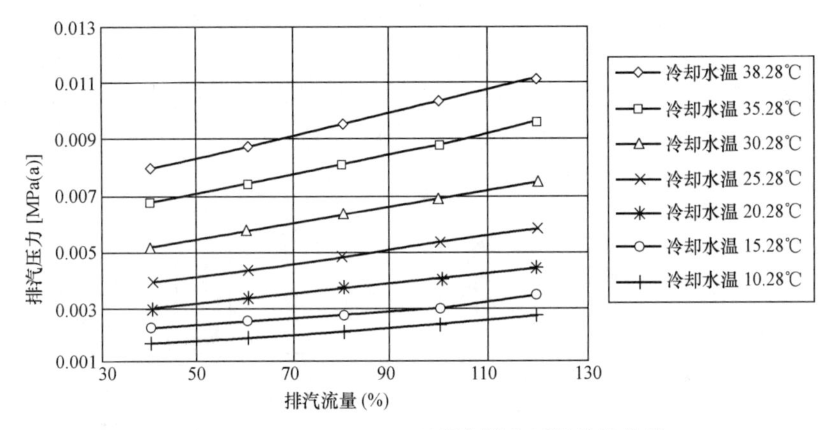

图 1 - 82　N - 38000 - 1 型凝汽器高压侧特性曲线

单压凝汽器的蒸汽凝结温度 $t_s=t_{w1}+\Delta t+\delta t$，单压凝汽器与多压凝汽器平均蒸汽凝结温度之差为

$$\Delta t_s=t_s-(t_s)_r=\frac{\Delta t}{4}+\delta t-\frac{\delta t_1+\delta t_2}{2} \tag{1-22}$$

由式（1 - 22）可知，Δt_s 取决于 Δt、δt、δt_1 和 δt_2 的大小。其中，Δt 取决于冷却倍率 m，m 越小，Δt 越大；δt、δt_1 和 δt_2 与传热系数有关，而传热系数与进水温度 t_{w1} 有关，所以在一定的 Δt 下，当 t_{w1} 超过某一分界温度时，Δt_s 为正值，而且 t_{w1} 越高，Δt_s 越大。可见在缺少冷却水或气温较高的地区采用多压凝汽器是比较有利的。以 600～1000MW 机组为例，采用多压凝汽器使电厂热经济性提高 0.2%～0.3%。需要说明的是，t_{w1} 的分界温度随凝汽器的工作参数不同而具有不同的数值。

由图 1 - 80 可知，在其他条件相同的前提下，多压凝汽器的汽室数目越多，对应于同一冷却表面，多压凝汽器冷却水温度比单压凝汽器的越低，特别是将凝汽器汽侧腔室分成无限多个时，冷却水的温升曲线就成为直线，蒸汽可在更低的温度下凝结，多压凝汽器将获得更低的平均凝结温度和折合压力 $(p_c)_r$。

多压凝汽器热效率增大百分数与冷却倍率、汽室数、冷却水温的关系曲线如图 1 - 83 所示，由图可知，冷却倍率越小，汽室数越多，多压凝汽器的热效率越大。

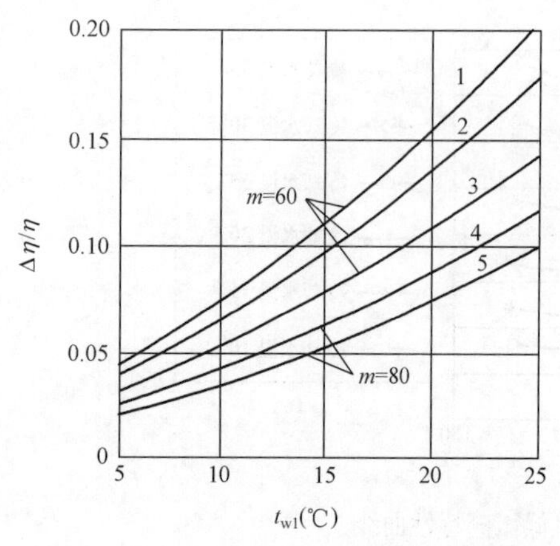

图 1 - 83　采用多压凝汽器的热效率曲线

1、4—六压；2、5—三压；3—双压

（二）多压凝汽器的结构特点

1. 汽室隔板上冷却水管管孔处的漏汽问题

因为多压凝汽器两个汽室之间存在着压力差，蒸汽在这个压差的作用下，将从冷却水管管孔处的间隙中由高压侧漏向低压侧，结果使凝汽器中的压力发生变化，降低多压凝汽器的冷却效果。解决该问题的要求是冷却水管管孔处密封效果要好，并且工艺性能要便于冷却水管的装配和更换。工艺上采取的措施有：①适当减小冷却水管在管孔中的装配间隙。②改善装配工艺，如图 1 - 84 所示。图 1 - 84（a）中管孔在高压侧不倒角，冷却水管从低压侧插入；冷却水管在安装时要有一倾斜度，一根冷却水管的中心在高压侧高一些，这样可使间隙中始终充满凝结水以防漏汽；图 1 - 84（b）中是将尼龙制的密封衬套插入在隔板与冷却水管之间，由于每个密封衬套顶端部分的内径比冷却水管的外径稍小，这样便可利用其弹性达到良好的密封效果。

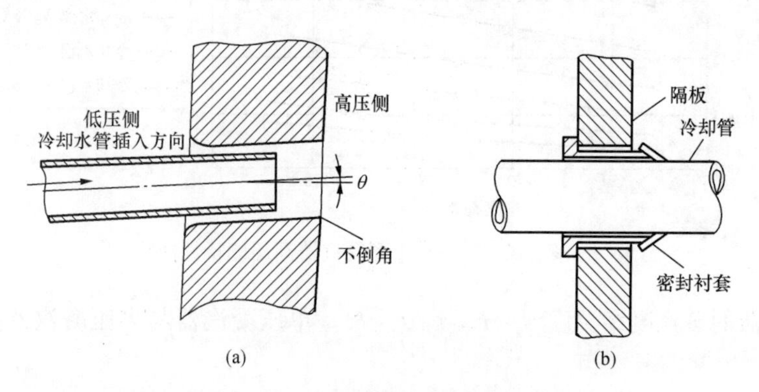

图 1 - 84　多压凝汽器汽室隔板的密封

2. 凝结水的过冷问题

由于多压凝汽器各汽室的压力不同，所以不同汽室的凝结水温度也不同。高压汽室中的蒸汽温度高于各低压汽室的平均温度。若高压汽室中的凝结水自流入低压侧，则最后的凝结水温度将低于单压凝汽器的凝结水温度，产生过冷。解决该问题的措施是将低压汽室凝结水送入高压汽室，利用高压汽室的蒸汽进行加热。其办法之一是，将低压汽室凝结水收集箱水位设计成高于高压汽室的凝结水水位［见图 1 - 85（b）］，使低压侧凝结水依靠重力作用溢流到高压汽室，并在高压汽室内的回热淋水盘中被高压汽室加热。另一个办法是将低压侧凝结水用泵打入高压侧，并通过特制喷头将其雾化，达到回热的目的［见图 1 - 85（a）］。

六、抽气器

抽气器的任务是在机组启动时使凝汽器内建立真空；在正常运行时不断地抽出漏入凝汽器的空气及排汽中的不凝结气体，以保证凝汽器的正常工作。抽气器按工作原理可分为喷射式和容积式两大类。

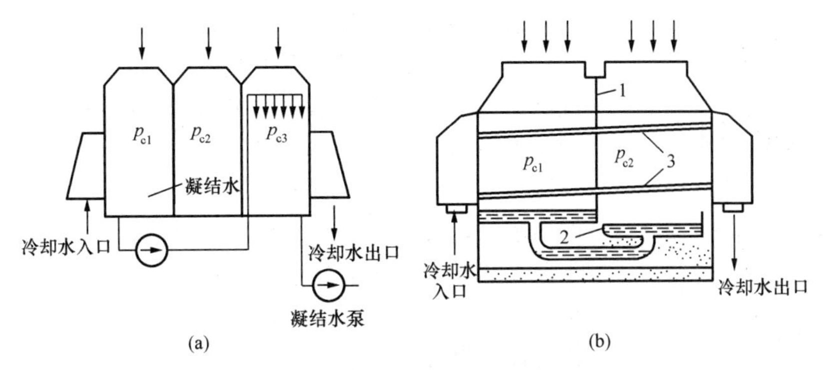

图 1-85　多压凝汽器凝结水的收集方式

(a) 凭压差自流与水泵输送；(b) 凭水位差自流

1—分隔板；2—底盘；3—冷却水管

（一）喷射式抽气器

喷射式抽气器按工作介质可分为射汽抽气器和射水抽气器两种。喷射式抽气器结构简单、工作可靠，维修方便，并能在短时间内（5～10min）建立起必要的真空，因此在现代电厂，特别是 200MW 及以下机组中得到广泛应用。

1. 射汽抽气器

射汽抽气器的工作原理如图 1-86 所示。它由工作喷嘴、外壳和扩压管三部分组成。由主蒸汽管道来的工作蒸汽节流至 1.2～1.5MPa 压力后，进入工作喷嘴。该喷嘴都采用缩放喷嘴，它可使喷嘴出口汽流速度高达 1000m/s 以上，使混合室内形成高度真空。由凝汽器来的空气和蒸汽混合物不断地被吸进混合室，又陆续被高速汽流带进扩压管，在扩压管中，混合气体的动能逐渐转变为压力能，最后在略高于大气压的情况下排入大气。

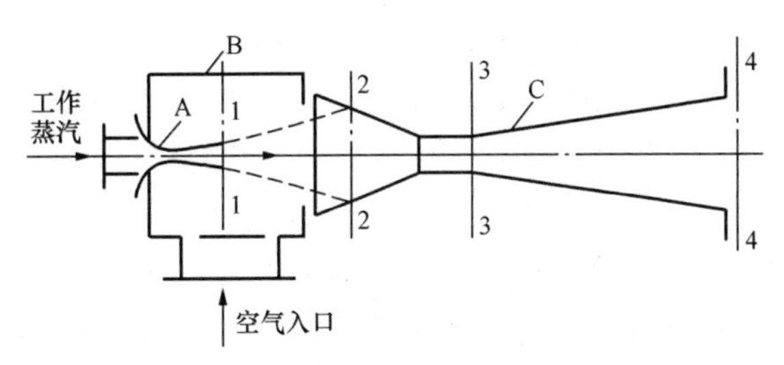

图 1-86　射汽式抽汽器工作原理

A—工作喷嘴；B—外壳；C—扩压管

射汽抽气器可以是单级的，也可以是多级的。单级射汽抽气器一般用于启动抽气器，在机组启动前使凝汽器迅速建立起必要的真空。其设计的抽吸能力大，但工作蒸汽的热量和凝结水都不能回收，所以启动抽气器经常运行是不经济的。当真空达到要求以后，就将主抽气器投入，关闭启动抽气器。多级抽气器用作主抽气器，用于正常运行中维持真空。采用多级后，可设立中间冷却器，这样既可节省抽气器工质的能量，同时冷却器还回收了工作蒸汽的热量和凝结水，提高了系统的经济性。

2. 射水抽气器

射水抽气器的工作原理和射汽抽气器一样，只是工质用压力水而不用蒸汽。

图 1-87 为国产 C-40-75-1 型射水抽气器结构。由射水泵来的压力水，经喷嘴将压力能转变为动能，使混合室中形成高度真空，凝汽器来的蒸汽和空气混合物又被工作水带进扩压管，扩压管的出口略高于大气压，蒸汽和空气混合物随工作水一起排出。当水泵发生故障时，止回阀自动关闭，以防止水和空气倒流入凝汽器。

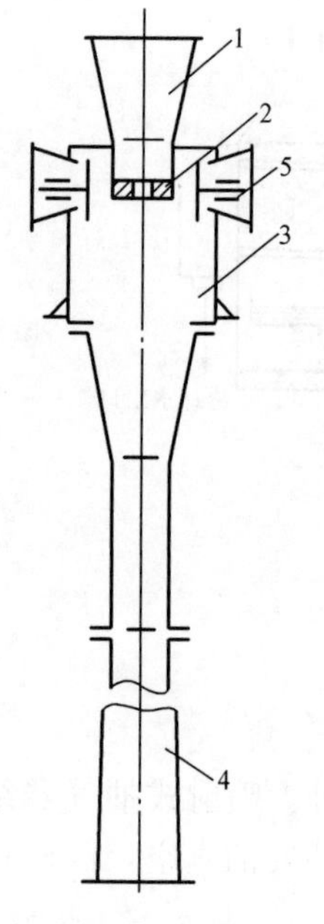

图 1-87 C-40-75-1 型射水抽气器结构

1—工作水入口水室；2—喷嘴；3—混合室；4—扩压管；5—止回阀

射汽抽气器与射水抽气器相比，前者的工作蒸汽是从新蒸汽节流而来的，因此产生节流损失，从热效率上考虑是不经济的；如果前者与单元制机组配套，当这种机组采用冷态滑参数启动方式时，还需要为射汽抽气器准备汽源。从这些角度考虑，采用后者较为有利。但射水抽气器需要设置专用的射水泵，投资较多，而且它又不能回收被抽出蒸汽的凝结水及其热量，增加了凝结水损耗。故两种抽气器各有自己的特点，目前我国 200MW 及以下机组较多地采用射水抽气器作为抽气设备。

（二）容积式抽气器

容积式抽气器有水环式真空泵和机械离心式真空泵两种。由于机械离心式真空泵在现代机组中应用较少，这里不做介绍。

水环式真空泵具有性能稳定、效率高、使用安全、操作简便、工作可靠、自动化程度高、结构紧凑、检修工作量小等优点，广泛应用于 300～1000MW 大型汽轮机的凝汽设备上。

按吸气和排气方式不同，水环式真空泵有轴向吸排气和径向吸排气两种。采用轴向吸排气方式时，气体的吸入和排出是通过壳体侧盖上的吸气口和排出口进行的，其优点是结构简单、维修方便，缺点是气体进入和排出叶轮时，气体流动方向与叶轮叶片运动方向相垂直，而且气体不能在整个叶片宽度上均匀地进出叶轮，这就加大了气体进入叶轮和流出叶轮时的水力损失，降低了泵的效率。采用径向吸排气方式，气体进入和排出叶轮，是通过设置在叶轮内圆处（相当于轮毂处）气体分配器上的吸气口和排气口来实现的，其优点是气体可以在叶片全宽范围内进入和流出叶轮，而且还可以借助吸气口和排出口的形状使气体进入和排出叶轮的方向与叶轮运动方向大体一致，这就降低了水力损失，提高了泵的效率；缺点是气体分配器结构复杂，加工和安装精度较高。

图 1-88 所示为轴向吸排气水环式真空泵的结构和工作原理。叶轮与泵体呈偏心位置，两端由侧封盖封住，侧盖端面上开有吸气窗口和排气窗口，分别与泵的入口和出口相通。当泵体内充有适量的工作水时，由于叶轮的旋转工作水向四周甩出，在泵体内部和叶轮之间形成一个旋转的水环，水环内表面与轮毂表面及侧盖端面之间形成月牙形的工作空腔，叶轮上的叶片又把空腔分成若干个互不相通的、容积不等的封闭小室。在叶轮的前半转（吸入侧），小室的容积逐渐增大，气体经吸气窗口被吸入到小室中，在叶轮的后半转（排出侧），小室容积逐渐减小，气体被压缩，压力升高，然后经排气窗口排出。由此可见，在水环泵的整个工作过程中，工作水接受来自叶轮的机械能，并将其转换为自身的动能，然后工作水的动能再转换为其压力能，并对气体进行压缩做功，从而将工作水的能量转换为气体的能量。工作水除传递能量以外，还起密封工作腔和冷却气体的作用。水环式真空泵工作时，排气会带出一小部分工作水。为了保持水环恒定的径向厚度，必须从外部连续地向泵内补充水温在正常范围内的工作水，水温升高将使水环式真空泵的抽吸能力下降。

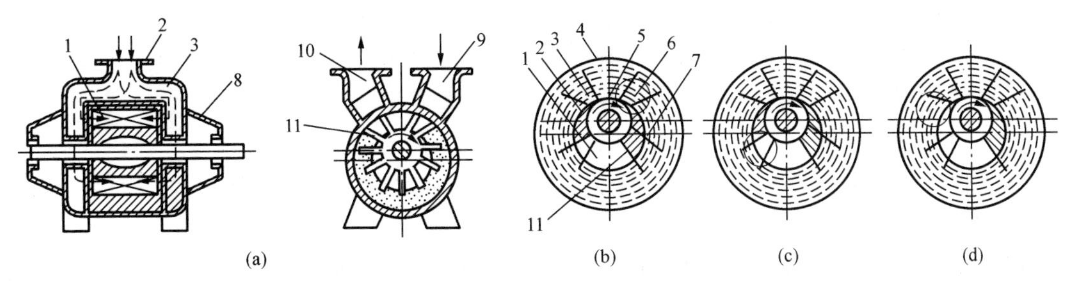

图 1-88　轴向吸排气水环式真空泵的结构和工作原理

(a) 结构简图；(b) 吸气位置；(c) 压缩位置；(d) 排气位置

1—月牙形空腔；2—排气窗口；3—水环；4—泵体；5—叶轮；

6—封闭小室；7—吸气窗口；8—侧封盖；9—入口；10—出口；11—叶片

图 1-89 所示为 600MW 超临界压力汽轮机水环式真空泵组工作流程。由凝汽器抽吸来的气体经气体吸入口、气动蝶阀进入水环式真空泵，该泵由电动机通过联轴器驱动。由水环式真空泵排出的气体经管道进入汽水分离器，分离后的气体经止回阀从气体排出口排向大气。分离出来的水与通过最低水位计的补充水一起进入热交换器。冷却后的工作水，一路经喷嘴喷入真空泵进口，使即将抽入真空泵内气体中的可凝部分凝结，提高了真空泵的抽吸能力；另一路直接进入泵体，维持真空泵的水环和降低水环的温度。热交换器冷却水一般可直接取自凝汽器冷却水进水，热交换器出水接入凝汽器冷却水出水。补充的工作水来自汽轮机组的凝结水系统。

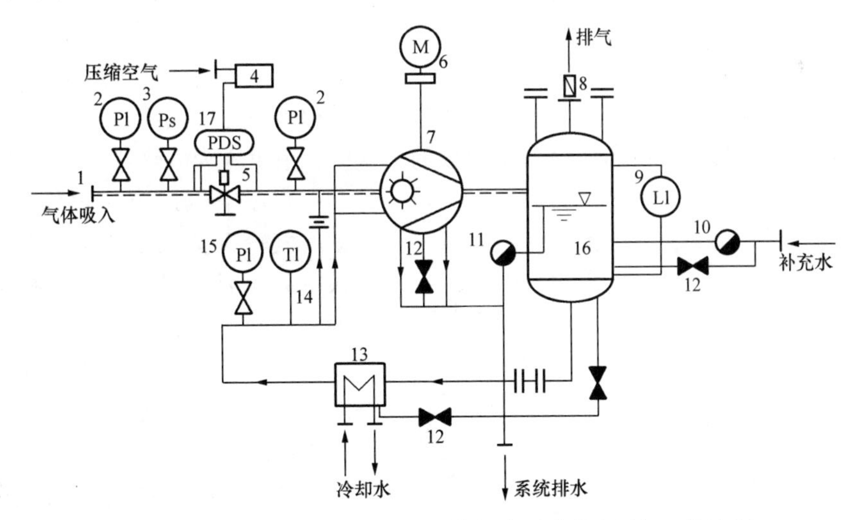

图 1-89　600MW 超临界压力汽轮机水环式真空泵组工作流程

1—气体吸入口；2—真空表；3—压力开关；4—电气控制箱；5—气动蝶阀；6—电动机；7—水环式真空泵；

8—止回阀；9—液位计；10—最低水位计；11—最高水位计；12—球阀（常闭）；13—热交换器；

14—温度计；15—压力计；16—气水分离器；17—压差开关

（三）凝汽器的抽真空

1. 启动前的检查与准备工作

抽真空前，首先对相关的系统和设备进行检查，以确保设备的正常工作。需要进行的工作主要有以下几点：

（1）检查并确认真空泵检修工作完毕，真空泵电动机送电正常。

（2）检查并确认各仪表、阀门及控制电源正常；所有电动阀、气动阀电源、气源已送，且单操开关均正常。

（3）检查并确认热交换器的冷却水系统正常，投入热交换器的冷却水。

（4）检查气水分离器水位正常，温度正常，自动补水装置动作灵活可靠。若水位不正常，须向气水分离器补水至正常水位。

（5）检查并关闭凝汽器真空破坏阀，开启真空破坏阀密封水供水阀，注水至溢流管出水后，调整供水阀开度，保持有微量溢流。

2. 真空泵的启动

确认以上各准备工作完毕，打开凝汽器至真空泵进口管道上的各阀门，启动真空泵，检查并确认真空泵入口阀自动开启，检查真空泵电流、声音、振动是否正常，分离器水位是否稳定，凝汽器真空应上升。

七、发电厂的空冷系统

发电厂采用翅片管式的空气冷却散热器，直接或间接用环境空气冷凝汽轮机排汽的冷却系统，称为空冷系统。采用空冷系统的汽轮发电机组简称为空冷机组。与同容量湿冷机组相比，空冷机组冷却系统本身可节水97%以上，全厂性节水约65%。所以，空冷机组是干旱或“富煤缺水”地区建设火电厂的最佳选择。

目前，用于发电厂的空冷系统主要有三种，即直接空冷系统、带表面式凝汽器的间接空冷系统和带混合式凝汽器的间接空冷系统。

（一）直接空冷系统

直接空冷是指汽轮机的排汽直接用空气来冷凝，空气与蒸汽间接进行热交换，所需的冷却空气通常由机械通风方式供应。直接空冷的凝汽设备称为空冷凝汽器，它是由外表面镀锌的椭圆形钢管外套矩形翅片的若干个管束组成的，这些管束也称为散热器。

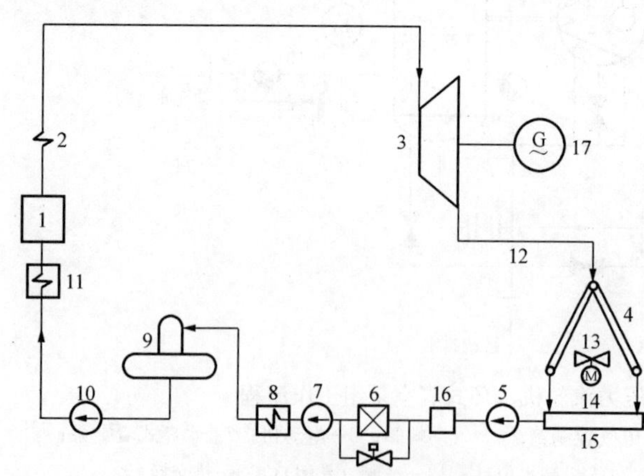

图1-90 直接空冷系统流程

1—锅炉；2—过热器；3—汽轮机；4—空冷凝汽器；5—凝结水泵；6—凝结水精处理装置；7—凝结水升压泵；8—低压加热器；9—除氧器；10—给水泵；11—高压加热器；12—汽轮机排汽管道；13—轴流冷却风机；14—立式电动机；15—凝结水箱；16—除铁器；17—发电机

直接空冷系统流程如图1-90所示。汽轮机排汽由粗大的排汽管道引入室外空冷凝汽器的钢制散热器内，轴流冷却风机使环境空气流过散热器（即空冷凝汽器）外表面，直接将排汽冷凝成水，凝结水再经凝结水泵送回汽轮机的回热系统。

直接空冷系统各主要设备的位置关系如图1-91所示。空冷凝汽器分主凝汽器和分凝汽器两部分，主凝汽器多设计为汽水顺流式，它是空冷凝汽器的主体，可凝结75%～80%的蒸汽；分凝汽器为使系统内的空气和不凝结气体顺利排出则设计为汽水逆流式，形成空冷凝汽器的抽空气区域。空气区的抽真空设备国外多采用射汽抽气器，在汽轮机启动和正常运行时分别采用启动抽气器与出力较小的主抽气器；而国内多采用水环式真空泵。

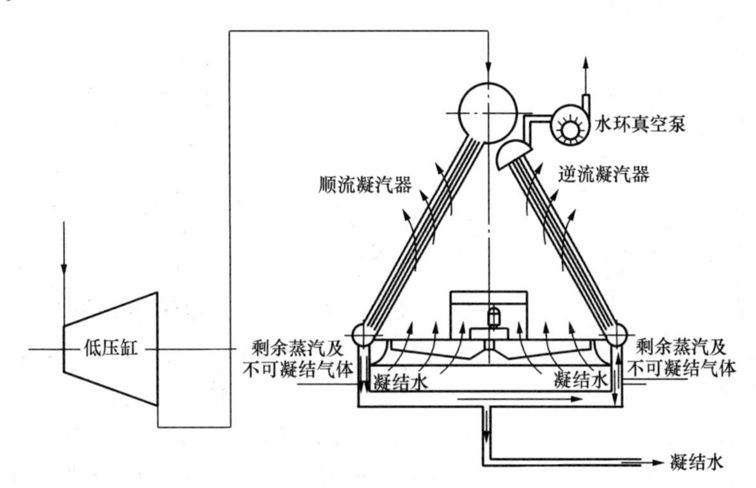

图 1-91　直接空冷系统各主要设备的位置关系

直接空冷系统的优点是设备少，系统简单，基建投资较少，占地少，空气量的调节灵活。国内外使用直接空冷系统的汽轮机发电机组单机容量已达 1000MW 级（华电宁夏灵武电厂）。该系统一般与高背压（大于 19.6kPa）汽轮机配套。这种系统的缺点是运行时真空系统庞大，密封困难，启动时为建立真空需要的时间较长；运行中易出现凝结水过冷度偏大和溶氧量高的现象，且大直径轴流冷却风机耗能大。

直接空冷系统适用于各种环境条件和各类燃煤电厂，要求煤价低廉，最好带基本负荷。

（二）带混合式凝汽器的间接空冷系统

带混合式凝汽器的间接空冷系统又称海勒式间接空冷系统，因由匈牙利的海勒教授在 1950 年世界动力年会上首先提出而得名。它主要由喷射式（混合式）凝汽器和装有福哥型散热器的空气冷却塔构成。福哥型散热器由外表面经过防腐处理的圆形铝管、套以铝翅片的管束所组成，称为缺口冷却三角，在缺口处装上百叶窗就成为一个冷却三角。喷射式凝汽器属混合式加热器，它的横剖面图如图 1-92 所示。高纯度的中性冷却水（pH＝6.8～7.2）进入喷射式凝汽器的三角形水室，经喷嘴喷射成水膜后，与汽轮机排汽直接接触形成凝结水，形成的凝结水和受热的冷却水在凝汽器底部的热井混合。残留的气一汽混合物被抽气器送入后冷却器进一步冷却。最后，空气被抽气器抽出排入大气。

带混合式凝汽器的间接空冷系统如图 1-93 所示。中性冷却水进入凝汽器直接与汽轮机排汽混合并将其冷凝。相当于汽轮机排汽量的混合水经凝结水精处理装置处理后送至汽轮机回热系统，其余绝大部分的混合水由冷却水循环泵送至空气冷却塔散热器，经与空气对流换热冷却后通过调压水轮机将冷却水再送至喷射式凝汽器进入下一个循环。该系统采用自然通风方式冷却。

海勒式间接空冷系统的优点是以微正压的低压水系统运行，较易掌握，可与中背压（9.8kPa 左右）汽轮机配套。配用海勒式间接空冷系统的汽轮机，其年平均背压低于直接空冷机组，稍低于哈蒙式间接空冷机组，故机组煤耗率较低；缺点是设备多、系统复杂、冷却水循环泵的泵坑较深、自动控制系统复杂、塔外布置的全铝制散热器防冻性能差。

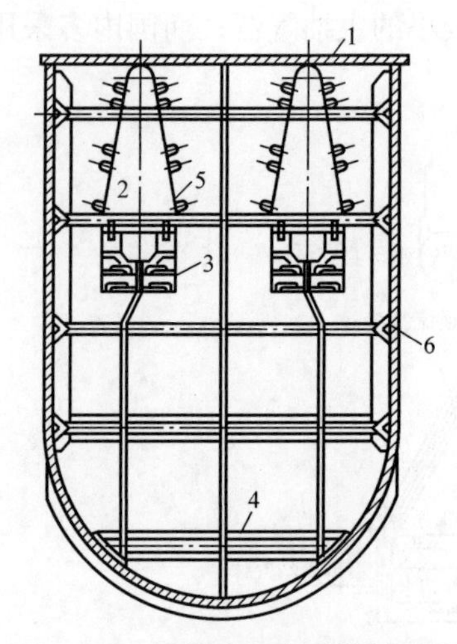

图1-92 喷射式凝汽器横剖面图

1—外壳；2—水室；3—后冷却器；4—热井；5—喷嘴；6—加固肋

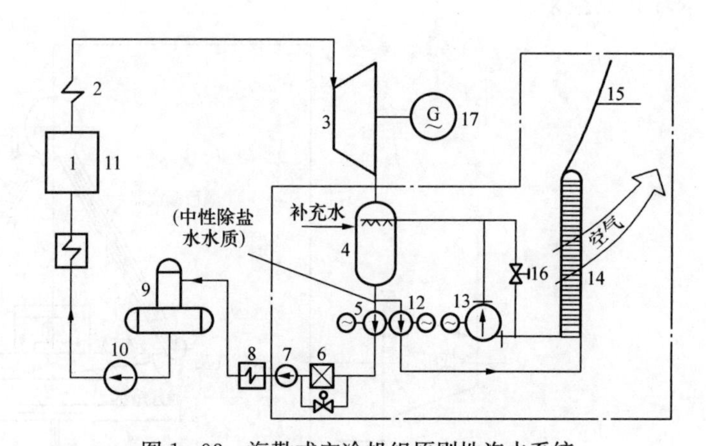

图1-93 海勒式空冷机组原则性汽水系统

1—锅炉；2—过热器；3—汽轮机；4—喷射式凝汽器；5—凝结水泵；6—凝结水精处理装置；7—凝结水升压泵；8—低压加热器；9—除氧器；10—给水泵，11—高压加热器；13—冷却水循环泵；13—调压水轮机；14—全铝制散热器；15—空气冷却塔；16—旁路节流阀；17—发电机

海勒式间接空冷系统适合于气候温和、无大风地区，带基本负荷。

（三）带表面式凝汽器的间接空冷系统

带表面式凝汽器的间接空冷系统又称哈蒙式间接空冷系统，如图1-94所示。这种空冷系统是由海勒式间接空冷系统的运行实践基础上发展而来。鉴于海勒式间接空冷系统采用的喷射式凝汽器，其实际运行端差比湿冷表面式没有明显减少；循环冷却水与蒸汽凝结水连通，使对锅炉给水品质要求严格的高参数大容量机组的给水水质控制和处理尤为困难，于是在单机容量为300MW和600MW的机组上发展了哈蒙式间接空冷系统和直接空冷系统。

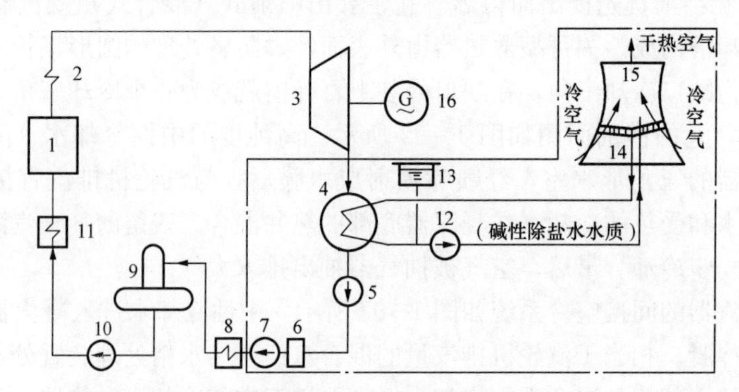

图1-94 哈蒙式空冷机组原则性汽水系统

1—锅炉；2—过热器；3—汽轮机；4—表面式凝汽器；5—凝结水泵；6—凝结水精处理装置；7—凝结水升压泵；8—低压加热器；9—除氧器；10—给水泵；11—高压加热器；12—循环水泵；13—口膨胀水箱；14—全钢制散热器；15—空气冷却塔；16—发电机

哈蒙式间接空冷系统由表面式凝汽器与空气冷却塔构成。该系统与常规的湿冷系统基本相仿，不同之处是用空气冷却塔代替湿冷却塔，用不锈钢管凝汽器代替铜管凝汽器，用碱性

除盐水代替循环水，用密闭式循环冷却水系统代替开敞式循环冷却水系统。系统采用自然通风方式冷却，散热器装在空气冷却塔内。

哈蒙式间接空冷系统的优点是节约厂用电、设备少、冷却水系统与汽水系统分开，两者水质可按各自要求控制；冷却水量可根据季节调整，在高寒地区，在冷却水系统中可充以防冻液防冻。其缺点是空气冷却塔占地大、基建投资多；系统中需进行两次换热，且都属表面式换热，使全厂热效率有所降低。

哈蒙式间接空冷系统适用于核电厂、热电厂和调峰大电厂。

任务四　汽轮机调节及保护系统认知

【教学目标】

1. 知识目标

（1）掌握汽轮机调节系统的作用、组成、类型、工作原理。

（2）熟悉功频电液调节系统的概念、工作原理，反调产生的原因及消除方法。

（3）掌握数字电液调节系统的组成、功能、控制方式、工作原理、静态和动态特性、主要设备。

（4）掌握汽轮机保护系统的功用、原理，汽轮机设置的主要保护项目。

（5）掌握汽轮机供油系统的作用、组成设备及工作过程。

2. 能力目标

（1）能分析调节、保护系统的工作流程。

（2）能看懂仿真机组上数字电液调节系统的各种画面，能在仿真机组上进行数字电液调节系统的相关操作与监控。

（3）能分析汽轮机供油系统的工作流程；能在仿真机组上进行油系统的启动操作。

3. 素质目标

（1）培养团队意识与协作精神。

（2）培养刻苦钻研业务，爱岗、敬业的精神。

（3）培养安全和责任意识。

【任务描述】

由于电能不能大量存储，因此要求发电企业根据外界用户的需求随时调汽轮发电整机组发电量以满足用户对电能数量的需求。那么如何调整机组的发电量？学生分组讨论，并通过发电厂及汽轮机调节保护的相关模型认知调节、保护和供油系统的主要设备，通过火电机组仿真运行系统学习系统的工作及运行的相关知识和技能，培养学生对调节、保护和供油系统认知能力和运行监视的能力。

【任务准备】

分析工作任务单，明确该任务的内容、目标和要求，完成该任务所需的学习资源；将学生分组；学生明确完成任务所需的理论知识，查阅资料，制定实施工作任务的方案。

【任务实施】

分析工作任务单；查阅相关技术资料，熟悉汽轮机调节系统、保护系统和供油系统的基本构成；在教师的指导下，学习汽轮机调节、保护和供油系统的相关知识，在有关模型上完成对调节、保护和供油系统各设备的认知，在仿真机上熟悉各系统的组成、工作过程及相关运行操作。

【相关知识】

一、汽轮机调节系统的基本概念

（一）汽轮机调节的任务

现代电厂凝汽式汽轮发电机组的任务是供给电力用户一定数量和一定质量的电能。

由于电能无法大量储存，而电力用户对电能的需求是随时变化的，因此，汽轮发电机组必须根据电力用户的需要及时地改变它所发出的功率。

供电质量标准主要有两个：一个是电压，另一个是频率。供电电压除了和汽轮发电机组的运行转速有关外，还可以通过调整发电机的励磁电流进行调节。而供电频率仅取决于汽轮发电机组的运行转速。供电频率与汽轮发电机组运行转速的关系可用下式表示

$$f=\frac{np}{60} \tag{1-23}$$

式中：n 为汽轮发电机组的转速，r/min；p 为发电机电极对数。

对具有一对电极、转速为 3000r/min 的汽轮发电机组，其频率为 50Hz。通常要求电网频率的变动小于±0.5Hz，即转速的波动不允许超过±30r/min。电厂通过调整汽轮发电机组的转速来保证供电频率不超过允许范围。

由汽轮发电机组转子的运动方程可得到汽轮机功率、用户负载和转速之间的关系。汽轮发电机组运行时，作用在转子上的力矩有三个：①与汽轮机功率相对应的蒸汽主力矩 M_t；②与电力用户负载相对应的发电机电磁阻力矩 M_e；③摩擦力矩 M_f。在负荷较高时，M_f 与 M_t 及 M_e 相比非常小，常常可以略去不计，所以转子的运动方程式可以写为

$$I_\rho \frac{d\omega}{dt}=M_t-M_e \tag{1-24}$$

式中：I_ρ 为汽轮发电机转子的转动惯量；ω 为汽轮发电机转子的角速度；$d\omega/dt$ 为汽轮发电机转子的角加速度。

汽轮机的蒸汽主力矩可用下式表示

$$M_t=9555\frac{P_i}{n}\ (\mathrm{N\cdot m}) \tag{1-25}$$

式中：P_i 为汽轮机的内功率，kW。

由式（1-25）可见，在汽轮机功率一定时，汽轮机的蒸汽主力矩 M_t 与转速 n 成反比，如图 1-95 中 M_t 曲线所示。随着转速的升高，主动力矩逐渐减小。

$$P_i=G\Delta H_t\eta_{ri} \tag{1-26}$$

式中：G 为汽轮机的蒸汽流量，kg/s；ΔH_t 为汽轮机的理想比焓降，kJ/kg；η_{ri}为汽轮机的相对内效率。

将式（1-26）代入式（1-25）得

$$M_t = 9555\Delta H_t \eta_{ri} \frac{G}{n} \tag{1-27}$$

由式（1-26）和式（1-27）可知，改变汽轮机的进汽量，就能改变汽轮机的功率和汽轮发电机组的力矩—转速特性，这是调节汽轮机功率的手段之一。

电磁阻力矩与转速的关系取决于电力用户的负载特性。电网中的负载大致可分为三类：频率变化对有功功率没有直接影响的负载，如照明、电热设备等；有功功率与频率成正比变化的负载，如金属切削机床、磨煤机等；有功功率与频率成三次方或高次方变化的负载，如鼓风机、水泵等。电网的综合负载与频率的关系取决于各类负载所占的比例。由于电网中绝大多数属于第二类负载，因此电磁阻力矩与转速的关系特性如图1-95中M_e所示。

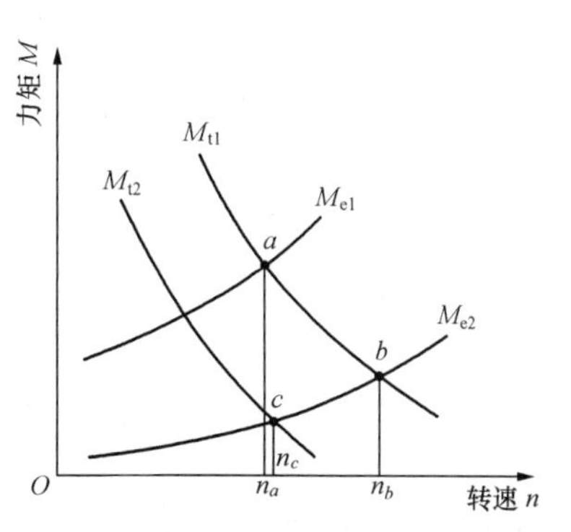

图1-95　汽轮机与发电机的力矩—转速特性

由式（1-24）可知，当$M_t = M_e$时，$d\omega/dt = 0$，则ω＝常数，即n＝常数，汽轮机处于稳定工况；当$M_t > M_e$时，$d\omega/dt > 0$，则n升高；当$M_t < M_e$时，$d\omega/dt < 0$，则n下降。所以，图1-95中曲线M_{t1}与M_{e1}的交点a为汽轮机稳定工况点，此时，汽轮机的转速为n_a。当外界负荷减小时，发电机的特性线变为M_{e2}，这时若不改变汽轮机的内功率，则由于$M_t > M_e$，转速升高，导致M_t减小，而M_e增大，最后这两个力矩将在一更高的转速n_b下平衡，新的平衡点为b。由此可见，即使汽轮发电机组没有调节系统，它依靠自身的力矩—转速特性，也可以从一个稳定工况自动调整到另一个稳定工况，这种特性称为汽轮发电机组的自动调节特性或自平衡特性。

实际上，当外界负荷变动时，若仅靠汽轮发电机组的自平衡特性，从图1-95中可以看出，机组从一个稳定工况（a点）过渡到另一个稳定工况（b点），机组的转速变化很大，这不仅不能满足电力用户对供电质量的要求，并且也不利于汽轮发电机组的安全经济运行。

适当地调整汽轮机的内功率，不但能满足电力用户对电能的需求，还可改变汽轮机的蒸汽主力矩特性，如使汽轮机的特性线由图1-95中的M_{t1}变为M_{t2}，M_{t2}和M_{e2}会在c点达到新的稳定工况，并保证汽轮机的转速n_c在允许的范围内。

由上述分析可知，当机组发出的功率与外界用户负荷不相适应时，汽轮机的转速就要发生变化。汽轮机转速既是为了提高供电质量而必须保证的一个量，又是反映功率平衡的一个量。汽轮发电机组必须具备能调节汽轮机功率的调节系统。汽轮机调节的任务是及时调节汽轮机的功率使之满足用户的需要，同时保证转速在允许的范围之内。

（二）汽轮机调节系统的基本工作原理

图1-96所示为间接调节系统。

当外界负荷减小时，汽轮发电机组转子上的力矩平衡被打破（电磁阻力矩减少ΔM_e），转速升高Δn，调速器飞锤的离心力增大，滑环向上移动，产生阀位控制信号Δx_n，通过杠杆使滑阀活塞向上移动，打开油口a和b，压力油经油口a进入油动机活塞的上腔室，而活塞的下腔室油经油口b排出，活塞在油压差的作用下向下移动，关小调节阀，减小进汽量，

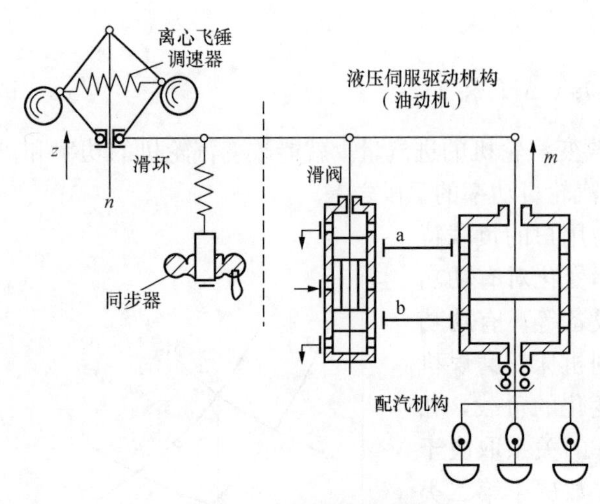

图 1-96 间接调节系统

使汽轮机的功率与外界负荷相适应，此时蒸汽的动力矩相应地减少了 ΔM_t。当油动机活塞下移的同时，又带动杠杆运动，产生阀位反馈信号 Δx_1 使滑阀活塞向下移动，重新遮断油口 a 和 b，调节过程结束。

调速器动作使错油门活塞产生位移，从而使油动机活塞动作，而油动机活塞的运动又带动错油门活塞使其复位，这一过程称为反馈，由于这种反馈对错油门的作用与调速器对错油门的作用相反，称为负反馈。负反馈的作用是使调节系统稳定，是调节系统重要的组成部分。

在图 1-96 所示的系统中，调速器不是直接带动调节阀，而是通过滑阀、油动机把信号放大后来驱动调节阀的，这种具有中间放大环节的系统称为间接调节系统。另外，从前面的分析还可以知道，当调节系统动作结束后，并不能维持汽轮机原来的转速不变，这种在汽轮机负荷改变，调节系统动作后稳定转速不能维持不变的调节称为有差调节。在运行中，为了保持发电频率为额定值，消除转速的这种静态偏差在系统中需设置同步器。

由汽轮机调节系统的工作过程可知，一个闭环的调节系统由下面四个部分组成：

（1）转速感受机构。它感受汽轮机转速的变化，并将转速变化转变为其他物理量的变化。

（2）阀位控制机构（传动放大机构或液压伺服机构）。它接受转速感受机构的输出信号，处于转速感受机构之后与配汽机构之前，对信号起着传递和放大作用。

（3）配汽机构。它接受由转速感受机构通过阀位控制机构传递放大的信号（油动机位移），并能依此来改变汽轮机进汽量和功率。

（4）调节对象。对汽轮机调节来说，调节对象就是汽轮发电机组。当汽轮机进汽量改变时，汽轮发电机组发出的功率也相应发生变化。

图 1-97 是用框图表示的间接调节系统，由图可知，转速感受机构、阀位控制机构、配汽机构三个基本机构组成了汽轮机液压调节系统中的调节设备，与汽轮发电机组（调节对象）一起构成了汽轮机液压调节系统的闭环主回路。其中阀位控制机构由于反馈部件的存在本身也构成了一个闭环子回路。由于调节设备仅将汽轮机转速作为输入信号，因此，汽轮机液压调节系统可看成由一个转速调节主回路（主环）

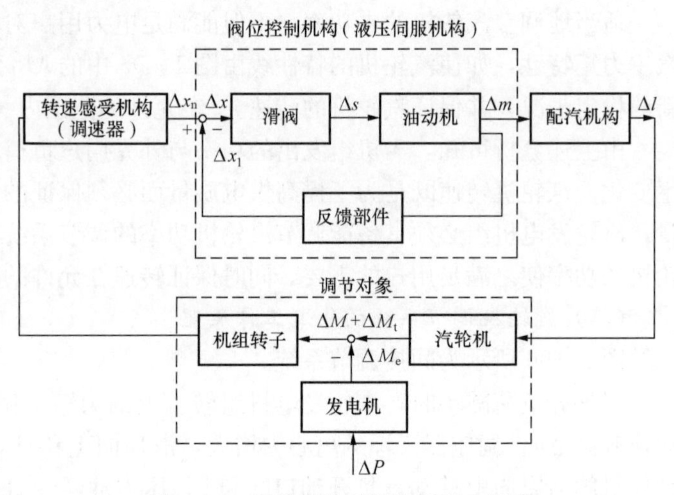

图 1-97 间接调节系统的原理方框图

和一个阀位控制子回路（子环）组成。

要使该调节系统受外界负荷扰动后达到新的稳定状态，则必须同时具备下述两个基本条件：

（1）主回路稳定条件。调节对象即汽轮发电机组的力矩偏差信号 $\Delta M=0$。

原稳定状态下　$$M_t-M_e=0$$

新的稳定状态下　$$I_\rho\frac{d\omega}{dt}=(M_t+\Delta M_t)-(M_e+\Delta M_e)$$

则有　$$I_\rho d\omega/dt=\Delta M_t-\Delta M_e$$

因此，要使机组重新处于一个新的稳定状态，转速再次获得稳定（$d\omega/dt=0$），则必须使 $\Delta M_t-\Delta M_e=0$，即 $\Delta M=0$。

（2）子回路稳定条件。阀位偏差信号 $\Delta x=0$。只有阀位偏差信号 $\Delta x=0$，即阀位调节指令信号 Δx_n 与反馈部件的反馈阀位信号 Δx_1 大小相等，且变化方向相反，反馈部件起负反馈作用，才能使与滑阀相对应的控制油压恢复到原来稳定值，滑阀重新居中，汽轮机调节过程才能结束，并处于一个新的稳定状态。

（三）汽轮机调节系统的发展

汽轮机调节系统的发展经历了以下几个阶段。

1. 液压调节系统

早期的汽轮机调节系统主要由机械部件与液压部件组成。其主要依靠液体作为工作介质来传递信号，因而被称为液压调节系统。由于它仅根据机组转速的变化来进行自动调节，故又被称作液压调节系统。这种调节系统的调节精度低，反应速度慢，运行时工作特性是固定的，不能根据转速变化以外的信号调节需要进行及时调整，而且调节功能少。但是由于它的工作可靠性高且能满足机组运行调节的基本要求，因此至今仍具有一定的应用价值。

图 1 - 96 所示的调节系统即为液压调节系统。这种调节系统在现代大型汽轮机中已基本不再使用，本书不再做详细介绍。

2. 电液调节系统

随着机组向高参数大容量方向的不断发展和中间再热循环的广泛应用，机组单元制和滑压运行方式的普遍采用和电网自动化水平的提高，对机组运行的安全性、经济性、自动化程度以及多功能调节提出了更高的要求，仅依靠原有的液压调节技术已不能完全适应。于是，电液调节系统便应运而生。该系统主要由电气部件、液压部件组成。电气部件测量与传输信号方便，对信号的综合处理能力强，控制精度高，便于操作、调整与调节参数的修改。液压部件用作执行器（调节汽阀驱动装置），响应速度快，输出功率大，目前还没有其他类型执行器可以取代。

由于早期电气部件的可靠性较低，组成电路的可靠性还不能满足汽轮机调节系统的要求，因此在给机组配置电液调节系统的同时还配有液压调节系统。当电液调节系统因故障而退出工作时，由液压调节系统来接替工作，以保证机组能安全连续运行。这种早期的电液调节系统被称为电气液压调节系统（electro-hydraulic control，EHC），简称电液调节系统。

随着电气部件可靠性的提高，20 世纪 50 年代中期，出现了能保证机组安全连续运行的纯电液调节系统，不再依靠液压调节系统作后备。它是以模拟电路组成的模拟计算机为基础的，引入了功率和频率两个控制信号，所以被称为功频模拟电液调节系统，也可简称为模拟电调（analog electro-hydraulic control，AEH）。

随着数字计算机技术的发展及其在电厂热工过程自动化领域中的应用，20 世纪 80 年代开发了以数字计算机为基础的数字式电液调节系统，也可简称为数字电调（digital electro-hydraulic control，DEH）。大多数早期的数字电液调节系统是以小型计算机为核心。以微机为基础的分散控制系统出现后，近期的数字电液调节系统以分散控制系统为基础，具有对汽轮发电机组的启动、升速、并网、负荷增/减进行监视、操作、控制、保护，以及数字处理和 CRT 显示等功能。

二、汽轮机的功频电液调节系统

在调节系统中采用转速和功率两个控制信号，测量和运算采用电子元件，而执行机构仍用油动机液压部件的调节系统，简称功频电调。它是以连续的电量对机组进行控制的，所以也称模拟电调。

对于并网运行的机组，如果电网频率不变，当蒸汽参数变化引起机组功率变化时（称为内扰），汽轮机液压调节系统对此无法进行自动调整。因此，汽轮机调节系统必须引入功率信号，将测得的功率信号与功率给定值比较，以此对汽轮机进行调节，以消除内扰影响。

功频电液调节系统中的测量、运算部件用电气设备代替，可以提高系统动作的快速性。但油动机因其尺寸小而力量大、速度快，且电气设备无法取代，故最后的执行机构仍须用滑阀及油动机结构。

（一）功频电液调节系统的基本工作原理

当汽轮机调节系统采用有差调节时，在稳定工况下，一定的汽轮机功率与一定的汽轮机转速相对应，两者的关系称为调节系统的静态特性，可用式（1 - 28）表示

$$\frac{P_0-P}{P_0}=-\frac{1}{\delta}\frac{n_0-n}{n_0} \tag{1 - 28}$$

式中：P_0 为汽轮机的额定功率；n_0 为额定转速；P 为汽轮机的实际功率；n 为实际转速；δ 为转速变动率。

将额定功率 P_0、额定转速 n_0 分别用给定功率 P^* 与给定转速 n^* 代之，并将功率、转速参数用电压表示，则有

$$(U_P^*-U_P)+K(U_n^*-U_n)=0 \tag{1 - 29}$$

$$K=(1/\delta)(U_P^*/U_n^*)$$

式中：U_P^*、U_P 分别表示功率为 P^* 和 P 时的电压；U_n^*、U_n 分别表示转速为 n^* 和 n 时的电压。

将代表给定功率与转速以及所测功率与转速的电压信号输入调节系统中，并选择某种调节规律，使功率与转速保持单值对应关系，就构成如图 1 - 98 所示的功频电液调节系统原理方块图。实际的电液调节系统就是从这一原理上完善、演化而成的。

在图 1 - 98 中，PID 调节器是为实现 ΔP 和 Δn 的线性关系和改善调节系统性能而设置的。当偏差刚出现时，微分环节 D 立即发出超调信号，比例环节 P 也同时起放大作用，使偏差幅度减小，接着积分环节 I 慢慢地把余差克服。若 PID 的参数选择得当，能充分发挥三种调节规律的优势，克服中间再热环节功率的滞后，使调节时间缩短，超调量减小，并使整个调节回路变成一个无差的定值调节系统。

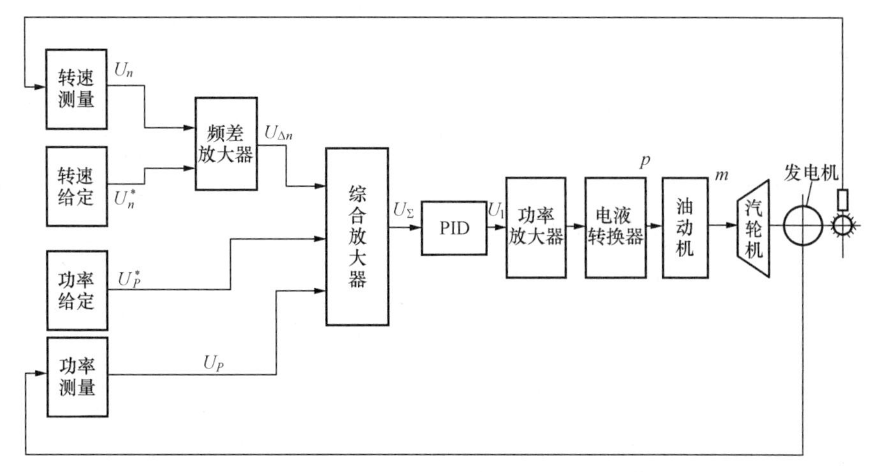

图 1-98　功频电液调节系统原理方块图

图 1-98 中电液转换器以前的电气部分用模拟电子硬件实现，其后液压部分与液压调节系统的相应部分基本相同。

功频电液调节系统由转速调节、功率调节、功频调节三种基本回路组成。

1. 转速调节回路

转速调节回路应用于单机运行情况，在机组启动时升速、并网和停机（包括甩负荷）过程中控制转速。机组在此过程中，给定功率和实发功率都为零，即 $U_P^*=0$ 与 $U_P=0$。转速反馈信号由装于汽轮机轴端的磁阻发信器测取并转换成电压 U_n，与转速给定电压 U_n^* 同时送入频差放大器进行比较放大后，送往综合放大器、PID 调节器、功率放大器、电液转换器，再经油动机去控制调节汽阀。若测速信号电压 U_n 与转速给定电压 U_n^* 相平衡，则转速维持在给定值，$n=n^*$。当需要改变转速时，操作转速给定器得到转速给定电压的变化量 ΔU_n^*，此信号经转速调节回路各环节的调节作用，使电液转换器的输出油压作用于油动机，改变调节汽阀的升程及其汽轮机的进汽量，于是汽轮机转速和测速信号电压 U_n 产生相应的变化。由于 PID 的调节作用，最终必将使 ΔU_n 与 ΔU_n^* 相平衡，PID 调节器的输入 $U_\Sigma=0$，PID 的输出电压不再变化，系统重新稳定，汽轮机转速稳定在新给定的转速值。由于 PID 调节器中积分环节的存在，使得转速调节回路成为一个无差的定值调节系统。

转速调节回路也应用于机组甩负荷过程。在一般液压调节系统中，当出现甩负荷（假定甩满负荷）事故时，由于主同步器仍置于满负荷位置未变，机组的最后稳定转速 $n_s=(1+\delta)n_0$，则甩负荷时的最大动态转速 $n_{max}=(1+\delta)n_0+\Delta n_{max}$。在功频电液调节系统中，由于甩负荷时可利用油开关跳闸信号联动切除功率给定的输出，因而使 $U_P^*=0$ 及 $U_P=0$。系统进入转速调节回路，机组的最后稳定转速必然等于给定的额定转速，则甩负荷时的最大动态转速 $n_{max}=n_0+\Delta n_{max}$，比液压调节系统甩负荷时最大动态转速低 δn_0，这就为迅速重新并网创造了条件。

2. 功率调节回路

在电网频率不变或机组不参加调频时，频差放大器无输出信号，机组仅由功率调节回路进行控制。

由于汽轮机功率的测取比较困难，在功频电调中一般都采用测量发电机功率的方法。测功装置输出与功率成正比的直流信号电压 U_P，与功率给定电压 U_P^* 同时送到综合放大器进行比较放大后，输至PID调节器，最后控制调节汽阀。若 U_P 与 U_P^* 相平衡，则功率维持在给定值，$P^*=P$。若要改变负荷，操作功率给定器得到功率给定电压的变化量 ΔU_P^*，此信号经功率调节回路各环节的调节作用，使电液转换器的输出油压经油动机去改变调节汽阀的升程，从而使机组功率和功率反馈信号 U_P 产生相应的变化 ΔU_P。当 $\Delta U_P=\Delta U_P^*$ 时，调节系统处于新的稳定状态。机组在运行中，如果出现内扰，则又会出现功率偏差（$U_P^*-U_P$），引起调节回路工作，经调节最终又将恢复到 $P=P^*$。由此可见，功率调节回路也是一个无差的定值调节系统，有良好的抗内扰性能，能自动保持汽轮发电机组的功率为给定值。

3. 功频调节回路

当机组参加调频运行时，转速调节回路和功率调节回路均参与工作，是一种功率跟随频率的综合调节系统。

在功频调节时，频差放大器的输出信号 $U_{\Delta n}=K(U_n^*-U_n)$ 和功率信号 U_P^* 及 U_P，均引至综合放大器进行比较放大。由于PID中积分环节的存在，稳定状态下综合放大器的输出为零，即频差 $U_{\Delta n}$ 和功差 $\Delta U_{\Delta P}=(U_P^*-U_P)$ 应大小相等，极性相反。由式（1-28）可知，当与频率对应的转速变化为 Δn 时，机组功率的变化应为 $\Delta P=-\Delta nP_0/\delta n_0$。因此，频差放大器的输出电压 $U_{\Delta n}$，反映了调频功率 ΔP 的大小，频差输出 $U_{\Delta n}$ 也即是调频功率 ΔP 的指令。在此回路中，正是由于PID的调节作用和功率信号的引入，才使高压调节汽阀准确地实现动态过调，补偿了中低压缸的功率滞后，机组功率能较快地跟踪频率变化，从而大大改善了再热机组的负荷适应性和参加调频的能力。无论是功率通道不平衡，还是频率通道不平衡，整个功频调节回路都要动作，直到综合放大器的输出为零，系统趋于稳定为止。

（二）反调现象的产生和消除

1. 反调现象产生的原因

功率作为功频电液调节系统的输入信号之一，本应测取汽轮机的实际功率，由于技术上的原因而采用发电机功率来代替。然而，当外界负荷突变，例如，电网故障造成发电机功率突然大幅度减小时，发电机功率随之变小，由于转子存在惯性等原因，造成转速信号瞬时不变或变化很小，即转速变化信号落后于功率变化信号。这时，转速调节回路中频差放大器的输出信号 $U_{\Delta n}$ 很小；因功率给定值 P^* 不变，使功率调节回路大于零的功率偏差信号（$U_P^*-U_P$）幅值很大，所以功频调节系统动作驱使调节汽阀开大，引起汽轮机功率增大，以满足PDI调节器输入信号为零的要求。这显然与所希望的功率调节方向相反。这种在外界负荷突变时，机组功率调节方向与外界负荷需要相反的现象，称为功频电液调节系统的反调现象。随着转子进一步加速，转速反馈信号逐渐加强，转速调节回路开始起主导作用，使调节汽阀逐渐关小，反调现象逐渐消失，所以功率反调现象只发生在负荷突变调节过程的初期，且负荷扰动越大，功率反调现象越严重，将会加剧调节过程动态特性的恶化，影响机组的正常运行。

产生功率反调现象的原因除上述提到的转速变化信号落后于功率变化信号外，还有一个原因就是功率反馈信号取自于发电机，在动态过程中，汽轮发电机组转子的角加速度不等于0，由式（1-24）所示的汽轮发电机组转子运动方程以及功率与力矩的关系可知，发电机功率小于汽轮机功率，用发电机功率信号代替汽轮机功率信号时，动态过程中少了一项反映转子动能改变的转速微分信号。

2. 反调现象的消除

为了预防反调现象发生，通常设置如下动态校正元件：

（1）转速一次微分器。将转速一次微分器串接在频差校正器后，也就是转速微分信号用于补偿发电机功率与汽轮机功率的不平衡量，把发电机功率信号校正成为汽轮机功率信号，同时强化转速回路的调节作用。但微分信号会使系统的高频干扰信号放大，影响系统的正常工作。

（2）带惯性延迟的测功器。为了削弱测功信号的功率反调作用，将功率信号延迟一段时间，为此在测功器上增加一个功率信号延迟环节。

（3）功率负微分器。将功率负微分器并接在测功器的两端，在电功率突变的初期，功率负微分信号与功率信号同时突然改变，两信号变化方向相反，相加后的净输出值大大减小。通常在功率负微分器的输入端加上一个死区，这样功率的微小波动以及干扰信号就被这个死区过滤掉，从而提高电液调节系统的稳定性。

在实际应用中，往往综合应用上述措施，并同时可采用其他一些措施，例如，调整有些设备先后连接的次序，采用不同的时间常数、放大倍数等，均能够较好地预防或削弱功率反调作用。

三、汽轮机的数字电液调节系统

随着机组容量的不断增大和参数的不断提高，使得机组的启停和运行变得越来越复杂，对调节品质和安全措施等方面的要求越来越高，液压或模拟电调系统都已很难适应。另外，随着计算技术的发展、微型计算机的广泛应用及其性价比的不断提高，特别是自控部分在大型电厂中受重视已为人们所共识，所以国内外大型汽轮机都广泛地采用了一种新型的、功能更强、调节精度更高的新型调节系统——数字电液调节系统（DEH）。DEH 系统体现了汽轮机调节的新发展，集中了固体电子学新技术——数字计算机系统与液压新技术——高压抗燃油系统两大成果，成为尺寸小、结构紧凑、高质量的调节系统。

（一）数字电液调节系统的组成

引进型 300MW 机组和 600MW 超临界压力机组采用的 DEH 调节系统，如图 1-99 所示。在系统配置方面，尽可能吸收分散系统可靠性高的优点，在硬件设备方面，主要部件都采用微处理机，从而简化硬件电路，提高系统的可靠性。

该系统主要由五大部分组成：

（1）电子控制器。是 DEH 系统的核心设备，它由三台主计算机和若干个微处理器、单片机组成，通过总线进行连接，完成数据处理、通信、运算、监测和控制任务。它吸收分散控制系统的优点，将不同功能分散到各个处理单元，并采用冗余配置，以提高系统的可靠性，且便于调试、维修和扩展。其中两台主计算机的结构和功能相同，互为备用，完成基本控制的数据采集、处理和运算，发出阀门开度指令；另一台主计算机完成运行参数检测、图像生成、转子应力计算和机组自动启动程序控制等任务。

（2）操作系统。操作系统也称为运行员操作台，它包括终端设备、显示器和键盘，是操作员运行监视和操作的平台。通过显示界面，运行人员可以了解各系统的组成、运行状态和参数，以及重要参数的变化趋势，进行控制方式选择和控制参数设置。

（3）油系统。大多数机组高压控制油与润滑油分开。高压油（EH 系统）采用三芳基膦酸酯抗燃油为调节系统提供控制与动力用油，引进型 300MW 机组的供油油压为 12.42～14.47MPa，600MW 超临界压力机组采用电动柱塞恒压泵，供油压力为（14.0±0.5）

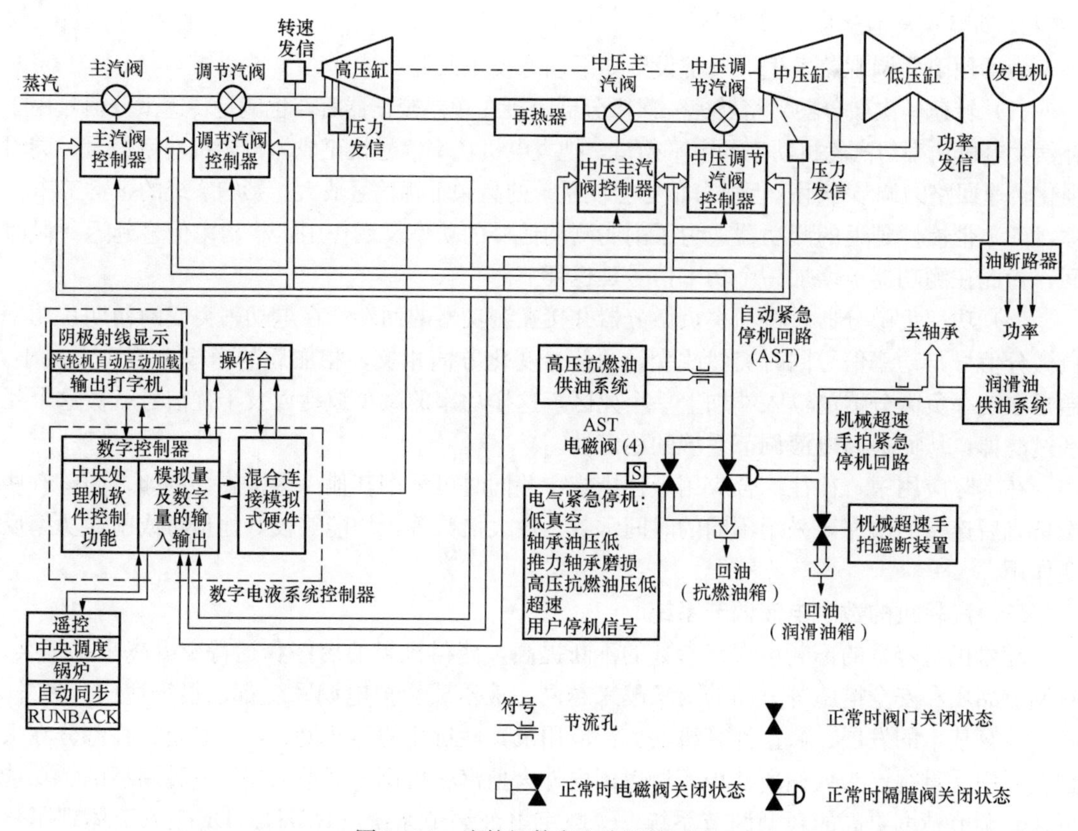

图 1-99 汽轮机数字电液调节系统

MPa，它接受调节器或操作盘来的指令进行控制。润滑油泵由汽轮机的轴拖动，为润滑系统提供 1.44～1.69MPa 的汽轮机油。

(4) 执行机构。主要由伺服放大器、电液转换器和具有快关、隔离和止回装置的单侧油动机组成，负责带动高压主汽阀、高压调节汽阀和中压主汽阀、中压调节汽阀。

(5) 保护系统。设有 6 个电磁阀，其中 2 个用于超速时关闭高、中压调节汽阀，其余用于严重超速（110%n_0）、轴承油压低、EH 油压低、推力轴承磨损过大、凝汽器真空过低等情况下危急遮断和手动停机用。

此外，还有为控制和监督服务用的测量元件，例如，机组转速、调节级汽室压力、发电机功率、主蒸汽压力，以及汽轮机自动程序控制（ATC）所需要的测量值等。

(二) 数字电液调节系统的功能

从整体看，DEH 调节系统有四大功能，下面介绍各功能的表现形式。

1. 汽轮机自动程序控制（ATC）功能

DEH 调节系统的汽轮机自动程序控制，是通过状态监测，计算转子的应力，并在机组应力允许的范围内，优化启动程序，用最大的速率与最短的时间实现机组启动过程的全部自动化。

ATC 允许机组有冷态启动和热态启动两种方式。冷态启动过程包括从盘车、升速、并网到带负荷，其间各种启动操作、阀门切换等全过程均由计算机自动进行控制。

在非启停过程中，还可以实现 ATC 监督。

2. 汽轮机的负荷自动调节功能

汽轮机的负荷自动调节有两种情况。冷态启动时，机组并网带初负荷（5%额定负荷）后，负荷由高压调节汽阀进行控制；热态启动时，在机组负荷未达到35%额定负荷以前，由高、中压调节汽阀控制，以后中压调节汽阀全开，负荷只由高压调节汽阀进行控制。处于负荷控制阶段，DEH调节系统具有下述功能：

（1）具有操作员自动、远方控制和电厂计算机控制方式，以及它们分别与ATC组成的联合控制方式。

（2）具有自动控制（A和B机双机容错）、一级手动和二级手动冗余控制方式。

（3）可采用串级或单级PI控制方式。当负荷大于10%后，可由运行人员选择是否采用调节级汽室压力和发电机功率反馈回路，从而也就决定了采用何种PI控制方式。

（4）可采用定压运行或滑压运行方式。当采用定压运行时，系统有阀门管理功能，以保证汽轮机能获得最高的效率。

（5）根据电网的要求，可选择调频运行方式或基本负荷运行方式；设置负荷的上下限及其速率等。

此外，还有主蒸汽压力控制（TPC）和外部负荷返回（RUNBACK）等保护主要设备和辅助设备的控制方式，运行控制十分灵活。

3. 汽轮机的自动保护功能

为了避免机组因超速或其他原因遭受破坏，DEH的保护系统有如下三种保护功能。

（1）超速保护（OPC）。该保护只涉及调节汽阀，即转速达到$103\%n_0$时快关中压调节汽阀，在$103\%n_0<n<110\%n_0$时，超速控制系统通过OPC电磁阀快关高、中压调节汽阀实现对机组的超速保护。

（2）危急遮断控制（ETS）。该保护是在ETS系统检测到机组超速达到$110\%n_0$或其他安全指标达到安全界限后，通过AST电磁阀关闭所有的主汽阀和调节汽阀，实行紧急停机。

（3）机械超速保护和手动遮断。前者属于超速的多重保护，即当转速高于$110\%n_0$时，实行紧急停机，后者为保护系统不起作用时进行手动停机，以保障人身和设备的安全。

4. 机组和DEH系统的监控功能

该监控系统在启停和运行过程中对机组和DEH装置两部分运行状况进行监督。内容包括操作状态按钮指示、状态指示和CRT画面，其中对DEH监控的内容包括重要通道、电源和内部程序的运行情况等；CRT画面包括机组和系统的重要参数、运行曲线、潮流趋势和故障显示等。

（三）数字电液调节系统的运行方式

为了确保控制的可靠，DEH调节系统设有四种运行方式，机组可在其中任何一种方式下运行，其顺序和关系是：

二级手动、一级手动、操作员自动、汽轮机自动ATC，紧邻两种运行方式相互跟踪，并可做到无扰切换。此外，居于二级手动以下还有一种硬手动操作，作为二级手动的备用，但两者无跟踪，需对位操作后才能切换。

二级手动运行方式是跟踪系统中最低级的运行方式，仅作为备用运行方式。该级全部由成熟的常规模拟元件组成，以便数字系统故障时，自动转入模拟系统控制，确保机组的安全可靠。

一级手动是一种开环运行方式，运行人员在操作盘上按键就可以控制各阀门的开度，各按钮之间逻辑互锁，同时具有操作超速保护控制器（OPC）、主汽阀压力控制器（TPC）、外部负荷返回（RUNBACK）和手动停机等保护功能，该方式作为汽轮机自动方式的备用。

操作员自动方式是DEH调节系统最基本的运行方式，用这种方式可实现汽轮机转速和负荷的闭环控制，并具有各种保护功能。该方式设有完全相同的A和B双机系统，两机容错具有跟踪和自动切换功能，也可以强迫切换。在该方式下，目标转速和目标负荷及其速率，均由操作员给定。

汽轮机自动（ATC）是最高一级运行方式，此时包括转速和负荷及它们的速率，都不是来自操作员，而是由计算机程序或外部设备进行控制，因此，是居于操作员自动上一级的最高级运行方式。

（四）DEH调节系统的控制模式

DEH的控制器，是DEH系统的核心。总体而言，它具有两种控制模式，其中又可细分成许多具体的控制方式。

1. 主汽阀（TV）控制模式

主汽阀控制有两种控制方式：

（1）主汽阀自动（AUTO）方式。也称数字系统控制方式。当计算机发出指令进行控制时，称汽轮机主汽阀自动控制（ATC）；当由运行人员自操作盘通过计算机进行控制时，称汽轮机主汽阀操作员自动控制。

（2）主汽阀手动方式。此时数字系统不参与，而通过模拟系统对机组进行控制。

主汽阀控制系统用于启动升速和机组跳闸时进行紧急停机。在冷态启动开始阶段，是由主汽阀控制汽轮机的转速，调节汽阀处于全开状态；当转速达到2900r/min时，转速控制由主汽阀切至调节汽阀，然后主汽阀全开，一直到并网带负荷运行，在这期间，只要不出现汽轮机跳闸，机组就始终由调节汽阀进行控制。

2. 调节汽阀（GV）控制模式

（1）调节汽阀自动（AUTO）方式。调节汽阀自动方式即计算机参与的控制方式，为数字系统运行。在负荷控制阶段，GV有以下五种运行方式：

1）操作员自动控制方式（OA）。在该方式下，系统接受操作员输入的目标负荷及其速率并进行控制。

2）遥控方式（REMOTE）。在该方式下，系统接受协调控制（CCS）或负荷调度中心（ADS）输入的目标负荷及其速率，并进行控制。

3）电厂计算机控制方式（PLANT COMP）。在该方式下，系统接受厂级计算机输入的目标负荷及其速率，并进行控制。

4）汽轮机自动控制方式（ATC）。这是一种联合控制方式，其组合形式有OA-ATC、CCS-ATC、ADS-ATC和REMOTE-ATC等几种。此时，由前者给定目标负荷和速率，ATC负责监控，并从下面的速率中选取一个最小的速率作为当前执行速率：①由ATC软件计算转子应力所确定的负荷速率；②发电机限制的负荷速率；③外部输入负荷速率，包括OA、REMOTE和PLANT COMP等；④电厂内部允许的负荷速率，如TPC和RUNBACK限制等。

5）电厂限制控制方式。采用此方式时，DEH系统受电厂内部运行条件所制约，其具体形式有：①主蒸汽压力控制方式（TPC）。该方式在主蒸汽压力下降时限制汽轮机的负荷，避免锅炉汽压急剧下降；②外部负荷返回控制方式（RUNBACK）。该方式主要是考虑辅机故障，例如，在给水泵和风机等跳闸的情况下，系统将以一定的速率去关小调节汽阀，直到故障消除为止。

（2）调节汽阀手动方式。在调节汽阀手动控制方式下，计算机不参与控制，而是由运行人员发出指令，通过模拟系统输出的信号进行控制。

由此可见，无论是TV还是GV，都有数字控制和模拟控制两种方式，它们之间应设有数/模转换和跟踪系统，以便在系统或运行方式变更时，实现无扰动切换。

（五）数字电液调节系统的基本控制原理

功频电液调节系统将转速和功率信号作为其输入信号，既抗内扰又抗外扰，并可减小汽轮机调节动态过程中的动态偏差量。但因受技术限制，用发电机功率信号代替汽轮机功率信号致使其产生反调现象。而且，发电机功率的变化既受自身惯性的影响，又受中间再热容积的影响，其系统响应较慢，影响了机组的负荷适应性。并网运行的机组转速，受电网频率的影响，对一台机组而言，其影响相对较小。因此在DEH调节系统中，将在一定负荷范围内能准确地代表汽轮机功率的调节级汽室压力信号也作为DEH调节系统的反馈输入信号，以使系统快速做出响应。所以，DEH调节系统中的调节对象，不仅考虑了发电机功率特性和电网特性，而且还考虑了调节级汽室压力特性。DEH调节系统基本控制原理方框图如图1-100所示，它由电子调节装置（转速、功率及压力的测量，PI调节器，频率校正器等构成）、阀位控制装置（电液伺服装置）、配汽机构等三个基本部分，与调节对象（汽轮发电机组）一起构成了DEH调节系统的闭环主回路。其中，由与转速输入信号相对应的频率校正回路（外环，WS）和与功率输入信号相对应的功率校正回路（中环，MW）共同组成了PI1控制的闭环外回路；与调节级压力输入信号相对应的调节级压力校正回路（内环，IMP）构成了由PI2控制的闭环内回路。在阀位控制装置（电液伺服装置）中，由于阀位反馈部件的存在也构成了一个闭环子回路。

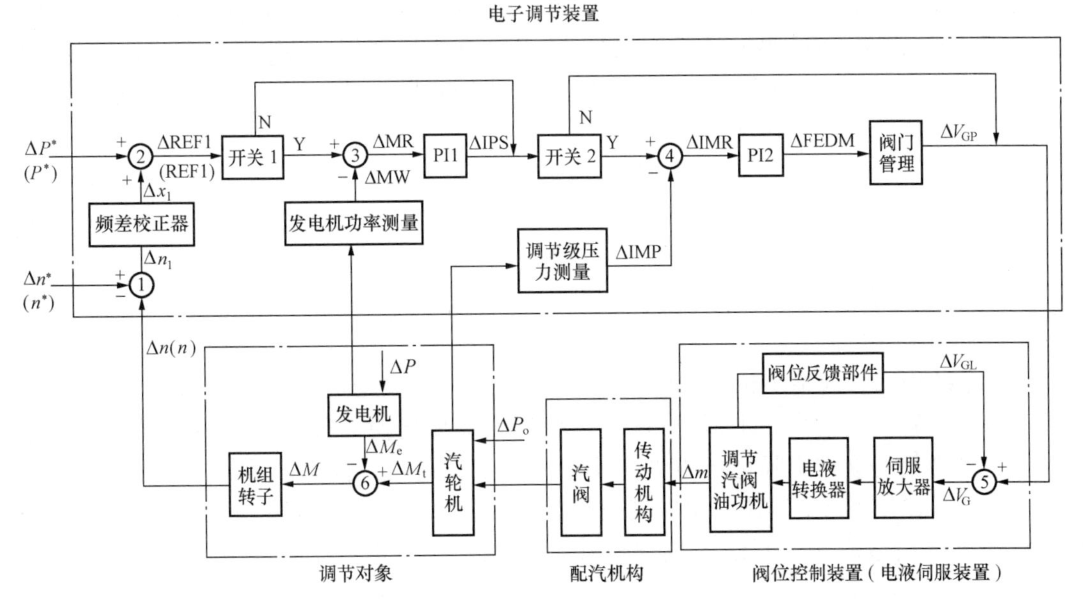

图1-100　DEH调节系统基本控制原理方框图

在构成DEH调节系统基本控制原理图的三个基本部分中，电子调节装置除将转速、发电机功率、调节级汽室压力作为输入信号外，还接受由负荷与转速给定值形成单元根据DEH调节系统不同控制模式下目标值和速率所确定的转速给定 n^* 及负荷给定 P^* 信号，输出旨在改变汽阀开度的阀位调节指令信号；阀位控制装置（电液伺服装置）接受改变汽阀开度的阀位调节指令电信号，输出汽阀油动机的位移信号 m；配汽机构接受汽阀油动机的位移信号，并能依此改变汽阀升程以及汽轮机进汽量。

DEH调节系统还设置了由软件实现的虚拟“开关”1和2，通过“开关”可以手动或自动投切功率校正回路与调节级压力校正回路，使汽轮发电机组根据不同运行工况选择不同的调节方式，以及当系统中某个回路发生故障时，仍能正常工作。可供机组选择的不同调节方式是串级PI调节方式、单级PI1调节方式、单级PI2调节方式。

下面以外界负荷扰动下的机组功频串级PI调节为例，说明DEH调节系统的基本控制原理。

设系统在原稳定状态下，$n=n^*=n_0$，$P=P^*$。当出现外界负荷扰动 ΔP 时，引起发电机电磁阻力矩 M_e 变化 ΔM_e，此时由于蒸汽主动力矩 M_t 不变，根据汽轮发电机组转子的运动特性，将产生转速偏差信号 Δn，通过频差校正器（或称频差调节器）的调节作用，输出功率静态偏差校正量 Δx_1。若此时功率给定值 P^* 不变，即 $\Delta P^*=0$，则比较器2输出的功率静态请求值偏差信号 $\Delta \text{REF1}=\Delta x_1$。随后，功率校正回路受ΔREF1扰动后，比较器3产生功率静态偏差信号ΔMR，经过功率校正器PI1校正后，产生调节级压力请求值偏差信号ΔIPS；调节级压力校正回路受ΔIPS扰动后，比较器4产生调节级压力偏差信号ΔIMR，经过调节级压力校正器PI2校正后，生成主汽流量请求值偏差信号ΔFEDM，最后经过阀门管理程序输出阀位调节指令信号 ΔV_{GP}；阀位控制子回路受 ΔV_{GP} 扰动后，比较器5产生阀位偏差信号 ΔV_G，此电信号经过电液伺服系统的放大与转换使调节汽阀油动机产生新的位移信号 Δm；配汽机构根据调节汽阀油动机位移信号 Δm 而改变调节汽阀升程和主汽流量，蒸汽动力矩、发电机功率、调节级压力随之变化，与此同时，取自调节汽阀油动机活塞位移的阀位反馈信号 ΔV_{GL}、调节级压力反馈信号ΔIMP、功率反馈信号ΔMW与蒸汽动力矩反馈量 ΔM_t 也相应变化。当DEH调节系统主回路与子回路同时满足以下条件时，汽轮发电机组受外界负荷扰动后达到新的稳定运行状态，即

$$\Delta M=\Delta M_t-\Delta M_e=0 \tag{1-30}$$

$$\Delta \text{IMR}=\Delta \text{IPS}-\Delta \text{IMP}=0 \tag{1-31}$$

$$\Delta \text{MR}=\Delta \text{REF1}-\Delta \text{MW}=0 \tag{1-32}$$

$$\Delta V_G=\Delta V_{GP}-\Delta V_{GL}=0 \tag{1-33}$$

由以上分析可知：

（1）系统中的转速给定值 n^* 和功率给定值 P^* 彼此间受静态关系的约束。当机组处于调频方式运行，若功率给定值 P^* 不变，电网负荷变化使DEH系统达到新的稳定状态时，汽轮发电机组新的实际稳定功率（MW）应为功率静态请求值（REF1），而非功率给定值 P^*，新的实际稳定转速 n 也非转速给定值 n^*。只有当功率给定值 P^* 随之与电网要求本机的负荷相适应时，系统才能保证在新的稳定状态下机组转速 n 等于转速给定值 n^*，也即频率不变。

（2）就控制原理而言，系统的串级PI为最佳运行方式，应作为DEH系统的基本运行

方式。系统处于调频方式运行下受到电网扰动或蒸汽压力内扰时，调节级汽室压力反馈回路响应最快，通过内回路 PI2 的作用，迅速改变调节汽阀的开度，以利于克服再热环节的功率滞后现象和提高机组的负荷适应性，但它对系统最后处于新的稳定状态仅起到粗调作用。尽管发电机功率反馈回路的响应慢一些，系统也只有通过外回路 PI1 的细调作用，用外回路去修正内回路的调节级压力请求值偏差信号 ΔIPS，才能保证机组的输出功率等于功率静态请求值信号 ΔREF1，系统最后处于新的稳定状态。因而，系统的串级 PI 控制方式对外扰和内扰具有迅速响应的能力，且动态特性最好。

(3) 单级 PI 调节方式。单级 PI1 调节方式相当于开关 2 倒向旁路，系统只有发电机功率和转速反馈，调节级汽室压力信号被切除。此时，系统仅依靠外回路 PI1 来抗外扰和内扰并维持机组功率等于功率静态请求值 REF1 不变，但它不能及时消除内扰，且动态品质将有所下降。

单级 PI2 调节方式相当于开关 1 倒向旁路，系统只有调节级汽室压力和转速反馈，发电机功率校正回路被切除。此时，系统可以依靠内回路 PI2 来抗内扰并间接地保证机组的输出功率，但不能精确地维持功率等于功率静态请求值 REF1 不变。

尽管系统单级 PI 调节方式不如串级 PI 调节方式，但由于系统还可继续运行，仍不失为一种主要的冗余控制手段。

(4) 若要机组处于非调频方式运行，则必须消除转速偏差信号的影响，或使转速偏差信号不进入系统，或是将转速偏差信号乘以较小的百分数，使机组对外界电网负荷的变化不敏感，只按系统本身的功率给定值来控制机组。同理，如果在机组的额定负荷附近设置转速的不灵敏区，则机组就处于带基本负荷运行状态。

(5) 在机组启动时升速、并网和在停机（包括甩负荷）过程中控制转速时，系统中的功率给定值 $P^*=0$，仅有转速给定值 n^*。在此过程中，发电机功率等于零，系统只按本身的转速给定值 n^* 来控制机组，形成机组的转速调节回路。

由图 1 - 100 可知，整个系统为一广义对象的串级 PI 复合调节系统，PI 是基本调节规律。整个系统由内回路（PI2）和外回路（PI1）组成，内回路增强了调节过程的快速性，外回路则保证了输出严格等于功率静态请求值。PI 调节规律既保证了对系统信息的运算处理和放大，又可以保证消除静态偏差，实现无差调节。而且各种控制模式的处理都可以用计算机实现，有利于机炉协调控制，甚至实现最优控制。实际的数字电液调节系统就是根据图 1 - 100演化而成的。

（六）数字电液调节系统基本控制原理的应用

汽轮机数字电液调节系统的基本控制功能有两个：①单机运行时的转速控制；②并列运行时的功率控制。对于定压运行的汽轮机来说，无论是转速控制还是功率控制，主要都是通过改变调节汽阀的开度来调节进汽量，从而达到调节目的。

1. 汽轮机的基本启动过程

按照汽轮机冲转前汽缸金属温度的不同，可将汽轮机的启动分为冷态启动和热态启动。无论是冷态启动还是热态启动，在机组并网前，必须将转速由零提升到额定转速附近，为机组并网创造条件。为了提高升速过程的安全性和经济性，降低汽轮机的寿命损耗，通常采用多阀组合式升速控制方案。

汽轮机在采用高压缸启动方式时，冲转前将旁路系统切除（BYPASS OFF），通过高压主汽阀与高压调节汽阀的顺序开启组合来控制升速过程。在启动的开始阶段（0～2900r/min），高压调节汽阀与中压调节汽阀全开，由高压主汽阀控制转速。当汽轮机转速达到2900r/min时，高压主汽阀全开，切换为高压调节汽阀控制转速。可见，机组在不同的转速范围内，阀门的状态是不同的，但在每个控制阶段，只有一个控制回路处在控制状态。

在启动过程中，旁路系统投入与否，其控制方式是不同的，因而在DEH系统中增加了中压调节汽阀的控制功能。

当机组采用热态中压缸启动方式时，旁路系统在投入状态（BYPASS ON），在启动的开始阶段（0～2600r/min），由中压调节汽阀控制转速。到2600r/min时，切换为高压主汽阀控制转速；到2900r/min时，再切换为高压调节汽阀控制转速；此后汽轮机转速的控制如同高压缸启动、旁路系统切除（BYPASS OFF）时的转速控制过程。机组并网后，由高压调节汽阀和中压调节汽阀同时承担负荷的控制，在负荷带到30%时，中压调节汽阀达到全开状态。

2. 转速调节

在机组升速控制过程中，无论是哪种启动方式，给定功率和实发功率都为零；可接受两种转速控制信号扰动：①自动控制方式下的转速给定值扰动；②手动控制方式下的转速阀位指令扰动。在自动控制方式下，图1-100中仅有转速调节回路起作用。图1-101是在图1-100中转速调节回路的基础上，以高压缸启动方式为例得出的转速调节示意。

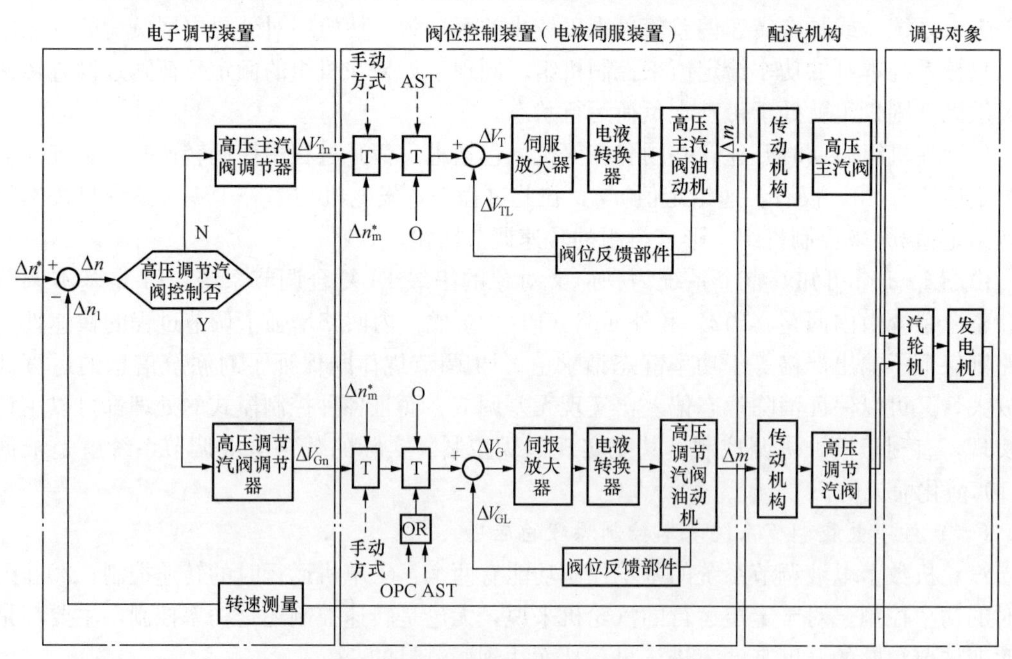

图1-101 数字电液调节系统的转速调节示意

Δn^*—转速给定值扰动信号；Δn_m^*—手动转速阀位指令信号；ΔV_T、ΔV_G—阀位偏差信号；OPC—电超速保护控制信号；AST—危急遮断保护信号

（1）转速给定值扰动下的转速调节。在自动控制方式下，系统的转速调节主回路与电液伺服装置的阀位控制子回路均为闭环控制结构。

若系统处于稳定状态，则转速给定值 n^* 与转速反馈值（即转速测量值）n 相平衡，转

速偏差信号 $\Delta n=0$，阀位偏差信号 $\Delta V_T=0$ 与 $\Delta V_G=0$。

在机组冲转前，可选择高压主汽阀控制或高压调节汽阀控制，当选择高压主汽阀控制时，只在转速低于 2900r/min 时起控制作用，当转速升高到 2900r/min 时需要进行阀切换，此后机组由高压调节汽阀控制。如果选择高压调节汽阀控制，则可以在整个升速过程中起控制作用。下面以高压主汽阀控制为例介绍转速调节的过程。

1）高压主汽阀的转速控制（$n<2900$r/min）。汽轮机在采用高压缸启动方式时，冲转前切除了旁路系统，中压主汽阀、中压调节汽阀、高压调节汽阀均全开，由高压主汽阀冲转并控制升速至 2900r/min。

当需要升速时，调整目标转速，使之增大，设定升速率，由转速给定值形成单元转换为转速给定值 n^*，产生转速给定值扰动信号 Δn^*，进而在高压主汽阀调节器上产生输入转速偏差信号 $\Delta n>0$，高压主汽阀调节器便按特定的调节规律进行工作，输出阀位调节指令信号 $\Delta V_{Tn}>0$。阀位控制子回路受到扰动 ΔV_{Tn} 后产生阀位偏差信号 $\Delta V_T>0$。此电信号放大后，通过电液转换器转换成调节油压信号去控制油动机，使其产生位移，从而驱动高压主汽阀，使其开度增加，进汽量随之增大，实际转速相应升高。与此同时，取自油动机活塞位移的阀位反馈信号 ΔV_{TL} 在增加，转速反馈信号 Δn_1 也在增加。在反馈作用下，当主回路、子回路的稳定条件同时得到满足时，系统便达到了新的稳定状态，新的实际转速与新的转速给定值相等。

转速控制回路示意如图 1-102 所示，图中的上半部分即为转速给定值形成单元。其作用是将设定的目标转速阶跃值，按设定的升速率转换为逐渐变化的转速给定值。目标转速与转速给定值在比较器内进行比较，若有差值，则双向计算器按设定的升速率进行计数：差值为正，则正向计数，转速给定值逐渐增大；差值为负，则负向计数，转速给定值逐渐减小；最后使转速给定值与目标转速相等。在“操作员自动（OA）”方式，目标转速和升速率由操作员设定，按动“GO（进行）”按钮后，计算器开始计数；按“HOLD（保持）”按钮，计数器停止计数，保持转速给定值不变，再次按动“GO（进行）”按钮，只要转速给定值与目标转速不等，双向计算器继续计数。在“程控方式（ATC）”下，目标转速和升速率由启动程序设定；在同期并网过程中，自动同期装置自动叠加一个幅值为 30r/min 的周期性变化的目标值。

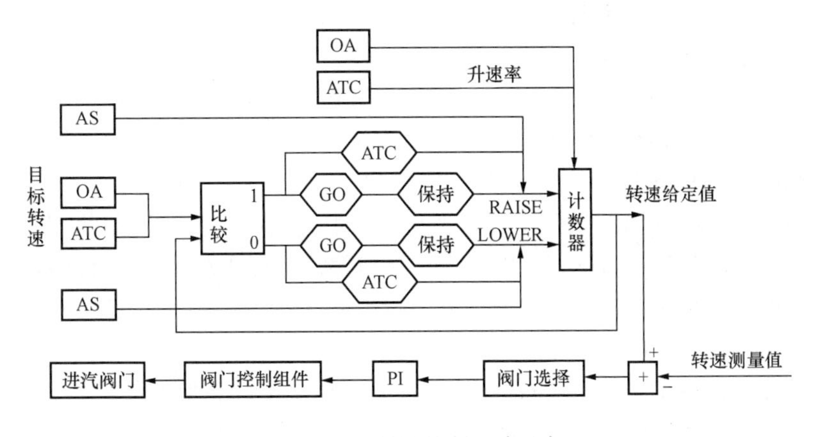

图 1-102　转速控制回路示意

2）高压主汽阀/高压调节汽阀的阀切换控制。当机组转速按要求升速到2900r/min时，转速由高压主汽阀切换到高压调节汽阀控制。阀切换时，高压调节汽阀从全开位置很快关下，当实际转速下降一定数值（30r/min）时，说明高压调节汽阀已产生节流作用，接管了高压主汽阀而进行转速控制。随后，在高压调节汽阀控制转速为2900r/min左右时，高压主汽阀逐渐开到全开位置，阀切换过程结束。

3）高压调节汽阀的转速控制（$n>2900$r/min）。当转速高于2900r/min时，转速处于高压调节汽阀控制阶段，其转速调节原理与高压主汽阀的转速调节原理基本相同。

无论是高压主汽阀控制还是高压调节汽阀控制，由于主回路和子回路均为闭环结构，所以具有抗内扰能力。实际转速完全受转速给定值精确控制，转速偏差小于2r/min。

（2）手动转速阀位指令扰动下的转速调节。在手动控制方式下，系统的转速调节主回路在自动/手动切换点处断开，所以是开环控制结构。两个阀位调节子回路必须是闭环控制结构。

当需要改变转速时，通过手动，可直接发出手动转速阀位指令信号$\Delta n_{m}^{*}\neq 0$，此信号通过相应阀位控制装置的调节作用，使相应汽阀产生位移，引起进汽量相应变化，最终导致转速改变。

由于在手动控制方式下主回路是开环控制，因此系统没有抗内扰能力，即使阀位不变，蒸汽参数的波动也会使转速产生自发飘移。

当汽轮机采用中压缸启动方式时，其转速调节原理与高压缸启动方式基本相同。

3. 功率调节

由图1-100可知，数字电液调节系统接受转速、发电机功率、调节级压力三种反馈信号，因而功率调节系统可由如图1-103所示的三个串级回路构成，通过对高压调节汽阀的控制来控制机组的功率。这三个回路分别是内环调节级压力（IMP）回路、中环功率（MW）调节回路和外环转速（WS）一次调频回路。功率给定值经一次调频修正后变为功率静态请求值，经功率校正器修正后，变为调节级压力请求值，最后经过阀门管理器转换为阀位指令信号。三个回路可以有自动或手动两种运行方式的选择，为此可以构成以下各种不同的运行方式，如阀位控制、定功率运行、功—频运行、纯转速调节等。

（1）功率调节。由图1-103所示的系统可接受四种功率扰动信号：①外界负荷扰动信号；②自动控制方式下的功率给定值扰动信号；③内部蒸汽参数扰动信号；④手动控制方式下的手动功率阀位指令扰动信号。

1）外界负荷扰动下的功率调节。若系统的三个主环（即三个主回路）及相应的子环（即阀位控制子回路）均为闭环控制结构，则系统处于功频调节方式。

设系统在原稳定状态下，$n=n_0$，$P=P^*$，当出现外界负荷扰动，如外界负荷增加时，发电机电磁阻力矩M_e将增大，引起$\Delta M_e>0$，此时由于蒸汽主动力矩M_t不变，根据汽轮发电机组转子的运动特性，转速将下降，产生转速偏差信号$\Delta n<0$，通过频差校正器（或称频差调节器）的调节作用，输出功率静态偏差校正量Δx_1，由于此时$\Delta P^*=0$，因此功率静态请求值偏差信号ΔREF1>0。

随后，中环功率校正回路受ΔREF1扰动后，产生功率静态偏差信号ΔMR>0，经过功率校正器PI1的校正作用后，输出功率校正请求值偏差信号ΔREF2>0，再经参数变换到调节级压力请求值偏差信号ΔIPS>0；内环调节级压力校正回路受ΔIPS的扰动，产生调节级

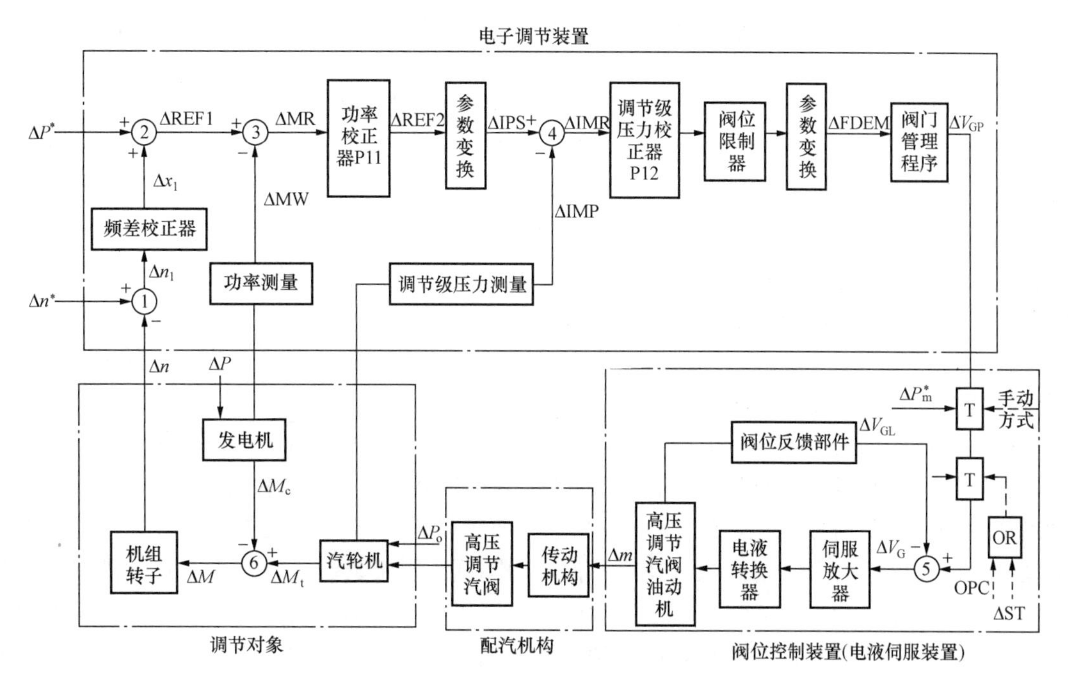

图 1 - 103　数字电液调节系统的功率调节示意

ΔP—外界负荷扰动信号；ΔP^*—功率给定值扰动信号；ΔP_m—手动功率阀位指令信号；
OPC—电超速保护控制信号；AST—危急遮断保护信号

压力偏差信号 ΔIMR＞0，经过调节级压力校正器 PI2 的信号校正、阀位限值以及压力—流量数值转换处理后，生成主汽流量请求值偏差信号 ΔFEDM＞0，再经过阀门管理程序的处理，变为阀位调节指令信号 $\Delta V_{GP}>0$；阀位控制子回路受 ΔV_{GP}扰动后，产生阀位偏差信号 $\Delta V_G>0$，此信号通过放大，由电液转换器转换成调节油压信号，用以驱动油动机，进而驱动调节汽阀开大，主汽流量随之增加，蒸汽动力矩、功率、调节级压力以及相应的反馈信号 ΔM_t、ΔMW、ΔIMP、ΔV_{GL}也相应增大。当系统同时满足式（1 - 30）～式（1 - 33）的四个稳定条件时，汽轮发电机组便处于新的稳定状态。

当外界负荷减小时，调节过程中各信号变化方向与上述相反。

2）功率给定值扰动下的功率调节。在自动控制方式下，系统的三个主环及相应的子环均为闭环控制结构。

为了分析问题的方便，首先假设电网频率不变且为额定值，因此机组转速 n 也不变，此时转速偏差信号 $\Delta n=0$，即 $n=n_0$，外环处于软阻断状态，相当于外环是开环结构，无校正作用，即 $\Delta x=0$。由图 1 - 103 可知，当出现功率给定值扰动时，即功率给定值 P^* 变化，例如，$\Delta P^*>0$，相应地引起功率静态偏差信号 ΔMR＞0，相继经过功率校正器、调节级压力校正器、阀位限制器、压力—流量数值转换、阀门管理程序以及阀位控制装置的作用后，使调节汽阀开大，蒸汽流量增大，功率增加，与此同时，阀位反馈信号、调节级压力反馈信号以及功率反馈信号随之增大，在同时达到子环、内环、中环的稳定性条件时，系统便达到新的稳定状态，此时机组实发功率与新的功率给定值相等。

若在功率给定值扰动的同时出现外界负荷扰动，则外环也参与调节，其总的调节效果可看成是由两种扰动单独作用后相叠加的结果。

当出现给定值扰动信号 $\Delta P^* < 0$ 时，调节过程中各信号变化方向相反，但稳定性条件不变。

3）内部蒸汽参数扰动下的功率调节。液压调节系统不具备抗内扰能力，在蒸汽参数变化时，机组的功率就会自动漂移。在电液调节系统中，当内环、中环投入时，系统具有抗内扰能力，蒸汽参数的变化不会影响功率的稳定性。

当内环、中环均投入，若出现幅度不大的蒸汽参数扰动且 $\Delta n = 0$ 与 $\Delta P^* = 0$，主汽压力在允许范围内降低时，则引起蒸汽流量减小；由汽轮机变工况理论可知，当将所有非调节级取作一个级组时，该级组前的压力—调节级压力（调节级后汽室的压力）随着蒸汽流量的减小而减小，则调节级压力反馈信号 ΔIMP<0，内环调节级压力校正回路 ΔIMP 受扰动后，将产生调节级压力偏差信号 ΔIMR>0，经过调节级压力校正器的信号校正，通过阀位限值处理以及随后的压力—流量数值转换作用，输出主汽流量（相对值）请求值信号 ΔFEDM>0，再经过阀门管理程序处理后变为阀位调节指令信号 $\Delta V_{GP} > 0$，阀位控制子回路受 ΔV_{GP} 扰动后产生阀位偏差信号 $\Delta V_G > 0$，此电信号通过电液转换器转换成调节油压信号，用以驱动油动机，进而驱动调节汽阀开大。在主蒸汽压力降低，引起蒸汽流量减小以及整机理想比焓降减小时，汽轮机功率将下降，产生滞后于调节级压力反馈信号的功率反馈信号 ΔMW<0，此信号作用于中环功率校正回路，产生功率静态偏差信号 ΔMR>0，经过功率校正器的校正作用后，输出功率校正请求值，随后通过功率—压力参数变换成调节级压力请求值偏差信号 ΔIPS>0，此信号作用于调节级压力校正回路也产生调节级压力偏差信号 ΔIMR>0，通过随后各环节的调节作用，也会使得调节汽阀开大。这就是说，主蒸汽压力下降时，通过内环、中环两个反馈信号的作用是同向叠加的，均使得调节汽阀开大，随着调节汽阀开大，蒸汽流量增加，调节级压力、汽轮机功率均相应回升，反馈信号 ΔV_{GL}、ΔIMP、ΔMW 也相应回升。

若式（1-31）～式（1-33），即系统的后三个稳定条件同时得到满足，系统便达到了新的稳定状态，功率将恢复到原稳定值。

由上述分析可知，系统的内环、中环通过改变调节汽阀的开度来补偿内部蒸汽参数扰动对功率的影响，从而能维持功率不变。

当系统的中环断开时，虽然可以依靠内环来抗内扰，但不能精确地维持功率不变。

当系统的内环断开时，虽然可以依靠中环来抗内扰，能精确地维持功率不变，但调节过渡过程时间长些。

在阀门管理程序中，阀门的流量特性根据主蒸汽压力来修正，具有一定的抗内扰辅助作用。功率控制精度可达 0.5%～0.67%。

4）手动功率阀位指令扰动下的功率调节。在手动控制方式下，系统的三个主回路均在自动/手动切换点处断开，所以全是开环结构，阀位调节子回路必须是闭环控制结构。

当需要改变机组功率时，通过手动，直接发出功率阀位指令信号。因为机组处于开环运行方式，所以此时的阀位指令即为手动发出的功率给定值扰动信号。其调节过程与手动转速阀位指令扰动下的转速调节过程基本相同，不同的仅是调节结果改变了机组功率而不是转速。

（2）功率控制的特点。数字电液调节系统功率控制的特点主要有以下几个方面：

1）采用多回路串级控制。数字电液调节系统采用多回路串级控制的原因及特点在其基本控制原理中已经做过论述，在此不再重复。

2）采用多信号综合控制。大机组的集中控制要求运行方式灵活、多样，电子技术的应用为其实现提供了有利条件。

a. 给定值信号综合控制。通过改变汽轮机功率给定值信号来源，便能灵活地进行多种运行方式的综合控制。

b. 中间环节限值信号综合控制。有时受机组运行条件改变的限制，达不到原运行要求，例如达不到原功率要求值，则将反映机组运行条件改变的限值信号送至某一中间环节进行低选限值处理。

c. 直接阀位控制。当机组遇到异常情况时，有专用控制信号（如危急遮断信号或超速保护控制信号）直接送至阀位控制装置，进行快速的阀位控制，以求阀门快速动作。此外，在自动装置失灵时，还可以直接进行手动阀位功率控制。

3）采用调节汽阀阀门管理技术。阀门管理程序将流量调节信号转换成阀位控制信号，并根据运行需要选择阀门启闭控制方式：①单阀控制，即采用单一信号控制，使所有高压调节汽阀同步启闭，适用于节流调节；②多阀控制，即采用多个不同信号分别控制若干个高压调节汽阀，使它们按一定顺序启闭，适用于喷嘴调节。单阀控制方式与多阀控制方式之间的相互切换是无扰切换。

由汽轮机不同调节方式的特点可知，节流调节能使汽轮机接近全周进汽，受热均匀，从而可以减小转速和负荷变动过程中的转子热应力，但会降低部分负荷下的运行经济性。一般情况下，在汽轮机升速、低负荷暖机、滑压运行、大幅度变负荷以及正常停机过程中，采用节流调节。定压运行过程中负荷稳定以及在高负荷时，采用喷嘴调节，运行人员可以根据需要来选择最佳配汽方案。

4. 汽轮机自动程序控制（ATC）

大容量机组系统复杂，监控内容和操作项目繁多，特别是在启动过程中，温差、膨胀、位移、应力和振动等因素对机组的安全有重大的影响。若为手动操作启动，需要进行大量的操作和监视。为了减少人为的失误，使机组在安全的前提下，以最大速率和最短时间进行启动，就有了汽轮机自动程序控制汽轮机启停。机组自启停的实现，对提高机组的可靠性和减少启停损失，具有重要意义。

应力是影响汽轮机寿命的关键因素。汽轮机在启动或改变负荷时，由于汽轮机热惯性大，特别是转子，如果蒸汽温度变化快，则汽轮机内部温差就会较大，将产生过大的热应力。启动与停机过程中转子应力变化方向相反，每启停一次便构成一次大幅度的应力循环。同理，负荷每升降一次，也会构成一次一定幅度的应力循环。经过多次应力循环后，汽轮机部件有可能产生疲劳裂纹，导致设备损坏。工程上用应力循环次数来代表设备寿命，而循环次数与应力大小关系很大，假如汽轮机设计寿命是1万次应力循环，当设备使用不当，导致过大的应力时，则实际寿命就可能只有几千次。因此，现代大型汽轮机普遍采用同时控制高、中压转子应力大小，以及应力循环次数来保证设备达到设计寿命。

在汽轮机启、停或改变负荷时，通过控制汽轮机转速变化量及变化率、功率变化量及变化率和汽轮机中的蒸汽参数、流量的变化量及变化率，间接地实现对转子应力水平的控制。

汽轮机高压转子、中压转子应力均采用闭环控制方式，如图1-104所示。通过数据检

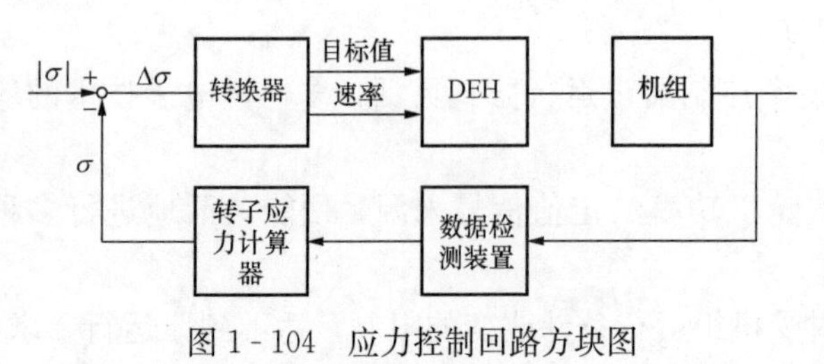

图 1-104 应力控制回路方块图

测装置，采集汽轮机有关温度参数，计算出高压转子、中压转子实际应力，然后将它与许用应力进行比较，得其差值，再将它转换为转速或功率目标值和相应的变化率，通过系统控制机组转速或功率，最终使转子应力水平控制在允许值范围内。

汽轮机自动控制程序的功能有两个：①ATC 启动；②ATC 加负荷，包括 ATC 管理和 ATC 控制。它由一个管理调度程序和 16 个基本子程序组成。

子程序按功能可分为以下三类：

(1) 检测、监视功能。包括：高压缸汽室温度监视，轴承温度和润滑油温监视，偏心率和振动监视，盘车运行方式监视，汽封、汽轮机排汽和凝汽器真空监视，轴向位移和胀差及其趋势监视，传感器故障监视，发电机监视。这部分功能用于检测、监视汽轮发电机组运行工况，为应力计算和 ATC 控制提供决策依据。

(2) 应力计算功能程序。包括高压转子与中压转子应力计算程序。这部分功能用于高压、中压转子的实时计算和应力预测。

(3) 控制功能程序。包括：转子应力控制，目标转速及升速率、负荷变化率控制，高中压缸进水检测及疏水阀控制，暖机控制，顺序控制。控制功能程序根据转子应力裕度确定机组的目标转速及升速率、负荷变化率。按机组启动顺序，执行汽轮机从盘车启动到同期并网、带负荷的自动操作和控制。

管理调度程序接受来自 DEH 的指令信息，管理、协调 16 个功能子程序的工作。

ATC 不仅能根据汽轮机发电机组自身条件实现启动过程中相关设备及系统的顺序控制，还能通过高、中压转子应力的自动控制来调整机组启动工况。在升负荷过程中，它能根据转子应力和机组运行状态确定升负荷率。在整个启动过程中，还有对机组运行状态和参数的自动监视功能。

(七) 数字电液调节系统的主要装置

由图 1-101 与图 1-103 可知，电液调节系统也由四部分组成：电子调节装置、阀位控制装置（电液伺服装置）、配汽机构、调节对象。在 DEH 中，电子调节装置中的各电子调节器采用数字量传送信号，在输入、输出接口处采用必要的模/数转换器和数/模转换器。

1. 电子调节装置

(1) 转速测量器件。转速测量器件主要由磁阻发信器与频率（转速）变送器组成。它的作用是将转速信号转变为直流电压模拟信号后发送给 DEH 系统。

如图 1-105 所示，磁阻发信器由测速齿盘和测速头组成。测速齿盘装在汽轮机轴上，测速头固定在齿盘旁边的支架上，处于齿盘径向位置。测速头内装有永久磁钢、铁芯与线圈，铁芯端部与齿顶之间留有较小的间隙。当齿盘随主轴转动时，铁芯与齿盘之间的间隙交替变化，从一个齿到另一个齿，气隙磁阻交变一

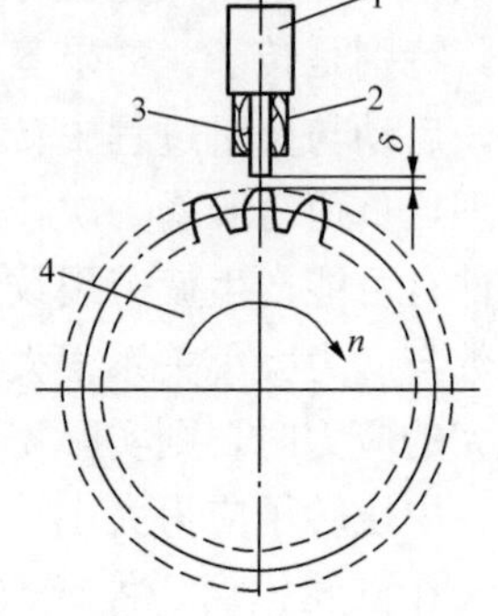

图 1-105 磁阻发信器
1—磁钢；3—线圈；
3—铁芯；4—齿轮

次，相应线圈中的磁通量交变一次，从而在线圈两端感应出交变电动势，此电动势就是测速头输出信号，它的频率 f 与齿数 z、汽轮机转速 n（r/min）的关系为

$$f=\frac{nz}{60}$$

由于齿盘的齿数 z 是固定的，故而频率 f 与转速 n 为单值关系，可将频率 f 代替转速 n 作为信号。此电动势经过频率—电压变送器，将电动势频率 f 转换成直流电压模拟信号。

（2）功率测量器件。如图 1-106 所示，将一矩形半导体薄片置于磁场 B 中，当沿薄片的一对边 1、2 通以电流 I_S 时，则另一对边 3、4 就会产生电动势 U_H，此现象为霍尔效应，该半导体薄片被称为霍尔元件。当霍尔元件用于测量发电机功率时，将发电机出线电压经电压互感器转换成电流 I_S，另将发电机电流经电流互感器后，接至励磁绕组上，产生磁场 B。电势 U_H 的幅值正比于电流和磁场强度的乘积，也就是正比于发电机电流和电压的乘积。因此 U_H 可作为电功率测量信号，此信号较弱，经过放大后再输出。三相功率要用三个霍尔元件来分别测量，其值相加。

（3）频差校正器。频差是指额定频率与电网实际频率之差，变换成转速后，即汽轮机额定转速与实际转速之差 Δn_1。频差校正器采用比例调节规律（P）。

通常，频差校正器采用可调的死区—线性—限幅校正方式，如图 1-107 所示。死区的大小、特性线斜率、限幅值均可调整。

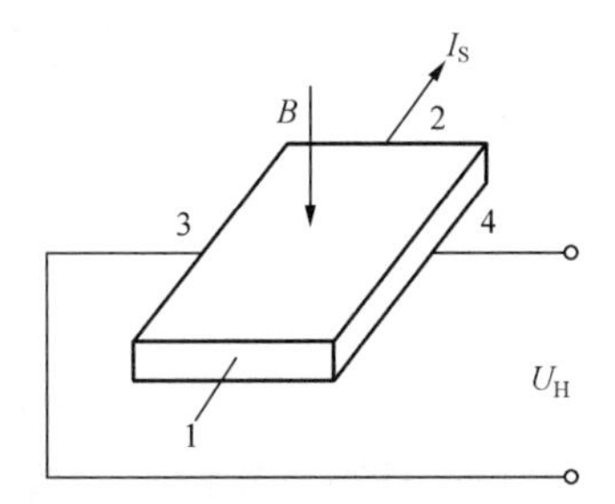

图 1-106　霍尔测功原理图

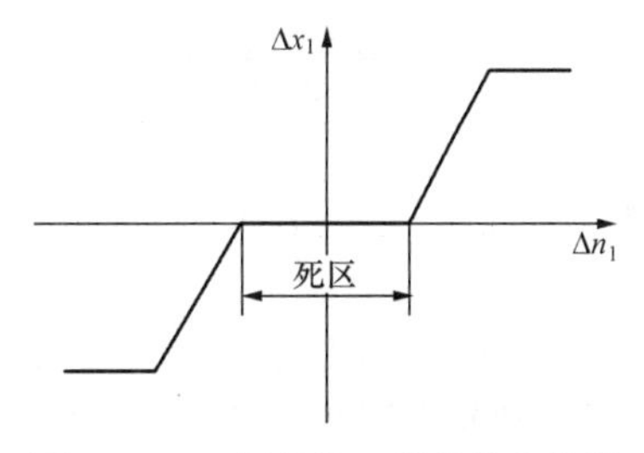

图 1-107　频差校正器的静态特性

设置死区有两个用途：①当设置的死区较小时，可以过滤掉转速小扰动信号，使机组功率稳定；②当设置的死区较大时，使机组不参与电网一次调频，只带基本负荷。

当转速偏差信号越过较小的死区而参与一次调频时，校正量与转速偏差量之间呈线性关系。

当转速偏差量超过一定范围时，中间再热机组的负荷适应能力因受锅炉动态特性的限制而采取限幅措施。

图 1-108 所示为 DEH 调节系统频差校正器原理图。在一次调频回路投入的情况下，外界负荷变化引起电网频率以及汽轮机实际转速 n 变化，如转速由 n_0 上升时，经比较器输出的转速偏差信号 $\Delta n_1=(n_0-n)<0$，此信号经过死区函数发生器、乘法器、限幅器处理后输出一次调频校正量 Δx_1，此校正量经比较器 2 后生成功率静态偏差请求值信号 ΔREF1。若此时功率给定值无扰动，则 ΔREF1＜0。

当调整转速变动率时，就能改变频差校正器的输出特性，即改变调节系统特性线的斜率，δ 的可调范围是 2%～10%。

可调系数 $k=P_0/(\delta n_0)$。当机组额定功率 P_0 为 300MW，额定转速 n_0 为 3000r/min

时，则可调系数 $k=0.1/\delta$。

在实际系统中，通过改变可调系数 k 来改变 δ 的值。在电液调节系统中，改变可调系数 k 是很方便的。

（4）功率校正器。在 DEH 调节系统中功率校正器采用了比例—积分调节规律（PI）。如图 1-109 所示，在功率校正回路投入的情况下，来自一次调频回路的功率静态请求值偏差信号 ΔREF1 一方面进入乘法器，另一方面进入比较器与送入负端的电功率反馈信号 ΔMW 进行比较后生成 ΔMR，ΔMR 与额定功率 P_0 相除后变成功率相对偏差量，再经 PI 校正及上下限幅处理后成为功率校正系数 ΔR_P。此系数在乘法器中与 ΔREF1 相乘后，生成功率校正请求值偏差信号 ΔREF2。

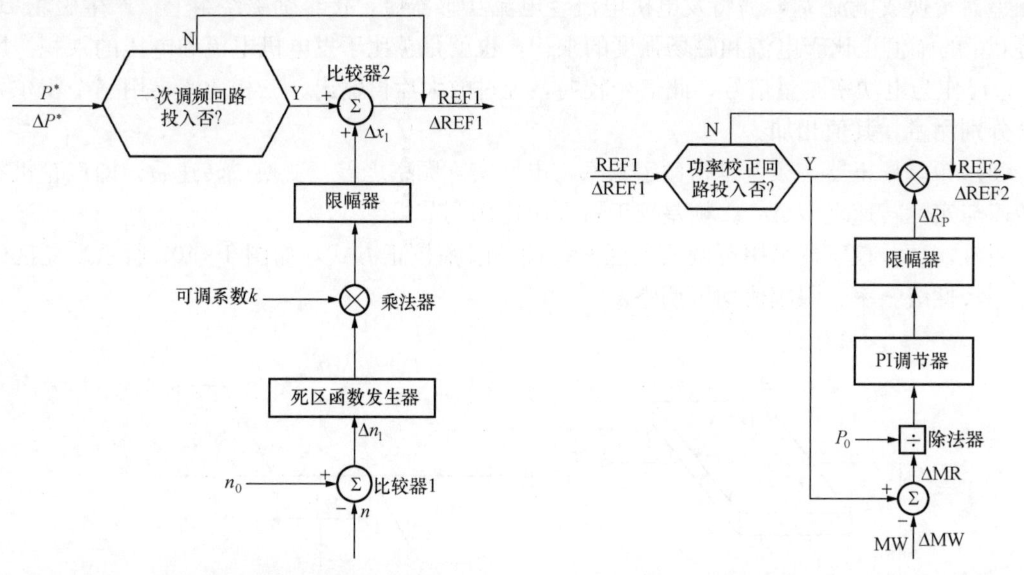

图 1-108 DEH 调节系统频差校正器原理图　　图 1-109 DEH 调节系统功率校正器原理图

（5）调节级压力校正器。在 DEH 调节系统中，调节级压力校正器采用了比例—积分调节规律（PI）。

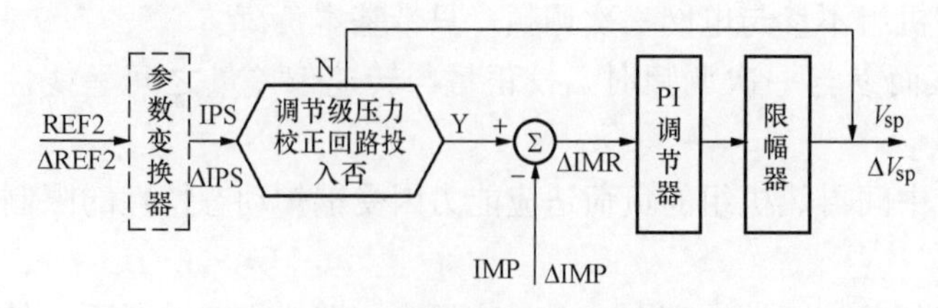

图 1-110 调节级压力校正器原理图

如图 1-110 所示，功率校正回路输出的功率校正请求值偏差信号 ΔREF2 在参数变换器中进行功率—调节级压力参数信号变换，生成调节级压力请求值偏差信号 ΔIPS，然后才送往调节级压力校正回路。

在调节级压力校正回路投入的情况下，ΔIPS 与送往比较器负端的调节级压力反馈信号 ΔIMP 进行比较，产生调节级压力偏差信号 ΔIMR，经 PI 校正以及上下限幅处理后生成 ΔV_{SP}。用 ΔV_{SP} 除以调节级压力额定值后变成相对值，然后将其值送往阀位限制器。

2. 阀位控制装置

在电液调节系统中，阀位控制装置也被称作电液伺服装置，它主要由阀位控制器、电液转换器、油动机及阀位反馈测量元件等组成。

（1）电液转换器。电液转换器是将电调装置发来的阀位偏差电信号控制指令转换为控制油动机位移的液压信号，即调节油压，它是一个电液调节系统中关键的转换、放大部件。在电液调节系统中，电调装置将转速、功率、阀位等信号进行各种运算后输出电流或电压信号，无论是静态的线性度、精确度、灵敏度，还是动态性能等指标，都达到了较高的水平，所以要求电液转换器也必须具有较高的精确度、线性度、灵敏度和动态性能指标。

电液转换器主要由力矩马达（即电磁部分）和液压放大两部分构成。力矩马达的作用是将电调装置发来的阀位偏差电信号转换为机械位移信号；液压放大部分的作用是将机械位移信号转换为控制油动机位移的液压信号。

电液转换器主要有如下几种类型：①从力矩马达的结构来分，有动圈式和动铁式；②从力矩马达的励磁方式来分，有永磁式和外激式；③从液压部分的结构来分，有断流式和继流式，或者滑阀式和蝶阀式；④从工质来分，有汽轮机油和抗燃油的，低压式（1.2MPa 和 2MPa）和高压式（8MPa 和 14MPa）等。

下面介绍在数字电液调节系统中广泛采用的带双喷嘴前置级放大器的动铁式电液转换器，如图 1-111 所示。

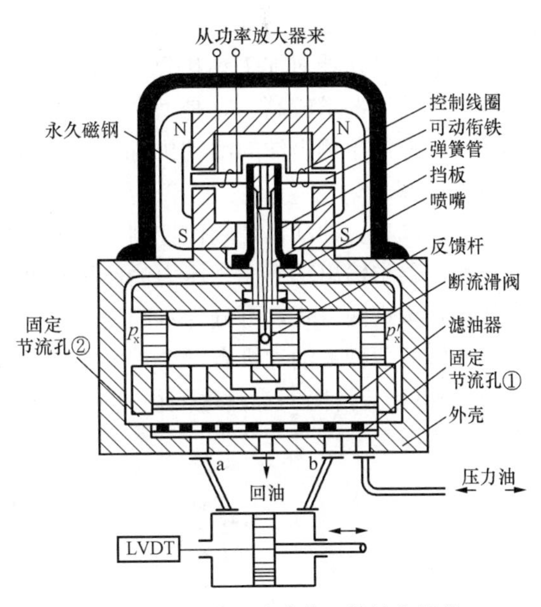

图 1-111　带双喷嘴前置级放大器的动铁式电液转换器

这种双喷嘴式的动铁式电液转换器由控制线圈、永久磁钢、可动衔铁、弹簧管、挡板、喷嘴、断流滑阀、反馈杆、固定节流孔、滤油器、外壳等主要零部件构成。高压油进入转换器后分成两股油路。一路经过滤油器及左右端的固定节流孔到断流滑阀两端的油室，然后从喷嘴与挡板间的控制间隙中流出。另一路高压油就作为移动油动机活塞的动力油，由断流滑阀控制。

永久磁钢与两侧绕有控制线圈的可动衔铁构成了电液转换器的力矩马达。一个固定于可动衔铁中点的单挡板和两个喷嘴构成了电液转换器的第一级液压放大（即前置级放大），断流滑阀是电液转换器的第二级液压放大。在稳态工况下，控制线圈中没有阀位偏差（电流）信号输入，可动衔铁处于中间位置，并在两侧喷嘴的中间穿过，因而可动衔铁两侧的喷嘴挡板间隙相等，其排油面积与作用在断流滑阀两端的油压也相等，使断流滑阀保持在中间位置，遮断了进出执行机构油动机的油口。当阀位偏差（电流）信号输入控制线圈时，在永久磁钢磁场的作用下，产生了偏转扭矩，使可动衔铁带动弹簧管及挡板偏转，这样力矩马达就把阀位偏差（电流）信号转换为挡板偏转的机械位移信号，致使喷嘴与挡板之间的间隙发生了改变，间隙减小的一侧油压升高，间隙增大的一侧油压降低。在此压差的作用下，断流滑阀移动，打开了油动机通往高压油及回油的两个控制窗口，使油动机活塞移动，控制汽阀的开度。一级液压放大与二级液压放大的共同作用才使挡板偏转的机械位移信号转换为控制油动机位移的液压信号。断流滑阀所控制的通往油动机的高压油及回油窗口为线性窗口，通过窗口的油流量与其窗口的开度成正比。

反馈杆的一端固定于挡板，另一端嵌入断流滑阀中心的一个槽内。它与弹簧管一起构成了电液转换器的动态机械反馈机构。当可动衔铁、弹簧管及挡板偏转时，弹簧管发生弹性变形，反馈杆发生挠曲。当断流滑阀在两端油压差作用下产生位移时，就使反馈杆产生反作用力矩，它与弹簧管、可动衔铁吸动力等的反力矩一起，与输入阀位偏差（电流）信号产生的主动力矩相比较，直到总力矩的代数和等于零，即挡板与断流滑阀均回到中间位置，油动机断流并在新的位置上保持平衡，这是反馈杆的第一个作用。反馈杆的第二个作用是，在调整电液转换器时设置一定的机械零偏，以便在运行中发生断电或失去电信号时，借助机械力的作用使断流滑阀偏向左侧，泄去油动机活塞下的压力油，保证汽阀关闭和机组安全。

采用弹簧管可以防止喷嘴排油进入电磁线圈部分，这就消除了油液污染电磁部分的可能性。

有的电液转换器在喷嘴挡板前置级液压放大器的回油路上，加装了节流孔，使喷嘴扩散的喷油具有背压，油流不会产生涡流及气蚀现象，从而提高了挡板运动的稳定性。

这种电液转换器对加工精确度、装配工艺要求都很高，断流滑阀与套筒之间的间隙很小，油的清洁度要求较高。它是一个通用部件，可用于控制双侧进油的油动机或单侧进油的油动机。当控制单侧进油的油动机时，只利用右侧去油动机活塞腔室的控制窗口，左侧的控制窗口被堵塞。

（2）油动机。油动机是阀位控制装置的最后一级放大，油动机活塞位移用来控制调节汽阀的升程，要求输出功率大。压力油作用在油动机活塞上，可以获得很大的力来提升调节汽阀。油动机按进油方式，可分为双侧进油式与单侧进油式两种；按活塞移动方式，可分为往复式和旋转式两种。油动机有两个重要指标：提升力和时间常数。

1）带有断流滑阀的双侧进油往复式油动机。带有断流滑阀的双侧进油往复式油动机如图 1 - 112 所示。

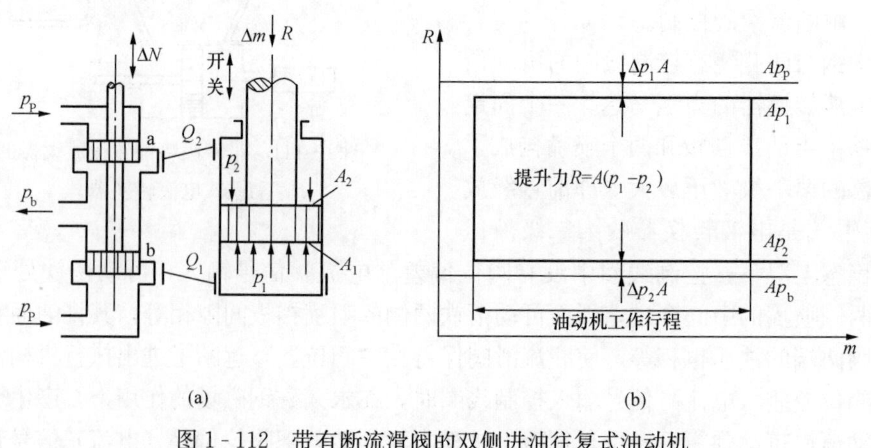

图 1 - 112 带有断流滑阀的双侧进油往复式油动机

（a）进油控制方式；（b）油动机位移与提升力的关系

a. 进油控制方式。双侧进油往复式油动机在调节过程中，活塞上、下两侧一侧进油，另一侧排油。在稳定状态下，两侧既不进油也不排油。因此，必须配置断流滑阀来控制油动机的进、排油，用以推动油动机活塞。

b. 油动机的提升力。油动机作用在调节汽阀开启方向的力，称为油动机的提升力。油动机应具有足够的提升能力，以确保调节汽阀能顺利开启。同时，油动机在关闭方向也应有足够的力，能使调节汽阀迅速关闭。

油动机的提升力主要取决于活塞两侧的压差与活塞的面积，而与油动机活塞位置即油动机位移无关。在排油压力一定时，提高压力油油压、减小流动压力损失与增加油动机活塞面积都可以增大油动机的提升力。

c. 油动机时间常数。双侧进油往复式油动机的时间常数是指，当滑阀油口开度为最大时，在最大进油量条件下走完整个工作行程所需要的时间。油动机时间常数取决于滑阀油口面积（宽度与开度）、油动机活塞的工作行程及面积、压力油油压等参数。为了减小油动机时间常数，可以增大滑阀油口宽度、滑阀油口最大开度，提高压力油油压，在保证油动机提升力足够大的前提下还可以减小油动机活塞面积和工作行程。

大功率汽轮机的油动机时间常数一般为 0.1～0.25s。显然，油动机时间常数越大，汽轮机的调频性能越差，甩负荷时越易动态超速。所以，油动机时间常数的大小直接影响汽轮机的调节特性。由于汽轮机甩负荷时要求迅速将调节汽阀暂时关闭，以防止汽轮机动态超速。因此，油动机时间常数主要针对关闭调节汽阀而言。

尽管双侧进油往复式油动机活塞走完全程所需扫过的容积不大，但由于油动机时间常数很小，因而短暂时间内所要求的压力油流量很大。

双侧进油往复式油动机无论向哪个方向移动都依靠两侧油压差，因此，当油泵故障或压力油管破裂而失压时，活塞无法动作，致使调节汽阀无法关闭。为了解决这个问题，一般是在调节汽阀杆上装设压缩弹簧，在压力油失去的情况下依靠弹簧力作用也能使调节汽阀关闭。当然，在压力油正常的情况下，它能协助油动机活塞加速调节汽阀的关闭。但是，在油动机活塞驱使调节汽阀开启的过程中却起反作用，它使油动机提升力的富裕程度相对减小。

2）带有断流滑阀的单侧进油往复式油动机。带有断流滑阀的单侧进油往复式油动机如图 1-113 所示。

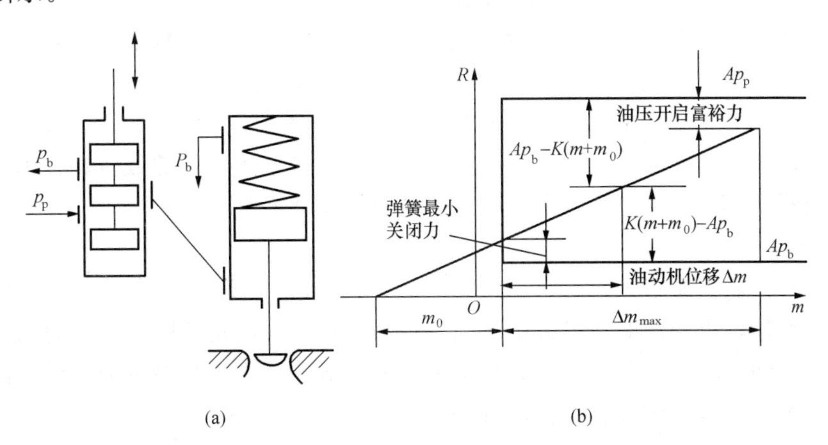

图 1-113　带有断流滑阀的单侧进油往复式油动机

（a）进油控制方式；（b）油动机位移与提升力的关系

a. 进油控制方式。带有断流滑阀的单侧进油往复式油动机的特点是，由断流滑阀控制的压力油只通向油动机活塞的一侧，在油动机活塞的同一侧实现进、排油；油动机活塞的另一侧作用着弹簧力，用以关闭调节汽阀。在调节过程中，当需要开大调节汽阀时，滑阀上移，油动机进油通道打开，活塞的一侧进油，克服另一侧弹簧力的作用，使活塞向上移动。当需要关小调节汽阀时，油动机活塞有油的一侧与排油接通，使活塞在另一侧弹簧力的作用下向下移动。

b. 油动机的提升力。单侧进油往复式油动机开启调节汽阀时的有效提升力等于作用在油动机活塞上的油压作用力与弹簧作用力之差。它主要取决于压力油油压、油动机活塞的受力面积、位移以及弹簧的刚度和预压缩量。

如图 1-113（b）所示，随着油动机活塞的上移，弹簧不断被压缩，其弹簧作用力不断增大，故提升力不断减小，油动机活塞在“全开位置”处的提升力最小。为了使调节汽阀能可靠地提升，则要求油动机的最小提升力必须大于开启调节汽阀所需的力，并留有一定的富裕量，以保证在任何情况下都能将调节汽阀开足。同样，在油动机关到最小位置时仍需要有一定的弹簧作用力，即弹簧的预压缩量要足够大，以保证在调节汽阀关闭后阀芯能紧压在阀座上。

在同样的油动机尺寸及油压条件下，其提升力比双侧进油往复式油动机的提升力小，这是它的一个缺点。但是，单侧进油往复式油动机是靠弹簧力关闭的，不需要压力油，这不仅保证在压力油失去的情况下仍能可靠地关闭调节汽阀，而且可大大减少机组甩负荷时的用油量，这是其最大优点。大功率汽轮机通常设计成一只油动机驱动一只调节汽阀，这样，每只油动机所需要的提升力可减小。由于其耗油量少，因此主油泵的设计容量可明显减小。目前，人们越来越重视在大功率汽轮机上应用单侧进油往复式油动机。

c. 油动机时间常数。单侧进油往复式油动机时间常数是指当滑阀油口开度为最大时，油动机活塞由最大工作行程位置关闭到零位置时所需要的时间。单侧进油往复式油动机关闭调节汽阀的速度大小除与滑阀油口面积、油动机活塞最大工作行程、压力油油压、弹簧刚度及其初始压缩量有关外，还主要取决于弹簧力和排油速度。而弹簧力和排油速度取决于活塞位置，所以其关闭调节汽阀的速度是一个变量。

在相同几何尺寸及油压条件下，双侧进油往复式油动机时间常数小于单侧进油往复式油动机时间常数。但是，双侧进油往复式油动机时间常数受主油泵容量的限制而难以进一步减小，而单侧进油往复式油动机滑阀油口容易布置，只要弹簧设计合理、适当改进滑阀结构，使在甩负荷时滑阀的排油面积足够大，就能将时间常数减小到需要的数值。使用单侧进油往复式油动机对提高调节系统稳定性、可靠性以及甩负荷性能都有益处。

3. 配汽机构

配汽机构是汽轮机调节系统的基本机构之一。通过改变调节汽阀阀位（升程），调节进入汽轮机的进汽量，以实现对汽轮发电机组的功率调整。油动机可以直接驱动调节汽阀也可通过传动机构来间接驱动调节汽阀。现代大型汽轮机的调节汽阀都是由油动机经传动机构进行控制的。调节汽阀及其传动机构被统称为配汽机构。

（1）驱动调节汽阀的传动机构。传动机构的作用是把油动机活塞的行程传递给调节汽阀，使其产生相应的位移。对于喷嘴调节的汽轮机，传动机构还用来确定调节汽阀的开启顺序。常用的传动机构形式有提板式、杠杆式、凸轮式三种。现代大功率汽轮机只采用后两种。

1）杠杆式传动机构。如图 1 - 114 所示，一个或几个调节汽阀吊装在传动杠杆上，阀杆与杠杆之间用圆柱销连接，圆柱销穿装在腰子槽内，随着杠杆一起转动的圆柱销，可在腰子槽内做相对运动。当油动机驱动着杠杆绕其支点做逆时针转动时，通过圆柱销带动调节汽阀，调节汽阀的开启次序取决于调节汽阀关闭状态下圆柱销到腰子槽顶部的距离与圆柱销到杠杆支点的距离的比值，比值小的调节汽阀先开启。通过调节螺母可以调整圆柱销到腰子槽顶部的距离，从而可以调整调节汽阀的开启次序。

2）凸轮式传动机构。如图 1 - 115 所示，油动机通过齿轮、齿条和凸轮驱动调节汽阀。在油动机活塞移动时，通过齿条、齿轮而使齿轮轴旋转，齿轮轴通过凸轮带动调节汽阀。调节汽阀的开启顺序由凸轮型线和安装角来决定。为了保证配汽机构的静态特性接近线性关系，凸轮型线往往按转角与升程之间的线性关系进行设计。

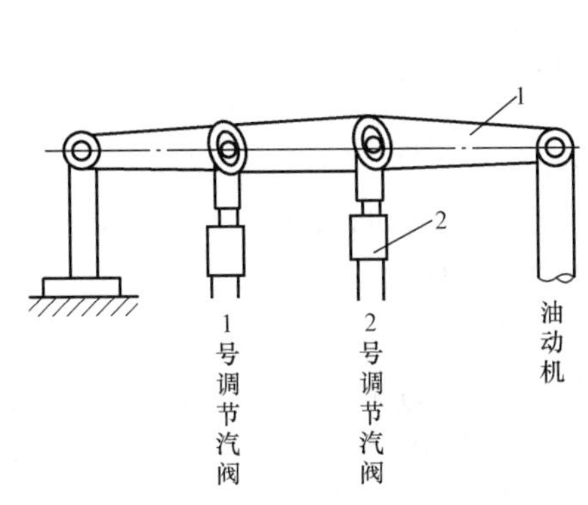

图 1 - 114　杠杆式传动机构
1—杠杆；2—调整螺母

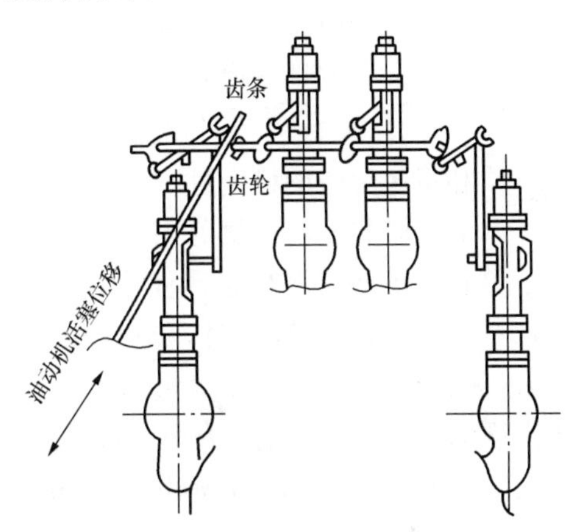

图 1 - 115　凸轮式传动机构

（2）调节汽阀。

1）调节汽阀的结构形式。按阀芯的数量可分成单阀芯式和双阀芯式两种。单阀芯式调节汽阀如图 1 - 116 所示，其结构简单，但所需要的提升力大，一般只在中、小型汽轮机上使用。

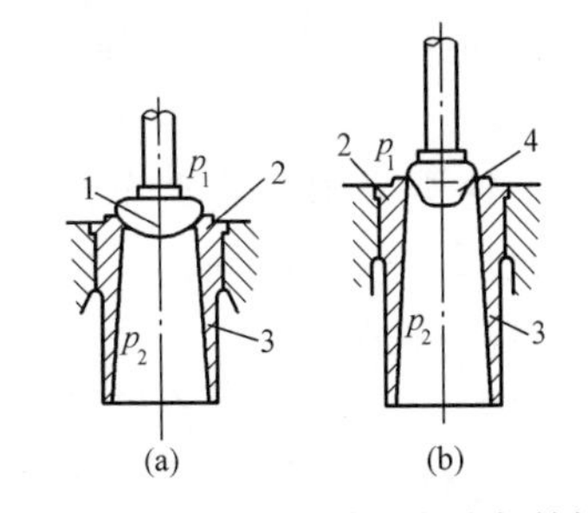

图 1 - 116　单阀芯式调节汽阀结构
（a）球形阀；（b）锥形阀
1—球形阀芯；2—阀座；3—扩压管；4—锥形阀芯

为了减小提升力，现代大型汽轮机调节汽阀均采用双阀芯式，所谓双阀芯是指调节汽阀具有一个主阀芯和一个预启阀芯，如图 1 - 117 所示。

如图 1 - 117（a）所示，在开启带普通预启阀的调节汽阀时，首先提升预启阀，由于预启阀的蒸汽作用面积小，因而所需的提升力就小。蒸汽经预启阀进入汽轮机，使阀后压力 p_2 随之上升，主阀芯前后压差随之减小。当预启阀上行至极限位置并带动主阀芯一起提升时，由于主阀芯前后压差已经减小，因此主阀芯所需的最大提升力就减小。由于这种阀门的减载是靠阀后压力 p_2 的升高来达到的，这就要求预启阀要有较大的尺寸，从而又增加了预启阀的提升力，因此这种阀门的减载能力是有限的。

如图 1 - 117（b）所示，当蒸汽弹簧预启阀处于全关位置时，压力为 p_1 的新蒸汽自 B

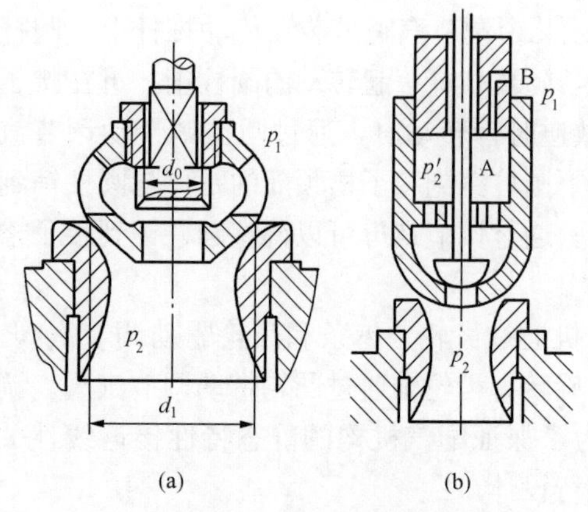

图 1-117　双阀芯式调节汽阀
(a) 带普通预启阀的调节汽阀；
(b) 带蒸汽弹簧预启阀的调节汽阀

孔漏入 A 室，这时 A 室压力 $p_2=p_1$，主汽阀、预启阀均紧贴在相应的阀座上，保证有较好的严密性。当预启阀开启时，由于 B 孔节流作用而产生阻尼效应，使 p'_2 很快降至 p_2，从而减小了主阀芯前后的压差，使主阀芯所需的最大提升力减小。只要保证预启阀的通流面积能使其通过的流量大于 B 孔漏入 A 室内的蒸汽量，就能起到减小提升力的作用。由于预启阀的直径不大，在开启时的提升力也不大，因而使这种形式的调节汽阀在大型汽轮机上得到广泛采用。

2）调节汽阀的升程—流量特性。调节汽阀的升程—流量特性是指稳定状态下，通过调节汽阀的蒸汽流量与阀门升程的关系。它影响着调节系统的品质和机组运行的稳定性。

流经调节汽阀的蒸汽流量除与流通面积即阀门的升程有关外，还与阀门前后的压差等因素有关。单只球形调节汽阀的升程流量特性如图 1-118（a）中曲线 1 所示。当升程 $L=0$ 时，流量 $G=0$。当升程很小时，调节汽阀后压力很低，阀门前后的压比很小，阀内为临界状态。若汽阀前压力不变，则流量与升程近似成正比，如图中Ⅰ段所示。随着汽阀的开大，阀后压力逐渐升高，阀门前后压比逐渐增大，而阀门前后压差逐渐减小，流动进入非临界状态，所以随着升程 L 的增加，流量 G 的增大趋于缓慢，如图中Ⅱ段所示。当升程 L 超过调节汽阀有效升程后，阀门前后压比很大，压差很小，因而通流能力受到限制，流量的增加很小。通常认为阀门前后压比达 0.95～0.98 时就算开足。图 1-118（a）中的曲线 2 为锥形调节汽阀的升程流量特性，与球形阀相比，在刚开启阶段，同样的升程变化，锥形阀流量变化较小。因此，一般在喷嘴调节中第一只调节汽阀往往采用锥形阀，以提高机组空载运行的稳定性。

汽轮机采用喷嘴调节时，多个调节汽阀是依次启闭的。如果后一个调节汽阀是在前一个调节汽阀开足后再开启，那么汽轮机总的升程—流量特性曲线将是波浪形的，如图 1-118（b）中曲线Ⅰ所示。这将直接影响调节系统静态特性的形状，对调节是非常不利的。为了避免这种情况的发生，通常在前一阀尚未完全开启时后一阀便提前开启，这个提前开启的量被称为阀门的重叠度。一般在前一阀开至阀门前后压比达 0.85～0.90 时开启后一阀。此时，汽轮机总的升程—流量特性如

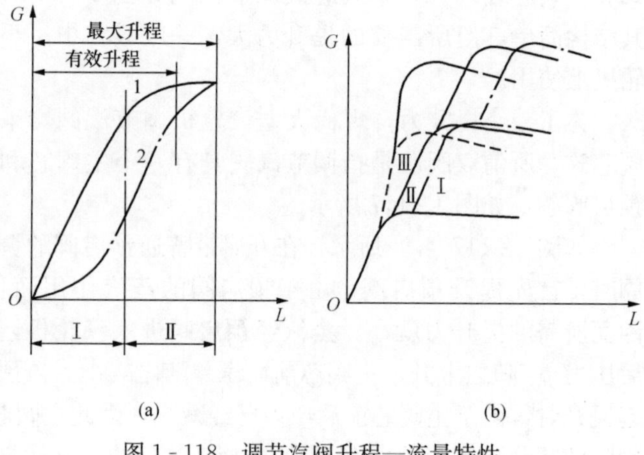

图 1-118　调节汽阀升程—流量特性
(a) 单阀芯式调节汽阀升程—流量特性；
(b) 多个调节汽阀的联合升程—流量特性

图 1-118（b）中曲线Ⅱ所示，线性度较好。但在重叠部分，两阀都在部分开启状态下，所以节流损失增加，经济性下降。因而，两个阀之间的重叠度的选择应适当。如果两个阀之间的重叠度太大，也会破坏升程—流量特性的线性度，它会使两个阀重叠部分流量增加过快，如图 1-118（b）中曲线Ⅲ所示，当汽轮机在该功率下运行时，有可能出现晃动。

3）调节汽阀的升程—提升力特性。调节汽阀的提升力是指开启阀门所需要的力。在稳定工况下，阀门升程与其提升力的关系称为调节汽阀的升程—提升力特性。阀门所需的提升力大小与阀门的相对升程（升程与阀门公称直径之比）、阀门前后压比有关。

单个单座球形阀升程—提升力特性如图 1-119（a）所示。当阀门开度 $L=0$ 时，由于阀门前后压差最大，因此所需的提升力最大。随着阀门升程的增加，阀后压力逐渐增大，阀门前后压差逐渐减小，所以提升力逐渐减小。

若用一只油动机来提升数只调节汽阀，则当这些调节汽阀依次开启时，其联合提升力曲线如图 1-119（b）所示。第一阀刚开启时提升力很大。随着第一阀升程的增加，第一阀的提升力逐渐减小。开启第二阀时，第二阀阀后压力仍然不高，此时第二阀的压差仍很大，压比很小，而且相对升程为零，因而有较大的提升力，使总的提升力曲线出现第二峰值，然后随着阀门升程的增加，提升力又变小。其后各阀开启时的情况相似。由于各阀直径不尽相同，因此阀门前后压差也不相同，各阀提升力也就不一定相同。

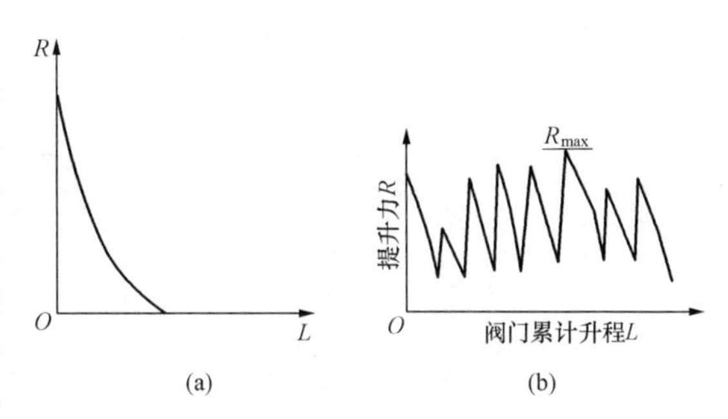

图 1-119　调节汽阀的升程—提升力特性
（a）单个单座球形阀升程—提升力特性；
（b）调节汽阀依次开启时的升程—提升力特性

4. DEH 调节系统的液压系统

在 DEH 调节系统中，数字部分的输出，经过数/模转换后，进入液压伺服装置，该装置由伺服放大器、电液转换器、油动机及其位移反馈（LVDT）组成，是 DEH 的末级放大与执行机构。液压伺服装置中的供、回油管路和汽轮机保护系统的油管路构成了 DEH 调节系统中的液压系统。

图 1-120 所示为 DEH 调节系统的液压系统图，它由四大部分组成：右下方为保护和遮断系统，用于机组保护；右上方为遮断试验系统，用于系统的试验；左上方为中压主汽阀（2 个）和中压调节汽阀（2 个）控制系统；左下方为高压主汽阀（2 个）和高压调节汽阀（6 个）控制系统。各油动机及其相应的汽阀称为 DEH 系统的执行机构，整个调节系统有 12 个这种机构，由于其调节对象和任务的不同，其结构形式和调节规律也不相同，但从整体看，它们具有以下相同的特点：①所有的控制系统都有一套独立的汽阀、油动机、电液转换器（除开关型汽阀如中压主汽阀外）、隔绝阀、止回阀、快速卸荷阀和滤油器等，各自独立执行任务。②所有的油动机都是单侧油动机，其开启依靠高压动力油，关闭靠弹簧力，这是一种安全型机构，例如，在系统漏“油”时，油动机向关闭方向动作。③执行机构是一种组合阀门机构，在油动机的油缸上有一个控制块的接口，在该块上装有隔绝阀、快速卸荷阀和止回阀，并加上相应的附加组件构成一个整体，成为具有控制和快关功能的组合阀门机构。

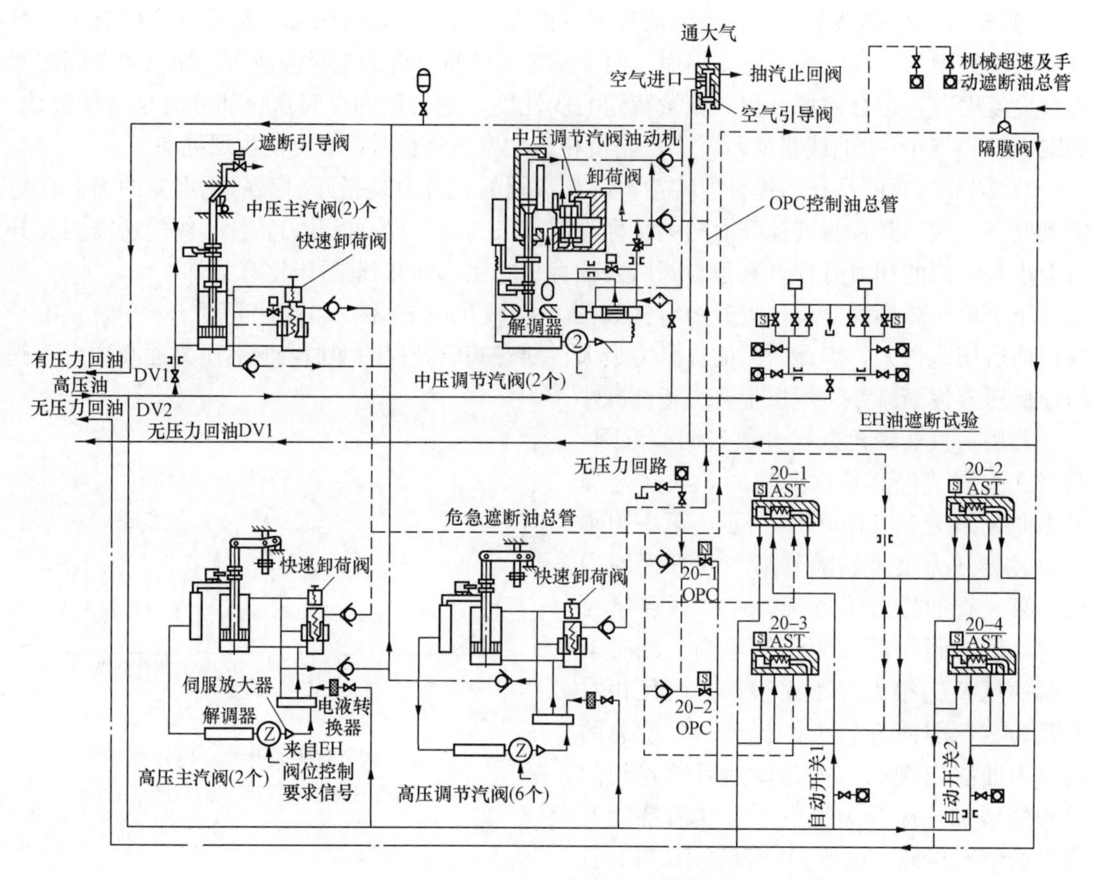

图 1-120 DEH 调节系统的液压系统图

此外，DEH 调节系统采用了独立的高压抗燃油供油系统，高压油油压很高，因而使油动机及其控制机构尺寸非常紧凑。

(1) 高压主汽阀和调节汽阀的组合结构。高压主汽阀（TV）和高压调节汽阀（GV）均为控制型的阀门机构，运行时可以根据需要将汽阀控制在任意的中间位置上，其调节规律是蒸汽流量与阀门的开度成正比。

1) 控制型汽阀的工作原理。图 1-121 所示为控制型汽阀的工作原理图，图中给出了组合阀门的各种主要功能构件，TV 和 GV 两种汽阀的结构相同。

高压抗燃油经隔绝阀到电液转换器，由电液转换器控制油动机。在每个控制型的伺服执行机构前，即在 DEH 控制器中均有一块伺服回路控制卡（VCC 卡）。在 DEH 控制器中，经计算机运算处理后输出的阀位调节指令信号与线性位移差动变送器（LVDT）来的经解调器处理后的阀位负反馈信号在综合比较器中进行比较，其阀位偏差信号经伺服放大器转换成电流信号并进行功率放大后控制电液转换器，在电液转换器中将阀位偏差电信号转换成控制油动机位移的液压（油压）信号，进而对油动机进行控制。增加负荷时，电液转换器使高压油进入油动机活塞的下腔，油动机活塞向上运动，通过传动机构带动，使汽阀开启；当负荷降低时，电液转换器使高压油从油动机活塞的下腔泄出，油动机上腔弹簧力的作用使油动机活塞向下运动而关小汽阀。

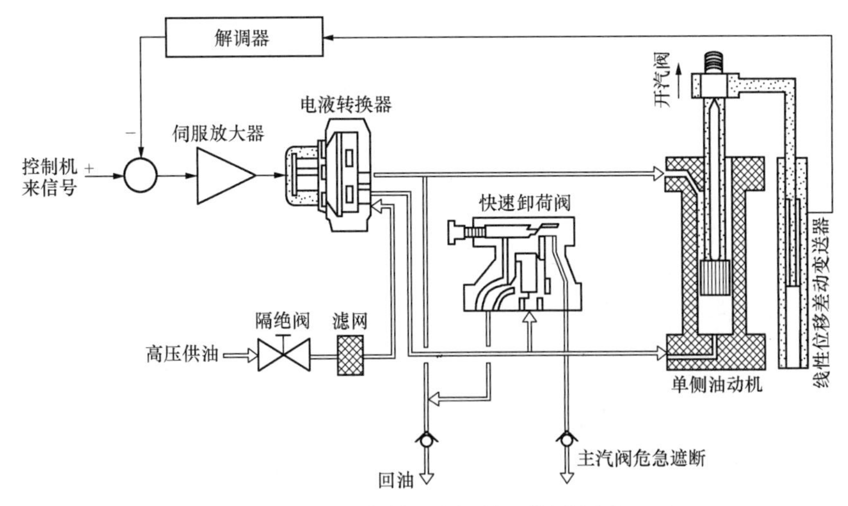

图 1-121　控制型汽阀的工作原理图

当油动机活塞移动时，用于反馈的线性位移差动变送器（LVDT），将油动机活塞的机械位移转换成电信号，该信号经解调器与计算机输入的阀位调节指令信号比较，两者之差为伺服装置输入的阀位偏差信号，当此阀位偏差信号为零时，电液转换器的断流滑阀回到中间位置，从而切断油动机的油通道，油动机停止运动，系统在新的工作位置上处于稳定状态。

主汽阀和调节汽阀的油动机旁各设有一个快速卸荷阀，用于汽轮机故障需要停机时，通过遮断油系统使遮断油总管失压，快速泄去油动机下腔的高压油，依靠油动机上腔弹簧力的作用，使汽阀迅速关闭，以实现对机组的保护。在快速卸荷阀动作的同时，工作油还可排入油动机的上腔室，从而避免有压力回油管路的过载。主汽阀的快速卸荷阀控制油为危急遮断油（AST 油），而调节汽阀的快速卸荷阀控制油为超速保护遮断油（OPC 油）。

2）电液转换器，见图 1-111。

3）快速卸荷阀。快速卸荷阀用于机组发生故障时，迅速泄去汽阀油动机活塞下腔的高压油，使汽阀关闭，实行紧急停机。

快速卸荷阀是一种由导阀控制的溢流阀，其工作原理如图 1-122 所示，该阀安装在油动机板块上，它的上部装有一杯形滑阀，滑阀下部的腔室与油动机活塞下部的高压油路相通，并受到高压油的作用，在滑阀底部的中间有一个小孔，使少量的压力油通到滑阀上部的油室，该室有两条油路，一路经过止回阀与遮断油路相通，而正常运行时由于遮断油总管上的油压等于高压油的油压，它顶着止回阀并使之关闭，滑阀上的压力油不能由此油路泄去；另一油路是经针形阀控制的缩孔，接通到油动机活塞上腔的油通道（即有压力回油管路），调节针形阀的开度，可以调整滑阀上的油压，以供调试整定用。通常将压力调整杆全部旋入，所以通过此通道的油流量非常小。

正常运行时，滑阀上部的油压作用力加上弹簧的作用力大于滑阀下部高压油的作用力，使杯形滑阀压在底座上，连接回油油路的油口被关闭。当汽轮机故障、电磁阀动作，使遮断油总管失压时，作用在杯形滑阀上的压力油顶开止回阀并泄油，使该滑阀上部的油压急剧下降，下部的高压油推动滑阀上移，滑阀套上的泄油孔被打开，从而使油动机内的高压油失压，并在其弹簧力的作用下油动机活塞迅速下移，关闭汽阀，实行紧急停机。

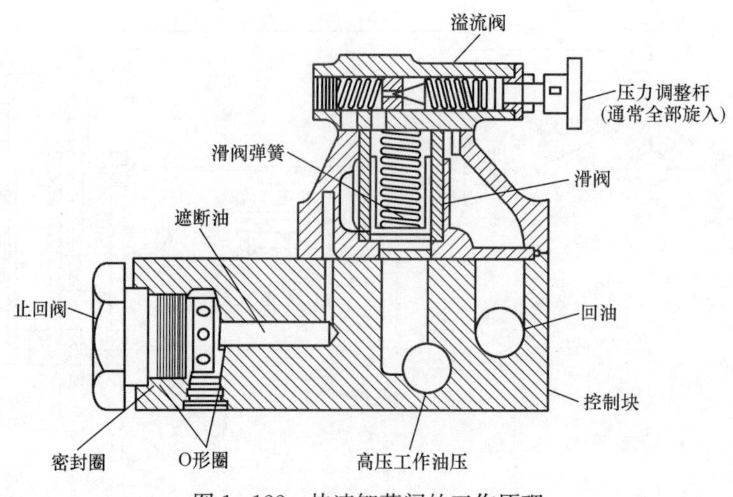

图 1-122 快速卸荷阀的工作原理

快速卸荷阀也可用作调节汽阀或主汽阀的手动关闭。在手动关闭任何一个汽阀时，首先要关断隔绝阀，以防止快速卸荷阀放走大量的高压油，然后将压力调整杆反向慢慢旋出，从而改变针形阀控制的泄油口，缓慢地改变快速卸荷阀中杯形滑阀上部的油压，使杯形滑阀上升，开启快速卸荷阀油口，改变油动机活塞下腔室的动力油压，使汽阀慢慢关闭。此后，如要重新打开汽阀，应首先将压力调整杆调到最高油压位置，然后慢慢打开隔绝阀。

4）隔绝阀。隔绝阀也称隔离阀，用于切断通往油动机的高压油。工作时该阀全开，运行中关断该阀，可以对油动机、电液转换器、快速卸荷阀和位移变送器进行不停机检修，以及清理或更换过滤器等。

5）过滤器。为了保证电液转换器的清洁，使电液转换器内节流孔、喷嘴和滑阀能正常工作，所有进入电液转换器的高压油，均需经过规格为 10μm 的过滤器的过滤。滤网要每年更换一次，被更换下来的滤网，当有合适的滤网清洗设备时，在彻底清洗干净后还可以再使用。

此外，电液转换器内还有一道滤网，以确保油的清洁。

6）止回阀。在油动机的控制油路中设有两个止回阀，一个是通往遮断油路总管去的止回阀，其作用是当运行中检修某一台油动机时，其对应的隔绝阀已经关闭，使油动机活塞下的油压消失，而其他油动机还在工作，该止回阀可阻止遮断油总管上的油倒流入油动机。另一个止回阀是安装在回油管路上，以防止在油动机检修期间，由压力回油总管来的油倒流到被检修的油动机去。两阀共同保证了油动机的不停机检修。

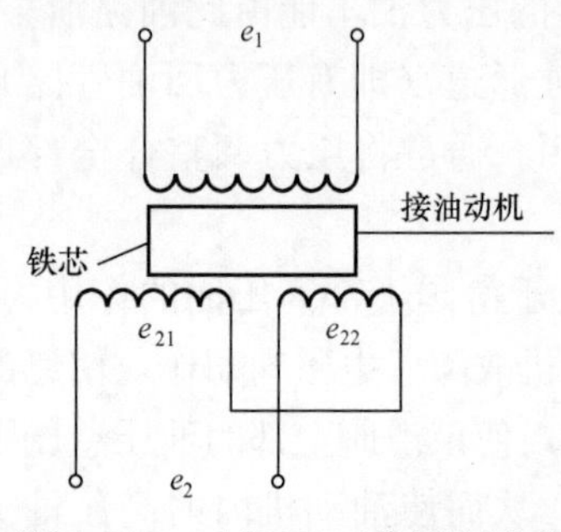

图 1-123 LVDT 工作原理示意

7）线性位移差动变送器（LVDT）。LVDT 的作用是把油动机活塞的位移（同时也代表调节汽阀的开度）转换成电压信号，反馈到伺服放大器前，与计算机送来的阀位调节指令信号相比较，其差值经伺服放大器功率放大并转换成电流信号后，驱动电液转换器、油动机直至汽阀。当汽阀的开度满足了计算机输入的阀位调节指令信号要求时，伺服放大器的输入偏差为零，于是汽阀处于新的稳定位置。

LVDT 是由一芯杆与外壳所组成，如图 1-123 所示，在外壳中有 3 个绕组，一个是初级绕组，供给交流电源；在中心点的两侧各绕有一个次级绕组，这两个绕组是反向连接，因此，次级绕组的净输出，是该两绕组所感应的电动势之差。当绕组内的铁芯处于中间位置时，两个次级绕组所感应的电动势相等，变送器输出的信号为零。当铁芯与绕组有相对位移，如铁芯向上移动时，则上半部绕组所感应的电动势比下半部绕组所感应的电动势大，其输出的电压代表上半部的极性。次级绕组感应的电动势经整形滤波后，转变为铁芯与绕组间相对位移的电信号输出。在实际装置中，外壳是固定不动的，铁芯通过杠杆与油动机活塞连杆相连，这样，输出的信号便可模拟油动机的位移，于是也就代表了汽阀的当前开度。

（2）中压主汽阀的组合机构。中压主汽阀也称再热蒸汽主汽阀，它只在全开和全关两个位置，属于开关型汽阀。

1）中压主汽阀组合机构的组成与特点。中压主汽阀组合机构的主要组成部件是油缸、控制块、试验电磁阀、隔绝阀、止回阀（2个）等，其组成与上述高压主汽阀类似，但由于它是一种开关型执行机构，没有控制功能，因此具有不同的特点：

a. 由于没有控制功能，因此不必装设电液转换器及其相应的伺服放大器。

b. 增设1个二位二通试验电磁阀，用以开关中压主汽阀，以及定期进行阀杆的活动试验，保证该汽阀处于良好的工作状态。当试验电磁阀动作时，能迅速地泄去中压主汽阀的危急遮断油，使快速卸荷阀动作，紧急关闭中压主汽阀。

该机构安装在中压缸主汽阀的弹簧室上，其油动机活塞杆与该主汽阀的阀杆直接相连，因此，当油动机向上运动时为开启中压主汽阀，油动机向下运动时为关闭中压主汽阀。油动机是单侧油动机，高压抗燃油提供开启汽阀的动力，快速卸荷阀泄油可使油动机下腔室的动力油失压，依靠弹簧力的作用，快速关闭中压主汽阀。

2）中压主汽阀的工作原理。如图1-124所示，高压动力油自隔绝阀引入，经过一个固定节流孔板后直接进入油动机的下腔室，该节流孔板是用来限制油动机进油的，其作用：①使汽阀缓慢开启，避免冲击；②在危急遮断系统动作，大量卸去油动机下腔室的高压油并关闭中压主汽阀时，避免大量的高压油又自隔绝阀涌入，会使中压主汽阀的关闭速度减慢，并有超速的危险。

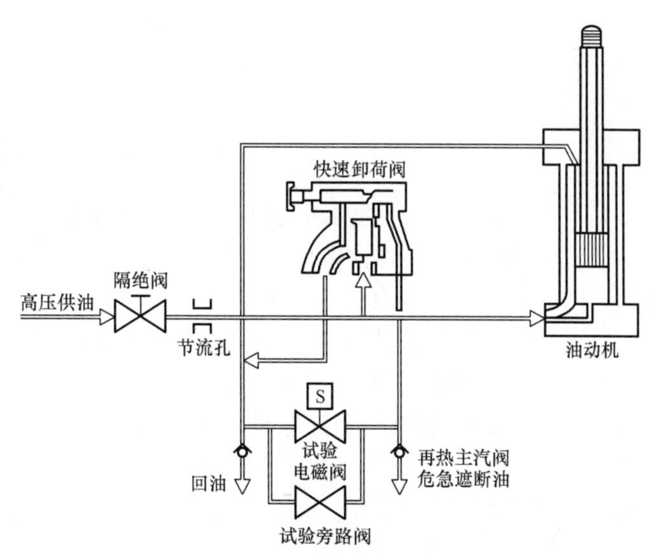

图1-124　中压主汽阀的工作原理

快速卸荷阀是由危急遮断总管油压控制的，当危急遮断总管油压被迫遮断时，通过快速卸荷阀，迅速关闭中压主汽阀。该汽阀关闭的动力来自中压主汽阀油动机重弹簧的约束力。此外，快速卸荷阀的回油管与油动机的上腔室相连，因而瞬间排油也不会引起回油管的过载。

二位二通电磁阀用于遥控，它的开启可把遮断油泄去，使快速卸荷阀杯形滑阀上部的油压失压，并将通过与油动机连通的油路卸油，从而使油动机迅速关闭。同样，进行试验时把旁路阀打开，也可使油动机关小或关闭。此外，快速卸荷阀的手动压力调整螺杆，还可以打开或关闭油动机。

由于中压主汽阀只处于全开或全关位置，因此不设置线性位移差动变送器，而且该阀在安装后一般不做特殊的调整工作。同样，对于每个中压主汽阀的组合机构，只要关断隔绝阀的进油，并有止回阀阻止回油的倒流，都可以进行不停机检修，保证机组仍可继续运行。

(3) 中压调节汽阀的组合机构。中压调节汽阀（IV）也称再热蒸汽调节汽阀，是一种控制型的执行机构，可在它的控制范围内，把阀门控制在所需要的任意中间位置上，并能按比例进行调节，其工作原理如图 1-125 所示。中压调节汽阀的组合机构与控制原理和高压调节汽阀基本一致，但其有不同之处是：

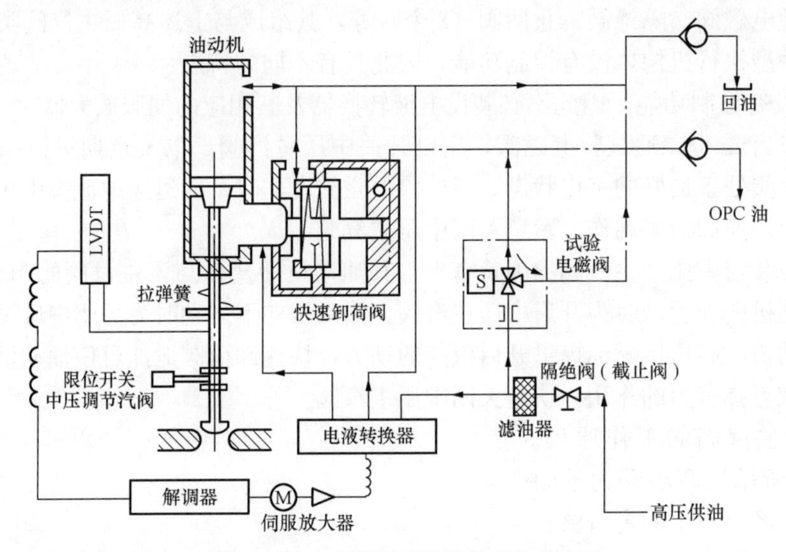

图 1-125 中压调节汽阀的工作原理

1）与高压调节汽阀的油动机相比，虽然都是采用单侧油动机，但弹簧的布置相反，高压调节汽阀的弹簧布置在油缸内，是压弹簧；而中压调节汽阀的弹簧则布置在油缸外，是拉弹簧，因而，两者在结构上有一些差别。

2）快速卸荷阀的结构有所不同，但基本作用相同。

3）试验电磁阀为二位三通阀，用于遥控关闭中压调节汽阀，装在油动机板块上。机组正常运行时试验电磁阀是断电的，高压油能直接通到快速卸荷阀的上部腔室，使油动机能建立压力油。当试验电磁阀通电时，试验电磁阀打开回油通道，切断高压油的供给。因此，在中压调节汽阀进行阀杆活动试验时，通过电子控制器使试验电磁阀通电便可进行。

四、调节系统的静态特性

（一）液压调节系统的静态特性

汽轮机液压调节系统的静态特性是指稳定状态下，汽轮机功率（输出信号）与汽轮机转速之间的关系。描写稳态下汽轮机功率与转速关系的曲线称为汽轮机液压调节系统的静态特性曲线。

1. 液压调节系统静态特性曲线的求取

汽轮机液压调节系统由转速感受机构、阀位控制机构、配汽机构和调节对象等部分组成，因而调节系统的静态特性取决于各基本组成环节的静态特性。机组并网运行与否，其调节系统的静态特性不能全由试验直接求得，而是通过部分试验或计算间接求得。

通过试验或计算得到各组成环节的静态特性曲线后，可用作图法求取调节系统的静态特性曲线。具体方法是：如图1-126所示，沿着调节信号的传递方向，根据其静态对应关系，在四象限图的第二、三象限中分别绘制出转速感受机构、阀位控制机构的静态特性曲线，在第四象限绘制出由配汽机构与调节对象共同决定的静态特性曲线，然后根据这三条曲线按投影作图原理，就可在第一象限内绘制出汽轮机功率与转速的关系曲线，即汽轮机液压调节系统的静态特性曲线。

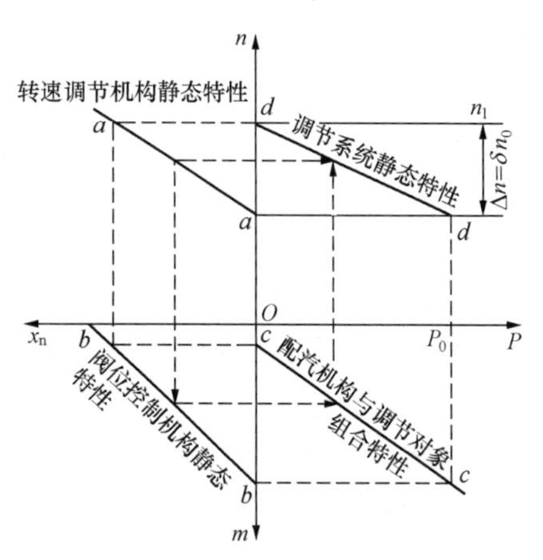

图1-126　调节系统的四象限图

调节系统四象限图的四个坐标参数中转速、功率和油动机行程是固定的，而第二、三象限的横坐标参数则因系统不同而异。即使对于同一个系统，也可以用不同的参数。由于同一系统中各参数是一一对应的，因此应优先选择易于在试验中测取与调整的参数作为坐标参数。

调节系统四象限图的坐标参数方向一般规定为：转速、功率、油压以增加方向为正；油动机行程以使功率增加方向为正；系统中其他有关部套的位移方向以转速增加的位移方向为正。

转速变动率和迟缓率是评价汽轮机液压调节系统静态特性曲线的两个重要指标。

2. 转速变动率

（1）转速变动率的定义。根据汽轮机液压调节系统的静态特性，当汽轮机单机运行时，功率为零时对应的稳定转速为 n_1，功率为额定值 P_0 时对应的稳定转速为 n_2，转速的改变值 $\Delta n=n_1-n_2$ 与额定转速 n_0 之比的百分数，称为调节系统转速变动率，可用表达式表示为

$$\delta=\frac{n_1-n_2}{n_0}\times 100\% \qquad (1-34)$$

（2）转速变动率对并网运行机组负荷分配特性的影响。现代汽轮发电机组通常都是并列于电网中运行，其转速取决于电网的频率。由于汽轮机液压调节系统的有差调节特性，当外界负荷变化而引起电网频率变化时，电网中全部并列的各机组调节系统按其静态特性自动地调整功率承担一定的负荷变化，用以减小电网频率的变化，这种调节过程称为一次调频。如果电网频率偏离额定频率，引起汽轮机转速的变化量为 Δn，根据汽轮机液压调节系统的静态特性及其转速变动率的定义可求得机组功率变化的相对量为

$$\frac{\Delta P}{P_0}-\frac{1}{\delta}\frac{\Delta n}{n_0} \qquad (1-35)$$

由此可见，在电网负荷变动时，转速变动率大的机组，其机组功率的相对变化量小；

而转速变动率小的机组，其机组功率的相对变化量大。根据电网负荷经济调度的原则以及机组负荷变动的适应性，对于在电网中承担不同负荷性质的机组应有不同的速度变动率，承担尖峰及变动负荷的机组，其转速变动率应小些，取3%～4%；带基本负荷的机组，转速变动率则应大些，取4%～6%。这样在电网频率变化时，负荷变化主要由承担尖峰负荷的机组承担，而带基本负荷的机组负荷变化较小，以保证其有较高的运行经济性与安全性。

并网运行的机组，如果其中某台机组的转速变动率特别小，则当电网频率变动时将会使这台机组功率大幅度地晃动，导致机组工作不稳定，影响机组运行经济性与安全性，所以转速变动率不应小于3%，特别是汽轮机调节系统不宜采用转速无差调节方式。但如果某台机组转速变动率选得过大，当负荷改变时，它的功率变化很小，也就是一次调频能力很差，这将导致同一电网中其他机组的一次调频负担加重；另一方面，转速变动率选得过大易使机组甩负荷时动态超速，因而机组的转速变动率也不能过大，一般不超过6%。

（3）转速变动率对机组不同工况运行稳定性的影响。以上讨论中，认为调节系统及其各基本机构均为线性静态特性。但实际上，由于调节系统各基本机构存在着非线性因素，因而使汽轮机调节系统为非线性静态特性，即其静态特性线不是一根直线。因此，调节系统静态特性总的转速变动率不能反映局部转速和功率的关系，电网频率改变引起的功率变动取决于工作点附近静态特性线的斜率，也就是取决于局部转速变动率δ'。所谓局部转速变动率δ'就是静态特性线上某一点的斜率，其表达式为

$$\delta' = -\frac{\Delta n}{\Delta P}\frac{P_0}{n_0} \tag{1-36}$$

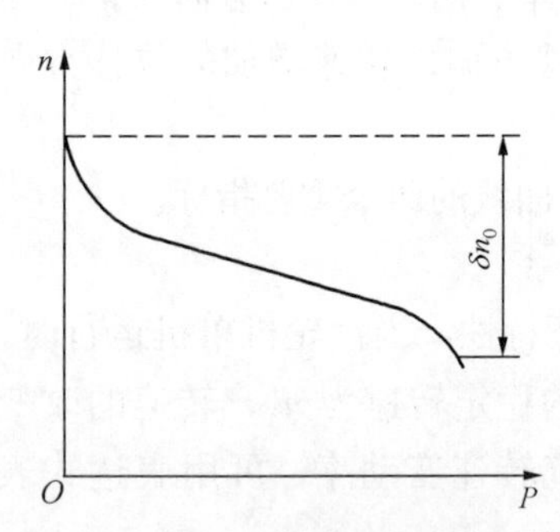

图1-127　具有不同局部转速变动率的静态特性曲线

调节系统各功率区段的局部转速变动率应根据运行的不同要求来确定。换句话说，就是调节系统的静态特性线应有合理的形状。一般认为特性曲线必须是平滑而连续地向功率增大的方向倾斜，且没有突变，如图1-127所示：

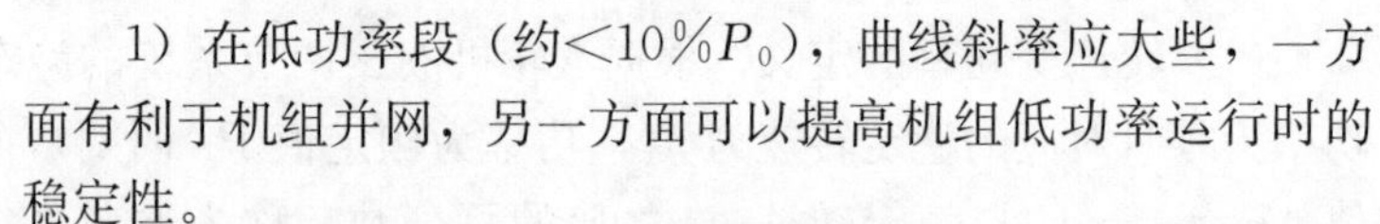

1）在低功率段（约<10%P_0），曲线斜率应大些，一方面有利于机组并网，另一方面可以提高机组低功率运行时的稳定性。

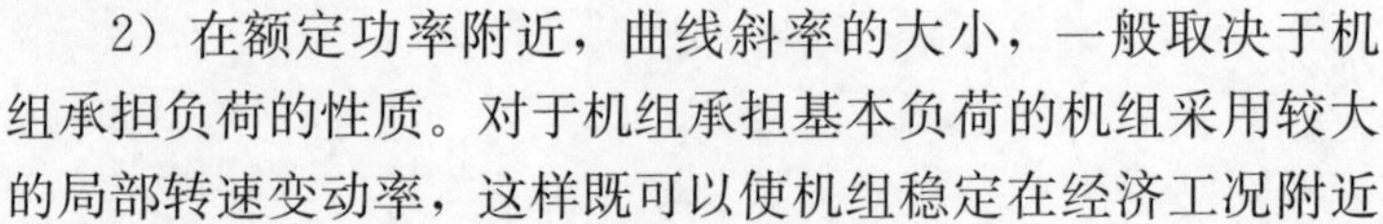

2）在额定功率附近，曲线斜率的大小，一般取决于机组承担负荷的性质。对于机组承担基本负荷的机组采用较大的局部转速变动率，这样既可以使机组稳定在经济工况附近工作，以保证有较好的经济性，又可以使机组在电网频率较低时不超载。对于承担尖峰负荷的机组，由于在电网中承担比较大的负荷变化，应采用较小的转速变动率。

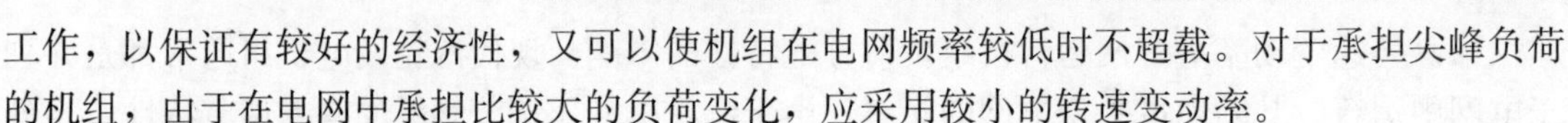

3）在中间功率段，曲线斜率较小，这样既可以使机组在此段有较强的一次调频能力，又可以使总的平均转速变动率不超过规定范围，为避免局部不稳定，通常要求最小的局部转速变动率不小于整体转速变动率的40%。

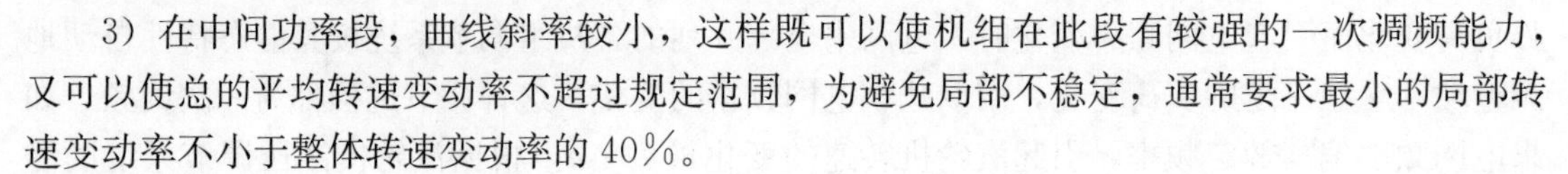

3. 迟缓率

（1）迟缓现象和迟缓率。汽轮机调节系统在实际运行中受相关部套摩擦、间隙以及滑阀盖度、工作介质（油）黏滞力等因素的影响，其静态特性曲线不再是一根线，而是一条静态特性带，这种现象被称为调节系统的迟缓现象，如图1-128所示。

通常用迟缓率 ε 来衡量迟缓程度。在同一功率下因迟缓而可能出现的最大转速变动量 Δn 与额定转速 n_0 比值的百分数，称为调节系统的迟缓率 ε，即

$$\varepsilon = \frac{\Delta n}{n_0} \times 100\% \tag{1-37}$$

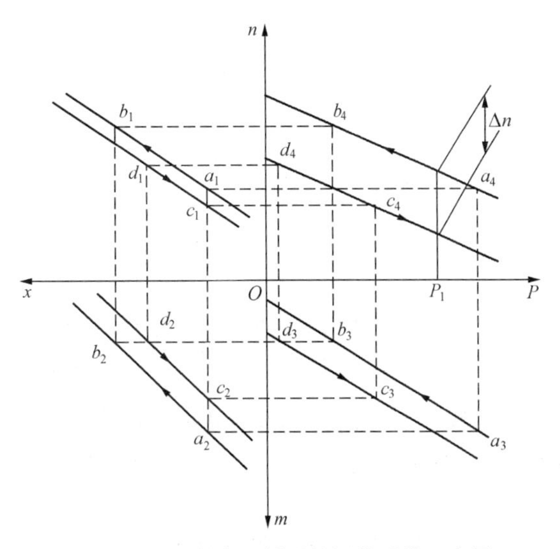

图 1-128　考虑迟缓后的调节系统四方图

（2）迟缓对机组运行的影响。由于迟缓现象的存在，稳态下调节系统在静态特性带内失去了机组功率与转速的单值对应性。迟缓对机组运行的影响与运行方式有关。

1）机组单机运行时，迟缓会引起机组转速自发变化，最大变动量为 $\Delta n = \varepsilon n_0$。

2）机组并网运行时，机组转速取决于电网频率，迟缓会引起机组功率自发变化。当调节系统静态特性简化为直线带状时，功率自发变化的最大数值可按相似三角形关系推算出

$$\Delta P = \frac{\varepsilon}{\delta} P_0 \tag{1-38}$$

由式（1-38）可知，并网运行机组因迟缓引起的自发性功率变动量的大小与迟缓率成正比，与转速变动率成反比。

虽然希望迟缓率 ε 越小越好，但过高的要求会带来设备制造上的困难。一般要求液压调节系统的迟缓率 $\varepsilon = 0.3\% \sim 0.5\%$；电液调节系统的迟缓率 $\varepsilon < 0.1\%$。

4. 同步器

液压调节系统的静态特性确定了汽轮机功率和转速的单值对应关系，因而对于并网运行的机组，在某一个电网频率下只能发出一个固定的功率；而在单机运行时，机组功率由外界负荷决定，一个功率对应一个固定的转速。显然这不能满足机组的实际运行要求，单靠液压调节系统本身无法自动改变汽轮机功率和转速的单值对应关系，必须通过一个调整装置人为地对调节系统发出功率（或转速）给定值指令（即给定值扰动），使系统为执行该指令而工作。这个人为的调整装置被称为同步器，它能够将汽轮机液压调节系统静态特性曲线连续地平移，使其成为一簇线，或者说成为一个工作区带。

要实现调节系统静态特性曲线的平移，原则上只需用同步器平行移动调节系统中任意一个基本机构的静态特性线即可。但是平移油动机活塞行程与功率的静态特性线是困难的，因此实际上同步器平行移动调节系统静态特性线的常用方法只有两种。习惯上，将用于平移第二象限转速感受机构静态特性线的同步器称为第一类同步器，用于平移第三象限阀位控制机构静态特性线的同步器称为第二类同步器。

（1）同步器的作用。

1）调整单机运行机组的转速。操作同步器，可以改变某个基本机构输出与输入信号之间的对应关系，平移调节系统静态特性线。

单机运行工况分为单机空载运行和单机有载运行两种。

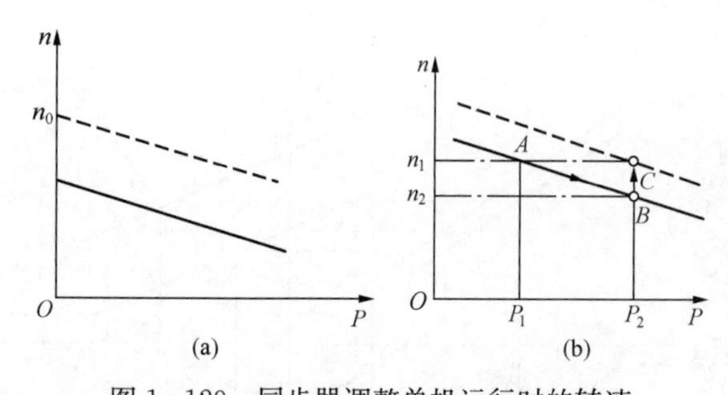

图 1-129　同步器调整单机运行时的转速
(a) 单机空载时的转速调整；(b) 单机有载时的转速调整

单机空载运行时，操作同步器平移调节系统静态特性线，为汽轮发电机组并网创造同步条件，此时同步器起着“转速给定”的作用，如图 1-129（a）所示。机组在并网前，相当于单机空载运行。

单机有载运行时，操作同步器可在同一功率下得到不同的转速，可保证在任何稳定负荷工况下，机组转速维持在合格的范围内或不变，如图 1-129（b）所示。

2）调整并网运行机组的功率。操作并网运行机组的同步器，连续平移其调节系统静态特性线，即能连续调整并网运行机组的功率。同步器起着“功率给定”的作用，其应用如下：

a. 在电网频率合格和总功率不变时，根据需要，用同步器可调整并网机组之间的负荷分配，如图 1-130 所示。

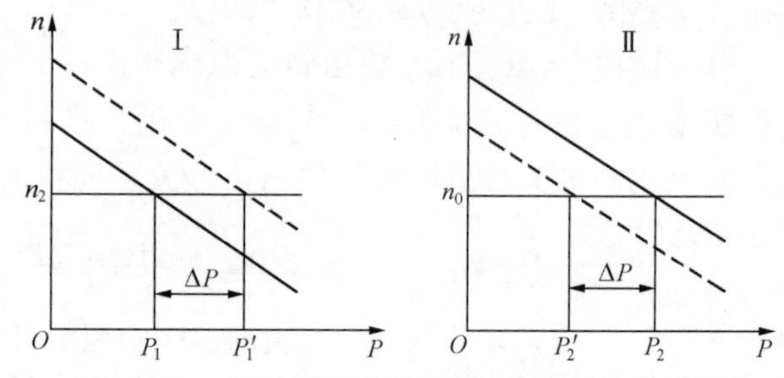

图 1-130　同步器调整并网机组之间的负荷分配

b. 在外界负荷扰动时，在满足外界总负荷的条件下，如果电网频率不符合要求，可按照经济调度的原则操作一些机组的同步器，实现负荷的重新分配，使电网频率恢复到预定的质量范围内，从而弥补一次调频的不足，这个过程被称为二次调频，如图 1-131 所示。

（2）同步器的调节范围。同步器的调节范围是指同步器能使汽轮机液压调节系统静态特性线平行移动的范围。

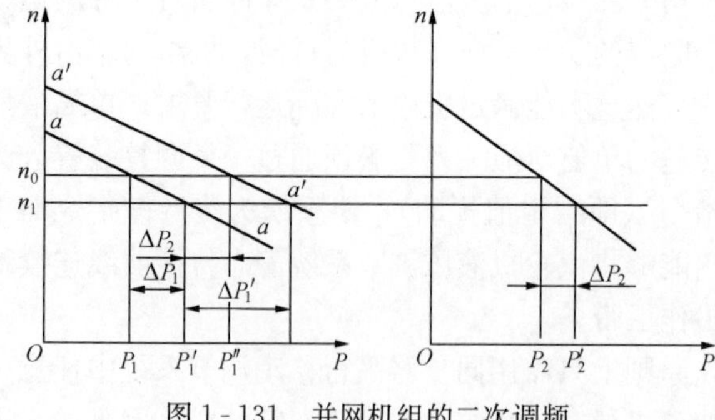

图 1-131　并网机组的二次调频

同步器的作用之一就是调整并网运行机组的功率，所以同步器的调节范围应满足将机组顺利地加载到满负荷和卸载到空负荷的要求，不仅要求在电网额定频率和额定蒸汽参数时满足，而且电网频率和蒸汽参数在允许范围内变化时也能满足。

在电网额定频率和额定蒸汽参数时，要将机组顺利地加载到满负荷和卸载到空负荷，同步器的调节范围至少达到如图 1-132 中 a、b 范围。

在额定蒸汽参数时，当电网在允许的高频率和低频率范围内变化时，要将机组顺利地加载到满负荷和卸载到空负荷，同步器的调节范围应扩大到如图 1-132 中 c、e 范围。

同步器的调节范围还要适应蒸汽初、终参数在允许范围内变化的要求。当蒸汽初参数升高、终参数降低时，在同一个阀门开度（也即同一个油动机行程）的条件下，汽轮机的进汽量和整机理想比焓降都将变大，机组功率相应增加，调节系统的静态特性线将上移。如果机组又处于电网允许的低频率下运行，则 c 线将上移至如图 1-132 中虚线 c'所示，机组不能卸载到空负荷。同理，在蒸汽初参数降低、终参数升高以及电网允许的高频率同时出现时，e 线将下移至如图 1-132 中虚线 e' 所示，机组不能加载到满负荷。所以，在同时考虑蒸汽参数和电网频率变化时，同步器的调节范围应扩大到如图 1-132 中 f、d 范围。一般 f 线确定的空负荷转速比额定转速高出 6%～7%n_0，d 线确定的空负荷转速比额定转速低 4%～6%n_0。

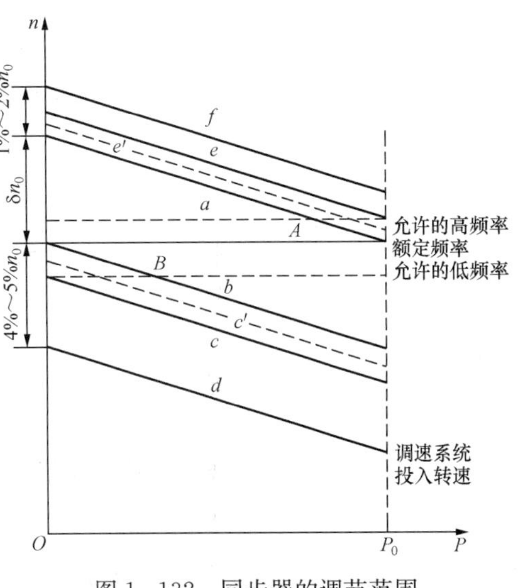

图 1-132　同步器的调节范围

（二）数字电液调节系统的静态特性

调节系统的静态特性反映了转速和功率在稳定工况下的关系，在 DEH 调节系统中，当机组处于稳定工况时，两者的关系可表示为

$$n=-\frac{1}{K}P+\left(n_0+\frac{P^*}{K}\right) \qquad (1-39)$$

式中：P 为发电机功率，MW；K 为频率校正环节的放大倍数，MW・min/r；n、n_0 分别为机组的实际转速、额定转速（3000r/min）；P^* 为给定值形成单元输出的功率给定值，MW。

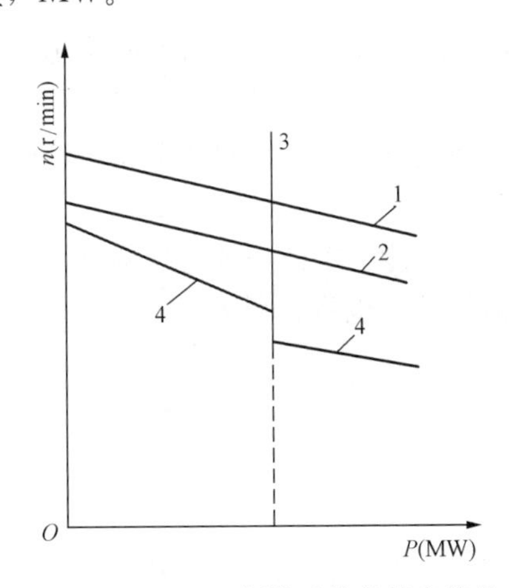

图 1-133　DEH 调节系统的静态特性

图 1-133 就是根据功率特性方程式（1-39）作出的 DEH 调节系统的静态特性曲线，从图中可看出：

（1）由于 DEH 系统采用了转速和功率反馈信号，系统具有功频电液调节的静态特性（曲线 1），且有良好的线性关系。

（2）运行中变更功率给定值 P^*，可使特性曲线平移（曲线 2），从而实现二次调频，保证频率稳定。

（3）转速不灵敏区可根据需要确定，当转速不灵敏区取的足够大时，机组不参与一次调频，其出力只随功率给定值变化（曲线 3），图中为一垂线。

（4）频率校正环节的放大倍数 K 反映了系统的转速变动率，即 $\delta=\frac{1}{K}$，改变 K 可以改变特性曲线的斜率；同时改变 K 和 Δn_1 可以改变特性曲线的斜率和纵切距，从而获得不同的系统特性。

五、调节系统的动态特性

汽轮机调节系统两个稳定状态之间的过渡过程特性称为动态特性。研究调节系统动态特性的目的是：研究调节系统受到扰动后，被调量随时间的变化规律；判别调节系统是否稳定，评定调节系统调节品质以及分析影响动态特性的主要因素，以便提出改善调节系统动态品质的措施。

1. 动态特性指标

对液压调节系统来说，由于转速是被调量以及机组甩全负荷时幅度最大的阶跃扰动信号，因此研究在甩全负荷时机组转速变化的动态特性指标，具有典型的代表意义。

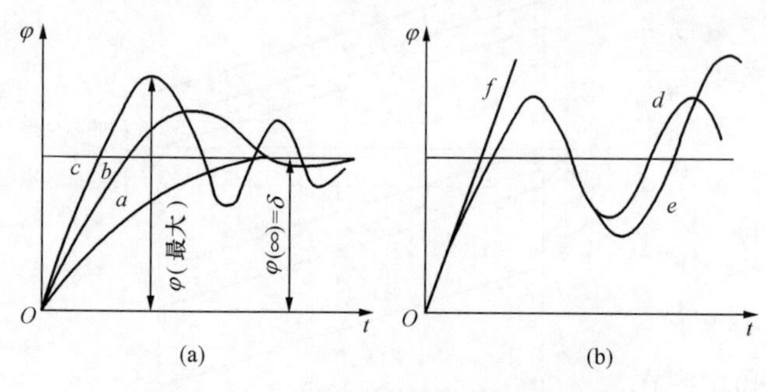

图 1-134 机组甩全负荷时的过渡过程
(a) 稳定过渡过程；(b) 不稳定过渡过程

(1) 稳定性。汽轮机在运行中，当受到扰动离开原来的稳定工况后，能过渡到新的稳定工况，或扰动消失后能回复到原来的稳定工况，则这样的过程被称为稳定过程，能完成这样过程的调节系统称为稳定的调节系统。图 1-134 (a) 所示为三条稳定的过渡曲线，汽轮机转速最终趋近于由静态特性线决定的空负荷转速 n_1。图 1-134 (b) 所示为三条不稳定的过渡曲线，转速或者围绕 n_1 做不衰减的谐振（曲线 d），或者振幅随时间 t 逐渐增大（曲线 e），或者偏离额定转速后便一直扩散开去（曲线 f）。图 1-134 中纵坐标量为转速相对变化值，即 $\varphi=(n-n_0)/n_0$。

调节系统必须是稳定的，但其过渡过程可以是单调的，也可以是衰减振荡的，但明显的振荡次数要少于 3～5 次。

(2) 超调量。图 1-135 所示为机组甩全负荷时稳定的转速过渡过程。如果同步器在额定负荷位置，则机组在额定负荷与额定转速下甩全负荷后，其空负荷稳定工况点对应的稳定转速应为：$n_s=(1+\delta)n_0$。在转速过渡过程中，最大动态转速 n_{max} 与最后的静态稳定转速 n_s 之差 Δn_{max} 被称为转速超调量。甩负荷时的最大动态转速 $n_{max}=(1+\delta)n_0+\Delta n_{max}$。可见，要减小 n_{max}，一方面 δ 不宜选得过大；另一方面要提高调节性能，以减小转速超调量 Δn_{max}。此外，机组在甩全负荷时，若能使同步器快速退向空负荷位置，也将有利于减小最大动态转速 n_{max}。

为保证机组在甩全负荷时不引起停机，最大动态转速 n_{max} 必须低于机械超速遮断装置的动作转速，一般低于 $3\%n_0$。

(3) 过渡过程时间。在汽轮机调节过程中，当被调量与新的稳定值之差 Δ 小于静态特性偏差的 5%时，就可认为系统已达到新的稳定状态。对转速而言，$\Delta=5\%\delta n_0$。调节系统受到扰动后，从原来的稳定状态过渡到新的稳定状态所需要的最短时间称为过渡过程时间。图 1-135 中的 Δt 为机组甩全负荷时的过渡过程时间，一般要求小于 5～50s，过渡过程时间不宜过长。

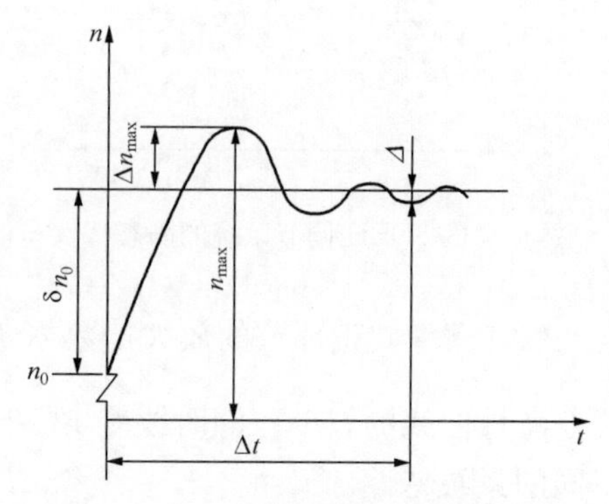

图 1-135 机组甩全负荷时稳定的转速过渡过程

2. 影响动态特性的主要因素

(1) 转子飞升时间常数 T_a。转子飞升时间常数是指转子在额定功率时的蒸汽主力矩 M_{t0} 作用下，转速由零升高到额定转速时所需的时间，即

$$T_a=\frac{I_\rho(\omega_0-0)}{M_{t0}}=\frac{I_\rho\omega_0}{M_{t0}} \tag{1-40}$$

式中：I_ρ 为汽轮发电机组转子转动惯量；ω_0 为额定转速时转子的角速度。

计算分析与试验都表明：T_a 越小，机组甩负荷时转子的最大飞升转速越高，而且加剧过渡过程的振荡。影响转子飞升时间常数的主要因素有汽轮发电机组转子转动惯量 I_ρ 及汽轮机的额定主力矩 M_{t0}。随着汽轮机容量越来越大，M_{t0} 成数倍地增加，但转子的转动惯量 I_ρ 却增加不多，因而 T_a 越来越小，例如，小功率机组 T_a 为 11～14s；高压机组 T_a 为 7～10s；中间再热机组 T_a 仅为 5～8s。所以机组功率越大，超速的可能性也越大，因而甩负荷后控制动态超速的难度也越大。

（2）中间容积时间常数 T_V。从汽轮机的调节汽阀后一直到最末级为止，在蒸汽流过的整个路径内，包括调节汽阀后的蒸汽管道、蒸汽室、通流部分、回热抽汽管道以及再热器与再热管道等，这些被蒸汽占据的容积称为汽轮机的中间容积。中间容积时间常数 T_V 表示中间容积储存蒸汽能力的大小，是指蒸汽在额定流量下，以多变过程充满中间容积并达到额定工况下的密度时所需的时间，即

$$T_V=\frac{V\rho_{v0}}{nG_0}=\frac{V}{nG_V} \tag{1-41}$$

式中：n 为多变指数；V 为中间容积；ρ_{v0}、G_V、G_0 为在额定工况下，中间容积 V 中的蒸汽密度、体积流量与质量流量。

中间容积越大，则中间容积时间常数 T_V 越大，表明中间容积中储存的蒸汽量越多，其做功能力越大。机组甩负荷时，即使调节汽阀迅速关到所要求的位置，但中间容积的蒸汽仍继续流进汽轮机做功，使汽轮机转速额外飞升。所以，中间容积的存在使动态超调量增加，甩负荷时易超速。

（3）转速变动率 δ。图 1-136 所示为转速变动率 δ 对动态过程的影响，根据该图可以看出，δ 大时，动态超调量小，其动态稳定性好。这是由于甩同样负荷，δ 大时，反馈信号强，调节速度快，但其静态偏差大。

（4）油动机时间常数 T_m。图 1-137 所示为油动机时间常数 T_m 对动态过程的影响，根据该图可以看出，油动机时间常数 T_m 越大，则调节汽阀关闭时间越长，调节过程的动态超调量越大，转速过渡过程曲线摆动幅度越大，过渡过程时间越长，因而调节品质越差。但是，对于液压调节系统，T_m 大可削弱油压波动对调节系统的影响。

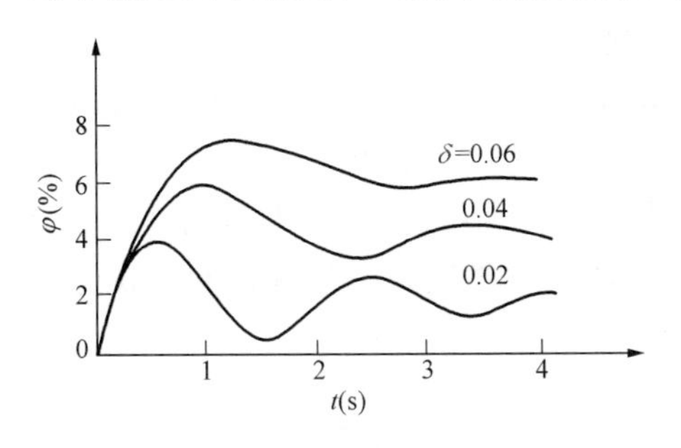

图 1-136　转速变动率 δ 对动态过程的影响

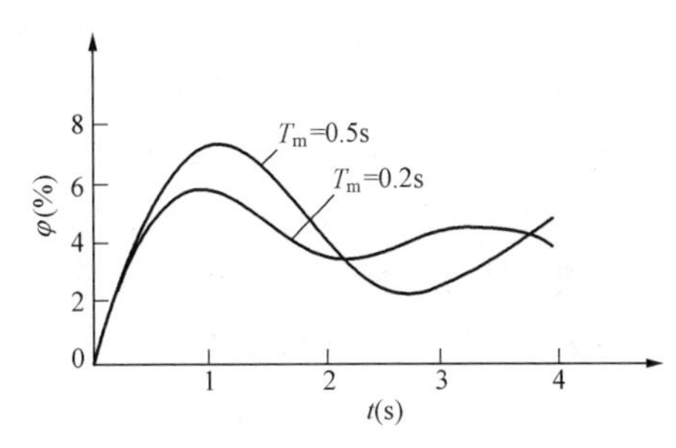

图 1-137　油动机时间常数 T_m 对动态过程的影响

（5）迟缓率。由于迟缓的存在，机组甩负荷时使调节汽阀关闭迟缓，不能及时改变汽轮机的进汽量，动态超调量增大。

3. DEH 调节系统的动态特性

DEH 调节系统具有多种运行方式、多种控制手段和多种控制规律，因而按不同方式运行会有不同的动态特性。

（1）串级 PI 控制下 DEH 调节系统的动态特性。

1）理想情况下调节系统的动态特性。理想情况是指调节系统在无约束全自由状态下的运动规律，它可以作为衡量调节品质的理想尺度。图 1-138 所示为该情况下机组甩额定负荷时调节系统的过渡过程，此时机组脱离了电网而单机运行。

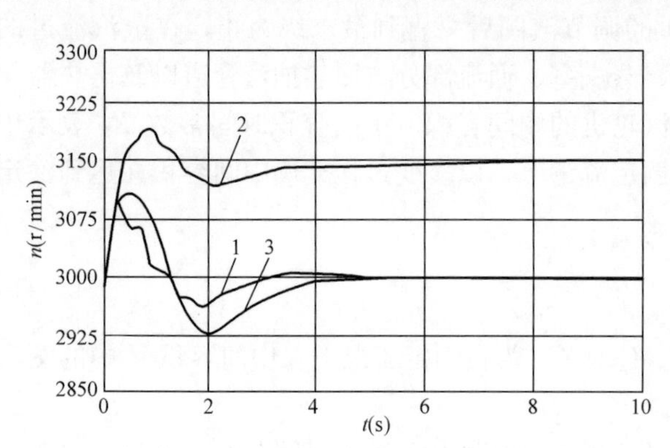

图 1-138 理想情况下机组甩额定负荷时调节系统转速的过渡过程

图 1-138 中曲线 1 和曲线 2 对比，表示甩负荷后中压调节汽阀关闭，中间再热环节对机组超速不再构成影响，只是由于曲线 2 是在功率给定不切除情况下进行的，结果，系统动态品质变坏，稳态时转速偏差 δn_0，即 150r/min。曲线 1 和 3 对比，两种情况甩负荷时功率给定均切除，仅中间再热容积影响的差别，结果曲线 3 的动态品质下降，但稳态时无转速偏差。

2）有约束情况下调节系统的动态特性。有约束条件下调节系统的动态特性是实际系统的动态特性，在该情况下，系统的运动受到油动机行程和蒸汽参数变化实际情况的约束。图 1-139 所示为机组甩额定负荷时约束对动态特性的影响，图中曲线 1 表示无约束情况，曲线 2 表示有约束情况。在有约束情况下，转速的振幅增大，油动机的振荡强烈，系统的动态品质全面下降，表明实际情况下的系统动态特性不及理想情况。

（2）机组并网运行时调节系统的动态特性。大多数情况下，机组处于并网运行工况，此时 DEH 既受机组自身的影响，又受电网中其他机组的影响，其动态特性与单机运行有很大的区别。这种情况对机组有利的是电网负荷的变化，一方面体现为电网自平衡能力的抑制（表现为电压下降），另一方面是分摊到网内各台机组以后，对一台机组的影响相对较小；不利的是若本机容量较大，即占电网百分比较大时，则所受影响较大。

DEH 调节系统若采用不同的 PI 运行方式，其动态特性将不同。图 1-140 给出了电网负荷变化 2%时，三种运行方式的转速过渡过程，图中曲线 1、2 和 3 分别表示串级 PI、单级 PI1 和单级 PI2 控制的情况。从图 1-140 中可看出，由于串级控制有双内回路的快速响应作用，其动态特性全面优于单级 PI 控制方式，当过渡过程结束时，三种控制方式的转速都回到电网对应的转速，即机组处于稳定的空载状态。

综合上述分析，可得下述重要结论：

1）DEH 系统在串级 PI 方式运行时动态品质最好，应作为基本运行方式。

2）为避免反调，机组甩负荷时功率给定必须切除，此时机组能稳定在给定转速上，有利于重新并网。

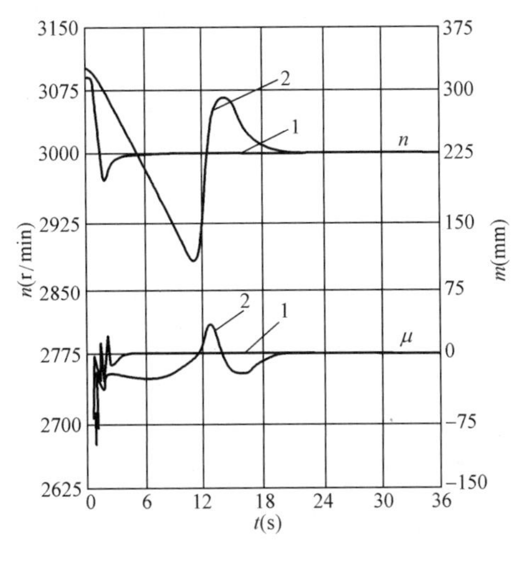

图 1 - 139　机组甩额定负荷时约束对动态特性的影响

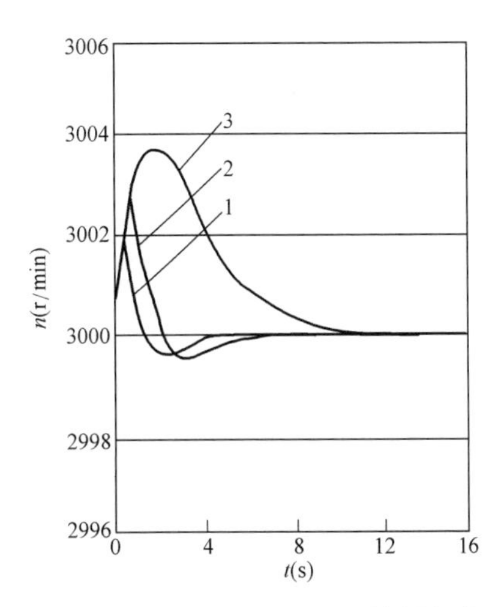

图 1 - 140　并网运行时三种控制方式转速的过渡过程

3）中间再热容积对机组转速的影响很大，机组甩负荷时，除立即关闭高压汽阀外，同时关闭中压汽阀也至关重要。

六、汽轮机的保护系统

（一）汽轮机的保护系统简介

为确保汽轮机的安全运行，尤其是现代高参数大容量汽轮机，防止某些参数严重超标可能酿成重大事故的发生，除要求汽轮机调节系统运行安全可靠外，汽轮机还必须设有相应的保护系统。

图 1 - 141 所示为汽轮机保护系统原理图。在汽轮机的保护系统中：①设有超速保护控制系统（OPC），使高压调节汽阀及中压调节汽阀暂时关闭，减小汽轮机进汽量及功率，但不能使汽轮机停机；②设有自动停机危急遮断系统（AST）。自动停机危急遮断系统的控制由电气危急遮断控制系统（ETS）和机械超速与手动遮断停机等两个层次组成。在机组运行中，当发生异常情况时，关闭所有进汽阀，立即停机，以防部分设备失常造成机组严重损坏。因此，机组设有相应的自动停机危急遮断油路（AST 油路）和超速保护控制油路（OPC 油路）。OPC 油路仅控制高、中压调节汽阀；AST 油路除控制高、中压主汽阀外，还通过 OPC 油路控制高、中压调节汽阀。

汽轮机在带负荷正常运行时，高压主汽阀、中压主汽阀分别在控制油压 p_{CH}、p_{CI} 作用下处于全开位置；高压调节汽阀、中压调节汽阀分别在调节油压 p_{XH}、p_{XI} 作用下处于某一相应位置。

汽轮机在运行时，电气危急遮断保护系统对汽轮机安全运行主要参数（转速、轴向位移等）进行连续监视，当被监视的参数超过规定界限时，发出危急遮断停机信号，使自动停机危急遮断电磁阀（AST）动作，导致危急遮断油压 p_{E2} 快速下跌。随后，一方面通过快速卸荷阀 A1、A2 泄放高、中压主汽阀控制油，控制油压 p_{CH}、p_{CI} 相继快速跌落，使高、中压主汽阀快速关闭；另一方面，通过止回阀 D1 泄放 OPC 控制油，使 p_{E3} 快速下跌，通过快速卸荷阀 B1、B2 泄放高、中压调节汽阀控制油，控制油压 p_{XH}、p_{XI} 快速下跌，使高、中压调

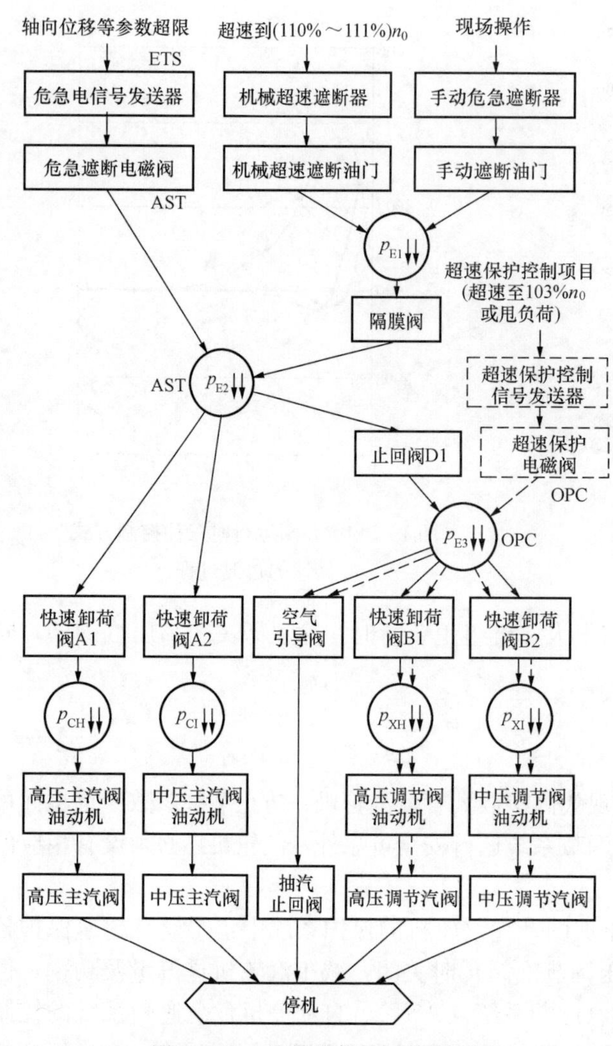

图 1-141 汽轮机保护系统原理

p_{E1}—机械超速与手动遮断油压；p_{E2}—危急遮断油压；p_{E3}—OPC控制油压；p_{CH}—高压主汽阀控制油压；p_{CI}—中压主汽阀控制油压；p_{XH}—高压调节汽阀调节油压；p_{XI}—中压调节汽阀调节油压

节汽阀快速关闭。高、中压主汽阀与高、中压调节汽阀快速关闭，切断了汽轮机的进汽，迫使汽轮机停机。

当机械超速和手动遮断动作时，机械超速和手动遮断母管的遮断油泄压，并可通过隔膜阀使自动停机危急遮断（AST）油路泄油，从而使所有进汽阀关闭，机组停机。

当机组超速到 103%n_0 或全甩负荷时产生的超速保护控制信号将引起超速保护电磁阀动作，泄放 OPC 控制油，引起 p_{E3} 下跌，继而使高、中压调节汽阀关闭，延时一段时间后，超速保护电磁阀复位，OPC 控制油压重新建立，高、中压调节汽阀逐渐开至应处的位置。值得注意的是，由于止回阀 D1 只具有单向导通作用，所以 OPC 控制油压下跌时不会引起危急遮断油压 p_{E2} 下跌，因此也就不会引起高、中压主汽阀关闭。

此外，在危急遮断系统或超速保护控制项目动作后引起高、中压调节汽阀的关闭，汽轮机进汽量迅速降至零，各抽汽口的压力快速下跌，但由于抽汽管道容积的存在，会使短时间内回热加热器中的压力高于抽汽口的压力，导致回热加热器内的蒸汽倒流入汽轮机。为避免这种情况的发生，当危急遮断保护系统或超速保护控制项目动作而引起 OPC 控制油压 p_{E3} 下跌时，空气引导阀相继动作，泄放抽汽止回阀上的压缩空气，使抽汽止回阀在其弹簧力作用下快速关闭。

（二）汽轮机的超速保护控制系统（OPC）

机组超速保护控制系统是为保证电网稳定，避免机组因超速停机而重新启动，节约时间，减少损失，对高、中压调节汽阀实施的控制措施。

超速保护控制功能体现在操作盘上是一个钥匙开关，它具有“试验”、“投入”、“切除”三挡，机组正常运行时，超速保护功能投入，钥匙开关置于“投入”位置，通过超速保护控制器实现以下三个方面的功能：负荷部分下跌，中压调节汽阀快速关闭功能（CIV）；负荷下跌预测功能（LDA）；机组超速控制功能（OPC）。OPC 钥匙开关和一些逻辑门共同实现系统的超速保护控制。

1. 负荷部分下跌、快关中压调节汽阀功能（CIV）

机组正常运行时，汽轮机功率与发电机功率平衡，中压调节汽阀禁止关闭。当发电机负荷下跌，汽轮机功率超过发电机功率的某一预定值，且既不是相关变送器故障，也不是外部请求关闭中压调节汽阀（Ⅳ）时，汽轮机的超速保护控制逻辑使 CIV 功能触发器置位，中压调节汽阀在 0.15s 内迅速关闭。如果此时发电机的励磁电路是闭合的，表明机组只是甩去一部分负荷，关闭中压调节汽阀使汽轮机功率减小，用以适应外部负荷的下降。在中压调节汽阀关闭一定时间后（可在 0.3～1s 内调整），中压调节汽阀重新打开，CIV 功能触发器复位。快速关闭阀门功能只能自动执行一次，当动作一次，系统恢复正常，使汽轮机的功率与发电机的功率信号平衡后，“快速关闭中压调节汽阀”功能才重新被“使能”，在出现下一次部分甩负荷时再动作。若中压调节汽阀一次快关后再开启时，汽轮机的功率与发电机功率的差异仍超过某一预定值，则运行人员只有手按操作盘上中压调节汽阀快关功能（CIV）键，才能使中压调节汽阀再动作一次。中压调节汽阀暂时性的关闭可减小中低压缸的出力以适应外界甩负荷的要求。该功能特别适用于电网的短期故障，保证发电机仍可以在线继续运行，从而保证电网的稳定。

值得注意的是，CIV 功能触发器复位信号能保持 10s。它意味着在这 10s 内，将不能实现 CIV 功能，无论是运行人员手按操作盘上 CIV 键，还是 CIV 功能重新被“使能”后，再次负荷部分下跌请求快关中压调节汽阀。

2. 负荷下跌预测功能（LDA）

该功能基于负荷大幅度下跌（如全甩负荷）情况下的一种保护措施，目的是为了避免机组超速过大，引起危急遮断系统动作而停机，保持空载运行以便能很快实现同步并网，缩短机组重新启动的时间。该功能在以下条件发生时起作用：

（1）发电机励磁电路断开且汽轮机功率大于 30%额定功率。

（2）发电机励磁电路断开且再热器压力出现低限故障。

当上述两个条件中的任何一个出现时，即可判断机组处于全部甩负荷状态。此时，汽轮机的超速保护控制逻辑发出请求，关闭高、中压调节汽阀，机组自动转入转速控制方式。当励磁断开一段时间后（1～10s），确信转速已小于 103%n_0 时，该功能复位，OPC 电磁阀断电，EH 系统重新建立 OPC 控制总管油压，中压调节汽阀重新被打开，高压调节汽阀重受 DEH 的控制，把机组转速控制在额定转速附近。

3. 机组超速控制功能（OPC）

机组无论是转速控制阶段还是负荷控制阶段，只要确信转速等于或超过 103%n_0，而且处于非 OPC 测试时，汽轮机的超速保护控制逻辑系统都要输出控制信号，快速关闭高压和中压调节汽阀。

4. 超速保护控制系统功能的区别与联系

（1）LDA 和 OPC 属于超速保护控制的范畴，前者是在机组甩去全负荷从电网解列后，转速可能还没有来得及反应就先由电气信号动作，关闭调节汽阀，是一种预防转速升高的措施；后者则是在转速已经升高了 3%n_0，在达到机械超速保护动作之前，由电气信号动作保护系统，关闭调节汽阀，是一种补救转速升高的措施。

（2）CIV 是为了维护电力系统的稳定而在汽轮机上采取的措施。它与 LDA 的最大差别就是，LDA 动作时机组已从电网解列，CIV 动作时电负荷通常并未降到零，而且发电机未解列。

（3）CIV、LDA 和 OPC 都是在汽轮机并未跳闸的情况下，只关闭调节汽阀且关闭一定时间后再开启，而不关闭主汽阀。但 CIV 动作时只关闭中压调节汽阀，而 LDA 和 OPC 动作时同时关闭高、中压调节汽阀。

（4）LDA 和 CIV 动作时都有汽轮机功率与发电机功率不平衡的问题，LDA 关心的是这个不平衡将使汽轮机超速；而 CIV 关心的是这个不平衡会使发电机产生同期振荡。假如负荷降到了零而发电机未解列，CIV 动作的结果起到了防止超速的作用，LDA 则不会动作。

此外，为了调整校验机械超速危急遮断装置，在操作盘上设置钥匙开关的“切除”挡。当 OPC 开关置于此挡时，以上所述的 OPC 功能将被切除，允许机组做超速试验。

为了检验 OPC 超速控制功能是否真正激励 OPC 电磁阀，还设有 OPC 测试功能，在 EH 油压建立以后，机组处于速度控制阶段，将盘上 OPC 开关置于“试验”挡时，中压调节汽阀和高压调节汽阀应迅速关下。

（三）汽轮机的电气危急遮断控制系统（ETS）

汽轮机电气危急遮断系统用来监督对机组安全有重大影响的某些参数，当这些参数超过安全限定值时，通过该系统去关闭汽轮机的高、中压主汽阀和高、中压调节汽阀，使汽轮机停止运行。

现代机组设置电气危急遮断项目一般有以下几种（各种保护的动作值为引进型 300MW 机组的，不同的机组保护动作值各不相同）：

（1）电气超速保护。转速达到 $110\% n_0$（3300r/min）时遮断机组。

（2）轴向位移保护。以轴向位移的定位点 3.56mm 为基准，机头方向超过 2.54mm 或发电机方向超过 4.57mm 时遮断机组。

（3）轴承供油低油压和回油高油温保护。轴承供油油压低到 34.47～48.26kPa 时遮断机组；当轴承回油温度高于 70～75℃时遮断机组。

（4）抗燃油低油压保护。EH 油压低到 9.31MPa 时遮断机组。

（5）凝汽器低真空保护。汽轮机的排汽压力高于 20.33kPa（a）时遮断机组。为防止排汽压力过高，凝汽器的低真空保护采用了双重保护。除了电气危急遮断系统作为一级保护外，还有相应的机械保护作为二级保护。它是基于电气危急遮断保护系统失灵，而排汽压力又过高的情况下采用的上一级保护系统。其措施就是在排汽缸处装设排大气阀。排大气阀安装在低压缸缸盖上，一般在排汽压力达到 34.47～48.28kPa 时自行破裂。

（6）外部信号的遥控遮断保护。

上述前五项保护功能是由各自通道接受遮断控制继电器或逻辑开关触点信号直接引发 ETS 保护动作的。而第六项所包含的保护内容，则由用户根据机组各系统的连锁保护来确定，通常包含以下保护项目：汽轮机手动停机、主燃料跳闸（MFT）、锅炉手动停炉、发电机跳闸、高压缸排汽压力高限、汽轮机振动大、DEH 直流电源故障。“手动停机”和“手动停炉”信号由操作员在运行操作台上手动提供，以上其他信号源自各个保护系统。它们通过外部继电器信号组合后送入 ETS 的遥控接口即用户要求的遥控遮断保护信号接入，它们当中的任何一个参数超越极限值，就将驱使 ETS 送出紧急停机跳闸指令，关闭汽轮机的所有进汽阀门，迫使汽轮机紧急跳闸。

(四) 机械超速危急遮断系统

在汽轮机的保护系统中，对转速的保护是多重的。DEH 系统与常规液压调节系统中的超速遮断保护基本相同，除电气超速遮断系统外，在机组转速升高到（1.10～1.12）n_0 时，还可通过机械超速危急遮断系统而实现停机。

1. 液压调节系统中的机械超速危急遮断系统

液压调节系统中的机械超速危急遮断系统主要由危急遮断器和危急遮断油门组成。

(1) 危急遮断器的工作原理。危急遮断器是机械超速危急遮断系统的转速感受机构，按其结构特点分为飞锤式和飞环式两种，两者的工作原理相同，均属于不稳定调节器，工作时飞锤（或飞环）只能从一个极限位置移动到另一个极限位置。危急遮断器装在用联轴器和汽轮机主轴连为一体的短轴上。

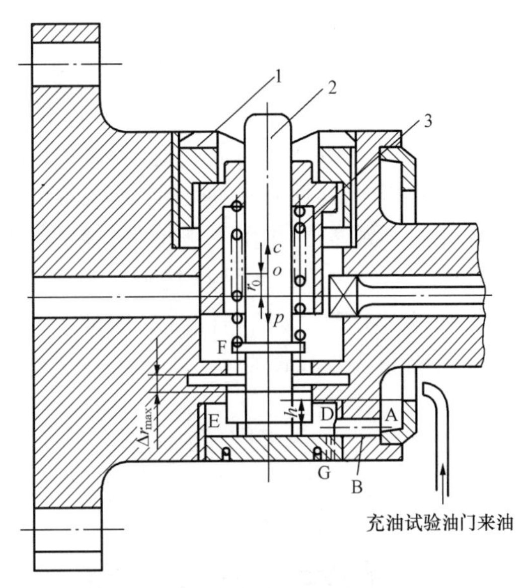

图 1-142　飞锤式危急遮断器结构
1—调整螺母；2—飞锤；3—压弹簧

图 1-142 所示为飞锤式危急遮断器结构。它主要由调整螺母、飞锤、压弹簧等部分组成。飞锤与汽轮机转轴垂直，且飞锤的重心与旋转中心存在偏心距 r_0。这样，当汽轮机转动时，飞锤便产生离心力。在汽轮机转速较低时，离心力小于弹簧力，飞锤被弹簧力压在图 1-142 中所示的位置不动。随着转速的升高，飞锤产生的离心力不断增大，一旦转速升高到使飞锤的离心力大于弹簧的约束力时，飞锤便向外飞出，此时的转速为危急遮断器的出击转速。飞锤出击后，偏心距增大，离心力随之增大，同时弹簧的压缩量增加，因此弹簧力也随之增大，但是离心力的增大速度大于弹簧力的增大速度，所以，飞锤一经出击，就一直运动到被限制为止（碰到凸肩 F）。危急遮断器的这种性质称为静不稳定，这种静不稳定的结构可以保证飞锤在一定转速下准确地出击。飞锤迅猛出击，通过传动机构，打开危急遮断滑阀，使危急遮断滑阀动作，泄去危急遮断油（安全油）和调节汽阀控制油（二次油），关闭所有汽阀，紧急停机。

切断汽源后，汽轮机转速开始下降，随之飞锤离心力不断减小。当转速降到使飞锤离心力小于弹簧约束力时，飞锤开始回复，随着飞锤回复，偏心距减小，离心力和弹簧力同时减小，但离心力的减小速度大于弹簧力的减小速度，弹簧力超出离心力部分不断增大，所以飞锤一旦回复便一直运动到原来位置。飞锤回复时的转速称为危急遮断器的复位转速。

当飞锤出击时，飞锤离心力 $F_c=mr_0(\pi n_1/30)^2$ 与弹簧约束力 $F_s=kz_0$ 相平衡，则危急遮断器的出击转速 n_1 为

$$n_1=\frac{30}{\pi}\sqrt{\frac{kz_0}{r_0 m}} \tag{1-42}$$

式中：k 为弹簧刚度；z_0 为弹簧预压缩量；m 为飞锤质量；r_0 为飞锤的初始偏心距。

当飞锤回复时，飞锤离心力 $F'_c=m(r_0+\Delta r_{max})(\pi n_2/30)^2$ 与弹簧约束力 $F'_s=k(z_0+\Delta r_{max})$ 相平衡，则危急遮断器的回复转速 n_2 为

$$n_2=\frac{30}{\pi}\sqrt{\frac{k(z_0+\Delta r_{max})}{m(r_0+\Delta r_{max})}} \tag{1-43}$$

式中：Δr_{max}为飞锤出击的完全行程。

图 1-143 是飞环式危急遮断器结构。套在短轴上的飞环，其重心与轴旋转中心存在偏心距，当汽轮机转速升高到出击转速时，飞环出击。

（2）危急遮断滑阀。图 1-144 是危急遮断滑阀结构。它主要由挂钩、活塞、壳体、压弹簧、扭弹簧组成。在正常运行时，活塞被挂钩顶在图 1-144 中所示的下限位置。此时，二次油接通 C 室，安全油接通 D 室，各室的所有泄油通路皆被活塞切断。当危急遮断器动作时，撞击子打击在挂钩上，使挂钩逆时针方向旋转而脱钩，活塞在下部压弹簧的作用下被抬起，使 D 室与下部回油接通，C 室与 B 室回路接通，使危急遮断油（安全油）和调节汽阀控制油（二次油）同时泄掉，自动主汽阀和调节汽阀关闭。

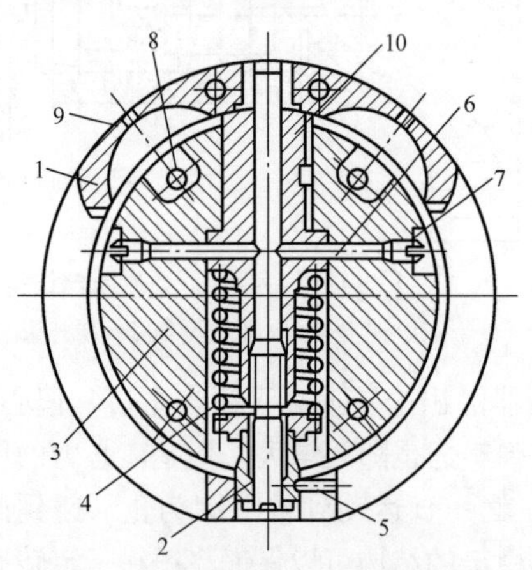

图 1-143　飞环式危急遮断器结构

1—飞环；2—调整螺母；3—主轴；4—弹簧；5—螺钉；6—圆柱销；7—螺钉；8—孔口；9—泄油孔口；10—套筒

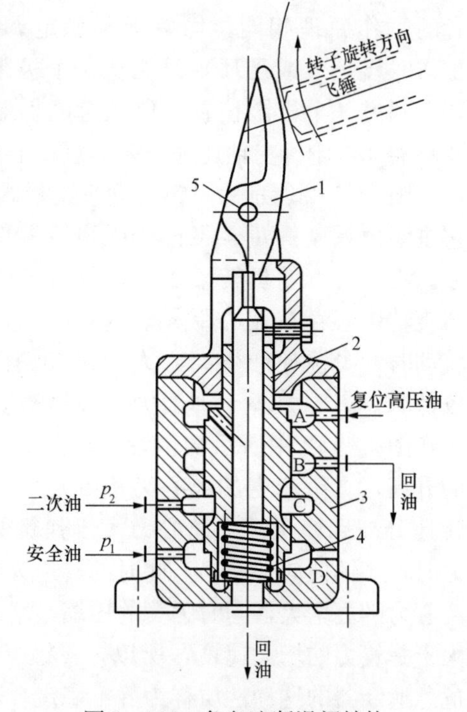

图 1-144　危急遮断滑阀结构

1—挂钩；2—活塞；3—壳体；4—压弹簧；5—扭弹簧

若欲将危急遮断滑阀复位，可操作启动阀（挂闸按钮），使高压复位油进入 A 室，活塞在复位油压作用下下移，挂钩借扭弹簧的作用顺时针转回原位，顶住活塞，复位后便可将复位油切除。

2. DEH 系统中的机械超速危急遮断系统

DEH 系统中的机械超速危急遮断系统与液压调节系统中的机械超速危急遮断系统基本相同，其工作原理如图 1-145 所示。

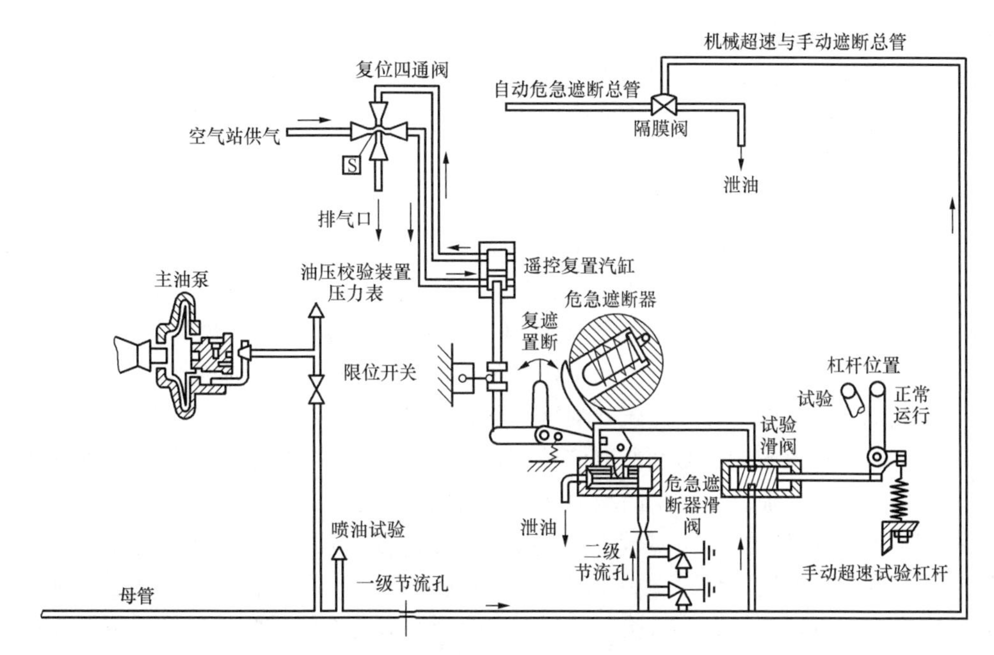

图 1-145　DEH 系统中的机械超速危急遮断系统工作原理

机械超速危急遮断系统的油系统，与电超速系统（ETS）互为独立，采用的是与润滑油主油泵相连接的油系统。当机组正常运行时，机械超速遮断母管中的压力油来自主油泵的出口。该压力油经一级节流后分两路进入危急遮断滑阀，其中一路经二级节流后，作用在危急遮断滑阀右侧端面并使之紧压在阀座上，把滑阀的泄油口关闭；另一路只经一级节流，引入超速保护试验滑阀，再进入危急遮断滑阀左侧。由于危急遮断滑阀左侧的面积小于右侧的面积，因此油压的作用力把滑阀推向左侧，使蝶阀紧压在阀座上，堵住了泄油孔，则机械超速遮断母管中的油压等于主油泵出口的油压，遮断系统处于等待备用状态。当转速达到危急遮断器飞锤的出击转速（1.10～1.12）n_0 时，出击的飞锤作用在遮断碰钩上，使碰钩围绕其短轴旋转，带动危急遮断滑阀向右运动，蝶阀随之离开阀座并泄油，导致机械超速遮断母管中的油压降低，通过隔膜阀的作用，使自动危急遮断油管泄油，油压下降，从而使汽轮机紧急停机。

在机械超速保护系统的油管路上，设置了一级节流孔，当机械超速危急遮断装置动作时，会在瞬间使危急遮断油路泄油失压。由于一级节流孔的存在，此时流入该油路的压力油不足以使主油泵供油管路快速泄油失压；另一方面，流过一级节流孔的油量很少，因而也不会造成主油泵出口油压和油量的过大变化，以维持其他用油部件的正常供油量和油压。

由于遮断碰钩转动时可使曲臂脱钩，曲臂受弹簧拉力的作用而向下转动，因此，当飞锤复位以后，若要重新建立危急遮断油压，运行人员必须复位挂闸，使曲臂转动并重新返回到挂钩位置，此时，危急遮断滑阀才能在油压的作用下向左移动，使蝶阀重新压在阀座上并建立机械超速危急遮断油压，继续行使机械超速危急遮断系统的遮断保护功能。

汽轮机除了自动超速遮断机构外，还配置有手动遮断与手动复位，它们均装在机组的前轴承箱前面，属于就地操作机构。在控制室遥控复位四通阀可进行复位操作。

机械超速保护装置可做手动遮断试验、喷油试验、超速试验。

（五）汽轮机自动保护系统的液压执行机构

汽轮机自动保护系统，是超速保护控制系统（OPC）、电气危急遮断控制系统（ETS）和机械超速危急遮断系统的总称，它的液压构件称为保护系统的执行机构，用于关闭汽阀并防止超速或遮断汽轮机。

1. 超速保护和危急遮断组合机构

超速保护和危急遮断组合机构，统称为控制块，布置在汽轮机前轴承箱的右侧，其主要由2个OPC电磁阀、4个AST电磁阀和2个止回阀组成，如图1-120所示。

(1) 超速保护电磁阀（20/OPC，2个）。超速保护电磁阀由DEH控制器的OPC系统所控制，机组正常运行时，该阀是关闭的，切断了OPC控制油总管的泄油通道，使高压和中压调节汽阀油动机活塞的下腔室能建立油压，起正常调节作用。当OPC系统动作，如转速达到103%n_0时，该电磁阀被激励通道信号所打开，使OPC控制油总管泄去OPC控制油，快速卸荷阀随之打开并泄去油动机的动力油，从而使高、中压调节汽阀关闭。

2个OPC电磁阀并联布置，①即使一路拒动，另一路仍可动作，即可使超速保护控制油路（OPC）泄放，使高压调节汽阀和中压调节汽阀关闭，以确保超速保护控制的可靠性和机组的安全；②可以进行在线试验，即当对1个回路进行在线试验时，另一路仍具有连续保护功能，以避免超速保护控制系统失控。

OPC电磁阀只对DEH控制器来的信号产生响应。例如，机组负荷下跌，引起机组突然升速，或其他原因使机组超速达到103%n_0时，由DEH控制器对OPC电磁阀发出指令，通过快速卸荷阀，把高、中压调节汽阀油动机内的控制油泄去，从而关闭调节汽阀，防止继续超速而引起AST电磁阀的动作。与此同时，止回阀的逆止作用，保证AST遮断总管不会泄油，使各主汽阀仍保持在全开状态。在各调节汽阀关闭后，何时重新开启，是由DEH控制器根据故障分析结果，然后发出指令来进行。随着机组转速下降到103%n_0以下时，DEH控制器重新发出指令关闭OPC电磁阀，OPC控制油总管建立油压，调节汽阀才能恢复控制任务。

(2) 危急遮断电磁阀（20/AST，4个）。如图1-120所示，危急遮断电磁阀受ETS系统所控制。机组正常运行时，它们也是关闭的，切断了自动停机危急遮断总管上高压油的泄油通道，使所有主汽阀和调节汽阀油动机的下腔室能建立油压，行使正常控制任务。当该电磁阀被保护项目中相应参数的越限信号所激励而打开时，使危急遮断总管迅速泄油，通过快速卸荷阀，关闭所有的主汽阀和调节汽阀，实行紧急停机。

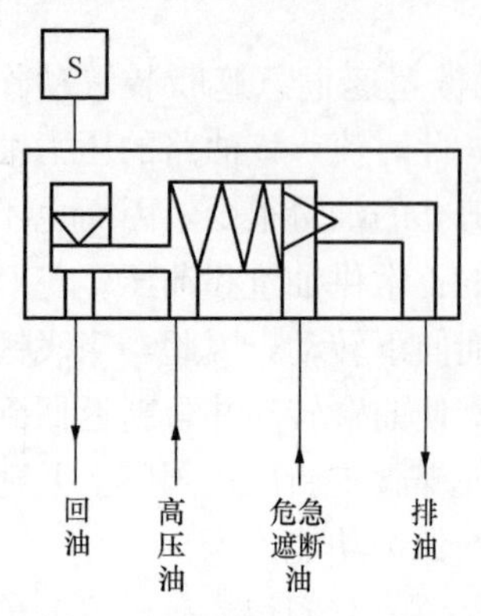

图1-146 AST电磁阀结构示意

1) 危急遮断电磁阀的工作原理。由图1-120可知，4个危急遮断电磁阀构造相同，如图1-146所示，它们均为二级阀，其中第一级阀由电磁铁控制，电磁铁由ETS控制。当机组正常运行时，AST电磁阀的线圈是通电的，该阀左侧中垂位置的一级阀小室的泄油孔被电磁力所关闭，在该室内建立油压，该油压和弹簧使水平位置的二级阀关闭，与油动机控制油相连通的ETS危急遮断总管上的遮断油，由ETS控制逻辑总系统中的各种遮断项目信号所保持，机组处于正常的工作状态。当ETS系统中的任一遮断项目处于遮断水平时，ETS控制逻辑总系统中的相应遮断控制继电器触点把电路断开，结果，AST电磁阀失电，一级阀的泄油口被打开，控制小室的油压很快下降，使与该室连通的二级阀端面上的作用力减小，于是，另一侧的危急遮断油压使二级阀向左运动并开启，泄去危急遮断油总管中的遮断油，快速卸荷阀也因危急遮断油压的下降而将油动机下腔室内的控制油泄去，并从而关闭所有的汽阀和抽汽止回阀，实行紧急停机。

OPC和AST电磁阀结构相同，仅有的区别是：OPC电磁阀是由内部供油所控制，AST电磁阀则由高压油路外部供油所控制。

2）AST电磁阀的连接方式。自动停机电气危急遮断系统（ETS），可以认为是OPC的上一层保护，因为此时要涉及停机，所以要求更加可靠和准确地工作，为此，AST电磁阀采用串联和并联混合连接系统。该连接的特点是：

a. 电磁阀（20-1）/AST和（20-3）/AST为并联，组成通道1；电磁阀（20-2）/AST和（20-4）/AST为并联，组成通道2，通道1和通道2为串联，即AST电磁阀采用串联和并联混合连接系统。

b. 任一通道中的任何一个电磁阀动作，将使该通道处于泄放状态。但是，只有两个通道均处于泄放状态的情况下，才能泄去危急遮断油总管中的遮断油，实现停机。所以，任何一个电磁阀误动作，都不会引起错误停机。

c. 并联通道中，任何一个奇数号电磁阀[（20-1）/AST和（20-3）/AST]和任何一个偶数号电磁阀[（20-2）/AST和（20-4）/AST]动作，系统都可以顺序或交叉动作并停机。这不仅确保系统的动作可靠，而且当任何一个电磁阀不动作或做在线试验时，系统仍然具有保护功能。换言之，该系统只有在一对奇数号或偶数号电磁阀都不起作用的双重故障下，保护系统才会失效。

（3）止回阀（2个）。2个止回阀分别安装在自动停机AST危急遮断油路和OPC超速保护控制油路之间。当OPC电磁阀动作、AST电磁阀不动作时，止回阀维持AST油路的油压，使高、中压主汽阀保持全开，待转速降低到103%n_0以下时，OPC电磁阀关闭，高、中压调节汽阀重新打开，继续行使控制转速的任务。当AST电磁阀动作、OPC电磁阀不动作时，AST油路的油压下降，OPC油路通过2个止回阀，其油压也下降，关闭所有的进汽阀和抽汽止回阀，实现停机。

2. 隔膜阀

该阀装在前轴承箱的侧面，如图1-147所示，用于机械超速危急遮断系统与ETS系统的动作联系，其作用是机械超速危急遮断系统动作、机械超速和手动遮断总管的油压下降时，泄去危急遮断油总管上的危急遮断油，遮断汽轮机。同时，保证润滑油和抗燃油彼此互不接触。

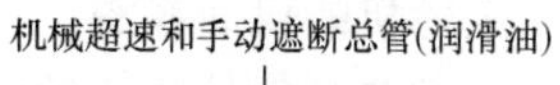

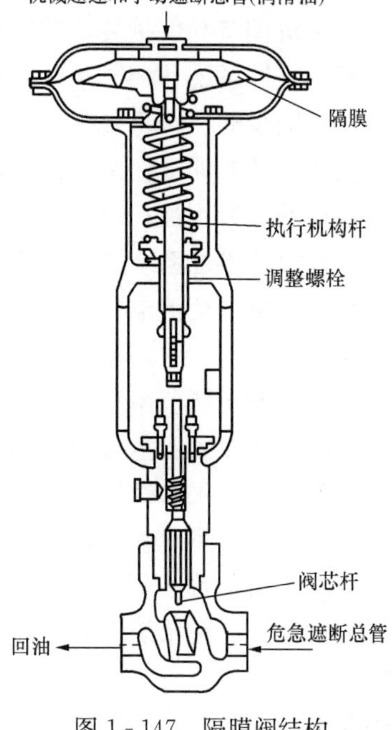

图1-147　隔膜阀结构

当汽轮机正常运行时，机械超速和手动危急遮断系统的汽轮机油通入隔膜阀的上部腔室中，其作用力大于下部腔室压弹簧的约束力，使隔膜阀处于关闭位置，切断危急遮断油总管通向回油的通道，使调节系统能正常工作。只有当机械超速危急遮断系统或手动遮断、手动超速试验杠杆分别动作或同时动作时，通过危急遮断滑阀泄油，可使该范围内的机械超速和危急遮断油油压局部下降或消失，压弹簧打开隔膜阀，泄去危急遮断总管上的危急遮断油，通过快速卸荷阀，快速关闭所有的进汽阀和抽汽止回阀，实行紧急停机。

3. 空气引导阀

空气引导阀安装在汽轮机前轴承座旁边，该阀用于控制供给气动抽汽止回阀的压缩空气。如图1-148所示，该阀由一个油缸和一个带弹簧的青铜阀体组成，附在阀杆上的弹簧提供了关闭阀门所需的力。

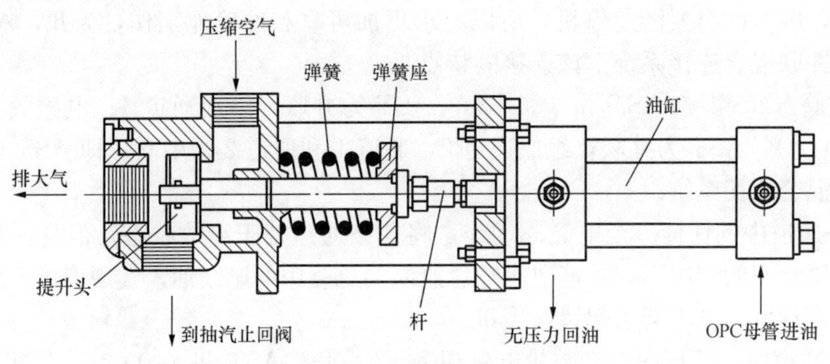

图1-148 空气引导阀结构

当OPC控制油总管有压力时，油缸活塞往外伸出，空气引导阀的提升头便封住了排大气的孔口，使压缩空气通过此阀进入抽汽止回阀的通道；当OPC总管无压力时，该阀由于弹簧力的作用而关闭，封住压缩空气的通路，并截留到抽汽止回阀去的管道中的压缩空气经过排大气的阀孔口排放，这使得抽汽止回阀快速关闭。

七、汽轮机的供油系统

汽轮机调节和保护装置的执行机构以及汽轮机的润滑等都是以油作为工作介质。因此，汽轮机的供油系统和调节系统、保护系统、润滑系统密不可分，成为保证汽轮发电机组正常运行不可缺少的一个重要部分。

供油系统有如下作用：供给调节系统和保护系统的用油；供给轴承润滑用油；供给各运动副机构的润滑用油；向发电机氢密封油系统提供密封油；供给盘车装置和顶轴装置用油。

汽轮机的供油系统必须在任何情况下，即不论在机组正常运行，还是在启动、停机、事故，甚至当电厂交流电源断电时，都应能确保供油；否则，供油中断将会引起汽轮发电机组的重大事故。

汽轮机液压调节系统的调节保护装置所用高压油以及润滑系统用油均采用汽轮机油。随着机组向高参数大容量方向的不断发展，汽轮机进汽阀所需的提升力越来越大。同时，为了提高调节系统的工作性能，增加它的可靠性和灵敏度，减小油动机尺寸及时间常数，减少耗油量，改善调节系统动态特性，则必须提高调节与保护系统高压油的油压，而汽轮机的润滑油压变化不大，致使两者的油压差进一步加大，若两者采用同一个供油系统时，必然按高油压值进行设计，在系统中必须设置必要的节流元件才能满足润滑油压的要求，供油系统能耗增加；油压的提高可能会引起更多的油泄漏，增加了发生火灾的危险。这就要求汽轮发电机组的润滑用油和调节保护用油必须分成两个互为独立的系统，前者采用汽轮机油，后者采用高压抗燃油。一般抗燃油具有500℃以上的闪点，虽然漏油接触高温部件不会引起火灾，但它价格昂贵并对人体健康有一定影响，不宜在润滑油系统等其他有一定开放性的油系统中使用，故采用独立的、封闭的抗燃油供油系统。大多数采用数字电液调节系统的高参数大容量机组都应用了这种供油系统。因此，汽轮机的供油系统按工作介质可分为高压油采用汽轮机油的供油系统和高压油采用抗燃油的供油系统。

（一）高压油采用抗燃油的供油系统

大多数采用数字电液调节系统的现代大型汽轮发电机组的润滑用油和氢密封用油采用汽轮机油的供油系统，而调节保护用油采用独立的、封闭的抗燃油供油系统。

1. 润滑油系统

机组的润滑油系统采用汽轮机油。系统除为全部汽轮发电机组轴系的支承轴承、推力轴承和盘车装置提供润滑油外，还为发电机氢密封油系统提供高压和低压密封油，同时为机械超速危急遮断系统提供压力油。

采用汽轮机油的润滑油系统如图1-149所示。系统主要由润滑油主油箱、主油泵、交流电动辅助油泵、注油器、冷油器、直流事故油泵、顶轴装置、油烟分离装置和净油装置等组成。

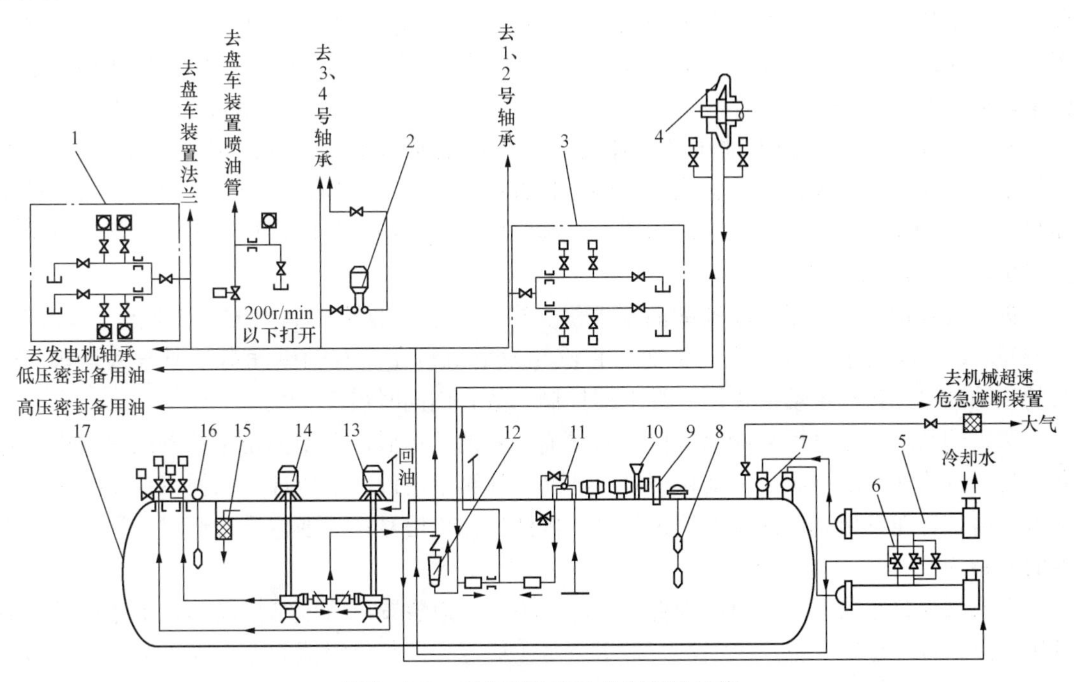

图1-149　采用汽轮机油的润滑油系统

1、2—交流电动辅助油泵和直流事故油泵自启动试验装置；3—顶轴油泵（3台）；4—主油泵；5—冷油器；6—三通阀；7—窥视口；8—高低油位报警开关；9—除油雾装置；10—排油烟机；11—密封油备用泵；12—注油器；13—交流电动辅助油泵；14—直流事故油泵；15—回油滤网；16—油位计；17—油箱

在正常运行时，润滑油系统的全部需油量由主油泵和注油器提供。主油泵的出口压力油先进入润滑油主油箱，然后经油箱内油管路分为两路：一路向汽轮机机械式超速危急遮断装置供油，同时作为发电机高压备用氢密封油；另一路作为注油器的射流动力油。注油器的出

油分为三路：主油泵进口油，经冷油器送至各支承轴承、推力轴承以及盘车装置的润滑油，发电机低压备用氢密封油。

润滑油系统中有2台冷油器，机组正常运行时，润滑油温可通过冷油器进行调整，一台冷油器工作，另一台备用，因此可以轮换进行清洗和维护。2台冷油器间装有三通转换阀，可以在运行中进行冷油器的切换，但备用冷油器在切换前必须充满油，以防止在切换后的瞬间造成轴承断油而引起事故。在需要时，2台冷油器可并联使用。

系统中设有交流电动辅助油泵、直流事故备用油泵和氢密封备用油泵，前两者为离心式油泵，后者为齿轮泵。在启动和停机过程中，当主轴转速小于2700～2800r/min时，主油泵不能提供足够的油压和油量，故注油器也达不到正常出力，此时启动交流电动辅助油泵和氢密封备用油泵代替主油泵工作，交流电动辅助油泵提供低压备用氢密封油和轴承润滑油的全部需油量，氢密封油备用泵提供高压氢密封备用油和危急遮断装置的全部需油量。供油系统中还设有直流事故备用油泵，在系统中作为交流电动辅助油泵的备用泵。在交流电源或交流电动油泵发生故障时，它是保证汽轮发电机组轴承润滑油和氢密封油供应的最后保障。

润滑油系统的正常运行，直接对机组的安全起着保障作用。因此，在润滑油系统中设有监控轴承油压降低的压力继电器和交流电动辅助油泵、直流事故备用油泵的自启动试验装置。当油压降到0.0759～0.0828MPa时，该继电器接通辅助油泵的电动机控制线路，使交流电动润滑油泵和氢密封油备用泵投入工作，以恢复油压。当轴承油压降到0.0690～0.0759MPa时，另一个轴承油压继电器使直流事故油泵启动。当油压恢复后需要停泵时，必须手动操作，将开关拉向停止位置。触点释放后，开关弹回到自动位置，使油泵重新处于能自动启动的备用状态。如果润滑油压力继续降低，系统中设置的保护压力开关将使机组紧急停机，以保护机组的安全。

盘车装置用油由交流电动辅助油泵提供。当进入盘车装置的润滑油压力低于0.0276～0.0345MPa时，禁止盘车启动，从而防止汽轮发电机组在没有轴承润滑油时投入盘车。机组的顶轴油泵和盘车电动机受同一继电器控制，故它们同时启停。

油箱的基本作用是用来储油。机组启动前，若油温过低，可用油箱中的电加热器进行升温。为了过滤油中的杂质，在油箱中设有滤网。油箱中还设有油位计，以便将油位控制在正常范围内，且能发出高低油位的报警信号和低油位保护信号；当油位异常低时，切断电加热器的电源。

主油泵为离心式油泵，由主轴直接带动，不需减速装置，所以结构简单，工作可靠，而且压力流量特性线较平坦，供油量大且出口压头稳定。但其自吸能力差，吸入侧受空气影响大。若进口有空气漏入，将破坏离心油泵的工作。为了保证供油的可靠性，离心油泵进口由注油器供油，使油泵进口维持正压。

机组运行对油质要求很高，因而专门配置了一套净油装置。当润滑油系统运行时（包括盘车装置在运行时），净油装置同时投入工作，以不断清除油中的杂质和水分。

注油器又称射油器，其作用是将小流量的高压油转换成大流量的低压油，对主油泵的入口或润滑油系统供油。它的工作原理与汽轮机凝汽设备中的喷射式抽气器相同。

在现代大型汽轮机中，有的机组采用油涡轮增压泵代替注油器，它是由油涡轮和离心增压泵组成的复合装置，如图1-150所示，其上部为由主油泵出口压力油冲动的油涡轮。下部为由油涡轮驱动的单级离心泵——离心增压泵。来自主油泵出口的高压油作为动力油经节流阀供到油涡轮的喷嘴，喷嘴后的高速油流在动叶通道中转向、降速，动能转变成叶轮的机械能，驱动同轴增压泵旋转，主油箱的油经过滤网由增压泵增压供至主油泵的入口。动力油做功压力降低后和来自旁路阀的补充油混合，向轴承等设备提供润滑油。节流阀主要控制油涡轮的驱动功率，开度增加，驱动功率上升，叶轮转速升高，增压泵出口的油压上升。机组正常运行时，必须有足够的压力油去冲动油涡轮，保证增压泵的正常工作，使主油泵进口油压得以保障。旁路阀和溢流阀用来调整润滑油系统的油量和油压。当油涡轮的排油不能满足润滑油系统所要求的油量时，通过旁路阀直接向系统供油；溢流阀也叫润滑油压力过压阀，其为弹簧式结构，调整弹簧的受力，也即达到所需释放的压力值，从而保证润滑油母管压力被限定在一个预定的范围内，控制最后的润滑油压力。机组在首次达到3000r/min后，须对上述3个阀门进行配合调整，既要保证有足够的压力油进入油涡轮，使泵组能输出主油泵进口所需的油压，又能保证足够的油量向润滑油系统供油。这种供油方式比起传统的注油器供油方式具有噪声小、效率高的优点。

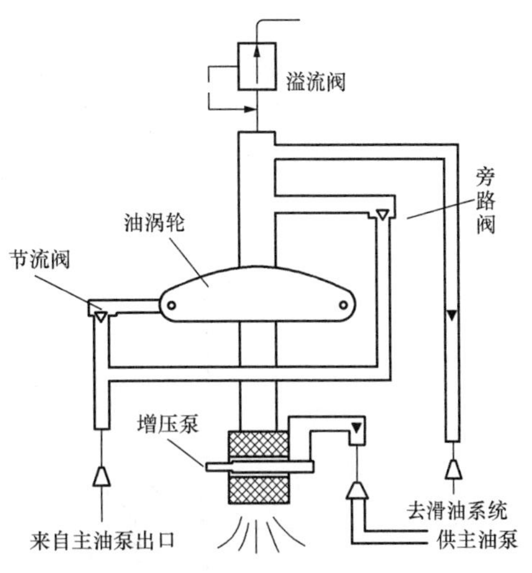

图1-150　油涡轮增压泵原理示意

顶轴油泵向顶轴油系统提供高压油，在汽轮机盘车、启动和停机过程中起顶起转子的作用。高压顶轴油送入轴承的顶轴油囊，在转子与顶轴油囊之间形成静压油膜，强行将转子顶起，避免汽轮机低转速过程中轴颈与轴瓦之间形成干摩擦，减少盘车力矩，对转子和轴承的保护起着重要作用。

2. EH抗燃油系统

(1) EH抗燃油系统。机组的EH抗燃油系统主要由EH油箱、高压油泵、控制单元、蓄能器、过滤器、冷油器、抗燃油再生装置及其他有关部套组成。系统的基本功能是提供电液控制部分所需要的压力油，驱动伺服执行机构，同时保持压力油的正常物理、化学性能和运行特性。

整个EH油系统由功能相同的两套设备组成，当一套投运时，另一套为备用，如果需要，则立即自动投入。

如图1-151所示，EH抗燃油系统工作时，由交流电动机驱动高压叶片泵，油箱中的抗燃油通过油泵入口的滤网被吸入油泵。油泵输出的抗燃油经过EH控制单元中滤油器、卸荷阀、止回阀和安全阀，进入高压集管和蓄能器，建立起系统需要的油压。当油压达到14.484MPa时，卸荷阀动作，切断油泵出口与高压油集管的联系，将油泵出口的油直接送回油箱。此时，油泵在卸荷（无负荷）状态下工作，EH系统的油压由高压蓄能器维持。在运行中，伺服机构和系统中其他部件的间隙漏油使EH系统内的油压逐渐降低，当高压集管的油压降至12.42MPa时，卸荷阀复位，高压油泵的出油重又供向EH系统。高压油泵就这样在承载和卸荷的交变工况下运行，使能量的消耗量和油温的升高量减少，因而可以增加油泵的工作效率和延长油泵的寿命。回油箱的抗燃油由方向控制阀导流，经过一组滤油器和冷油器流回油箱。抗燃油的回油管是压力回油管，回油管中的压力靠低压蓄能器维持。系统正常运行时，油压由卸荷阀控制维持在12.420～14.484MPa范围内。当油泵在卸荷状态下工作时，位于卸荷阀和高压集管之间的止回阀可防止抗燃油从EH油系统通过卸荷阀反流进入油箱。运行和备用的两套装置有一个共同的安全阀，用以防止EH油系统油压过高，当压力达到15.86～16.21MPa时，安全阀动作，将油泵出口油直接送回油箱。

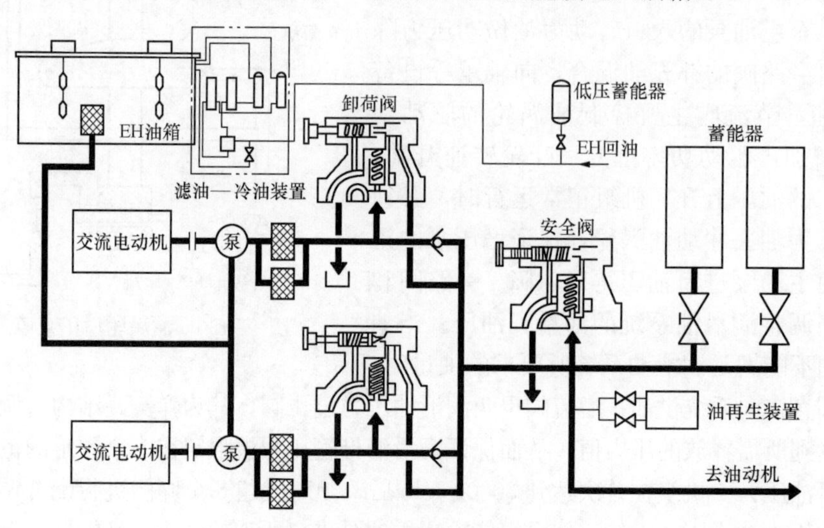

图1-151 EH供油系统

在高压集管上装有压力开关，用于自动启动备用油泵和对油压偏离正常值进行报警。另外，在冷油器出水口管道上装有温度控制器，通过调节冷却水量来控制油箱的温度。油箱内部还装有温度测点和油位计，在油温过高和非正常油位时报警。

(2) EH抗燃油系统主要设备。

1) 油箱。油箱是EH油系统的最重要设备之一，其容量必须保证系统全部设备运行所需的总油量。由于抗燃油有一定的腐蚀性，油箱用不锈钢板制成。

4个装有磁棒的空心不锈钢杆全部浸泡在油中作为磁性过滤器，以吸附油中可能带有的导磁性杂质。它们必须定期清洗。

油箱除有就地的指示式油位计外，还设有2个浮子式油位继电器。其中一个用于低油位报警和低油位遮断停机，另一个则用于高油位报警和高油位遮断停机。

由于机组对EH油系统油温有一定的要求，为此在油箱内装有电加热器。在油温低于21.1℃时对油进行预热。油箱油温由指针式温度计和温度控制继电器控制，温控继电器可发出报警信号或通过温度调节阀调节冷油器的冷却水量，保持系统在正常油温范围内运行。

2) 高压油泵。EH油系统中的高压油泵为由交流电动机驱动的高压叶片泵。系统中装有2台相同的油泵，每台油泵输油到高压油集管的油路系统完全相同，并且相互独立。正常运行时，1台油泵的出油就能满足整个EH油系统的运行需要，故2台油泵互为备用。特殊情况下2台泵也可以同时运行。

用于2台油泵的试验阀有2个，一个用于远方操作试验，另一个用于就地操作试验。

油泵启动后不会自动停运，必须操作相应控制开关手动停泵。该控制开关也是1个三位开关。停泵后，从断开位置释放开关时，开关靠着弹簧力回到自动位置，此时泵被置于压力继电器的控制之下。为了保证系统的连续运行和提高系统的可靠性，正常运行时，备用泵的控制开关必须保持在自动位置。

3）油箱控制单元组件。EH 油箱控制单元是 1 个由卸荷阀、止回阀、过压保护阀、截止阀和 4 个金属过滤器等组成的 1 个组合装置，安装在 EH 油箱顶盖上。

从高压油泵的来油首先经过控制组件中具有 10μm 金属丝网的滤芯式过滤器。每台油泵的出口有 2 个过滤器。为了判断过滤器是否堵塞，在过滤器上都装有压差开关，当过滤器进出口两侧压差达到整定值时，压差开关动作发出报警信号。

卸荷阀（也称压力控制阀）用于控制系统中的压力，它的动作压力由调整旋钮来整定。卸荷阀打开时，高压油泵的出油经过滤网和卸荷阀后直接回到油箱。

当卸荷阀处于排油状态时，集管与油箱通过卸荷阀连通。因此为了阻止在卸荷阀排油状态下，集管内高压油通过卸荷阀倒流回油箱、控制组件上，在油泵出口管与集管之间设有止回阀。

高压油集管的设计压力很高，尽管有卸荷阀控制，为防集管超压还设置了 1 个安全阀（或称溢流阀、过压保护阀）。安全阀和止回阀后的集管连通，可保护系统安全。安全阀的动作压力高于卸荷阀的动作压力，从对集管的保护作用来说，它实际上可看成是卸荷阀的备用阀。安全阀的动作压力可用调整手轮来整定。

4）蓄能器。蓄能器分高压蓄能器和低压蓄能器两种。

为了维持系统油压在卸荷阀的两个动作油压之间的相对稳定，以防止卸荷阀或安全阀反复动作，EH 油系统中装有高压蓄能器。例如，国产引进型 300MW 机组 EH 油系统中装有 5 只高压（活塞式）蓄能器（见图 1-152）。其中一只容量为 19L，安装在油箱边上，另外 4 只较小的安装在调节汽阀附近的支架上。

活塞式蓄能器实际上是一个有自由浮动活塞的油缸。活塞的上部是气室，下部是油室，油室与高压油集管相通。为了防止泄漏，活塞上装有密封圈。蓄能器的气室充以干燥的氮气，充气时，用隔离阀将蓄能器与系统隔绝，然后打开其回油阀排油，使油室油压为 0。此时从蓄能器顶部气阀充气，活塞落到下限位置，正常的充气压力是 8.966MPa。机组运行时，蓄能器中的气压与系统中的油压相平衡，不会发生气体泄漏。但停机时，系统中无油压，会有一定的漏气发生。当气室压力小于 7.932MPa 时，需要再次充气。

气体是可压缩的介质，故油压高于气压时，活塞上移，压缩气体，油室中油量增多。在调节机构动作而油泵又没有连续向集管输油的情况下，蓄能器的储油借助气体膨胀被活塞压入高压油集管，以保证调节机构动作需油量及所需的动作油压。当集管油压达 14.484MPa 时，卸荷阀动作使高压油泵处于卸荷状态工作，无压力油送入集管，这时活塞式蓄能器的气室压力也是 14.484MPa，用以维持系统的油压和补充系统的用油量。

低压蓄能器装在通向油箱的压力回油管路上。低压蓄能器结构是球胆式的（见图 1-153）。由合成橡胶制成的球胆装在不锈钢壳体内，通过壳体上的充气阀可以向球胆内充入干燥的氮气，充气压力为 0.2096MPa。壳体下端接压力回油管，球胆将气室与油室分开，起隔离油气的作用。由于合成橡胶球胆可以随氮气的压缩或膨胀任意变形，因此使低压蓄能器在回油管路上起调压室的缓冲作用，减小回油管中的压力波动。当球胆中氮气压力降到 0.1655MPa 时，必须再充气。

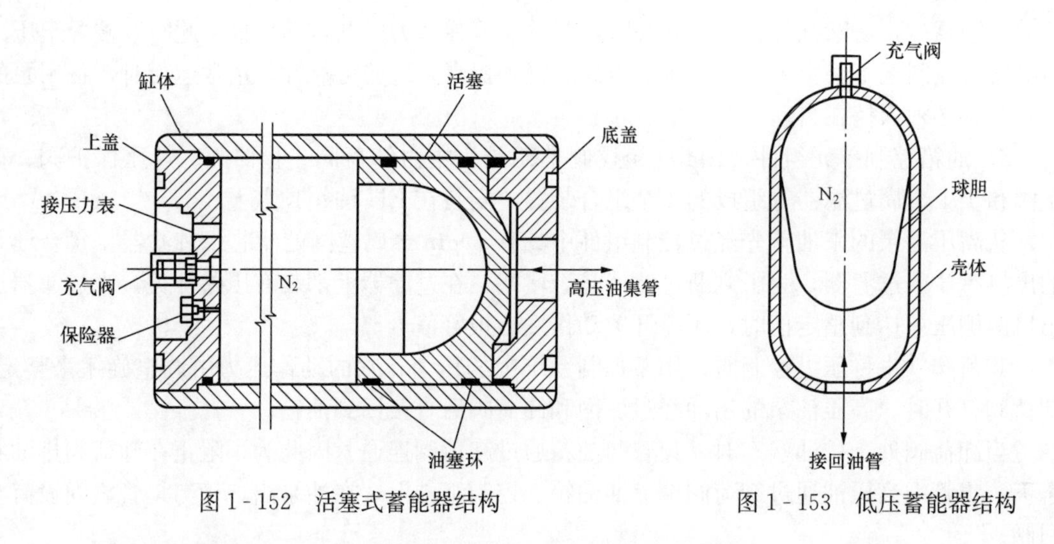

图 1-152 活塞式蓄能器结构　　图 1-153 低压蓄能器结构

5）滤油—冷油装置。EH 油系统在回油管道上装有 2 套滤油—冷油装置，所有的 EH 回油在送回油箱以前均流过滤油—冷油装置。正常运行时，只需一套装置便可以满足系统的需要，另一套作为备用装置。

为了保证油温在正常范围内，在冷油器循环冷却水出口处装有温度控制阀，它与浸在油箱中的温度控制器温包相连，对流过冷油器的水流量进行控制。冷却水量除通过温度控制阀控制外，也可由手动控制。当油温高到整定值时，由一个温度敏感开关发出报警信号。

滤油器的过滤元件为具有互换性的 10μm 渗透性滤芯。

正常情况下，回油通过 1 个滤油—冷油组合装置流回油箱。油的流向由 1 个手动的三通方向控制阀决定。用这个三通阀可以隔绝 2 个滤油—冷油器装置中的任一个，以进行清洗和维修。当三通阀阀芯处于中间位置时，两套装置同时投入运行。三通阀之前有 1 个压力开关，在感受油压达 0.2069MPa 时，触点闭合，发出警报，表示正在运行的滤油器或冷油器已经变脏。这个报警信号表明回油管路压力已经达到了最大极限，若继续运行，就会使污物穿过滤油器的可能性增加，这时应将三通阀置于另一套装置运行的位置，对已污脏的滤油器滤芯进行检查、清洗。清洗、调换滤芯工作完毕后，应将三通阀重置于此滤油—冷油装置位置，检查油压，如此反复，直至报警信号消失。

为了保证在各种条件下运行可靠，在三通控制阀前设置了另一通向油箱的回油路。当滤油器或冷油器堵塞造成回油压力过高时，使回油经过此回路，绕过滤油—冷油装置回油箱。

6）EH 油再生装置。EH 油再生装置是一种用来储存吸附剂使抗燃油再生的装置。油再生的目的是，使油保持中性，并去除油中的水分等。该装置实际上是 1 个精密滤油器组件，它主要由硅藻土滤油器与波纹纤维滤油器串联而成，通过带节流孔的管道与高压油集管相通。对国产引进型 300MW 机组，此节流孔管路使每分钟大约有 3.78L 的油流过油再生装置，然后进入油箱。硅藻土滤油器根据具体情况可以经旁路，使油仅通过波纹纤维滤油器。

（二）高压油采用汽轮机油的供油系统

高压油采用汽轮机油的供油系统根据供油系统中主油泵的形式，可分成具有容积式油泵的供油系统和具有离心式油泵的供油系统。现代大型汽轮机液压调节系统大多采用具有离心式油泵的供油系统，故仅对该系统作简单介绍。

图 1-154 所示为离心式油泵作为主油泵的供油系统。它的主要设备有：一台由汽轮机主轴直接带动的离心式主油泵，一台交流高压辅助油泵，一台交直流低压润滑油泵，两台注油器，三台冷油器，还有滤油器、过压阀及润滑油低油压发信器等。正常运行时，由主油泵供给机组的用油，主油泵出口的高压油经止回阀后分为两路：一路供调节和保护系统用油；另一路到注油器，作为注油器的动力油。Ⅰ级注油器出油送往主油泵进口，供给主油泵用油，并在主油泵进口维持正压（0.05～0.1MPa）。Ⅱ级注油器出油经止回阀、冷油器、滤油器、低油压发信器、过压阀送往轴承。过压阀有自动调节回油量的作用，它使润滑油压力保持在 0.08～0.15MPa 的范围内。低油压发信器是在润滑油压力低于 0.08MPa 时发出报警信号，并根据油压降低的程度，自动启动高压辅助油泵、交流润滑油泵、直流润滑油泵供油，直至自动停机和禁止盘车启动。高压辅助油泵在机组启动时代替主油泵供油，正常运行时作为主油泵的备用泵。交流润滑油泵在机组启动高压辅助油泵前先开启，用来赶走低压管道及各调节部件中的空气，并在停机时供给润滑油。直流油泵还可在失去交流电源时供给润滑油。

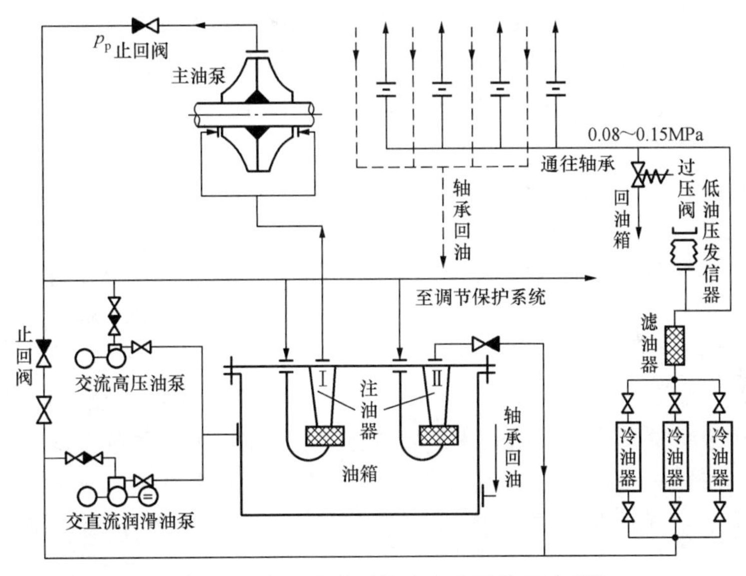

图 1-154　离心式油泵作为主油泵的供油系统

【学习情境总结】

（1）汽轮机是电厂最重要的主力设备，其作用是将水蒸气的热能转变为机械能，从结构上可分为单级汽轮机和多级汽轮机。

（2）级是汽轮机将水蒸气的热能到机械能转换的基本单元。因此，熟悉级的结构及其能量转换过程，理解级的基本工作原理是学习本课程的重要基础。

（3）级的反动度是本课程最重要最基本的概念。熟悉反动度的意义，以及以此为基础的级的分类与特点是培养学生职业技能的重要基础。

（4）汽轮机的分类与型号所涉及的内容都是最基本的专业术语，是学生必须具备的专业素养。

（5）汽轮机本体是汽轮机设备的主要组成部分。因此，了解汽轮机本体主要由哪些部件组成是汽轮机认知的重要基础。

(6) 动叶片是汽轮机最重要的基本部件，它的工作状态直接影响能量转换效率和汽轮机的安全运行。叶片的组成、机组运行时动叶片的受力与特点、引起叶片振动的激振力、叶片和叶片组的振动类型与最容易发生又最危险的振型、叶片的自振频率（静频率与动频率）及其影响因素、调频叶片和不调频叶片的振动安全准则等是学生应掌握的重要内容。

(7) 转子是汽轮机最重要的部件之一，担负着工质能量转换及扭矩传递的重任。汽轮机转子的分类及应用、联轴器的类型及应用等都是学生应掌握的基本专业知识。转子临界转速的概念、临界转速的影响因素、临界转速的校核、在运行中经过临界转速时应注意的问题等都与学生职业素养的培养密切相关。

(8) 汽缸是汽轮机固定部分的重要部件。汽缸的作用、超高参数及以上机组高中压缸所采用的双层缸结构、汽缸的支承方式、汽轮机滑销系统的作用与组成及各类滑销的应用等都是学生应具备的职业技能知识。

(9) 隔板、汽封、盘车装置是汽轮机装置的基本部件。隔板的形式与应用、汽封的作用及类型与特点、盘车装置的作用与应用等是学生应掌握的基本专业知识。

(10) 轴承是汽轮机固定部分的重要部件，是汽轮机运行重要的监视对象。汽轮机轴承的类型与工作原理、轴承工作原理在运行中的应用、轴承油膜振荡产生的原因与防止等都是学生应掌握的重要内容。

(11) 凝汽设备是凝汽式汽轮机装置的一个重要组成部分，其任务：①在汽轮机排汽管内建立并维持高度真空；②回收洁净的凝结水作为锅炉给水的一部分。凝汽设备一般由凝汽器、循环水泵、抽气器和凝结水泵等主要部件及它们之间的连接管道和附件组成。影响凝汽器的真空因素有冷却水进口温度、冷却水温升（或冷却水流量）和传热端差。

(12) 由于电能的生产特点是产、供、销同时完成，因此汽轮机必须设置调节系统以保证供电数量和质量的要求。从调节系统发展的过程看，调节系统有液压调节系统、电液调节系统，而电液调节系统又分为模拟电液调节系统和数字电液调节系统（DEH）。

(13) 液压调节系统的组成及工作原理是学习调节系统的基础，应理解外界负荷变化与转速变化的关系、清楚间接调节系统的工作过程，系统设置反馈以使调节系统能够稳定工作。

(14) 功频电液调节系统即在调节系统中采用转速和功率两个控制信号，测量和运算采用电子元件，而执行机构仍用油动机液压部件的调节系统。功频电液调节系统由转速调节、功率调节、功频调节三种基本回路组成，从这三个回路的工作过程可以看出功频调节系统消除“内扰”、实现动态过调等优越性。反调是功频电液调节中的主要问题，产生原因：①转速变化信号落后于功率变化信号；②功率反馈信号取自于发电机。要消除反调，可在系统中设置转速一次微分器、带惯性延迟的测功器、功率负微分器。

(15) 数字电液调节系统是目前机组广泛采用的调节系统。由电子控制器、操作系统、油系统、执行机构、保护系统及测量装置所组成。其功能更加强大，具体有自动程序控制(ATC)、负荷的自动调节、汽轮机的自动保护、机组与DEH系统的监控功能。其运行方式有二级手动、一级手动、操作员自动、汽轮机自动几种，操作员自动是主要的运行方式。其控制模式有主汽阀控制和调节阀控制，在调节阀控制模式下具有阀门管理功能。

(16) 在数字电液调节系统中引入了转速、功率和调节级汽室压力三个控制信号。理解其控制原理及应用，对汽轮机的运行操作非常重要。

(17) 调节系统的静态特性是指稳定状态下，汽轮机功率（输出信号）与汽轮机转速之间的关系。评价调节系统静态性能的指标是转速变动率和迟缓率。液压调节系统的静态特性是固定的，而数字电液调节系统的静态特性根据机组的运行需要进行改变。

(18) 调节系统的动态特性则是研究调节系统受到扰动后，被调量随时间的变化规律。评价动态特性的指标有稳定性、超调量和过渡过程时间，影响动态性能的因素有转子飞升时间常数、中间容积时间常数、油动机时间常数、转速变动率和迟缓率。

(19) 为确保汽轮机的安全运行，除要求汽轮机调节系统运行安全可靠外，汽轮机还必须设有相应的保护系统，以便在事故或异常工况下及时动作，防止设备损坏和扩大事故。保护系统具有参数越线报警、限制转速过渡飞升、限制汽轮机的负荷以及强制停机等功能。对采用数字电液调节的汽轮机，其保护系统主要有超速保护控制系统（OPC）、电气危急遮断控制系统（ETS）、机械超速与手动遮断停机三个部分。机组的电气危急遮断项目主要包括电气超速保护、轴向位移保护、轴承供油低油压和回油高油温保护、抗燃油低油压保护、凝汽器低真空保护、振动保护等。

(20) 汽轮机供油系统主要是供给调节系统和保护系统的工作用油、轴承润滑用油。汽轮机液压调节系统的调节保护装置所用高压油以及润滑系统用油均采用汽轮机油。当汽轮机采用数字电液调节系统时，调节和保护系统采用高压抗燃油，而润滑系统和机械超速、手动停机仍采用汽轮机油，即机组同时有润滑油的供油系统和抗燃油的供油系统。

复习思考题

1. 什么叫汽轮机的级？蒸汽在汽轮机级中是如何进行能量转换的？
2. 什么是蒸汽的冲动作用原理和反动作用原理？
3. 什么是汽轮机级的反动度？
4. 汽轮机级是如何进行分类的？什么是纯冲动级、反动级、带反动度的冲动级、复速级？蒸汽在这些级的通流部分中压力和速度是如何变化的？这些级有何工作特点和结构特点？
5. 在什么情况下，动叶栅才能受到反动力的作用？
6. 说明冲动级的工作原理和级内能量转换过程及特点。
7. 说明反动级的工作原理和级内能量转换过程及特点。
8. 汽轮机是如何进行分类的？
9. 汽轮机的型号是如何表示的？
10. 汽轮机本体主要由哪些部件组成？
11. 汽轮机叶片有哪些部分组成？
12. 机组运行时动叶片会受到哪些力的作用？动叶片的受力各自有什么特点？
13. 叶片上采用围带和拉金的作用分别是什么？
14. 引起叶片振动的激振力有哪几类？是如何产生的？
15. 叶片和叶片组的振动有哪些类型？其中最容易发生又最危险的振型是哪几种？
16. 什么是叶片的自振频率、静频率、动频率？影响叶片工作时自振频率的因素主要有哪些？
17. 什么是调频叶片和不调频叶片？它们的振动安全准则分别是什么？

18. 常用的叶片调频方法有哪些？
19. 转子按组合方式划分有哪几类？分别适用于何处？
20. 高、中压级叶轮上为什么要开设平衡孔？
21. 联轴器的作用是什么？主要有哪几种形式？
22. 什么是转子的临界转速？它和哪些因素有关？
23. 汽缸的作用是什么？它在设计制造过程中应满足哪些要求？
24. 为什么超高参数及以上的机组的高、中压缸采用双层缸结构？
25. 高、中压缸和低压缸的支承方式有什么不同？
26. 说明滑销系统的组成及各类滑销的作用。
27. 隔板有哪几种形式？分别适用于什么场合？
28. 汽封的作用是什么？曲径式汽封有几种类型？各有何特点？
29. 说明径向支承轴承的工作原理。
30. 常见的支承轴承有哪些类型？各有什么特点？
31. 油膜振荡产生的原因是什么？如何防止它的发生？
32. 盘车装置的作用是什么？
33. 凝汽设备的任务是什么？凝汽设备由哪些主要部分组成？凝汽设备的工作过程是怎样的？
34. 凝汽器是如何分类的？什么是凝汽器的汽阻和水阻？
35. 影响凝汽器真空的因素有哪些？它们是如何影响凝汽器的真空的？
36. 何谓凝汽器的传热端差？它受哪些因素影响？在运行中如何控制？
37. 何谓凝汽器的冷却倍率？何谓冷却水温升？凝汽器的冷却倍率对冷却水的温升有何影响？
38. 何谓凝汽器的热力特性？凝汽器的特性曲线有何用途？
39. 何谓多压凝汽器？在什么情况下采用多压凝汽器？
40. 抽气设备的任务是什么？其主要类型有哪些？简述水环式真空泵组的工作流程。
41. 电力生产的特点是什么？外界用户对供电的要求是什么？
42. 汽轮发电机组转子受到哪些力矩的作用？这些力矩与转速的关系如何？当外界负荷发生变化时，将产生什么后果？
43. 汽轮机调节系统的任务是什么？
44. 汽轮机调节系统的形式有哪些？
45. 根据间接调节系统示意图，说明液压调节系统的工作过程。
46. 画出液压调节系统方框图，并说明其调节原理和液压调节系统的基本组成结构。
47. 何谓功频电液调节系统？为什么将功率信号引入功频电液调节系统？简述功频模拟电液调节的工作原理。
48. 何谓功频电液调节系统的反调现象？其产生的原因是什么？如何消除？
49. 数字电液调节系统由哪几部分组成？每部分各起什么作用？
50. 数字电液调节系统可实现的功能有哪些？数字电液调节系统的运行方式、控制模式有哪些？
51. 画出数字电液调节系统的方框图，并说明其工作原理。

52. 简述数字电液调节系统的转速和功率调节原理。

53. 简述数字电液调节系统中频差校正器、功率校正器及调节级压力校正器的工作原理。

54. 电液转换器的作用是什么？有哪些类型？工作原理如何？

55. 油动机的作用是什么？评价油动机性能的指标有哪些？

56. 单侧油动机和双侧油动机各有什么特点？

57. 何谓调节阀的升程-流量特性和升程-提升力特性？

58. 何谓调节阀间的重叠度？选择合适重叠度的原则是什么？重叠度数值的大小对机组运行有何影响？

59. 数字电液调节系统的液压伺服系统有何特点？该机构的组成情况如何？说明各组成部分的工作原理。

60. 简述数字电液调节系统中、高压调节阀和中压主汽阀执行机构的工作原理。

61. 什么是调节系统的静态特性？评价调节系统静态性能的指标有哪些？

62. 简述液压调节系统静态特性曲线的求取方法，并说明静态性能指标的概念及这些指标对机组运行会产生什么影响？

63. 液压调节系统中同步器的作用是什么？

64. 何谓液压调节系统中同步器的调节范围？其大小是如何确定的？

65. 何谓一次调频和二次调频？

66. 什么是调节系统的动态特性？评价调节系统动态特性的指标有哪些？

67. 影响调节系统动态特性的主要因素有哪些？说明这些因素是如何影响的？

68. 画出数字电液调节系统的静态特性曲线并分析之。

69. 简述汽轮机电气危急遮断控制系统的工作原理。汽轮机电气危急遮断项目有哪些？

70. 汽轮机保护系统是如何组成的？

71. 汽轮机供油系统的主要作用是什么？

72. 汽轮机液压调节系统的供油系统由哪些设备组成？这些设备在系统中各起什么作用？

73. 在汽轮机数字电液调节系统的供油系统中，润滑油系统和抗燃油系统各由哪些设备组成？这些设备在系统中各起什么作用？

学习情境二

汽轮机工作过程分析

【学习情境描述】

以汽轮机实物及模型为教学载体，通过具体工作任务的实施，引导学生学习汽轮机工作过程及能量转换的知识，培养分析汽轮机工作经济性和安全性的技能及分析提高汽轮机运行经济性方法的技能。

【教学目标】

1. 知识目标

(1) 掌握蒸汽在汽轮机级中及在多级汽轮机中的能量转换过程。

(2) 掌握汽轮机的内功率、内效率的概念及影响内效率的主要因素。

(3) 掌握蒸汽在汽轮机级内能量转换过程中各损失产生的原因及减小损失的方法。

(4) 掌握多级汽轮机各项损失产生的原因及减小损失的方法。

(5) 掌握汽轮机的主要经济指标。

(6) 掌握主要参数对汽轮机经济性的影响。

(7) 熟悉多级汽轮机的工作特点。

2. 能力目标

(1) 能说出多级汽轮机的工作过程。

(2) 能分析汽轮机通流部分参数对其运行经济性及安全性的影响。

(3) 能分析提高汽轮机经济性的方法。

(4) 会查阅汽轮机的技术规程。

【教学环境】

多媒体教室及多媒体课件，汽轮机实物或模型。

任务一　汽轮机级的工作过程分析

【教学目标】

1. 知识目标

(1) 掌握蒸汽在汽轮机级中的能量转换过程。

(2) 掌握汽轮机级内各项损失产生的原因及减小损失的方法。

(3) 掌握汽轮机级的轮周效率、内效率等主要经济指标。

（4）掌握汽轮机级的结构参数、特性参数等因素对级效率的影响。

（5）了解汽轮机级的热力设计方法。

2. 能力目标

（1）能说出汽轮机级的工作过程。

（2）能分析通流部分参数对汽轮机工作的影响。

（3）会分析提高汽轮机级效率的方法。

（4）会查阅汽轮机的技术规程。

3. 素质目标

（1）培养获取信息的能力。

（2）培养学习新知识、新技能的能力。

（3）培养理论与实践相结合的能力。

（4）树立团队意识与协作精神。

（5）培养良好的表达和沟通能力。

【任务描述】

利用多媒体课件及汽轮机实物或模型进行教学，熟悉汽轮机级中能量转换的知识，培养学生分析提高汽轮机级效率途径的技能。

【任务准备】

分析汽轮机级的工作过程认知任务单，明确该任务的内容、目标和要求；查阅资料；制定实施工作任务的方案。

【任务实施】

分析工作任务单；查阅相关资料，了解汽轮机级的工作过程；在教师的指导下，学习蒸汽在汽轮机级中能量转换的知识，分析提高汽轮机级效率的方法。

【相关知识】

一、蒸汽在级中的流动

蒸汽在汽轮机级中的流动是有黏性、非连续和非定常的三元流动，求解这样的蒸汽流动问题相当困难，为了便于对蒸汽流动进行分析与研究，需将复杂的流动简化为能反映蒸汽流动主要规律的简单流动模型，为此作以下假定：

（1）蒸汽在叶栅通道中的流动为稳定流动，即汽流通道内任一点的蒸汽参数不随时间变化。当汽轮机的负荷和蒸汽参数变化不大时，可以近似地看成是稳定流动。

（2）蒸汽在叶栅通道中的流动是一元流动，即汽流参数只沿流动方向变化，而在其垂直截面上是不变的。

（3）蒸汽在叶栅通道中的流动是绝热的，即叶栅通道内蒸汽与外界无热交换。由于同一级中各个叶片通道中蒸汽参数相同，且蒸汽通过通道的时间极短，可以认为彼此之间没有热交换。

通过以上假定，蒸汽在汽轮机级内的复杂流动就简化为一元稳定绝热流动。这种一元流动模型，可以说明汽轮机级的能量转换过程和变工况特性，这样就可应用一元流动的基本理论和基本方程来进行分析和计算。在实际工程技术问题中，应根据具体条件选用上述假设，使得既有利于分析、计算，又能使计算结果接近实际。对叶片较短的级利用一元流动模型可以获得足够精确的计算结果，但对叶片较长的级误差较大，应采用二元或三元流动模型。

（一）可压缩流体一元流动的基本方程

下面对在讨论汽轮机级内蒸汽的流动及能量转换时所用到的可压缩流体的一元流动基本方程做简单介绍。

1. 连续性方程

对于稳定流动，流过通道不同截面上的流量相等，即

$$G=\frac{Ac}{v}=\frac{A_1c_1}{v_1}=\frac{A_2c_2}{v_2}=\text{常数} \tag{2-1}$$

式中：G 为流过通道各横截面的蒸汽质量流量，kg/s；A 为通道内相应横截面的面积，m^2；c 为垂直于面积 A 的汽流速度，m/s；v 为截面 A 上的蒸汽比体积，m^3/kg。

式（2-1）即为可压缩流体稳定流动的连续方程，它表示在稳定流动中通道截面积、汽流速度、汽流比体积之间的相互关系，不论是理想气体还是实际气体，以及流动中是否有损失均适用。

对式（2-1）进行微分，可得到连续方程的微分表达式

$$\frac{dA}{A}+\frac{dc}{c}-\frac{dA}{v}=0 \tag{2-2}$$

式（2-2）表示通道截面积的变化率与速度和比体积的变化率有关。如果流动中速度变化率大于比体积变化率，则通道截面积将随速度的增大而减小；反之，则随速度的增大而增大。

2. 能量方程

对于稳定流动，根据能量守恒定律，输入系统的能量必须等于输出系统的能量。若略去势能的变化，则系统的能量方程式可写成

$$h_0+\frac{c_0^2}{2}+q=h_1+\frac{c_1^2}{2}+w \tag{2-3}$$

式中：c_0、c_1 分别为蒸汽流入和流出系统时的速度，m/s；h_0、h_1 分别为蒸汽流入和流出系统时的比焓值，J/kg；q 为 1kg 质量蒸汽流过系统时从外界吸收的热量，J/kg；w 为 1kg 质量蒸汽流过系统时对外界做出的机械功，J/kg。

不管蒸汽在流动过程中是否有损失，能量方程式（2-3）都适用。

3. 状态方程

汽流在某一截面上各状态参数之间的关系由状态方程式确定，对于理想气体的状态方程式为

$$pv=RT \tag{2-4}$$

式中：p 为气体压力，Pa；v 为气体比体积，m^3/kg；T 为热力学温度，K；R 为通用气体常数，$R=461.76$J/（kg·K）。

对于水蒸气，由于其性质复杂，尚未能建立起它的纯理论状态方程式，即使是通过理论

和实验相结合而得到的过热水蒸气状态方程式也极为复杂。因此，水蒸气的有关计算主要采用水蒸气图表来确定其状态。

虽然水蒸气不是理想气体，但在分析和计算时，也可以近似地使用理想气体的状态方程。水蒸气的气体常数 R 即使在过热蒸汽区也不是常数，在湿蒸汽区变化更大。

蒸汽从一个状态变化到另一个状态的过程可用一定的过程方程式来描述。当气体进行等熵过程时，其过程方程式为

$$pv^{\kappa}=\text{常数} \tag{2-5}$$

式中：κ 为等熵指数，它随气体的状态变化而变化。

对于过热蒸汽，$\kappa=1.3$；对于湿蒸汽，$\kappa=1.035+0.1x$（其中 x 为过程初态的干度）；对于干饱和蒸汽；$\kappa=1.135$。

对于有损失的绝热过程，可用多变过程方程式来表示

$$pv^{n}=\text{常数} \tag{2-6}$$

式中：n 为多变过程指数。

4. 运动方程

运动方程是反映作用于汽流上的力与汽流速度变化之间的关系式。一元无损失稳定流动的运动方程式为

$$c\mathrm{d}c=-v\mathrm{d}p \tag{2-7}$$

式中：c 为汽流速度，m/s；v 为蒸汽比体积，m^3/kg。

式（2-7）中的负号说明，在无损失流动过程中，压力和速度是相反方向变化的，即当通道内汽流压力降低时，则汽流的速度增加；反之，汽流的压力升高时，速度减小。

（二）蒸汽在喷嘴中的流动

研究蒸汽在喷嘴中的流动，就是要分析蒸汽在喷嘴中的能量转换，以及确定能量转换的大小，这就要确定蒸汽的膨胀过程和喷嘴出口的蒸汽参数，计算喷嘴出口汽流速度和流过喷嘴的蒸汽流量，确定为保证蒸汽正常流动的喷嘴截面积的变化规律。

1. 蒸汽在喷嘴中的膨胀过程

蒸汽流经喷嘴时，压力逐渐降低，速度逐渐增加［见图 2-1（a）］，蒸汽的热能转变为蒸汽的动能，蒸汽在喷嘴中的热力过程如图 2-1（b）所示，图中 0 点是喷嘴前蒸汽的状态点，0^* 是喷嘴前的滞止状态点。初速 c_0、初压 p_0、初比焓 h_0 的蒸汽在喷嘴中膨胀到背压 p_1，在无损失情况下，沿着等熵线 0-1t 膨胀到 1t 点，喷嘴的比焓降为 Δh_n，在有损失的情况下，膨胀过程沿 0-1 线进行，喷嘴出口实际状态点为 1。

2. 喷嘴中的汽流速度

（1）喷嘴出口汽流的理想速度。已知喷嘴前的蒸汽参数及喷嘴后的压力时，对喷嘴进行计算。若喷嘴前的蒸汽参数为 p_0、t_0，初速为 c_0，背压为 p_1，膨胀过程如图 2-1 所示，则喷嘴出口的理想速度 c_{1t} 可由下面方法求出。

由于喷嘴固定不动，因此蒸汽通过喷嘴时不对外做功，即 $w=0$。蒸汽在喷嘴中流动时，与外界无热交换，即 $q=0$，则能量方程式（2-3）变为

$$h_0+\frac{c_0^2}{2}=h_{1t}+\frac{c_{1t}^2}{2} \tag{2-8}$$

则喷嘴出口的理想速度 c_{1t} 为

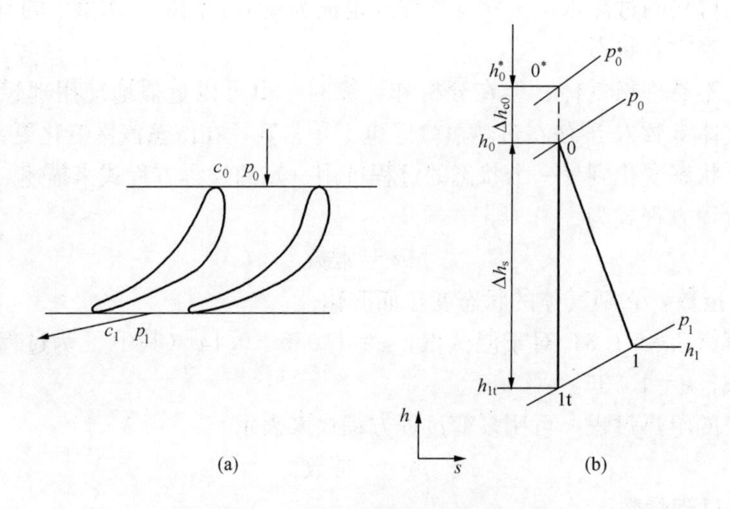

图 2-1 蒸汽在喷嘴中的膨胀过程

(a) 蒸汽在喷嘴中的流动；(b) 蒸汽在喷嘴中膨胀的热力过程线

$$c_{1t}=\sqrt{2(h_0-h_{1t})+c_0^2}=\sqrt{2\Delta h_n+c_0^2} \tag{2-9}$$

式中：h_{1t}为蒸汽等熵膨胀的终点比焓，kJ/kg；Δh_n 为蒸汽在喷嘴中的理想比焓降，$\Delta h_n = h_0 - h_{1t}$。

令

$$h_0^*=h_0+\frac{c_0^2}{2}$$

则

$$c_{1t}=\sqrt{2(h_0^*-h_{1t})}=\sqrt{2\Delta h_n^*}$$

$$\Delta h_n^*=h_0^*=h_{1t}$$

式中 h_0^* 为滞止比焓，kJ/kg；Δh_n^* 为蒸汽在喷嘴中的理想滞止比焓降。

利用上述公式计算时，蒸汽比焓值通过焓熵图查取，计算方便。

蒸汽在喷嘴出口的理想速度也可由以下方法计算。

蒸汽在喷嘴中的流动为等熵过程，因此

$$h=c_pT=\frac{\kappa}{\kappa-1}RT=\frac{\kappa}{\kappa-1}pv \tag{2-10}$$

将式（2-10）代入能量方程式（2-8）中，得

$$\frac{c_{1t}^2}{2}-\frac{c_0^2}{2}=h_0-h_{1t}=\frac{\kappa}{\kappa-1}(p_0v_0-p_1v_1)$$

$$=\frac{\kappa}{\kappa-1}p_0v_0\left[1-\left(\frac{p_1}{p_0}\right)^{\frac{\kappa-1}{\kappa}}\right] \tag{2-11}$$

则

$$c_{1t}=\sqrt{\frac{2\kappa}{\kappa-1}p_0v_0\left[1-\left(\frac{p_1}{p_0}\right)^{\frac{\kappa-1}{\kappa}}\right]+c_0^2}$$

$$=\sqrt{\frac{2\kappa}{\kappa-1}p_0^*v_0^*\left[1-\left(\frac{p_1}{p_0^*}\right)^{\frac{\kappa-1}{\kappa}}\right]}$$

$$=\sqrt{\frac{2\kappa}{\kappa-1}p_0^* v_0^*(1-\varepsilon_n^{\frac{\kappa-1}{\kappa}})} \tag{2-12}$$

$$\varepsilon_n=\frac{p_1}{p_0^*}$$

式中：ε_n 为喷嘴压力比。

由式（2-12）可以看出，当蒸汽初参数一定时，随着蒸汽压力 p_1 的降低，汽流速度增加，蒸汽热能转换为动能。

（2）喷嘴出口汽流的实际速度。蒸汽在喷嘴中流动时产生摩擦、涡流等损失，使蒸汽出口速度降低，同时摩擦又加热蒸汽本身，使蒸汽出口比焓值升高，如图 2-1 中的 1 点所示，热力过程线变为 0-1 线。要精确计算喷嘴中的各项损失比较困难，因此求喷嘴出口汽流的实际速度不是通过求损失的办法进行的，而是用理想速度乘以系数来求取，即

$$c_1=\varphi c_{1t}=\varphi\sqrt{2\Delta h_n^*} \tag{2-13}$$

式中：φ 为喷嘴速度系数，反映喷嘴损失的多少。

喷嘴损失为蒸汽在喷嘴中流动时的动能损失，用 $\Delta h_{n\xi}$ 表示

$$\Delta h_{n\xi}=\frac{c_{1t}^2}{2}-\frac{c_1^2}{2}=\frac{c_{1t}^2}{2}(1-\varphi^2)=(1-\varphi^2)\Delta h_n^* \tag{2-14}$$

$$\xi_n=\frac{\Delta h_{n\xi}}{\Delta h_n^*}=1-\varphi^2 \tag{2-15}$$

式中：ξ_n 为喷嘴的能量损失系数。

系数 φ 的大小主要与喷嘴表面粗糙度、喷嘴高度、汽道形状以及通道前后压力比等因素有关。由于影响 φ 的因素多而复杂，难以用理论计算精确求得，故喷嘴速度系数 φ 通常由试验方法求得。图 2-2 是根据试验结果绘制的渐缩喷嘴的速度系数 φ 随喷嘴高度 l_n 变化的曲线。由图可见，φ 随喷嘴高度 l_n 的减小而减小。当喷嘴高度小于 12～15mm 时，φ 急剧下降。因此为了减小喷嘴损失，喷嘴高度应大于 15mm。图中上面一条线对应的喷嘴宽度 B_n=55mm，下面一条线对应的喷嘴宽度 B_n=80mm，由图可知，宽度小时损失小，因此在强度允许的条件下，应尽量采用宽度较小的窄喷嘴，以增大 φ 值。

渐缩喷嘴 φ 值一般在 0.95～0.98 范围内，为计算方便，一般取 φ=0.97，而把其中与高度有关的损失抽出来另用经验公式计算。

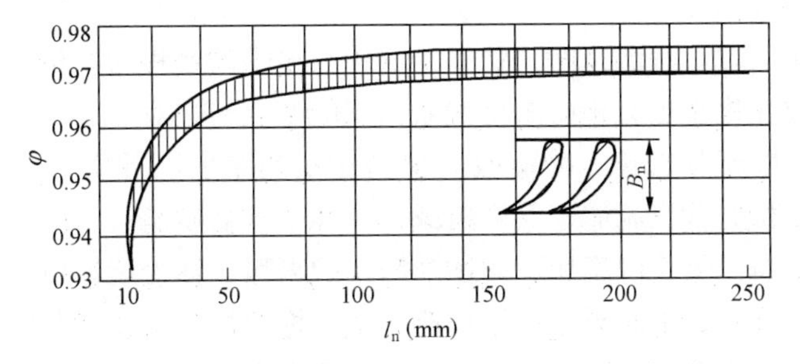

图 2-2　渐缩喷嘴速度系数 φ 随喷嘴高度 l_n 的变化曲线

（3）临界速度和临界压力。气体声速 $\alpha=\sqrt{\kappa pv}=\sqrt{\kappa RT}$。理想气体的等熵指数 κ 和气体常数 R 是不变的，所以声速正比于热力学温度 T 的平方根，将随着温度的降低而降低。

蒸汽在喷嘴中膨胀时，由于压力、温度不断降低，汽流速度逐渐增加，而声速逐渐降低，因此会出现在某一截面上汽流速度等于当地声速的临界状态，此时汽流所处的状态参数称为临界参数，用 p_{cr}、c_{cr}等表示。与当地声速相等的汽流速度称为临界速度，临界速度 c_{cr}可由如下方法求得。

由式（2 - 11），得

$$\frac{\kappa}{\kappa-1}p_0v_0+\frac{c_0^2}{2}=\frac{\kappa}{\kappa-1}pv+\frac{c^2}{2}=\frac{\kappa}{\kappa-1}p_0^*v_0^*$$

将 $\alpha=\sqrt{\kappa pv}$ 代入上式，则有

$$\frac{c^2}{2}+\frac{\alpha^2}{\kappa-1}=\frac{(\alpha_0^*)^2}{\kappa-1} \tag{2 - 16}$$

式中：α_0^* 为滞止状态参数对应的声速。

当 $c=c_{cr}=\alpha$ 时，式（2 - 16）为

$$\frac{\kappa+1}{\kappa-1}\frac{c_{cr}^2}{2}=\frac{(\alpha_0^*)^2}{\kappa-1}$$

$$c_{cr}=\sqrt{\frac{2}{\kappa+1}}\alpha_0^*=\sqrt{\frac{2\kappa}{\kappa+1}p_0^*v_0^*}=\sqrt{\kappa p_{cr}v_{cr}} \tag{2 - 17}$$

由式（2 - 17）可知，当流体性质一定时，临界速度的大小只与初始参数 p_0^*、v_0^* 有关，与过程中是否有损失无关。

由式

$$c_{cr}=\sqrt{\frac{2\kappa}{\kappa+1}p_0^*v_0^*}=\sqrt{\kappa p_{cr}v_{cr}}$$

可得

$$\frac{p_{cr}}{p_0^*}=\frac{2}{\kappa+1}\frac{v_0^*}{v_{cr}}$$

对于等熵过程有

$$p_0^*(v_0^*)^\kappa=p_{cr}(v_{cr})^\kappa$$

带入上式得

$$\varepsilon_{cr}=\frac{p_{cr}}{p_0^*}=\left(\frac{2}{\kappa+1}\right)^{\frac{\kappa}{\kappa-1}}$$

式中：ε_{cr}为临界压力比，它是汽流达到声速时的压力（临界压力）与滞止压力 p_0^* 之比。它仅与蒸汽性质有关。对过热蒸汽，$\kappa=1.3$，则 $\varepsilon_{cr}\approx0.546$；对于干饱和蒸汽，$\kappa=1.135$，则 $\varepsilon_{cr}=0.577$。

3. 喷嘴截面的变化规律

蒸汽在喷嘴中流动时，汽流速度、状态的变化与喷嘴截面积的变化有关，因此在喷嘴中获得一定的汽流参数变化必须有相应的喷嘴截面积的变化与之对应。

为使蒸汽在喷嘴中膨胀加速，喷嘴截面积的变化规律是：当喷嘴内汽流为亚声速流动时，汽流通道的截面积随着汽流加速而逐渐减小，称为渐缩喷嘴；当喷嘴内汽流为超声速流动时，汽流通道的截面积随着汽流加速而逐渐增大的喷嘴，称为渐扩喷嘴；当喷嘴内汽流速度等于当地声速时，喷嘴的截面积达到最小值，通常称为临界截面或喉部截面；要使汽流在喷嘴中从亚声速连续加速至超声速，则汽流通道的截面积沿汽流方向的变化应为渐缩变为渐扩，呈缩放形，这种喷嘴称为缩放喷嘴或拉伐尔喷嘴。亚声速汽流先在渐缩部分中加速，到喉部达到声速，然后在渐扩部分呈超声速汽流进一步加速。

图 2 - 3 绘出了蒸汽在喷嘴中各项参数沿汽流通道的变化规律。图中汽流速度 c_1 线与 α

线的交点即为临界点，此时的参数为临界参数。

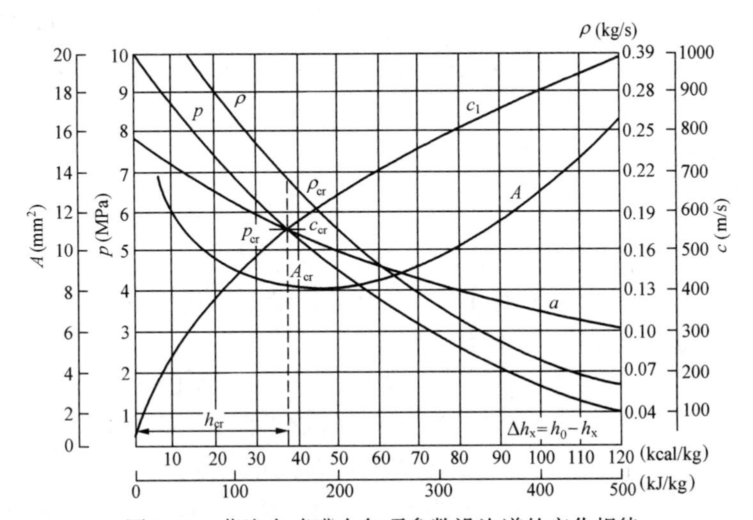

图 2-3　蒸汽在喷嘴中各项参数沿汽道的变化规律

h_0—喷嘴进口蒸汽比焓；h_x—喷嘴汽道中某一截面处的比焓

4. 通过喷嘴的蒸汽流量

(1) 流过喷嘴的理想流量。流经喷嘴的蒸汽流量可根据连续方程求得。在稳定流动中，流经任一截面的流量相同，因此可选取任意一截面来计算，但通常取最小截面或出口截面(对渐缩喷嘴两者为同一截面)。

通过喷嘴的理想流量 G_t 为

$$G_t = A_n \frac{c_{1t}}{v_{1t}} \tag{2-18}$$

式中：A_n 为喷嘴出口面积，m^2；c_{1t}为喷嘴出口理想速度，m/s；v_{1t}为喷嘴出口理想比体积，m^3/kg。

将式

$$c_{1t} = \sqrt{\frac{2\kappa}{\kappa-1} p_0^* v_0^* \left[1 - \left(\frac{p_1}{p_0^*}\right)^{\frac{\kappa-1}{\kappa}}\right]}$$

$$\frac{1}{v_{1t}} = \frac{1}{v_0^*}\left(\frac{p_1}{p_0^*}\right)^{\frac{1}{\kappa}}$$

带入式（2-18）得

$$G_t = A_n \sqrt{\frac{2\kappa}{\kappa-1} \frac{p_0^*}{v_0^*} \left(\varepsilon_n^{\frac{2}{\kappa}} - \varepsilon_n^{\frac{\kappa+1}{\kappa}}\right)} \tag{2-19}$$

令$\frac{dG}{d\varepsilon_n}=0$ 可求得通过喷嘴最大流量时的 ε_n 值为

$$\varepsilon_n = \left(\frac{2}{\kappa+1}\right)^{\frac{\kappa}{\kappa-1}} = \varepsilon_{cr} \tag{2-20}$$

由式（2-20）可知，当压力比 ε_n 等于临界压力比 ε_{cr}时，通过喷嘴的流量达到最大值，称为临界流量 $(G_t)_{cr}$，将 ε_{cr}的表达式代入式（2-19），得

$$(G_t)_{cr} = A_n \sqrt{\kappa \left(\frac{2}{\kappa+1}\right)^{\frac{\kappa+1}{\kappa-1}} p_0^* / v_0^*} = \lambda A_n \sqrt{p_0^* / v_0^*} \tag{2-21}$$

$$\lambda=\sqrt{\kappa\left(\frac{2}{\kappa+1}\right)^{\frac{\kappa+1}{\kappa-1}}}$$

式中：λ 仅与蒸汽性质有关，对于过热蒸汽 $\kappa=1.3$，$\lambda=0.667$；对于干饱和蒸汽 $\kappa=1.135$，$\lambda=0.635$；对于湿蒸汽 $\kappa=1.035+0.1x$，所以 λ 值也随干度 x 的变化而变化。

将 λ 值代入式（2 - 21）中，则有

对过热蒸汽 $$(G_t)_{cr}=0.667A_n\sqrt{p_0^*/v_0^*} \tag{2-22}$$

对饱和蒸汽 $$(G_t)_{cr}=0.635A_n\sqrt{p_0^*/v_0^*} \tag{2-23}$$

上述公式说明，对于一定的喷嘴和蒸汽，临界流量只与蒸汽的初参数有关，它随初压 p_0^* 的升高而增加，随初比体积 v_0^* 的增加而减小。

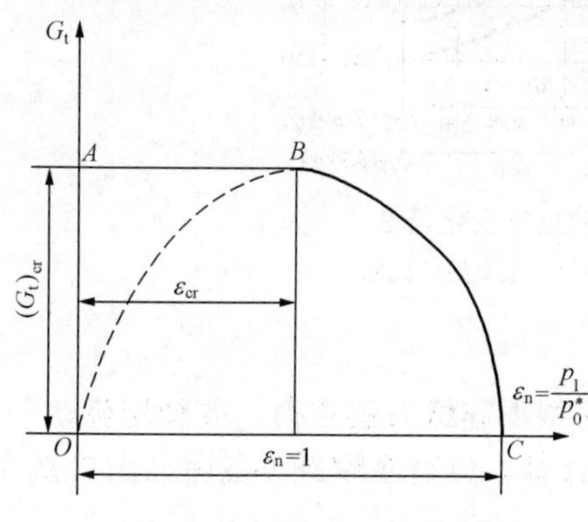

图 2 - 4　渐缩喷嘴的流量曲线

将式（2 - 19）中的 G_t 和 ε_n 绘成曲线，如图 2 - 4 中的 OBC 曲线所示。当 $\varepsilon_n=1$ 时，$G_t=0$；随着 ε_n 的逐渐减小，流量 G_t 沿着 CB 线逐渐增加，当 $\varepsilon_n=\varepsilon_{cr}$时，$G_t=(G_t)_{cr}$；继续减小 ε_n 时，按式（2 - 19）的关系，流量应沿 BO 线逐渐减小，但这不符合实际，事实上当汽流在喷嘴最小截面上达临界时，由于该截面上的汽流速度及蒸汽参数都达到临界状态，且不随背压进一步降低而变化，因此流过喷嘴的流量保持临界值不变，如图 2 - 4 中的 AB 线所示。因此喷嘴流量 G_t 与压力比 ε_n 的真实关系为曲线 ABC。

（2）流过喷嘴的实际流量。实际流动过程中由于存在着损失，因此流过喷嘴的实际流量不等于理想流量，实际流量 G 为

$$G=A_n\frac{c_1}{v_1}=A_n\frac{\varphi c_{1t}}{v_1}\frac{v_{1t}}{v_{1t}}=\varphi\frac{v_{1t}}{v_1}G_t=\mu_nG_t \tag{2-24}$$

令 $\mu_n=\varphi\frac{v_{1t}}{v_1}$，则

$$G=\mu_nG_t \tag{2-25}$$

式中：μ_n 为喷嘴的流量系数，是实际流量与理想流量之比。

流量系数与速度系数及理想比体积与实际比体积的比值有关，影响流量系数的因素很多，很难用理论方法准确计算，通常用实验方法求得。

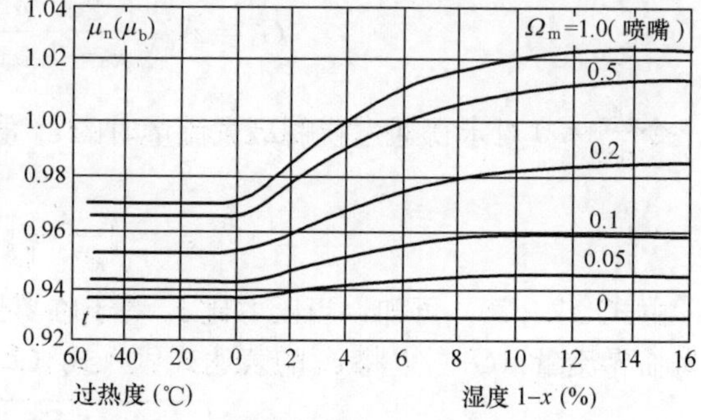

图 2 - 5　喷嘴和动叶的流量系数曲线

图 2 - 5 是根据试验得到的喷嘴和动叶的流量系数曲线。由图 2 - 5 可知，当喷嘴在过热蒸汽区工作时，由于喷嘴损失转变成的热量加热了蒸汽本身，使实际比体积 v_1 大于理想比体积 v_{1t}，$\frac{v_{1t}}{v_1}<1$，所以 $\mu_n<\varphi$，$\mu_n<1$，由于在此区域内喷嘴损失所引起的比体积变化较小，可认为 $\mu_n\approx\varphi=$

0.97。当喷嘴在湿蒸汽区工作时，由于蒸汽通过喷嘴的时间很短，有一部分应凝结成水珠的饱和蒸汽来不及凝结，未能放出汽化潜热，产生了凝结滞后的“过冷”现象，即蒸汽没有获得这部分蒸汽凝结时所放出的汽化潜热，而使蒸汽温度较低，使蒸汽的实际比体积小于理想比体积，即$\frac{v_{1t}}{v_1}>1$，于是可能出现实际流量大于理想流量的情况，通常取$\mu_n=1.02$。

考虑了流量系数后，实际临界流量G_{cr}为

$$G_{cr}=\mu_n(G_t)_{cr}$$

过热蒸汽　$$G_{cr}=0.647A_n\sqrt{p_0^*/v_0^*}\quad(\mu_n=0.97)\tag{2-26}$$

饱和蒸汽　$$G_{cr}=0.648A_n\sqrt{p_0^*/v_0^*}\quad(\mu_n=1.02)\tag{2-27}$$

式中：G_{cr}为通过喷嘴的临界流量，kg/s；A_n为喷嘴出口面积，缩放喷嘴为喉部面积，m^2；p_0^*为喷嘴前滞止状态的蒸汽压力，Pa；v_0^*为喷嘴前滞止状态的蒸汽比体积，m^3/kg。

由于以上两式近似相等，因此，在实际使用时，无论是过热蒸汽还是饱和蒸汽，均用下式计算

$$G_{cr}=0.648A_n\sqrt{p_0^*/v_0^*}\tag{2-28}$$

（3）彭台门系数。通过喷嘴的流量G与同一初始状态下的临界流量G_{cr}之比，即$\beta=G/G_{cr}$，称为彭台门系数，有

$$\beta=\frac{G}{G_{cr}}=\frac{G_t}{(G_t)_{cr}}=\sqrt{\frac{\frac{2}{\kappa-1}\left(\varepsilon_n^{\frac{2}{\kappa}}-\varepsilon_n^{\frac{\kappa+1}{\kappa}}\right)}{\left(\frac{2}{\kappa+1}\right)^{\frac{\kappa+1}{\kappa-1}}}}\tag{2-29}$$

由式（2-29）可知，β值的大小只与压力比ε_n和等熵指数κ有关。当κ值一定时，在亚临界条件下，β值仅与ε_n有关，且$\beta<1$；而在临界和超临界的条件下，因喷嘴流量保持临界流量，因此$\beta=1$，与ε_n无关。

通常将β与ε_n的关系绘成曲线，如图2-6所示，计算时根据ε_n在图上查得β值，然后利用下式计算通过喷嘴的实际流量

$$G=\beta G_{cr}=0.648\beta A_n\sqrt{p_0^*/v_0^*}\tag{2-30}$$

无论喷嘴中是否达到临界，式（2-30）都适用，计算时不须先判断喷嘴中的流动是否达到临界。

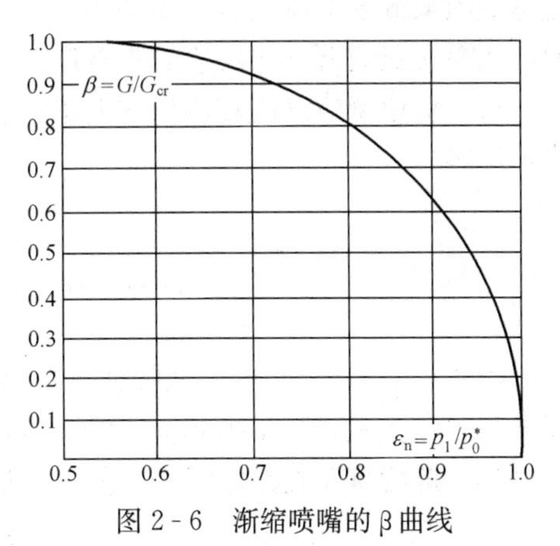

图2-6　渐缩喷嘴的β曲线

5. 蒸汽在喷嘴斜切部分的流动

在汽轮机中为了使从喷嘴出来的蒸汽顺利地进入动叶栅，要求喷嘴出口蒸汽流动方向倾斜于动叶片的旋转平面，为了保证喷嘴出口对汽流的良好导向作用，在喷嘴出口处均具有一段斜切部分，如图2-7中ABC所示。这种带斜切部分的喷嘴，称为斜切喷嘴。

（1）蒸汽在喷嘴斜切部分的膨胀。

1）渐缩斜切喷嘴中，当压力比大于或等于临界压力比即$\varepsilon_n\geqslant\varepsilon_{cr}$时，喷嘴喉部截面$AB$上的压力与喷嘴的背压$p_1$相等，这时汽流只在喷嘴的渐缩部分中膨胀，而在斜切部分中不

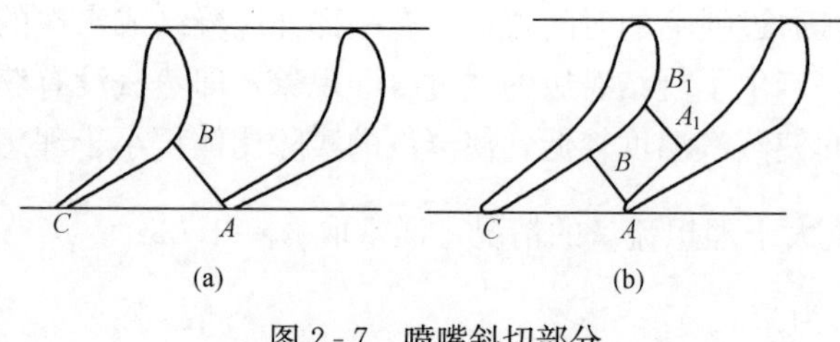

图 2-7　喷嘴斜切部分

(a) 渐缩喷嘴；(b) 缩放喷嘴

膨胀，$c_1 \leqslant c_{cr}$，斜切部分只起导向作用，对汽流速度的大小和方向都没有影响。此时流出喷嘴的汽流方向与动叶运动方向成一角度 α_1，称为喷嘴的出汽角。喷嘴的平均出汽角近似按下式计算

$$\alpha_1 = \arcsin\left(\frac{AB}{BC}\right) = \arcsin\left(\frac{AB}{t_n}\right) \tag{2-31}$$

式中：AB 为喷嘴喉部截面宽度（自 A 至相邻叶片背弧的垂直距离）；t_n 为喷嘴的节距（相邻两叶片相应点间的周向距离）。

2）渐缩斜切喷嘴中，当 $\varepsilon_n < \varepsilon_{cr}$ 时，喷嘴喉部截面 AB 上保持临界状态，压力等于临界压力 p_{cr}，速度等于临界速度 c_{cr}；在斜切部分中，蒸汽从 AB 截面上的临界压力 p_{cr} 膨胀到背压 p_1，使出口速度大于声速。

由图 2-8（a）可知，A 点的汽流压力由临界压力突然降低到喷嘴出口处压力 p_1，因此 A 点是一个扰动源，自 A 点产生的膨胀波在汽流中传播，斜切部分形成以 A 点为中心的膨胀区，并从 A 点产生一组特性线，即等压线，如图 2-8（a）中虚线所示。AB 是一组特性线的第一条，AE 是最后一条，随着喷嘴出口压力的降低，斜切部分的膨胀程度增大，最后一条特性线向出口方向移动。在 A 点汽流的压力由 p_{cr} 突然降到 p_1，所以沿假想的 AD 段压力都为 p_1，但由 B 到 C，汽流的压力是逐渐由 p_{cr} 到 p_1 的，因此汽流两面的压力不相等，汽流在此压差作用下向 AD 侧偏转一角度 δ_1，称为汽流偏转角，汽流以（$\alpha_1 + \delta_1$）角从喷嘴中流出。

3）缩放喷嘴中［见图 2-8（c）］，A_1B_1 是喉部截面、AB 是出口截面，AB 截面上所能达到的最低压力就是设计压力 p_{ca}，$p_{ca} < p_{cr}$，所以只有在喷嘴背压 p_1 低于设计压力 p_{ca} 时，汽流在斜切部分才发生膨胀并产生偏转。

（2）斜切部分汽流偏转角的近似计算。汽流在喷嘴斜切部分中的偏转角可利用下式近似求出，即

$$\sin(\alpha_1 + \delta_1) \approx \frac{\left(\frac{2}{\kappa+1}\right)^{\frac{1}{\kappa-1}} \sqrt{\frac{\kappa-1}{\kappa+1}}}{\varepsilon_n^{\frac{1}{\kappa}} \sqrt{1 - \varepsilon_n^{\frac{\kappa-1}{\kappa}}}} \sin\alpha_1 \tag{2-32}$$

由式（2-32）可知，只要已知喷嘴压力比 ε_n，蒸汽等熵过程指数 κ 及喷嘴出汽角 α_1，就可求出汽流在喷嘴斜切部分的偏转角 δ_1。

（3）斜切部分的膨胀极限。蒸汽在喷嘴的斜切部分所能膨胀到的最低压力称为极限压力 p_{1d}，此时的压力比称极限压力比 $\varepsilon_{1d} = \frac{p_{1d}}{p_0^*}$。在极限膨胀时，最后一根特性线与喷嘴出口边 AC 重合。如果喷嘴后的压力低于 p_{1d}，则斜切部分出口截面处的压力始终维持 p_{1d}，并引起汽流在出口外膨胀，造成附加的能量损失，即

$$\varepsilon_{1d} = \frac{p_{1d}}{p_0^*} = \left(\frac{2}{\kappa+1}\right)^{\frac{1}{\kappa-1}} (\sin\alpha_1)^{\frac{2\kappa}{\kappa+1}} \tag{2-33}$$

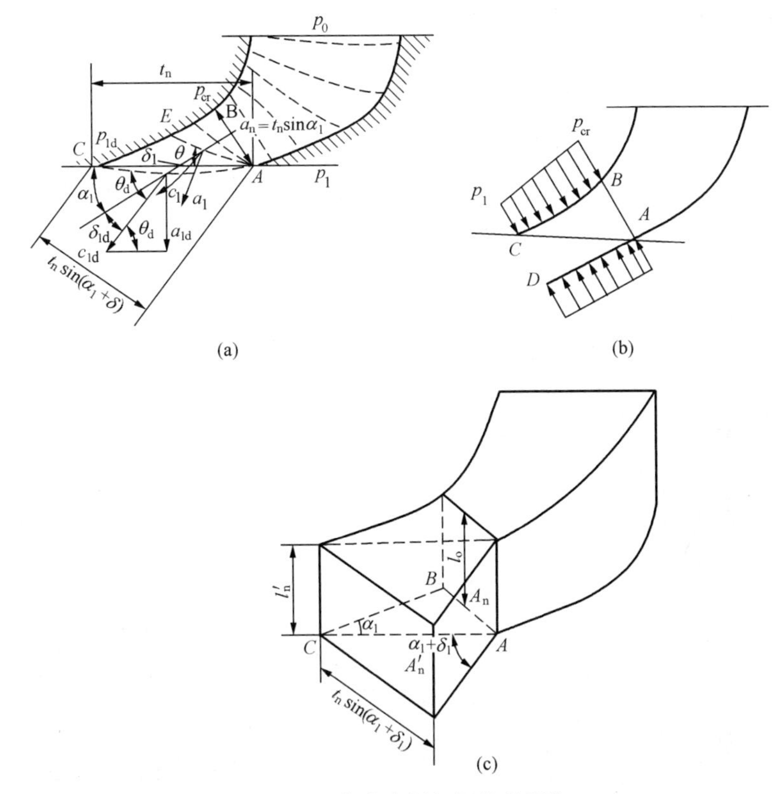

图 2-8　蒸汽在斜切部分的膨胀

(a) 斜切部分内汽流的偏转；(b) 斜切部分两侧压力分布情况；(c) 喷嘴斜切部分的立体示意

Δh_b^*—动叶滞止理想比焓降；Δh_b—动叶理想比焓降

$$p_{1d} = \varepsilon_{cr}(\sin\alpha_1)^{\frac{2\kappa}{\kappa+1}} p_0^* \tag{2-34}$$

式 (2-33) 说明，对一定的汽流，ε_{1d}只与 α_1 角有关，并随着 α_1 角的增大而增大。若将 $\varepsilon_n = \varepsilon_{1d}$代入式 (2-32) 中，可求得相应的极限偏转角 δ_{1d}。

以上讨论的蒸汽在喷嘴斜切部分中膨胀的理论，对动叶通道的斜切部分同样适用。

(三) 蒸汽在动叶通道中的流动

动叶通道的形状与喷嘴相似，不同之处是动叶本身以圆周速度 $\vec{u}$旋转，因此动叶可看成旋转的喷嘴，只要把喷嘴的蒸汽参数换为动叶的相对参数，前面讨论蒸汽在喷嘴中流动时的概念及公式都可以用在动叶上。动叶栅研究的重点是蒸汽运动速度的变化及能量转换过程。

1. 蒸汽在动叶通道中的热力过程

图 2-9 所示为蒸汽在动叶通道中的热力过程，图中 1 点为动叶通道前蒸汽实际状态点，此点比焓值为 h_1，速度为 w_1，压力为 p_1。1^* 点为动叶通道前蒸汽的滞止状态点，即将 w_1 滞止到零的状态。若蒸汽在动叶中的流动是等熵的，则热力过程为 1-2t，出口比焓值为 h_{2t}，若流动为有损失的绝热过程，则热力过程线为 1-2，出口比焓值为 h_2。

2. 动叶速度三角形

对不同的参考坐标，同一股汽流速度的大小和方向是不同的。相对于静止的喷嘴汽流速度为绝对速度 $\vec{c}$，相对具有圆周速度 $\vec{u}$的动叶片汽流速度为相对速度 $\vec{w}$，动叶的圆周速度 $\vec{u}$

为汽流的牵连速度。由力学可知它们之间的关系为

$$\vec{c}=\vec{w}+\vec{u}$$

上式各量之间，可绘出矢量三角形，这种三角形称为速度三角形。

(1) 动叶进口速度三角形。动叶通道进口速度三角形如图 2 - 10 所示。该速度三角形中，绝对速度 c_1 的大小和方向角 α_1 ［或 $(\alpha_1+\delta_1)$ ］在喷嘴计算中均已求出。动叶片圆周速度 u 可由下式计算

$$u=\frac{n\pi d_b}{60}$$

式中：n 为汽轮机的转速，r/min；d_b 为动叶栅的平均直径，m。

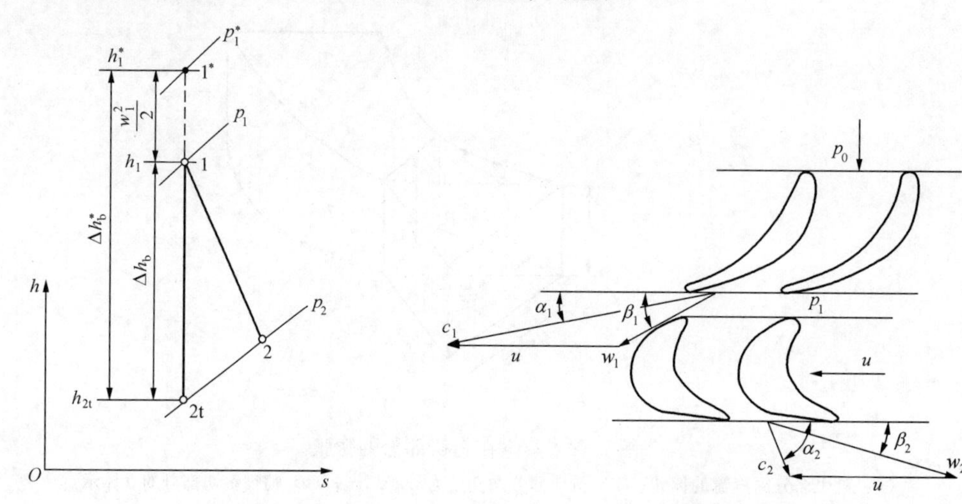

图 2 - 9 蒸汽在动叶通道中的热力过程　　图 2 - 10 动叶通道进口速度三角形

c_1、α_1、u 确定后，可求出动叶栅进口汽流相对速度的大小和方向

$$w_1=\sqrt{c_1^2+u^2-2uc_1\cos\alpha_1} \tag{2-35}$$

$$\beta_1=\arcsin\frac{c_1\sin\alpha_1}{w_1}=\arctan\frac{c_1\sin\alpha_1}{c_1\cos\alpha_1-u} \tag{2-36}$$

为了使汽流顺利地进入动叶栅而不发生碰撞，动叶栅的几何进口角 β_{1g} 应等于进汽角 β_1。

(2) 动叶出口速度三角形。在动叶通道出口处由相对速度 $\vec{w}_2$、绝对速度 $\vec{c}_2$ 和圆周速度 $\vec{u}$ 组成出口速度三角形，如图 2 - 10 所示。

若蒸汽在动叶栅中的流动为等熵过程，动叶栅出口的汽流理想相对速度为 w_{2t}，则能量方程式为

$$h_1+\frac{w_1^2}{2}=h_{2t}+\frac{w_{2t}^2}{2} \tag{2-37}$$

得

$$w_{2t}=\sqrt{2(h_1-h_{2t})+w_1^2}=\sqrt{2\Omega_m\Delta h_t^*+w_1^2}=\sqrt{2\Delta h_b^*} \tag{2-38}$$

动叶栅出口实际相对速度 w_2 为

$$w_2=\psi w_{2t}=\psi\sqrt{2\Delta h_b^*} \tag{2-39}$$

式中：ψ 为动叶速度系数，考虑实际速度与理想速度之间的差别。

动叶速度系数 ψ 与叶型、叶高、反动度及表面粗糙度等因素有关，叶高、反动度对其

影响尤其大。在热力计算中为了方便，一般将 ψ 值中随动叶高度 l_b 变化的有关损失取出和喷嘴一起作为级的叶高损失，而 ψ 值中仅考虑随反动度 Ω_m 及汽流速度 w_{2t} 的变化，并绘制成曲线，如图 2-11 所示。通常取 $\psi=0.85\sim0.95$。

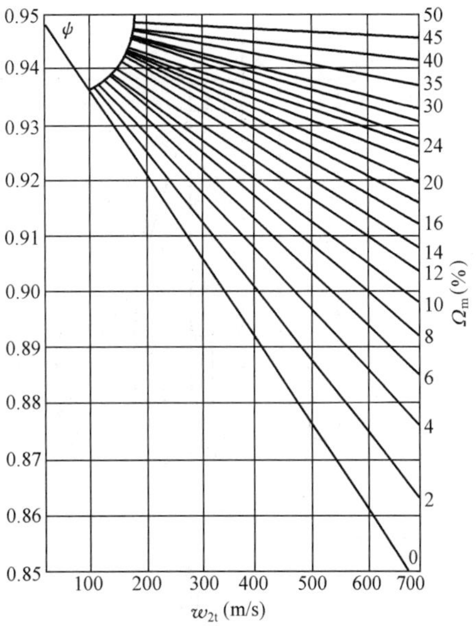

相对速度 w_2 与叶轮旋转平面之间的夹角 β_2 称为动叶栅的出汽角，对于冲动级，β_2 常比 β_1 小 $3^\circ\sim10^\circ$。

蒸汽流出动叶栅的绝对速度 $\vec{c}_2$ 的大小和方向角 α_2 可由下式求出

$$c_2=\sqrt{w_2^2+u^2-2uw_2\cos\beta_2} \tag{2-40}$$

$$\alpha_2=\arcsin\frac{w_2\sin\beta_2}{c_2}=\arctan\frac{w_2\sin\beta_2}{w_2\cos\beta_2-u} \tag{2-41}$$

为了使用方便，常将动叶栅进出口速度三角形绘制在一起，如图 2-12 所示。

图 2-11　动叶速度系数 ψ 与 Ω_m 和 w_{2t} 的关系曲线

(3) 蒸汽在动叶中的流动损失。蒸汽在动叶栅中的动能损失称为动叶损失。在绝热条件下，损失的动能又转变为热量加热蒸汽本身，使动叶出口蒸汽的比焓值由 h_{2t} 增加到 h_2（见图 2-9）。动叶损失 $\Delta h_{b\xi}$ 可表示为

$$\Delta h_{b\xi}=\frac{1}{2}(w_{2t}^2-w_2^2)=(1-\psi^2)\frac{w_{2t}^2}{2}=(1-\psi^2)\Delta h_b \tag{2-42}$$

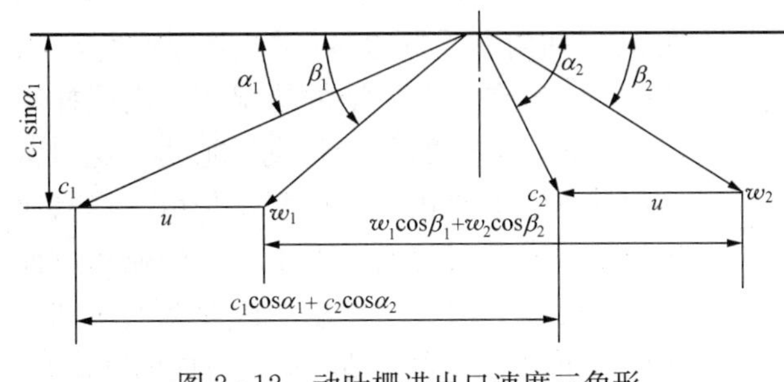

图 2-12　动叶栅进出口速度三角形

蒸汽在动叶栅中做功后，以绝对速度 c_2 离开动叶栅，这部分动能 $\Delta h_{c2}=\frac{c_2^2}{2}$ 在动叶栅中没有转变为机械功，成为这一级的损失，称为余速损失。

在多数汽轮机中，大多数级的余速动能可能被下级部分或全部利用。通常用余速利用系数 μ 来表示余速动能被利用的程度，$\mu=0\sim1$。以 μ_0 表示上级余速动能在本级被利用的程度，μ_1 表示本级余速动能被下一级利用的程度，本级被下一级利用的余速能量为 $\mu_1\Delta h_{c2}$，损失的余速能量为 $(1-\mu_1)\Delta h_{c2}$，但对本级而言，这两部分都未做功。

（四）级的热力过程线

只考虑喷嘴损失、动叶损失和余速损失，不考虑级内其他损失时，余速被利用后级的热力过程线如图 2-13 所示。

二、级的轮周功率及轮周效率

（一）蒸汽作用在动叶片上的力

在动叶对汽流的反作用力 F_b' 和动叶通道两侧压差 (p_1-p_2) 的作用下，蒸汽在弯曲的

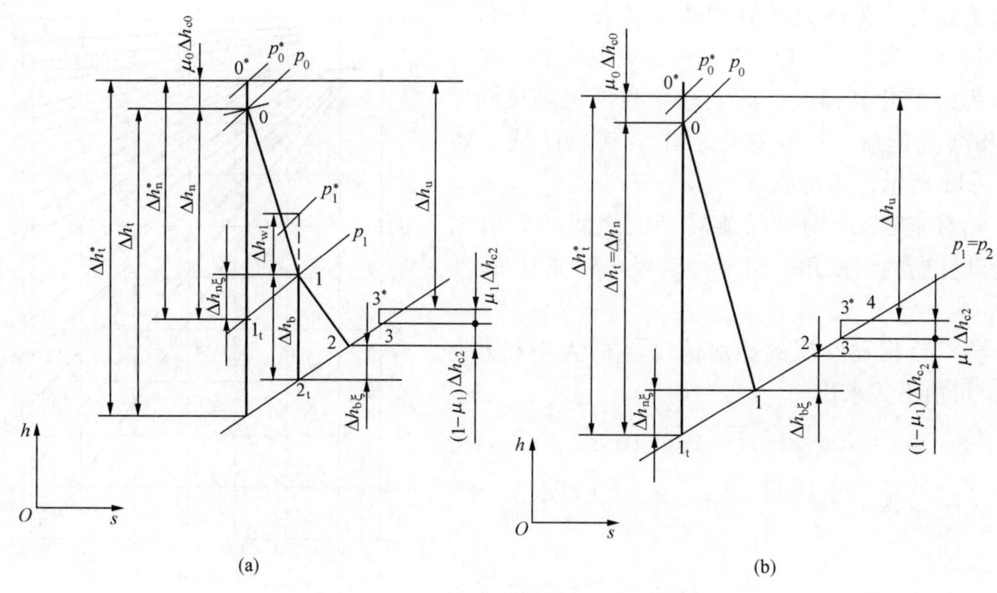

图 2-13 余速被利用后级的热力过程线

(a) 带反动度的冲动级；(b) 纯冲动级

动叶通道内转向加速。根据牛顿第三定律，蒸汽作用在动叶上的力 F_b 与动叶对汽流的反作用力 F'_b 大小相等，方向相反。为求解方便，首先求出动叶对蒸汽的反作用力，然后就得到蒸汽对动叶的作用力。

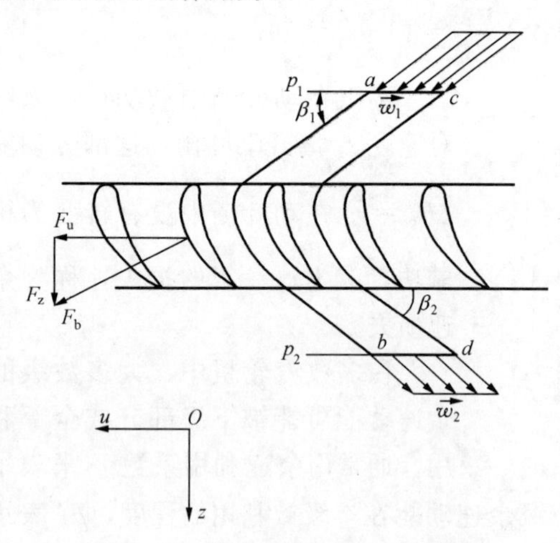

图 2-14 蒸汽流过动叶通道的情况

蒸汽流过动叶通道的情况如图 2-14 所示，在平面 ac 和 bd 上，汽流参数均匀分布。假设在 δt 时间内有质量为 δm 的蒸汽以速度 $\vec{w}_1$ 流入动叶通道，在稳定流动的情况下，则同样的蒸汽质量 δm 以速度 $\vec{w}_2$ 流出动叶通道。这时蒸汽的动量发生了变化，这种变化是由于蒸汽所受到的作用力而引起的。由于蒸汽的流动方向与动叶的运动方向成一角度，因此蒸汽对动叶的作用力可以分解为沿动叶运动方向的圆周力 F_u 和与动叶运动方向垂直的轴向力 F_z。圆周力是对动叶片做功的力，此力越大，汽轮机的功率越大；轴向力只能对叶轮产生轴向推力而不做功，为了减小推力轴承的负担，要求它越小越好。

作用在蒸汽上的力有动叶的反作用力和汽道两侧的压力差，而在轮周方向仅有动叶的反作用力。设 F'_u 为动叶片作用于汽流上的圆周力，F'_z 为动叶片作用于汽流上的轴向分力，则根据动量定律，汽流在周向 u 方向的动量方程为

$$F'_u\delta t=\delta m(w_{2u}-w_{1u})=\delta m(-w_2\cos\beta_2-w_1\cos\beta_1)$$

或

$$F'_u=\frac{\delta m}{\delta t}(-w_2\cos\beta_2-w_1\cos\beta_1) \tag{2-43}$$

令 $G=\dfrac{\delta m}{\delta t}$ 为单位时间流过的蒸汽质量，则蒸汽对动叶片所作用的力为

$$F_u=-F'_u=G(w_1\cos\beta_1+w_2\cos\beta_2) \tag{2-44}$$

根据速度三角形可知，$w_1\cos\beta_1+w_2\cos\beta_2=c_1\cos\alpha_1+c_2\cos\alpha_2$，带入上式得

$$F_u=G(c_1\cos\alpha_1+c_2\cos\alpha_2) \tag{2-45}$$

汽流在轴向的动量方程为

$$[F'_z+A_z(p_1-p_2)]\delta t=\delta m(w_2\sin\beta_2-w_1\sin\beta_1)$$

或

$$F'_z=\frac{\delta m}{\delta t}(w_2\sin\beta_2-\sin\beta_1)-A_z(p_1-p_2) \tag{2-46}$$

蒸汽作用于动叶上的轴向力 F_z 为

$$F_z=-F'_z=G(w_1\sin\beta_1-w_2\sin\beta_2)+A_2(p_1-p_2) \tag{2-47}$$

或

$$F_z=G(c_1\sin\alpha_1-c_2\sin\alpha_2)+A_z(p_1-p_2) \tag{2-48}$$

其中，A_z 为动叶通道的轴向投影面积。

蒸汽对动叶片的总作用力 F_b 为

$$F_b=\sqrt{F_u^2+F_z^2} \tag{2-49}$$

（二）级的轮周功率

单位时间内圆周力 F_u 在动叶片上所做的功称为轮周功率，可用下式求出

$$P_u=F_u u=Gu(c_1\cos\alpha_1+c_2\cos\alpha_2) \tag{2-50}$$

或

$$P_u=Gu(w_1\cos\beta_1+w_2\cos\beta_2) \tag{2-51}$$

在动叶片的进出口速度三角形中，根据余弦定理有

$$w_1^2=c_1^2+u^2-2uc_1\cos\alpha_1$$

$$w_2^2=c_2^2+u^2+2uc_2\cos\alpha_2$$

将 $uc_1\cos\alpha_1$ 和 $uc_2\cos\alpha_2$ 代入式（2-50）中，得到轮周功率的另一种表达形式，即

$$P_u=\frac{G}{2}[(c_1^2-c_2^2)+(w_2^2-w_1^2)] \tag{2-52}$$

单位质量（1kg）蒸汽所做的功为轮周功，或称为级的做功能力，用 P_{u1} 表示。

$$P_{u1}=u(c_1\cos\alpha_1+c_2\cos\alpha_2) \tag{2-53}$$

或

$$P_{u1}=u(w_1\cos\beta_1+w_2\cos\beta_2) \tag{2-54}$$

或

$$P_{u1}=\frac{1}{2}[(c_1^2-c_2^2)+(w_2^2-w_1^2)] \tag{2-55}$$

式（2-55）中，$\frac{1}{2}c_1^2$ 为 1kg 蒸汽带入动叶通道的动能；$\frac{1}{2}c_2^2$ 为 1kg 蒸汽带出动叶通道的动能；$\frac{1}{2}$（$w_2^2-w_1^2$）为 1kg 蒸汽在动叶通道中因理想比焓降 Δh_b 而造成的实际动能的变化。每千克蒸汽所做的功为以上各项能量的代数和。

图 2-13 中，Δh_u 为级的轮周有效比焓降，它是用比焓降表示的 1kg 蒸汽所做的轮周功，可由能量平衡方程式求得

$$\begin{aligned}\Delta h_u&=\mu_0\frac{c_0^2}{2}+\Delta h_t-\Delta h_{n\xi}-\Delta h_{b\xi}-\Delta h_{c2}\\&=\Delta h_t^*-\Delta h_{n\xi}-\Delta h_{b\xi}-\Delta h_{c2}\end{aligned} \tag{2-56}$$

(三) 级的轮周效率

蒸汽在级内所作的轮周功 P_{u1} 与该级消耗的蒸汽理想能量(级的理想能量)E_0 之比称为汽轮机级的轮周效率,用 η_u 表示,即

$$\eta_u = \frac{P_{u1}}{E_0} \tag{2-57}$$

级的理想能量包括上一级余速动能在本级被利用的部分 $\mu_0 \frac{c_0^2}{2}$ 和本级的理想比焓降 Δh_t,再减去被下级所利用的本级余速动能 $\mu_1 \frac{c_2^2}{2}$;因 $\mu_1 \frac{c_2^2}{2}$ 被下一级利用了,因此应从本级中扣除,算到下一级的理想能量中,即

$$E_0 = \mu_0 \frac{c_0^2}{2} + \Delta h_t - \mu_1 \frac{c_2^2}{2} = \Delta h_t^* - \mu_1 \frac{c_2^2}{2} \tag{2-58}$$

令 $\Delta h_t^* = \Delta h_n^* + \Delta h_b = \frac{c_a^2}{2}$,$c_a$ 称为级的理想速度,它是假定级的滞止比焓降 Δh_t^* 全部在喷嘴中降落所获得的理想速度。于是轮周效率表示为

$$\eta_u = \frac{2u(c_1\cos\alpha_1 + c_2\cos\alpha_2)}{c_a^2 - \mu_1 c_2^2} \tag{2-59}$$

用能量平衡的方式表示的轮周效率为

$$\begin{aligned}\eta_u &= \frac{\Delta h_u}{E_0} = \frac{\Delta h_t^* - \Delta h_{n\xi}^* - \Delta h_{b\xi}^* - \Delta h_{c2}^*}{E_0} \\ &= \frac{E_0 - \Delta h_{b\xi}^* - \Delta h_{b\xi}^* - (1-\mu_1)\Delta h_{c2}^*}{E_0}\end{aligned} \tag{2-60}$$

令 $\zeta_n = \frac{\Delta h_{n\xi}}{E_0}$,$\zeta_b = \frac{\Delta h_{b\xi}}{E_0}$,$\zeta_{c2} = \frac{\Delta h_{c2}}{E_0}$,则

$$\eta_u = 1 - \zeta_n - \zeta_b - (1-\mu_1)\zeta_{c2} \tag{2-61}$$

式中:ζ_n、ζ_b、ζ_{c2} 为喷嘴损失系数、动叶损失系数、余速损失系数。

轮周效率是衡量汽轮机级工作经济性的一个重要指标,应尽可能提高其值,由式(2-61)可知,轮周效率取决于 ζ_n、ζ_b、ζ_{c2} 三项损失系数和余速利用系数 μ_1,减小这三项损失系数和提高 μ_1,就能够提高轮周效率。喷嘴和动叶的叶型选定后,φ 和 ψ 值基本上就确定了,则影响轮周效率的主要因素是余速损失系数 ζ_{c2} 和余速利用系数 μ_1,为此提高轮周效率可以从减小动叶出口绝对速度 c_2 和提高余速利用系数 μ_1 两方面入手。

(四) 速比及其与轮周效率的关系

轮周速度 u 与喷嘴出口汽流速度 c_1 之比称为速度比,简称速比,用 x_1 表示,即

$$x_1 = \frac{u}{c_1}$$

速比对轮周效率的大小影响很大;此外,它还影响着级的做功能力,所以它是汽轮机级的一个非常重要的特性参数。下面将根据不同级的特点,分析速比对轮周效率的影响,并确定对应于轮周效率最高时的速比。

1. 纯冲动级的速比与轮周效率的关系

(1) 余速不被利用。对于纯冲动级,$\Omega_m = 0$,$\Delta h_b = 0$,所以 $w_{2t} = w_1$,即 $w_2 = \psi w_{2t} =$

ψw_1，$c_a = c_{1t}$。若不利用上一级余速，本级的余速也不被下一级利用，则 $\mu_0 = \mu_1 = 0$，于是式（2-59）可化为

$$\eta_u = \frac{2u(c_1\cos\alpha_1 + c_2\cos\alpha_2)}{c_{1t}^2} = \frac{2u(w_1\cos\beta_1 + w_2\cos\beta_2)}{c_{1t}^2} = \frac{2u}{c_{1t}^2}w_1\cos\beta_1\left(1+\psi\frac{\cos\beta_2}{\cos\beta_1}\right) \tag{2-62}$$

将 $w_1\cos\beta_1 = c_1\cos\alpha_1 - u$ 和 $c_1 = \varphi c_{1t}$ 及 $x_1 = u/c_1$ 代入式（2-62）得

$$\eta_u = 2\varphi^2 x_1(\cos\alpha_1 - x_1)\left(1+\psi\frac{\cos\beta_2}{\cos\beta_1}\right) \tag{2-63}$$

由式（2-63）可看出，速度系数 φ 和 ψ 越大，轮周效率也就越高，因此应尽量改善叶栅的气动特性以提高速度系数 φ 和 ψ。此外，减小 α_1 和 β_2 也可以提高轮周效率，但过分减小 α_1 和 β_2，由于汽道的弯曲程度增大，流动恶化，φ 和 ψ 值便下降，反而使轮周效率降低。叶型一经选定，φ 和 ψ、α_1 和 β_2 的数值也基本确定，这样轮周效率只随速比 x_1 的变化而变化。

将式（2-63）中 x_1 与 η_u 的关系绘制成曲线，如图 2-15 所示，此曲线称为轮周效率曲线。

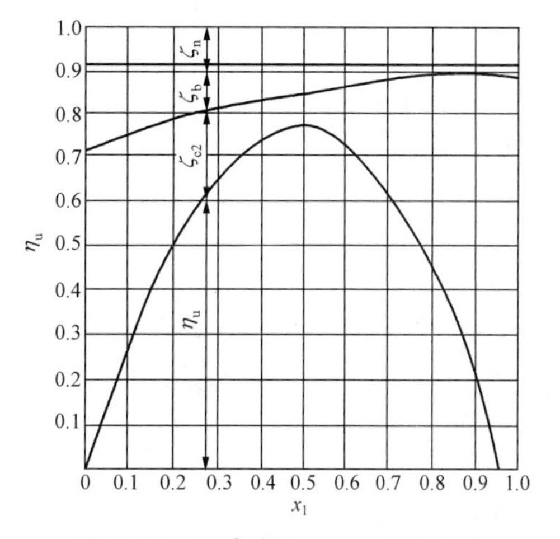

图 2-15　纯冲动级 x_1-η_u 关系曲线

从式（2-63）可以看出，当 $x_1 = 0$ 时，即 $u = 0$，轮周效率等于零；当 $x_1 = \cos\alpha_1$ 时，即 $u = c_1\cos\alpha_1$，则 $\beta_1 = 0$，对于纯冲动级，$\beta_2 = \beta_1$，故 $\beta_2 = 0$ 汽流作用在动叶片上的圆周力等于零，轮周效率也为零。因此 x_1 在由 0 连续变化到 $\cos\alpha_1$ 的过程中，必然存在一个使轮周效率达最大值的速度比，称为最佳速比，用 $(x_1)_{op}^{im}$ 表示。

最佳速比可以用对函数求极值的方法求得。对式（2-63）中 x_1 求导，并令导数为零，即

$$\frac{\partial \eta_u}{\partial x_1} = 2\varphi^2\left(1+\psi\frac{\cos\beta_2}{\cos\beta_1}\right)(\cos\alpha_1 - 2x_1) = 0$$

由于 $2\varphi^2\left(1+\psi\dfrac{\cos\beta_2}{\cos\beta_1}\right) \neq 0$，因此只有 $\cos\alpha_1 - 2x_1 = 0$，于是

$$(x_1)_{op}^{im} = \frac{\cos\alpha_1}{2} \tag{2-64}$$

在汽轮机中，一般 $\alpha_1 = 10° \sim 20°$，因此纯冲动级的最佳速比 $(x_1)_{op}^{im} = 0.47 \sim 0.49$。

下面用速度三角形分析纯冲动级最佳速比。对于纯动级，有 $\beta_1 \approx \beta_2$，$w_2 \approx w_1$。在相同的 α_1 和 c_1 下取不同的 u 可作出如图 2-16 所示的不同速度三角形。为便于分析，将出口速度三角形反向和进口速度三角形画在一起。由图 2-16 可见，当 $u/c_1 = \cos\alpha_1/2$ 时，$\alpha_2 = 90°$，c_2 达到最小值。由此可见，最佳速比就是使动叶出口绝对速度 c_2 的方向角为 90°（即

轴向排汽），从而使 c_2 值最小，η_u 最高时的速比。

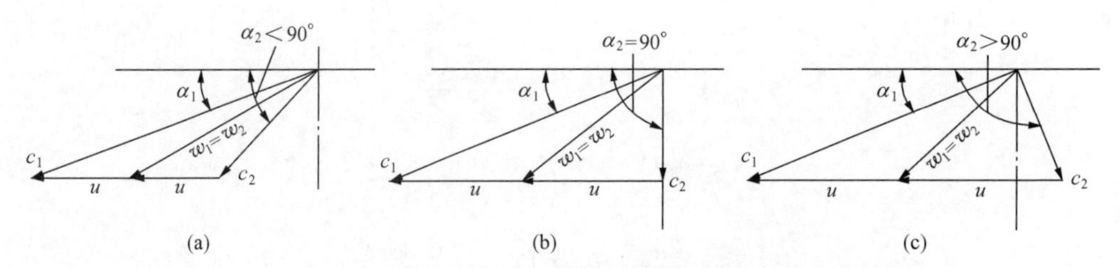

图 2-16 不同速比下纯冲动级的速度三角形

(a) $\alpha_2<90°$；(b) $\alpha_2=90°$；(c) $\alpha_2>90°$

在汽轮机的设计和试验研究中，由于 c_1 为未知，或因喷嘴与动叶之间间隙很小，不易测得，故在实用中往往采用 $x_a=u/c_a$ 来代替 x_1，x_a 称为假想速比。x_a 与 x_1 的关系为

$$x_a=x_1\varphi\sqrt{1-\Omega_m} \tag{2-65}$$

对于纯冲动级 $\Omega_m=0$，则 $x_a=\varphi x_1$，因此在式（2-63）中，若用 x_a 代替 x_1，则变为

$$\eta_u=2x_a(\varphi\cos\alpha_1-x_a)(1+\psi)$$

对应的最佳速比为

$$(x_a)_{op}^{im}=\frac{1}{2}\varphi\cos\alpha_1$$

若 $\varphi=0.97$，$\alpha_1=11°\sim20°$，则 $(x_a)_{op}^{im}=0.476\sim0.456$。

（2）余速被利用。余速利用后，μ_0 和 μ_1 不等于零，此时轮周效率可表示为

$$\eta_u=\frac{2u(c_1\cos\alpha_1+c_2\cos\alpha_2)}{c_a^2-\mu_1c_2^2}$$

根据纯冲动级 $c_1=\varphi c_a$，$w_2=\psi w_1$，$\beta_1=\beta_2$，并利用动叶速度三角形的关系，经代换可得

$$\eta_u=\frac{2x_a(\varphi\cos\alpha_1-x_a)(1+\psi)}{1-\mu_1[\varphi^2\psi^2+x_a^2(1+\psi)^2-2x_a\varphi\psi(1+\psi)\cos\alpha_1]} \tag{2-66}$$

将式（2-66）对 x_a 求一阶偏导数，并令其为零，则可得到最佳速比为

$$(x_a)_{op}^{im}=k-\sqrt{k(k-\varphi\cos\alpha_1)} \tag{2-67}$$

其中

$$k=\frac{1-\mu_1\varphi^2\psi^2}{\mu_1\varphi(1-\psi^2)\cos\alpha_1}$$

为了比较余速利用和不利用两种情况下假想速比 x_a 对轮周效率 η_u 的影响，取 φ、ψ、α_1 为常用数值，根据式（2-66）绘出 $\mu_1=1$ 和 $\mu_1=0$ 时的 η_u 与 x_a 的关系曲线，如图 2-17 所示。由图 2-17 可知：

1）余速利用提高了级的轮周效率。因此在多级汽轮机设计时，应尽量充分利用各级余速。

2）余速利用使效率曲线在最大值附近变化较平稳。这是因为 x_a 对轮周效率的影响主要是通过对余速损失 Δh_{c2} 的影响表现出来的，由于 x_a 偏离最佳值使 c_2 和 Δh_{c2} 增大，所以轮周效率降低，但在余速动能被利用时，c_2 的大小就不再影响轮周效率，x_a 的变化只能通过对其他参数的影响而影响轮周效率，因此 x_a 对 η_u 的影响就减弱了。

由于余速利用时轮周效率曲线顶部比较平坦，速比在一定范围内偏离最佳值时不会引起效率的明显下降，因此稍微降低一点效率便可较大地降低 x_a，而在级的直径一定时，降低

x_a将使 c_a 和 Δh_t^* 增大，即提高了级的做功能力。

3）余速利用使最佳速比值增大。这是因为轮周效率所考虑的三项损失系数 ζ_n、ζ_b、ζ_{c2} 中，喷嘴损失系数 ζ_n 不随 x_a 的变化而变化，而余速被利用，所以效率的变化主要取决于动叶损失的变化。因 w_1 随着 u 的增加而减小，动叶损失系数 ζ_b 随着 x_a 的增加而逐渐减小，因此轮周效率随着 x_a 的增加而逐渐提高。

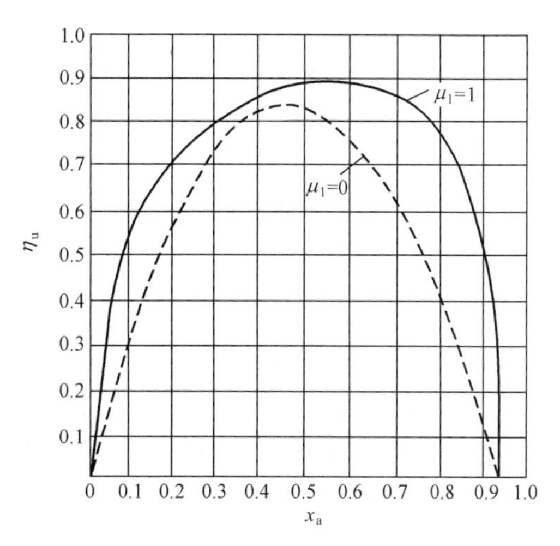

图 2-17　纯冲动级在不同的余速利用情况下轮周效率和速比的关系曲线

2. 反动级的速比与轮周效率的关系

在反动级中，$\Omega_m=0.5$，$\Delta h_n \approx \Delta h_b \approx \frac{1}{2}\Delta h_t$，蒸汽在喷嘴叶栅和动叶栅中汽流的流动情况基本上是一样的，喷嘴叶型和动叶叶型相同。因此，$\alpha_1=\beta_2$，$\varphi=\psi$，若余速全部被利用，即 $\mu_0=\mu_1=1$，则 $c_1=w_2$，$c_2=w_1$，$\beta_1=\alpha_2$。将以上关系代入 η_u 的计算式中，经变换得反动级的轮周效率为

$$\eta_u=\frac{c_1^2-c_2^2+w_2^2-w_1^2}{c_{1t}^2+w_{2t}^2-w_1^2-c_2^2}=\frac{1}{1+\dfrac{\dfrac{1}{\varphi^2}-1}{x_1(2\cos\alpha_1-x_1)}} \tag{2-68}$$

为了得到 η_u 的最大值，必须使式（2-68）中 $x_1(2\cos\alpha_1-x_1)$ 最大。令

$$\frac{\mathrm{d}x_1(2\cos\alpha_1-x_1)}{\mathrm{d}x_1}=0$$

得到最佳速比为

$$(x_1)_{op}^{re}=\left(\frac{u}{c_1}\right)_{op}^{re}=\cos\alpha_1 \tag{2-69}$$

利用 c_a 和 c_1 的关系求得 c_a 和 x_1 的关系式及最佳理想速比

$$x_a=\frac{x_1}{\sqrt{x_1(2\cos\alpha_1-x_1)+\dfrac{2}{\varphi^2}-1}} \tag{2-70}$$

$$(x_a)_{op}^{re}=\frac{\cos\alpha_1}{\sqrt{\cos^2\alpha_1+\dfrac{2}{\varphi^2}-1}} \tag{2-71}$$

若取 $\varphi=\psi=0.93$，$\alpha_1=20°$，则 $(x_a)_{op}^{re}=0.635$，$(x_1)_{op}^{re}=0.94$。

用速度三角形也可分析反动级的最佳速比。根据反动级的特点，画出动叶速度三角形，如图 2-18 所示，只有当 $u=c_1\cos\alpha_1$ 时，α_2 才等于 90°，c_2 才达到最小值，此时 $\left(\frac{u}{c_1}\right)_{op}^{re}=(x_1)_{op}^{re}=\cos\alpha_1$。

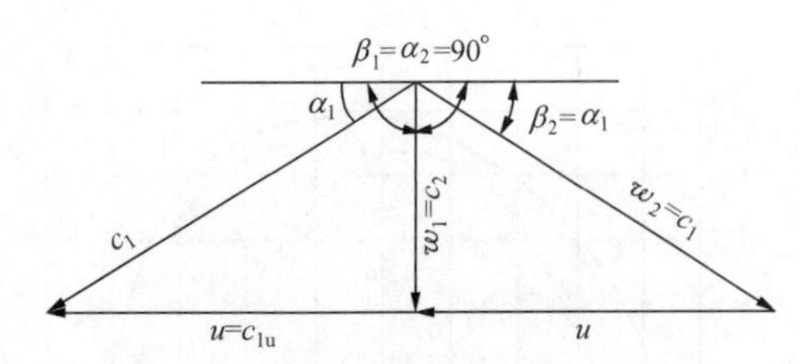

图 2-18 反动级最佳速比下的速度三角形

反动级的轮周效率 η_u 与速比 x_1、x_a 的关系曲线（$\varphi=\psi=0.93$，$\alpha_1=20°$）如图 2-19 所示。由图 2-19 可知，反动级轮周效率曲线在最大值附近变化也是比较平缓的，速比在一定范围内偏离最佳值时不会引起效率的明显下降。

3. 带反动度冲动级的速比与轮周效率的关系

对于不同反动度 Ω_m 的冲动级，其最佳速比 $(x_1)_{op}$在不同的余速利用系数 μ 下随Ω_m 的变化规律，如图 2-20 所示。该图曲线是在 $\varphi=0.96$、$\psi=0.86$ 和 $\alpha_1=14°$时作出的。当 φ、ψ 和 α_1 变化时，图中曲线的规律不会变。带反动度冲动级的最佳速比是随反动度的增大而增大的，而余速不利用（$\mu=0$）比余速利用（$\mu>0$）的级增大幅度快得多。

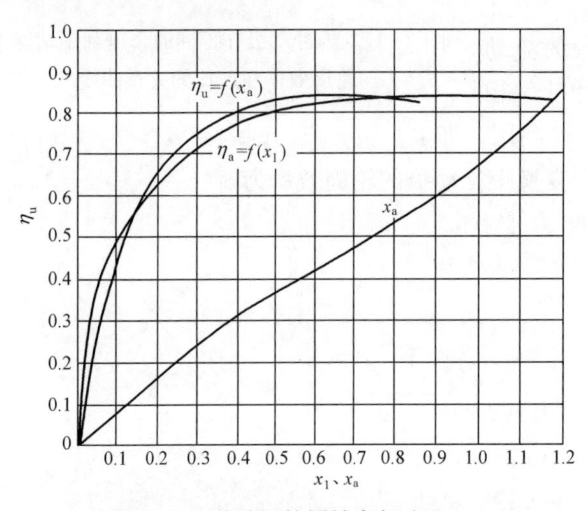

图 2-19 反动级轮周效率与速比 x_1、x_a 的关系曲线

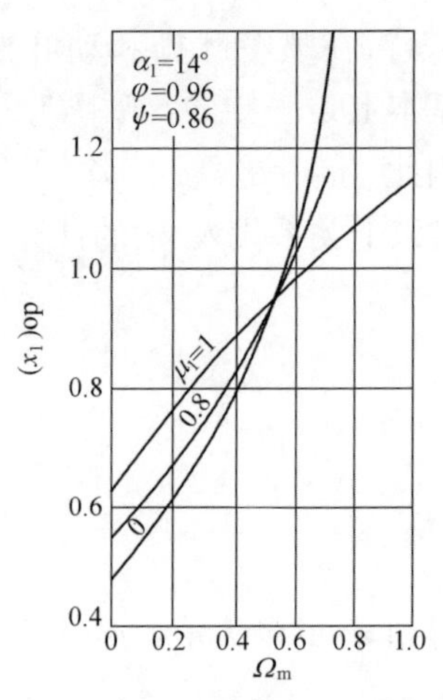

图 2-20 最佳速度比与反动度和余速利用系数的关系

4. 纯冲动级与反动级的比较

（1）最佳速比下做功能力的比较。当 α_1、φ 及 u 相同时，在各自的最佳速比下纯冲动级与反动级做功能力之比为

$$\frac{(x_1)_{op}^{im}}{(x_1)_{op}^{re}}=\frac{(u/c_1)^{im}}{(u/c_1)^{re}}=\frac{\sqrt{\Delta h_t^{re}/2}}{\sqrt{\Delta h_t^{im}}}=\frac{\cos\alpha_1/2}{\cos\alpha_1}=\frac{1}{2}$$

$$\Delta h_t^{re}:\Delta h_t^{im}=1:2 \tag{2-72}$$

式（2-72）说明，反动级的比焓降比纯冲动级小一半，若全机的理想比焓降相同，则反动式汽轮机的级数要比冲动式汽轮机多一倍。为了减少反动式汽轮机的级数，设计时常选用小于最佳速比的速比值，这样既不会使反动级的效率下降许多（见图 2-19，反动级轮周效率曲线在最大值附近变化比较平缓），又提高了级的做功能力，减少了汽轮机的级数。

（2）轮周效率的比较。在各自的最佳速比下，反动级的轮周效率高于纯冲动级，这是由于蒸汽在反动级的动叶片中有膨胀，动叶损失较小。另外，反动级的级间间隙小，余速被下一级所利用程度高，使级的效率有所提高。

三、级的内功率和内效率

（一）级内损失

汽轮机级内能量转换过程中，与能量转换有直接联系的损失称为汽轮机的级内损失。级内损失除了喷嘴损失、动叶损失和余速损失外，还有扇形损失、叶轮摩擦损失、部分进汽损失、漏汽损失、湿汽损失等。需要说明的是，并不是每级都同时存在着这些损失，如在全周进汽的级中就不存在部分进汽损失；在非湿蒸汽区里工作的级不会产生湿汽损失等。

这些损失将消耗一部分有用功，使级的效率下降，为了提高汽轮机的效率，必须了解这些损失产生的原因以及减小这些损失所采用的方法。下面对各项损失分别进行介绍（余速损失已在前面进行讨论，因此这里不再介绍）。

1. 喷嘴损失 $\Delta h_{n\xi}$ 和动叶损失 $\Delta h_{b\xi}$

蒸汽在喷嘴和动叶通道中的流动损失，包括叶型损失、叶端损失和冲波损失。

（1）叶型损失。叶片的横截面形状称为叶型，其周线称为型线。叶型损失是指蒸汽流过叶型表面时所产生的能量损失，由附面层中的摩擦损失、附面层分离时的涡流损失及尾迹损失组成。

1）附面层中的摩擦损失。具有黏滞性的蒸汽流经喷嘴和动叶通道时，在静叶和动叶叶型表面形成附面层。在附面层中汽流存在着速度差，产生内摩擦，形成损失。附面层厚度越大，损失越大，而附面层厚度主要与叶型表面粗糙度以及叶型表面压力分布有关，如果沿汽流前进方向压力降落很快，则汽流速度必定增加较快，加速汽流会使附面层的厚度减薄，摩擦损失减小。因此，在冲动级中采用一定反动度，使蒸汽流过动叶栅时相对速度增加，可以减小摩擦损失。减小汽流流经的表面积，可以减小摩擦阻力，因此应合理地减小叶栅中的叶片数并相应地增加相对节距 $\bar{t}$。

2）附面层分离时的涡流损失。当叶型表面的附面层增加到一定厚度时，就要出现停滞与倒流。这时，汽流质点离开背弧，造成附面层的分离，产生了涡流损失。叶型弯曲程度越大、正冲角越大时，越容易在叶片背弧造成附面层分离。反动式叶型由于蒸汽在流道内膨胀程度大，不易在背弧上形成脱离。

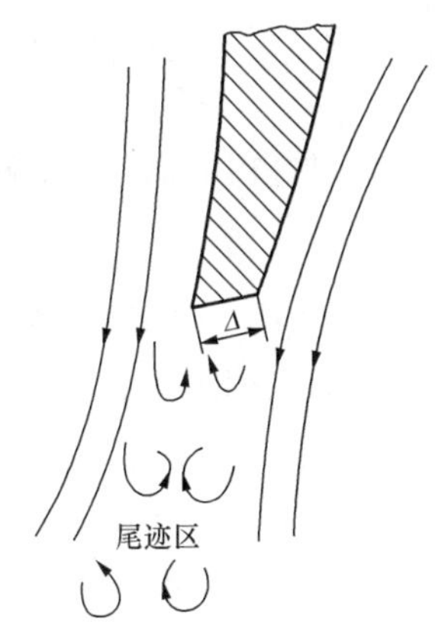

图 2-21　尾迹损失

3）尾迹损失。由于叶型出口边有一定的厚度Δ，沿叶片背面和腹面而来的两部分汽流不能立即汇合，因而在出口边之后形成涡流区（见图 2-21），称为尾迹。尾迹中蒸汽有旋转运动消耗部分动能。另外，尾迹中蒸汽与主汽流相互作用也消耗部分动能。尾迹中汽流的能量损失称为尾迹损失。试验表明，出口边厚度Δ越小，尾迹损失越小。叶栅通道喉部宽度增加，尾迹区减小，尾迹损失也减小。另外，叶栅的安装角、节距、进汽角、出汽角、出口形状等都对尾迹有影响。

（2）叶端损失。叶端损失是蒸汽流过叶栅通道时，在其通道的上下两个端面产生的能量损失。蒸汽流过叶栅通道时在上下两个端面也会形成附面层产生摩擦损失。另外，由于通道中叶片腹面上的压力大于背面上的压力，在通道内形成横向压力梯度，于是在两端面的附面层中产生汽流由腹面向背面的流动。根据连续流动条件，在靠近端面的附面层外的汽流产生由背面向腹面的横向补偿运动。这种在通道端部产生的汽流横向运动称为二次流。由于二次流的存在，两端面上的附面层流向叶片背面，与背面上沿主汽流方向形成的附面层混合并堆积成两个对称、方向相反的旋涡组成的涡流，如图2-22所示。由二次流引起的旋涡所产生的损失称为二次流损失。

在叶片通道中部，由于蒸汽流速大，叶片腹面与背面上的压力差被汽流的离心力所平衡，故不会形成二次流损失。

影响叶端损失的因素很多，如相对高度、叶型、叶栅的安装角、节距、进汽角等，其中最主要因素是相对高度 $\bar{l}=\dfrac{l}{b}$，当 $\bar{l}$ 大于某一值时，由于叶栅两端部旋涡对汽道中主汽流的影响不再增大，所以叶端损失的绝对值不再随 $\bar{l}$ 的增加而改变，因此 $\bar{l}$ 越大，叶端损失在总的损失中所占比重就越小。但当叶栅高度一定时，增大 $\bar{l}$ 就必须减小弦长 b，因此在强度允许的范围内，应尽量采用较窄的叶栅。

在短叶栅中叶端损失特别严重，为了减小这项损失，使叶栅斜切部分在高度上有少量的缩小，这样汽流在斜切部分略有加速，可减薄叶栅出口段背弧上的附面层，从而减小汽流向根部端面的流动，使根部的流动损失减小。

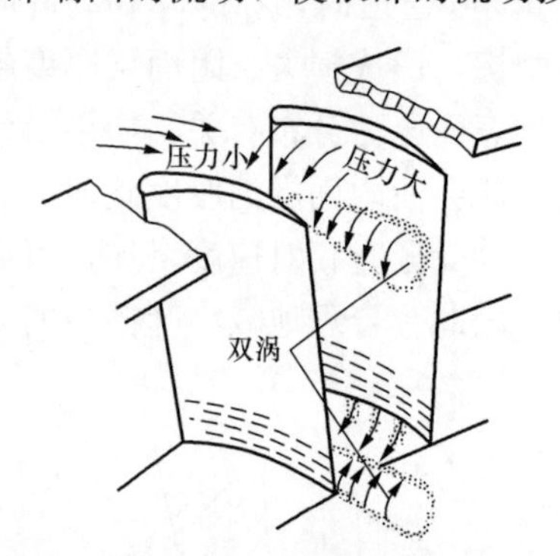

图2-22 叶栅中汽流的二次流损失

(3) 冲波损失。叶栅中汽流在跨声速和超声速范围内流动时可能会产生冲波，产生冲波时，汽流突然被压缩（即压力升高、流速降低）产生能量损失，冲波还会引起附面层加厚脱离，使叶型损失增加。

喷嘴损失和动叶损失的计算见式（2-14）和式（2-42）。为了计算方便，可以将叶端损失分出来单独计算，称为叶高损失。此时喷嘴损失和动叶损失的计算中 φ 和 ψ 取值不考虑叶片高度的影响，即 φ 取0.97，ψ 查图2-11得到。叶高损失 Δh_1 用半经验公式计算，即

$$\Delta h_1=\frac{a}{l}\Delta h_{\mathrm{u}} \tag{2-73}$$

式中：a 为系数，由试验确定，对单列级，$a=1.2$（未包括扇形损失），或 $a=1.6$（包括扇形损失），对双列级，$a=2$；Δh_{u} 为不包括叶高损失的轮周有效比焓降，$\Delta h_{\mathrm{u}}=\Delta h_{\mathrm{t}}^{*}-\Delta h_{\mathrm{n}\xi}-\Delta h_{\mathrm{b}\xi}-\Delta h_{\mathrm{c2}}$，kJ/kg；$l$ 为叶栅高度，对单列级为喷嘴高度，双列级为各列叶栅的平均高度，mm。

叶高损失也可用以下经验公式计算

$$\xi_1=\frac{a_1}{l_{\mathrm{n}}}x_{\mathrm{a}}^2$$

$$\Delta h_1=E_0\xi_1$$

式中：a_1 为系数，由试验确定，对单列级，$a_1=9.9$，对双列级，$a_1=27.6$；l_{n} 为喷嘴高度，mm；E_0 为级的理想能量，kJ/kg；x_{a} 为速比。

2. 扇形损失 Δh_θ

由于汽轮机的叶栅是环形布置的（见图2-23），因沿叶片高度汽流参数和叶栅的节距、进汽角等几何参数是变化的，叶片越高，变化越大。如果在设计时不考虑这种参数沿叶高的

变化，仍以平均直径 d_m 处的截面为基础选择最佳的叶栅节距及汽流角等参数，采用等截面的直叶片进行计算，则只能保证平均直径处截面的参数符合设计条件下的最佳值，其他截面上参数偏离设计值引起附加损失，叶片越长，偏离越大。这些附加损失统称为扇形损失 Δh_θ。其大小通常用下列半经验公式计算

$$\zeta_\theta = 0.7\left(\frac{l_b}{d_b}\right)^2$$

$$\Delta h_\theta = \zeta_\theta E_0 \tag{2-74}$$

式中：l_b 为动叶高度，m；d_b 为动叶栅的平均直径，m。

由式（2-74）可知，扇形损失的大小与径高比 $\theta=\frac{d_b}{l_b}$ 的平方成反比，θ 越小，扇形损失越大。当 $\theta>8\sim12$ 时（短叶片），可采用等截面直叶片，叶片设计加工比较方便，扇形损失也较小；当 $\theta<8\sim12$ 时（长叶片），应采用扭叶片，以减小扇形损失，但扭叶片比直叶片设计加工困难。

3. 叶轮摩擦损失 Δh_f

叶轮两侧充满着具有黏性的蒸汽，当叶轮旋转时带动这些蒸汽旋转，紧贴在叶轮侧面及外缘表面上的蒸汽速度与叶轮的圆周速度基本相等，而紧贴隔板壁和汽缸壁的蒸汽速度近似为零（见图 2-24），因此，在叶轮两侧及外缘的间隙中，蒸汽沿轴向形成速度差，从而形成了蒸汽微团之间以及蒸汽微团与叶轮之间的摩擦。克服这种摩擦和带动蒸汽质点运动，要消耗一部分轮周功。另外，由于紧靠叶轮两侧的蒸汽质点速度高，离心力大，产生向外的径向流动，而靠近隔板处的蒸汽质点由于速度小，离心力也小，因此向中心移动，填补叶轮处径向流动的蒸汽，于是在叶轮两侧形成了蒸汽涡流，消耗一部分轮周功，还使摩擦阻力增加。克服摩擦阻力和涡流所消耗的功叫叶轮摩擦损失。

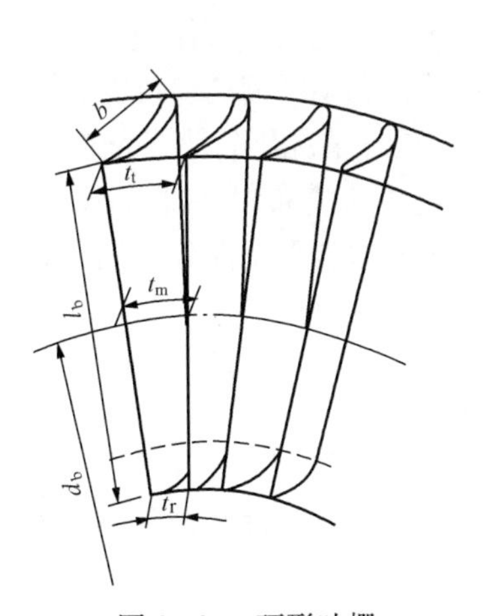

图 2-23　环形叶栅

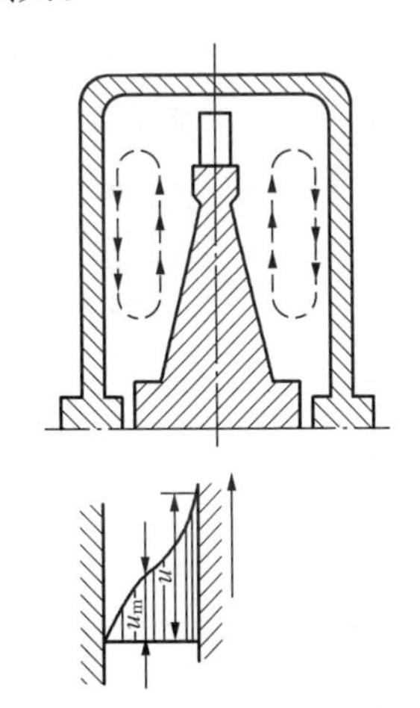

图 2-24　级汽室内的汽流速度分布

叶轮摩擦损失通常用经验公式计算，即

$$\Delta p_f = k_1\left(\frac{u}{100}\right)^3 d^2 \frac{1}{v} \tag{2-75}$$

式中：Δp_f 为摩擦损失所消耗的功率，kW；k_1 为经验系数，对过热蒸汽 $k_1=1.0$，对饱和蒸汽 $k_1=1.2\sim1.3$；u 为圆周速度，m/s；d 为级的平均直径，m；v 为汽室中蒸汽的平均

比体积，m^3/kg。

如果用热量单位 kJ/kg 表示叶轮摩擦损失，则

$$\Delta h_f = \frac{\Delta p_f}{G} \tag{2-76}$$

式中：G 为级的进汽量，kg/s。

还可用损失系数来表示叶轮摩擦损失，即

$$\zeta_f = \frac{\Delta h_f}{E_0} = \frac{\Delta p_f}{p_t} \approx k \frac{dx_a^3}{el_n \sin\alpha_1 \mu_n \sqrt{1-\Omega_m}} \tag{2-77}$$

式中：p_t 为级的理想功率；k 为试验系数。

由式（2-75）可知，影响叶轮摩擦损失的主要因素有圆周速度 u、蒸汽比体积 v 及级的平均直径 d。从汽轮机高压级到低压级，u、v、d 都增大，但 v 增大特别显著，对叶轮摩擦损失影响最大。在汽轮机的高压级中，由于比体积小，摩擦损失较大；低压级中由于比体积大，则摩擦损失较小。由式（2-77）可看出，叶轮摩擦损失系数与速比的三次方成正比，当 x_a 增大时，ζ_f 将急剧增大。

为了减少叶轮摩擦损失，设计时应尽量减小叶轮与隔板间腔室的容积，即减小叶轮与隔板间的轴向距离，制造上应尽可能降低叶轮的表面粗糙度。反动式汽轮机采用无叶轮的鼓形转子，因此无叶轮摩擦损失。

4. 部分进汽损失 Δh_e

将喷嘴布置在隔板（或蒸汽室）的整个圆周上，使蒸汽沿整个圆周进汽，这种进汽方式称为全周进汽。若将喷嘴布置在部分圆周上，使蒸汽沿部分圆弧进汽，这种进汽方式称为部分进汽，如图 2-25 所示。

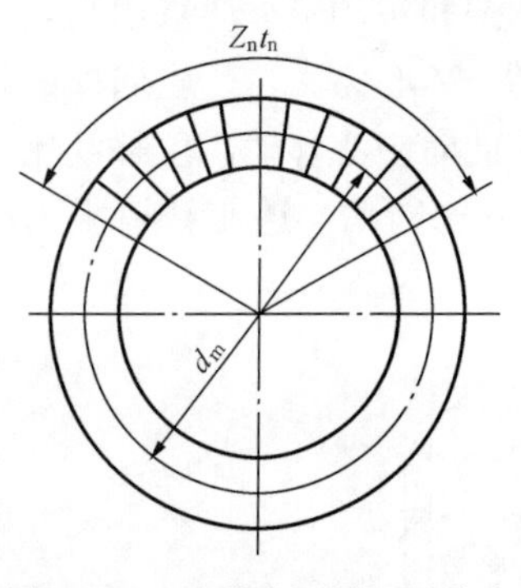

图 2-25 喷嘴在圆周上的分布

在某些高压级中，流过喷嘴的蒸汽体积流量过小，若仍采用全周进汽，则喷嘴叶栅和动叶栅高度可能会小于极限值 15mm，流动损失较大。这种情况下，为了增高喷嘴和动叶的高度，采用部分进汽，将喷嘴布置在部分圆周上。此外，调节级由于配汽方式的需要通常采用部分进汽。装有喷嘴的弧段长度 $Z_n t_n$ 与整个圆周长度 πd_m 的比值称为部分进汽度 e，即

$$e = \frac{Z_n t_n}{\pi d_m} \tag{2-78}$$

式中：Z_n 为喷嘴个数。

由于部分进汽而引起的能量损失称为部分进汽损失，只存在于部分进汽的级中，它由鼓风损失和斥汽损失两部分组成。

（1）鼓风损失 Δh_w。在部分进汽的级中，装有喷嘴的弧段称为工作弧段，不装喷嘴的弧段称为非工作弧段，鼓风损失发生在非工作弧段内。

部分进汽的级中，只有在工作弧段内有工作蒸汽通过动叶通道，在非工作弧段内无工作蒸汽通过，但在非工作弧段内的轴向间隙中充满了停滞的蒸汽。当动叶转到非工作弧段时，像鼓风机叶片那样，将停滞的蒸汽从一侧鼓到另一侧，消耗了一部分有用功，产生鼓风损失。由于在部分进汽级中动叶片是全周布置的，所以鼓风损失是连续存在的。鼓风损失 Δh_w

可用下列的经验公式计算，即

$$\Delta h_{w}=B_{e}\frac{1}{e}(1-e-0.5e_{c})E_{0}x_{a}^{3} \tag{2-79}$$

式中：e 为部分进汽度；e_c 为护罩所占弧长与整圆弧长之比；B_e 为与级型有关的系数，对单列级 $B_e=0.15$，对复速级 $B_e=0.55$。

部分进汽度 e 越小，鼓风损失越大，因此为了减小鼓风损失，应增加级的部分进汽度，但部分进汽度增大，叶片高度将减小，使喷嘴损失和动叶损失增加，因此在选用部分进汽度时应综合考虑，使这三项损失之和为最小。另外，采用护罩装置（见图 2-26），把处在不装喷嘴弧段部分的动叶两侧用护罩罩起来，此时叶片只对护罩内的蒸汽中有鼓风作用，减小了鼓风损失。

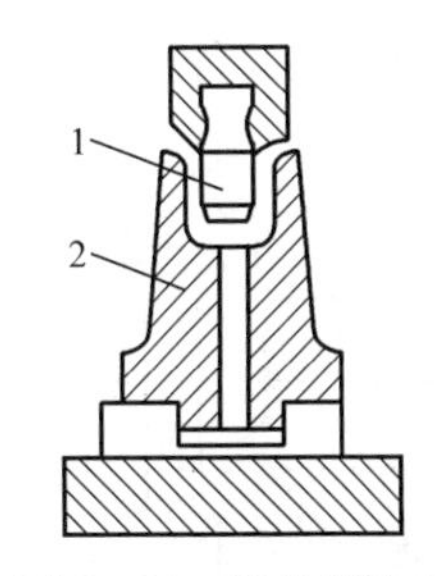

图 2-26 部分进汽时采用护罩的示意
1—叶片；2—护罩

(2) 斥汽损失 Δh_s。斥汽损失发生在部分进汽级装有喷嘴的弧段内。当工作叶片经过非工作弧段时，动叶通道内充满了停滞的蒸汽，而当带有停滞蒸汽的动叶汽道转到进汽弧段时，从喷嘴出来的汽流为了吹走和加速这部分停滞蒸汽，必然要消耗一部分动能。此外，由于叶轮高速旋转和压力差的作用，在喷嘴组出口端 A 点后的轴向间隙处将产生很大的漏汽，如图 2-27 所示；而在喷嘴组的进入端 B 处会出现抽吸现象，将一部分停滞蒸汽吸入动叶通道，扰乱了主汽流形成了损失。上述损失统称为斥汽损失 Δh_s，其大小可用下列经验公式计算，即

$$\xi_{s}=c_{s}\frac{1}{e}\frac{S_{n}}{d_{n}}x_{a} \tag{2-80}$$

$$\Delta h_{s}=\xi_{s}E_{0}$$

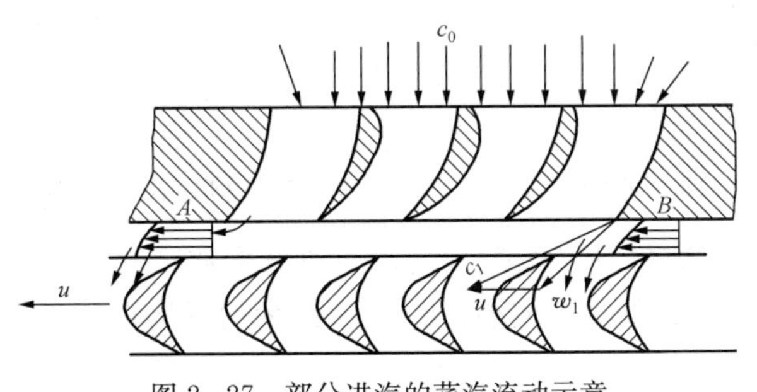

图 2-27 部分进汽的蒸汽流动示意

式中：S_n 为喷嘴的组数；d_n 为喷嘴叶栅的平均直径，m；c_s 为经验系数，与级的形式有关，对单列级，$c_s=0.012$，对复速级，$c_s=0.016$。

由式（2-80）可知，斥汽损失不仅与部分进汽度有关，还与喷嘴组数有关。因此，应设法减少喷嘴组数；减少两组喷嘴之间的间隙，使其不大于喷嘴叶栅的节距，实践证明，这样可有效减少斥汽损失，在计算时可作为一个喷嘴组进行计算。

总的部分进汽损失 Δh_e 为

$$\Delta h_{e}=\Delta h_{w}+\Delta h_{s} \tag{2-81}$$

5. 漏汽损失 Δh_{δ}

在汽轮机的通流部分中，隔板和转轴之间（在转鼓结构的反动级中静叶与转鼓之间）、动叶顶部与汽缸之间都存在着间隙，并且各间隙前后的蒸汽都存在着压差，因此将会发生不同程度的漏汽，造成损失，称为漏汽损失。

（1）隔板漏汽损失 Δh_p。在冲动式汽轮机的级中，由于隔板和转轴之间存在着间隙、隔板前后有较大的压差，因此一部分蒸汽 ΔG_p 将绕过喷嘴从隔板与转轴之间的间隙中漏到后面的隔板与叶轮之间的汽室中，如图 2-28 所示。由于这部分蒸汽不经过喷嘴通道，因此不参加做功，形成漏汽损失。此外，这部分蒸汽还可能通过喷嘴和动叶根部之间的轴向间隙流入动叶通道，由于它进入动叶通道速度与主汽流不同，因此不但不能对动叶做功，反而扰乱了动叶中的主汽流，造成附加能量损失。

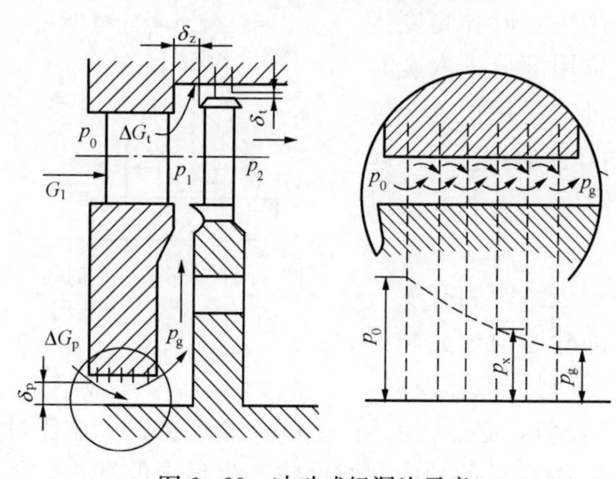

图 2-28　冲动式级漏汽示意

漏汽量正比于间隙面积和间隙两侧的压差，为了减少漏汽损失，可采取下列措施：

1）在隔板与转轴处安装汽封，通常采用梳齿形汽封，如图 2-28 所示。因为汽封的间隙可以做得很小，而且汽流通过每个齿隙时就发生一次节流作用，所以每个齿只承担整个压差的一部分，这样，漏汽面积和压差都减小，漏汽量也减小了。

2）在动叶根部处设置轴向汽封，减小漏汽进入动叶。

3）在叶轮上开平衡孔，并在动叶根部采用适当的反动度，使隔板漏汽通过平衡孔流到级后，避免漏汽进入动叶，扰乱主汽流。

由于在一个汽封齿隙中蒸汽的流动情况大致与蒸汽在简单渐缩喷嘴中的流动相似，因此漏汽量 ΔG_p 的计算公式基本上也与喷嘴流量的公式类似，为

$$\Delta G_p = \frac{\mu_p A_p c_{1p}}{v_{1t}} = \mu_p A_p \frac{\sqrt{2\Delta h_n^*}}{v_{1t}\sqrt{Z_p}} \tag{2-82}$$

$$A_p = \pi d_p \delta_p$$

式中：Z_p 为汽封高低齿齿数，如果是平齿，则应修正，$Z_p = \frac{Z+1}{2}$；v_{1t} 为汽封齿出口理想比体积，m^3/kg；Δh_n^* 为喷嘴中的滞止理想比焓降，kJ/kg；μ_p 为汽封流量系数，一般 $\mu_p = 0.7 \sim 0.8$；A_p 为汽封间隙面积，m^2；δ_p 为汽封间隙的大小；d_p 为汽封齿的平均直径；c_{1p} 为汽封齿出口流速。

隔板漏汽损失为

$$\Delta h_p = \frac{\Delta G_p}{G} \Delta h'_u \tag{2-83}$$

$$\Delta h'_u = \Delta h_t^* - \Delta h_{n\xi} - \Delta h_{b\xi} - \Delta h_l - \Delta h_\theta - \Delta h_{c2}$$

式中：G 为级流量，kg/s；$\Delta h'_u$ 为轮周有效比焓降，kJ/kg。

（2）叶顶漏汽损失 Δh_t。由于动叶顶部和汽缸等静止部件之间存在着径向间隙 δ_r 和轴向间隙 δ_z，而对于带有反动度的冲动级及反动级，动叶前后有压差，因此，从喷嘴中流出的蒸汽有一部分 ΔG_t 经过间隙漏到动叶后，这部分漏汽不通过动叶通道而没有做功，成为叶顶漏汽损失。

为了减小叶顶漏汽损失，可在围带上安装径向汽封和轴向汽封；对无围带的动叶片，可将动叶顶部削薄以达到汽封的作用；尽量减小扭叶片顶部的反动度。

动叶顶部漏汽量可用下列公式计算

$$\Delta G_t=\frac{\mu_1 A_t c_t}{v_{2t}}=\frac{e\mu_t\pi(d_b+l_b)\delta_t\sqrt{2\Omega_t\Delta h_t^*}}{v_{2t}} \tag{2-84}$$

式中：e 为部分进汽度；μ_t 为叶顶间隙的流量系数，一般 $\mu_t=0.58$；Δh_t^* 为级的滞止理想比焓降，kJ/kg；Ω_t 为叶顶反动度；δ_t 为动叶顶部当量间隙。

对于叶顶围带上同时装有轴向汽封与径向汽封的级（如图 2-28 所示），δ_t 按下式确定

$$\delta_t=\frac{\delta_z}{\sqrt{1+Z_r\left(\frac{\delta_z}{\delta_r}\right)^2}} \tag{2-85}$$

式中：δ_z 为动叶顶部轴向间隙；δ_r 为动叶顶部径向间隙；Z_r 为动叶顶部径向汽封齿数。

动叶顶部漏汽损失为

$$\Delta h_t=\frac{\Delta G_t}{G}\Delta h'_u \tag{2-86}$$

对于反动级，通常采用转鼓结构，如图 2-29 所示，$\delta_1=\delta_2=\delta_r$，叶顶漏汽损失常用下列经验公式计算

$$\Delta h_t=1.72\frac{\delta_r^{1.4}}{l_b}E_0 \tag{2-87}$$

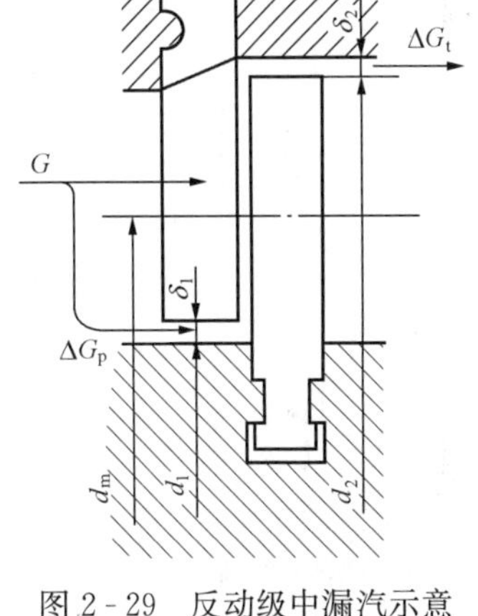

图 2-29　反动级中漏汽示意

6. 湿汽损失 Δh_x

多级凝汽式汽轮机的最后几级常在湿蒸汽区域内工作，蒸汽中含水产生湿汽损失，具体原因如下：

(1) 湿蒸汽在级中膨胀过程中，一部分蒸汽凝结成水滴，使做功的蒸汽量减少。

(2) 由于水滴本身不膨胀加速，因此蒸汽中的水滴是依靠蒸汽带动的，消耗了蒸汽的一部分动能。

(3) 虽然水滴由于汽流的带动而得到了加速，但其流出喷嘴的速度 c_{1x} 只能达到蒸汽速度 c_1 的 10%～13%，在同样的圆周速度 u 下，水滴进入动叶时的入口角 β_{1k} 远大于蒸汽进入动叶时的入口角 β_1，如图 2-30 所示。因此水滴撞击动叶进口边背弧，阻止了叶轮的旋转，从而消耗了一部分轮周功，造成损失。同理，在动叶栅出口由于水珠流速低于蒸汽流速，水珠撞击在下级静叶片的背弧上，扰乱主汽流造成损失。

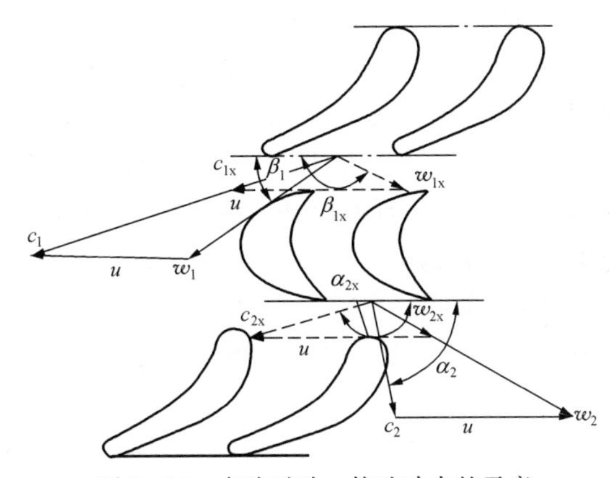

图 2-30　水珠对动、静叶冲击的示意

(4) 湿蒸汽在级中膨胀时，由于汽态变化非常快，蒸汽的一部分还来不及凝结，汽化潜热没有释放出来，形成了过饱和蒸汽或称过冷蒸汽，致使蒸汽的理想比焓降减小，形成过冷损失。

湿汽损失通常用下列经验公式计算

$$\Delta h_x = (1 - x_m)\Delta h_i' \tag{2-88}$$

式中：x_m 为级的平均蒸汽干度；$\Delta h_i'$为未计湿汽损失时级的有效比焓降，kJ/kg。

湿蒸汽中的水珠除了产生湿汽损失外，还会对动叶进口背弧产生冲蚀。受冲蚀最严重的部位是动叶顶部背弧处，这是因为离心力的作用使叶顶的湿度比叶根大，同时动叶圆周速度向叶顶逐渐增大，水珠的冲击力随之增大，致使冲蚀严重。

为了减小湿汽损失和防止动叶被水滴侵蚀损坏，常采用装去湿装置等措施，减少湿蒸汽中的水分，一般规定汽轮机排汽的最大可见湿度（$h-s$ 图上能查到的湿度）不超过 12%～15%；同时采取措施提高动叶的抗侵蚀能力。

图 2-31 所示的去湿装置由捕水口、捕水室和疏水槽组成，水滴受离心力作用被抛向外缘，经过捕水口槽道进入捕水室，然后通过汽缸下部的疏水槽流入低压加热器或凝汽器。具有吸水缝的空心叶片也可以起到减小蒸汽湿度的作用，如图 2-32 所示。

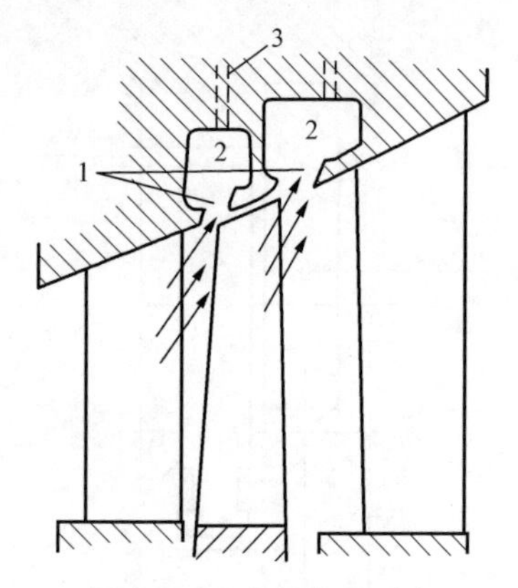

图 2-31　去湿装置示意

1—捕水口槽道；2—捕水室；3—疏水槽

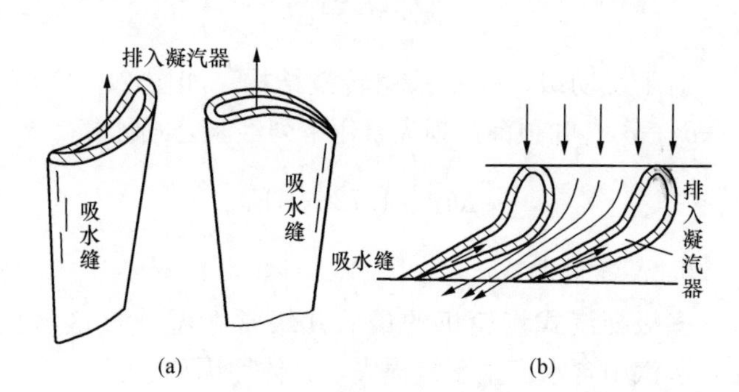

图 2-32　喷嘴静叶片的吸水缝

(a) 吸水缝在静叶片弧面；(b) 吸水缝在出汽边

为了提高动叶抗冲蚀能力，目前常用的方法是将司太立合金作的薄片焊在动叶顶部进汽边的背弧上。另外，也可以采用镀铬、局部淬硬、电火花硬化、氮化等方法。

（二）级的相对内效率和内功率

蒸汽在级内进行能量转换的过程中存在着各种损失，在绝热过程中，级内所有的能量损失都将重新转变成热能，加热蒸汽本身，因此级内损失使动叶出口的排汽比焓值升高。考虑了级内各项损失后，级的热力过程线如图 2-33 所示。若这一级的余速动能未被下级利用，下一级的进口点为图 2-33 中 4′点，若被部分利用，则为 4 点，4* 点为下级进口的滞止状态点。图 2-33 中的$\sum\Delta h$ 表示除喷嘴损失 $\Delta h_{n\xi}$、动叶损失 $\Delta h_{b\xi}$、余速损失 Δh_{c2}之外的级内各项损失之和；Δh_i 称为级的有效比焓降，它表示 1kg 蒸汽所具有的理想能量中最后在转轴上转变为有效功的那部分能量。显然，级内损失越大，Δh_i 就越小。

级的有效比焓降 Δh_i 与级的理想能量 E_0 之比称为级的相对内效率，即

$$\eta_{ri} = \frac{\Delta h_i}{E_0} = \frac{\Delta h_t^* - \Delta h_{n\xi} - \Delta h_{b\xi} - \Delta h_{c2} - \Delta h_l - \Delta h_\theta - \Delta h_f - \Delta h_e - \Delta h_\delta - \Delta h_x}{\Delta h_t^* - \mu_1 \Delta h_{c2}} \tag{2-89}$$

或

$$\eta_{ri} = 1 - \zeta_n - \zeta_b - (1-\mu_1)\zeta_{c2} - \zeta_l - \zeta_\theta - \zeta_f - \zeta_e - \zeta_\delta - \zeta_x \tag{2-90}$$

级的相对内效率反映了级内能量转换的完善程度，是汽轮机级的一个重要经济指标，它的大小与所选用的叶型、速比、反动度、叶栅高度等有密切关系，也与蒸汽的性质、级的结构有关。

级的内功率为

$$P_{\mathrm{i}}=\frac{D\Delta h_{\mathrm{i}}}{3600}\quad(\mathrm{kW})\tag{2-91}$$

式中：D 为级的进汽量，kg/h；Δh_{i} 为级的有效比焓降，kJ/kg。

（三）级的相对内效率与速比的关系

前面讨论了轮周效率与速比的关系，并得到了轮周效率最高时的速比，轮周效率考虑了喷嘴损失、动叶损失和余速损失。若将级内其他损失考虑进去，根据计算级内损失的经验公式求得这些损失与速比的关系，之后在轮周效率曲线的基础上减去这些损失，就得到了级的相对内效率与速比的关系。

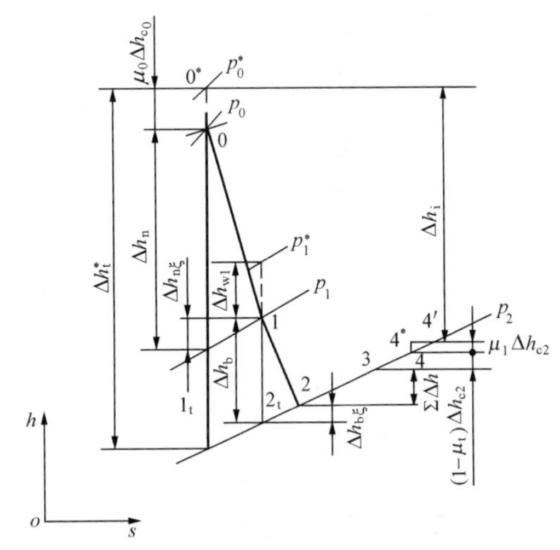

图 2-33　反映级有效比焓降的冲动级的热力过程线

例如，冲动级中，若在轮周效率的基础上增加叶轮摩擦损失和鼓风损失，由前面的分析可知，摩擦损失和鼓风损失是随速比的增大而增大，且与速比成三次方关系，所以它随速比的增大而增加得更剧烈。绘制出摩擦鼓风损失与速比的关系曲线，与轮周效率与速比关系曲线叠加，即得到级的相对内效率与速比的关系曲线，如图 2-34 所示。反动级中，若在轮周效率的基础上考虑漏汽损失，相对内效率曲线如图 2-35 所示。

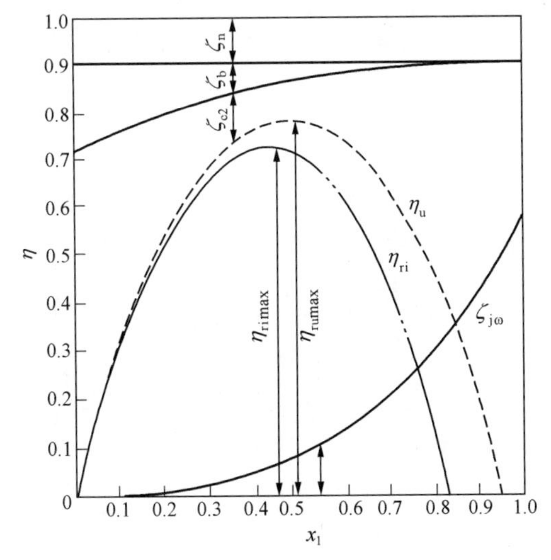

图 2-34　考虑摩擦鼓风损失，η_{u}、η_{ri}与 x_1 的关系

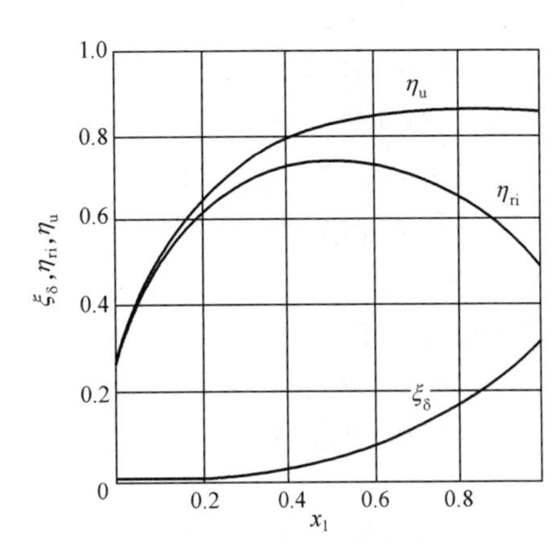

图 2-35　考虑漏气损失，η_{u}、η_{ri}与 x_1 的关系

由图 2 - 34 可以看出，级内损失使级的相对内效率的最大值低于轮周效率的最大值，而且还会使最佳速比值减小，即相对内效率最高时的最佳速比小于轮周效率最高时的最佳速比。该规律对于级内存在其他损失时同样适用，只是损失不同，效率及最佳速比减小的数值不同。

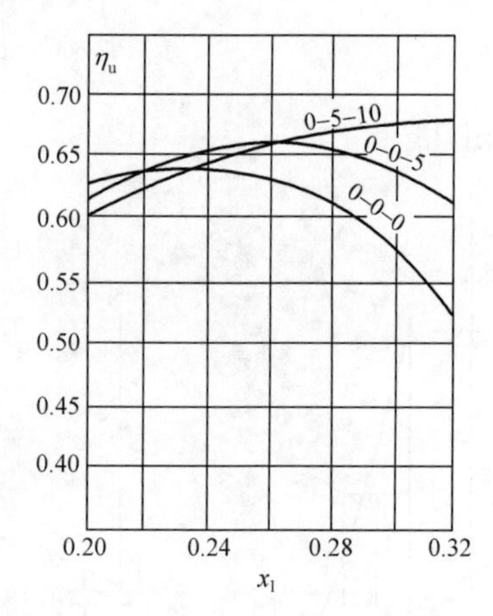

图 2 - 36 反动度对复速级效率的影响

四、复速级

复速级有纯冲动式和带反动度的冲动式两种。为了提高级的效率，复速级通常不做成纯冲动级，而是在动叶和导叶内采用适当的反动度。但因复速级多用于机组高压部分，且一般是部分进汽的，反动度过大会使通过不进汽的动叶通道的漏汽损失增大，反而使效率降低，所以反动度不宜过大。目前，常见的复速级内总的反动度值为 5%～15%。各列叶片中反动度的分配，应按复速级各列叶片高度平滑变化来确定。在不同反动度下，轮周效率与速比的关系，如图 2 - 36 所示，图中曲线上的数字表示级中各列叶片上反动度的百分数。由图 2 - 36 可知，采用了适当反动度之后，除了能提高轮周效率之外，还使最佳速比值增大。

（一）复速级的热力过程

图 2 - 37 所示为具有一定反动度复速级的热力过程线。蒸汽在各叶栅通道中的膨胀是有损失的绝热过程。0 点是级的进口点，膨胀是沿 0 - 1 - 2 -3 - 4 线进行的，4 点是出口点。若蒸汽余速没被下级利用（例如，复速级作为调节级，级后汽室空间较大，蒸汽余速无法被下级利用），全部变成了损失，这部分损失加热了蒸汽本身，使出口比焓值由 4 点升到 5 点。

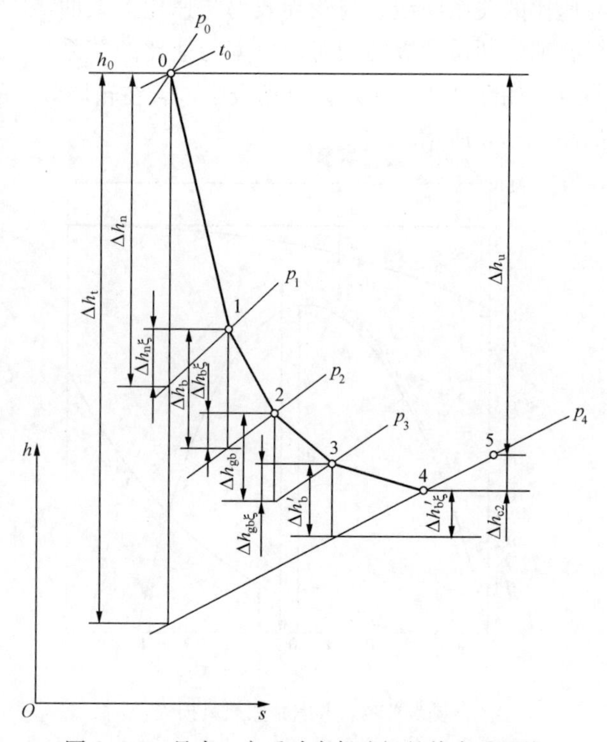

图 2 - 37 具有一定反动度复速级的热力过程线

若用 Ω_b、Ω_{gb} 和 Ω'_b 分别表示第一列动叶、导叶和第二列动叶中的反动度，则各列叶栅中的比焓降分别为

喷嘴比焓降

$$\Delta h_n = (1-\Omega_b-\Omega_{gb}-\Omega'_b)\Delta h_t$$

第一列动叶比焓降

$$\Delta h_b = \Omega\Delta h_t$$

导叶比焓降

$$\Delta h_{gb} = \Omega_{gb}\Delta h_t$$

第二列动叶比焓降

$$\Delta h'_b = \Omega'_b\Delta h_t$$

（二）复速级的速度三角形

由于复速级有两列动叶栅，因此有两对进出口速度三角形（见图 2 - 38），

第一列动叶的进出口速度三角形与单列级的表示方法一样，第二列动叶进出口速度三角形中各量均在相应的符号上加一上标“′”以示区别。此外，为了避免在导向叶栅的进口处发生碰撞，导向叶栅的进口角必须等于第一列动叶的出汽角 α_2；同样，第二列动叶的进口角必须等于其进汽角 β_1'。

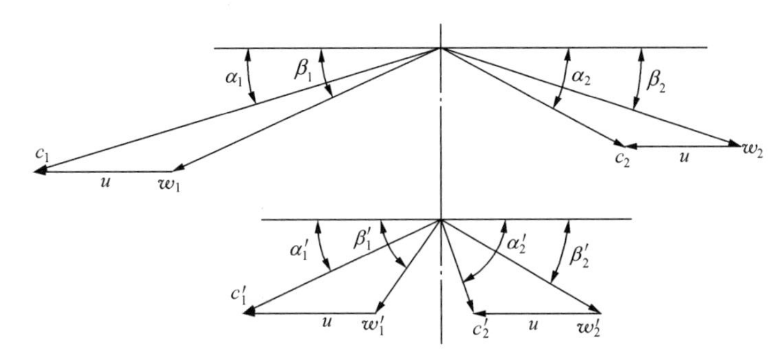

图 2-38　复速级的速度三角形

喷嘴出口汽流速度　$c_1=\varphi\sqrt{2\Delta h_n}$

第一列动叶出口汽流速度　$w_2=\psi\sqrt{2\Delta h_b+w_1^2}$

导叶出口汽流速度　$c_1'=\varphi_{gb}\sqrt{2\Delta h_{gb}+c_2^2}$

第二列动叶出口汽流速度　$w_2'=\psi'\sqrt{2\Delta h_b'+w_1'^2}$

喷嘴损失　$\Delta h_{n\xi}=\dfrac{c_{1t}^2}{2}(1-\varphi^2)$

第一列动叶损失　$\Delta h_{b\xi}=\dfrac{w_{2t}^2}{2}(1-\psi^2)$

导叶损失　$\Delta h_{gb\xi}=\dfrac{c_{1t}'^2}{2}(1-\varphi_{gb}^2)$

第二列动叶损失　$\Delta h_{b\xi}=\dfrac{w_{2t}'^2}{2}(1-\psi'^2)$

余速损失　$\Delta h_{c_2}=\dfrac{c_2'^2}{2}$

其中，φ_{gb}和 ψ'分别表示导叶和第二列动叶的速度系数。

（三）复速级的轮周功

复速级的轮周功 P_{u1}是指单位质量蒸汽通过复速级时，在两列动叶上所产生的轮周功之和，即

$$
\begin{aligned}
P_{u1}&=P_{u1}^{\mathrm{I}}+P_{u1}^{\mathrm{II}}\\
&=u[(c_1\cos\alpha_1+c_2\cos\alpha_2)\\
&\quad+(c_1'\cos\alpha_1'+c_2'\cos\alpha_2')]
\end{aligned}
\tag{2-92}
$$

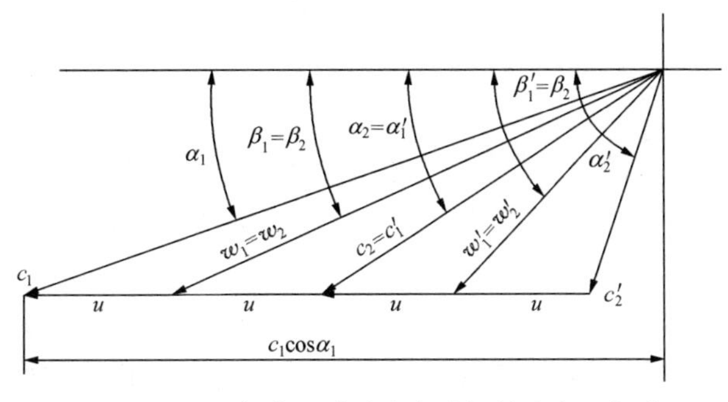

图 2-39　无损失纯冲动式复速级的速度三角形

若假定复速级的 $\Omega_m=0$，且蒸汽在级中流动是无损失的绝热过程，则

$w_1=w_2$，$c_2=c'_1$，$w'_2=w'_1$，$\beta_1=\beta_2$，$\alpha_2=\alpha'_1$，$\beta'_1=\beta'_2$。又因复速级的余速不能被利用，所以$\mu_0=\mu_1=0$。为了直观地进行比较，将出口速度三角形方向转180°与进口速度三角形画在同一个方向，则无损失纯冲动式复速级的速度三角形画成图2-39所示的形式，则各汽流速度在圆周方向上的分速度有如下关系

$$c_2\cos\alpha_2=c'_1\cos\alpha'_1=c_1\cos\alpha_1-2u$$
$$c'_2\cos\alpha'_2=c_1\cos\alpha_1-4u$$

把以上关系代入式（2-92）中，得

$$P_{u1}=4u(c_1\cos\alpha_1-2u) \tag{2-93}$$

复速级的轮周功也可用能量平衡关系求得，其值为

$$P_{u1}=\Delta h_u=\Delta h_t-\Delta h_{n\xi}-\Delta h_{b\xi}-\Delta h_{gb\xi}-\Delta h'_{b\xi}-\Delta h_{c2}$$

（四）复速级的轮周效率和最佳速比

根据轮周效率的定义，得

$$\eta_u=\frac{P_{u1}}{\Delta h_t^*}=\frac{4u(c_1\cos\alpha_1-2u)}{c_{1t}^2/2}$$
$$=8\varphi^2x_1(\cos\alpha_1-2x_1)=8x_a(\varphi\cos\alpha_1-2x_a) \tag{2-94}$$

用对函数求极值的方法得

$$(x_1)_{op}^{ve}=\frac{\cos\alpha_1}{4} \tag{2-95}$$

$$(x_a)_{op}^{ve}=\frac{\varphi\cos\alpha_1}{4} \tag{2-96}$$

从图2-39中也可看出，当$(x_1)_{op}^{ve}=\frac{\cos\alpha_1}{4}$，即$c_1\cos\alpha_1=4u$时，第二列动叶排汽速度$c_2$的方向角应等于90°，即轴向排汽，此时复速级的余速损失最小。

用能量方程也可求出复速级的轮周效率，即

$$\eta_u=\frac{\Delta h_t-\Delta h_{n\xi}-\Delta h_{b\xi}-\Delta h_{gb\xi}-\Delta h'_{b\xi}-\Delta h_{c2}}{\Delta h_t}$$
$$=1-\zeta_n-\zeta_b-\zeta_{gb}-\zeta'_b-\zeta_{c2} \tag{2-97}$$

（五）复速级与单列级的比较

1. 不同级的做功能力比较

当α_1、φ以及n和d_m相同时，在各自的最佳速比下纯冲动复速级和纯冲动单列级做功能力之比为

$$\frac{\Delta h_t^{ve}}{\Delta h_t^{im}}=\frac{c^{ve2}/2\varphi^2}{c_1^{im2}/2\varphi^2}=\frac{c_1^{ve2}}{c_1^{im2}}=\frac{[u/(x_1)_{op}^{ve}]^2}{[u/(x_1)_{op}^{im}]^2}$$
$$=\frac{(x_1)_{op}^{im2}}{(x_1)_{op}^{ve2}}=\frac{\cos^2\alpha_1/4}{\cos^2\alpha_1/16}=\frac{4}{1} \tag{2-98}$$

式（2-98）说明，在相同的α_1、φ以及u的条件下，在各自的最佳速比下工作，纯冲动复速级的做功能力为纯冲动单列级的4倍，为反动单列级的8倍。

2. 轮周效率的比较

图2-40绘出了复速级和单列冲动级的轮周效率与速比x_1的关系曲线。图中η_u^{I}代表单列冲动级的轮周效率，η_u^{II}代表复速级的轮周效率。由图2-40可知，喷嘴的能量损失系数ζ_n为一常数，它不随x_1的变化而变化；第一列动叶能量损失系数ζ_b随x_1的减小而增

大。在单列冲动级中，曲线 aa' 与 bb' 之间的区域表示余速损失 ζ_{c2}，在 $x_1=0.45\sim0.5$ 处，ζ_{c2} 达到最小值，此时轮周效率最高。在复速级中，由于第一列动叶出口速度在第二列动叶中再次得到利用，使余速损失减少，余速损失系数仅处在曲线 cc' 与 dd' 之间的区域。但汽流经过导叶和第二列动叶时，又增加了导叶损失 ζ_{gb} 和第二列动叶损失 ζ'_b。由图 2-40 可知，速比 x_1 在 0～0.28 的范围内变化时，复速级的三项损失的 ζ_{gb}、ζ'_b 和 ζ'_{c2} 之和小于单列级的余速损失 ζ_{c2}。所以复速级的轮周效率高于单列冲动级，并且在 $x_1=0.2\sim0.28$ 之内复速级的轮周效率达到最大。因此只有在 $x_1<0.28$ 时采用复速级经济上才有利。复速级的轮周效率最高值低于单列级的最高值，因此，只有在一级中要求承担很大比焓降时（如单级汽轮机和多级汽轮机的调节级），才采用复速级，这样虽然效率有降低，但可使机组的级数减少结构紧凑。

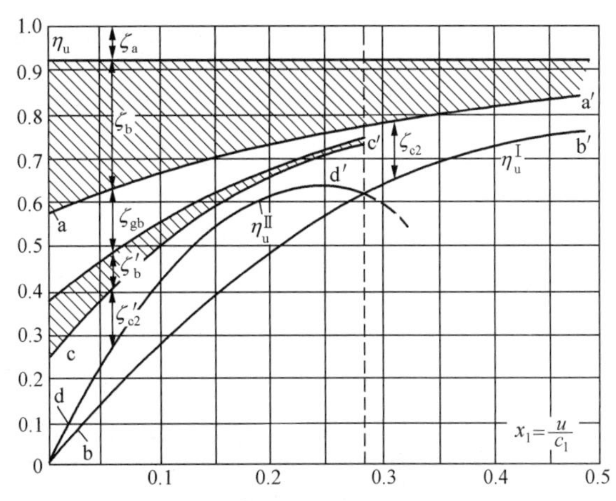

图 2-40　复速级和单列冲动级的轮周效率与速比 x_1 的关系曲线

五、通流部分参数选择及主要尺寸确定

通流部分的结构不仅影响汽轮机的级效率，而且影响机组的安全，因此在汽轮机设计时应合理选择通流部分的参数，并在汽轮机运行时注意它们的变化。

（一）叶栅几何参数的选择

1. 叶栅形式的选择

喷嘴叶栅的形式是根据其压力比 ε_n 的大小选定的。当 ε_n 大于或等于临界压力比 ε_{cr}，即 $\varepsilon_n\geqslant\varepsilon_{cr}$ 时，应采用渐缩斜切喷嘴；当 $\varepsilon_n<\varepsilon_{cr}$ 但还大于极限压力比 ε_{1d}（0.3～0.4）时，仍采用渐缩斜切喷嘴，此时可利用其斜切部分来满足汽流膨胀的要求；只有当 $\varepsilon_n\leqslant0.3$ 时，才采用缩放斜切喷嘴，这是因为缩放斜切喷嘴不但加工比较困难，而且在工况变动时效率较低，所以在汽轮机中尽量避免采用。

选用动叶叶型时，除了要根据动叶压力比 $\varepsilon_b=\dfrac{p_2}{p_1^*}$ 判断动叶中的流动是否超临界外，还应考虑动叶型线与喷嘴型线配对的要求。

表 2-1、表 2-2 分别为部分常用的喷嘴和动叶系列及其基本几何特性。

表 2-1　常用喷嘴叶栅系列及其几何特性

叶型编号	相对节距 $\bar{t}_n$	进汽角 α_0（°）	出汽角 α_1（°）	备注
HQ-2	0.74～0.90	70～100	11～13	A：亚声速 B：近声速 T：汽轮机 C：喷嘴
TC-1A	0.74～0.90	70～100	10～14	
TC-2A	0.70～0.90	70～100	13～17	
TC-3A	0.65～0.85	70～100	16～22	

表 2-2 常用动叶栅系列及其几何特性

叶型编号	进汽角 β_1（°）	出汽角 β_2（°）	安装角 β_x（°）	相对节距 $\bar{t}_b$	备注
HQ-1	22～23	19～21	76～79	0.60～0.80	
TP-0A	14～25	13～15	76～79	0.60～0.75	
TP-1A（B）	18～33	16～19	76～79	0.60～0.70	A：亚声速 B：近声速 T：汽轮机 P：动叶片
TP-2A（B）	25～40	19～22	76～79	0.58～0.65	
TP-3A	28～45	24～28	77～80	0.56～0.64	
TP-4A	35～50	28～32	74～78	0.55～0.64	
TP-5A	40～55	32～36	76～79	0.52～0.60	

2. 叶栅出口汽流角 α_1 和 β_2 的选择

α_1 的大小对汽轮机的做功能力、效率及叶片高度都有影响。减小 α_1 可使做功能力增加，轮周效率提高，但减小 α_1 会使 β_1、β_2 减小，使汽流在动叶栅中转折厉害，使动叶损失增加，引起轮周效率下降，因此 α_1 不能太小。在汽轮机的高压级中，一般冲动级 $\alpha_1=11°\sim14°$，反动级 $\alpha_1=14°\sim20°$；在低压级中蒸汽比体积变化剧烈，为了保证通流部分平滑变化，常将 α_1 逐级增大，所以后面几级冲动级 α_1 可达 20°左右。

复速级中，因为喷嘴出口汽流速度比圆周速度大得多，为了不使 ρ_1 和 β_2 太小，α_i 可取大些，一般为 13°～18°。

动叶栅出汽角一般按下列关系选取：

冲动级　$\beta_2=\beta_1-(3°\sim5°)$

复速级　$\beta_2=\beta_1-(3°\sim5°)$，$\alpha_1'=\alpha_2-(5°\sim10°)$，$\beta_2'=\beta_1'-(7°\sim8°)$

上面给出了选取出汽角的范围，具体确定时，要和反动度选择配合，使叶栅高度逐渐增加，保证通流部分光滑变化。

3. 叶片宽度的选择

叶片宽度增大，将使端部损失增大，对较短叶片级的影响更大，所以采用窄叶片是有利的，但是叶片宽度减小，将使叶片强度减弱，同时在汽道表面粗糙度相同的情况下，叶片宽度减小，雷诺数也随之减小，导致叶型能量损失显著增加，因此存在一个最佳宽度。一般设计时，根据叶片强度的估算，选择合理的叶片宽度。

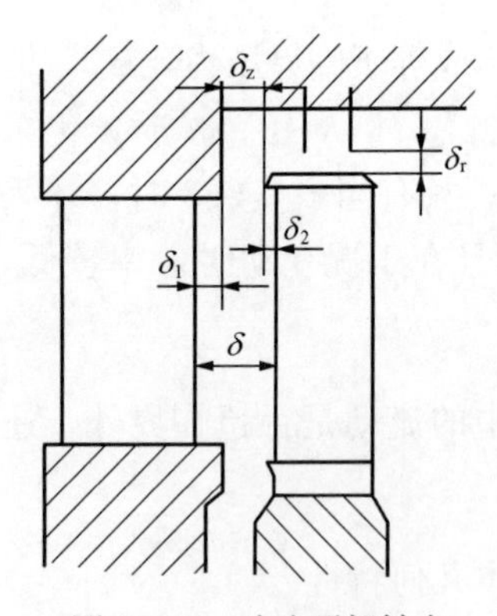

图 2-41　动叶顶部轴向和径向间隙示意

（二）级结构参数的选择

1. 动、静叶之间的轴向间隙

为防止动静部分摩擦，动叶和静叶之间必然有轴向间隙，如图 2-41 所示。图中 δ_z 称为开式轴向间隙，δ_1 和 δ_2 分别称为喷嘴和动叶的闭式轴向间隙，总的轴向间隙由这三部分组成。

从减小漏汽损失和缩短机组轴向长度来看，开式轴向间隙 δ_z 取得越小越好，但机组在启停和变工况运行时动静部分要发生热膨胀，如果 δ_z 取得太小，有可能使动静部分之间发生摩擦，故应从安全、经济两方面考虑确定间隙 δ_z 的取值，一般取 $\delta_z=1.5\sim2.0$mm。对热胀差较大的机组，δ_z 取得稍大些，有些机组低压缸中 δ_z 甚至达 7～8mm。

闭式轴向间隙 δ_1 和 δ_2 增大，使喷嘴出汽边到动叶进汽边之间的轴向距离增大，可减小喷嘴出口尾迹的影响，从而使动叶进口的汽流趋于均匀，这有利于级效率的改善；另外，使汽流运动的距离增长，因而增加了汽流与汽道上下端面之间的摩擦，这不利于级效率的提高。因此，δ_1 和 δ_2 有一个较佳的范围，一般采用表 2－3 的数据。

表 2－3　级的轴向间隙与叶高的关系　mm

<table>
<tr><td>喷嘴高度 l_n</td><td><50</td><td>50～90</td><td>90～150</td><td>>150</td><td></td></tr>
<tr><td>喷嘴闭式间隙 δ_1</td><td>1～2</td><td>2～3</td><td>3～4</td><td>4～6</td><td rowspan="3">$\delta_z=1.5$</td></tr>
<tr><td>动叶闭式间隙 δ_2</td><td>2.5</td><td>2.5</td><td>2.5</td><td>2.5</td></tr>
<tr><td>总轴向间隙 δ</td><td>5～6</td><td>6～7</td><td>7～8</td><td>8～10</td></tr>
</table>

2. 径向间隙

通常在叶顶加装围带和径向汽封以减小叶顶漏汽损失。图 2－41 中 δ_r 径向汽封间隙，从减小漏汽角度看，δ_r 越小越好，但从避免动静部分摩擦看，δ_r 不能太小。因此，δ_r 的选取也要从安全、经济两方面考虑。一般取 $\delta_r=0.5\sim1.5$mm，当叶高较大时，取偏大值；反之，取偏小值。

为了减小隔板漏汽损失，在隔板与主轴之间通常装有隔板汽封。对隔板较厚的高压级，一般采用高低齿汽封，齿数也较多，对低压级可采用平齿汽封。汽封间隙如图 2－42 所示，汽封凹槽的开档 Δ 和径向间隙 δ_p 都要取的恰当，δ_p 太大，封汽效果不好，δ_p 太小热胀时容易发生动静部分摩擦。Δ 太大，齿数就减小，漏汽量增加，Δ 太小，当胀差增大时，齿片容易碰坏。一般取 $\Delta=11\sim12$mm，$\delta_p=0.5\sim1.5$mm。

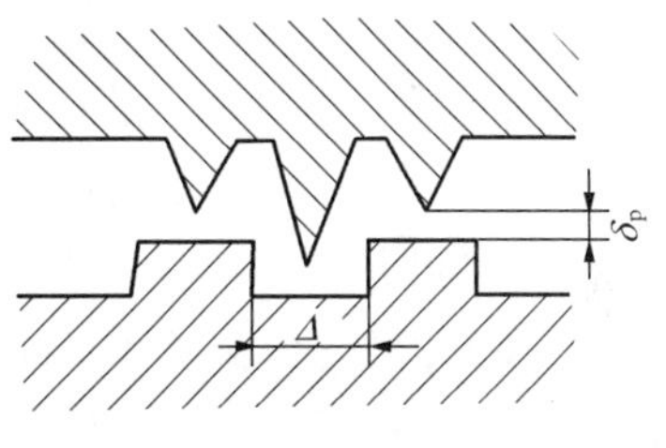

图 2－42　隔板汽封间隙

3. 盖度

盖度是指动叶栅的进口高度 l_b' 超过喷嘴出口高度 l_n 的那部分叶高，用 Δ 表示，如图 2－43所示。Δ_t 称为顶部盖度，Δ_r 称为根部盖度，$\Delta=l_b'-l_n=\Delta_t+\Delta_r$。

汽流从喷嘴出来流进动叶时，有向叶顶和叶根两端扩散的趋势。盖度的采用一方面能适应汽流径向扩散的要求，使汽流较好地进入动叶通道，减少叶顶漏汽损失；另一方面防止由于制造和装配上的误差，使动、静叶错位而造成喷嘴出口汽流撞击在围带和叶根上，产生额外的损失。但是如果盖度太大，将使汽流突然膨胀，以致在动叶顶部和根部产生很大的径向分速度，形成旋涡，降低级的效率。盖度对级效率的影响如图 2－44 所示，由图中两曲线比较可见，盖度对无径向汽封级效率的影响比有径向汽封的级大得多，这是因为在有径向汽封时，加盖度减小漏汽量的作用被径向汽封的作用减弱，因此对效率的影响减弱。

设计时，盖度可从表 2－4 中选取。由表 2－4 可知，顶部盖度 Δ_t 要大于根部盖度 Δ_r，这是因为离心力的作用，汽流被压向顶部，所以必须有较大的盖度。

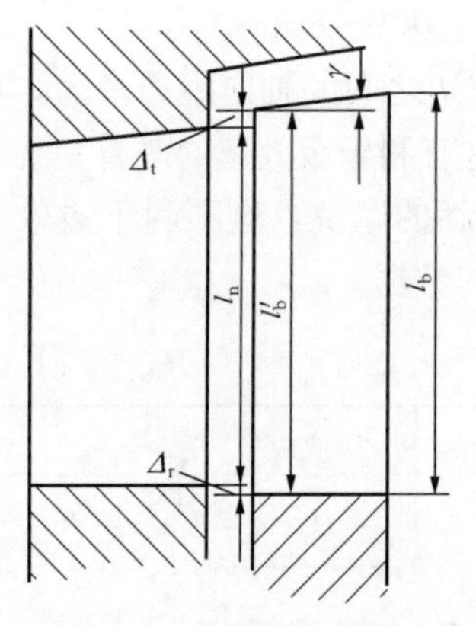

图 2-43 级的通流部分示意

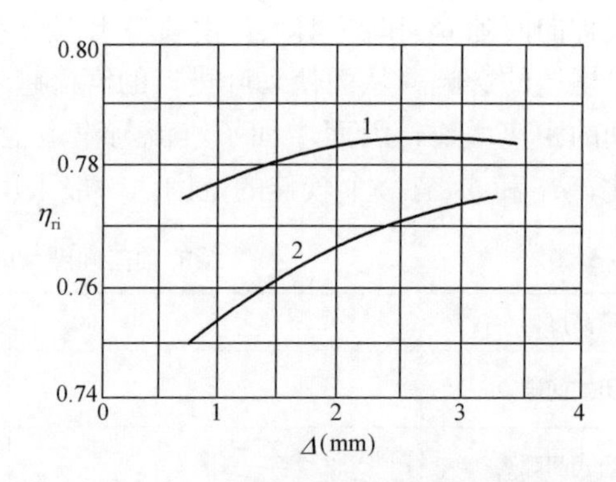

图 2-44 在一定速比下盖度对级效率的影响

1—有径向汽封；2—无径向汽封

表 2-4 **叶片高度与盖度之间的关系** mm

喷嘴高度 l_n	<50	50～90	91～150	>150
顶部盖度 Δ_t	1.5	2	2～2.5	2.5～3.5
根部盖度 Δ_r	0.5	1	1～1.5	1.5
直径之差 d_b-d_n	1	1	1	1～2

当动叶进、出口蒸汽的比体积 v_{2t} 与 v_1 差别不大时，为了制造方便，可使动叶进出口高度相等，即 $l_b'\approx l_b$，但在汽轮机的末几级中，蒸汽压力较低并且反动度较大，比体积增加较快，所以动叶片的出口高度 l_b 比 l_b' 要大得多，使动叶片的端部形成扩散角，一般应使扩散角 γ 不大于 15°～20°，否则蒸汽无法充满整个汽道，在两端形成停滞区而形成涡流，产生损失。

4. 级动静叶栅面积比的确定

要实现级的反动度，需要选择合理的动、静叶型和使动、静叶栅的面积比 $\frac{A_b}{A_n}$ 保持在较佳的范围内。一般汽轮机常用的动、静叶栅面积比 $f=\frac{A_b}{A_n}$ 的范围如下：

对于直叶片压力级：$\Omega_m=5\%\sim20\%$，$f=1.85\sim1.65$（径高比 $\theta=\frac{d_b}{l_n}$ 越大，Ω_m 越大，f 取偏小值）；

对于扭叶片级：$\Omega_m=20\%\sim40\%$，$f=1.7\sim1.4$；

对于复速级：$\Omega_m=3\%\sim8\%$，$f_n : f_b : f_{gb} : f_b'=1:(1.6\sim1.45):(2.6\sim2.35):(4\sim3.2)$；

对于具体一级而言，需要通过计算，以确保级的反动度在合适的范围内。

5. 拉金

在长叶片级中，根据动叶振动调频的需要，常采用拉金把叶片成组地连接起来。但拉金使汽流受阻，并使汽流产生扰动，因而使级效率下降。试验表明，单排拉金使级效率降低 1%～2%，两排拉金降低 2%～3%。椭圆拉金可以改善动叶后速度场的不均匀性，减少级效率的降低。所以从级效率和制造角度来看，应尽量避免采用拉金。

6. 平衡孔

汽轮机中为了减小轴向推力，在叶轮轮面上开设平衡孔。平衡孔对级效率的影响与动叶根部反动度大小有关。当叶根反动度过大或过小时，平衡孔会使叶根的漏汽或吸汽损失增大，致使级效率降低。只有叶根反动度适当，动叶根部不吸不漏，平衡孔通流面积能使隔板漏汽量全部通过平衡孔流到级后的情况下，平衡孔对级效率的提高最有利。平衡孔对级效率的影响还与隔板漏汽量有关，如图 2-45 所示，当隔板漏汽量 ΔG_p 较小时，无平衡孔的级效率（图中曲线 1）高于有平衡孔的级效率（图中曲线 2）；当隔板漏汽量 ΔG_p 较大时，有平衡孔的级效率高于无平衡孔的级效率。这是因为当 ΔG_p 较小时，平衡孔起到了叶轮前后漏汽通道的作用，使叶根漏汽相对增多；当 ΔG_p 较大时，平衡孔可以减小吸汽损失。

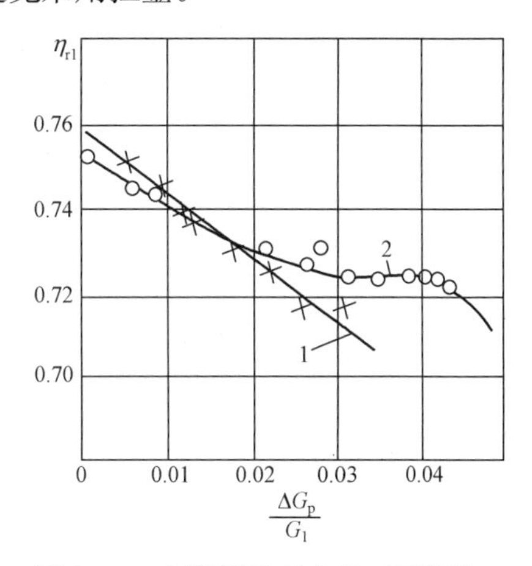

图 2-45　隔板漏汽量变化时平衡孔对级效率的影响

1—无平衡孔；2—有平衡孔

（三）级特性参数的选择

1. 部分进汽度的选择

在某些高压级中，蒸汽容积流量过小，若采用部分进汽，可在一定的平均直径下，使叶片高度增大，减少喷嘴损失和动叶损失；或者在允许的通流部分高度下，增大级的平均直径，在一定的转速和最佳速比条件下，获得较大的做功能力。但是采用部分进汽后会引起部分进汽损失，特别是当 $e<0.15$ 时，部分进汽损失会剧烈增加。所以合理选择部分进汽度，应使部分进汽度损失、喷嘴损失、动叶损失之和最小。

反动级不能采用部分进汽，否则会产生很大的漏汽损失。

2. 速比 x_a 的选择

速比是影响汽轮机经济性和制造成本的一个重要特性参数，设计时必须合理选择。

在考虑了各种因素的影响之后，常用的速比范围如下：

复速级　$x_a=0.22\sim0.26$

冲动级　$x_a=0.46\sim0.52$

反动级　$x_a=0.65\sim0.70$

3. 冲动级内反动度的选择

反动度是汽轮机级的一个重要参数，对汽轮机的级效率有很大影响，存在有使效率最高的反动度。试验表明，对于一般的压力级，级效率最高时根部反动度为 3%～5%。

根部反动度不同时蒸汽在级内的流动情况如图 2-46 所示。当根部反动度较大时，在动叶通道根部进出口有较大的压力差，从喷嘴流出的汽流将有一部分从进口侧的轴向间隙处漏出，并与隔板漏汽一起通过平衡孔流到级后，减少了动叶中的做功蒸汽，造成损失，如图 2-46（a）所示。而且，反动度是沿着叶片高度增加的，当根部反动度较大时，其叶顶的反动度更大，动叶顶部的漏汽损失增加，因此根部反动度不应取得过大。

当根部反动度很小或为负值时，动叶根部进口压力略大于或低于出口压力，因此隔板漏汽的部分或全部有可能不再经过平衡孔流到级后，而是通过动叶根部轴向间隙被吸入动叶通道。当根部负反动度较大时，一部分级后蒸汽将通过平衡孔倒流回来，经轴向间隙被吸入汽道，如图2-46（b）所示。被吸入汽道的蒸汽，不仅不能做功，反而干扰了主汽流，造成损失。试验证明，吸汽造成的损失比漏汽更为严重。采用很小的根部反动度，虽然叶顶漏汽损失减小，但不足以抵消吸汽损失，因此根部反动度选得很小是不合适的。

当根部反动度$\Omega_r=0.03\sim0.05$时，根部具有适当的压力，能使叶根处不吸不漏，而隔板汽封处过来的蒸汽通过平衡孔漏到级后，根部不产生漏汽和吸汽的附加损失，提高了级效率。显然，选取这样的根部反动度是比较合理的。

选择反动度时，一般先选定根部反动度Ω_r，然后计算出平均反动度Ω_m和叶顶反动度Ω_t。选定了Ω_r之后，可用下式求出平均反动度Ω_m和叶顶反动度Ω_t，即

$$\Omega_m=1-(1-\Omega_r)\left(\frac{d_b-l_b}{d_b}\right) \tag{2-99}$$

$$\Omega_t=1-(1-\Omega_r)\left(\frac{d_b-l_b}{d_b+l_b}\right) \tag{2-100}$$

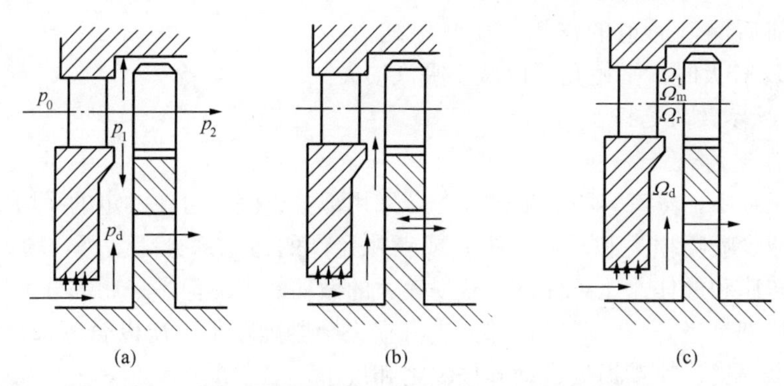

图2-46 根部反动度不同时蒸汽在级内的流动情况

（a）根部漏汽；（b）根部吸汽；（c）根部不吸不漏

（四）叶栅尺寸的确定

1. 喷嘴叶栅尺寸的确定

（1）渐缩斜切喷嘴。

1）当喷嘴前后压力比大于或等于临界压力比，即$\varepsilon_n\geqslant\varepsilon_{cr}$时，蒸汽在喷嘴斜切部分没有膨胀，喷嘴出口汽流速度与最小截面A_n（喉部截面）垂直，截面积A_n与通过级的蒸汽流量的关系为

$$A_n=\frac{Gv_{1t}}{\mu_n c_{1t}} \tag{2-101}$$

式中：G为通过喷嘴的蒸汽流量，kg/s；v_{1t}为喷嘴出口理想比体积，m^3/kg；μ_n为喷嘴流量系数；c_{1t}为喷嘴出口理想汽流速度，m/s。

喷嘴叶栅的实际通流截面由Z_n个通道组成，如图2-47所示，每个通道的喉部面积为$a_n l_n=l_n t_n\sin\alpha_1$，则喷嘴叶栅的出口总面积为

$$A_n=Z_n t_n l_n\sin\alpha_1 \tag{2-102}$$

式中：l_n为喷嘴叶栅节距，m；l_n为喷嘴出口高度，m；α_1为喷嘴汽流出口角。

由式（2-101）和式（2-102）得喷嘴出口高度 l_n 为

$$l_n=\frac{A_n}{z_n t_n \sin\alpha_1}=\frac{Gv_{1t}}{z_n t_n \mu_n c_{1t}\sin\alpha_1}=\frac{Gv_{1t}}{e\pi d_n \mu_n c_{1t}\sin\alpha_1} \tag{2-103}$$

式中：e 为部分进汽度。

2）当喷嘴前后压力比小于临界压力比，即 $\varepsilon_n<\varepsilon_{cr}$ 时，汽流在喷嘴斜切部分发生膨胀偏转，此时除计算出喷嘴喉部面积 A_n 外，还应计算出汽流偏转角 δ_1（见图 2-8），即

$$A_n=\frac{G}{0.648\sqrt{p_0^*/v_0^*}} \tag{2-104}$$

$$l_n=\frac{A_n}{e\pi d_n \sin\alpha_1} \tag{2-105}$$

$$\sin(\alpha_1+\delta_1)\approx\sin\alpha_1\frac{v_{1t}c_{cr}}{v_{cr}c_{1t}} \tag{2-106}$$

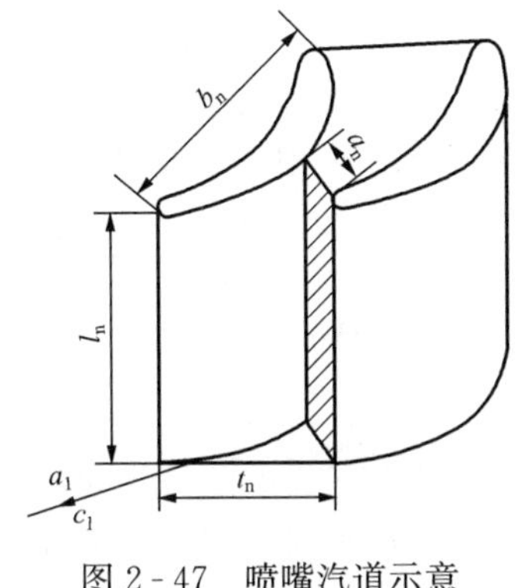

图 2-47　喷嘴汽道示意

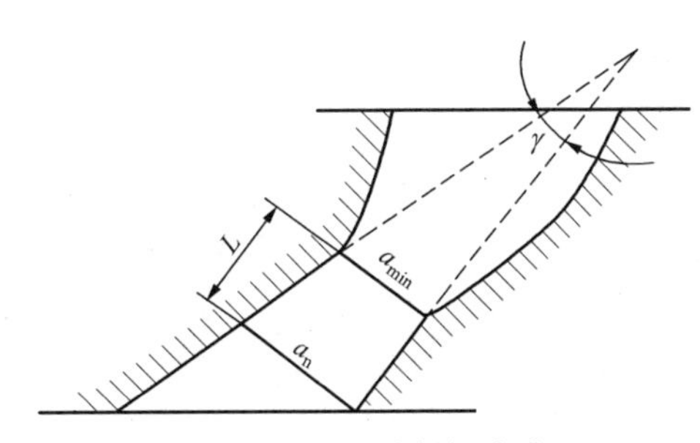

图 2-48　缩放斜切喷嘴

（2）缩放斜切喷嘴。缩放斜切喷嘴如图 2-48 所示，其出口截面积和出口高度仍可按式（2-101）和式（2-103）计算，喷嘴出口面积 $A_n=Z_n l_n a_n$，所以喷嘴的出口处宽度 a_n 为

$$a_n=\frac{A_n}{Z_n l_n}$$

喷嘴的喉部面积为

$$(A_n)_{min}=\frac{G}{0.648\sqrt{p_0^*/v_0^*}}=Z_n(l_n)_{cr}a_{min}$$

如果 $(l_n)_{cr}\approx l_n$，则从上式可确定喉部宽度 a_{min}。

在缩放喷嘴中，为了防止在渐扩部分汽流从汽流通道壁面脱离而引起涡流损失，要求喷嘴扩张角 γ 不要过大。通常采用 $\gamma=6°\sim12°$。于是扩张部分长度 L 为

$$L=\frac{a_n-a_{min}}{2\tan\frac{\gamma}{2}} \tag{2-107}$$

2. 动叶栅尺寸的确定

动叶栅尺寸的计算基本上与喷嘴叶栅尺寸计算一样。但由于汽流在动叶栅内多半是亚临界流动，因此常用下式计算动叶栅出口面积和出口高度，即

$$A_b=\frac{Gv_{2t}}{\mu_b w_{2t}} \tag{2-108}$$

$$l_b = \frac{A_b}{e\pi d_b \sin\beta_2} \tag{2-109}$$

动叶进口高度 l'_b 无需计算，由喷嘴高度 l_n 加盖度 Δ 来确定，即 $l'_b = l_n + \Delta_t + \Delta_r$。

六、级的二维和三维热力设计

（一）概述

在前面分析计算级的通流部分时，认为汽流参数沿叶高和周向不变，用叶片平均直径上的参数代替整个叶高上各处的参数，即采用一元流动为依据的设计方法。当径高比 $\theta = \frac{d_m}{l}$ 较大即叶片较短时，采用这种一元流理论进行级的设计，将叶片设计成沿叶高不变的直叶片，是近似正确的，而且计算简便，叶片加工方便，制造成本低。但当径高比较小叶片很长时，若仍以平均直径处的参数计算，不考虑汽流参数沿叶高的变化，将叶片设计成直叶片，将产生很大的附加损失，使级效率显著降低。引起的附加损失主要有：

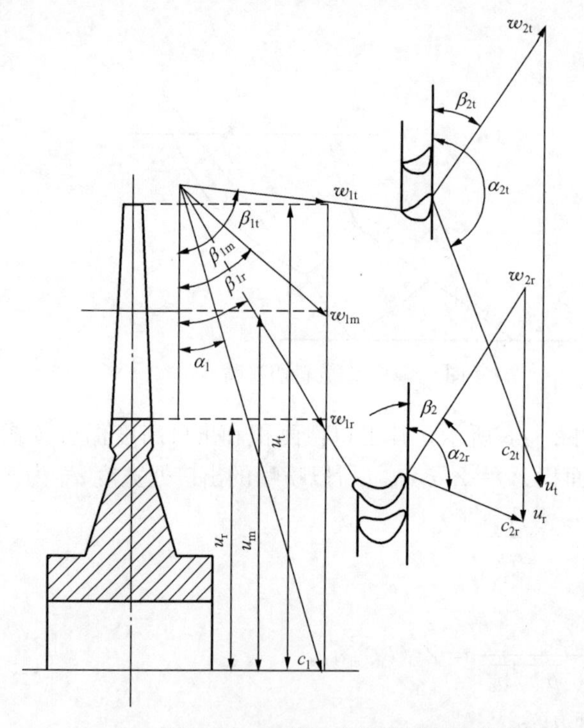

图 2-49　速度三角形沿叶高的变化

（1）沿叶高圆周速度不同引起的损失。当叶片较长时，从叶根到叶顶，圆周速度相差很大，如果仍假定圆周速度沿叶高不变，以平均直径处参数进行通流部分设计，偏差将很大，引起附加损失。

在分析圆周速度沿叶高变化引起的损失时，假定喷嘴出口汽流速度 c_1 和汽流角 α_1 沿叶高不变，按比例作出叶根、叶顶和平均直径处的速度三角形，如图 2-49 所示。

由图 2-49 可知，由于圆周速度沿叶高逐渐增加，汽流进入动叶的进汽角 β_1 沿叶高逐渐增大（$\beta_{1t} > \beta_{1m} > \beta_{1r}$），这时若动叶仍按平均直径处的速度三角形设计，并采用等截面直叶片，则除了平均直径 d_m 外，其他直径处的汽流在进入动叶通道时，都将对动叶产生撞击。在直径 $d > d_m$ 处，汽流撞击动叶背弧；在 $d < d_m$ 处，汽流撞击动叶内弧，从而造成能量损失。同时，动叶汽流出口绝对速度 c_2 及其方向角 α_2 沿叶高也将发生很大的变化，造成级后汽流扭曲，使下一级汽流进口条件恶化，也将产生附加能量损失。

（2）沿叶高节距不同引起的损失。由于汽轮机叶栅是具有一定半径的环形叶栅，因此沿叶高叶栅的节距是逐渐增大的。当径高比 θ 较小时，从叶根到叶顶，叶栅节距相差较大。若仍按平均直径处参数设计采用直叶片，在平均直径处取最佳节距，则在其他直径处的节距就偏离最佳节距，使叶型损失增加，所造成的附加损失随 θ 的减小而增大。

（3）轴向间隙中汽流径向流动所引起的损失。当蒸汽从喷嘴和动叶通道流出时，由于有圆周方向的分速度 c_{1u} 和 c_{2u} 的存在，蒸汽在静、动叶栅出口的轴向间隙中受到离心力的作用，又由于在一元流设计中没有平衡措施，因此引起轴向间隙中汽流的径向流动，这种径向流动不会转变成轮周功，是一种损失，叶片越长，这种损失越大。

以上分析说明，在径高比较小的长叶片级中，沿叶高不同直径处的汽流状态与平均直径处相差较大，且随着径高比的减小，这种差别增大，若按平均直径处参数设计成等截面直叶片，沿叶高叶栅的叶型不变，则在平均直径以外的其他截面，汽流特性和叶栅几何特性不能匹配，造成损失。为此应把长叶片设计成型线沿叶高而变化的变截面叶片，即扭叶片，使叶栅几何参数能够适应圆周速度和汽流参数沿叶高的变化规律，这样可减小损失，使效率提高。图 2-50 所示为不同径高比时，扭叶片级比直叶片级轮周效率的提高值。由图可见，θ 越小，采用扭叶片效率的提高越显著。采用扭叶片可提高效率，但扭叶片的加工困难，成本较高。因此要根据提高效率的收益和制造成本的增加等有关方面的因素通过技术经济比较来确定是否采用扭曲叶片。随着扭叶片加工工艺水平的提高和制造成本的下降，扭叶片的使用范围也越来越广泛，目前在大功率汽轮机的高中压部分也采用扭叶片，例如，哈尔滨汽轮机厂生产的 300MW 和 600MW 反动式汽轮机的全部静叶和动叶均采用了扭叶片。

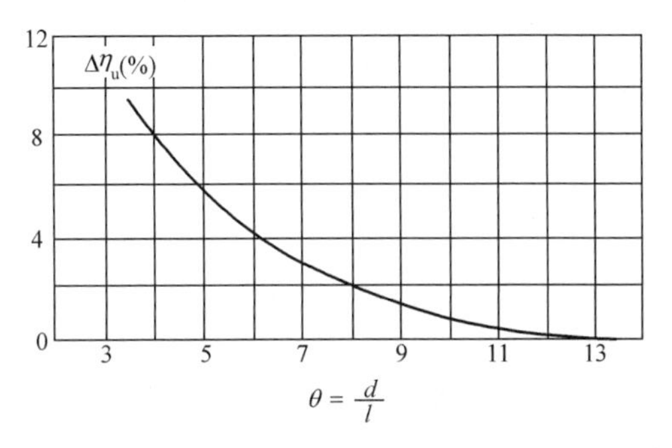

图 2-50　扭叶片级比直叶片级轮周效率的提高值

（二）径向平衡法

在级的某一直径上截取一个微元叶高 dr 的级，称为基元级。在平均直径处的基元级称为中径基元级，在根部处的称为根径基元级。按直叶片的计算方法，求得中径基元级的参数，然后据此来确定沿叶高其他各个基元级的各项参数，并保证整个扭叶片级具有较高的效率，为此，必须确定不同半径基元级参数之间的关系。

目前，在扭叶片级的设计中普遍采用径向平衡方法，确定轴向间隙中汽流的径向平衡条件。径向平衡方法又分简单径向平衡方法和完全径向平衡方法。简单径向平衡方法是假定汽流在级的轴向间隙中做与轴对称的圆柱面运动，这是按二元流建立的汽流流动模型，计算比较简单，应用较广。完全径向平衡方法是假定汽流在级的轴向间隙中做任意回转面流动，如图 2-51 所示，这是理想的三元流动模型，这种设计方法十分复杂，一般径高比 $\theta<3$ 时采用这种方法。

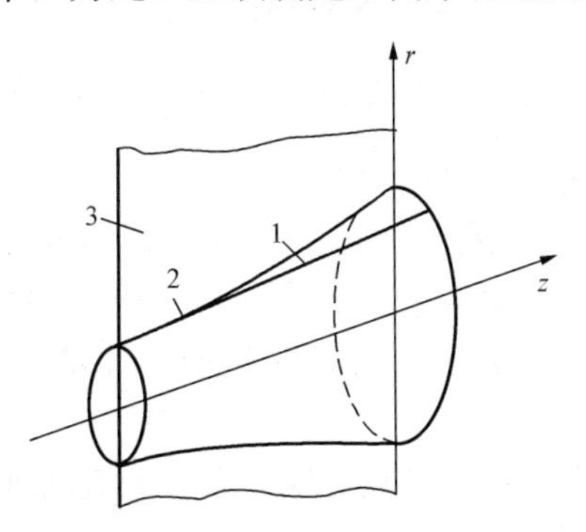

图 2-51　轴对称任意回转面示意

1—流线；2—流线与子午面的交线；3—子午面

1. 简单径向平衡法

简单径向平衡法是假定汽流在级的轴向间隙中做与轴对称的圆柱面运动，因此间隙中必然保持径向平衡，且没有径向分速。为分析讨论方便，假定间隙中流动为理想流体的无损失稳定流动。

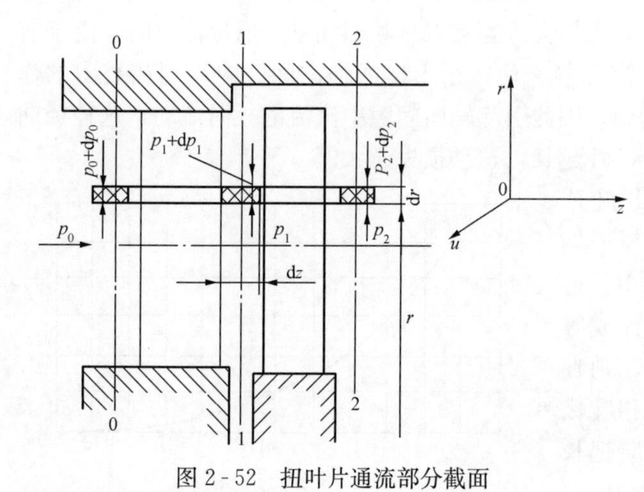

图 2-52 扭叶片通流部分截面

扭叶片通流部分截面如图 2-52 所示。图中 0-0 为级进口间隙截面，1-1 为级间间隙截面，2-2 为级出口间隙截面。在轴向间隙 1-1 截面的任意半径 r 处取一流体微团，其宽度为 dz，高度为 dr。不计重力影响，对理想微元流体上只受到离心力与汽流的静压力的作用。

由于汽流切向分速 c_{1u} 产生的离心力 F_c 为

$$F_c = dm\frac{c_{1u}^2}{r} = \rho_1 \times 2\pi r dr dz \frac{c_{1u}^2}{r}$$

式中：ρ_1 为蒸汽在间隙 1-1 中 r 处的密度；dm 为环形微元体的质量。

由于汽流径向压差产生的向心力 F_p 为

$$F_p = [(p_1 + dp_1) - dp_1] \times 2\pi r dz = 2\pi r dz dp_1$$

为保持间隙中径向平衡，则

$$F_c = F_p$$

即

$$2\rho\pi r dr dz \frac{c_{1u}^2}{r} = 2\pi r dz dp_1$$

整理后得

$$\frac{dp_1}{dr} = \rho_1 \frac{c_{1u}^2}{r} \tag{2-110}$$

式（2-110）即为静叶栅出口间隙中汽流简单径向平衡方程式。同理，可以导出动叶出口间隙中汽流简单径向平衡方程式

$$\frac{dp_2}{dr} = \rho_2 \frac{c_{2u}^2}{r} \tag{2-111}$$

式（2-110）和式（2-111）说明，级的轴向间隙中汽流要保持轴对称的圆柱面流动，则间隙中汽流压力沿叶高的变化必须符合汽流圆周分速度沿叶高的分布规律，且 $\frac{dp}{dr} > 0$，因此不论圆周分速度沿叶高如何分布，间隙中的汽流压力总是沿叶高增加的。

简单径向平衡方程式中有 p 和 c_u 两个未知数，只有给出某些特定的条件才能得出方程的解，从而确定出参数沿叶高变化的具体规律，称为流型。给出的平衡条件不同，得出的解就不同，得到的流型就会不同。用简单径向平衡法设计得到的流型有等环流流型、等 α_1 角流型、等密流流型、喷嘴出口等环量和动叶出口连续流流型。

实践证明，对于 $5 < \theta < 8$ 的较长叶片，用简单径向平衡法设计能较好地克服一元流动理论的缺陷，使级效率得到显著的提高，因此该方法得到了广泛应用。

2. 完全径向平衡法

简单径向平衡方程所导出来的流型，级的反动度沿叶高增大而且变化比较剧烈，会带来如下问题：在 θ 很小（特别是在 $\theta < 3$）的情况下，当叶顶反动度较低时，叶根部会出现负反动度，汽流在叶片根部汽道中形成扩压段，引起附面层脱离而形成倒涡流，使损失显著增

加；叶根处喷嘴出口速度增大使动叶根部进口马赫数增大，易于产生冲波，加剧动叶根部附面层的脱离，致使汽流阻塞，流线向上偏移，影响级的通流能力和做功能力；根部负反动度的存在使隔板汽封的前后压差增大，漏汽损失增加，并产生动叶根部的吸汽作用，扰乱主汽流而使流动损失增加；在负反动度区域内，动叶中汽流不再是膨胀做功过程，而是扩压耗功过程，将消耗一部分轮周功。当根部反动度为正值时，顶部反动度就会更大，Ω_t 甚至高达 0.8 以上，使动叶顶部前后压差增大，漏汽损失增加；同时也使动叶顶部某些截面的弯曲应力增加，影响安全；级的平均反动度较大，与此对应的最佳速比也较大，级的做功能力降低。

由以上分析可知，简单径向平衡法假定汽流为轴对称的圆柱面流动，无法控制反动度沿叶高的变化，当叶片较长（特别是在 $\theta<3$）时，由此引起的问题比较明显，要解决这些问题必须采用三元流的简化模型和完全径向平衡方程。

完全径向平衡法认为，在动、静叶栅轴向间隙中，圆周方向的流面是一个轴对称的任意回转面。完全径向平衡方程式为

$$\frac{1}{\rho}\frac{\partial p}{\partial r}=\frac{c_u^2}{r}-c_m^2\left(\frac{\cos\varphi_m}{R_m}+\frac{\sin\varphi_m}{c_m}\frac{\partial c_m}{\partial m}\right)$$

式中：c_u、c_m 为汽流圆周分速、子午分速；φ_m 为子午分速对 z 轴的倾角；R 为流面上某点的曲率半径。

用完全径向平衡方程导出流型有三元流型、可控涡流型（“可控”是指反动度沿叶高的变化可被控制）。

（三）叶栅的全三维设计

20 世纪 90 年代，叶栅的全三维设计概念开始应用，突出代表是弯扭联合成型叶片。随着科学技术的发展，计算流体力学在三维设计上有了实质性的突破，三维黏性数值模拟技术在汽轮机设计和试验研究中得到了日益广泛的应用。以一维/准三维/全三维气动热力分析计算为核心的汽轮机通流部分设计方法已用于工程设计和实践，叶栅的设计、制造发展到全三维阶段。

任务二　多级汽轮机工作过程分析

【教学目标】

1. 知识目标

（1）掌握蒸汽在多级汽轮机中的能量转换过程。

（2）掌握多级汽轮机各项损失产生的原因及减小损失的方法。

（3）掌握汽轮机的内功率、内效率的概念及影响内效率的主要因素。

（4）掌握汽轮机的效率、热耗率、汽耗率等主要经济指标。

（5）掌握影响汽轮机经济性的主要因素。

（6）熟悉多级汽轮机的工作特点。

（7）熟悉轴向推力对汽轮机工作的影响及其平衡方法。

2. 能力目标

（1）能说出多级汽轮机的工作过程。

（2）会分析提高汽轮机经济性的方法。

（3）会查阅汽轮机的技术规程。

3. 素质目标

（1）培养获取信息的能力。

（2）培养学习新知识、新技能的能力。

（3）培养理论与实践相结合的能力。

（4）树立团队意识与协作精神。

（5）培养良好的表达和沟通能力。

【任务描述】

利用多媒体课件及汽轮机实物或模型进行教学，熟悉蒸汽在汽轮机中能量转换的知识，培养学生分析提高汽轮机经济性方法的技能。

【任务准备】

分析汽轮机工作过程认知任务单，明确该任务的内容、目标和要求；查阅资料；制定实施工作任务的方案。

【任务实施】

分析工作任务单；查阅相关资料，了解多级汽轮机的工作过程；在教师的指导下，学习蒸汽在多级汽轮机中能量转换的知识，分析提高汽轮机经济性的方法。

【相关知识】

一、多级汽轮机的工作特点

（一）多级汽轮机的工作过程

多级汽轮机中，级按工作压力高低顺序排列，蒸汽依次在各级中膨胀，各级均按最佳速比选择适当的比焓降，这样既能获得大的功率，又能保持较高的效率。所以功率稍大的汽轮机都采用多级汽轮机。例如，上海汽轮机厂生产的 N600 - 24.2/566/566 型 600MW 超临界压力汽轮机，有一个高中压汽缸和两个低压缸，高、中、低压通流部分分别有 1＋9 级、6 级和2×2×7 级，共 44 级，其纵剖面如图 2 - 53 所示。哈尔滨汽轮机厂与日本东芝株式会社联合设计制造的 1000MW 汽轮机，有一个单流高压缸、一个双流中压缸和两个双流低压缸，分别有 2×1＋9 级、2×7 级和 2×2×6 级，共 49 级，该机纵剖面如图 2 - 54 所示。蒸汽进入多级汽轮机后依次通过各级膨胀做功，压力逐级降低，比体积不断增大。因此，为了使逐级增大的体积流量顺利通过各级，各级通流面积相应逐级扩大，形成向低压部分逐渐扩张的通流部分。

蒸汽在多级汽轮机中膨胀做功过程在 h - s 图上的热力过程线，如图 2 - 55 所示，图中 $0'$ 点是第一级喷嘴前的蒸汽状态点，1 点是第一级喷嘴后的状态点（即为动叶后状态点），2 点为第一级的排汽状态点，将 $0'$点与 2 点之间用光滑曲线连接起来可画出第一级的热力过程线。从第一级的排汽状态点得到第二级的进汽状态点，同样可得到第二级的热力过程线。依

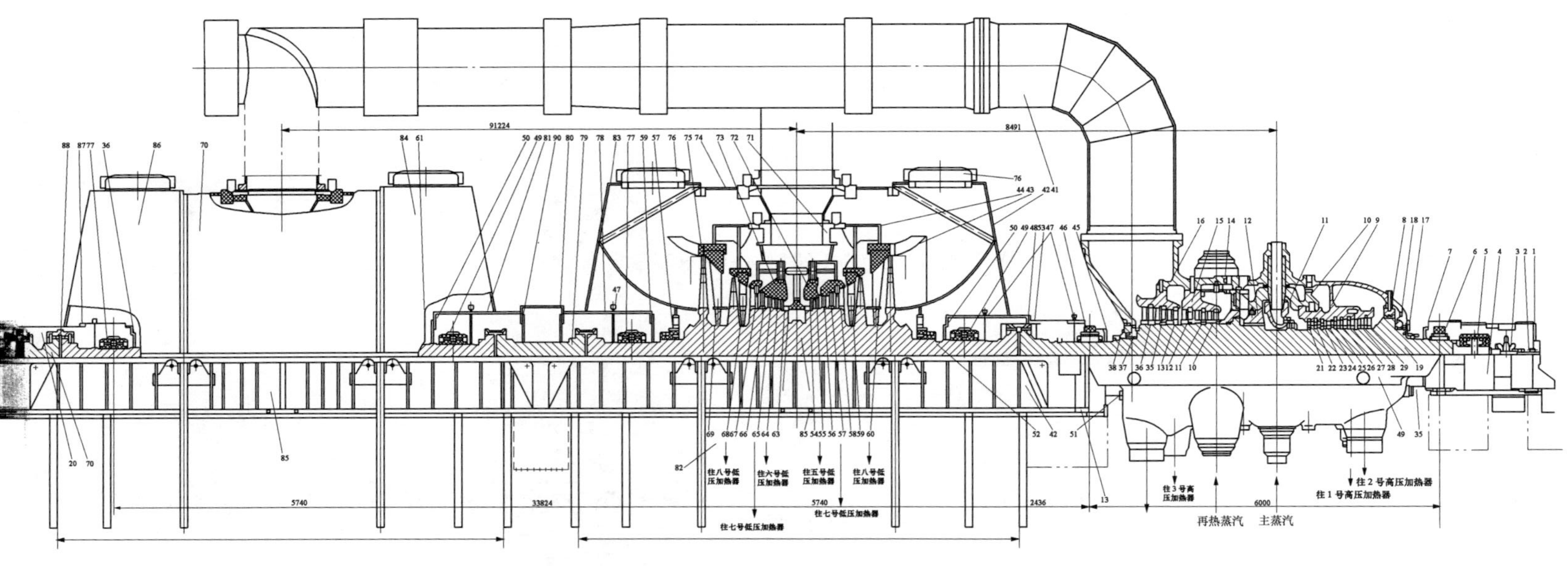

图 2-53　上海汽轮机生产的 N600-24.2/566/566 型汽轮机纵剖面图

1—基架；2—危急遮断器；3—主油泵；4—前轴承箱；5—推力轴承；6—1 号支承轴承；7—前轴承箱挡油环；8—高压排汽侧平衡环；9—高压隔板套；10—高压内缸；11—蒸汽室；12—高中压进汽侧平衡环；13—低压缸基架；14—中压隔热罩；15—中压 1 号隔板套；16—中压 2 号隔板套；17、18—汽封；19—高中压转子；20、53—联轴器护罩；21～29—高压隔板；30～35—中压隔板；36—后轴承箱挡油环；37、38、52—汽封；39、51—汽缸定中心梁；40—高中压外缸；41—连通管；42、83—低压外缸（Ⅰ）后部；43—低压缸排汽导流环；44—低压 2 号内缸；45—低压轴承箱挡油环；46—2 号支承轴承；47—振动测量支架；48—后轴承箱盖；49—3、5 号支承轴承；50—后轴承箱挡油环；54～60—低压反向隔板；61—低压转子；62—低压缸进汽导流环；63～69—低压正向隔板；70、79—中间轴；71—低压 1 号内缸；72、73—低压隔板套；74、82—低压外缸；75—低压缸排汽导流环；76—大气阀；77—4、6 号支承轴承；78、81—轴承及联轴器盖；80—轴承挡油环；84、86—低压外缸（Ⅱ）后部；85—低压外缸中部；87—后轴承箱盖；88—胀差发送器支架；89—低压内外缸对中装置

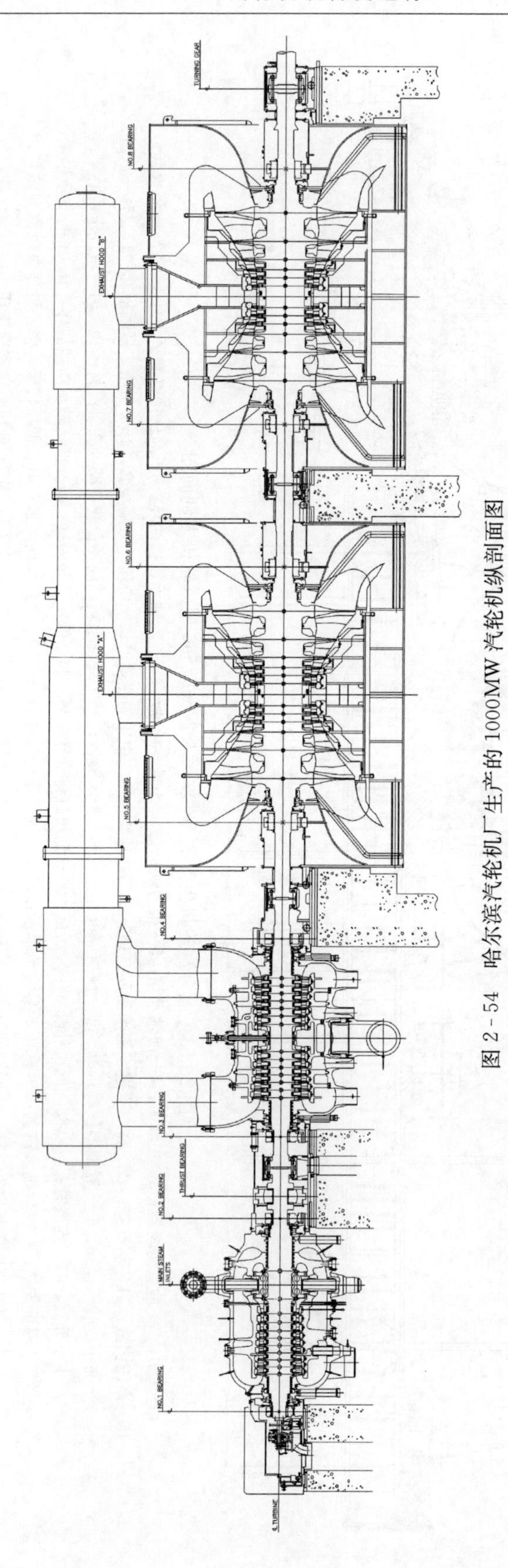

图2-54 哈尔滨汽轮机厂生产的1000MW汽轮机纵剖面图

次类推，可绘出各级的热力过程线。把各级的过程线顺次连接起来就是整个汽轮机的热力过程线。图 2 - 55 中，p_c 为汽轮机的排汽压力，也称为汽轮机的背压；ΔH_t 为汽轮机的理想比焓降，ΔH_i 为汽轮机的有效比焓降。汽轮机的有效比焓降 ΔH_i 等于各级有效比焓降 Δh_i 之和，即 $\Delta H_i=\sum\Delta h_i$。整个汽轮机的内功率等于各级内功率之和。汽轮机的相对内效率为

$$\eta_{ri}=\frac{\Delta H_i}{\Delta H_t} \tag{2-112}$$

（二）多级汽轮机的余速利用

在多级汽轮机中，蒸汽依次经过各级，前一级的排汽就是后一级的进汽，在一定条件下，前一级排汽的余速动能可以全部或部分地作为后一级的进汽动能而被利用，使级效率及汽轮机效率提高。

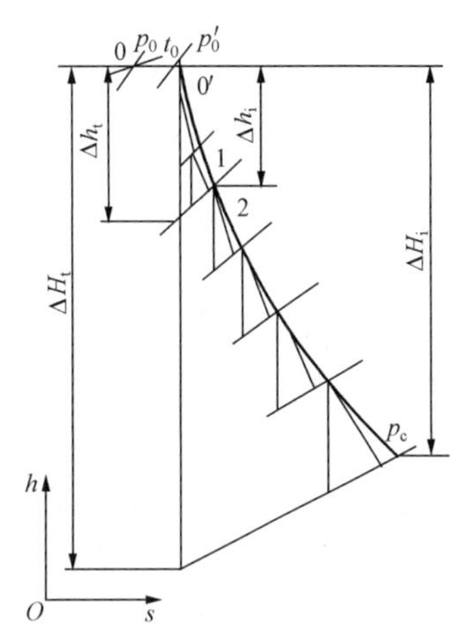

图 2 - 55　多级汽轮机的热力过程

1. 余速利用对级效率的影响

由前面的知识可知，级内效率表达式为

$$\eta_{ri}=\frac{\Delta h_i}{E_0}=\frac{\Delta h_i}{\Delta h_t^*-\mu_1\Delta h_{c2}}$$

式中：Δh_i 为不包括余速损失的所有级内损失。

当本级余速不被下级利用时，$\mu_1=0$，则

$$\eta'_{ri}=\frac{\Delta h_i}{E_0}=\frac{\Delta h_i}{\Delta h_t^*}$$

当余速动能被下一级利用时，$\mu_1>0$，则 $\eta_{ri}>\eta'_{ri}$，即本级余速被下一级利用后，可以提高本级的内效率。

2. 余速利用对整机效率的影响

图 2 - 56 中，当各级余速动能都不被利用时，第一级的实际排汽点，即第二级的进汽点为 c 点，abc 为第一级的热力过程线。依次类推，汽轮机末级排汽状态点为 d 点，整机的有效比焓降为 ΔH_i。当各级余速均被利用时，第二级的进汽状态点为 b 点，进口滞止状态点为 c' 点，依次类推，则末级排汽状态点为 d' 点，此时汽轮机的有效比焓降为 $\Delta H_i'$。由图 2 - 50 可知，余速利用后，整机热力过程线左移，$\Delta H_i'>\Delta H_i$，汽轮机的效率提高。

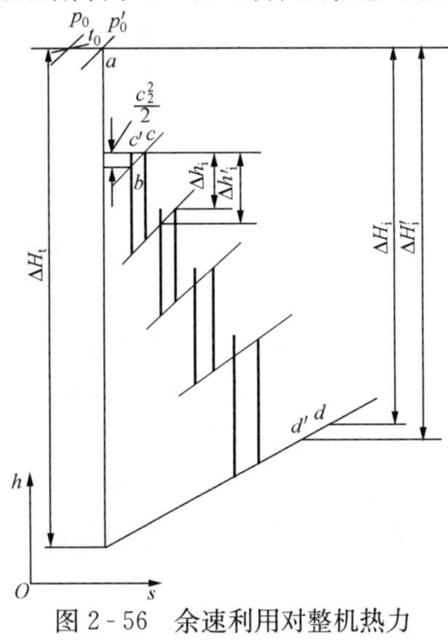

图 2 - 56　余速利用对整机热力过程线的影响

3. 实现余速利用的条件

（1）相邻两级的部分进汽度相同。大功率汽轮机除调节级外其余各级（非调节级）均为全周进汽，部分进汽度相同，而调节级与第一非调节级之间部分进汽度不同，故调节级余速基本不能利用。

（2）相邻两级的通流部分过渡平滑。一般非调节级相邻级的平均直径比较接近，通道之间的过渡平滑。调节级通常承担的比焓降大，平均直径比相邻级大，这种情况下调节级的余速不能被下一级利用。

（3）相邻两级之间的轴向间隙要小，流量变化不

大。这两个条件一般都能满足，试验表明，即使两级之间有回热抽汽，对余速利用的影响也不大。

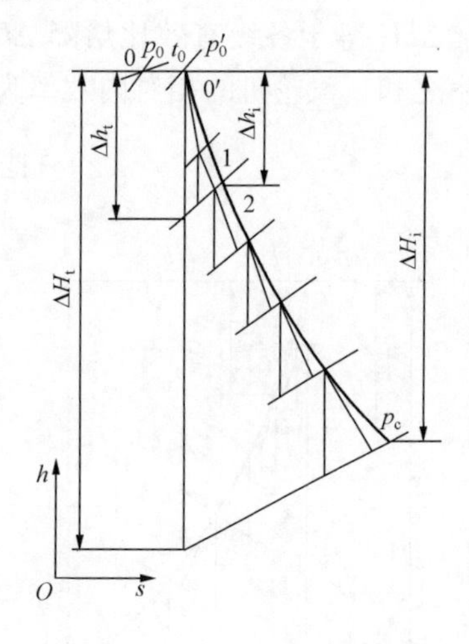

图 2-57 汽轮机的热力过程线

(4) 前一级的排汽角α_2应与后一级喷嘴的进汽角α_{0g}一致。在变工况时，排汽角α_2会有较大的变化，但一般喷嘴的进汽边都加工成圆角，能适应进汽角度在较大范围内的变化，所以这一条件通常能满足。

综上所述，多级汽轮机中间级的余速动能基本上都能被后一级充分利用，所以在设计时就不一定要求每一级都轴向排汽，可以在直径、转速不变的条件下采用比较小的速比来增加每一级可承担的比焓降，使总的级数减小。

(三) 多级汽轮机的重热现象

由图 2-57 所示的五级汽轮机的热力过程线可见，当各级没有损失时，各级的理想比焓降分别为$\Delta h'_{t1}$、$\Delta h'_{t2}$、$\Delta h'_{t3}$、$\Delta h'_{t4}$、$\Delta h'_{t5}$，当第一级存在级内损失时，其排汽的比焓值、温度比没有损失时高，导致第二级的理想比焓降为$\Delta h'_{t2}$。由于在水蒸气的h-s图上等压线沿着熵增的方向呈扩散状，因此$\Delta h_{t2} > \Delta h'_{t2}$。同理有$\Delta h_{t3} > \Delta h'_{t3}$、$\Delta h_{t4} > \Delta h'_{t4}$、$\Delta h_{t5} > \Delta h'_{t5}$，则

$$\Delta h'_{t1} + \Delta h_{t2} + \Delta h_{t3} + \Delta h_{t4} + \Delta h_{t5} > \Delta h'_{t1} + \Delta h'_{t2} + \Delta h'_{t3} + \Delta h'_{t4} + \Delta h'_{t5}$$

即

$$\sum \Delta h_t > \Delta H_t \tag{2-113}$$

可见，在多级汽轮机中，由于级内损失的存在，各级理想比焓降之和$\sum \Delta h_t$大于整机的理想比焓降ΔH_t。这是由于多级汽轮机前面级的损失能够在后面级中部分得到利用，这种现象称为多级汽轮机的重热现象。

由于重热现象而增加的理想比焓降占汽轮机理想比焓降的比例称为重热系数，用α表示

$$\alpha = \frac{\sum \Delta h_t - \Delta H_t}{\Delta H_t} \tag{2-114}$$

设各级的平均内效率为η_{rim}，汽轮机的内效率为η_{ri}，则

$$\Delta H_i = \eta_{ri} \Delta H_t = \sum \Delta h_i = \eta_{rim} \sum \Delta h_t$$

将式 (2-114) 代入上式整理得

$$\eta_{ri} = \frac{\Delta H_i}{\Delta H_t} = \eta_{rim}(1 + \alpha) \tag{2-115}$$

从式 (2-15) 看出，重热现象使多级汽轮机的内效率大于各级的平均内效率。重热现象使前面级的损失在后面级中得到了部分利用，因此提高了整机内效率。但不能说，重热系数越大，多级汽轮机的内效率就越高，因为α越大，说明各级的损失越大，重热只能回收利用总损失中的一小部分，而这一小部分远不能补偿损失的增大。一般α为 0.04～0.08。

(四) 多级汽轮机的总体热力特性

沿着蒸汽的流动方向可把多级汽轮机分为高压段、中压段和低压段三部分，对于分缸的大型汽轮机则分为高压缸、中压缸和低压缸。由于各部分所处的条件不同，因此各段有不同的热力特性。

1. 高压段

在汽轮机的高压段，蒸汽的压力、温度很高，比体积较小，因此通过该级段的蒸汽容积

流量较小，所需的通流面积也较小。在高压段，为了保证有足够的喷嘴出口高度及增大轮周功，喷嘴出口汽流角 α_1 较小，一般冲动式汽轮机 $\alpha_1=11°\sim14°$，反动式汽轮机 $\alpha_1=14°\sim20°$。

高压段各级比焓降不大，比焓降的变化也不大。这是因为通过高压段各级的蒸汽容积流量较小，为增大叶片高度，叶轮的平均直径就较小，圆周速度也就较小；为保证各级在最佳速比附近工作，喷嘴出口汽流速度也就较小，因此各级比焓降不大；由于蒸汽在高压段各级的比体积变化较小，因而各级的直径变化不大，所以各级比焓降变化也不大。

冲动式汽轮机高压级的反动度一般不大，当静、动叶根部间隙不吸汽、不漏汽时，根部反动度较小，由于叶片高度较小，因此平均直径处的反动度较小。

超临界、超超临界压力汽轮机蒸汽初参数很高，在高压段蒸汽容积流量很小，高压段会产生较大的损失。

2. 低压段

在汽轮机的低压段，蒸汽的容积流量很大，要求的通流面积很大，为了避免叶片高度太大，有时把低压段各级的喷嘴出口汽流角 α_1 取得较大，造成轮周功减小。

低压段的蒸汽容积流量很大，因此叶轮直径较大，圆周速度增加较快。为了保证各级在最佳速比附近工作，各级的比焓降增加较快。

级的反动度在低压段明显增大，这是因为低压段叶片高度很大，为保证叶片根部不出现负反动度，则平均直径处的反动度较大；另外，低压级的比焓降大，增加级的反动度，减小喷嘴中承担的比焓降，以避免喷嘴出口汽流速度超过声速过多而采用缩放喷嘴。

3. 中压段

汽轮机中压段的情况介于高压段和低压段之间。为了保证汽轮机通流部分畅通，各级叶高沿蒸汽流动方向逐级增大。中压段各级的反动度一般介于高压段和低压段之间，且逐级增加。

（五）多级汽轮机的特点

1. 多级汽轮机的优点

与单级汽轮机相比，多级汽轮机具有如下优点：

（1）多级汽轮机的循环热效率高。多级汽轮机的比焓降比单级汽轮机增大很多，可以采用较高的进汽参数和较低的排汽参数，还可以采用回热循环和再热循环，从而提高了机组的循环热效率。

（2）多级汽轮机的相对内效率高。

1）在一定的条件下，多级汽轮机的余速动能可以被下一级利用。

2）多级汽轮机具有重热现象。

3）多级汽轮机级的比焓降较小，可以采用渐缩喷嘴，避免了采用难以加工、效率较低的缩放喷嘴。

4）当级的比焓降较小时，根据最佳速比的要求，可相应减小级的平均直径，从而可适当增加叶栅高度，减小叶栅的端部损失。

5）多级汽轮机每一级承担的比焓降合适，可以保证各级都在最佳速比附近工作。

（3）多级汽轮机单机功率大。单级汽轮机的单机功率受到材料强度等的限制，而多级汽轮机的功率为各级的功率之和，因此多级汽轮机单机功率比单级汽轮机大。

(4) 多级汽轮机单位功率的投资小。多级汽轮机的单机功率可远远大于单级汽轮机，因而使单位功率汽轮机组的造价、材料消耗和占地面积都比单级汽轮机大大减小，容量越大的机组减小得越多。

2. 多级汽轮机存在的问题

(1) 增加了隔板漏汽损失、湿汽损失等附加能量损失。

(2) 由于级数多，增加了机组的长度和质量；零部件增多，使多级汽轮机的结构复杂。

(3) 由于新蒸汽和再热蒸汽温度的提高，多级汽轮机高中压级的工作温度较高，对零部件的金属材料要求高。

由于多级汽轮机的优越性远大于其存在的不足，因此在工业中得到了广泛的应用。

二、汽轮发电机组的效率和经济指标

(一) 多级汽轮机的损失

多级汽轮机在工作过程中会产生能量损失，这些损失分为两大类：一类是不直接影响蒸汽状态的损失，称为外部损失；另一类是直接影响蒸汽状态的损失，称为内部损失。外部损失包括机械损失和外部漏汽损失。内部损失包括各级内损失、进汽机构的节流损失、中间再热管道的压力损失及排汽管中的压力损失。

1. 多级汽轮机的外部损失

(1) 外部漏汽损失。汽轮机的主轴从汽缸两端穿出，为了防止摩擦，主轴与汽缸端部之间留有一定的间隙，又由于汽缸内外存在着压差，则会使高压端有一部分蒸汽向外漏出，这部分蒸汽不做功，因而造成了能量损失；在处于真空状态下的低压端会有一部分空气从外向里漏而破坏真空，增大抽气器的负担，这些都将使机组的效率降低。

为了减小漏汽（气）所产生的损失，多级汽轮机均在汽缸端部与主轴之间装有汽封，称为轴封。装在汽侧压力高于外界大气压处的轴封，称为正压轴封，它的作用是减少汽轮机内高压蒸汽向外的漏汽量；装在汽侧压力低于外界大气压处的轴封，称为负压轴封，它的作用是防止外界空气漏入汽缸。

(2) 机械损失。汽轮机运行时，要克服支承轴承和推力轴承的摩擦阻力，还要带动主油泵等，从而消耗一部分有用功而造成损失，这种损失称为机械损失。

2. 多级汽轮机的内部损失

(1) 汽轮机进汽机构的节流损失。压力为 p_0 的新蒸汽进入汽轮机第一级喷嘴前，要经过高压主汽阀、调节汽阀、管道和蒸汽室等，蒸汽在流过这些部件时由于摩擦、涡流等造成压力降低 Δp_0，使第一级前的蒸汽压力降低为 p'_0，这个过程为节流过程，过程前后比焓值相等，熵增大，如图 2-58 所示。在背压不变的条件下，进汽机构中没有节流损失时，整机的理想比焓降为 ΔH_t，由于存在着进汽机构的压力降 Δp_0，使整机的理想比焓降变为 $\Delta H'_t$，由于节流作用引起汽轮机比焓降损失 $\Delta H_{\text{t}\xi}=\Delta H_t-\Delta H'_t$，称为进汽机构中的节流损失。

进汽机构的节流损失与管道长短、阀门型线、蒸汽室形状及汽流速度等有关。设计时，当阀门全开时选取蒸汽速度不大于 40～60m/s，因节流引起的压力损失为

$$\Delta p_0=p_0-p'_0=(0.03\sim 0.05)p_0 \tag{2-116}$$

或

$$p'_0=(0.95\sim 0.97)p_0 \tag{2-117}$$

蒸汽经过两个汽缸之间的连通管时，由于摩擦和二次流等原因所引起的压力损失 Δp_s 为连通管压力的 2%～3%，即

$$\Delta p_s = p_s - p'_s = (0.02 \sim 0.03) p_s \tag{2-118}$$

（2）中间再热管道的压力损失。在中间再热机组中，蒸汽经过再热器和再热冷、热段管道时，由于流动阻力损失要产生压降，其压力损失 Δp_r 约为再热压力 p_r 的10%。此外，再热蒸汽经过中压主汽阀和中压调节汽阀时也有压力损失，因中压调节汽阀只在低负荷时才有调节作用，正常运行时处于全开状态，故节流损失较小，压力损失约为再热压力 p_r 的2%。综合起来蒸汽流经中间再热器及其管道阀门后所产生的压力损失 Δp_r 约为 $12\% p_r$，相应的比焓降损失可通过热力过程线得到。

（3）排汽管中的压力损失。从最后一级动叶排出的蒸汽经排汽管进入凝汽器中，蒸汽在排汽部分流动时，因产生摩擦和旋涡等，造成压力降低，使汽轮机末级后的静压 p'_c 高于凝汽器内的静压力 p_c，$\Delta p_c = p'_c - p_c$，这一压降称为排汽管压力损失，通常 $\Delta p_c = (0.02 \sim 0.06)\ p_c$。在图2-58中，由于 Δp_c 的存在，使汽轮机的理想比焓降由 $\Delta H'_t$ 降为 $\Delta H''_t$，差值 $\Delta H_c = \Delta H'_t - \Delta H''_t$ 为排汽管压力损失所引起的比焓降损失。

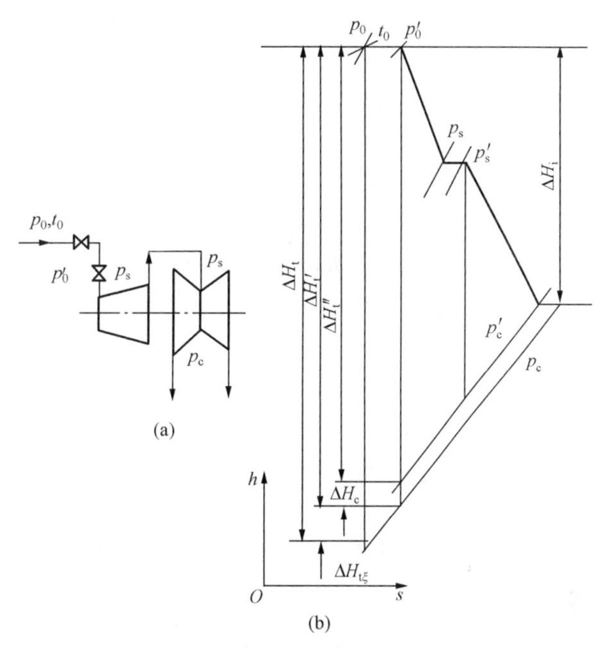

图2-58　考虑了进排汽机构中损失的热力过程线
（a）系统示意；（b）热力过程曲线

为了减小排汽管中的压力损失 Δp_c，通常在排汽管内设置导流环或导流板，使乏汽均匀地布满整个排汽通道，使排汽通畅，减少排汽动能的消耗；另外，将排汽管设计成具有较好扩压效果的扩压管，即在末级动叶后到凝汽器入口之间有一段通流面积逐渐扩大的导流部分，将汽轮机排汽动能转变为静压，以补偿排汽管中的压力损失。

（二）汽轮发电机组的效率

一个设备或装置的有效输出能量与输入能量之比称为此设备或装置的效率。在汽轮机装置中，通常用各种效率来表示整个能量转换过程中不同阶段的完善程度。

1. 汽轮机的相对内效率 η_{ri}

汽轮机的输入能量为蒸汽在汽轮机中的理想功率 P_t，输出能量为汽轮机的内功率 P_i，其中 $P_t = G\Delta H_t$，$P_i = G\Delta H_i$，两者之比称为汽轮机的相对内效率，简称内效率，即

$$\eta_{ri} = \frac{P_i}{P_t} = \frac{\Delta H_i}{\Delta H_t} \tag{2-119}$$

汽轮机的相对内效率是衡量汽轮机内能量转换完善程度的指标。相对内效率越高，说明其内部损失越小。

目前，汽轮机的相对内效率已达90%以上，如哈尔滨汽轮机厂生产的600MW超临界压力汽轮机高、中、低压缸效率分别为87.56%、93.97%、91.48%，汽轮机总内效率为

91.07%。1000MW 超临界压力汽轮机高、中、低压缸效率分别为 90.2%、94.5%、89.2%，汽轮机总内效率为 91.6%。

2. 汽轮机的相对有效效率 η_{re}

汽轮机内功率中扣除机械损失后的功率为汽轮机轴功率，称为有效功率 P_e。$P_i - P_e = \Delta P_m$，即为机械损失。汽轮机的有效功率与汽轮机的内功率之比称为机械效率 η_m，即

$$\eta_m = \frac{P_e}{P_i} \tag{2-120}$$

机械效率一般较高，大功率机组可达 99%以上。

把汽轮机和轴承看成一个整体，此时输入能量为蒸汽的理想功率 P_t，输出能量为有效功率 P_e，其效率称为相对有效效率 η_{re}，则

$$\eta_{re} = \frac{P_e}{P_t} = \frac{P_e}{P_i}\frac{P_i}{P_t} = \eta_m \eta_{ri} \tag{2-121}$$

3. 汽轮发电机组的相对电效率 η_{rel}

对于发电机，其输入能量为汽轮机的有效功率 P_e，由于发电机内有铜损、铁损和机械损失等，使其输出能量变为 P_{el} 称为电功率，$P_e - P_{el} = \Delta P_{el}$ 称为发电机损失，故发电机的效率 η_g 为

$$\eta_g = \frac{P_{el}}{P_e} \tag{2-122}$$

发电机效率与发电机的容量及冷却方式有关，大功率机组一般可达 97%～99%。

将汽轮机、轴承和发电机合在一起看成一个整体，则整个机组的输入能量为理想功率 P_t，输出能量为电功率 P_{el}，整个机组的效率称为相对电效率 η_{rel}，即

$$\eta_{rel} = \frac{P_{el}}{P_t} = \frac{P_{el}}{P_e}\frac{P_e}{P_i}\frac{P_i}{P_t} = \eta_g \eta_m \eta_{ri} = \eta_g \eta_{re} \tag{2-123}$$

汽轮发电机组的电功率 P_{el} 是向外输送的功率，在无回热抽汽时

$$P_{el} = G\Delta H_t \eta_{ri} \eta_m \eta_g \tag{2-124}$$

或

$$P_{el} = \frac{D\Delta H_t \eta_{ri} \eta_m \eta_g}{3600} \tag{2-125}$$

式中：G、D 为蒸汽流量，kg/s 或 kg/h。

当有回热抽汽时

$$P_{el} = \eta_m \eta_g \sum_{j=1}^{n} G_j \Delta H_{ij} = \frac{\eta_m \eta_g}{3600} \sum_{j=1}^{n} D_j \Delta H_{ij} \tag{2-126}$$

其中，G_j（D_j）和 ΔH_{ij} 分别表示第 j 段的流量和有效比焓降。$j=1$ 时，表示第一个抽汽口上游的一段。

（三）汽轮发电机组的经济指标

1. 汽耗率

汽轮机每小时消耗的蒸汽量称为汽耗量 D，单位为 kg/h。汽轮发电机组每发 1kW·h 的电量所消耗的蒸汽量称为汽耗率 d，单位为 kg/（kW·h）。

由式（2-48）可得

$$D = \frac{3600 P_{el}}{\Delta H_t \eta_{ri} \eta_m \eta_g} = \frac{3600 P_{el}}{\Delta H_i \eta_{re} \eta_g} \tag{2-127}$$

因此汽耗率为

$$d=\frac{D}{P_{el}}=\frac{3600}{\Delta H_{t}\eta_{ri}\eta_{m}\eta_{g}}=\frac{3600}{\Delta H_{i}\eta_{re}\eta_{g}} \tag{2-128}$$

有回热抽汽的机组，式中的有效比焓降 ΔH_i 由当量有效比焓降 $\overline{\Delta H_i}$ 代替。

$$\overline{\Delta H_i}=\sum(1-\sum\alpha)\Delta H_i \tag{2-129}$$

式中：ΔH_i 为各段回热抽汽间的有效比焓降；α 为各段回热抽汽量占总进汽量的份额。

由于参数不同的机组在相同功率下消耗的蒸汽量不同，因此不同类型的机组一般不用汽耗率来比较经济性。

2. 热耗率

汽轮发电机组每发 1kW·h 的电量所消耗的热量，称为热耗率 q，单位为 kJ/（kW·h），即

$$q=d(h_0-h_{fw})=\frac{3600(h_0-h_{fw})}{\Delta H_{t}\eta_{rel}} \tag{2-130}$$

对于中间再热机组

$$q=d\left[(h_0-h_{fw})+\frac{D_r}{D_0}(h_r-h_r')\right] \tag{2-131}$$

式中：D_0 为汽轮机总进汽量，kg/h；D_r 为再热蒸汽量，kg/h；h_0 为新蒸汽比焓，kJ/kg；h_{fw} 为锅炉给水比焓，kJ/kg；h_r、h_r' 为再热蒸汽热段比焓、冷段比焓，kJ/kg。

例如，哈尔滨汽轮机厂生产的 600MW 超临界压力汽轮机和 1000MW 汽轮机的热耗率分别为 7522、7366kJ/（kW·h）。

表 2-5 为汽轮发电机组的效率及热经济指标。

表 2-5　汽轮发电机组的效率及热经济指标

额定功率（MW）	相对内效率 η_i	机械效率 η_m	发电机效率 η_g	绝对电效率 η_{ael}	汽耗率 d [kg/（kW·h）]	热耗率 q [kJ/（kW·h）]
50～100	0.85～0.87	～0.99	0.98～0.985	0.37～0.39	3.7～3.5	9630～9210
125～200	0.87～0.88	>0.99	0.985～0.99	0.42～0.43	3.2～3.0	8500～8370
300～600	0.89～0.90	>0.99	0.985～0.99	0.44～0.46	3.2～2.9	8100～7800
>600	>0.90	>0.99	0.985～0.99	>0.46	<3.2	<7800

（四）汽轮机的极限功率和提高单机功率的途径

1. 汽轮机的极限功率

在一定的蒸汽初终参数和转速下，单排汽口凝汽式汽轮机所能获得的最大功率称为汽轮机的极限功率。回热抽汽凝汽式汽轮机组的发电极限功率为

$$P_{el,max}=G_{c,max}m\Delta H_{t}\eta_{ri}\eta_{m}\eta_{g} \tag{2-132}$$

式中：$G_{c,max}$ 为通过汽轮机末级的最大流量。

由于回热抽汽、端轴封漏汽和厂用抽汽都不通过末级，所以在同一 $G_{c,max}$ 下，回热抽汽式汽轮机的功率将比纯凝汽式的大，m 是增大的倍数。

式（2-132）中汽轮机的理想比焓降 ΔH_t 取决于蒸汽的初终参数，在常见的初终参数下，ΔH_t 的变化范围不大，效率乘积 $\eta_{ri}\eta_m\eta_g$ 变化更小，接近于常数。所以汽轮机所能发出

的最大功率主要取决于通过汽轮机末级的蒸汽流量 $G_{c,max}$。

$$G_{c,\ max}=\frac{1}{v_2}\pi d_b l_b w_2 \sin\beta_2$$

$$=\frac{1}{v_2}\pi d_b l_b c_2 \sin\alpha_2 \tag{2-133}$$

将径高比 $\theta=d_b/l_b$ 和 $u=n\pi d_b/60$ 代入式（2-133）得

$$G_{c,\ max}=\frac{3600u^2 c_2 \sin\alpha_2}{\pi n^2 v_2 \theta} \tag{2-134}$$

式中，取 $\alpha_2\approx 90°$，为增大极限功率，可增大排汽速度，但末级余速损失增加，使机组效率降低，因此末级余速 c_2 不会太大。提高排汽压力可使末级出口比体积 v_2 减小，$G_{c,max}$ 增大，极限功率增大，但提高排汽压力将使循环热效率降低。由此可见，影响 $G_{c,max}$ 的主要因素是末级轴向排汽面积 $\pi d_b l_b$，然而末级叶高 l_b 和平均直径 d_b 的增大将使动叶离心力增大，受到叶片材料强度的限制，从而使单排汽口凝汽式汽轮机的功率受到限制。

2. 提高单机功率的途径

从前面的分析可知，要提高单机极限功率主要应从增大末级叶片轴向面积上考虑，主要措施有以下几点：

(1) 叶片采用高强度、低密度材料。采用这样的材料可使末级叶高大大增加，从而使极限功率提高。

(2) 增加汽轮机的排汽口数即进行分流。采用双排汽口可使单级功率比单排汽口的增大一倍，采用四排汽口可增至四倍。这是目前国内外大型机组普遍采用的方法。

(3) 采用低转速。如转速降低一半，极限功率将增大四倍。降低转速虽可使极限功率增大，但级的直径和速比不变时，级的理想比焓降与转速的平方成正比，故每级比焓降将减小，全机级数和钢材耗量都将增加。若保持各级的比焓降不变，则级的直径将增大，也将使汽轮机尺寸和钢材耗量大大增加。一般说来，汽轮机的总质量与转速的三次方成反比，因此总是避免采用降低转速的措施。在轻水堆核电站中，由于只能生产压力较低的饱和蒸汽或微过热蒸汽，全机的理想比焓降很小，为了增加功率，流量必然很大。为了解决末级叶片设计的困难，大部分轻水堆核电站采用半转速。

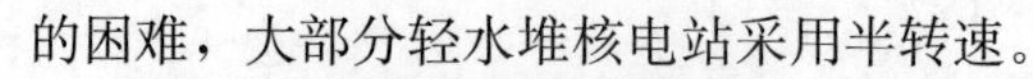

三、多级汽轮机的轴向推力

（一）多级汽轮机轴向推力的产生

蒸汽在轴流式多级汽轮机中流动时，除了对转子产生推动其旋转做功的轮周力外，还产生使转子由高压端向低压端移动的轴向力，这个力称为轴向推力。

多级汽轮机的轴向推力为各级的轴向推力之和，每级的轴向推力通常由作用在动叶栅上的轴向推力、作用在叶轮轮面上的轴向推力、作用在轮毂上的轴向推力和作用在轴封凸肩上的轴向推力组成。

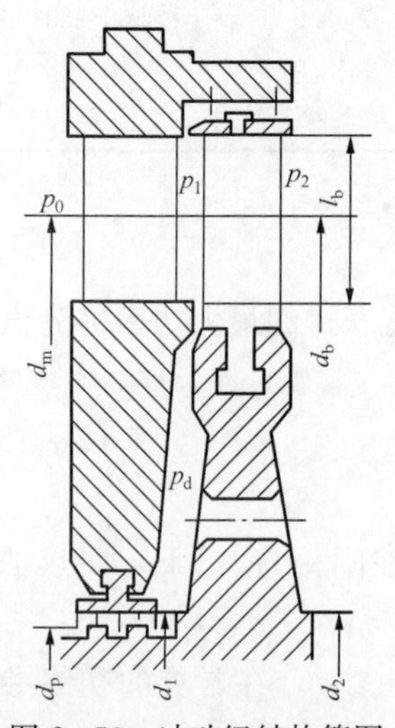

图 2-59 冲动级结构简图

多级冲动式汽轮机中任一个中间级，如图 2-59 所示，级前蒸汽压力为 p_0，动叶前压力为 p_1，动叶后压力为 p_2，叶轮前的压力为 p_d，则作用于这个级上的轴向推力由以下几个力组成。

1. 作用在动叶栅上的轴向推力 F_{z1}

蒸汽作用在动叶栅上的轴向推力由动叶两侧的蒸汽压力差和汽流的轴向动量变化所产生。若级前蒸汽压力为 p_0，动叶前压力为 p_1，动叶后压力为 p_2，则

$$F_{z1}=G(c_1\sin\alpha_1-c_2\sin\alpha_2)+\pi d_b l_b e(p_1-p_2) \quad (2-135)$$

在冲动级中，汽流的轴向分速度通常变化不大，即 $c_1\sin\alpha_1\approx c_2\sin\alpha_2$，故可略去式（2-135）中的第一项。当级内反动度或比焓降不大时，压力反动度 $\Omega_p=\dfrac{p_1-p_2}{p_0-p_2}$ 与比焓降反动度 Ω_m 相差不大，而且一般情况下 $\Omega_m>\Omega_p$。所以为了计算方便和安全起见，一般用 $\Omega_m(p_0-p_2)$ 代替 (p_1-p_2)，因此，式（2-135）变为

$$F_{z1}\approx\pi d_b l_b\Omega_m(p_0-p_2) \quad (2-136)$$

对于部分进汽的冲动级，其轴向推力 $F_{z1}=e\pi d_b l_b\Omega_m(p_0-p_2)$。若是双列速度级，则两列动叶上的轴向推力应分别计算，之后相加。

2. 作用在叶轮轮面上的轴向推力 F_{z2}

$$F_{z2}=\frac{\pi}{4}[(d_b-l_b)^2-d_1^2]p_d-\frac{\pi}{4}[(d_b-l_b)^2-d_2^2]p_2 \quad (2-137)$$

当叶轮两侧轮毂直径相等，即 $d_1=d_2=d$ 时，则

$$F_{z2}=\frac{\pi}{4}[(d_b-l_b)^2-d^2](p_d-p_2) \quad (2-138)$$

可见，作用在叶轮轮面上的轴向推力也与该级前后的压力差和反动度成正比变化。由于叶轮面积较大，所以即使叶轮前后压差不大，也会引起很大的轴向推力。因此为了减小这个轴向推力，常在叶轮上开设平衡孔，以减小叶轮两侧的压差。由于调节级叶轮前、后汽室相通，可以认为轮面两侧蒸汽的压力相等，因此可以不计算轮面上的轴向推力。对于部分进汽的级，由于不进汽的动叶片上所受到的压力差也为 p_d-p_2，因此，在 F_{z2} 的计算式中应增加 $(1-e)\pi d_b l_b(p_d-p_2)$ 一项。对于反动式汽轮机，动叶设置在轮毂上，故只计算轮毂上的轴向推力。

3. 作用在轮毂上的轴向推力 F_{z3}

$$F_{z3}=\frac{\pi}{4}(d_2^2-d_1^2)p_x \quad (2-139)$$

式中：d_1、d_2 为对应计算面上的内径和外径；p_x 为对应计算面上的静压力。

4. 作用在轴封凸肩上的轴向推力 F_{z4}

$$F_{z4}=\pi d_p h\sum_{i=1}^{n}\Delta p_i \quad (2-140)$$

式中：d_p 为轴封凸肩的直径，m；h 为凸肩的高度，m；n 为凸肩的数目；Δp_i 为任一凸肩两侧的压力差，若 Z 个齿隙的压力降相等，则 $\Delta p_i=\dfrac{p_0-p_d}{z}$。

对于齿形轴封，其齿数 $Z\approx2n$，则式（2-140）可写成

$$F_{z4}=0.5\pi d_p h(p_0-p_d) \quad (2-141)$$

对于平齿轴封，由于凸肩高度 $h=0$，故 $F_{z4}=0$。

运用上面的公式，将转子上各侧面的轴向推力计算出来以后，再将它们都叠加起来，就得出整个转子上的轴向推力 F_z，即

$$F_z=\sum F_{z1}+\sum F_{z2}+\sum F_{z3}+\sum F_{z4} \tag{2-142}$$

$\sum F_{z3}$ 和 $\sum F_{z4}$ 的值相对于 F_z 来说是很小的，可以不计算。

（二）多级汽轮机轴向推力的平衡方法

在多级汽轮机中，总的轴向推力很大。在反动式汽轮机中它可达到 2～3MN；在冲动式汽轮机中也有 1MN。这么大的轴向推力除靠推力轴承承担外，还要考虑整个转子自身的轴向推力平衡问题。

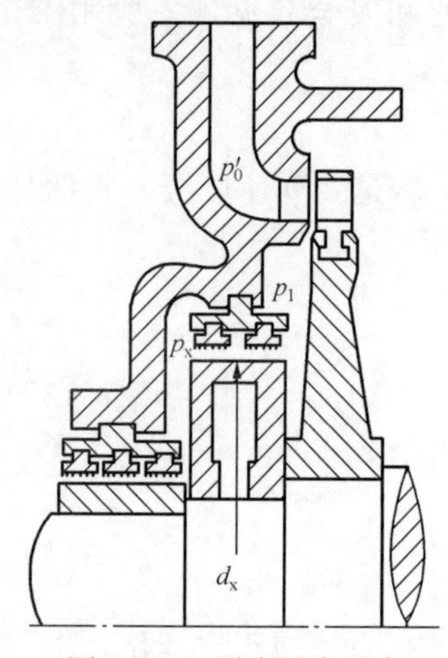

图 2-60 平衡活塞示意

轴向推力平衡的目的是减少轴向推力，使其符合推力轴承长期安全的承载能力。常见的平衡措施有以下几种：

(1) 设置平衡活塞。如图 2-60 所示，就是将高压轴封套的直径 d_x 加大。由于平衡活塞上装有齿形轴封，所以使蒸汽压力由活塞高压侧的压力 p_1 降低到低压侧的 p_x。这样，在平衡活塞两侧压差（p_1-p_x）的作用下，产生一个方向与轴向推力相反的力，从而平衡了一部分轴向推力。

(2) 采用具有平衡孔的叶轮。平衡孔用于减小叶轮两侧的压差，以减小转子的轴向推力，特别是对叶轮两侧压差较大的高压级叶轮常采用这种方法。例如，N200-12.75/535/535 型汽轮机的 2～12 级叶轮上均开有 5 个 $\phi50$ 的平衡孔。

(3) 采用相反流动的布置。如果汽轮机是多缸的，则可适当布置汽缸，使不同汽缸中的汽流做相反方向的流动，这样不同方向的汽流所引起的轴向推力方向相反，可相互抵消一部分。如图 2-61 所示，高、中压缸对头布置和低压缸分流布置，使高、中压缸和低压缸中汽流所引起的轴向推力方向相反，从而使轴向推力相互抵消了一部分，但中间再热机组的高、中压缸不能简单地采用这种相对布置方法。因为在工况变动时，由于再热系统中蒸汽容积的惰性很大，中压缸前压力与高压缸前压力不能同步改变，因此在变工况瞬间无法得到平衡抵消作用，可能会给推力轴承造成很大的推力。这时要求高、中压缸自己单独平衡，或者单独采用平衡活塞，或各自采用分流布置。

对于反动式汽轮机，由于其动叶前后压差比冲动式汽轮机大，因此，它的轴向推力也比同类型冲动式汽轮机要大得多，为减小其轴向推力，反动式汽轮机毫无例外地采用转鼓和平衡活塞，活塞直径和前轴封漏汽量也比冲动式汽轮机大。此外，在反动式汽轮机中也应充分利用汽缸或级组对置排列来减小轴向推力。

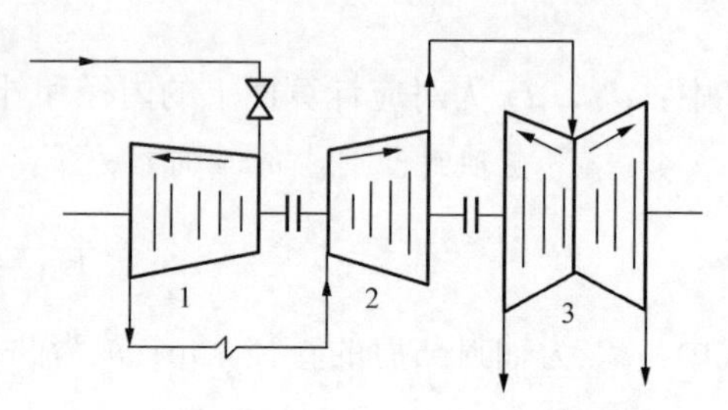

图 2-61 汽缸反向布置示意
1—高压缸；2—中压缸；3—低压缸

(4) 采用推力轴承。轴向推力经上述方法平衡后，剩余的不平衡部分最后由推力轴承来承担。一般要求推力轴承应承受适当的推力，以保证在各种工况下，推力方向不变，使机组能稳定

地工作而不发生窜轴现象。为安全起见，核算推力轴承时，其安全系数 n 应大于1.5～1.7。n 通常用下列公式计算

$$n=\frac{p_bA_b-\sum(F_{z3}-F_{z4})}{\sum F_{z-1}+\sum F_{z2}} \tag{2-143}$$

式中：p_b 为推力轴承瓦块承压面上所承受的压力，MPa；A_b 为推力轴承工作瓦块总的承压面积，m^2。

【学习情境总结】

（1）蒸汽通过喷嘴时将热能转换为动能，其热力过程可表示在 $h-s$ 图上，利用能量方程可计算和分析能量的转换关系。

（2）动叶栅可以看成旋转的喷嘴，引入相对速度后，喷嘴的计算分析方法同样适用于动叶。蒸汽在动叶中将热能转换为机械能，其转换程度可通过速度三角形及轮周功率和轮周效率进行计算和分析。

（3）级的轮周效率是衡量其工作经济性的一个重要指标，轮周效率的大小取决于喷嘴损失系数、动叶损失系数、余速损失系数及余速利用系数，减小这三项损失系数和提高余速利用系数能够提高轮周效率。

（4）速比是级的一个重要特性参数，对级的效率影响很大，还影响着级的做功能力。不同的级，速比对其效率的影响情况不同，有各自的最佳速比。

（5）汽轮机级内损失有喷嘴损失、动叶损失、余速损失、扇形损失、叶轮摩擦损失、部分进汽损失、漏汽损失、湿汽损失等，这些损失会使级效率下降，因此要采取措施减小损失。

（6）级的相对内效率是级的一个重要经济指标，反映了级内能量转换的完善程度，它考虑了级内各项损失，减小级内损失，可提高级的相对内效率。

（7）多级汽轮机中存在重热现象，上一级的损失可以在下一级中部分得以利用，使汽轮机的相对内效率高于各级的平均内效率。多级汽轮机中上一级的余速可以被下一级利用，提高了汽轮机的内效率。

（8）多级汽轮机的损失分为外部损失和内部损失两大类。外部损失包括机械损失和外部漏汽损失，内部损失包括进汽机构节流损失、各级内损失、中间再热管道的压力损失及排汽管中的压力损失。

（9）汽轮机的相对内效率反映了汽轮机内能量转换的完善程度。汽耗率和热耗率是反映汽轮机发电机组经济性的指标，汽轮发电机组的各种效率提高，汽耗率和热耗率将减小，经济性提高。

（10）多级汽轮机的轴向推力等于各级的轴向推力之和，通常采用在叶轮上开平衡孔、采用平衡活塞及汽缸对称分流布置等措施来平衡轴向推力，剩余的轴向推力由推力轴承承担。

1. 影响喷嘴速度系数的因素有哪些？

2. 喷嘴的流量系数与哪些因素有关？什么情况下喷嘴的流量系数可能大于1？

3. 蒸汽在渐缩喷嘴的斜切部分中发生膨胀的条件是什么？

4. 蒸汽在渐缩喷嘴斜切部分中发生偏转的条件和原因是什么？

5. 什么是斜切喷嘴的极限压力？

6. 请绘制动叶通道进、出口速度三角形。

7. 什么是级的轮周功率、轮周效率？影响级轮周效率的因素有哪些？

8. 什么是速度比？速度比对级内哪项损失影响最大？

9. 什么是最佳速度比？纯冲动级、反动级和纯冲动式复速级的最佳速度比的表达式分别是什么？其值大约是多少？

10. 汽轮机的级内损失有哪几项？造成这些损失的原因是什么？如何减小这些损失？

11. 什么是级的相对内效率？

12. 分析比较反动级、纯冲动级和复速级的做功能力和效率。

13. 在 $h-s$ 图上画出级的热力过程线。

14. 动、静叶之间轴向间隙的大小对级的工作有哪些影响？

15. 什么是盖度？其大小对级的工作有哪些影响？

16. 级的部分进汽度如何选择？

17. 冲动级内反动度的大小对级效率有什么影响？

18. 什么是扭曲叶片级？长叶片级为什么要设计成扭曲叶片？

19. 已知某渐缩斜切喷嘴进口蒸汽压力 $p_0=20.9$MPa，温度 $t_0=570$℃，初速度 $c_0=50$m/s，喷嘴后压力 $p_1=18.6$MPa，喷嘴速度系数 $\varphi=0.97$。试求：

（1）喷嘴前蒸汽滞止比焓和滞止压力；

（2）喷嘴出口理想汽流速度和实际汽流速度。

20. 已知某级动叶片出口速度 $c_2=90$m/s，$\alpha_2=90°$，其平均直径 $d_b=1.8$m，工作转速 $n=3000$r/min，试求动叶的圆周速度及动叶出口相对速度的大小和方向。

21. 已知某带反动度的冲动级，$\Omega_m=0.2$，$u=210$m/s，$x_1=0.6$，$\varphi=0.97$，$\psi=0.938$，$\beta_2=\beta_1-6°$，$\alpha_1=12°$，试计算动叶进出口速度三角形。

22. 余速利用对汽轮机的内效率有何影响？

23. 多级汽轮机余速利用的条件有哪些？

24. 什么是多级汽轮机的重热作用？重热作用对汽轮机的内效率有什么影响？

25. 多级汽轮机的损失有哪些？如何减小这些损失？

26. 多级汽轮机有哪些特点？

27. 多级汽轮机的内效率为什么比单级汽轮机高？

28. 汽轮发电机组的效率有哪些？它们之间有什么关系？

29. 什么是汽耗率？什么是热耗率？

30. 什么是汽轮机的极限功率？提高单机功率的方法有哪些？

31. 汽轮机的轴向推力是如何产生的？多级汽轮机平衡轴向推力的措施有哪些？

学习情境三

汽 轮 机 启 动

【学习情境描述】

以火电机组仿真运行系统、汽轮机实物或模型为教学载体，通过具体工作任务的实施，引导学生学习汽轮机的启动过程，训练学生启动操作的技能以及对汽轮机运行进行监视、检查和分析的技能。

【教学目标】

1. 知识目标

(1) 掌握热应力、热变形、热膨胀及胀差产生的原因、影响因素及运行中的控制措施。

(2) 掌握汽轮机启动方式的种类及特点。

(3) 掌握汽轮机冷态滑参数启动的过程和注意事项。

(4) 掌握汽轮机热态启动的特点、过程及注意事项。

(5) 掌握汽轮机中压缸启动的特点、过程及注意事项。

2. 能力目标

(1) 能在仿真机上进行汽轮机的各种启动操作，并能处理启动过程中发生的具体问题。

(2) 能读识和使用汽轮机的运行规程。

(3) 会使用汽轮机的启动曲线。

【教学环境】

多媒体教室及多媒体课件，汽轮机实物或模型，火电机组仿真运行系统。

任务一　汽轮机启动方式选择

【教学目标】

1. 知识目标

(1) 熟悉汽轮机的受热特点。

(2) 掌握热应力、热变形、热膨胀及胀差产生的原因、影响因素及运行中的控制措施。

(3) 掌握汽轮机启动方式的种类及特点。

2. 能力目标

(1) 能分析说明启停时控制热应力、热变形、热膨胀及胀差的措施。

(2) 能根据机组情况选择合理的启动方式。

3. 素质目标

(1) 培养团队意识与协作精神。

(2) 培养爱岗、敬业的精神。

(3) 培养安全和责任意识。

【任务描述】

汽轮机的启动过程是其零部件被剧烈地加热的过程，从传热学的观点来说，这是一个不稳定的导热过程，汽轮机零部件不可避免地会产生热应力、热膨胀、热变形。启动前汽轮机的金属温度水平不同，金属内部的温度分布会相应地发生变化，热应力、热膨胀、热变形情况也会相应改变，这就要求运行人员根据机组的实际情况，选择不同的启动方式，既要保证机组的安全可靠，又要尽可能缩短启动时间。

【任务准备】

分析汽轮机启动方式选择工作任务单，明确该任务的内容、目标和要求；查阅资料；制定实施工作任务的方案。

【任务实施】

分析工作任务单；查阅机组运行规程等资料，了解汽轮机的启动方式及不同启动方式下的启动过程应控制的升速率和升负荷率，在教师的指导下，学习热应力、热膨胀和热变形的知识，加深对规程的理解；学习机组不同的启动方式及特点，选择启动方式的原则方法。

【相关知识】

汽轮机启动是指将转子由静止或盘车状态加速到额定转速，并将负荷逐步加至额定负荷或电网调度所要求的负荷的过程。启动过程中，汽轮机的操作步骤繁杂，汽轮机的零部件被剧烈地加热，不可避免地会在汽轮机零部件中产生热应力、热膨胀、热变形，如果操作控制不当将影响到机组的安全性。大型汽轮机的启动，其电能和燃料的消耗是相当可观的。因此，合理的启动不但要保证机组的安全可靠，而且还要启动时间最短。

一、汽轮机的热状态

汽轮机在启动、停机和负荷变化过程中，各部件金属温度都将发生变化，在启动过程中的温度变化最为剧烈。例如，大型汽轮机在冷态启动时，其进汽部分的金属温度将由室温升高到500℃以上。所以启动过程实质上是对汽轮机金属的加热过程。由于各部件的受热条件不同，它们被加热和传热的情况也不同，从而使汽轮机各金属部件形成温度梯度，产生热应力和热变形。当热应力和热变形过大，超过金属部件的允许范围时，这些金属部件将产生永久变形甚至造成更严重的损坏。为了保证汽轮机启动的安全，必须了解并掌握汽轮机在启动过程中的受热情况。

(一) 汽轮机的受热特点

当汽轮机冷态启动时，温度较高的蒸汽与冷的汽缸内壁接触，这时蒸汽的热量主要以凝结放热形式传给金属表面。由于凝结放热的表面传热系数很高［可达62800kJ/(m^2 · h · ℃)

以上，且蒸汽压力越高，表面传热系数越大，传热量也就越多]，因此，汽缸内壁温度很快上升到该蒸汽压力下的饱和温度。当汽缸内壁的金属温度高于该蒸汽压力下的饱和温度时，蒸汽的凝结放热阶段结束，此后蒸汽主要是以对流放热方式向金属传热。

蒸汽的对流表面传热系数远小于凝结表面传热系数，且是不稳定的，其大小取决于蒸汽的流速和比体积（随压力和温度而改变）。在通常的流速范围内，蒸汽的流速越大，其表面传热系数越高。流速不变时，高压蒸汽和湿蒸汽的表面传热系数较大，而低压微过热蒸汽的表面传热系数是前者的1/10左右。表面传热系数直接影响到汽缸内外壁温差，表面传热系数大时，蒸汽传给汽缸内壁的热量大；反之，传热量小。传热量过大将加剧汽缸内壁单向受热不均匀性，使汽缸内外壁温差增大。因此在启动过程中，应通过改变蒸汽的压力、温度、流量和流速等办法来控制蒸汽对金属的放热量。

汽轮机金属本身的换热过程是热传导过程。由于热量在金属内部的传导需要一定的时间，因此，在金属中会不可避免地形成温差。例如，加热蒸汽接触汽缸内壁时，热量首先传给内壁表面，外壁的热量是由内壁通过金属热传导而获得的。由于汽缸内外壁之间存在热阻，因此内壁温度高于外壁温度而形成温差。对于汽轮机的转子，虽然其受热条件比汽缸好些，它的外周面和叶轮两侧均能与蒸汽接触，但转子中心的热量仍然是由它的外周以热传导的方式传递的。因此，转子沿半径方向也会出现温度梯度。

如果在金属的温升过程中，加热蒸汽的温度以均匀速率上升，在一定的温升率条件下，随着蒸汽对金属放热时间的增长和蒸汽参数的升高，蒸汽对金属的表面传热系数不断增大，即蒸汽对金属的放热量不断增加，从而使金属部件内的温差不断加大。当调节级的蒸汽温度升到满负荷所对应的蒸汽温度时，蒸汽温度变化率为零，此时金属部件内部温差达到最大值，在温升率变化曲线上这一点称为准稳态点，准稳态点附近的区域为准稳态区。此后，随着启动的进行，经过一段时间热量从汽缸内壁传到外壁（或转子表面到中心），若不考虑金属部件的散热损失，金属部件内的温差逐渐减小并趋于零，汽轮机进入稳定运行工况。

（二）汽轮机的热应力

在汽轮机启动、停机或负荷变化过程中，其零部件由于温度变化而产生膨胀或收缩变形，称为热变形，如图3-1所示。当热变形受到某种约束时，则要在零部件内产生应力，这种由于温度变化引起的热变形受到约束而产生的应力称为温度应力或热应力。应该指出，当温度变化时，若零部件内各点的温度分布均匀，且变形不受任何约束，则零部件只产生热变形而不产生热应力，如图3-1（b）所示。当此变形受到约束时，则在零部件内产生热应力，约束可能来自外部，如图3-1（c）所示，金属棒被置于两个刚体壁之间并固定住两端，则在棒受热温度升高后无法膨胀，就会在棒内产生压缩热应力。另外，在同一物体的内部，当物体的温度变化不均匀时，即使没有外界约束条件，也将产生热应力。例如，若对金属棒的上侧加热而对其下侧冷却，则金属棒的上侧温度高于下侧，在金属棒的内部产生了温差。这将引起金属棒内部膨胀、收缩不一致，金属棒的变形受到其内部各部分之间的相互约束，温度低的部分阻止温度高的部分膨胀，而温度高的部分则阻止温度低的部分收缩。因此，温度高的部分将产生热压应力，温度低的部分则产生热拉应力，如图3-1（e）所示。这是由于温差的存在，而在物体内部产生了热应力。汽轮机中的热应力大多是因此而引起的。

综上可知，热应力就是当物体温度变化时，它的热变形受到其他物体约束，或者受到物体内部之间的相互约束所产生的应力。热应力的变化规律是温度高的一侧产生热压应力，温

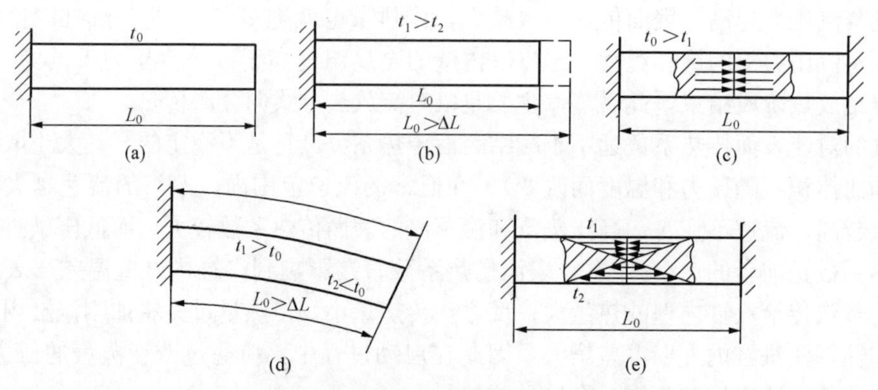

图 3-1 不同情况下金属棒内热应力示意

度低的一侧产生热拉应力。

汽轮机在启停或变负荷运行时，接触汽缸、转子各段的蒸汽温度变化引起汽缸、法兰、转子温度变化，因此，汽缸、法兰、转子等零部件内部都存在温差，使这些零部件内产生热变形和热应力。

1. 转子热应力

转子的形状比较复杂，若将转子视为无内热源、轴对称的无限长圆柱体，并假定在启停和变工况时，其内部金属温度只沿半径方向变化，且断面上温度分布对称于转子轴线。如果在启停或负荷变化时转子沿径向的温度变化规律已知，则根据热弹性理论可分别计算出转子截面上任意点的径向、切向和轴向热应力。

根据前面对热应力产生的原因分析可知，对转子的任意截面，最大热应力发生在转子的表面和中心处。根据热弹性理论，由于转子内外表面的径向热膨胀不受约束，故径向热应力为零；转子内外表面的切向热应力与轴向热应力相等，其表达式为

$$\sigma_\theta=\sigma_z=\frac{\alpha E}{(1-\mu)}(t_{\mathrm{m}}-t) \tag{3-1}$$

式中：α 为金属材料的线膨胀系数，1/℃；E 为金属材料的弹性模量，Pa；μ 为金属材料的泊松比；t_{m}、t 分别为体积平均温度和计算部位对应的金属温度，℃。

由式（3-1）可知，转子热应力的大小主要取决于内部的温度场。如果汽温随时间呈线性变化，当加热过程进入准稳态时，转子外表面温度与体积平均温度之差和体积平均温度与内表面温度之差基本相等，称为体积平均温差，可由下式求得

$$\Delta t_{\mathrm{m}}=\frac{\gamma}{8a}(r_2^2-r_1^2) \tag{3-2}$$

$$a=\frac{\lambda}{c\rho}$$

式中：γ 为蒸汽温度变化率，℃/h；a 为转子金属材料的热扩散系数，$\mathrm{m^2/h}$；λ 为转子金属材料的导热系数，kJ/（m·h·℃）；c 为转子金属材料的比热容，kJ/（kg·℃）；ρ 为转子金属材料的密度，$\mathrm{kg/m^3}$；r_1、r_2 分别为转子的内半径和外半径，m。

式（3-2）表明：转子的体积平均温差与蒸汽温升率及转子内外半径的平方差成正比，与材料的热扩散系数成反比。

为了使上式具有通用性，将式中（$r_2^2-r_1^2$）换成当量项（r_2-r_1）$^2=R^2$，并将 $a=\dfrac{\lambda}{c\rho}$代入，得

$$\Delta t_{\mathrm{m}}=\frac{c\rho}{\lambda}R^2\eta f \tag{3-3}$$

式中：R 为转子半径上的金属厚度，m；f 为形状因数，对于国产机组有中心孔的转子，建议取 $f=0.175\sim0.18$，计算外表面时取负值，计算中心孔表面时取正值。对无中心孔的整段转子，则应根据转子的具体结构取不同的值。

式（3-3）计算出的平均温差是机组启动进入准稳态后的最大平均温差。在未进入准稳态前，温差小于准稳态时的温差。为了求得机组启动时任意时刻的平均温差值，可引入时间修正系数（$1-\mathrm{e}^{-K\tau}$）。

将式（3-3）代入式（3-1）即可得到机组启动进入准稳态时转子外表面或中心孔热应力的通用计算式

$$\rho_{\mathrm{t}}h=\frac{\alpha E}{1-\mu}\frac{c\rho}{\lambda}R^2\eta f \tag{3-4}$$

由以上分析可知，当转子的材料、结构一定时，转子的热应力主要取决于转子的最大体积平均温差，温差的大小则取决于金属表面的温度变化率（或蒸汽温度变化率）。因此在机组启停过程中，可通过改变蒸汽的压力、温度、流量和流速等办法来控制蒸汽对金属的放热量，以控制金属表面的温度变化率，从而达到控制热应力的目的。

上述讨论都假定汽温呈线性变化。汽轮机实际启动时，汽温呈非线性变化。在这种情况下计算转子热应力有两种处理方法：一种是对汽温变化曲线用加权平均法求得等价温度变化率；另一种方法是使用应力分解法，对汽温变化逐段进行计算。

汽轮机在启停和工况变化时，汽缸和转子各部位的热应力不同，当蒸汽温升率一定，汽轮机进入准稳态时，转子表面与中心孔的温差接近该温升率下的最大值，因此汽轮机进入准稳态时零部件的热应力值最大。

由于汽轮机转子各处的几何尺寸不一样，启停及变工况时各处的温度变化范围不同，产生的热应力也就不同，最大热应力发生的部位通常是：高压转子的调节级处、中压转子的进汽处。这些部位蒸汽温度最高，变工况时温度变化范围大，引起的热应力也大。此外，这些部位还存在结构突变，如叶轮根部、轴肩处的过渡圆角及转子上的弹性槽等都存在较大的热应力集中现象，使得热应力成倍增加。

2. 汽缸热应力

可将汽缸视为无限长空心圆柱体，则汽缸内外壁的切向热应力和轴向热应力为

$$\sigma_\theta=\sigma_z=\frac{\alpha E}{(1-\mu)}(t_{\mathrm{m}}-t)=\frac{\alpha E}{(1-\mu)}\Delta t_{\mathrm{m}} \tag{3-5}$$

式中：t 为汽缸内壁或外壁的温度，也可由下式直接估算汽缸壁的最大体积平均温差

$$\Delta t_{\mathrm{m}}=\frac{c\rho}{\lambda}\delta^2\eta f \tag{3-6}$$

式中：δ 为汽缸壁厚，m；η 为蒸汽温度变化率，℃/h；f 为形状因数，计算内壁时取 0.33，启动时取负值，计算汽缸外壁时取 0.17，启动时取正值。

将式（3-5）、式（3-6）合并，即可得到进入准稳态后汽缸壁最大热应力为

$$\sigma_\theta=\sigma_z=\frac{\alpha E}{1-\mu}\frac{c\rho}{\lambda}\delta^2\eta f \tag{3-7}$$

由以上公式可以看出，在汽轮机启动时，汽缸内壁承受热压应力，汽缸外壁承受热拉应力；停机时则相反。在同一时刻汽缸内壁的热应力绝对值大小约为外壁的 2 倍。因此汽缸冷却过快比加热过快更危险。

比较式（3-3）和式（3-6）可知：当转子半径与汽缸壁厚度相等时，在同样的温升速度下，转子的最大体积平均温差为汽缸内外壁最大体积平均温差的一半。因此，对转子半径与汽缸壁厚相差不大的单层缸高压汽轮机来说，启动中只要按照汽缸热应力来控制最大允许的温升速度，转子热应力就不会超过允许值。但对采用双层汽缸结构的大功率汽轮机来说，情况就不同了，限制启停及负荷变化的主要因素是转子的热应力，而不是汽缸的热应力，这主要是因为：①大功率汽轮机转子直径大，而双层缸的采用，使汽缸壁厚有所减薄，致使转子半径大于汽缸壁厚度；②汽轮机启动时，转子的受热条件优于汽缸；③对大功率汽轮机结构的改进；④汽轮机启动时，转子的应力水平高于汽缸。

3. 热冲击

所谓热冲击，是指蒸汽与汽缸、转子等部件之间在短时间内进行大量的热交换，金属部件内温差迅速增大，甚至超过材料的屈服极限，严重时一次大的热冲击就能造成部件的损坏。汽轮机部件受到热冲击时产生的热应力取决于蒸汽和部件表面的温差、蒸汽表面传热系数。造成汽轮机热冲击的主要原因有：

（1）启动时蒸汽温度与金属温度不匹配。汽轮机启动时，为了保证汽缸、转子等金属部件有一定的温升速度，要求蒸汽温度高于金属温度，且两者应当匹配，相差太大就会产生热冲击。这时，在部件上产生的最大热应力主要取决于蒸汽和金属表面之间温差的大小。

蒸汽与金属温度的匹配是以高压缸调节级处参数来衡量的，不同类型的机组对匹配温度要求不同。总之，汽轮机冷态启动时，由于金属温度较低，要特别注意温度的匹配，避免大的热冲击。

（2）极热态启动时造成的热冲击。由于保护误动或机组出现小故障可能造成汽轮机短时间事故停机，如果在 2～4 h 内汽轮机重新启动，此时高压缸调节级处金属温度极高，可达 450℃左右，这种启动方式称为极热态启动。由于启动时不可能把蒸汽温度提高到额定值或提高蒸汽温度所需时间太长，往往在参数较低时即启动。蒸汽经过阀门节流、调节级喷嘴降压后，到调节级汽室时温度比该处金属温度低很多，因而在汽轮机转子和汽缸壁内产生较大的热应力，并且，经过一次热态启动过程，汽轮机转子将经受一次较大的拉—压应力循环，这对汽轮机的安全性极为不利，故应尽量减少极热态启动的次数。在极热态启动时，尽可能提高蒸汽温度，如加强启动前的暖管暖阀，并在启动初期尽快提高汽轮机的负荷，加速蒸汽温度与金属温度的匹配，减轻热冲击。

（3）甩负荷时造成的热冲击。汽轮机在稳定工况下运行，如果发生大幅度的甩负荷工况，则由于汽轮机通流部分蒸汽温度的急剧变化，在转子和汽缸上产生很大的热应力。图 3-2所示为汽轮机甩负荷时转子热应力变化曲线。曲线 1、2、3 分别为带 100％、80％、50％额定负荷时突然甩负荷，在汽轮机转子上产生的热应力。可以看出，负荷越大，甩负荷后引起的热应力越大；但机组甩掉全部负荷（至空转）所产生的热应力比甩掉部分负荷（带厂用电）还要小。从图 3-2 中可以看出，甩负荷至 30％～40％额定负荷时，在转子上产生的热应力最大，因为此时甩负荷后调节级后较大流量的低温蒸汽流过通流部分，造成转子和汽缸的急剧冷却，从而产生很大的热应力。而甩掉全部负荷时虽然蒸汽温度下降很多，但由于流量很小，蒸汽很快被金属释放的蓄热加热，因此对金属的冷却作用小，产生的热应力也较小。但甩负荷后长时间在空负荷状态下运行也会引起较大的热应力。因此大部分汽轮机厂家对甩负荷带厂用电及甩负荷空转工况要进行严格的时间限制，有的甚至不允许甩负荷带厂用电工况。

图 3-2 中虚线表示负荷突增时所产生的热应力。因为负荷突增时，不仅蒸汽与金属表面间的温差突然增大，蒸汽对金属表面的表面传热系数也突然增大，因此所产生的热应力比甩负荷时要大。但对一般情况，负荷突增的速度不会比甩负荷快，产生的热应力也就不一定有这么大。

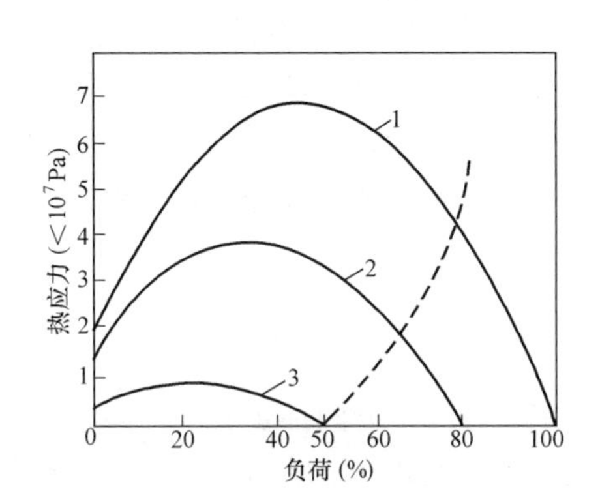

图 3-2　甩负荷时转子热应力变化曲线

1—自满负荷甩负荷；2—自 80%负荷甩负荷；3—自 50%负荷甩负荷

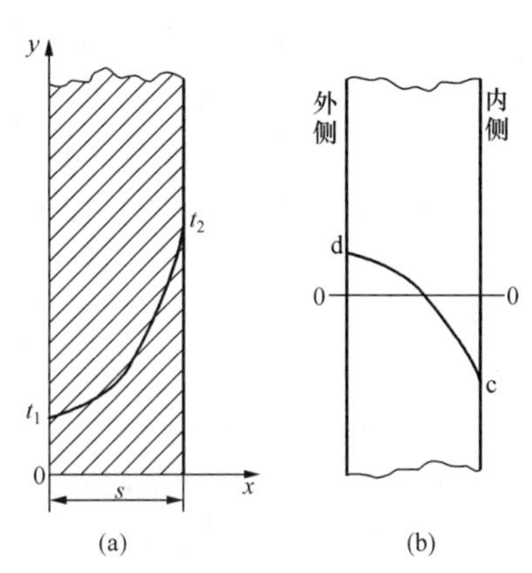

图 3-3　法兰单向受热时温度分布和热应力分布

(a) 温度分布；(b) 热应力分布

4. 法兰热应力

将法兰视为无限大平板，根据热传导理论，平板单向不稳定缓慢加热时，可认为板内温度分布为一条抛物线，如图 3-3 所示。在此基础上，根据热弹性理论，可推出法兰内外壁的热应力分别如下：

法兰内壁热应力
$$\sigma_i = -\frac{2}{3}\frac{\alpha E}{1-\mu}\Delta t \tag{3-8}$$

法兰外壁热应力
$$\sigma_0 = \frac{1}{3}\frac{\alpha E}{1-\mu}\Delta t \tag{3-9}$$

由此可知：

(1) 法兰内外壁的热应力与内外壁温差成正比，故汽轮机启停过程中控制第一级处法兰内外壁温差实际上是控制该截面中最大热应力值。

(2) 汽轮机在冷态启动时，$\Delta t>0$，法兰内壁为热压应力，法兰外壁为热拉应力；在停机过程中，由于法兰受到蒸汽的冷却，因此 $\Delta t<0$，热应力方向与启动时相反，即内壁受热拉应力，外壁受热压应力。由此可知，在汽轮机启停过程中，法兰内的热应力也是交变的。

为了使法兰热应力与机械应力合成后的当量应力不超过许用应力，应限制热应力不超过某一数值，从而也限制了法兰内外壁温差不超过规定值。对不同类型的汽轮机，法兰内外壁温差的规定值是不同的，一般控制在30～80℃。合理使用法兰加热装置，就可以减小启停过程中法兰内外壁的温差。

5. 螺栓的热应力

汽轮机启动过程中，除汽缸、法兰内外壁产生温差外，法兰与螺栓之间也存在温差，即法兰温度高于螺栓温度，这将使螺栓产生热拉应力，其大小与法兰螺栓之间的温差成正比，即

$$\sigma_s = \alpha E \Delta t \tag{3-10}$$

式中：Δt 为法兰与螺栓的温差，℃；α 为螺栓材料的线膨胀系数，1/℃；E 为螺栓材料的弹性模数，Pa。

实际上，汽轮机启动时螺栓除了承受热拉应力外，还要承受紧固时的拉伸预应力，以及汽缸内部蒸汽压力对螺栓产生的拉应力，如果三种拉应力之和超过了螺栓材料的强度极限，螺栓就会发生塑性变形甚至断裂。为了保证螺栓不致出现危险状态，在启动时必须限制法兰与螺栓的温差在允许范围以内。一般规定法兰与螺栓温差的允许值是：中参数机组为40～50℃；而高参数大容量机组为20～35℃。对设有法兰螺栓加热装置的机组，在启停时正确使用该装置，就可减小法兰与螺栓之间的温差，使螺栓承受的热应力不超过允许值。

（三）汽轮机的热膨胀

1. 汽缸和转子的绝对膨胀

（1）汽缸的绝对热膨胀。金属受热后，其长、宽、高各个方向都要膨胀。高温高压汽轮机从冷态启动到带额定负荷运行，金属温度的变化很大，因此汽缸轴向、垂直和水平方向的尺寸都有显著增大。汽轮机启停和工况变化时，汽缸的膨胀、收缩是否自由，直接决定机组能否正常运行。滑销系统的合理布置和应用，就可以保证汽缸在各个方向能自由运动，同时保证汽轮发电机组各部件的相对位置的正确，从而保证机组的安全运行。

汽轮机启动时，汽缸膨胀的数值取决于汽缸的长度、材料和汽轮机的热力过程。由于汽缸的轴向尺寸大，故汽缸的轴向膨胀成为重要的监视指标。汽缸沿轴向的膨胀是以死点为基准的，其数值大小可用下式计算

$$\Delta L_{cy} = \alpha_{cy} \Delta t_{cy} L_{cy} \tag{3-11}$$

式中：ΔL_{cy}为汽缸的轴向热膨胀值，mm；α_{cy}为汽缸金属材料的线膨胀系数，1/℃；Δt_{cy}为汽缸的平均温升，℃；L_{cy}为汽缸的轴向长度，mm。

对于高压汽轮机来说，有的法兰比汽缸壁厚得多，因此汽缸的热膨胀往往取决于法兰各段的平均温升，即可用法兰的平均温升代替式（3-11）中的Δt_{cy}。汽轮机启动时，为了使汽缸得到充分膨胀，通常用法兰加热装置来控制汽缸和法兰的温差在允许的范围内。

汽轮机正常运行时，沿轴向各级金属温度分布都有一定的规律，因此可以测出汽缸上各点的金属温度与汽缸热膨胀值之间的对应关系，以便运行监督。通常选择调节级处汽缸或法兰的金属温度作为汽缸轴向膨胀的监视点。图3-4所示为某汽轮机调节级处法兰内壁温度与汽缸膨胀量之间的关系。在实际运行中，控制法兰或汽缸的金属温度在适当的范围内，就能保证汽缸的膨胀符合启动的要求。

随着机组容量的增大，其轴向尺寸也随之增加，转子和汽缸的绝对膨胀往往会达到相当大的数值，如国产300MW汽轮机高中压缸总膨胀可达近40mm。所以在汽轮机启停及变工

况过程中，要加强对汽缸绝对膨胀的监视；此外，还要防止汽缸左右两侧热膨胀不均匀，以免汽缸中心偏斜导致汽缸轴向膨胀阻涩，严重时还会导致动静部分碰磨，引起机组的强烈振动。

汽轮机的轴向膨胀值，在汽轮机启停及正常运行中，要经常与正常值对照。当汽缸的膨胀值在膨胀或收缩过程中有跳跃式增加或减小时，则说明滑销系统存在卡涩现象，应查明原因予以处理。对汽缸上进汽和抽汽管道的合理布置也应重视，否则会发生膨胀不均匀及动静部分中心发生偏斜。

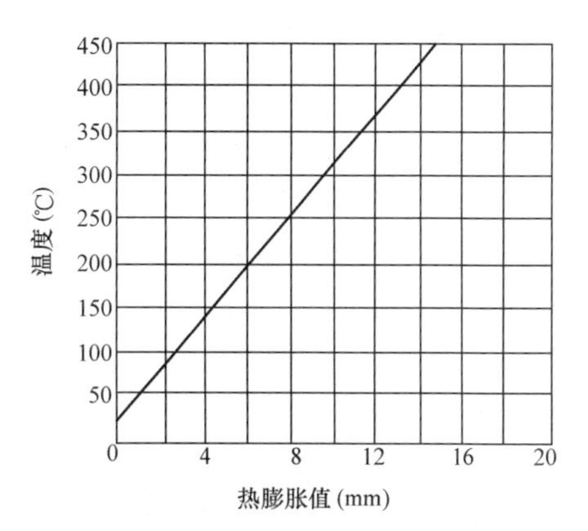

图 3-4　汽轮机调节级处法兰内壁温度与汽缸膨胀量之间的关系

(2) 转子的热膨胀。汽轮机转子是以推力盘为死点沿轴向膨胀的。与汽缸的热膨胀原理相同，转子的热膨胀值可用同样的方法进行计算。

2. 汽缸和转子的相对膨胀（胀差）

(1) 相对膨胀产生的原因。汽轮机启停及工况变化时，汽缸和转子都沿轴向膨胀或收缩，但由于下述原因，会引起转子和汽缸之间产生膨胀差值：

1) 转子和汽缸的金属材料不同，它们的线膨胀系数不同；

2) 大型汽轮机具有又厚又重的汽缸和法兰，相对来说，汽缸的质量大而接触蒸汽的面积小，转子质量小而接触蒸汽面积大；

3) 由于转子是转动的，蒸汽对转子的表面传热系数比对汽缸的大。

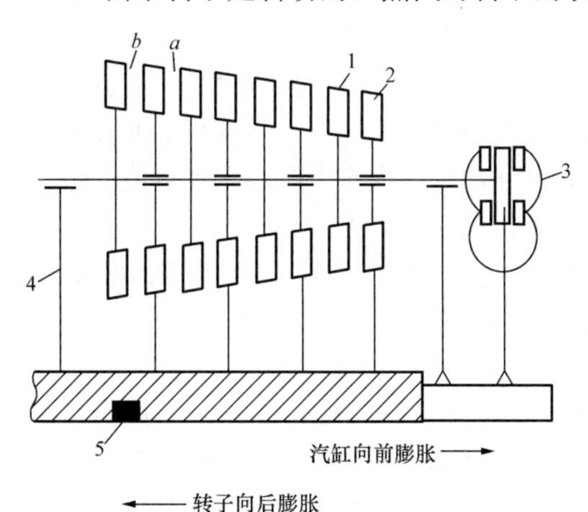

图 3-5　单缸汽轮机转子与汽缸的相对膨胀示意
1—动叶；2—喷嘴；3—推力轴承；
4—支承轴承；5—绝对死点

由于上述原因，启动过程中，转子的温升速度比汽缸快，轴向膨胀值比汽缸大，从而两者产生了轴向的膨胀差值。图 3-5 为单缸汽轮机转子与汽缸的相对膨胀示意：汽缸受热膨胀时，以绝对死点为基准向高压端伸长，推动轴承座向前移动，由于推力轴承的作用，转子也随着向前移动；转子受热膨胀时，以推力轴承为基准向低压端伸长。若转子和汽缸某一截面至推力轴承的距离为 L，假定汽缸和转子金属材料的线膨胀系数均为 α，则转子与汽缸的膨胀差值为

$$\Delta L_{rel} = \alpha L(\Delta t_{ro} - \Delta t_{cy}) \quad (3-12)$$

由式 (3-12) 可以看出，转子与汽缸的轴向膨胀差值是由于转子和汽缸沿轴向的平均温升存在差值而引起的。通常把转子与汽缸沿轴向的相对膨胀差值简称为胀差，并规定：当转子的膨胀值大于汽缸的膨胀值时，胀差为正；反之，胀差为负。

实际上，转子与汽缸的胀差沿轴向各段是不同的。若将汽轮机沿轴向分成若干段，每段的膨胀差值可由该段的长度及其平均温升差值求出，置于低压缸后的胀差指示器读数是各段胀差值的代数和。

(2) 胀差变化对汽轮机工作的影响。胀差的大小，意味着汽轮机动、静轴向间隙相对于静止时的变化，正胀差表示自喷嘴出口轴向间隙 b 增大（见图 3 - 5），入口轴向间隙 a 减小；反之，负胀差表示喷嘴出口轴向间隙 b 减小（见图 3 - 5），入口轴向间隙 a 增大。显然，任何一侧的轴向间隙消失，都会引起动、静部分发生摩擦，造成设备损坏事故。因此，在汽轮机运行中，尤其在启停过程中，应注意监视胀差的变化，并将其控制在允许的范围内。

需要注意的是，为了减小汽轮机内部漏汽损失，通常喷嘴出口的轴向间隙 b 要比动叶出口的轴向间隙 a 小一些，因此，胀差负值比正值更危险。这也是汽轮机快速冷却比快速加热更危险的原因之一。

对于多缸汽轮机，尤其是采用双层缸结构的汽轮机，其胀差的变化比单缸汽轮机复杂得多，但其分析方法与单缸汽轮机相同。

监视胀差是机组启停和工况变化时的一项重要任务。目前，汽轮机均设置有胀差指示器，但它只指示测点处的胀差值，而不能准确反映其他各个截面处的情况，因此还应根据机组不同的结构，了解通流部分胀差的变化规律，以能正确分析和判断通流部分动静间隙变化。

(3) 影响胀差的因素及控制胀差的措施。

1) 汽轮机滑销系统畅通与否。运行中应注意经常往滑动面之间注油，保证滑动润滑及自由移动。

2) 蒸汽温度和流量的变化速度。因为产生胀差的根本原因是汽缸与转子间存在温差，蒸汽的温度或流量变化速度大，转子与汽缸温差也大，引起胀差就大。因此在汽轮机启停过程中，控制蒸汽温度和流量变化速度，就可以达到控制胀差的目的。

3) 轴封供汽温度及供汽时间的影响。由于轴封供汽直接与汽轮机大轴接触，故其温度变化直接影响转子的伸缩；而轴封体是嵌在汽缸的两端，其膨胀对汽缸轴向长度几乎没有影响。因此，根据工况变化，适时投入不同温度的轴封供汽汽源，可以控制汽轮机的胀差。例如，冷态启动时，为了不使胀差正值过大，应选择温度较低的汽源，并尽量缩短冲转前向轴封供汽的时间；热态启动时应合理使用高温汽源，防止向轴封供汽后胀差出现负值；停机过程中，如果出现负胀差过大，可向轴封送入高温汽源以减小负胀差。

4) 汽缸和法兰螺栓加热装置的影响。汽轮机在启停过程中使用汽缸和法兰螺栓加热装置，可以提高汽缸法兰和螺栓的温度，有效地减小汽缸内外壁、法兰内外壁、汽缸与法兰、法兰与螺栓之间的温差，加快汽缸的膨胀或收缩，起到控制胀差的目的。

5) 摩擦鼓风损失。在机组启动和低负荷阶段，蒸汽流量小，仅在高压级内做功，而中低压缸内就产生较大的鼓风摩擦损失，损失产生的热量被蒸汽吸收，使其温度升高。由于叶轮直接与蒸汽相摩擦，因此转子温度比汽缸温度高，故出现正胀差。随着转速升高，转子摩擦鼓风损失的热量相应加大，但此时由于流量增加，使产生鼓风损失的级数相应减小。因此，每千克蒸汽摩擦鼓风损失产生的热量先随转速升高而增大，使中低压缸正胀差增大，后又随转速升高而相应减小，对胀差的影响逐渐减小。

6) 排汽温度。由于排汽缸对应的转子轴端露出在汽缸外，因此排汽温度变化主要影响排汽缸的膨胀量。随着排汽温度升高，排汽缸的膨胀量比对应转子轴段膨胀量大，使低压缸的正胀差减小。如果排汽温度的升高主要是由于凝汽器内压力升高而引起的，为了保持机组的转速或功率不变，进汽量相应增加，从而引起高压缸胀差增大。但一般不允许采用提高凝汽器压力的办法来调整各汽缸的胀差。

7）转子回转（泊松）效应。转子在旋转时，产生很大的离心力，转子材料在离心力的作用下沿径向产生弹性伸长，从而使轴向长度缩短，故在相同的加热条件下，转子的轴向膨胀量比静止时小。

8）汽缸保温和疏水的影响。由于汽缸保温不好，可能使汽缸温度分布不均且偏低，从而影响汽缸的充分膨胀，使汽轮机膨胀差增大；汽缸疏水不畅可能造成下缸温度偏低，影响汽缸膨胀，并容易引起汽缸变形。

（四）汽轮机的热变形

汽轮机启动、停机和负荷变化时，各金属部件所出现的温差，除使汽缸和转子产生热应力、热膨胀外，还使其产生热变形，严重的热变形可能导致设备损坏。热变形的规律是：温度高的一侧向外凸出，温度低的一侧向内凹进，即“热凸冷凹”。

1. 上、下缸温差引起的热变形

汽缸的上、下缸存在温差，将引起汽缸的变形。汽轮机在启动、停机及负荷变化过程中，上缸温度高于下缸温度，因而上缸变形大于下缸引起汽缸向上拱起，发生热翘曲变形，如图 3-6 所示，又称拱背变形。汽缸的这种变形使下缸底部径向动静部分间隙减小甚至消失，造成动静部分摩擦，尤其当转子存在热弯曲时，动静部分摩擦的危险性更大。汽缸发生拱背变形后，还会出现隔板和叶轮偏离正常时所在的垂直平面的现象，使轴向间隙发生变化，进而引起轴向摩擦。

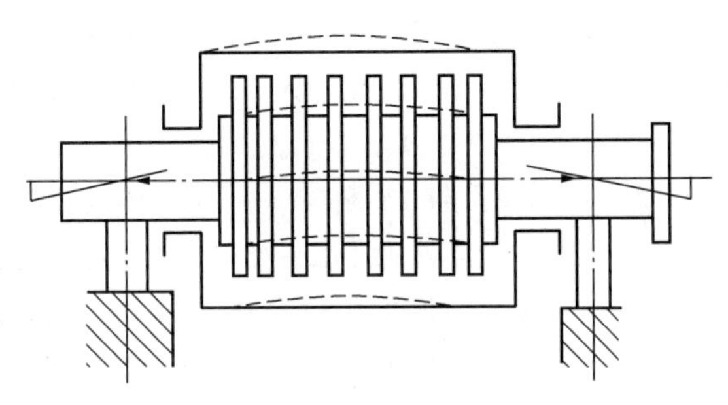

图 3-6　上下缸温差引起的汽缸热翘曲变形

引起上、下缸温差的主要原因有以下几点：

（1）上、下缸具有不同的重量和散热面积。下缸布置有回热抽汽管道，不仅重量大，散热面积也大，在同样的加热或冷却条件下，下缸加热慢而散热快，所以上缸的温度要高于下缸温度。

（2）在汽缸内，蒸汽上升，其凝结水流至下缸，在下缸形成一层水膜，使下缸受热条件恶化。在周围空间，运转平台以上的空气温度高于运转平台以下的空气温度，气流从下向上流动，造成上、下缸的冷却条件不同，使上缸的温度高于下缸。

（3）汽轮机在空负荷或低负荷下较长时间运行时，由于部分进汽仅有上部调节阀开启，也促使上、下缸温差的增大。

（4）下缸保温不良。由于保温材料的自重及运行中的振动、热膨胀不均等原因，下缸的保温易脱落或脱离，使保温层与汽缸之间有间隙，空气冷却下缸，使下缸温度低于上缸。

（5）在汽轮机启动过程中，汽缸疏水不畅；停机后有冷蒸汽从抽汽管道返回汽缸，都会造成下缸温度突降。

上、下缸温差引起的汽缸弯曲值 f 可以用下式计算

$$f=\frac{\alpha L^2\Delta t}{8D_m} \tag{3-13}$$

式中：α 为汽缸金属材料的线膨胀系数，1/℃；Δt 为上、下汽缸温差，℃；L 为汽缸两支点间的长度，mm；D_m 为沿汽缸长度的平均直径，m。

上、下汽缸的温差沿轴向是不一样的，其最大值通常出现在调节级区域内，因此上汽缸最大拱背和下汽缸动静部分之间间隙最小处出现在调节级附近。停机后，这一区域有些向后扩展。对于几种类型的机组，经试验确定，调节级处上、下汽缸温差每增加10℃、该处的动静部分间隙减小0.1～0.15mm，而隔板汽封的轴向间隙通常为0.4～0.7mm，因此一般规定上、下汽缸温差不得超过35～50℃，以免造成动静部分摩擦。大型汽轮机的高压转子一般是整锻的，一旦发生动静部分摩擦，将引起大轴弯曲，发生振动，如果不及时处理，可能扩大成永久变形。上、下缸温差过大，常是发生大轴弯曲事故的首要因素。

为了减小上、下汽缸温差，防止汽缸拱背变形，应改善下缸的疏水条件，防止疏水在下汽缸内积存；也应在下汽缸上采用较合理的保温结构和使用效果良好的保温材料，根据情况加厚保温层，并加装挡风板以减少空气对流；严格控制温升速度；高、低压加热器与汽轮机同时启动等。有些机组使用有蒸汽或电加热下汽缸的装置，这样可更有效地控制上、下汽缸温差，但是使用这种装置时必须加强监视，防止对下汽缸加热过度，使下缸温度高于上缸温度。

2. 汽缸法兰内外壁温差引起的热变形

随着汽轮机容量的不断增大，汽缸和法兰的壁厚也越来越大，在启动、停机和负荷变动时，如果控制不当，汽缸和法兰的内外壁会出现较大的温差，不仅产生较大的热应力，而且使其在水平和垂直方向产生热变形。由于法兰的壁厚比汽缸的壁厚要大得多，故汽缸的热变形主要取决于法兰的内外壁温差。

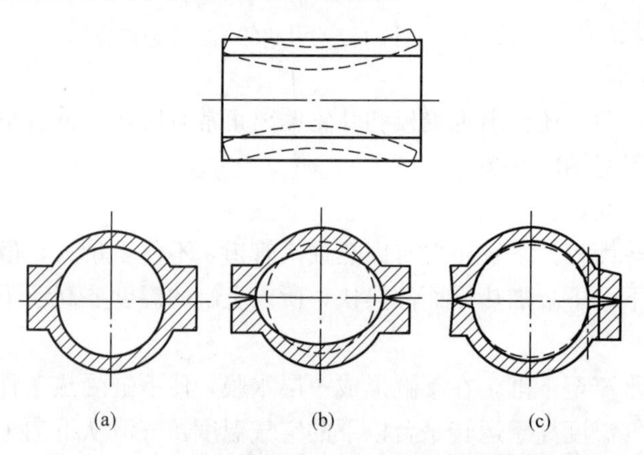

图3-7 法兰内壁温度高于外壁温度时的热变形示意
(a) 变形前；(b) 前后两端变形；(c) 中间段变形

当法兰内壁温度高于外壁（冷态启动）时，法兰内壁金属伸长较多，法兰外壁金属伸长较少，使法兰在水平面内产生热变形（热翘曲），其变形情况如图3-7所示。法兰的变形使汽缸中间段横截面变为立椭圆，使水平方向两侧动静部分之间的径向间隙减小，此时该段的法兰结合面将出现内张口；而汽缸前后两端的横截面变为横椭圆，使垂直方向上下的动静部分之间的径向间隙减小，此时的法兰结合面将出现外张口。出现上述两种情况，都可能造成动静部分的摩擦。

汽缸法兰内外壁温差也会引起垂直方向的变形。当法兰内壁温度高于外壁温度时，内壁金属的伸长增加了法兰结合面的热压应力，如果该热压应力超过材料的屈服极限时，金属就会产生塑性变形，当法兰内外壁的温差消失后，结合面将发生永久性的内外张口。这是运行中法兰结合面漏汽的原因之一。同时，还将使螺栓拉应力增大，导致螺栓拉断或螺母结合面压坏等事故发生。

对于大容量汽轮机，法兰比较厚，为了减少热变形，有的机组设置了法兰螺栓加热装置，以达到减少上述变形的目的。但是当法兰螺栓加热装置使用过度，以及汽轮机在停机冷却过程中，法兰内外壁产生相反的温差，都将出现与上述相反的变形。

汽缸法兰产生上述变形的根本原因是由于内外壁温差造成的，汽缸的变形量与汽缸法兰内外壁的温差成正比。因此，在汽轮机的运行中，必须将汽缸法兰内外壁温差控制在规定的范围内。因为法兰的厚度比汽缸壁厚度大得多，一般情况下法兰内外壁温差是大于汽缸内外壁温差的，所以在汽轮机运行中，只要将调节级处法兰内外壁温差控制在允许范围内就可以了。对使用法兰螺栓加热装置的汽轮机，其法兰内外壁温差通常控制在30℃左右；对于没有法兰螺栓加热装置的汽轮机，其法兰内外壁温差要控制在100℃以内。

3. 汽轮机转子的热弯曲

在启动和停机后由于上下汽缸存在温差，使转子上下部分也存在温差，在此温差作用下，转子要发生热弯曲。

如果转子中心孔存在液体，在运转过程中也会发生热弯曲。在变工况时，由于转子金属温度的变化，可能导致液体的蒸发或凝结，从而使转子产生局部过冷或过热而引起热弯曲。转子表面发生局部摩擦也会使转子产生热弯曲，严重时可能造成转子永久性弯曲。

转子弯曲的最大部位一般在调节级前后。对于多缸机组的高压转子和背压机组的转子，约在其中部；对于单缸机组，则稍偏转子的前端。

通常通过监视转子的晃动度来监视转子的热弯曲。这时一般把晃动表插在轴径或轴向位移发送器处轴的圆盘上进行测量，如图3-8所示。根据所测得的晃度数值，可以用下式计算转子的最大热弯曲

$$f_{max}=0.25\frac{L}{l}f_u \tag{3-14}$$

式中：f_u为弯曲度，即千分表所测得的轴晃动值的一半，mm；L为两轴承间转子的长度，mm；l为千分表与轴承间的距离，mm。

转子发生热弯曲后，不仅会使机组产生异常振动，还可能造成汽轮机动静部分摩擦。为了防止或减小大轴热弯曲，汽轮机启动前和停机后必须正确使用盘车装置。冲转前应盘车足够长时间；停机后，应在转子金属温度降至规定的温度以下方可停盘车。

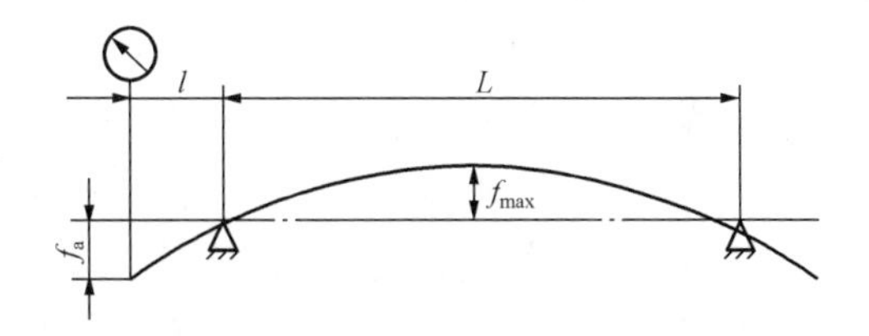

图3-8　用千分表测定转子的弹性弯曲

设置并正确使用转子的晃度表，是防止汽轮机在启动过程中发生强烈振动以及防止因偏摩擦而使转子产生塑性弯曲的有效方法。当晃度表指示不正常时，决不能启动汽轮机。

二、汽轮机的启动方式

汽轮机的启动过程是指转子由静止或盘车状态加速到额定转速，并将负荷逐步加至额定负荷（或电网调度所要求的负荷）的过程。启动过程是汽轮机零部件剧烈地被加热的过程，从传热学的观点来说，这是一个不稳定的导热过程，汽轮机零部件不可避免地会产生热应力、热膨胀、热变形。大型汽轮机的启动，其电能和燃料的消耗是相当可观的。因此，合理的启动不但要保证机组的安全可靠，而且还要启动时间最短。

（一）汽轮机启动方式的分类

1. 按启动过程中主蒸汽参数分类

按启动过程中主蒸汽参数是否变化，可分为额定参数启动和滑参数启动。

（1）额定参数启动。在整个启动过程中，电动主汽阀前的主蒸汽参数始终保持额定值。

这种启动方式的缺点是蒸汽与汽轮机金属部件之间的初始温差大、冲转流量小、调节阀节流损失大，调节级后温度变化剧烈，零部件受到较大的热冲击。为了设备安全，必须加长升速和暖机时间等，因而它一般适用于采用母管制供汽的汽轮机，大型、高压、单元制机组不采用这种方式。

（2）滑参数启动。在启动过程中，电动主汽阀前的主蒸汽参数随机组转速或负荷的变化而滑升，汽轮机定速或并网后，调节阀处于全开状态。这种启动方式经济性好，零部件加热均匀，故在单元制机组中被广泛采用。根据汽轮机在冲转时主汽阀前的压力大小又可分为滑参数真空法启动和压力法启动。

真空法启动时，锅炉点火前从锅炉汽包到汽轮机之间的蒸汽管道上的所有阀门全部开启，机组热力系统上的空气阀、疏水阀全部关闭。汽轮机投入抽气器时，真空一直抽到锅炉汽包。然后锅炉点火，产生一定量的蒸汽后就冲动汽轮机转子，此时主汽阀前仍处于真空状态，故称真空法。随后汽轮机的升速和带负荷均由锅炉调整控制。从理论上讲，真空法启动可以最大限度地减少蒸汽对汽轮机的热冲击，且操作简单。但在锅炉控制不当时，可能使过热器内的疏水进入汽轮机造成水冲击事故；此外，需要抽真空的系统庞大，不易控制转速等。因此，大容量机组广泛采用滑参数压力法启动。

压力法启动时，锅炉点火前汽轮机主汽阀和调节阀处于关闭状态，只对汽轮机抽真空。锅炉点火后，待主汽阀前蒸汽参数达到一定值时冲动转子，冲转、升速直到定速一般均由冲转阀控制，锅炉维持一定的压力，汽温按一定的规律升高。并网后，逐渐全开调节阀，此后随主蒸汽参数提高逐渐增加负荷。这种方式在冲转升速过程中，汽轮机侧留有一定的调整余地，便于采取控制手段，在冲转前能有效地排除过热器和再热器中积水以及管道疏水，有利于安全启动。此外，对使用汽缸加热装置的机组，可提供便利的汽源，因此，目前大多数高参数大容量的汽轮发电机组均采用滑参数压力法启动。

2. 按启动前汽轮机金属温度（内缸或转子表面）水平分类

（1）冷态启动。金属温度低于150～180℃，称为冷态启动。

（2）温态启动。金属温度在180～350℃间，称为温态启动。

（3）热态启动。金属温度在350℃以上者称为热态启动。有时热态又分为热态（350～450℃）和极热态（450℃以上）。

汽轮机采用高、中压缸启动时，按调节级处金属温度划分；中压缸启动时，按中压缸第一压力级处金属温度划分。对于不同的机组，具体划分温度有所不同，应按制造厂的规定划分。国产1000MW超超临界压力汽轮机启动状态分类见表3-1。

有的国家按停机时间的长短来划分，停机一周或一周以上为冷态；48h为温态；8h为热态，2h为极热态。

表3-1　国产1000MW超超临界压力汽轮机启动状态分类

生产厂家	测点位置	冷态启动Ⅰ	冷态启动Ⅱ	温态启动	热态启动	极热态启动
东方汽轮机厂	调节级内缸内壁金属温度（℃）	<50	<320	320≤T<420	420≤T<445	≥445
哈尔滨汽轮机厂	调节级内缸内壁金属温度（℃）		<150	150～410	410～450	>500

续表

生产厂家	测点位置	冷态启动Ⅰ	冷态启动Ⅱ	温态启动	热态启动	极热态启动
上海汽轮机厂	调节级内缸内壁金属温度（℃）	＜50	50～150	150～400	4000～540	＞540
	中压缸第一级内壁金属温度（℃）	＜50	50～150	50～260	260～410	＞410

3. 按冲转时汽轮机的进汽方式分类

对于中间再热式汽轮机，还可按冲动转子时的进汽方式分类：

（1）高中压缸启动。冲转时高中压缸同时进汽，对高中压合缸的机组，这种方式可以使分缸处均匀加热，减少热应力，并能缩短启动时间。根据冲转时旁路系统是否投入，又分为两种情况：①带旁路的启动。机组启动时，旁路系统投入运行，由高压主汽阀（或高压调节阀）控制高压缸进汽、中压调节阀控制中压缸进汽冲动转子，这种启动方式要求配置高、低压两级串联旁路。②不带旁路的启动。机组启动冲转时，高、低压旁路阀关闭，中压主汽阀和调节阀全开，由高压主汽阀（或调节阀）控制汽轮机冲转，这种启动方式又称为高压缸启动。配置大旁路或高、低压两级串联旁路的机组，都可采用此种冲转方式。

（2）中压缸启动。冲转时高压缸不进汽，只有中压缸进汽冲动转子，待转速升至2300～2500r/min 后或将机组的负荷带到一定值后，再切换为常规的高中压缸联合进汽。

4. 按控制汽轮机进汽流量的阀门分类

（1）调节阀启动。汽轮机冲转前，电动主汽阀和自动主汽阀全开，进入汽轮机的蒸汽流量由调节阀控制。

（2）自动主汽阀启动。启动前调节阀全开，由自动主汽阀控制进汽冲转。转速达到2900～2950r/min 时，高压缸进汽由主汽阀切换为高压调节阀控制。

（二）汽轮机启动方式的选择

一台汽轮机采用哪种方式启动，应根据各国汽轮机的结构和运行经验确定。例如，日本较多地采用中参数启动；法国较多地采用中参数中压缸启动；我国对于中间再热机组则广泛采用滑参数压力法、高中压同时进汽的启动方式。根据机组启动前的状态，选择合理的启动方式，是汽轮机安全经济运行的重要保证。

任务二　汽轮机的冷态滑参数启动

1. 知识目标

（1）掌握汽轮机冷态滑参数启动的过程和注意事项。

（2）掌握热态启动的过程、特点及注意事项。

（3）掌握中压缸启动的特点、过程及注意事项。

2. 能力目标

（1）能在仿真机上进行汽轮机的启动操作，并能处理汽轮机启动过程中发生的具体问题。

（2）能读识和使用汽轮机的运行规程。

（3）会使用汽轮机的启动曲线。

3. 素质目标

（1）培养团队意识与协作精神。

（2）培养刻苦钻研业务，爱岗、敬业的精神。

（3）培养安全和责任意识。

【任务描述】

汽轮机的冷态滑参数启动过程涉及汽轮机的主机及所有辅助系统，操作步骤繁杂，操作工作量大。通过火电机组仿真运行系统、汽轮机实物或模型上的模拟，熟悉汽轮机冷态滑参数启动的过程及注意事项，进行滑参数启动的操作，培养学生的启动操作技能，以及对汽轮机运行情况进行监视、检查和分析的初步能力。

【任务准备】

分析汽轮机冷态滑参数启动任务单，明确该任务的内容、目标和要求；查阅资料；制定实施工作任务的方案。

【任务实施】

分析工作任务单；查阅机组运行规程等资料，熟悉汽轮机冷态滑参数启动的具体步骤；在教师的指导下，学习冷态滑参数启动的相关知识，在仿真机上完成冷态滑参数启动的具体操作，直至机组的负荷升到额定值。

【相关知识】

冷态启动是汽轮机各种启动中最重要的启动，是汽轮机最大的动态过程，在冷态启动中汽轮机从冷状态到热状态、从静止到额定转速、从空负荷到满负荷。在这个过程中，各种参数的变化最大，运行人员的操作最多，需要掌握好很多关键问题。冷态启动过程不仅关系到汽轮发电机组的安全，而且关系到汽轮发电机组转子的寿命，所以应给予极大的重视。

中间再热机组均采用机炉单元配置方式，启动时锅炉与汽轮机协同启动，汽轮机、锅炉的启动操作密切地联系在一起。采用滑参数启动，可以充分衔接机炉的启动过程，缩短启动时间；另外，可以减小汽轮机进汽与金属的温差，减小热冲击，因此多数大型中间再热机组启动都采用滑参数启动。

对于中间再热式汽轮机，根据冲动转子时进汽方式的不同可分为高中压缸启动和中压缸启动，下面分别介绍。

一、高中压缸启动

（一）启动过程

机组的启动包括启动前的准备、暖管、冲转、升速暖机、并列接带负荷等几个阶段。高压汽轮机在各阶段的启动操作中有许多共同的问题，以下介绍启动过程。

1. 启动前的准备工作

做好充分的准备工作，是安全启动和缩短启动时间的重要保证。准备工作完成后应使各种设备处于预备状态，以便能随时投入运行。

机组启动前，首先要对设备、系统和测量仪表进行全面的检查和试验。接到机组启动命令，通知各专责做好启动前的检查工作；确认主、辅机设备及系统检修维护工作结束，全部设备周围及场地应清洁无杂物，道路通畅，照明良好；设备及管道保温良好，保护罩壳齐全；各电动阀门调试合格并送电正常；热工所有表计应投入；各种控制、保护信号的电源、气源已送上；数字电液调节（DEH）、计算机监视（DAS）、驱动给水泵汽轮机模拟调节系统（AEN）、危急遮断系统（ETS）、汽轮机状态监测（TSI）系统试验检查正常，系统已投入运行，烤机不少于2h；检查各汽水系统设备完好，阀门处于运行规程要求的开或关位置；准备充足、合格的除盐水、氢气，补水箱水位正常，水质化验合格；做好汽轮机转子轴向位移、相对胀差、晃度、汽缸膨胀量和各部分金属温度的原始记录，并校对其正确性；确认油质化验合格、各油室或油箱油位正常；电气设备接地完好，绝缘合格，各电动机联轴器连接完好，空转方向正确。

汽轮机遇到下列情况时，应采取措施设法消除，否则，禁止汽轮机启动和投入运行。

（1）机组主要连锁保护功能试验不合格。

（2）汽轮机保安系统工作不正常。

（3）DCS通信故障或任一过程控制单元失去功能。

（4）操作员站工作不正常。

（5）CCS、SCS、FECS、DEH、TSI、FSSS系统工作不正常，影响机组启动或正常运行。

（6）机组主要热工仪表失灵（如转速表、轴向位移、振动、上下缸温差、水位计、油位计等）。

（7）控制系统不能正常投运。

（8）主要电动阀、调节阀遥控失灵。

（9）机组发生汽轮机跳闸或MFT后，原因未查明或缺陷未消除。

（10）高低压旁路系统不能正常投运。

（11）主要辅助设备（如交流润滑油泵、直流润滑油泵、EH油泵、顶轴油泵、交流密封油泵、直流密封油泵、盘车等）工作不正常。

（12）汽轮机高、中压主汽阀和调节阀、补汽阀、高压排汽止回阀、抽汽止回阀任一只卡涩。

（13）汽轮机、发电机的动、静部分有明显的金属摩擦声。

（14）汽轮机电超速校验不合格。

（15）转子偏心度大于或等于规定值，或者转子偏心度偏离原始值0.05mm以上。

（16）汽轮机高、中压缸上下缸温差超过规定值。

（17）主机润滑油或EH油油质不合格；主机润滑油或EH油油温低于21℃或油位低。

（18）发电机变压器组主要保护未能投运。

（19）发电机定子、转子绕组绝缘不合格，或发电机定子冷却水系统异常，或水质不合格。

（20）发电机氢气纯度不合格。

（21）发电机气密性试验不合格。

（22）柴油发动机带负荷试验不成功。

（23）UPS设备整流器、逆变器、静态开关等故障。

（24）锅炉水压试验不合格。

（25）启动分离器水位无法监视。

（26）保温不全或脚手架未拆，油系统漏油，通信失灵，影响安全。

（27）发现其他威胁安全的严重设备缺陷。

按规程规定启动辅助设备及相应的系统，并检查其运行正常。主要包括以下方面：

（1）启动循环水系统，向凝汽器通循环水；启动工业冷却水系统。

（2）启动开式冷却水系统。

（3）启动闭式冷却水系统。闭式冷却水系统投运前，应确认开式冷却水系统已投运正常。

（4）启动热控空气压缩机，投入厂用压缩空气系统。

（5）向凝汽器注入化学补充水。投入凝结水系统，向除氧器上水。

（6）启动辅助蒸汽系统。启动锅炉或邻机送汽至辅助蒸汽母管，暖管结束后投入辅助蒸汽系统运行。

（7）启动主机润滑油系统。启动润滑油泵，进行油循环。当油系统充满油，润滑油压已经稳定时，对油系统管道、法兰、邮箱油位、主机各轴承回油等情况进行详细检查。

（8）投入发电机密封油系统。

（9）发电机充氢。

（10）投入发电机定子冷却水系统。

（11）投入盘车装置。对设有顶轴油泵的机组，启动盘车前应启动顶轴油泵。启动盘车后，记录盘车电流，测听声响，测大轴偏心率不大于规定值，检查各轴瓦金属温度正常。

（12）投入抗燃油系统。

（13）投入除氧器加热，注意除氧器温度逐渐上升。投入除氧器压力自动，维持除氧器压力为0.147MPa左右。

（14）锅炉上水。在给水含氧量合格时，启动电动给水泵向锅炉上水。

（15）投入轴封系统。用辅助汽源向轴封供汽。转子静止时禁止向轴封送汽，否则可能引起转子热弯曲。

（16）凝汽器抽真空。关闭真空破坏阀，启动抽气器，使凝汽器建立真空。

（17）开启蒸汽管道和汽轮机本体疏水阀。

（18）投入高、低压旁路系统运行。

（19）通知锅炉点火。当真空满足要求，旁路系统处于备用状态，除氧器水温、水位正常，疏水系统符合启动条件时，可通知锅炉点火。

（20）检查DEH操作盘及ETS盘面正常。

（21）检查TSI系统和报警指示正常。

以上各项准备工作可穿插进行，以缩短启动时间，降低能源消耗，但必须遵守以下规则：发电机充氢一定要在密封油系统维持正常运行而盘车装置尚未投入时进行；顶轴油系统正常后才允许启动盘车装置；盘车装置启动后才允许向轴封送汽；锅炉点火前必须完成主汽阀、中压截止阀、高中压调节阀的静止试验，凝汽设备和盘车装置投入并正常运行等。

2. 暖管

汽轮机冷态启动前，主蒸汽管道、再热蒸汽管道、自动主汽阀到调节阀间的导汽管、电动主汽阀、自动主汽阀、调节阀等的温度接近室温。锅炉点火后利用所产生的低温蒸汽对上述设备和管道进行预热，称为暖管。暖管的目的是减小温差引起的热应力和防止管道水击。对法兰螺栓加热装置、轴封供汽系统、汽动油泵和蒸汽抽气器的管道应同时进行暖管。

对于单元制机组，锅炉点火、升温升压和汽轮机暖管是同时进行的。这时锅炉至汽轮机主汽阀之间的蒸汽管道上所有阀门均应在全开位置。为了达到充分暖管的目的和尽快达到冲转参数的要求，当锅炉升压后就可投入旁路系统，使蒸汽通过快速减温减压装置和中间再热器排至凝汽器。

对高参数汽轮机，暖管时温升速度一般不超过3～5℃/min。

暖管的同时应疏水。如果不及时排除暖管产生的凝结水，当高速汽流通过时便会发生水冲击，引起管道振动，如果这些疏水被带入汽轮机，还会发生水冲击事故。此外，通过疏水还可以较快地提升汽温，加快暖管。

暖管过程中的疏水通过疏水扩容器送往凝汽器，加上旁路系统的排汽，这时凝汽器已带上热负荷，因此必须保证循环水泵、凝结水泵和抽气设备的可靠运行。如果这些设备发生故障而影响凝汽器真空时，应立即停止旁路设备、关闭送往凝汽器的所有疏水阀，开启排大气疏水阀。为将排汽室温度维持在60～70℃，可投入排汽缸喷水装置。

主蒸汽暖管时，法兰加热装置和汽封供汽系统也应暖管。主汽阀和调节阀在暖管时应关闭，稍开电动主闸门的旁路阀暖管。暖管10～15min后，全开电动主闸门并关闭其旁路阀。

暖管一会后，可向汽轮机送轴封蒸汽，调整轴封蒸汽压力和低压轴封蒸汽供汽温度，并密切监视盘车运行情况。

3. 汽缸预暖

为了避免汽轮机启动时产生热冲击，减少转子的寿命损耗，要求进入汽轮机的蒸汽温度要与汽缸、转子温度相匹配，即温差要合理。汽轮机冷态启动时，进汽量小，调节级处于真空状态，汽缸和转子金属温度很低，甚至低于该真空下的饱和温度，此时蒸汽接触金属就要发生凝结放热，引起热冲击。为此，有些大容量汽轮机采用盘车预热的方式，即在盘车状态下通入蒸汽或热空气，预热汽轮机转子、汽缸金属部件，使金属温度尽量升高到其低温脆性转变温度以上。采用这种方法有下列好处：

(1) 盘车状态下，控制汽量加热，可以控制金属温升率，减小热冲击。另外，高压缸金属温度加热到一定水平后再冲转，减小了蒸汽与金属之间的温差，使得启动热应力减小。

(2) 盘车状态下将转子加热到脆性转变温度之上，有利于避免转子脆性断裂现象的发生。

(3) 经过盘车预热后，转子和汽缸的温度都比较高，故根据情况可缩短或取消中速暖机。

(4) 盘车预热可以在锅炉点火前用辅助蒸汽进行预热，缩短了启动时间。

汽轮机高压缸预暖蒸汽系统如图3-9所示。进行盘车预暖时，一般都采用邻机供汽或辅助蒸汽供汽，经过节流降压后通过高压排汽管道倒流进入高压缸，由高压排汽端向进汽端流动加热汽缸和转子，最后蒸汽通过高压导汽管疏水排走。

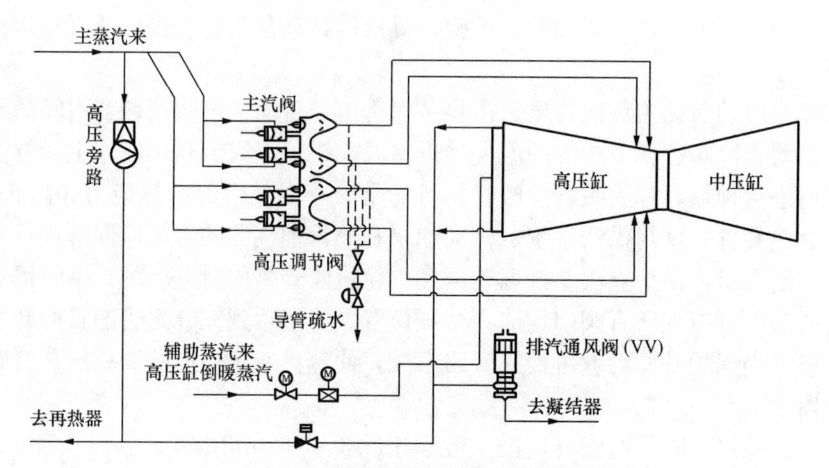

图 3-9 汽轮机高压缸预暖蒸汽系统

有的机组采用再热蒸汽直接供盘车预暖，即在启动的最初阶段，当锅炉出口蒸汽达到一定温度时，就可以打开高压缸倒暖阀进行汽轮机的预热。此时高压缸内的压力将和再热器的压力同时上升，高压缸金属温度将上升到相应于再热器压力的饱和温度。有些机组规定，当高压缸内温度达到 150℃或 190℃时，高压缸倒暖阀自动关闭，并能同时打开高压缸抽真空阀，使高压缸处于真空状态。

4. 冲转、升速与暖机

(1) 冲转参数的选择。汽轮机启动时冲转参数的选择，主要是考虑金属部件的热应力，而热应力的大小主要取决于蒸汽与金属部件之间的温差和表面传热系数，选择适宜的启动蒸汽温度对汽轮机的合理启动具有决定意义。为了减缓汽轮机冲转时产生的热冲击，以减小热应力，故要求蒸汽表面传热系数要小些，而低压微过热蒸汽的表面传热系数较小，在相同条件下仅为高压蒸汽的 1/10。所以冲转时采用低压微过热蒸汽的温度水平对汽轮机部件的加热较安全。同时在保证允许的金属温度变化率的条件下，低参数蒸汽将有较大的流量，使得机组可以很快达到并网带负荷的条件，节约启动时间和启动用燃料。此外，为了保证汽轮机内不致过早出现湿蒸汽区，一般要求主蒸汽有 50℃以上的过热度。对于中间再热机组，原则上也要求再热蒸汽的温度至少有 50℃以上的过热度。但因为冲转时再热器内压力极低，有时甚至是负压，所以有些机组规定一个比主蒸汽温度略低的温度，而对过热度没有要求。值得注意的是，随着汽轮机旁路系统的普遍使用，再热蒸汽压力的可控范围增大，如果Ⅱ级旁路开得小，或为了避免再热系统有漏空气现象而影响真空，往往使再热蒸汽建立正压。此时不能忽略 50℃以上过热度的汽温要求。

另外，进行汽轮机启动操作时，希望蒸汽压力能满足通过临界转速，到达额定转速的要求。满足这一要求，在汽轮机启动过程中，就不必要求锅炉进行调整，也不需要调整旁路系统，就可以简化操作。

综合上述原则，国产中间再热机组启动汽压一般为 1～1.5MPa，启动主蒸汽温度为 250～320℃。

现代大容量、单元制、集中控制的机组，为了提高自动化水平，冲转蒸汽压力一般选取得较高，可达30%～40%的主蒸汽压力额定值，这就是所谓的中参数启动。因为选取较高冲转蒸汽压力，有利于降低冲转蒸汽的体积流量，便于配置较小尺寸的主汽阀的预启阀，改善调节系统的动态和静态特性；有利于加大启动流量，改善汽缸换热条件，缩短启动时间；有利于汽轮机快速跨越临界转速，并且在整个启动过程中保持蒸汽参数相对稳定，减少锅炉方面过大的燃烧调整。例如，引进型300MW机组冲转参数大致为：主蒸汽压力为4.2MPa左右，主蒸汽温度为320℃左右，再热蒸汽温度为250℃左右；而东方汽轮机厂生产的超临界压力600MW汽轮机的冲转参数：主蒸汽压力为8.73MPa左右，主蒸汽温度为370℃，再热蒸汽压力为1.1MPa，再热蒸汽温度为320℃。启动时应尽可能做到：蒸汽参数与金属温度相匹配，注意转子内部热应力的分布，随时调整升速率，使热应力尽可能小，避免过大热冲击。

（2）凝汽器真空的检查。凝汽式汽轮机启动时，都要求建立必要的真空。启动时维持一定的真空，可使转子转动时的鼓风摩擦损失减小；也可增大进汽做功的能力，减小汽耗量，并使低压缸排汽温度降低。如果启动时真空过低，当冲转时大量蒸汽进入汽轮机，可能使凝汽器内出现正压，造成真空破坏并向大气排出蒸汽，或造成凝汽器铜管膨胀过大，严重时使胀口松脱而漏水。

汽轮机启动时，真空也不需要过高。如果真空过高，建立真空需要较长时间，且在相同转速下，蒸汽流量比低真空时要小，因此延长了暖机时间，增加了启动时间。所以应选择好冲转时的真空，一般来说以60～73.3kPa较为适宜。

（3）大轴晃动。对于大轴晃动度，不仅要监视其绝对值，而且还要注意其相对值。当机组大轴弯曲超过规定值时，应禁止汽轮机启动。机组热弯曲多数情况下为弹性热弯曲，可通过延长连续盘车时间的方法来消除；如果确认转子发生永久性热弯曲，则须进行直轴处理。

（4）油压和油温。为保证调节系统工作可靠和轴承润滑，润滑油压应达到0.096～0.124MPa，抗燃油压应达到12.4～14.6MPa。

冷油器的出口油温就是轴承的进油温度，应保持在35～45℃以保证有一定的黏度，使轴承中形成良好的油膜。

（5）冲转、升速与暖机。当汽轮机具备冲转条件、调节保护系统整定完毕且已投入时，即可打开冲转阀进行冲转。对采用DEH控制系统的汽轮机，运行人员首先将汽轮机挂闸复位，设置负荷限制器，将阀位限制值设定为100%，选择控制方式（TV控制或GV控制），然后设置目标转速和升速率，点击进行，冲转升速过程即可由DEH自动进行。

转子一旦冲动，应立即关闭冲转阀，在蒸汽断流的情况下用听针等设备检查汽轮机内部有无动静部分摩擦。然后重新开启冲转阀提升转速到400～600r/min，对汽轮发电机组进行全面检查，并进行低速暖机。暖机的目的是防止各部件受热不均产生过大的热应力和热变形。

低速检查后，按所规定的升速率将汽轮机升到中速（1000～1400r/min），并在此停留进行中速暖机，中速暖机时要避开临界转速，有些机组还要考虑避开低压缸长叶片的共振频率。中速暖机完毕应注意汽缸各点金属温度、各对应点金属温差、汽缸胀差、机组振动等值是否符合要求，否则应查明原因，必要时应适当延长暖机时间。

中速暖机后，通常以100～150r/min的速度提升至额定转速。在通过临界转速时要迅速而平稳，切忌在临界转速下停留以免造成强烈振动。当转速接近2800r/min时，注意调节系统动作是否正常，并将汽轮机转速切换为调节阀控制；主油泵是否投入工作，确认正常后即可停止高压油泵运行。在3000r/min时，根据汽缸和法兰的温差、胀差值及机组的振动情况决定暖机还是并网接带负荷。

升速过程中应注意检查机组振动，如有异常，应查明原因并进行处理。在第一临界转速以下，如果汽轮机轴承振动值达0.04mm，必须打闸停机；在临界转速时，汽轮机轴承振动值一般不应超过0.1mm，严禁硬闯临界转速或降速暖机。

在升速过程中，由于转子温度的升高和轴瓦摩擦发热，润滑油温会逐渐升高，当油温达到45℃时，应开启冷油器冷却水阀，投入冷油器，维持油温在40～45℃。但在投入冷油器时，要注意油温的变化，切不可造成油温大幅度波动，影响转子的稳定性。

5. 并网带负荷

确认各种保护均投入，经检查一切正常后，并按规定进行各项试验正常，联系电气人员将机组并入电网。如果用自动同步器将机组并入电网，汽轮机转速在（3000±50）r/min时，按下“自动同步（AUTO SYNC）”键，灯亮，汽轮机转速即切换为自动同步器控制。此时借助于“升/降”触点闭合输入信号，改变机组转速，当机组转速逼近同步转速时，使机组同步并网。在发电机主开关合闸后，发电机在线指示灯亮即表示已并网。

机组并入电网后，自动带初始负荷。在发电机主开关合闸后，DEH将显示出以兆瓦为单位的初始功率数值，在正常条件下为额定负荷的5%，以防止机组出现逆功率，此时机组的控制方式自动回到“操作员自动”的控制模式。在初始负荷下，至少保持30min低负荷暖机时间（暖机时间根据蒸汽与金属温度的失配情况而定，失配越大，时间越长），在此期间，联系锅炉人员尽量稳定汽压汽温，若主蒸汽温度变化，则相应增加暖机时间。例如，引进型300MW机组规定：主蒸汽温度每变化1.67℃，则增加1min暖机时间。同时应全面检查汽缸上下温差、转子振动、胀差、轴向位移、轴承油温油压是否正常。

初始负荷暖机结束，经检查一切正常，逐渐开大调节阀增加负荷，到调节阀全开后，机组进入滑压阶段运行，可联系锅炉人员参照“冷态滑参数启动曲线”升温、升压，机组逐步升负荷。在“操作员自动”的控制模式下，由运行人员输入目标负荷和升负荷率，控制机组逐步加负荷。升负荷率由升负荷过程调节级汽室内壁的温升量和预定的寿命损耗确定。若采用“ATC”控制模式，在机组并网后，汽轮机自动控制程序提供了负荷控制的能力。根据机组情况，可适当安排暖机。在负荷到达额定值前，汽轮机的进汽参数应先达到额定值。图3-10所示为某600MW超临界压力汽轮机冷态滑参数启动曲线。

（二）启动过程中的注意事项

机组冷态滑参数启动过程中，应加强监视，并注意以下事项：

（1）为了保证汽轮机启动的顺利进行，防止由于加热不均使金属部件产生过大的热应力、热变形以及由此引起的动静部分摩擦，应按规定控制好蒸汽温升率、金属温升率、上下缸温差、汽缸内外壁温差、法兰内外壁温差、胀差、机组振动等指标。

（2）关于加热器的投入。通常低压加热器随汽轮机启动，高压加热器则在负荷带到一定值或抽汽压力达到一定值后投入。

（3）随着负荷的增加，应注意凝汽器真空的变化，及时调节循环水的流量。

（4）随着负荷的增加，机组轴向推力也增大，增负荷时要加强对推力瓦温度和轴向位移变化的检查。

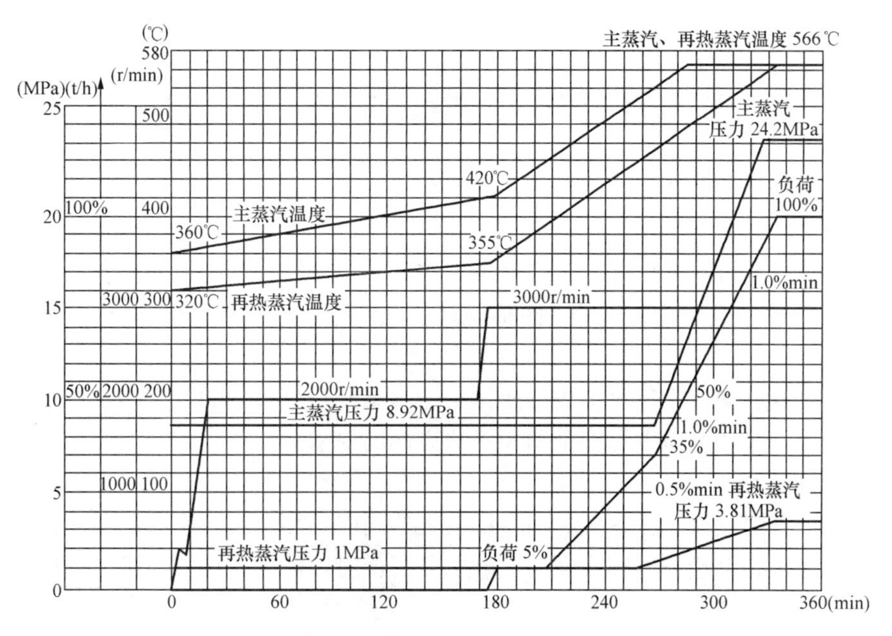

图 3-10　某 600MW 超临界压力汽轮机冷态滑参数启动曲线

（高中压缸联合启动，t<120℃，参数：24.2MPa/566℃/566℃）

(5) 调节方式切换。当负荷达到 80%额定负荷时，汽轮机金属温度水平已接近额定参数下额定负荷工况下的金属温度水平。此时可根据需要切换汽轮机的调节方式，由单阀调节（节流调节）切换为顺序阀调节（喷嘴调节）。

(6) 在升负荷过程中，应监视发电机氢气、油、水系统的工作情况正常，调整发电机进口风温在 40℃左右，密封油控制站油氢差压阀、平衡阀动作灵活，维持密封油压高于氢压 0.03～0.05MPa。其他辅助设备及系统的切换、停用按规程规定进行。

(7) 若需做超速试验，需要带 7%～10%负荷，运行 3～4h 后，减负荷到零，解列后进行，目的是使转子能充分预热到脆性转变温度以上。

（三）滑参数启动的优点

与额定参数启动相比，滑参数启动有以下优点：

(1) 额定参数启动时，锅炉点火升压至蒸汽参数到额定值，一般需要 2～5h，达到额定参数后方可进行暖管，然后汽轮机冲转，并分段暖机以减小热冲击。而采用滑参数启动时，锅炉点火后就可以用低参数蒸汽预热锅炉和汽轮机之间的管道，锅炉压力、温度升高到一定值后，汽轮机就可以冲转、升速和接带负荷。随着锅炉参数的升高，机组负荷不断增加，直至带到额定负荷。这样大大缩短了机组启动时间，提高了机组的经济性。

(2) 滑参数启动用较低参数的蒸汽加热管道和汽轮机金属，加热温差小，金属内温度梯度也小，使热应力减小；另外，由于低参数蒸汽在启动时，容积流量大，流速高，表面传热系数也就大，即滑参数启动可在较小的热冲击下得到较大的金属加热速度，从而改善了机组的加热条件。

(3) 滑参数启动时，蒸汽容积流量大，可较方便地控制和调节汽轮机的转速和负荷，且不致造成金属温差超限。

(4) 随着蒸汽参数的提高和机组容量的增大，额定参数启动时，工质和热量的损失相当可观。而滑参数启动时，锅炉基本不对空排汽，几乎所有的蒸汽及热能都用于暖管和暖机，大大减少了工质的损失，提高了电厂运行的经济性。

(5) 滑参数启动升速和接带负荷时，可做到调节阀全开全周进汽，使汽轮机加热均匀，缓和了高温区金属部件的温差和热应力。

(6) 滑参数启动时，通过汽轮机的蒸汽流量大，可有效冷却低压段，使排汽温度不致升高，有利于排汽缸的正常工作。

(7) 滑参数启动可事先做好系统的准备工作，使启动操作大为简化，各项限额指标也容易控制，从而减小了启动中发生事故的可能性，为大机组的自动化和程序化启动创造了条件。

总之，滑参数启动时，蒸汽参数的变化与金属温升是相适应的，反映了机组启动时金属加热的固有规律，能较好地满足安全和经济两方面的要求。

二、中压缸启动

随着国民经济的发展，在各大电网容量增大的同时，用电结构也在不断变化，大容量火电机组参与调峰是必然趋势。实践证明，电厂负荷低时，停运一台汽轮机往往比几台汽轮机都在低负荷下运行优越，这就要求机组具有快速的启动性能。对于大容量机组，特别是超临界及以上压力的机组，锅炉必须采用直流锅炉，由于没有了汽包且散热面积大，所以其热惯性比汽轮机小得多，停炉冷却比汽轮机快。因此短期停机再启动时，锅炉的温度低于汽轮机的金属温度。而再次启动时锅炉升温升压需要一定的时间，如果等到锅炉升到所需要的主蒸汽温度再启动汽轮机，则延长了机组启动时间，影响快速启动。虽然利用旁路系统可以提高主、再蒸汽温度，当旁路容量限制了机组热态启动的速度时，因此就出现了采用中压送汽的启动方式即中压缸启动。

所谓中压缸启动，是指汽轮机在启动时，关闭高压调节阀、开启中压调节阀，利用高、低压旁路系统，先从中压缸进汽冲转，机组带到一定的负荷后，再切换为高、中压缸联合进汽方式，直至机组带满负荷的启动。中压缸启动过程中，进行切换进汽方式的操作称为切缸或倒缸操作。有些机组不是在带负荷后切换启动方式，而是在机组中速暖机后即切换为高中压缸联合进汽方式，这种方式也称中压缸启动方式，其目的是满足机组快速启动的要求。

(一) 中压缸启动系统

在中压缸启动方式下，汽轮机需要解决高压缸摩擦鼓风作用造成的升温问题。热力系统上考虑了高压缸抽真空和高压缸排汽止回阀加旁路阀作为高压缸倒暖阀。

为实现汽轮机的中压缸启动，其热力管道布置与常规电厂不同，图 3-11 给出了中压缸启动汽轮机旁路系统，图中各主要装置的作用如下：

(1) 高、低压旁路系统的作用。大型汽轮机的热惯性远远大于锅炉。锅炉的冷却速度较快，这是因为用于热交换的面积很大，在重新启动前还必须放水排污。

600MW 汽轮机达到完全冷却大约需要 7 天时间，锅炉的冷却只要 50h 左右即可，而此时的汽轮机汽缸温度仍可达 350℃左右。因此，汽轮机在短时间停运后接着再启动，转子和汽缸仍然处于热态，这时汽轮机在启动期间必须供给温度较高的蒸汽，目的是不致使汽轮机冷却。采用高、低压旁路系统后既满足了汽轮机对汽温的要求，又保护了再热器，同时使锅炉的燃烧调整变得相当灵活。

(2) 高压缸抽真空阀 M2 的作用。高压缸抽真空阀在汽轮机负荷达到一定水平、完全切

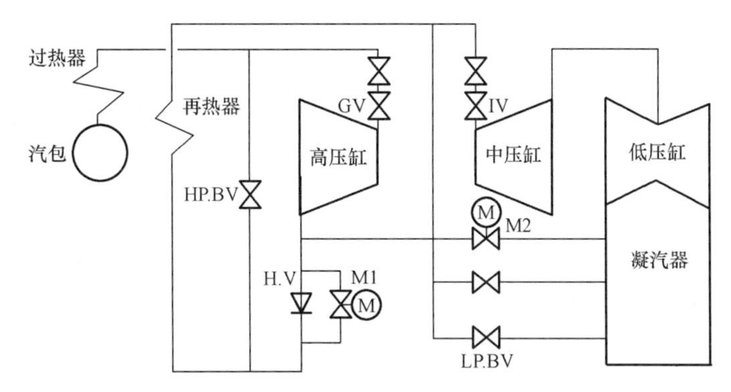

图 3-11　中压缸启动汽轮机旁路系统

断高压缸进汽流量之前用于对高压缸抽真空，以防止高压缸末级因鼓风而发热损坏。在冲转及低负荷运行期间切断高压缸进汽以增加中、低压缸的进汽量，有利于中压缸的加热和低压缸末级叶片的冷却，同时也有利于提高再热蒸汽压力，因为再热蒸汽压力过低将无法保证锅炉的蒸发量，从而无法达到所需要的汽温参数。

高压缸抽真空系统，有两路从高压缸抽出，一路是从高压缸排汽止回阀前管道上引出，另一路是从一段抽汽止回阀前管道上引出，两路汇合后一并送入凝汽器喉部。

(3) 暖缸阀 M1 的作用（又称高压缸排汽止回阀的旁路阀）及高压缸的预热。暖缸阀就是在汽轮机冷态启动时用于加热高压缸的进汽隔离阀。在汽轮机冲转启动的第一阶段，中压缸内的蒸汽压力很低，因此热量的传递也很慢，在这一阶段，中压转子和汽缸的温度上升较慢，因此尽管蒸汽与金属之间有温差，它们都不会产生过高的热应力。汽轮机高压缸的情况则不同，由于再热器压力已调整到一定的数值，所以蒸汽一进入汽缸，汽缸内的压力就升高了。为此，高压缸在进汽前必须先经过预热。

在启动的最初阶段，当锅炉出口蒸汽温度达到一定值时，就可以进行汽轮机的预热。为了使蒸汽能进入高压缸，就需打开暖缸阀。此时，高压缸内的压力会和再热器的压力同时上升，高压缸金属温度将上升到相应于再热蒸汽压力下的饱和温度。例如，北仑港电厂 2 号机组启动冲转时再热蒸汽压力为 1.5MPa，这样高压缸可以预热到 190℃。这样的预热方式在汽轮机冲转过程中可以继续一段时间（直至升速到 1000r/min）。当高压缸内的金属温度达到 190℃时，暖缸阀自动关闭，并同时打开高压缸抽真空阀，使高压缸处于真空状态。高压缸预热过程决不会干扰或延长启动过程，因为锅炉冷态启动时的升温升压所需时间就足以使高压缸得到充分的预热。北仑港电厂 2 号机组的运行实践证明，当机组汽温、汽压具备冲转条件时，高压缸的预热正好或早已结束。由于高压缸暖缸过程中电动阀控制是自动的，且当机组冲转时高压缸暖缸已经结束，这就产生了用中压缸启动机组的又一优点，即无论是冷态还是热态启动，对运行人员的操作程序和步骤总是相同的。

（二）中压缸启动操作

中压缸启动的主要步骤有：启动前的准备工作、锅炉点火及升温升压、倒暖高压缸、中压缸冲转、升速、并网和带负荷、切换到高压缸进汽、升负荷到规定值等。与高中压缸联合启动相比，中压缸启动主要在机组升温、升压到高压缸投入运行这一阶段。中压缸启动时，各辅机操作与高、中压缸联合启动时相同。某 600MW 超临界压力汽轮机中压缸启动曲线见图 3-12。

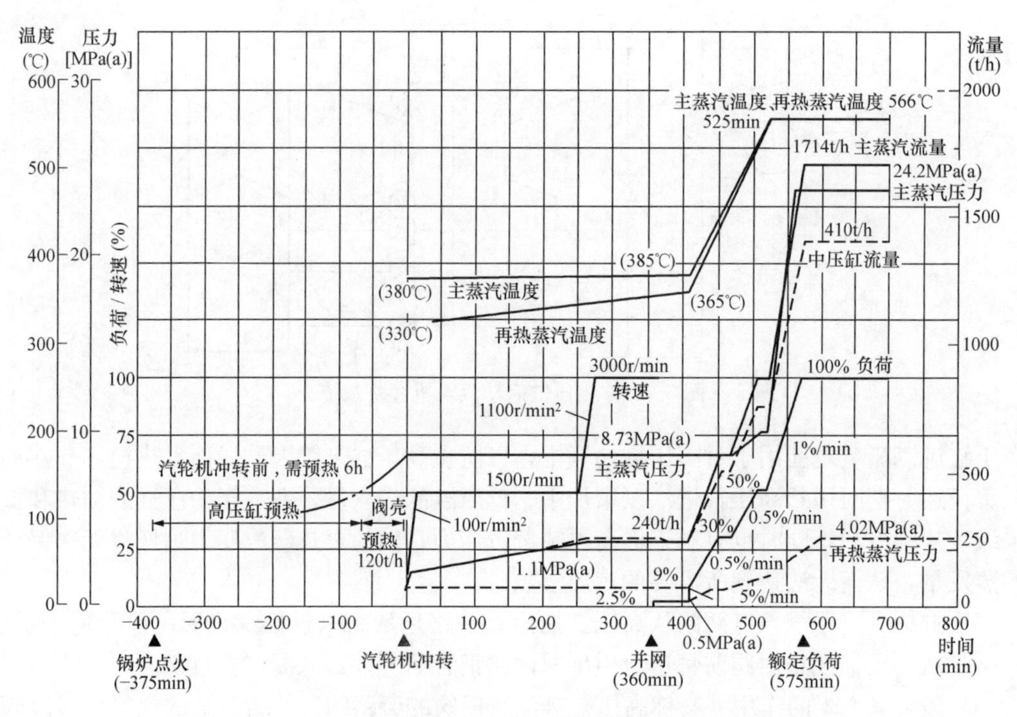

图 3-12　某 600MW 超临界压力汽轮机中压缸启动曲线（冷态）

在启动前，锅炉点火后再热蒸汽压力达到一定值后，打开倒暖阀或高压缸排汽止回阀投入高压缸倒暖，当再热蒸汽的压力达到冲转参数后，关闭高压缸预暖阀，打开高压缸排汽通风阀使其处于真空状态，用抽真空阀调整高压缸金属温升率；将旁路系统投入定压模式保持再热蒸汽压力恒定，然后汽轮机挂闸开启高中压主汽阀和中压调节阀冲动汽轮机，进行升速、并网、带负荷。一般情况下，启动过程由中压调节阀控制，并在升负荷过程中逐渐关小低压旁路，以保持再热器压力恒定，一直升负荷到规定数值。有的机组在进行中压缸启动时也可以根据高压缸温度投入暖机程序使高压调节阀稍微开启进汽，以提高高压缸温度。当负荷升高到一定值时进行切缸操作，关闭抽真空阀，打开高压调节阀，切换到高压缸进汽，直到高压缸内压力增加到稍高于再热器的压力时，高压缸排汽止回阀自动打开。由于高压缸切换操作时间很短（2～3min），内部温度场不会发生剧烈变化，当高压缸流量达到一定值时，可通过控制进汽参数及背压保证高压缸的第一级与排汽室处的蒸汽温度和金属温度相适应。

（三）实施中压缸启动必须具备的条件

1. 控制要求

中压启动时，机组控制系统应保证启动时中压缸进汽，而高压调节阀关闭，达到切换负荷时，高压调节阀又能迅速平缓打开，控制要求主要如下：

（1）高、中压主汽阀和调节阀必须在较短的时间内达到预定开度。

（2）在冲转和切缸过程中，高、中压旁路必须配合高、中压调节阀开度变化，以维持主、再热蒸汽的基本恒定等。

（3）对采用 DEH 控制系统的机组，在切缸过程中要对切缸条件进行逻辑判断，这些判断主要是：①机组负荷在切缸负荷限制范围内；②主蒸汽温度与高压内缸金属温度匹配；

③通过高压缸的计算流量大于高压缸的最小流量；④高旁流量大于通过高压缸的计算流量。

2. 旁路容量的要求

中压缸冲转和带切缸负荷的蒸汽需要通过旁路提供且维持再热蒸汽压力不变，所以中压缸启动必须有旁路来配合。旁路容量主要取决于切缸负荷和主蒸汽、再热蒸汽在切缸时的参数。适当提高旁路系统的容量可以为中压缸启动的全自动控制和保证冲转、带初负荷、切缸及在主、再热蒸汽压力和切缸过程中的负荷恒定打下基础。

3. 对中压调节阀提出更高的要求

采用中压缸启动的机组，汽轮机冲转时由中压调节阀控制，所以中压调节阀必须具有冲转前的严密性和小流量的稳定性。

4. 设置高压缸倒暖阀、高压缸排汽通风真空阀

这两个阀门的作用见本书“中压缸启动系统部分”。

5. 增加一些必要的监测保护手段

实施中压缸启动的另一个问题是，启动初期高压缸不进汽，随着转速的升高，叶轮摩擦鼓风损失使金属温度升高，因此应采取一定的冷却措施，防止部件超温。国外有些机组在排汽止回阀处设置旁路阀，当机组转速超过一定值后，旁路阀打开，从再热器冷端引入一股蒸汽（约0.5%额定流量）进入高压缸起冷却作用。有的机组在冲转时将高压调节阀稍微开启，引入部分蒸汽进行冷却高压缸并通过高压缸排汽通风阀将高压缸少量冷却用蒸汽引向凝汽器。

另外，高压缸被隔离时，转子轴向推力就会较大，这要求限制高压缸被隔离时的最大负荷。采用中压缸启动时，应详细核算轴系轴向推力情况，对于高、中压缸反向布置的机组，中压缸单独进汽时轴向推力比较恶劣的情况是在切换进汽方式之前。

（四）中压缸启动参数的选择

1. 蒸汽温度的选择

温度的选择主要考虑蒸汽对汽缸、转子等部件的热冲击，既要避免产生过大的热应力，又要保证汽轮机具有合理的加热速度。一般冷态冲转时，推荐冲转的再热蒸汽温度为250～280℃，而当时的主蒸汽温度略高于再热蒸汽温度。在汽缸处于温态和热态时，汽温应高出汽缸金属温度50～100℃，而且应有50℃以上的过热度。切缸时，主蒸汽温度应高于高压内缸温度70～120℃。

2. 蒸汽压力的选择

在中压缸冲转至带切缸负荷过程中，中、低压缸带一定的负荷，就对应有一定的流量，此时，再热器压力的高低决定了中压调节阀的开度。在切缸负荷流量下，中压调节阀具有80%～85%的开度比较合适。开度过大（再热蒸汽压力偏低造成的），调节性能差；开度偏小（再热蒸汽压力偏高造成的），使得在切缸时，与中压调节阀按比例匹配的高压调节阀开度也偏小，不能保证切缸时的高压缸最小流量。另外，再热蒸汽压力越低，要求低压旁路容量越大，而压力过高，将造成切缸时高压缸排汽止回阀不容易打开，高压缸容易闷缸、鼓风，造成叶片损伤。根据以上要求，600MW超临界压力机组中压缸启动的再热蒸汽压力选为0.9～1.1MPa比较合适。主蒸汽压力的选择主要取决于高压旁路容量和切缸负荷流量的要求。在主蒸汽温度确定后，其选定的压力应保证有50℃以上的过热度。综上所述，汽轮机冲转时主蒸汽压力选为5.5～8MPa较适宜。

国产300、600MW机组中压启动时的冲转参数见表3-2。

3. 切缸负荷的选择

切缸负荷是指当中、低压缸带负荷至该值时切换为高、中压缸进汽的负荷。一般来说，切缸负荷越高，越能体现中压缸启动的优越性。切缸负荷的选择受两个条件的限制：①旁路容量大小的制约，即高压旁路应能通过切缸负荷下的流量；②轴向推力中失去了高压转子的反向推力这部分，因此中、低压缸的进汽量和负荷就因轴向推力的限制而不宜过大。

表3-2　300、600MW机组中压启动时的冲转参数

蒸汽参数	300MW机组	600MW机组
主蒸汽压力（MPa）	2.94～3.43	5.0～8.73 MPa
主蒸汽温度（℃）	330～350	380～400
再热蒸汽压力（MPa）	0.686～0.784	1.54
再热蒸汽温度（℃）	300～330	⩽380

4. 切缸时的中压缸温度

为了避免机组在切缸前后中压缸温度出现大幅度的波动，切缸前中压缸温度应控制在合理的范围内。如果切缸前中压缸温度过高，一方面因切缸后允许接带负荷或高压缸温度水平限制不能及时升到对应汽缸温度下的负荷点，或再热蒸汽温度降低，将引起中压缸温度的不必要冷却；另一方面会因切缸前中压缸温升量大，增加机组冷却启动的消耗。因此，在切缸前使中压缸温度控制在360℃左右，高压缸温度控制在300℃左右，选择合适的切换参数，这样在切缸后，既可使机组负荷增加，又不会引起中压缸温度的降低。

（五）中压缸启动的优点

（1）中压缸启动可以充分加热汽缸，加速热膨胀。中压缸启动冲转前，高压缸倒暖，利用盘车时间，高压缸温度可以升到一定水平，中压缸冲转后，在相同条件下，蒸汽量增大，既利于汽缸加热，又利于中压缸暖机。高压缸在冲转、暖机至升初负荷暖机时，用高压缸内鼓风对高压缸进行加热。但必须调整隔离真空阀，不得使高压转子过热损坏。从冲转至切换负荷，总体时间可比原来联合启动方式大大地缩短。

（2）中压缸在热态启动时，可以缩短锅炉点火至冲转时间，利于机组调峰运行。热态启动时，要求参数高，主蒸汽参数满足要求时间较长。而采用中压缸启动方式，主蒸汽加热后，经高压旁路进入再热器继续加热，中压缸冲转条件可提前满足，缩短锅炉点火升温时间。

（3）中压缸启动可以解决热态启动参数高，造成机组转速摆动，不易并网的问题。利用中压缸启动，启动参数相对降低，冲转蒸汽量增加2～3倍，可以使调节系统工作在一个稳定区域。解决调节系统大幅度摆动，造成轴向位移较大的变化，即轴向推力的较大变化，并利于并网操作，缩短时间，尽快达到机组温度水平对应状态。减小机组热态启动冷却作用，延长寿命。

（4）启动初期，低压缸流量增加，减小了末级鼓风摩擦，提高了末级叶片的安全性。

（5）有利于锅炉控制。在启动初期就可以保持较高的再热蒸汽压力，使旁路系统中蒸汽流量较大，不仅可以维持锅炉运行稳定，而且可以提高蒸汽温升速度。

（6）对特殊工况有良好的适应性。主要体现在空负荷和极低负荷运行方面。机组启动并网过程中，有时会遇到故障等待处理，或在并网前要进行电气试验或其他试验时，就常常遇到要在额定转速下长时间空负荷运转的情况，在采用高中压缸联合启动时，即使是冷态启动，也会带来很多问题，如高压缸超温。然而采用中压缸启动方式，只要关闭高压缸排汽止回阀，维持高压缸真空，汽轮机即可安全地长时间空负荷运行。同样采用中压缸进汽方式，只要打开旁路，隔离高压缸，汽轮机就能在很低的负荷下长时间运行。在单机带厂用电的情况下，也可以采用该方式运行，这样一旦事故排除后，就能迅速重新带负荷。

任务三 汽轮机的热态启动

【教学目标】

1. 知识目标

（1）掌握热态启动的条件。

（2）掌握热态启动的步骤及注意事项。

（3）掌握热态启动的特点。

2. 能力目标

（1）能在仿真机上进行汽轮机的热态启动操作，并能处理汽轮机启动过程中发生的具体问题。

（2）能读识和使用汽轮机的运行规程。

（3）会使用汽轮机的启动曲线。

3. 素质目标

（1）培养团队意识与协作精神。

（2）培养刻苦钻研业务，爱岗、敬业的精神。

（3）培养安全和责任意识。

【任务描述】

汽轮机的热态启动是指启动前金属温度高于150～180℃的启动（包括温态、热态和极热态启动）。热态启动主要是汽轮机停机不久或是夜间停机后的启动，由于汽轮机金属在短时间停机期间未被完全冷却，加上各金属部件的冷却速度又不相同，所以存在一定的温差，其结果将造成动静部分间隙变化，给热态启动带来困难；另外，热态启动时高中压转子的中心孔温度已达脆性转变温度以上，因此在升速过程中就不必暖机，这些都决定了热态启动与冷态启动相比有其自身的特点。汽轮机组的一些大事故，如大轴弯曲、动静部分摩擦等，往往是由于热态启动不当造成的。

通过火电机组仿真运行系统、汽轮机实物或模型上的模拟，熟悉汽轮机热态启动的过程及注意事项，进行热态启动的操作，培养学生的启动操作技能，以及对汽轮机运行情况进行监视、检查和分析的能力。

【任务准备】

分析汽轮机热态启动任务单，明确该任务的内容、目标和要求；查阅资料；制定实施工作任务的方案。

【任务实施】

分析工作任务单；查阅机组运行规程等资料，熟悉汽轮机热态启动的具体步骤及特点；在教师的指导下，学习热态启动的相关知识，在仿真机上完成热态启动的具体操作，直至机组的负荷升到额定值。

【相关知识】

一、热态启动应具备的条件

（1）上、下缸温差在允许范围内。

（2）大轴晃动度不允许超过规定值。大轴晃动度是监视转子弯曲的一项重要指标。转子没有残余热弯曲状态是汽轮机热态启动的关键条件。热态启动时，汽轮机会很快升到额定转速，不能期待在升速过程中矫正转子的残余热挠曲，因此，热态启动前必须检查确认转子没有热挠曲，即大轴晃动度不超限。汽轮机停机后若能正确使用盘车装置，可以避免转子产生过大的热弯曲。

（3）启动参数的匹配。汽轮机热态启动时，各部件的金属温度都很高，为避免汽轮机进汽时引起金属部件产生冷却，一般都采用正温差启动，规定新蒸汽温度高于调节级汽室上缸内壁温度50～100℃，过热度不低于50℃。要求再热蒸汽温度与主蒸汽温度相近。但锅炉在低负荷下再热蒸汽温度常低于主蒸汽温度，特别是旁路容量较小的机组，更难使再热蒸汽温度与主蒸汽温度相近，因此，通常允许再热蒸汽温度比主蒸汽温度低10～20℃。对于极热态启动，由于汽轮机金属温度在450℃以上，要求正温差启动就有困难，故不得不牺牲寿命损耗指标采用负温差启动，但要密切监视机组的膨胀、胀差、振动等，并尽量较快地提高汽温。

（4）润滑油温不低于35～40℃。如果油温过低而升速又较快，可能因油膜不稳定而引起振动。

（5）胀差应在允许范围内。

二、热态启动的步骤

热态启动的主要步骤包括启动前的准备工作、暖管、冲转及升速暖机、并网接带负荷。与冷态启动相比，汽轮机热态启动时应注意以下几点：

（1）汽轮机的热态启动是在盘车连续运行前提下先送轴封蒸汽，后抽真空。因为汽轮机在热态下，高压转子前后轴封和中压转子前轴封金属温度均较高，仅比调节级后温度低30～50℃。如果不先向轴封供汽就开始抽真空，则大量的冷空气将从轴封段被吸入汽缸内，使轴封段转子收缩，胀差负值增大，甚至超过允许值。另外，还会使轴封套内壁冷却产生松动及变形，缩小了径向间隙。因此，热态启动时要先送轴封蒸汽，后抽真空，以防冷空气漏入汽缸内。

轴封供汽温度应根据转子表面和汽缸温度水平及胀差确定。汽缸金属温度在150～300℃以内时，轴封用低温汽源；当汽缸金属温度高于300℃时，应投高温汽源，为此热态启动时要使用高温轴封蒸汽。轴封蒸汽应有温度监视设备，投入时要仔细地进行暖管疏水，切换汽源时要缓慢，防止汽温骤变。

（2）热态启动时应加强疏水，防止冷水冷汽进入汽缸，真空应适当保持高一些。

（3）热态启动时，法兰螺栓加热装置的投入，要根据汽缸的温度水平而定。

（4）汽轮机初负荷、冲转参数的确定。热态启动时，要根据机组的实际热状态，按照冷态滑参数启动曲线确定热态启动的初始负荷，即在冷态启动曲线上找出与之相对应的工况点，如有的机组启动工况点定为与高压缸内上缸内壁的某特定金属温度相对应的负荷，作为热态启动的初始负荷，与这一点相对应的蒸汽参数即为冲转参数；也可以采用专门给出的热态启动曲线。某 600MW 超临界压力汽轮机温态启动曲线如图 3-13 所示。

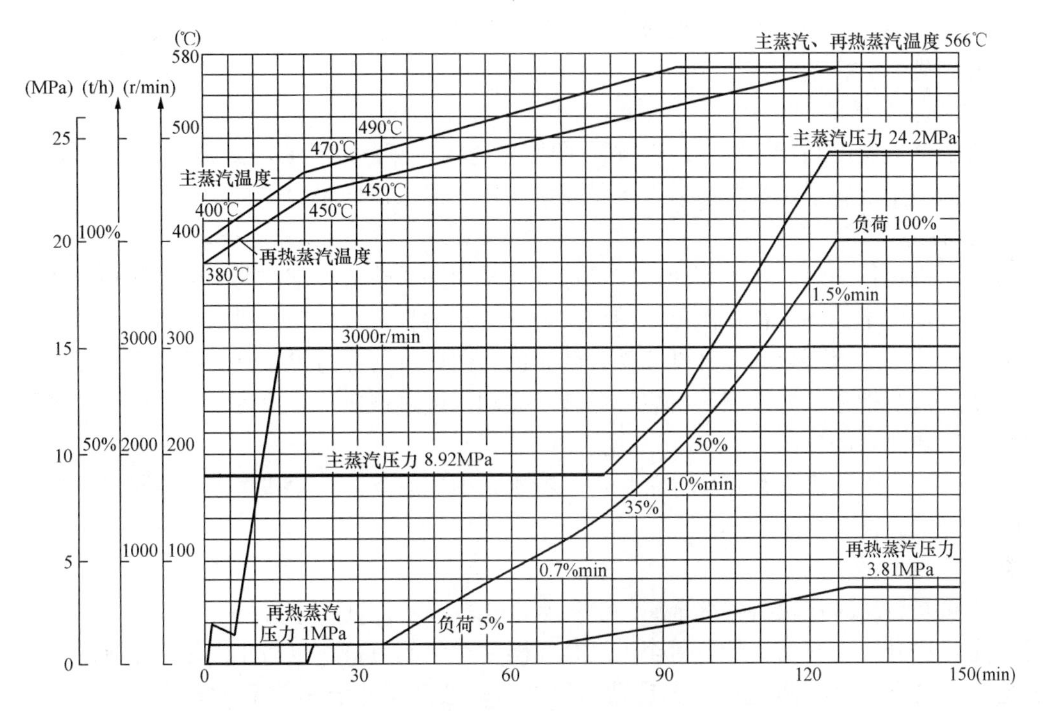

图 3-13　某 600MW 超临界压力汽轮机温态启动曲线

（高中压缸联合启动，280℃≤t<415℃，参数：24.2MPa/566℃/566℃）

（5）热态启动在锅炉点火前的操作与冷态启动相同。

（6）热态启动的冲转及带负荷方式与冷态启动相同，但要求迅速地进行。冲转后，可在汽轮机转速达 400～600r/min 时，适当停留，对机组进行全面检查，确认机组运行正常，各蒸汽管道无水击现象后，可用较高的升速率将机组转速提升到额定值，升速过程中不需要停留暖机。因此，由冲转到额定转速的时间大为缩短，一般为 10min 左右。

转速达 3000r/min，全面检查正常后，将机组同步并网，按照热态启动曲线中的规定迅速带到初始负荷以防止汽缸和转子收缩，按要求进行暖机。然后通知锅炉升温升压，依据所选定的升负荷率将负荷升至额定负荷。机组升负荷过程中的各项操作与冷态启动相同。

机组升负荷过程中，要密切注意主蒸汽温度、胀差、汽缸膨胀和机组的振动情况。主蒸汽温度的剧烈变化对汽轮机的一切运行状态都可能造成严重后果，在热态启动中就更加不允许。

三、热态启动的特点

1. 交变热应力

在热态启动过程中，转子表面热应力可看作由两个阶段组成，即由冷冲击产生的拉应力阶段和加热过程产生的压应力阶段。机组热态启动时，转子金属的初始温度较高，而新蒸汽进入调节级后，汽温将有一定幅度的降落，因而汽温低于转子的表面温度会使转子表面受到冷冲击，产生冲击拉应力。当启动到一定负荷后，调节级汽温开始升高到与转子温度同步，此后转子由冷却过程逐渐变为加热过程，表面的热应力由热拉应力转变为热压应力，转变点的工况与转子的初始温度有关。汽轮机在整个热态启停过程中，转子表面多次承受拉、压应力，在这种交变热应力作用下，经过一定周次的循环，就会在金属表面出现疲劳裂纹并逐渐扩展以致断裂。

2. 高温轴封汽源

当汽缸金属温度高于300～350℃时，即使先送轴封蒸汽后抽真空，但供汽温度较低时，也会导致高、中压转子出现负胀差，这就要求使用高温汽源向轴封供汽。

3. 控制热弯曲

在汽轮机运行中时，转子高速旋转，保证转子周围受热或冷却均匀，但停机后转子不转（停止盘车），由于上下缸存在温差，使汽缸内热流不对称，或向轴封供汽，使转子产生热弯曲，甚至会造成通流部分动静部件摩擦。转子的弯曲程度可通过测量其晃动度来监测，并作为一个重要监视指标。如果汽轮机启动前转子晃动度超过规定值，应延长盘车时间，消除转子热弯曲后才能启动。

在升速规程中，机组若发生异常振动，特别是中速以下，汽轮机振动超过规定值时，应立即打闸停机，投入连续盘车。

4. 启动速度快

由于热态启动时汽轮机各部金属的温度水平比较高，因此应掌握好启动速度。热态启动的原则是尽快升速、并网、带负荷至汽缸金属温度对应的负荷，以防止汽轮机出现冷却，所以热态启动的全过程时间应比冷态启动快得多。一般从盘车转速升到额定转速只需10min左右。另外，利用旁路系统，可以在较短时间内把主蒸汽温度和再热蒸汽温度升高到汽轮机热态启动所需要的值，能够较快、较容易地实现锅炉出口蒸汽温度与汽轮机金属温度匹配。

5. 控制胀差

在热态启动的初始阶段，蒸汽流经进汽管道，又经阀门节流和调节级做功后，温度有所降低，使转子有较大的冷却，造成与启动后期相反的热应力、出现负胀差，有时候会达到允许极限值。这些现象限制了汽轮机的热态启动。

当出现负胀差时，运行人员应及时采取措施，如可以提高主蒸汽温度，也可以加快升速和增加负荷，加大蒸汽流量，使进入汽轮机的蒸汽流量提高，逐渐高于转子温度，这样转子由冷却状态转为加热状态后，负胀差就会消失。

【学习情境总结】

（1）热应力、热膨胀、热变形是限制机组启动速度的主要因素。汽轮机金属中的热应力是由于零部件受热不均而引起的，其基本规律是“热压冷拉”；热变形的基本规律是“热凸冷凹”；热膨胀不仅要考虑汽缸的绝对膨胀，更重要的是转子与汽缸之间的相对膨胀，即胀差。要控制热应力、热变形、胀差不超过允许值，就要控制汽轮机启停速度，即控制升速率、升负荷率。

(2) 汽轮机的启动过程是指转子由静止或盘车状态加速到额定转速，并将负荷逐步加至额定负荷（或电网调度所要求的负荷）的过程。根据机组启动前的状态，选择合理的启动方式，是汽轮机安全经济运行的重要保证。按启动过程中主蒸汽参数是否变化，可分为额定参数启动和滑参数启动；按启动前汽轮机金属温度（内缸或转子表面）水平不同可分为冷态启动、温态启动、热态启动和极热态启动；按冲转时汽轮机的进汽方式可分为高中缸启动和中压缸启动；按控制汽轮机进汽流量的阀门不同可分为调节阀启动和自动主汽阀启动。一台汽轮机采用哪种方式启动，应根据汽轮机的结构和运行经验确定。

(3) 汽轮机的冷态滑参数启动过程涉及汽轮机的主机及所有的辅助设备和系统，操作步骤繁杂，操作工作量大。启动步骤主要包括启动前的准备工作、暖管、汽缸的预暖、冲转及升速暖机、并网及带负荷。启动过程中应控制升速率、升负荷率，监视机组的振动、胀差、轴向位移等参数，并根据负荷情况启动相应的辅助系统。

(4) 中压缸启动，是指在启动时，关闭高压调节阀、开启中压联合调节阀，利用高、低压旁路系统，先从中压缸进汽冲转，机组带到一定的负荷后，再切换为高、中压缸联合进汽方式，直至机组带满负荷的启动。中压缸启动方式下，汽轮机需要解决高压缸摩擦鼓风作用造成的升温问题，因此热力系统上考虑了高压缸抽真空和高压排汽止回阀加旁路阀作为高压缸倒暖阀。中压缸启动的主要步骤有：启动前的准备工作、锅炉点火及升温升压、倒暖高压缸、中压缸冲转、升速、并网和带负荷、切换到高压缸进汽、升负荷到规定值等。

(5) 汽轮机的热态启动是指启动前金属温度高于 150～180℃的启动（包括温态、热态和极热态启动）。热态启动时汽轮机金属部件一般存在有一定的温差，其结果将造成动静部分间隙变化，给热态启动带来困难；另外，热态启动时高中压转子的中心孔温度已达脆性转变温度以上，因此在升速过程中就不必暖机，这些都决定了热态启动与冷态启动相比有其自身的特点。

复习思考题

1. 简要说明汽轮机启动过程中，蒸汽对汽缸壁的放热过程以及汽缸壁本身换热过程的特点。
2. 什么是热应力？运行中如何控制热应力不超过允许值？
3. 简述汽缸、转子、法兰在启停过程中的热应力特点。
4. 什么是胀差？胀差是如何产生的？影响胀差大小的因素有哪些？
5. 上、下缸之间的温差会使汽轮机产生怎样的变形？这种变形有什么危害？如何控制？
6. 法兰内外壁之间的温差会使汽轮机产生怎样的变形？这种变形有什么危害？
7. 转子的热弯曲是如何产生的？转子的热弯曲有什么危害？
8. 何谓汽轮机的启动？汽轮机的启动方式是如何分类的？
9. 简述汽轮机冷态滑参数启动的主要步骤及注意事项。
10. 简述汽轮机热态滑参数启动的注意事项及特点。
11. 什么是中压缸启动？中压缸启动的意义是什么？中压缸启动时应注意哪些问题？

学习情境四

汽轮机运行维护

【学习情境描述】

以火电机组仿真运行系统、汽轮机实物或模型为教学载体，通过具体工作任务的实施，引导学生学习运行参数变化对汽轮机运行安全性、经济性影响的知识，培养对汽轮机运行情况进行监视、检查和分析的技能。

【教学目标】

1. 知识目标

（1）掌握蒸汽流量变化对汽轮机运行经济性和安全性的影响。

（2）掌握汽轮机的负荷调节方式及各调节方式的特点。

（3）掌握凝汽式、供热式汽轮机的工况图，熟悉供热式汽轮机的工况图。

（4）掌握主蒸汽、再热蒸汽及汽轮机排汽参数变化对汽轮机运行的影响。

（5）熟悉汽轮机运行维护的内容和运行人员应做的工作。

（6）掌握汽轮机正常运行和非正常运行中监视和检查的主要内容。

（7）掌握汽轮机运行中发生振动的原因。

2. 能力目标

（1）能分析运行参数变化对汽轮机工作经济性及安全性的影响。

（2）能通过运行规程查找主要参数的正常值和上下限值。

（3）能在仿真机上监视汽轮机的主要参数。

（4）能在仿真机上进行参数的调整。

（5）能根据运行参数对设备的运行情况进行分析。

【教学环境】

多媒体教室及多媒体课件，火电机组仿真运行系统，汽轮机实物或模型。

任务一　汽轮机的变工况运行

【教学目标】

1. 知识目标

（1）掌握通过汽轮机蒸汽流量变化对汽轮机运行经济性和安全性的影响。

（2）掌握汽轮机的负荷调节方式、各调节方式的特点及对汽轮机工作的影响。

（3）掌握凝汽式、供热式汽轮机的工况图，熟悉供热式汽轮机的工况图。
（4）掌握蒸汽参数变化对汽轮机运行经济性、安全性的影响。

2. 能力目标

（1）能分析蒸汽流量变化对汽轮机工作经济性、安全性的影响。
（2）能分析进汽、排汽参数变化对汽轮机运行的影响。
（3）能通过运行规程查找汽轮机进、排汽等参数的正常值和上下限值。
（4）能在仿真机上监视汽轮机的蒸汽流量、进排汽参数等。

3. 素质目标

（1）培养理论与实践相结合的能力。
（2）培养安全操作的能力。
（3）树立团队意识与协作精神。
（4）树立爱岗、敬业的精神。

【任务描述】

通过火电机组仿真运行系统、汽轮机实物或模型上的模拟，引导学生学习运行参数变化对汽轮机运行安全性、经济性影响的知识，培养学生对汽轮机运行情况进行监视及汽轮机变工况运行分析的技能。

【任务准备】

分析汽轮机变工况运行任务单，明确该任务的内容、目标和要求；查阅资料；制定实施工作任务的方案。

【任务实施】

分析工作任务单；查阅资料，了解汽轮机变工况运行的内容；在教师的指导下，学习汽轮机变工况运行的知识，在仿真机上进行汽轮机的蒸汽流量、进排汽参数等的监视和运行分析。

【相关知识】

汽轮机的通流部分是在给定的蒸汽参数、功率、转速等条件下设计的，汽轮机在设计条件下的工况称设计工况。在设计工况下运行时汽轮机的效率最高，其功率称为经济功率。与设计条件不相符的工况称为汽轮机的变工况或非设计工况。

在实际运行中，外界负荷变化、蒸汽参数变化或转速变化等，均会引起汽轮机内热力过程的变化和零部件受力情况的变化，从而影响其运行经济性和安全性。因此，需要分析汽轮机变工况下的热力过程，了解其效率的变化及主要零部件的受力情况，以保证在变工况下安全、经济地运行。该任务主要讨论汽轮机蒸汽流量变化、蒸汽参数变化及不同调节方式对汽轮机工作的影响。

一、喷嘴的变工况

为了分析汽轮机的变工况特性，首先必须了解喷嘴的变工况特性。当喷嘴前后的蒸汽压力变化时，将引起喷嘴中沿流程的压力变化及喷嘴流量的变化。下面主要分析渐缩斜切喷嘴和缩放斜切喷嘴的变工况特性。

（一）渐缩斜切喷嘴的变工况

1. 初压 p_0^* 不变、背压 p_1 变化时的工况

假定在与汽流方向垂直的截面上参数是相同的，因此可以用流道中心线各点参数来代表喷嘴内各截面的参数。

（1）蒸汽流动特性的变化。

1）当 $p_1=p_0^*$，即压力比 $\varepsilon_n=1$ 时，喷嘴中无压力降，蒸汽不流动，其流量为零。此时蒸汽沿喷嘴流程的压力变化如图 4-1 中 abc 曲线所示，流量如图中 d 点所示。

2）当 $p_0^*>p_1>p_{cr}$，即 $1>\varepsilon_n>\varepsilon_{cr}$时，此时蒸汽在喷嘴中膨胀加速，压力逐渐下降，至最小截面 $B'B''$处压力为 p_1，斜切部分只起导向作用，蒸汽在其内不发生膨胀，如图 4-1 中曲线 ab_1c_1 所示。通过喷嘴的蒸汽流量随着压力 p_1 或 ε_n 的下降而大致按椭圆规律增加，如图 4-1 中曲线 de 所示。

3）当 $p_1=p_{cr}$，即压力比 $\varepsilon_n=\varepsilon_{cr}$时，此时最小截面 $B'B''$处刚好达到临界状态，斜切部分仍无膨胀，如图 4-1 中曲线 ab_2c_2 所示。流量则增至最大值 G_{cr}，如图中 e 点所示。

4）当 $p_1<p_{cr}$，即 $\varepsilon_n<\varepsilon_{cr}$时，此时蒸汽在最小截面上仍为临界状态，而蒸汽在斜切段内发生膨胀至出口压力 p_1，如图 4-1 中的 $ab_2b_3c_3$ 所示。

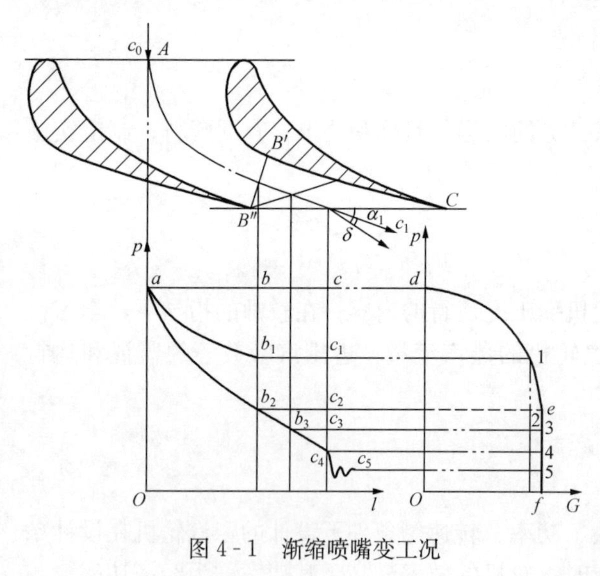

图 4-1 渐缩喷嘴变工况

若 p_1 继续下降，直至 p_1 达到极限压力 p_{1d}，压力比 $\varepsilon_n=\varepsilon_{1d}$，则蒸汽在斜切段内的膨胀已达极限。若 p_1 继续下降，使 $p_1<p_{1d}$，即 $\varepsilon_n<\varepsilon_{1d}$，则蒸汽由 p_{1d} 至 p_1 的膨胀将在喷嘴外进行，这部分是紊乱膨胀。不能用来提高汽流速度，故是附加损失，此种现象通常称为膨胀不足现象。图 4-1 中，曲线 $ab_2b_3c_4$ 表示 $p_1=p_{1d}$时蒸汽在喷嘴内的压力变化，c_4c_5 表示当 $p_1<p_{1d}$时由 p_{1d}到 p_1 在喷嘴外的突然膨胀。

当 $p_1<p_{cr}$，即 $\varepsilon_n<\varepsilon_{cr}$时，蒸汽在最小截面上为临界状态，该截面上的流速等于声速，它不随背压的继续降低而变化。因此蒸汽流量也将保持临界流量，如图 4-1中 ef 直线段所示。

（2）蒸汽流量的变化。由

$$G=\frac{A_n c_{1t}}{v_{1t}}$$

和

$$c_{1t}=\sqrt{\frac{2\kappa}{\kappa-1}p_0^* v_0^*\left[1-\left(\frac{p_1}{p_0^*}\right)^{\frac{\kappa-1}{\kappa}}\right]}$$

可得

$$G=A_n\sqrt{\frac{2\kappa}{\kappa-1}\frac{p_0^*}{v_0^*}\left(\varepsilon_n^{\frac{2}{\kappa}}-\varepsilon_n^{\frac{\kappa+1}{\kappa}}\right)}$$

由上式可看出，在一定的喷嘴初压 p_0^* 和一定的喷嘴尺寸情况下，流经喷嘴的流量只与喷嘴后压力有关，其变化关系如图 4-2 所示。当 $p_1=p_0^*$，即 $\varepsilon_n=1$ 时，流量为零；随着喷嘴后压力 p_1 的降低流量逐渐增加，当 p_1 降至临界压力时，流量达到临界流量即流经喷嘴的最大流量，此后流量便不再随 p_1 的下降而变化。

实际计算证明，在小于临界流量范围内，即图 4-2 中的 BC 曲线可以近似用 1/4 的椭圆弧代替，以横坐标 $\varepsilon_n=\varepsilon_{cr}$ 这点为椭圆的中心，则得

$$\left(\frac{\varepsilon_n-\varepsilon_{cr}}{1-\varepsilon_{cr}}\right)^2+\left(\frac{G}{G_{cr}}\right)^2=1 \tag{4-1}$$

$$\beta=\frac{G}{G_{cr}}=\sqrt{1-\left(\frac{\varepsilon_n-\varepsilon_{cr}}{1-\varepsilon_{cr}}\right)^2} \tag{4-2}$$

式中　β 称为彭台门系数，又称为流量比。这样，通过喷嘴的任意流量 G 即可表示为

$$G=\beta G_{cr}=0.648\beta A_n\sqrt{p_0^*/v_0^*} \tag{4-3}$$

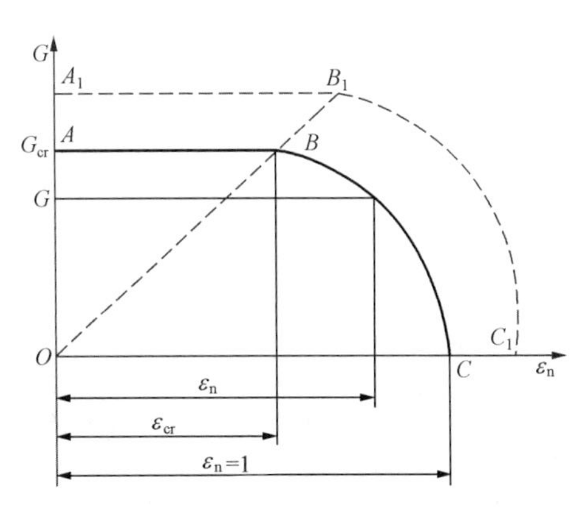

图 4-2　渐缩喷嘴流量与出口压力的关系曲线

对于任何一个给定的 p_0^* 都可先利用临界压力比的关系求出 p_{cr}，然后利用式（4-2）计算某一背压 p_1 下的彭台门系数 β，于是就可由式（4-3）求得通过喷嘴的流量 G。

2. 初压变化时通过喷嘴的蒸汽流量的变化

在汽轮机实际变工况范围内，喷嘴初压 p_0^* 一般也是一个变量。设在保持另一初压 p_{01}^* 下改变背压，则可得到与图 4-2 曲线 ABC 相类似的曲线 $A_1B_1C_1$。改变初压，然后重复上述过程，即可得到一曲线组，称流量网图，如图 4-3 所示。

当喷嘴的初终参数都变化时，则在变工况下的流量为

$$G_1=0.648\beta_1A_n\sqrt{p_{01}^*/v_{01}^*} \tag{4-4}$$

式中下标“1”表示工况变动后的参数，则

$$\frac{G_1}{G}=\frac{\beta_1}{\beta}\sqrt{\frac{p_{01}^*v_0^*}{p_0^*v_{01}^*}}$$

若近似地将蒸汽视为理想气体，并应用状态方程 $pv=RT$ 于上式，则得

$$\frac{G_1}{G}=\frac{\beta_1}{\beta}\frac{p_{01}^*}{p_0^*}\sqrt{\frac{T_0^*}{T_{01}^*}} \tag{4-5}$$

如果喷嘴初压变动是由于蒸汽节流而发生的，则因为节流过程中 pv 为常数，在上述情况中有 $p_0^*v_0^*=p_{01}^*v_{01}^*$，于是 $T_0^*=T_{01}^*$，则得

$$\frac{G_1}{G}=\frac{\beta_1}{\beta}\frac{p_{01}^*}{p_0^*} \tag{4-6}$$

如果变动工况前后均为临界工况，则 $\beta=\beta_1=1$，故有

$$\frac{G_{cr1}}{G_{cr}}=\frac{p_{01}^*}{p_0^*}\sqrt{\frac{T_0^*}{T_{01}^*}} \tag{4-7}$$

当略去初温变化时，则有

$$\frac{G_{cr1}}{G_{cr}}=\frac{p_{01}^*}{p_0^*} \tag{4-8}$$

式（4－8）表明，在喷嘴前蒸汽温度变化不大时，通过喷嘴的临界流量与喷嘴前蒸汽滞止压力成正比。

运用以上各式，便可进行喷嘴的变工况计算，即可由已知工况确定任意工况下的流量或压力。

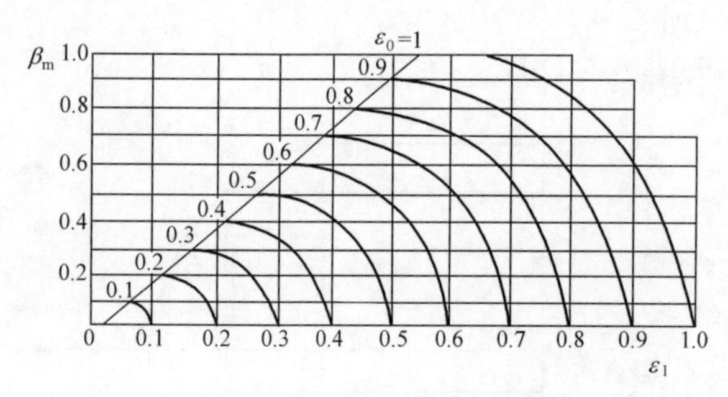

图 4－3 渐缩喷嘴流量网图

在实际计算中利用流量网图采用图解法比较简捷。为了应用方便和扩大适用范围，流量网图一般采用压力比和流量比的相对坐标，如图 4－3 所示，即用初压力的最大值 p_{0m}^* 和与之相应的临界流量的最大值 G_{0m} 为基准，将所有各个初压 p_0^*、背压 p_1 及流量 G 都表示为相对值。图中纵坐标为任意流量 G 与最大临界流量 G_{0m} 之比，即 $\beta_m=G/G_{0m}$；横坐标为任意背压 p_1 与最大初压 p_{0m}^* 之比，即 $\varepsilon_1=p_1/p_{0m}^*$，图上每条曲线表示任意工况的初压 p_0^* 与最大初压 p_{0m}^* 之比 $\varepsilon_0=p_0^*/p_{0m}^*$ 为常数时的流量曲线。利用流量网图可以很方便地根据三个比值 ε_0、ε_1 和 β_m 中的任意两个求出第三个比值。

流量网图是在假定喷嘴前的蒸汽初温保持不变的条件下得到的，如果变工况时初温 T_0^* 的变化不能忽略，则计算时可先假定 T_0^* 不变，按流量网图求得变工况的流量，然后乘以温度校正系数 $\sqrt{T_0^*/T_{01}^*}$，即得实际的蒸汽流量。

另外，在选择最大压力 p_{0m}^* 时，应使各个压力相对值 ε_0、ε_1 都小于或等于 1，否则无法利用上述通用的流量网图来进行计算，p_{0m}^* 本身只是一个中间参数，对计算结果没有影响。

此外，由于喷嘴进口处的蒸汽速度 c_0 一般不大，所以滞止压力 p_0^* 与 p_0 相差不大，故在使用上述公式和流量网图时可直接使用实际参数 p_0、T_0、v_0。

（二）缩放斜切喷嘴的变工况

1. 初压 p_0^* 不变、背压 p_1 变化时的工况

在给定的初压 p_0^* 下，沿缩放斜切喷嘴长度方向不同截面上汽流压力随背压变化情况如图 4－4 所示。

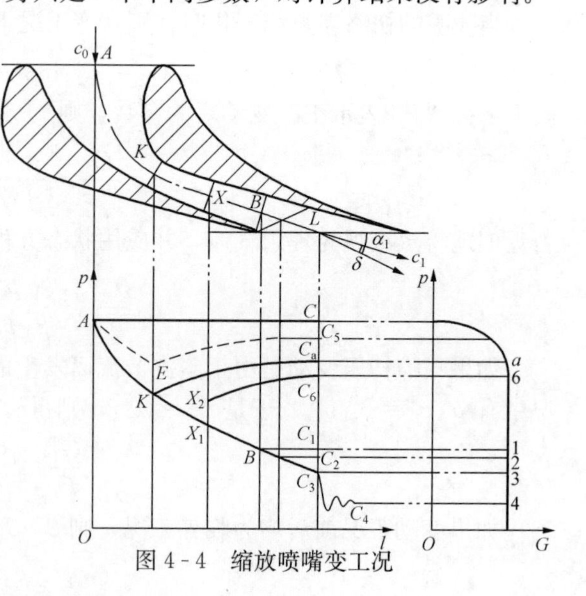

图 4－4 缩放喷嘴变工况

曲线 $AKBC_1$ 代表设计工况下喷嘴内部的压力变化规律，汽流由进口压力 p_0^* 下降到喉部截面上的临界压力 p_{cr}，再继续降到出口截面上的背压设计值 p_1。在临界截面以前，蒸汽以亚声速流动，从临界截面到出口截面是超声速汽流区。

若初压不变，背压发生变化，工况变化分以下几种情况来讨论：

（1）当背压 $p_{11}<p_1$，即 $\varepsilon_{n1}<\varepsilon_n$ 时，蒸汽在喷嘴内只膨胀到设计压力 p_1，自 p_1 到 p_{11} 的

膨胀须在斜切部分内完成。蒸汽在斜切部分膨胀将发生偏转。此膨胀过程的压力变化如图 4 - 4 中 $AKBC_2$ 曲线所示。

(2) 当 $p_{11}=p_{1d}$（p_{1d}为喷嘴斜切部分膨胀的极限压力），即 $\varepsilon_{n1}=\varepsilon_{1d}$时，此时喷嘴斜切部分的膨胀能力得到了完全的发挥，其膨胀曲线如图 4 - 4 中 $AKBC_3$ 所示。汽流在喷嘴出口的偏转角达最大值。

(3) 当 $p_{11}<p_{1d}$，即 $\varepsilon_{n1}<\varepsilon_{1d}$时，蒸汽在斜切部分膨胀所能达到的最低压力只能为极限压力 p_{1d}，自 p_{1d}至 p_{11}的降落将在斜切段外进行，这部分在斜切段外的突然膨胀不能增加汽流的动能，因此是一种能量损失，此种现象称膨胀不足现象。其膨胀过程如图 4 - 4 中 $AKBC_3C_4$ 曲线所示。

(4) 当 $p_{11}>p_1$，即 $\varepsilon_{n1}>\varepsilon_n$，$p_{11}$略大于设计值时，则将在喷嘴出口产生冲波。随着 p_{11}的继续提高，冲波逐渐移到喷嘴内部。如在某一高于设计值的背压下，冲波将产生在某一截面 X 处（见图 4 - 4），汽流经过此冲波截面，压力和密度突然升高，速度则由超声速变为亚声速，产生波阻损失及涡流损失，使喷嘴效率下降。汽流在冲波截面后，由于已成为亚声速汽流，因此在后面的渐扩部分将继续压缩，直至出口处到达 p_{11}为止。该过程如图中 $AKX_1X_2C_6$ 曲线所示。背压越高，则产生冲波的截面越靠近喷嘴喉部截面。缩放喷嘴这种实际背压高于设计压力的现象称为膨胀过度，其所引起的能量损失大于膨胀不足损失。

(5) 当 $p_{11}=p_{1a}$，即 $\varepsilon_{n1}=\varepsilon_{1a}$时，$p_{1a}$就是使喷嘴喉部保持临界状态的最高背压，称为特征背压。其压力变化过程如图 4 - 4 中 AKC_a 曲线所示。该曲线说明，汽流在喷嘴渐缩部分为逐渐膨胀的过程，喉部仍为临界状态，而在渐扩部分为逐渐压缩过程，蒸汽离开喷嘴时的速度将低于声速。

(6) 当 $p_{11}>p_{1a}$，即 $\varepsilon_{n1}>\varepsilon_{1a}$时，其压力变化过程如图 4 - 4 中 AEC_5 曲线所示，该曲线说明喉部已不能保持临界状态，因此在整个喷嘴内部均是亚声速汽流。

由上述可知，只要背压 $p_{11}\leqslant p_{1a}$，则在缩放喷嘴的喉部截面上始终保持着临界速度，流量也保持着与初压相对应的临界值 G_{cr}。因此，相对于渐缩喷嘴，缩放喷嘴变工况除在某些工况下喷嘴内会发生冲波外，其主要特点是只有当背压大于特征背压 p_{1a}（$p_{1a}>p_{cr}$）时，流量才小于临界流量，所以 p_{1a}是决定缩放喷嘴变工况特性的一个重要参数。因此，为了计算缩放喷嘴变工况，首先就需确定特征背压 p_{1a}（或特征压力比 $\varepsilon_{1a}=p_{1a}/p_0^*$）。

特征背压 p_{1a}的大小由式（4 - 9）计算（用于过热蒸汽区工作的缩放喷嘴），即

$$p_{1a}=\left[0.546+0.454\sqrt{1-\left(\frac{1}{f_d}\right)^2}\right]p_0^* \tag{4-9}$$

或

$$\varepsilon_{1a}=0.546+0.454\sqrt{1-\left(\frac{1}{f_d}\right)^2} \tag{4-10}$$

$$f_d=A_n/A_{cr}$$

式中：f_d 为缩放喷嘴的膨胀度；A_n 为喷嘴出口截面积；A_{cr}为喉部截面积。

确定了 ε_{1a}后，即可进行缩放喷嘴的变工况计算，对于任意初压 p_0^* 和背压 p_1 可得到与渐缩喷嘴类似的计算流量公式，即

$$G=0.648\beta_a A_{cr}\sqrt{p_0^*/v_0^*} \tag{4-11}$$

$$\beta_a=\frac{G}{G_{cr}}=\sqrt{1-\left(\frac{\varepsilon_n-\varepsilon_{1a}}{1-\varepsilon_{1a}}\right)^2} \tag{4-12}$$

2. 初压变化时通过喷嘴的蒸汽流量的变化

当初终参数同时改变时

$$\frac{G_1}{G}=\frac{\beta_{a1}}{\beta_a}\frac{p_{01}^*}{p_0^*}\sqrt{\frac{T_0^*}{T_{01}^*}} \tag{4-13}$$

式中下标“1”表示变工况后的参数。

当忽略初温变化时，则有

$$\frac{G_1}{G}=\frac{\beta_{a1}}{\beta_a}\frac{p_{01}^*}{p_0^*} \tag{4-14}$$

若在变工况前后，喷嘴背压 $p_1 \leqslant p_{1a}$，则 $\beta_{a1}=\beta_a=1$，故有

$$\frac{G_1}{G}=\frac{p_{01}^*}{p_0^*} \tag{4-15}$$

式（4－15）说明，与渐缩喷嘴一样，对于缩放喷嘴，不同工况下的临界流量也与初压成正比。

与渐缩喷嘴相似，也可以绘制表示初压、背压和流量三者关系的流量网图。但由于不同膨胀度的缩放喷嘴具有不同的特征压力比 ε_{1a}，因此其流量网图没有通用性，故缩放喷嘴的变工况计算常采用解析法。

图 4－5 所示为喷嘴速度系数 φ 随压力比 ε_n 的变化曲线。由图可以看出，A_n/A_{cr} 不同的喷嘴有不同的 φ－ε_n 曲线，A_n/A_{cr} 越小，曲线变化越平缓。$A_n/A_{cr}=1$ 的曲线即是渐缩喷嘴的 φ－ε_n 曲线（如图 4－5 中虚线所示）。对于渐缩喷嘴，在 $\varepsilon_n>0.546$ 时，φ 基本上与 ε_n 无关，而缩放喷嘴只在设计工况下才能得到较高的速度系数，在变工况下由于产生冲波，速度系数剧烈下降，所以在设计汽轮机时都尽可能避免使用缩放喷嘴。

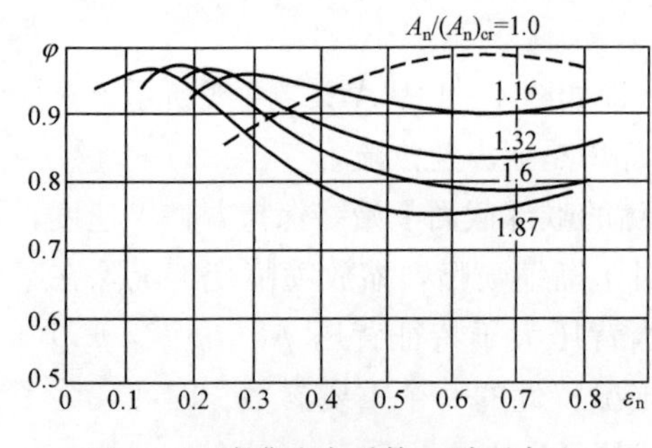

图 4－5 喷嘴速度系数 φ 随压力比 ε_n 的变化曲线

动叶与喷嘴相比虽然作用不同，但如果对动叶中汽流流动按相对运动进行分析，则它与喷嘴中的汽流流动完全相似，因此上述喷嘴变工况的一些结论也适用于动叶。

二、级与级组的变工况

（一）变工况下级前后压力与流量的关系

研究汽轮机级的变工况特性，主要是分析级中各参数随流量变化而变化的基本规律。由于级在临界与亚临界工况下各项参数与流量之间的变化关系不同，须分别讨论。

1. 级在临界工况下工作

级中的喷嘴或动叶两者之一处于临界状态，就称级为临界工况。

（1）工况变动前后喷嘴均处于临界状态。此时通过的流量只与喷嘴前的蒸汽参数有关，而与喷嘴后和级后压力无关，根据式（4－7）有

$$\frac{G_{cr1}}{G_{cr}}=\frac{p_{01}^{*}}{p_{0}^{*}}\sqrt{\frac{T_{0}^{*}}{T_{01}^{*}}} \tag{4-16}$$

若略去初温变化，则有

$$\frac{G_{cr1}}{G_{cr}}=\frac{p_{01}^{*}}{p_{0}^{*}} \tag{4-17}$$

式（4-17）表明，当级的喷嘴处于临界状态时，通过该级的流量与级前压力成正比。

（2）工况变动前后动叶均处于临界状态。这种情况与喷嘴变工况特性一样，若略去温度变化，则通过该级的流量和动叶前的滞止压力成正比，即

$$\frac{G_{cr1}}{G_{cr}}=\frac{p_{11}^{*}}{p_{1}^{*}} \tag{4-18}$$

分析动叶进口截面与动叶进口滞止截面，列连续方程，得出两种工况下动叶进口处的流量方程并整理可得

$$\frac{G_{cr1}}{G_{cr}}=\frac{p_{11}^{*}}{p_{1}^{*}}=\frac{p_{11}}{p_{1}} \tag{4-19}$$

式（4-19）表明，动叶处于临界状态时，流过该级的流量不仅与动叶前的滞止压力成正比，而且与动叶前的实际压力成正比。

由于动叶进口速度可表示为

$$w_{1}=\varphi\sqrt{\frac{2k}{k-1}RT_{1}^{*}\left[1-\left(\frac{p_{1}}{p_{1}^{*}}\right)^{\frac{\kappa-1}{\kappa}}\right]}$$

因此，当$\frac{p_{1}}{p_{1}^{*}}=\frac{p_{11}}{p_{11}^{*}}$和$T_{1}^{*}=T_{11}^{*}$时，$w_{1}=w_{11}$。由速度三角形可知这种情况只有在喷嘴出口速度$c_{1}$不变时才可能实现（因$u$不变），即$c_{1}=c_{11}$。而

$$c_{1}=\varphi\sqrt{\frac{2k}{k-1}RT_{0}^{*}\left[1-\left(\frac{p_{1}}{p_{0}^{*}}\right)^{\frac{\kappa-1}{\kappa}}\right]}$$

当$T_{0}^{*}=T_{01}^{*}$时，可得$\frac{p_{1}}{p_{0}^{*}}=\frac{p_{11}}{p_{01}^{*}}$，即$\frac{p_{11}}{p_{1}}=\frac{p_{01}^{*}}{p_{0}^{*}}$，代入式（4-19）得

$$\frac{G_{cr1}}{G_{cr}}=\frac{p_{11}^{*}}{p_{1}^{*}}=\frac{p_{11}}{p_{1}}=\frac{p_{01}^{*}}{p_{0}^{*}} \tag{4-20}$$

式（4-20）表明，如果动叶在各工况下均处于临界状态，则流过该级的流量与级前压力成正比。

由此可得出结论：只要级在临界状态下工作，不论临界状态是发生在喷嘴中还是发生在动叶中，通过该级的流量均与级前压力成正比，而与级后压力无关。若级前温度不能略去，则应乘上修正系数$\sqrt{T_{0}^{*}/T_{01}^{*}}$。

2. 级在亚临界工况下工作

这时不论在喷嘴内，还是在动叶内均未达临界，在此条件下，可由任意一级喷嘴出口截面上的连续方程式推出以下结果

$$\frac{G_{1}}{G}=\sqrt{\frac{p_{01}^{2}-p_{21}^{2}}{p_{0}^{2}-p_{2}^{2}}}\sqrt{\frac{T_{0}}{T_{01}}} \tag{4-21}$$

式（4-20）和式（4-21）说明，当级内未达到临界状态时，通过级的流量不仅与级前

参数有关，而且还与级后参数有关。

3. 一种工况下级处于临界状态，而在另一种工况下级处于亚临界状态

对于这种情况，无法给出级内流量与蒸汽参数之间的具体关系式。这种情况一般只发生在凝汽式汽轮机的最后一级与调节级中，常采用详细核算法来计算，这里不再叙述。

（二）变工况下级组前后压力与流量的关系

级组是一些流量相等工况变化时通流面积不变的若干个相邻级的组合，图 4-6 所示为任一级组示意。分析级组的变工况主要是研究级组前后蒸汽参数与流量之间的变化关系。

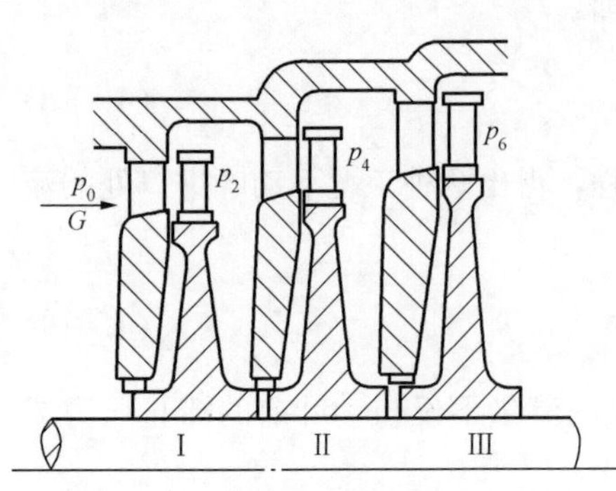

图 4-6 级组示意

通过级组的蒸汽流量 G 与级组前压力 p_0、级组后压力 p_z 的关系，如图 4-7 所示。由图 4-7 可见，如初压保持不变，例如等于 OA，则流量与背压的关系如曲线 BFD_1C 所示，其中 FD_1C 段近似为一椭圆曲线，表示级组背压增加 p_z 时，流量 G 减小。BF 段为一水平线，表示级组在此区域处于临界状态，故流量不变。由此可见，级组的流量与背压的关系与喷嘴流量曲线相似。级组的临界压力指的是当级组中任一级处于临界状态时级组的最高背压 p_{zcr}，级组的临界压力比 ε_{zcr}是级组的临界压力 p_{zcr}与级组初压 p_0 之比。显然级组包含的级数越多，其临界压力比的数值越小，因此与喷嘴相比，级组的临界压力比要小得多。

由图 4-7 可见，如果背压保持不变，例如等于 AE_1，则流量与初压的关系为双曲线，如图中 C_1D_1 所示；如果背压低于级组的临界压力，则流量与初压成正比，如图中 OB 线所示，图中 OBF 区为临界状态区，即

$$\frac{G_{cr1}}{G_{cr}}=\frac{p_{01}}{p_0} \tag{4-22}$$

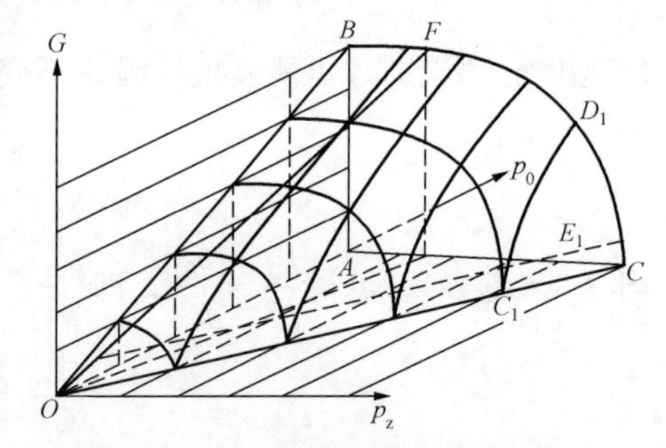

图 4-7 通过级组的蒸汽流量 G 与级组前压力 p_0、级组后压力 p_z 的关系（斯托陀拉流量锥）

由于不同级数的级组具有不同的临界压力比，所以按一定临界压力比绘制的流量锥曲线没有通用性，实际计算级组变工况时常采用解析法。

1. 变工况前后级组内各级均未达到临界状态

假定级组的级数为 Z 级，此时级组的压力比 $\varepsilon_z>\varepsilon_{zcr}$，由前面分析可知，此时级组流量随背压的变化关系可近似地视为一椭圆曲线，如图 4-8 所示，椭圆方程为

$$\frac{G}{G_{cr}}=\sqrt{1-\left(\frac{\varepsilon_z-\varepsilon_{zcr}}{1-\varepsilon_{zcr}}\right)^2} \tag{4-23}$$

变工况后

$$\frac{G_1}{G_{cr1}}=\sqrt{1-\left(\frac{\varepsilon_{z1}-\varepsilon_{zcr}}{1-\varepsilon_{zcr}}\right)^2} \tag{4-24}$$

当级组中的级数为无穷多时，级组的临界压力比趋于零，故

$$\frac{G_1}{G}=\frac{G_{cr1}}{G_{cr}}\sqrt{\frac{1-\varepsilon_{z1}^2}{1-\varepsilon_z^2}} \tag{4-25}$$

将式（4－22）代入上式得

$$\frac{G_1}{G}=\frac{p_{01}}{p_0}\sqrt{\frac{1-(p_{z1}/p_{01})^2}{1-(p_z/p_0)}}=\sqrt{\frac{p_{01}^2-p_{z1}^2}{p_0^2-p_z^2}} \tag{4-26}$$

式（4－26）称为弗留格尔公式，它表明：当工况变化前后级组均未达到临界状态时，级组的流量与级组前后压力平方差的平方根成正比。

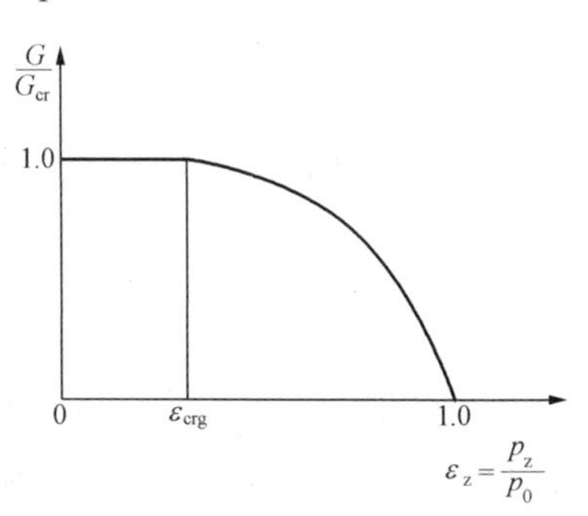

图 4－8　级组流量与级组压力比之间的关系

当工况变化前后级组前的温度变化较大时，应将式（4－26）进行温度修正，即

$$\frac{G_1}{G}=\sqrt{\frac{p_{01}^2-p_{z1}^2}{p_0^2-p_z^2}}\sqrt{\frac{T_0}{T_{01}}} \tag{4-27}$$

弗留格尔公式的应用条件如下：

（1）在不同工况下，级组中各级的通流面积应保持不变。因此，一般情况下级组中不应包括调节级，因为工况变动时调节级的通流面积随着调节汽阀开启数目的改变而变化，故不能取在级组内。但在第一调节汽阀开启的工况范围内，调节级的通流面积并不变化，而且调节汽阀后的蒸汽压力也随流量变化而变化，因此级组可以包括调节级。

（2）在同一工况下，通过级组中各级的流量应相同。对于回热抽汽式汽轮机，严格地讲，不能把除调节级外所有级取为一个级组。但实践证明，只要回热系统运行正常，则各段回热抽汽量一般与新汽流量成正比，故仍可以把调节级除外的所有级作为一个级组。

（3）严格地讲，弗留格尔公式只适用于具有无穷多级数的级组，但实际计算表明，当级组中的级数不少于3～4级时，计算结果的精确度是足够高的。如果只作粗略的估算，甚至可运用于一级。图4－9所示为不同级数级组的流量曲线，图中z表示级组中的级数。由图4－9可以看出，级组的级数越多，应用弗留格尔公式进行计算就越精确。

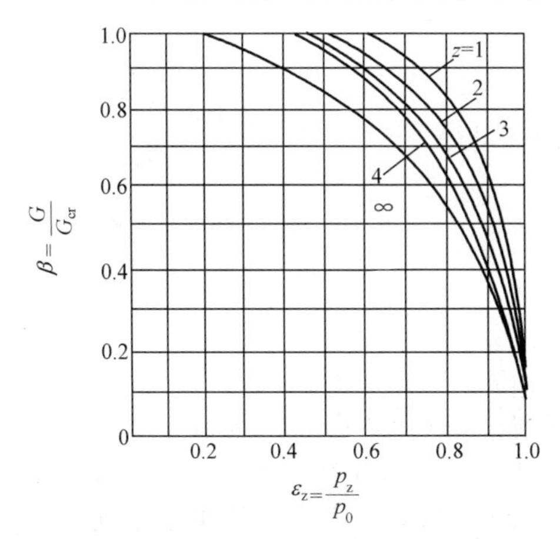

图 4－9　不同级数级组的流量曲线

（4）工况变化前后级组均未达到临界状态。

2. 变工况前后级组均达到了临界状态

在一般情况下，级组中的最后一级首先达到临界状态。这是因为汽轮机各压力级的比焓降由高压级向低压级是逐级增大的，即最后一级的比焓降往往最大，流速也常最大，而最后一级的蒸汽绝对温度最低，当地声速最小。假定级组的最后一级在工况变动范围内处于临界状态，由流量锥的分析可知，如果略去温度变化，通过级组的蒸汽流量与级组前压力成正比，即

$$\frac{G_1}{G}=\frac{p_{01}}{p_0}$$

若将该级组中的第Ⅰ级去掉，将剩下的各级作为一个新的级组，则新级组仍包含已达临

界的最后一级，故级组流量仍与级组前蒸汽压力成正比，即与第Ⅱ级级前压力成正比

$$\frac{G_1}{G}=\frac{p_{21}}{p_2}$$

依次类推，若级组由若干级组成，则有

$$\frac{G_1}{G}=\frac{p_{01}}{p_0}=\frac{p_{21}}{p_2}=\cdots=\frac{p_{n1}}{p_n} \tag{4-28}$$

因此，在变工况下，如果级组的最后一级始终处于临界状态，则通过该级组的流量与级组中所有各级的级前压力成正比。若温度变化不能略去，则式（4-29）为

$$\frac{G_1}{G}=\frac{p_{01}}{p_0}\sqrt{\frac{T_0}{T_{01}}}=\frac{p_{21}}{p_2}\sqrt{\frac{T_2}{T_{21}}}=\cdots=\frac{p_{n1}}{T_{n1}}\sqrt{\frac{T_n}{T_{n1}}} \tag{4-29}$$

3. 特例

对于凝汽式汽轮机，将所有压力级作为一个级组（具有回热抽汽的机组中，因为回热抽汽量与蒸汽流量成正比，因此所有压力级可以视为一个级组）。

（1）变工况前后级组内各级均未达到临界状态。因为这个级组后的压力是凝汽式汽轮机的排汽压力，且所取级组的级数较多，所以$\left(\frac{p_z}{p_0}\right)^2$和$\left(\frac{p_{z1}}{p_{01}}\right)^2$就很小，故式（4-27）可简化为

$$\frac{G_1}{G}=\sqrt{\frac{p_{01}^2-p_{z1}^2}{p_0^2-p_z^2}}\sqrt{\frac{T_0}{T_{01}}}=\sqrt{\frac{p_{01}^2\left[1-\left(\frac{p_{z1}}{p_{01}}\right)^2\right]}{p_0^2\left[1-\left(\frac{p_z}{p_0}\right)^2\right]}}\sqrt{\frac{T_0}{T_{01}}} \tag{4-30}$$

$$\approx\frac{p_{01}}{p_0}\sqrt{\frac{T_0}{T_{01}}}$$

或

$$\frac{G_1}{G}=\frac{p_{01}}{p_0} \tag{4-31}$$

去掉第一压力级，将剩余压力级取成一个级组，与上同理可得

$$\frac{G_1}{G}=\frac{p_{21}}{p_2}=\frac{p_{01}}{p_0}$$

依次类推，凝汽式汽轮机高、中压各级，均有

$$\frac{G_1}{G}=\frac{P_{01}}{p_0}=\frac{p_{21}}{p_2}=\cdots=\frac{p_{n1}}{p_n}$$

（2）变工况前后级组均达到了临界状态。此时压力和流量的关系为式（4-28）。

以上分析说明，凝汽式汽轮机高、中压各级级前压力与流量成正比。但最末一、二级由于级前的压力已较低，背压的影响已不能忽略，故这几级的级前压力不与流量成正比。然而，在一般工况范围内，特别是计算精度要求不十分高时，仍可认为是正比关系。图4-10所示为凝汽式汽轮机各级压力与流量的关系曲线。由图4-10可见，各级压力与流量的关系呈直线，为正比关系。

综上所述，在不同工况下，如果级组的最后一级始终处于临界状态，则应使用式（4-28）、式（4-29）计算；若级组始终处于亚临界压力状态，则只能利用式（4-26）或式（4-27）计算。但是对凝汽式汽轮机，除最后一、二级外，无论末级是否达到临界状态，

都可利用式（4－28）或式（4－29）进行级组计算。

4. 压力与流量关系的应用

压力与流量的关系在汽轮机运行中常用来分析或计算确定其内部工况，从而判断汽轮机运行的经济性和安全性。主要用在两个方面：

（1）监视汽轮机通流部分运行是否正常。在已知流量（或功率）的条件下，根据汽轮机运行时各级组前压力是否符合压力与流量关系，从而判断通流部分面积是否改变。因此在汽轮机运行中常利用调节级汽室压力和各抽汽口压力（称监视段），来监视汽轮机通流部分的工作情况和了解级组的带负荷情况。如果在同一流量下监视段压力比压力流量关系计算的压力高，说明通流部分阻力变大，可能是通流部分结垢等。

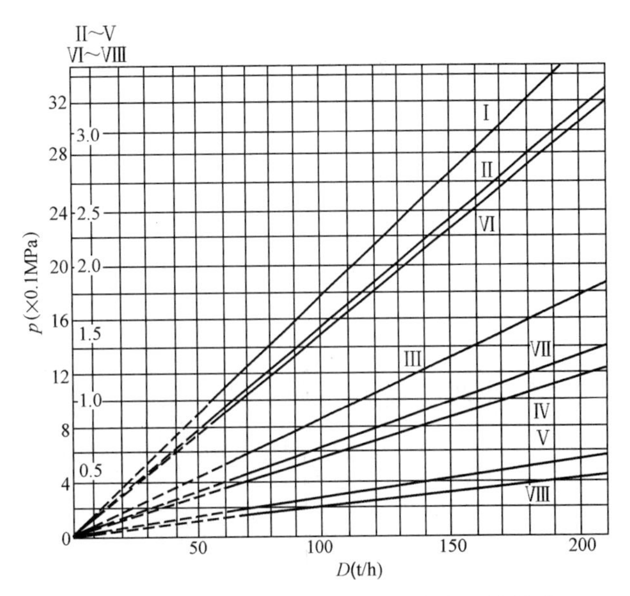

图 4－10　凝汽式汽轮机各级组压力与流量的关系

（2）可推算出不同流量下各级级前压力，求得各级的压差、比焓降，从而确定相应的功率、效率及零部件的受力情况；也可由压力推算出通过级组的流量。

（三）变工况时各级比焓降的变化

汽轮机任一级的理想比焓降可近似地用式（4－32）表示

$$\Delta h_t=\frac{\kappa}{\kappa-1}p_0v_0\left[1-\left(\frac{p_2}{p_0}\right)^{\frac{\kappa-1}{\kappa}}\right]=\frac{\kappa}{\kappa-1}RT_0\left[1-\left(\frac{p_2}{p_0}\right)^{\frac{\kappa-1}{\kappa}}\right] \tag{4-32}$$

其中，κ、R 均为常数，因此级的理想比焓降为级前温度及级前后压比的函数。一般来说，工况变动时，除个别级外汽轮机各级前的温度变动不大。因此级的理想比焓降 Δh_t 的变化主要取决于级前后压力比 p_2/p_0 的变化。

1. 变工况前后级组均为临界状态

级组为临界状态时，若忽略级前温度变化，则通过级组的流量与级组前压力成正比，即

$$\frac{G_1}{G}=\frac{p_{01}}{p_0}$$

同理，若去掉第一级，对此级后面的一级有

$$\frac{G_1}{G}=\frac{p_{21}}{p_2}$$

由此得

$$\frac{p_{21}}{p_2}=\frac{p_{01}}{p_0},\ \frac{p_2}{p_0}=\frac{p_{21}}{p_{01}}$$

上式表明，在工况变动时第一级的压力比不变，由式（4－32）可知，该级的理想比焓降也不变或变化不大（当温度变化不能忽略时）。同理可证明，级组内其他各级的理想比焓降不变。

2. 变工况前后级组均未达到临界状态

级组未达到临界状态时，若不考虑级前温度变化，则流量与压力的关系为

$$\frac{G_1}{G}=\sqrt{\frac{p_{01}^2-p_{z1}^2}{p_0^2-p_z^2}}$$

或

$$p_{01}^2=\left(\frac{G_1}{G}\right)^2(p_0^2-p_z^2)+p_{z1}^2$$

同理对于级后，即下一级的级前有

$$p_{21}^2=\left(\frac{G_1}{G}\right)^2(p_2^2-p_z^2)+p_{z1}^2$$

将以上两式相比得

$$\left(\frac{p_{21}}{p_{01}}\right)^2=\frac{p_2^2-p_z^2+p_{z1}^2\left(\frac{G}{G_1}\right)^2}{p_0^2-p_z^2+p_{z1}^2\left(\frac{G}{G_1}\right)^2}=\frac{(p_0^2-p_z^2)-(p_0^2-p_2^2)+\left(\frac{G}{G_1}\right)^2p_{z1}^2}{(p_0^2-p_z^2)+\left(\frac{G}{G_1}\right)^2p_{z1}^2}$$

$$=1-\frac{p_0^2-p_2^2}{(p_0^2-p_z^2)+\left(\frac{G}{G_1}\right)^2p_{z1}^2} \tag{4-33}$$

分析式（4-33）可知，当流量 G_1 下降时，$\frac{G}{G_1}$值增大，比值$\frac{p_{21}}{p_{01}}$增大，再由式（4-32）知，级内理想比焓降 Δh_t 将减少；反之，当流量增大时，级内理想比焓降增加。

由式（4-33）还可看出，p_0 越小，即越接近末级的级，流量变化对级比焓降的影响越大。所以当级组的流量变化时，各级比焓降的变化以末级为最大，越处于前面的级比焓降变化越小，图4-11所示为背压式汽轮机在变工况时各级比焓降与流量的关系曲线。

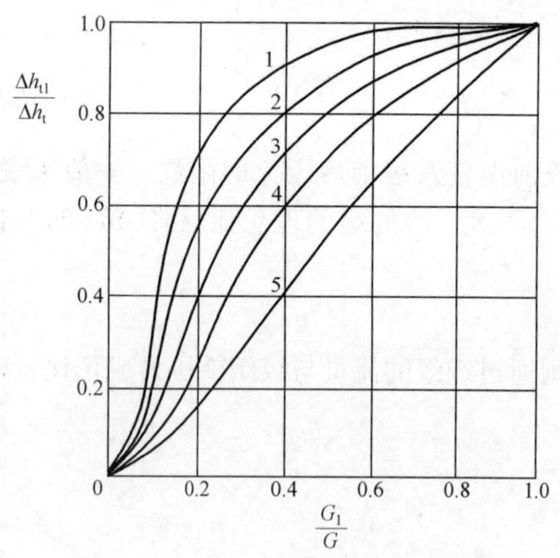

图4-11 背压式汽轮机在变工况时各级比焓降与流量的关系曲线

对凝汽式机组的各中间级，由前面可知，无论级组是否处于临界，当忽略温度变化，在工况变动时，级前压力总是与流量成正比，因此级的压力比不变，级的理想比焓降不变。由于各级圆周速度不变，因此速比也不变，级内效率也不变，故各中间级的内功率与流量成正比。在负荷偏离设计值较大时，中间级的比焓降也要发生变化。

对于凝汽式汽轮机的最末级，由于其背压 p_z 取决于凝汽器工况和排汽管的压损，不与流量成正比，故其压比 p_z/p_{z-1} 随流量的变化而变化，流量增加时，压比减小，因而末级比焓降增加；反之，流量减小时比焓降也减小。由此可知，汽轮机末级在工况变动时，其比焓降、速比、效率及内功率等都将发生变化。

背压式汽轮机的末级如果在不同工况下均处于临界状态，则各级级前压力与流量成正比。但是，背压式汽轮机的末级一般不会达到临界状态，这是由于背压较高，背压的影响不

能忽略。

综上所述，喷嘴调节的凝汽式汽轮机，当流量（负荷）改变时，比焓降的变化主要发生在调节级和最末级。例如，当流量增加时，调节级的比焓降减小，末级的比焓降增大；当流量减小时，调节级的比焓降增大，末级的比焓降减小。所有中间级在流量变化时其比焓降基本不变。但在低负荷时，中间级的比焓降也会随流量而变。背压式汽轮机除调节级外，最后几级的比焓降也发生变化，且流量变化越大，受影响的级数越多。

汽轮机在变工况下运行时，效率要降低，而且流量（负荷）变化越大，效率降低也越多。喷嘴调节的凝汽式汽轮机，其效率的降低，主要发生在调节级与最后一级；背压式汽轮机，除调节级外，最后几级的效率都将降低。采用节流调节的凝汽式汽轮机没有调节级，所以效率的降低主要是由于节流损失增大和最后级效率降低所造成的。

（四）变工况时级反动度的变化

1. 比焓降变化时级内反动度的变化

汽轮机工况变动时，级内反动度也会发生变化。利用前述压力流量关系公式求出变工况后级前后的压力，但还须知道级内反动度的变化，才能了解级在变工况后的热力过程。同时为了核算汽轮机某些零件强度以及轴向推力等的变化，也必须知道级内反动度的变化规律。

在设计工况下，喷嘴出口速度 c_1 满足喷嘴叶栅出口截面的连续方程

$$G = A_n c_1 / v_1$$

同理，若忽略喷嘴与动叶轴向间隙中的比体积变化及径向间隙中的漏汽，并假定在工况变化时级始终处于亚临界状态，则动叶入口速度 w_1 满足动叶栅入口截面的连续方程

$$G = A'_b w_1 / v_1$$

式中：A_n、A'_b为喷嘴出口及动叶进口的垂直截面积。

因此
$$A_n c_1 = A'_b w_1$$

即
$$\frac{w_1}{c_1} = \frac{A_n}{A'_b}$$

因为叶栅几何尺寸一定，故 A_n/A'_b=常数，所以

$$\frac{w_1}{c_1} = 常数 \tag{4-34}$$

显然，当工况变动时，动叶入口速度与喷嘴出口速度之比应满足上述条件，才符合连续流动。

假设工况变动时级内比焓降减小，则喷嘴出口汽流速度减小，$c_{11} < c_1$ [见图 4-12 (b)]，动叶的实际有效相对速度是

$$\frac{w_{11}\cos\theta}{c_{11}} < \frac{w_1}{c_1}$$

这就是说，由喷嘴出来的蒸汽速度相对较大，而流入动叶的速度相对较小，不能使喷嘴中流出的汽流全部进入动叶内，并使动叶出口速度 w_{21} 也偏小，动叶对汽流形成阻塞作用。结果使动叶前的压力升高，动叶比焓降增加，使汽流得到额外加速，同时由于动叶前压力也即喷嘴后压力升高，使喷嘴内的比焓降减小，喷嘴出口速度减小些，直到符合连续流动的要求。在此过程中，动叶比焓降增加而喷嘴比焓降减小，也就是说级内反动度增加。

如果变工况，级内比焓降增大，如图 4-12 (a) 知，此时

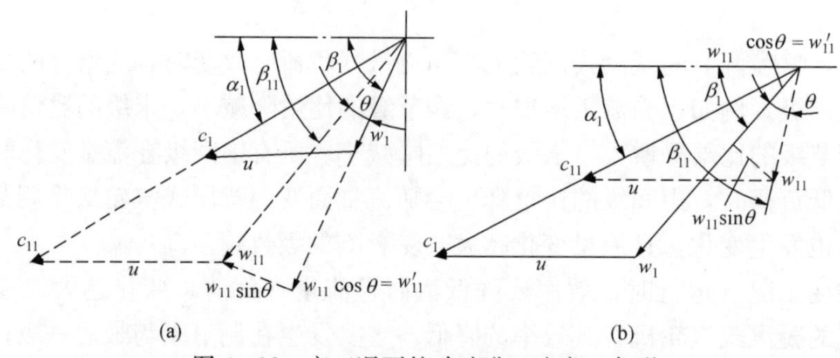

图 4-12 变工况下的动叶进口速度三角形

(a) 喷嘴速度增大时动叶进口速度三角形；(b) 喷嘴速度减小时动叶进口速度三角形

$$\frac{w_{11}\cos\theta}{c_{11}} > \frac{w_1}{c_1}$$

也就是说，工况变动后喷嘴出口速度相对偏小，而动叶入口速度相对偏大，从而引起动叶出口速度也偏大，使由喷嘴出来的蒸汽不能充满动叶汽道。这就使得动叶前压力降低，使动叶比焓降减小而喷嘴比焓降增大，以符合连续流动的要求，结果使级内反动度减少。

综上所述，工况变动时，若级的比焓降减小，则反动度增大；反之，反动度减小。此外，反动度的变化值与原设计值的大小有关，反动度原设计值越小，则比焓降改变时引起反动度的变化值越大；反之，反动度原设计值越大，则比焓降改变时引起反动度的变化值越小。这是因为在反动度大的级中，w_{21}的大小主要取决于动叶比焓降 Δh_b，在比焓降变化时，虽然 w_{11}有较大的变化，但 w_{21}的变化却较小，使$\frac{w_{21}}{w_2}$比较接近于$\frac{c_{11}}{c_1}$，所以反动度不需改变很大，就能使 w_{21}和 c_{11}的在新条件下适合 A_n/A'_b的原有比例关系。因此，在工况变动时级内比焓降改变引起反动度的变化，主要发生在冲动级内。当设计反动度过小时，比焓降变化后有可能使反动度成为负值，这时蒸汽在动叶中不但没有加速，反而减速，产生压缩流动，将引起较大的附加损失。对于反动级，可以认为比焓降变化时其反动度近似不变。

在等转速的汽轮机中，除调节级外的大多数高、中压各级的理想比焓降和反动度在实用工况范围内，基本上能保持设计值近似不变，而最末一二个低压级的理想比焓降变化相对较大，但由于这些级在设计工况下一般总是采用较大的反动度，因此它们的反动度在实用的工况变动范围内变化不大。

在实用的变工况范围内，因比焓降变化所引起的反动度的变化 $\Delta\Omega_x$，在比焓降变化不大即速度比 X_a 变化不大时$\left(-0.1<\frac{\Delta X_a}{X_a}<0.2\right)$，一般用下列近似公式计算

$$\frac{\Delta\Omega_x}{1-\Omega_m} = 0.4\frac{\Delta X_a}{X_a} \tag{4-35}$$

$$\Delta\Omega_x = \Omega_{m1} - \Omega_m$$

$$\Delta X_a = X_{a1} - X_a$$

式中：Ω_m、X_a 分别为设计工况下级的反动度和假想速比；Ω_{m1}、X_{a1}分别为变工况下级的反动度和假想速比。

2. 通流面积变化时级内反动度的变化

级内反动度是通过一定的动、静叶栅出口面积比来保证的，在某些情况下，$f=A_b/A_n$ 比

值发生了变化，则要引起反动度的改变。实践中引起动、静叶栅面积比改变的可能原因有：

（1）制造加工方面的误差。通流部分的高度或出汽角都有可能与图纸不符。

（2）通流部分结垢，或是动叶遭水分侵蚀引起比值 $f=A_b/A_n$ 改变。

（3）检修时对通流部分进行了改动，如重装叶片或因调整振动频率而车短动叶等。

当面积比 $f=A_b/A_n$ 减小时，从喷嘴流出的汽流在动叶汽道中引起阻塞使动叶前压力升高，则反动度 Ω_m 将升高；反之，当面积比 $f=A_b/A_n$ 增大时，从喷嘴出来的汽流将不能充满动叶汽道，使动叶前的压力下降从而引起反动度的减小。

三、汽轮机的调节方式及其对变工况的影响

当外界负荷变化时，汽轮机应调节其输出功率，使其与外界负荷相适应。由汽轮机的功率可以看出，可以通过调节进入汽轮机的蒸汽量 D 或改变蒸汽在汽轮机中的做功能力 ΔH_t 来调节汽轮机的功率。目前汽轮机常用的调节方式有节流调节、喷嘴调节、旁通调节和滑压调节。

（一）节流调节

节流调节如图 4 - 13 所示，所有进入汽轮机的蒸汽都经过一个或几个同时启闭的调节汽阀，然后进入汽轮机第一级喷嘴。这种调节方式主要是用改变调节汽阀开度的方法对蒸汽进行节流，改变汽轮机的进汽压力，从而使蒸汽流量及比焓降改变，以调整汽轮机的功率。采用节流调节方式，汽轮机的多个调节汽阀同步开大和关小，本质上与用一个阀门控制全部进汽是一样的，运行中称为单阀运行。

采用节流调节方式，工况变动时，包括第一级在内的所有各级的通流面积均不变化，因此在进行变工况分析时，第一级可以和中间级作为一个级组，第一级的变工况特性与中间级完全相同，即第一级的级前压力、级后压力均与流量成正比，比焓降、反动度、速比和级效率都近似不变。

节流调节汽轮机热力过程线如图 4 - 14 所示，在额定功率下，调节汽阀全开，蒸汽在汽轮机内的理想比焓降为 $\Delta H_t'$，其热力过程如图中 ab 线所示。当负荷减小时，调节汽阀关小，为部分开启，新蒸汽受到节流，压力由 p_0 下降为 p_0''，蒸汽在机组内的理想比焓降变为 $\Delta H_t''$，其热力过程如图 4 - 4 中 cd 线所示。节流后汽轮机的相对内效率为

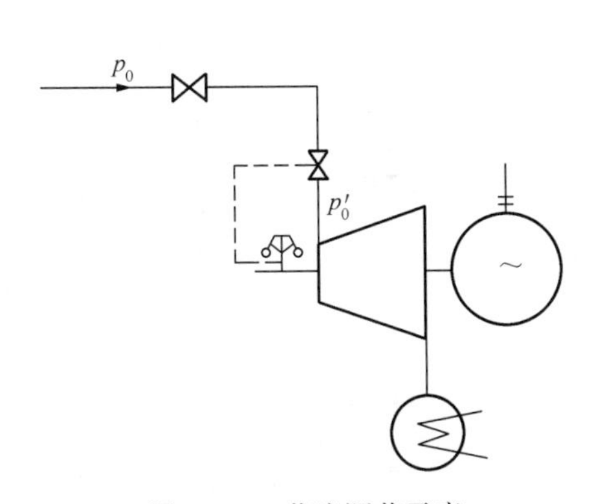

图 4 - 13　节流调节示意

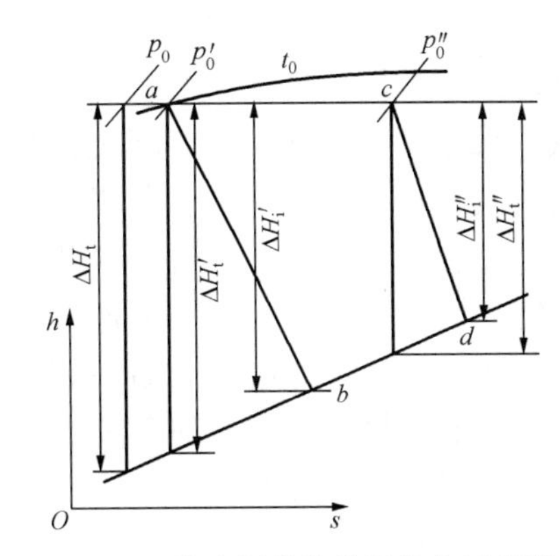

图 4 - 14　节流调节汽轮机热力过程线

$$\eta_{ri}=\frac{\Delta H_i''}{\Delta H_t}=\frac{\Delta H_i''}{\Delta H_t''}\frac{\Delta H_t''}{\Delta H_t}=\eta'_{ri}\eta_{th} \tag{4-36}$$

$$\eta_{\mathrm{th}}=\frac{\Delta H''_{\mathrm{t}}}{\Delta H_{\mathrm{t}}}$$

式中：η'_{ri}为汽轮机通流部分的内效率；η_{th}为节流效率。

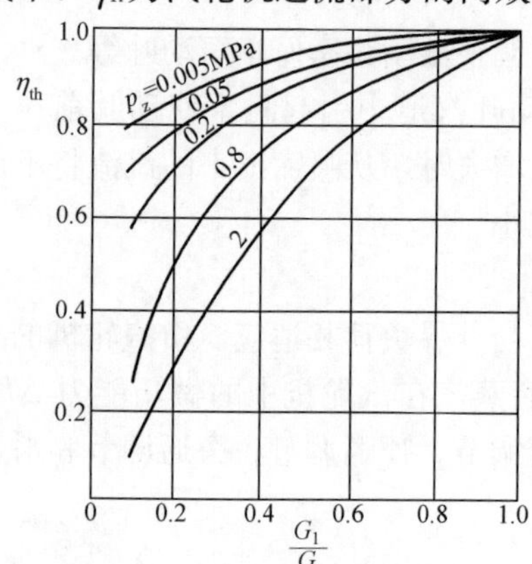

图 4-15 不同背压下流量与节流效率的关系曲线

由式（4-36）可知，节流调节汽轮机，当工况变化时，机组的效率主要取决于节流效率。节流效率的大小取决于蒸汽参数和流量。图 4-15 所示为不同背压下流量与节流效率的关系曲线。从图 4-15 中可见，背压越高，部分负荷下的节流效率越低。背压式汽轮机的背压较高，不宜采用节流配汽。凝汽式汽轮机排汽压力很低，在很大的蒸汽量变化范围内，节流效率 η_{th} 下降不多。

需要说明的是，采用节流调节时，改变汽轮机功率主要是通过改变调节汽阀对蒸汽的节流程度使蒸汽流量改变来实现的，而不是主要靠比焓降的改变。因为这种调节方式，在部分负荷时，汽轮机理想比焓降 ΔH_{t} 减少不大。例如，高压凝汽式机组，当流量减小到 1/4～1/2 时，汽轮机的理想比焓降只减小 7%～13.3%。

节流调节汽轮机因没有调节级，所以进汽部分的结构较简单、制造成本低。而且在工况变动时，除末几级外各级比焓降变化不大，过程曲线只是在 h-s 图上沿等比焓线水平移动，故各级前的温度变化很小，从而减小了由温度变化而引起的热变形与热应力，提高了机组的运行可靠性和机动性。但是在部分负荷下节流损失大，机组经济性较差，因此，节流调节一般用在小机组以及承担基本负荷的大型机组上。

（二）喷嘴调节

1. 喷嘴调节的工作原理

喷嘴调节结构示意如图 4-16 所示，汽轮机的第一级喷嘴分成若干组，每组各由一个调节阀控制，当汽轮机负荷改变时，依次开启或关闭调节汽阀，以调节汽轮机的进汽量。当带负荷时，先开启第一个调节汽阀，随着负荷增大，依次开启其他各阀；反之，当负荷减小时，依次关闭各阀。采用喷嘴调节方式运行也称顺序阀运行。喷嘴调节汽轮机调节汽阀的个数视汽轮机的具体结构而定，一般为 3～10 个。每个调节汽阀控制的流量不一定相同，一般第一开启的调节汽阀通流量比其余的大些，最后开启的调节汽阀通常作超负荷用。

喷嘴调节汽轮机，在任何负荷下只有一个调节汽阀没有开足存在节流损失，故在部分负荷时，机组的效率高于节流调节机组。

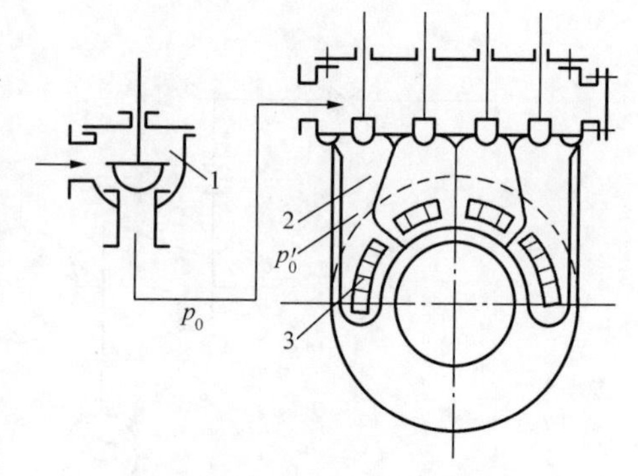

图 4-16 喷嘴调节结构示意

1—主汽阀；2—进汽室；3—喷嘴组

采用喷嘴调节的汽轮机第一级，其通流面积随负荷的改变而改变，故该级称为调节级，该级后的汽室常称为调节级汽室。调节级的喷嘴不是整圈布置，而是分成若干个独立的组，由于组与组之间用隔离块隔开，因此调节级总是部分进汽的。

2. 调节级变工况

因调节级的通流面积随负荷的变化而变化，因此调节级不能和压力级（非调节级）一起作为一个级组，调节的变工况特性与压力级有很大差别。下面分析调节级的变工况特性。

为了便于分析，并能清晰地表明调节级的主要变工况特点，做如下假设：①在各种工况下调节级的反动度均为零，即 $\Omega_m=0$，因此 $p_1=p_2$。②全开阀后的压力 p_0'不随流量的增加而降低。③各调节汽阀的开启和关闭完全没有重叠度，即前一个阀完全开启后，后一个阀才开启。④不考虑调节级后蒸汽温度的变化。

（1）调节级前后压力与流量的关系。具有四个调节汽阀和四组喷嘴的调节级在工况变化时，各组喷嘴的初压、背压和流量的关系及各组喷嘴在变工况下的流量分配曲线，如图 4-17 所示。

1）调节级后压力 p_2 与流量的关系。汽轮机调节级后压力（即为第一非调节级的级前压力），由前面的分析可知该压力与蒸汽流量成正比，如图 4-17（a）中 OE 线所示。

2）调节级级前压力与流量的关系。第一调节汽阀开启过程中（其他各汽阀完全关闭），调节级的通流面积为第一喷嘴组的面积并保持不变，可以将包括调节级在内的所有各级视为一个级组，因此第一组喷嘴前压力（即阀后压力）p_{01}与流量成正比，如图 4-17（a）中直线 O-3 所示，点 3 为阀门全开时的状态点，此时 p_{01}达到最大值 p_0'，在以后其他调节汽阀开启过程中，第一只调节汽阀一直保持全开，故该组喷嘴前的压力保持 p_0'不变，如图 4-17（a）中 4-6 线所示。

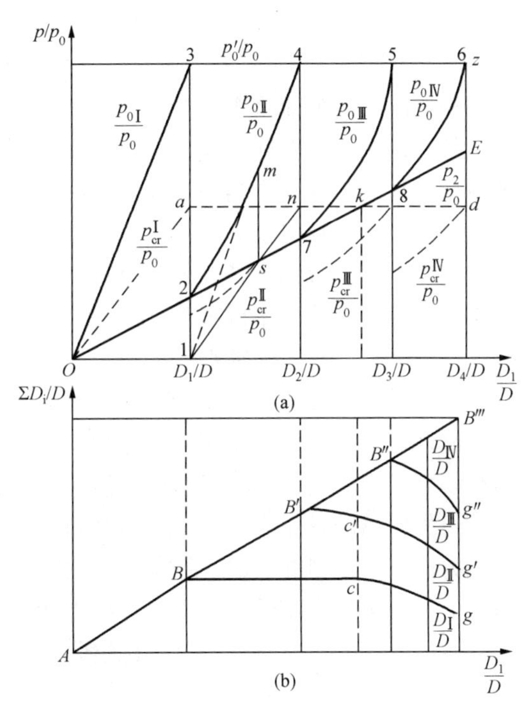

图 4-17　调节级的变工况曲线

（a）各喷嘴组前压力分配曲线；

（b）各喷嘴组流量分配曲线

根据第一组喷嘴前压力变化规律可求得第一组喷嘴的临界压力 $p_{cr}'=\varepsilon_{cr}p_0$，并可绘出该组喷嘴的临界压力变化曲线，如图 4-17（a）中 Oad 所示。从图 4-17（a）中可知，第一个调节汽阀开启过程中，调节级后压力 p_2 一直小于 p_{cr}^{I}，故流过该组喷嘴的流量 D_1 为临界流量且与 $p_{0\mathrm{I}}$ 成正比变化。图 4-17（b）中横坐标表示总流量，纵坐标表示各调节汽阀流量之和，图中 AB 线上的 B 点即表示第一个调节汽阀全开时，流过第一组喷嘴的最大流量；在 BC 段，由于调节级后压力 p_2 仍然小于 p_{cr}^{I}而且阀门前也保持最高压力 $p_{0\mathrm{I}}=p_0'$，故流过第一组喷嘴的流量仍保持在初压 p_0'对应下的临界流量不变。直到由于其他阀门的开启使总流量增加，而使背压 p_2 越过 K 点后，p_2 开始大于 p_{cr}^{I}，蒸汽在第一组喷嘴中的流动转为亚临界状态，通过第一组喷嘴的流量开始按椭圆曲线下降，如图 4-17（b）中 cg 线所示。

第一个调节汽阀全开后，开启第二个调节汽阀。在第二个调节汽阀未开启时，第二组喷

嘴前的压力 $p_{0\mathrm{II}}$ 等于第一个调节汽阀开启时调节级后的压力，即点 2 处的压力。这是因为各组喷嘴后的空间是连通的，因而使得未开启的喷嘴组前压力也等于喷嘴后压力。由于点 2 处的压力又是喷嘴组后的压力，所以此时 $p_2>p_{cr}^{\mathrm{II}}$，因此在第二个调节汽阀开启的初始阶段，第二组喷嘴处于亚临界状态，喷嘴前压力 $p_{0\mathrm{II}}$ 与流量 D_{II} 按双曲线规律变化，如图 4-17 (a) 中的 2-m 曲线所示，m 点之后，因为 p_2 开始小于 p_{cr}^{II}，第二组喷嘴开始出现临界状态，$p_{0\mathrm{II}}$ 与流量成直线关系，如图中 m-4 线；当第二个调节汽阀全开时，$p_{0\mathrm{II}}$ 保持 p_0' 不变，如图中 4-6 线。

通过第二个喷嘴组的蒸汽流量 D_{II} 变化曲线如图中 $BB'c'g'$ 曲线所示，$c'g'$ 表示第二组喷嘴处于亚临界状态时流量随背压升高而逐渐下降。图中 BB' 线表示第二个调节汽阀开启到全开过程总流量的变化情况，总流量 $D=D_{\mathrm{I}}+D_{\mathrm{II}}$。

第三、第四个调节汽阀开启（依次开启）过程中，级后压力 p_2 已经相当高了，因此第三、第四组喷嘴始终处于亚临界状态。压力、流量变化曲线分别如图 4-17 中的 7-5-6、8-6、$B'B''g''$、$B''B'''$ 所示，第一、二组喷嘴也在 K 点开始向亚临界状态转化。当第三调节汽阀全开时，总的流量 $D=D_{\mathrm{I}}+D_{\mathrm{II}}+D_{\mathrm{III}}$ 为设计流量。

(2) 调节级比焓降的变化。调节级比焓降随压力及流量的变化而变化。在第一个调节汽阀开启过程中，蒸汽在第一个喷嘴组中的比焓降就是调节级的比焓降，当第一个调节汽阀全开时调节级的比焓降最大。第二个调节汽阀未开时，第二喷嘴组的前后压力相等，比焓降为零。第二个调节汽阀逐渐开大的过程中，$p_{0\mathrm{II}}$ 增大比 p_2 增大快，因此喷嘴组的理想比焓降逐渐变大，直到第二个调节汽阀全开时，第二喷嘴组中的理想比焓降达到该喷嘴组的最大值，此时，第一、二喷嘴组前后压力比相等，理想比焓降相等，但小于只有第一个调节汽阀全开时的比焓降。这是由于调节级背压比 p_2/p_0' 随流量增加而成正比增加从而造成比焓降减小。同理，第三个调节汽阀开启过程中，第三组喷嘴中的理想比焓降也逐渐增大，到该阀全开时，第三组喷嘴的比焓降达最大值。在此过程中，第一、二个调节汽阀所控制的第一、二喷嘴组的比焓降随压力比 p_2/p_0' 的升高而继续减小。在此工况下，第一、二、三喷嘴组前后的压力比 p_2/p_0' 相等，比焓降相等。此时比焓降小于第一、二个调节汽阀全开时的比焓降。同理可分析第四个调节汽阀开启过程中调节级比焓降的变化。

通过上述分析可知，调节级比焓降随汽轮机流量的变化而变化。流量增加时，部分开启阀门所控制的喷嘴组比焓降增大，全开阀门所控制的喷嘴组比焓降减小。在第一个调节汽阀全开而第二个调节汽阀尚未开启时，调节级比焓降达最大值。此时，级前后的压差最大，流过该喷嘴的流量也最大，级的部分进汽度则最小，因此调节级叶片应力达到最大。所以调节级的最危险工况不是汽轮机的最大负荷，而是第一个调节汽阀全开而第二个调节汽阀尚未开启时的运行工况，在运行中应充分注意。

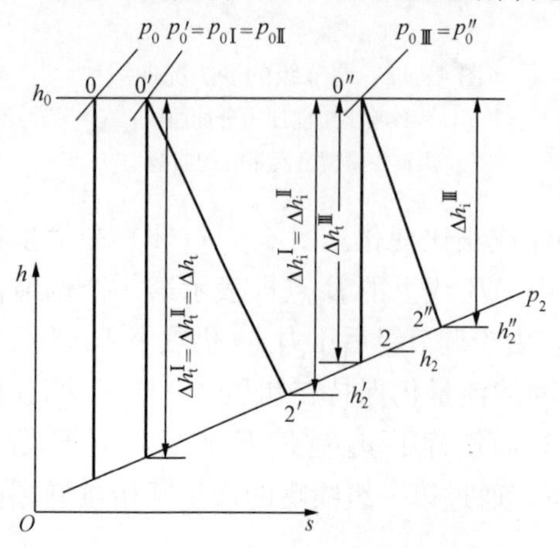

图 4-18 调节级的热力过程线

调节级的比焓降变化，会引起反动度、速比和内效率的变化。而且调节级后的蒸汽温度也随之变化，并且变化幅度较大。所以在使用压力与流量关系式时，温度修正系数$\sqrt{T_0/T_{01}}$不能略去。此外，由于级后蒸汽温度变化较大，使汽轮机调节汽室处的汽缸壁产生较大的热应力和热变形，降低了机组迅速改变负荷的能力。

（3）调节级的热力过程线。如图 4－18 所示，图中 p_0 为新蒸汽压力，p_0'为全开调节汽阀后的蒸汽压力，p_0''为部分开启的调节汽阀后压力，p_2 为调节级后的压力。若在某工况下，两个调节汽阀已全开，第三个调节汽阀部分开启，通过两个全开调节汽阀的蒸汽流量为 D_{I} 和 D_{II}，热力过程线为 $0'2'$，理想比焓降为 $\Delta h_t^{\mathrm{I}}=\Delta h_t^{\mathrm{II}}=\Delta h_t$，有效比焓降为 $\Delta h_i^{\mathrm{I}}=\Delta h_i^{\mathrm{II}}$，级后终态比焓值为 h_2'；通过部分开启调节汽阀的蒸汽流量为 D_{III}，热力过程线为 $0''2''$，理想比焓降为 $\Delta h_t^{\mathrm{III}}$，有效比焓降为 $\Delta h_i^{\mathrm{III}}$，级后终态比焓值为 h_2''。这三部分蒸汽都膨胀到压力 p_2，并在级后的汽室中混合，然后一起流入第一非调节级。为了使这两股汽流混合均匀，调节级后的汽室容积较大，混合后的比焓值 h_2 可由热平衡方程求得

$$(D_{\mathrm{I}}+D_{\mathrm{II}})h_2'+D_{\mathrm{III}}h''_2=(D_{\mathrm{I}}+D_{\mathrm{II}}+D_{\mathrm{III}})h_2$$

即

$$\begin{aligned}h_2&=\frac{(D_{\mathrm{I}}+D_{\mathrm{II}})h_2'+D_{\mathrm{III}}h_2''}{D}\\&=\frac{(D_{\mathrm{I}}+D_{\mathrm{II}})(h_0-\Delta h_i^{\mathrm{I}})+D_{\mathrm{III}}(h_0-\Delta h_i^{\mathrm{III}})}{D}\\&=h_0-\left(\frac{D_{\mathrm{I}}+D_{\mathrm{II}}}{D}\Delta h_i^{\mathrm{I}}+\frac{D_{\mathrm{III}}}{D}\Delta h_i^{\mathrm{III}}\right)\end{aligned}\tag{4-37}$$

（4）调节级的效率曲线。调节级的相对内效率为

$$\begin{aligned}\eta_{\mathrm{ri}}&=\frac{h_0-h_2}{\Delta h_t}=\frac{D_{\mathrm{I}}+D_{\mathrm{II}}}{D}\frac{\Delta h_i^{\mathrm{I}}}{\Delta h_t}+\frac{D_{\mathrm{III}}}{D}\frac{\Delta h_i^{\mathrm{III}}}{\Delta h_t}1\\&=\frac{D_{\mathrm{I}}+D_{\mathrm{II}}}{D}\eta_{\mathrm{ri}}^{\mathrm{I}}+\frac{D_{\mathrm{III}}}{D}\eta_{\mathrm{ri}}^{\mathrm{III}}\end{aligned}\tag{4-38}$$

式中：$\eta_{\mathrm{ri}}^{\mathrm{I}}$、$\eta_{\mathrm{ri}}^{\mathrm{III}}$为通过全开、部分开启调节汽阀的蒸汽在调节级中的相对内效率。

调节级效率曲线如图 4－19 所示。从图中可见，调节级效率曲线具有明显的波折状。这是因为阀全开时，节流损失小，效率较高。在其他工况下，通过部分开启阀的汽流受到较大的节流，使效率下降。图的 c 点为设计工况，此时三个阀全开，故效率具有最大值。求得效率 η_{ri}后，就可求出变工况下调节级的功率，以及级后排汽状态点。

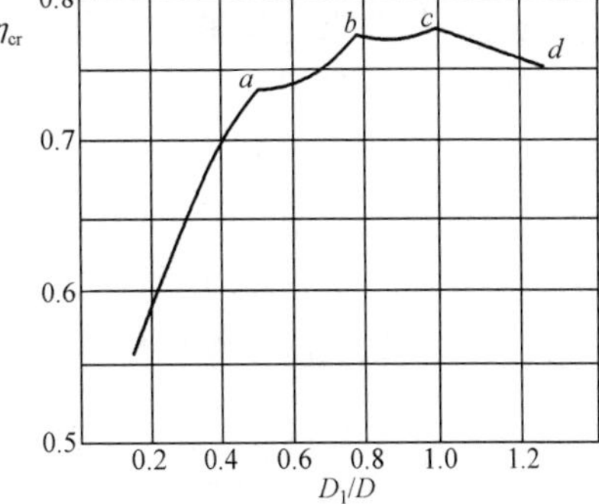

图 4－19　调节级效率曲线

实际上，调节级中反动度不等于零，而且随工况变动而变化。此外，各调节汽阀开启之间有一定的重叠度，因而调节级变工况计算相当复杂。

（三）滑压调节

节流调节和喷嘴调节统称为定压调节，其特点是保持主汽阀前的蒸汽初参数不变，通过改变调节汽阀的开度来改变进汽量和蒸汽的做功能力从而改变机组的功率。滑压调节是汽轮机调节汽阀保持全开或基本全开的状态，通过锅炉调整新蒸汽压力的方法（新蒸汽温度尽可能保持不变），达到改变蒸汽量和蒸汽做功能力以使其适应汽轮机不同负荷的要求。

1. 滑压调节的特点

与定压调节相比较，滑压调节有以下特点：

(1) 提高了机组运行的可靠性和机动性。滑压调节机组在负荷变化时蒸汽温度基本不变，因此汽轮机各部件的金属温度变化小，减小了热应力和热变形，从而提高了机组运行的可靠性和快速加减负荷的性能，缩短了机组的启、停时间。同时锅炉受热面、主蒸汽管道经常在低于额定条件下工作，提高了它们的可靠性和延长了它们的使用寿命。

(2) 提高了机组在部分负荷下运行的经济性，但在高负荷下采用滑压调节不经济。机组采用滑压调节后，因所有调节汽阀全开，避免了部分负荷下的节流损失；又由于负荷变动时，蒸汽流量的变化随压力变化基本上是成比例的，而温度基本保持不变，故蒸汽体积流量不变，各级速比、比焓降、效率变化也很小，从而提高了部分负荷下汽轮机效率，主要是高压缸的内效率（因滑压与定压调节对再热后的中低压缸工作不产生影响）。同时，蒸汽压力的降低引起蒸汽比热容的下降，使高压缸排汽温度（即再热器蒸汽温度）有所提高，从而改善了低负荷时机组的循环热效率。此外，在低负荷时，蒸汽压力降低，锅炉给水压力相应下降，若给水泵采用变速调节，则给水泵耗功将大幅度减小，使电厂效率提高。但采用滑压调节时，由于新蒸汽压力减小，将降低循环热效率，使热耗增加。综合结果是，较高负荷时采用滑压调节是不经济的，只有当负荷减小到一定数值，如采用定压调节将因节流损失较大，使调节级效率降低较多时，采用滑压调节才是有利的。也就是说，只有当循环热效率的降低小于高压缸内效率的提高、给水泵动力消耗的减小和再热蒸汽温度升高引起热效率提高的三者之和时，采用滑压调节才能提高机组的经济性。设计工况下新蒸汽压力越高，采用滑压调节的最佳负荷就越大。对于超临界、亚临界压力机组，在负荷低至25%左右采用滑压调节，热效率可提高2%～3%，而超高压及以下的机组，降压将使循环热效率下降过大，故一般不宜采用滑压调节。

2. 滑压调节的方式

(1) 纯滑压调节。采用纯滑压调节时，所有调节汽阀在整个负荷变化范围内是全开的，完全由锅炉调整其燃烧来适应负荷变化。由于锅炉热惯性大，反应迟缓，因此不能适应负荷快速变化，而且对较小负荷变化不能作出反应。虽然直流锅炉热惯性比汽包锅炉小，仍然不能满足调频要求。这种调节方式的优点是可以提高部分负荷下机组的热效率，热应力小，操作简单，运行稳定。

(2) 节流滑压调节。在稳定负荷时，调节汽阀不开足，留有5%～15%的开度，负荷降低时进行滑压调节，而负荷增加时进行定压调节，即调节汽阀开度增大，以迅速适应负荷变化的需要，待负荷增加后，蒸汽压力上升，调节汽阀重又回到稳定负荷下部分开启的位置。这种调节方式克服了纯滑压调节对外界负荷变化不敏感的缺点，但在稳定负荷下由于节流损失较大而降低了机组的经济性。

(3) 复合滑压调节。在高负荷区域采用喷嘴调节，以保持机组的高效率，在低负荷区域除1～2个调节汽阀处于关闭状态外，其余调节汽阀均全开，进行滑压调节。在极低负荷区域，进行较低水平的定压调节，以保持锅炉的水循环工况和燃烧的稳定性，以及考虑给水泵轴系临界转速的限制。这种调节方式又称为“定—滑—定”调节方式，它对负荷变化的适应性较好，可大大改善机组的经济性，所以较为实用。例如，某1000MW机组就采用了这种调节方式，当负荷在900MW以上时为喷嘴调节的定压运行，负荷在300～900MW区域时为滑压调节运行，负荷低于300MW时为节流调节的定压运行。某300MW机组也采用了这种调节方式，当负荷在额定负荷的91%以上为18.5MPa定压调节，26%～91%区域内为滑压调节，26%以下为5MPa定压调节。

（四）旁通调节

旁通调节又称为过载补汽，具有旁通调节方式的汽轮机原理示意如图4-20所示。机组超出经济负荷时，旁通阀门（过载补汽阀）开启，一部分蒸汽绕过前面部分级，经过该阀门而直接送往后面的级做功。旁通阀门的开启使得流过汽轮机的蒸汽量增大，从而达到提高汽轮机功率的目的。旁通调节方式一般与节流调节一起配合使用。

采用旁通调节方式，通常在汽轮机的经济负荷下主调节汽阀全开，并且可以实现汽轮机的全周进汽，因而在经济负荷下具有较高的经济性。其缺点是，当超过经济负荷时，旁通进汽，优质金属材料的比例相应提高，效率也因旁通阀的节流损失和旁通室压力升高而下降。

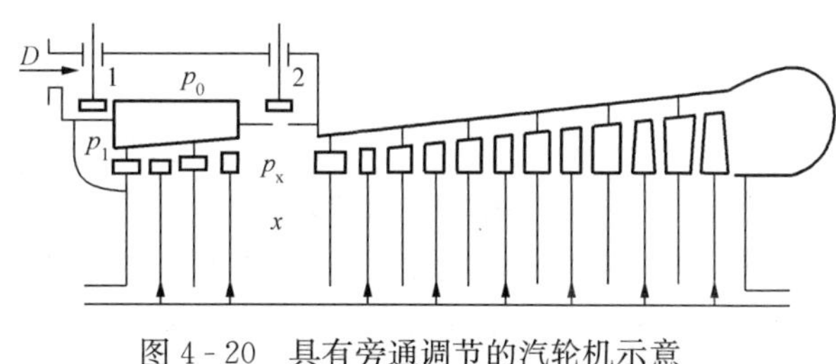

图4-20　具有旁通调节的汽轮机示意
1—主调节汽阀；2—旁通阀

被旁通的级数越多，可以达到的额外（过负荷）功率越大，但蒸汽节流引起的损失越大，经济性越低。为了减小由于旁通蒸汽节流而引起的损失，有时采用双重，甚至三重旁通调节，即将新蒸汽引入汽轮机通流部分的两个或三个汽室中。

旁通调节方式在亚临界参数机组、超临界参数机组中已经很少使用，但西门子公司的机组，尤其是近几年发展的超超临界参数1000MW机组，就采用了这种方式。

四、变工况时汽轮机轴向推力的变化

汽轮机运行时，负荷变化、蒸汽初终参数变化、通流部分结垢以及水冲击等均会引起汽轮机轴向推力的变化，有时可能达到很大的数值。为了保证轴承安全可靠地工作，防止推力轴承因过负荷而损坏，必须了解汽轮机轴向推力的变化规律。

（一）蒸汽流量变化时轴向推力的变化

作用在某一级上的轴向推力主要取决于其级前后压力差和反动度的乘积。因此，在变工况时，级内轴向推力的变化可表示为

$$\frac{F_{z1}}{F_z} \approx \frac{\Omega_{m1}\Delta p_{s1}}{\Omega_m \Delta p_s} \tag{4-39}$$

$$\Delta p_s = p_0 - p_2$$

式中：Δp_s为级前后压差。

当蒸汽流量变化时，凝汽式汽轮机中间级反动度基本不变，各级前后的压力差随着流量的变化而成正比变化，因此中间级的轴向推力与流量成正比变化。最末级级内压差不与流量成正比，且级内反动度也是变化的，故其轴向推力不与流量成正比。调节级轴向推力的变化较复杂，它与反动度、部分进汽度和级前后压力差等有关。由于调节级和最末级轴向推力值占汽轮机总轴向推力值的比例较小，因此，可以近似认为汽轮机的总轴向推力值与流量成正比变化。

背压式汽轮机的非调节级前后压力、级内比焓降和反动度都随流量变化而变化，这些级的轴向推力也将随流量的改变而变化，但并不与流量成正比。当流量减小时，各级的压差减

小，但由于这时各级的比焓降减小，所示其反动度增大，故各级的轴向推力并不一定减小，有时可能反而增大；而当流量增大时，各级的压差增大，但由于级的比焓降增大，其反动度减小，故各级的轴向推力并不一定增大。因此，背压式汽轮机总的轴向推力的最大值，可能不是发生在最大负荷，而是发生在某一中间负荷，如图 4-21 所示（图中 Δt 表示推力瓦块的温升）。

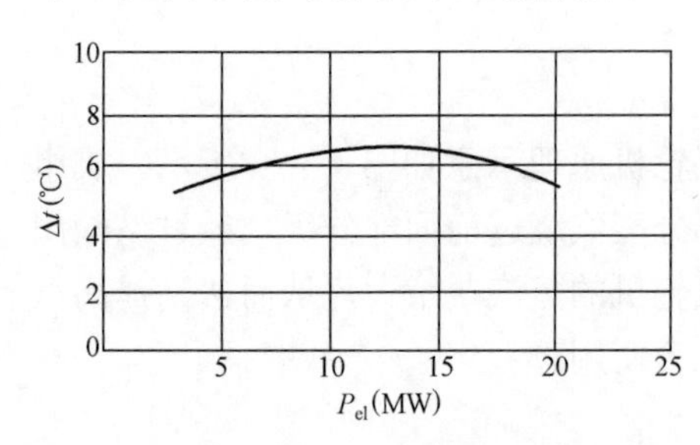

图 4-21 背压式汽轮机推力瓦块温度变化曲线

（二）其他工况下轴向推力的变化

（1）新蒸汽温度降低。新蒸汽温度降低，将使汽轮机全机理想比焓降减小，引起每级比焓降减小，从而引起各级速度比增加和反动度增加，因此轴向推力增加。

（2）水冲击。汽轮机发生水冲击时，蒸汽温度降低，使轴向推力增加。另外，进入汽轮机的水部分蒸发，使级中压力增高，轴向推力增大。

（3）负荷突增。当负荷突然增加时，蒸汽要向前面几级的金属传热而使温度降低，使轴向推力增加。另外，由于隔板与叶轮轮毂相比，隔板受热较快，使汽封间隙增大，隔板漏汽量增多，使叶轮前压力增高，从而使轴向推力增加。

（4）叶片结垢。由于喷嘴中汽流速度较大，蒸汽中夹带的盐分不易积聚下来，因此一般是动叶结垢比喷嘴严重，使动叶与喷嘴的面积比减小，反动度增大，因此使轴向推力增大。

五、汽轮机的工况图

汽轮发电机组的功率与汽耗量之间的关系称为汽轮机的汽耗特性，表示这种关系的数学表达式称为汽耗特性方程式，表示这种关系的曲线称为汽轮机的工况图。汽轮机的汽耗特性可通过变工况计算或汽轮机的热力试验确定。

（一）凝汽式汽轮机的工况图

汽轮机产生的内功率 P_i 分为向外输出的有效功率 P_e 和用来克服机械损失的功率 ΔP_m 两部分，即

$$P_i = P_e + \Delta P_m = \frac{P_{el}}{\eta_g} + \Delta P_m$$

又

$$P_i = \frac{D\Delta H_t \eta'_{ri} \eta_{th}}{3600}$$

式中：η'_{ri}、η_{th} 为汽轮机通流部分的内效率、调节汽阀的节流效率。

由以上两式得汽轮发电机组功率与汽耗量之间的关系为

$$D = \frac{3600}{\Delta H_t \eta'_{ri} \eta_{th}} \left(\frac{P_{el}}{\eta_g} + \Delta P_m \right) \tag{4-40}$$

ΔP_m 在转速一定时是常数，不随负荷变化。此外，当负荷变化不大时，效率 η'_{ri}、η_{th} 和 η_g 变化不大，可近似认为不变。因此其汽耗特性方程式可写成

$$D = \frac{3600}{\Delta H_t \eta'_{ri} \eta_{th} \eta_g} P_{el} + \frac{3600}{\Delta H_t \eta'_{ri} \eta_{th}} \Delta P_m = d_1 P_{el} + D_{nl} \tag{4-41}$$

式中：d_1 为汽耗微增率，为每增加单位电功率所需增加的汽耗量；D_{nl} 为空载汽耗量，为汽轮机空转时用来克服摩擦阻力、鼓风损失及带动油泵等所消耗的蒸汽量。

对于同一汽轮机，在不同工况下，D_{nl}近似为一常数，通常为设计流量的5%～10%。对不同的汽轮机，D_{nl}取决于汽轮机的功率、比焓降、汽轮机结构形式以及调节方式。背压式汽轮机的比焓降ΔH_t比凝汽式汽轮机的小，所以它的空载汽耗量D_{nl}比凝汽式汽轮机的大；喷嘴调节汽轮机由于其节流效率η_{th}比节流调节汽轮机的高，因此它的空载耗量D_{nl}比节流调节汽轮机的小。

通过变工况计算后可绘制出汽耗量D、汽耗率d以及相对电效率η_{rel}与电功率P_{el}之间的关系曲线，如图4-22所示，由图可知，节流调节汽轮机的D与P_{el}之间的关系近似呈直线，但不通过原点。

图4-23所示为喷嘴调节汽轮机汽耗量、汽耗率、相对电效率与电功率的关系曲线。由于调节级的内效率随负荷变化呈波浪折线状，所以d与η_{rel}的关系曲线不再是一条直线。

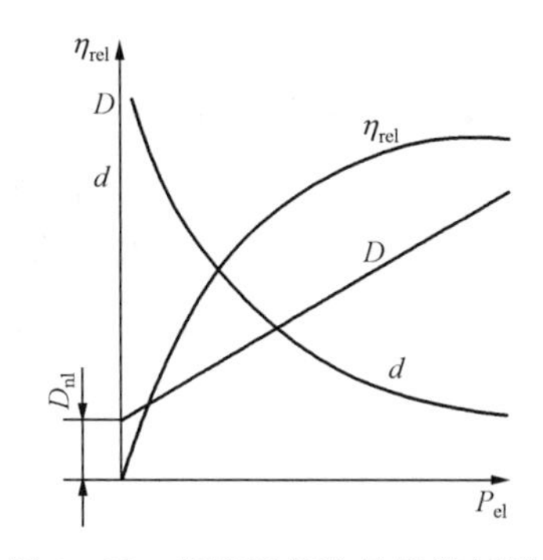

图4-22　节流调节汽轮机汽耗量、汽耗率、相对电效率与电功率的关系曲线

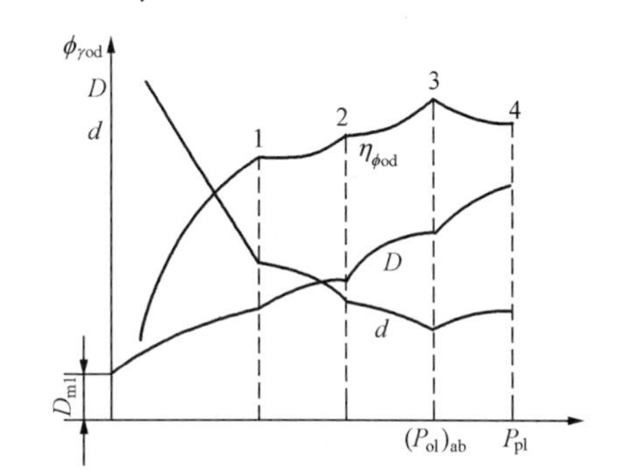

图4-23　喷嘴调节汽轮机汽耗量、汽耗率、相对电效率与电功率的关系曲线

试验证明，喷嘴调节汽轮机的汽耗线近似为一折线，如图4-24所示，机组的汽耗特性方程式如下。

当功率小于或等于经济功率1$(P_{el})_{ec}$时

$$D=D_{nl}+d_1P_{el} \tag{4-42}$$

当功率大于经济功率1$(P_{el})_{ec}$时

$$D=D_{nl}+d_1(P_{el})_{ec}+d'_1[P_{el}-(P_{el})_{ec}] \tag{4-43}$$

式（4-45）中的$d'_1[P_{el}-(P_{el})_{ec}]=\Delta D$表示功率大于经济功率时汽轮机汽耗量的增加值。$d'_1$为$P_{el}>(P_{el})_{ec}$时的汽耗微增率，即汽耗线在过负荷段的斜率，显然$d'_1>d_1$。因此，有一个转折点的汽耗线的微增率有两个不同的常数值，转折点的功率为汽轮机的经济功率。

不同调节方式下的汽轮机特性曲线如图4-25所示。由图可知，节流调节汽轮机在最大工况下具有最好的经济性。因为此时调节汽阀全部开启，几乎没有节流损失，但在经济功率和部分负荷时由于节流损失，其经济性较差。

喷嘴调节汽轮机在经济功率下经济性比节流调节好，超过和低于经济功率下经济性虽降低，但下降程度比较平稳。

具有旁通的节流调节方式当汽轮机功率在设计值以下时采用节流调节，当功率超过设计值时，部分新蒸汽通过旁通调节汽阀节流后直接进入汽轮机中间级，以增大流量。因此，在经济功率下，采用这种调节方式的汽轮机的经济性比其他各种调节方式好，但在大于经济功率或在较低负荷下，其效率较低。

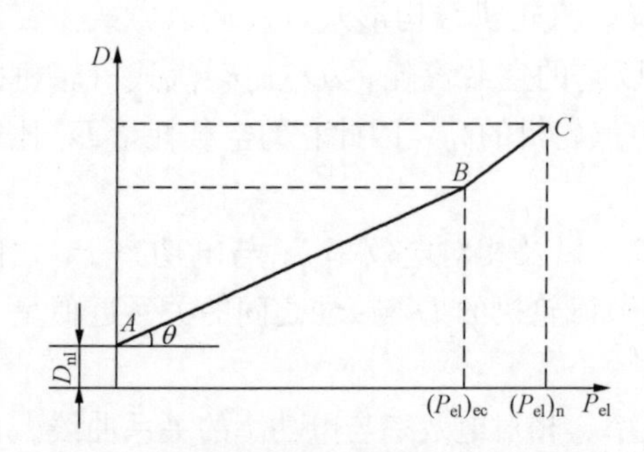

图 4-24 喷嘴调节汽轮机汽耗特性曲线

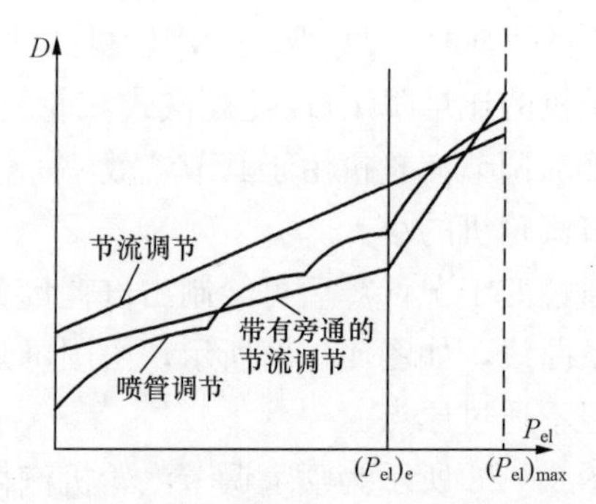

图 4-25 不同调节方式下的汽轮机特性曲线

（二）背压式汽轮机的工况图

背压式汽轮机示意如图 4-26（a）所示。背压式汽轮机的排汽全部供热用户使用，所以没有冷源损失，热效率高。背压式机组发电量的大小取决于热负荷的多少，汽轮机的调节汽阀开度主要由排汽管调压器的压力信号控制，可维持排汽压力基本不变，保证供热质量。热负荷增大时，排汽压力降低，则调节汽阀开大；反之，关小。背压式机组事故或检修时，由减温减压器将新蒸汽降温降压后供热用户。

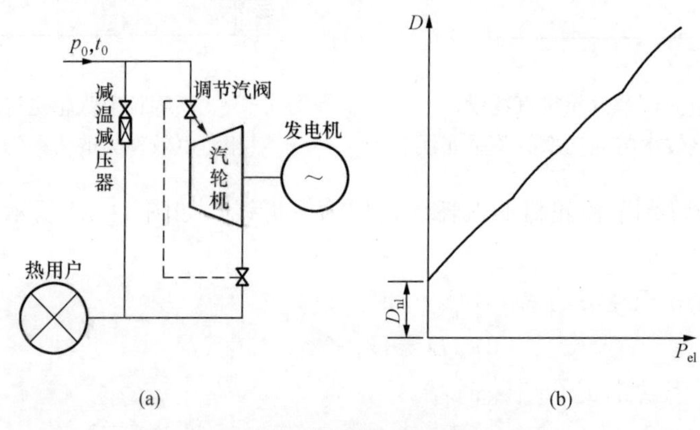

图 4-26 背压式汽轮机示意与工况图

（a）示意；（b）工况图

图 4-27（b）所示为背压式汽轮机的工况图，其特性曲线可近似地以一根折线代表。由于同样初参数下背压式汽轮机的比焓降 ΔH_t 小于凝汽式汽轮机，所以其汽耗率（即斜率 d_1）、空载汽耗量 D_{nl} 都比凝汽式汽轮机的大。

背压式汽轮机排汽还可供进汽压力较低的凝汽式汽轮机使用，这种背压式汽轮机称为前置式汽轮机。

背压式汽轮机运行时，进汽量的多少完全取决于热负荷，若热负荷中断，背压式汽轮机只好停止运行，因此它最好用在一年四季都有热负荷的地方。

（三）一次调节抽汽式汽轮机的工况图

一次调节抽汽式汽轮机示意如图 4-27（a）所示。压力为 p_0、流量为 D_0 的新蒸汽经高压调节阀进入高压部分膨胀做功，至压力 p_e，高压排汽分为两部分：流量为 D_e 的部分被抽出供给热用户；流量为 D_c 的部分经低压调节阀进入低压部分继续膨胀做功，一直膨胀至 p_c。若机组故障或检修，则由减温减压器将新蒸汽降温降压后供热用户。小容量机组高压部分和低压部分放在一个汽缸内，低压调节阀制成回转隔板。

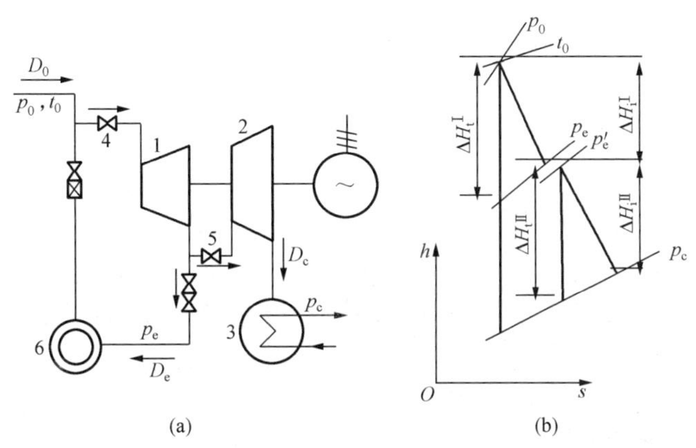

图 4-27　一次调节抽汽式汽轮机装置简图和热力过程线

(a) 示意；(b) 热力过程线

1—高压部分；2—低压部分；3—凝汽器；4—高压调节阀；5—低压调节阀；6—热用户

热负荷为零时，一次调节抽汽式汽轮机变为凝汽式汽轮机。有热负荷时，高压部分流量大于低压部分流量，热电负荷都可在很大范围内自由变动，这是调节抽汽式汽轮机优于背压式汽轮机之处。但调节抽汽式汽轮机有冷源损失，热效率低于背压式汽轮机。

一次调节抽汽式汽轮机低压部分至少应流过一最小流量 D_{cmin}，以带走叶轮、叶片高速旋转所产生的摩擦鼓风热量，避免温度过高，一般 D_{cmin} 为设计值的 5%～10%。当调节抽汽流量 $D_e=0$ 时，高、低压部分流量相等，调节抽汽式汽轮机应能发出额定功率，这时低压部分达最大流量 D_{cmax}。低压部分为设计流量 D_{cs} 时，低压调节阀（旋转隔板）已全开，此时若要再增加低压部分的流量，只有靠升高调节抽汽室中的压力即升高低压部分第一级喷嘴前的压力来达到，此时调节抽汽室中的压力就不能再调节了，这种工况称抽汽压力不可调节工况。

1. 一次调节抽汽式汽轮机功率与流量的关系

图 4-27（b）所示为一次调节抽汽式汽轮机的热力过程线。设 P_i^{I}、P_i^{II} 分别表示高压部分和低压部分的内功率，若不考虑回热抽汽量，则汽轮发电机组的总功率为

$$P_{el}=(P_i^{I}+P_i^{II}-\Delta P_m)\eta_g=\left(\frac{D_0\Delta H_i^{I}\eta_{ri}^{I}+D_c\Delta H_t^{II}\eta_{ri}^{II}}{3600}-\Delta P_m\right)\eta_g \tag{4-44}$$

式中：η_{ri}^{I}、η_{ri}^{II} 分别为高压部分和低压部分内效率；ΔH_t^{I}、ΔH_t^{II} 分别为高压部分、低压部分的理想比焓降；ΔP_m 为汽轮发电机组的机械损失。

将 $D_0=D_e+D_c$ 代入上式得

$$P_{el}=\left(\frac{D_0\Delta H_t\eta_{ri}}{3600}-\frac{D_e\Delta H_t^{II}\eta_{ri}^{II}}{3600}-\Delta P_m\right)\eta_g \tag{4-45}$$

$$\Delta H_t=\Delta H_t^{I}+\Delta H_t^{II}$$

式中：ΔH_t 为全机理想比焓降；η_{ri} 为全机内效率。

经变换得

$$D_0=\frac{3600}{\Delta H_t^{\mathrm{I}}\eta_{ri}^{\mathrm{I}}\eta_g}P-\frac{D_c\Delta H_t^{\mathrm{II}}\eta_{ri}^{\mathrm{II}}}{\Delta H_t^{\mathrm{I}}\eta_{ri}^{\mathrm{I}}}+\frac{3600\Delta P_m}{\Delta H_t^{\mathrm{I}}\eta_{ri}^{\mathrm{I}}} \tag{4-46}$$

$$D_0=\frac{3600}{\Delta H_t\eta_{ri}\eta_g}P+\frac{D_e\Delta H_t^{\mathrm{II}}\eta_{ri}^{\mathrm{II}}}{\Delta H_t\eta_{ri}}+\frac{3600\Delta P_m}{\Delta H_t\eta_{ri}} \tag{4-47}$$

汽轮机的供热量与抽汽量及抽汽比焓有关，即

$$Q=D_e(h_e-h_e') \tag{4-48}$$

式中：h_e'为供热用户排出口的比焓。

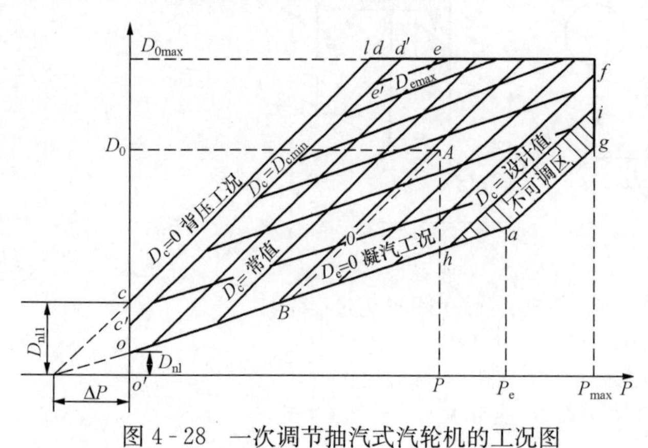

图 4-28 一次调节抽汽式汽轮机的工况图

当热负荷、电负荷要求一定时，可由式（4-45）及式（4-48）求得 D_0 及 D_e。在此 D_0 及 D_e 下既能满足给定热负荷的要求，又能满足给定电负荷的要求。

2. 一次调节抽汽式汽轮机的工况图

一次调节抽汽式汽轮机的蒸汽流量、电功率及抽汽量之间的关系曲线称为一次调节抽汽式汽轮机的工况图，如图 4-28 所示。

(1) 凝汽工况线。即 $D_e=0$ 的工况线，此工况没有调节抽汽，$D_0=D_c$，汽轮机为凝汽方式运行，此时式（4-47）变为

$$D_0=\frac{3600}{\Delta H_t\eta_{ri}\eta_g}P+\frac{3600\Delta P_m}{\Delta H_t\eta_{ri}}=d_1P+D_{nl} \tag{4-49}$$

式中：d_1 为汽耗微增率；D_{nl}为空载汽耗量，此时的工况线为图中 oa 线。

(2) 等抽汽工况线。该工况下 D_e=常数，此时式（4-49）变为

$$D_0=d_1P+\frac{\Delta H_t^{\mathrm{II}}\eta_{ri}^{\mathrm{II}}}{\Delta H_t\eta_{ri}}D_e+D_{nl}=d_1P+A+D_{nl} \tag{4-50}$$

该特性曲线斜率 d_1 与 oa 线相同，故 D_e=常数的工况线平行于 oa 线；由于 $A>0$，故 D_e=常数的工况线位于 oa 线之上。凝汽工况线 oa 是等抽汽工况线的特例。ee'是最大抽汽量工况线。D_e 越大，同一功率 P 下对应的 D_0 越大。

(3) 背压工况线。即 $D_c=0$ 的工况，此时从汽轮机高压部分排出的蒸汽全部供给热用户，$D_0=D_e$，进入低压部分的蒸汽量为零，相当于背压式汽轮机，因而得名。由式（4-46）得

$$D_0=\frac{3600}{\Delta H_t^{\mathrm{I}}\eta_{ri}^{\mathrm{I}}\eta_g}P+\frac{3600\Delta P_m}{\Delta H_t^{\mathrm{I}}\eta_{ri}^{\mathrm{I}}}=d_1'P+D_{nl}' \tag{4-51}$$

其中，$d_1'=\frac{3600}{\Delta H_t^{\mathrm{I}}\eta_{ri}^{\mathrm{I}}\eta_g}$，$D_{nl}'=\frac{3600\Delta P_m}{\Delta H_t^{\mathrm{I}}\eta_{ri}^{\mathrm{I}}}$，此时的工况线为图中 cd 线。由于 $\Delta H_t^{\mathrm{I}}<\Delta H_t$，从而 $d_1'>d_1$，故 cd 线比 oa 线陡；$D_{nl}'>D_{nl}$。

(4) 最小凝汽量工况线。调节抽汽式汽轮机运行时，低压部分至少应流过 D_{cmin} 流量，以带走低压部分的摩擦鼓风热量，D_{cmin} 是进入凝汽器的最小允许值。该工况下式（4-50）

变为

$$D_0 = d'_1 P - \frac{D_{\text{cmin}} \Delta H_t^{\text{II}} \eta_{\text{ri}}^{\text{II}}}{\Delta H_t^{\text{I}} \eta_{\text{ri}}^{\text{I}}} + D'_{\text{nl}} = d'_1 P - \Delta D_0 + D'_{\text{nl}} \tag{4 - 52}$$

此时的特性线 $c'd'$ 斜率 d'_1 与 cd 线相同，故 $c'd'$ 与 cd 平行。与背压工况相比，D_{cmin} 使低压部分多发一部分电能，故同一 D_0 下 P 变大；或说同一 P 下，$c'd'$ 线的 D_0 比 cd 线减少 ΔD_0。

（5）等凝汽量工况线。D_c＝常数的工况线，式（4 - 50）变为

$$D_0 = d'_1 P - \frac{D_c \Delta H_t^{\text{II}} \eta_{\text{ri}}^{\text{II}}}{\Delta H_t^{\text{I}} \eta_{\text{ri}}^{\text{I}}} + D'_{\text{nl}} = d'_1 P - B + D'_{\text{nl}} \tag{4 - 53}$$

特性曲线斜率仍为 d'_1，故 D_c＝常数的工况线都平行于 cd。由于 D_c 在低压部分做功，故 D_0 相同时 P 增大，各线均位于 cd 线右侧。背压工况线 cd 是等凝汽工况线中 $D_c=0$ 的特例。hi 与 ag 两线间，D_c 大于设计值 D_{cs}，抽汽压力 p_e 大于设计值，为抽汽压力不可调节区。ag 是最大凝汽量 D_{cmax} 工况线。

图 4 - 28 中 ef 为高压调节汽阀全开时的最大进汽量 $D_{0\text{max}}$ 工况线，gf 为最大电功率工况线。$aoc'e'efga$ 所围成的封闭面积，就是一次调节抽汽式汽轮机工况图。当 D_0、D_c、D_e 与 P 四值中任意知道两个，即可用工况图求出另两个。

（四）二次调节抽汽式汽轮机的工况图

二次调节抽汽式汽轮机装置简图如图 4 - 29（a）所示。蒸汽在汽轮机高压部分膨胀至压力 p_{e1}，然后一部分汽蒸汽 D_{e1} 抽出供给热用户；另一部分蒸汽经过调节阀进入中压部分，在中压部分膨胀至压力 p_{e2}，并在这个压力下抽出 D_{e2} 的蒸汽供给热用户，剩下的蒸汽量 D_c 经低压调节阀进入低压部分膨胀做功，最后排入凝汽器。图 4 - 29（b）是二次调节抽汽式汽轮机的热力过程线。

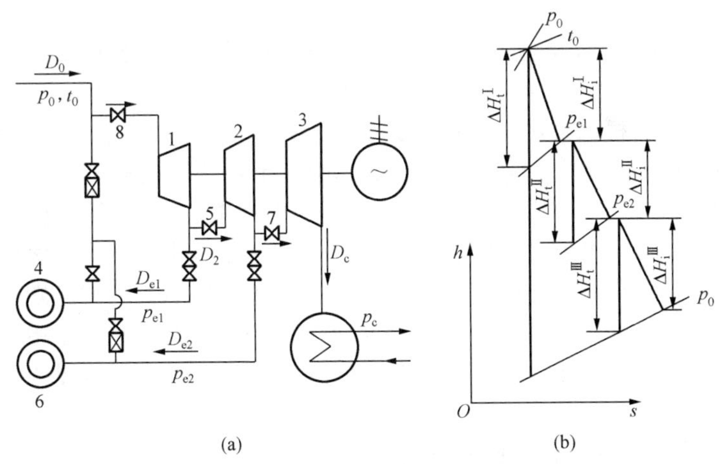

图 4 - 29　二次调节抽汽式汽轮机装置简图及热力过程线

（a）装置简图；（b）热力过程线

1—高压部分；2—中压部分；3—低压部分；4、6—热用户；5—中压调节阀；7—低压调节阀；8—高压调节阀

把电功率 P、抽汽量 D_{e1}、抽汽量 D_{e2} 及新蒸汽量 D_0 等之间的关系用图解法表示，所得到的曲线图称为二次调节抽汽式汽轮机工况图。对于二次调节抽汽式汽轮机，要把它的工况图绘在一个平面上是困难的，因为变量的数目是四个。为需要假想抽汽量 D_{e2} 随同 D_c 一

起通过低压部分进入凝汽器。此时，汽轮机与一次调节抽汽式汽轮机的运行方式相同，可作出它的工况图。显然，在这个工况图中的电功率数值包含了抽汽量 D_{e2} 在低压部分发出的功率，所以实际电功率必须扣除这部分功率。根据该设想，全机的电功率为

$$P=\left(\frac{D_0\Delta H_i}{3600}-\frac{D_{e1}\Delta H_i^{\mathrm{II}}+D_{e1}\Delta H_i^{\mathrm{III}}}{3600}-\Delta P_m\right)\eta_g-\frac{D_{e2}\Delta H_i^{\mathrm{III}}}{3600}\eta_g=P_x-\Delta P \tag{4-54}$$

其中

$$P_x=\left(\frac{D_0\Delta H_i}{3600}-\frac{D_{e1}\Delta H_i^{\mathrm{II}}+D_{e1}\Delta H_i^{\mathrm{III}}}{3600}-\Delta P_m\right)\eta_g \tag{4-55}$$

$$\Delta P=\frac{D_{e2}\Delta H_i^{\mathrm{III}}}{3600}\eta_g \tag{4-56}$$

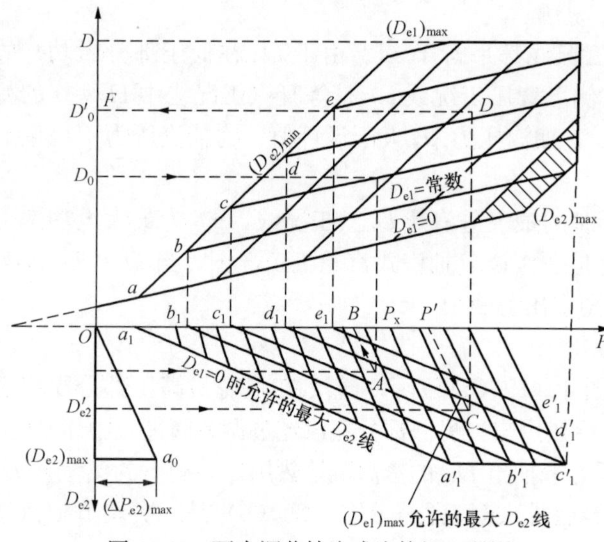

图 4-30 两次调节抽汽式汽轮机工况图

式（4-55）即为一次调节抽汽式汽轮机蒸汽量与电功率的关系式，画出此关系图，如图 4-30 的上半部分。根据这部分工况图查得的功率只是假想功率 P_x，真实功率 P 还应扣除 D_{e2} 流过低压部分所发功率 ΔP，故将式（4-58）的关系绘在该图的下方。当 $D_{e2}=0$ 时，$\Delta P=0$，即图中的 O 点；当 $D_{e2}=(D_{e2})_{max}$ 时，$\Delta P=(\Delta P)_{max}$ 即图中的 a_0 点，则 Oa_0 线即表示式（4-56）的关系。

图中直线 a_1a_1'、b_1b_1'、…代表当抽汽量 D_{e1} 为一定时，最大可能的抽汽量 D_{e2}，这些直线是根据下列等式绘出的

$$(D_{e2})_{max}=D_0-D_{e1}-(D_c)_{min}$$

已知 D_0 及 D_{e1}，再根据最小凝汽量 $(D_c)_{min}$，就可以绘出这些最大抽汽量 D_{e2}。

在 P、D_0、d_{e1}、D_{e2} 四个变量中，若已知其中三个，就可以从工况图中求得其余的一个。例如，当已知机组运行时的 D_{e1}、D_{e2} 及 D_0，可求得 P，方法是根据给定的 D_0 及 D_{e1} 在工况图上半部查得 P_x，再由 P_x 垂直向下与工况图下半部分抽汽量 D_{e2} 之值交于 A 点，然后通过 A 点作 Oa_0 的平行线，交横坐标于 B 点，此即所求功率 P。若已知 P'、D_{e1}' 及 D_{e2}'，也可求得 D_0'，方法是由给定的 P' 引一平行于 Oa_0 的直线，与给定的 D_{e2}' 相交于 C 点，然后由 C 点垂直向上与给定的 D_{e1} 线相交于 D 点，再由 D 点引一水平线与纵坐标相交于 F 点，此即所求得的流量 D_0'。

六、蒸汽参数变化对汽轮机工作的影响

蒸汽初终参数变化，也会引起汽轮机工作状况的变化。当锅炉设备的工况变动或调整不当时，会使蒸汽初温、初压偏离设计值；当凝汽设备的工况变动时，会使排汽压力发生变化。当蒸汽参数偏离设计值时，会对汽轮机的经济性造成影响。

（一）新蒸汽压力、再热蒸汽压力变化的影响（新蒸汽温度、排汽压力不变）

1. 新蒸汽压力升高

当新蒸汽温度、排汽压力不变时，若新蒸汽压力升高，循环热效率将提高。

新蒸汽压力升高，将使主蒸汽管道、蒸汽室、法兰螺栓及汽缸等承压部件内部应力增大，对设备安全不利。另外，初压升高，使最末几级蒸汽湿度增大，湿汽损失增加，并加重了对叶片的冲蚀。

新汽压力升高时，若保持调节汽阀开度不变，则蒸汽流量和比焓降都增大，机组功率增大，将引起级应力增大。各级叶片的受力与流量成正比增大，特别是末级的危险性最大，因为流量增大时末级比焓降增大得最多，而叶片的受力正比于流量和比焓降之积，故对应力水平已很高的末级叶片的运行安全性可能带来危险。第一个调节汽阀刚全开而其他调节汽阀关闭时，调节级动叶受力最大，若这时初压升高，则调节级流量增大，比焓降不变，叶片受力更大，影响运行安全性。此外，流量增大还使轴向推力增大。

新蒸汽压力升高时，汽轮机的理想比焓降将增加，如果要维持负荷为额定负荷，则流量将小于额定值，调节级汽室压力降低，使调节级比焓降比额定参数时增大，但其数值仍将小于第一个调节汽阀刚全开、其他调节汽阀未开时的调节级比焓降，因此调节级是安全的。但是，若机组处在第一个调节汽阀全开、其他调节汽阀未开的工况下运行时，由于初压升高，调节级汽室压力降低，使调节级比焓降超过最大值，流过第一个喷嘴组的流量也要超过最大值，造成调节级叶片过负荷。长期超压运行的机组，可以采用增大调节汽阀重叠度的方法来限制调节级的最大应力，因为增大重叠度可以增加第一个调节汽阀全开时流经汽轮机的流量，提高调节级后的压力，比焓降有所下降。

为保证机组安全，规定在任何 12 个月的运行周期内，汽轮机进口的平均压力不得超过额定压力。在保持此平均值的情况下，压力不得超过额定压力的 110%。在例外情况下可允许达到额定压力的 120%，但在任何 12 个月的运行周期内，这些压力波动的累计运行时间不得超过 12h。

2. 新蒸汽压力降低

当初压降低时，汽轮机理想比焓降减小，如果保持调节汽阀在额定开度，蒸汽流量随初压的降低而正比减小，机组的功率减小。各级叶片的受力及轴向推力随流量下降而下降，机组运行是安全的，但经济性降低。

如果初压降低后，仍要维持机组负荷在额定负荷，汽轮机流量将增加，大于额定流量，会引起压力级各级的级前压力升高，使末几级比焓降增大，因此各压力级尤其是末几级叶片应力增大，同时汽轮机的轴向推力增加，这对汽轮机的安全产生不利影响。

（二）新蒸汽温度、再热蒸汽温度变化的影响（新蒸汽压力、排汽压力不变）

1. 新蒸汽温度、再热蒸汽温度升高

新蒸汽压力、排汽压力不变，新蒸汽温度、再热蒸汽温度升高时，蒸汽在汽轮机中的理想比焓降增加，排汽湿度下降，因此循环热效率提高，而且减小了汽轮机低压级的湿汽损失，使机组的相对内效率也有所提高。

新蒸汽温度、再热蒸汽温度升高，尤其是超过允许值时，将会使锅炉过热器和再热器、新蒸汽和再热蒸汽管道、汽轮机主汽阀、调节汽阀、汽轮机部件发生蠕变，即使初温升高不多，也可导致材料的许用应力大幅度降低。

汽轮机运行中对超温都有严格限制。对于额定进汽温度在 565℃及以下的机组，规定在任何 12 个月的运行周期内，汽轮机任何进口处的平均蒸汽温度不得超过额定温度。在保持此平均值的情况下，温度不得超过额定温度 8.3℃。在例外情况下温度超过额定温度 8.3℃，温度瞬时值可在超过额定温度8.3～14℃的范围内变化，但在任何12个月的运行周期内，在此温度范围内的运行时间不得超过400h。在超过额定温度14～28℃的范围内运行也可允许，但在任何12个月的运行周期内，在此温度范围内总运行时间不得超过80h。在任何情况下，温度不得超过额定温度28℃以上。

2. 新蒸汽温度、再热蒸汽温度降低

当新蒸汽温度、再热蒸汽温度降低时，蒸汽在汽轮机中的理想比焓降减小。若仍要保持额定负荷运行，汽轮机流量将大于额定值。对汽轮机调节级，由于级后压力随流量的增加而增大，该级比焓降减小，工作是安全的。但对各压力级，流量和比焓降同时增大，造成叶片尤其是最末几级叶片过负荷。汽轮机流量增加还会引起汽轮机轴向推力增大。

新蒸汽温度降低还会引起末几级蒸汽湿度增大，湿汽损失增加，汽轮机内效率降低，并对末几级叶片产生冲蚀。

新蒸汽温度急剧降低，还可能导致水冲击。为此，在必要时可在初温降低的同时降低初压，以减小排汽湿度，此时汽轮机的功率也就受到了限制。如发生水冲击，则应按规程规定进行处理。某机组规定汽温突降50℃时，应紧急停机。

表4-1为某600MW、1000MW汽轮机允许的进汽压力、温度范围。

表4-1 某600MW、1000MW汽轮机允许的进汽压力、温度范围

名称	限制值	允许运行时间
主蒸汽压力	$\leqslant 1.00p_0$	连续运行
	$\leqslant 1.05p_0$	年平均压力下允许连续运行的压力
	$\leqslant 1.20p_0$	允许偏离值，但12个月的运行周期内积累时间≤12h
高压缸排汽压力	不允许在大于 $1.25p_1$ 压力下运行	
主蒸汽及再热蒸汽温度	≤1.00t	任何12个月运行周期内的平均温度
	$\leqslant t+8$℃	年平均温度下允许连续运行的温度
	$\leqslant t+$（8～14）℃	允许偏离值，但12个月的运行周期内积累时间≤400h
	$\leqslant t+$（14～28）℃	允许偏离值，每次≤15min，但12个月的运行周期内积累时间≤80h
	$>t+28$℃	不允许运行

注 p_0 为主汽阀前额定压力，MPa（a）；p_1 为额定冷再热蒸汽压力，MPa（a）；t 为定主汽阀前、再热汽阀前额温度，℃。

（三）排汽压力变化的影响（新蒸汽压力、新蒸汽温度不变）

1. 排汽压力升高

新蒸汽压力、新蒸汽温度不变，背压升高时，蒸汽在汽轮机中的理想比焓降减小，经济性下降。

对于喷嘴调节的汽轮机，背压升高不大时，若保持调节汽阀开度不变，蒸汽流量基本不变，主要是理想比焓降减小引起汽轮机功率下降，比焓降的减小主要发生在汽轮机末几级，各级的动叶和隔板是安全的。但级的比焓降减小，反动度将增加，引起轴向推力增大。

背压升高会引起排汽温度上升，当排汽温度上升较大时，会引起排汽缸及轴承座等部件受热膨胀，使机组中心发生变化，造成振动；使凝汽器温度升高，可能造成冷却水管热胀过大而产生泄漏，破坏凝结水水质。因此，对低压缸的排汽压力和温度制造厂都有严格的规定。例如，某 600MW 汽轮机低压缸排汽温度正常运行最高 52℃，超过 80℃时报警，当排汽温度达到 121℃时，保护动作停机。

2. 排汽压力降低

新蒸汽压力、新蒸汽温度不变，排汽压力降低时，蒸汽在汽轮机中的理想比焓降增加，循环热效率提高，对经济性有利，因此凝汽式汽轮机应尽量维持在较低背压下运行。但是排汽压力降低过多，会使蒸汽在末级动叶或喷嘴外发生膨胀，造成能量损失，同时可能造成隔板和动叶过负荷。降低排汽压力，需要增加循环水量，使循环水泵耗功增加，机组运行费用增大。因此，运行中应尽量维持凝汽器在最佳真空下运行。

任务二 汽轮机运行中的监视和维护

【教学目标】

1. 知识目标

（1）熟悉汽轮机运行维护的内容和运行人员应做的工作。

（2）掌握汽轮机正常运行中监视和检查的主要内容。

（3）掌握汽轮机甩负荷、低频率运行等非正常运行情况下的监督。

（4）掌握汽轮机运行中发生振动的原因。

2. 能力目标

（1）能通过运行规程查找汽轮机主要参数的正常值和上下限值。

（2）能在仿真机上监视汽轮机的主要参数。

（3）能在仿真机上进行参数的调整。

（4）能根据运行参数对设备的运行情况进行分析。

3. 素质目标

（1）培养团队意识与协作精神。

（2）培养爱岗、敬业的精神。

（3）培养安全和责任意识。

（4）培养理论与实践相结合的能力。

【任务描述】

通过火电机组仿真运行系统、汽轮机实物或模型上的模拟，熟悉汽轮机运行中监视和检查的内容，培养学生对汽轮机运行情况进行监视、检查和分析的技能。

【任务准备】

分析汽轮机运行中的监视和检查任务单，明确该任务的内容、目标和要求；查阅资料；制定实施工作任务的方案。

【任务实施】

分析工作任务单；查阅机组运行规程等资料，了解汽轮机运行中监视和检查的内容；在教师的指导下，学习汽轮机运行监视检查的知识，在仿真机上进行参数的监视和调整，利用实物或模型进行汽轮机本体及辅助设备的检查。

【相关知识】

汽轮机启动完毕后，各部件的温度分布基本均匀，机组进入正常带负荷运行状态。汽轮机带负荷运行是电力生产过程的重要环节之一，在运行中正确执行规程，认真操作、检查、监视以及定期试验和调整，是汽轮机运行人员的职责，也是实现汽轮机组具有良好的运行水平、提高设备的安全性、经济性和可靠性、延长使用寿命的重要途径。

一、汽轮机运行维护的任务

（一）汽轮机运行中的日常维护内容

做好汽轮机正常运行的维护工作是保证机组长期连续安全经济运行的重要前提，汽轮机日常维护的主要内容有以下几点：

（1）通过监盘、定期抄表、巡回检查、定期测振等方式监视有关设备仪表，进行仪表分析，检查运行经济安全情况。

（2）调整有关运行参数和运行方式，贯彻负荷经济分配原则，尽可能使设备在最佳工况下运行，降低热耗率和厂用电率，提高运行的经济性。

（3）通过经常性的检查、监视和调整，及时发现设备缺陷，及时消除，加强特殊运行方式下设备的监视，提高设备的健康水平，预防事故的发生和扩大，提高设备利用率，保证设备长期安全运行。

（4）定期进行各种保护试验及辅助设备的正常试验和切换工作，保证设备的安全可靠性。

（二）汽轮机正常运行时运行人员应做的工作

为了保证机组安全经济运行，汽轮机正常运行时运行人员对汽轮机应做的工作主要有：

（1）认真监视，精心操作、调整，随时注意各种仪表的指示变化，采取正确的维护措施，认真填写运行日志。

（2）定时抄表，并进行数据分析，发现仪表指示和正常值有差别时，应立即查明原因，并采取必要措施。

（3）定期对机组进行巡回检查，应特别注意推力轴承各瓦块乌金温度、各轴瓦乌金温度及回油温度、油流及振动情况，严防漏油着火等。

（4）对汽轮机各部位进行听声检查，特别是工况变化较大时，更应仔细进行听声。

（5）运行中应根据设备的具体情况定期检查或联系检修人员清理安装在汽、水、油系统上的滤网。

（6）经常保持汽轮机在经济状态下运行，为此应满足以下条件：

1）注意保持主、再热蒸汽温度在额定值，汽压符合机组变压运行曲线规定值，变动范围不超过允许的范围。

2）回热系统应运行正常，加热器出口水温应符合设计数值或在规程规定范围之内。

3）保持凝汽器在最佳真空下运行，定期对照检查汽轮机排汽温度，并及时进行调整。

4）凝结水过冷度不应超过规定值。

5）进行各种定期切换及试验工作。

6）定期清扫，保持汽轮发电机组设备的清洁卫生。

二、汽轮机正常运行中的监视检查和定期试验

（一）汽轮机运行中的监视

为了保证汽轮机设备安全经济运行，运行人员除了用各种直观方法对设备的运行情况进行检查和监视外，更主要的是通过各种仪表对设备的运行情况进行监视分析并进行必要的调整，以保持各项数值在允许变化范围内。

汽轮机正常运行期间，以下参数应控制在正常范围内：蒸汽参数、控制油压、润滑油压、轴颈振动、轴承振动、胀差、轴承进油和回油温度、轴承乌金温度、轴向位移、汽缸金属温度、凝汽器压力、排汽温度、主油箱和抗燃油箱油位。

运行中应经常监视的参数有汽轮机的负荷，主蒸汽及再热蒸汽的温度、压力，凝汽器真空、汽轮机转速以及转动设备运转情况。

运行中应经常巡视的参数有调节级汽室蒸汽压力，各抽汽口的蒸汽压力和温度，主蒸汽流量，各加热器进、出口水温度及其水位，油箱油位，调节油压，润滑油压，各轴承振动，机组热膨胀和胀差，转子的轴向位移，推力轴承和主轴承的乌金温度，调节汽阀开度，低压缸温度，凝结水温度，循环水出入口温度等。

由于机型不同，运行中参数控制值不同，表4-2为某600MW汽轮机部分运行参数限值。汽轮机运行维护中，运行人员必须认真执行各机组运行规程所规定的数值，加强检查、分析、调整、维护，使这些参数维持在允许的变化范围内，保证机组安全经济运行。

表4-2　某600MW汽轮机部分运行参数限值

名称		单位	正常值	高报警值	低报警值	极限值
蒸汽参数	主蒸汽压力	MPa（a）	24.2	25.4		29.04
	主蒸汽温度	℃	566	574	≤552	594
	再热蒸汽压力	MPa（a）	4.047	4.322		4.539
	再热蒸汽温度	℃	566	574	542	594
	主蒸汽流量	t/h	1726.7	1857		1960
	高压缸排汽压力	MPa（a）	4.497	4.803		5.043
	高压缸排汽温度	℃	317.2	323.7		328.8
	低压缸排汽温度	℃	36.5	≥80		107
汽轮机本体参数	轴向位移	mm	＜0.6，且＞-1.05	0.6	-1.05	
	高中压胀差	mm	＜10.3，且＞-5.3	10.3	-5.3	
	低压胀差	mm	＜19.8，且＞-4.6	19.8	-4.6	
	1～2号支持轴承金属温度	℃	＜115	115		121
	4～6号支持轴承金属温度	℃	＜107	110		121
	推力轴承金属温度	℃	＜85	85		110
	瓦振	μm	＜50	50		
	轴振	μm	＜125	125		250
	高压缸排汽口壁温	℃	≤420	≥440		460

续表

名称		单位	正常值	高报警值	低报警值	极限值
润滑油系统	主机润滑油压	MPa	0.137～0.176		0.115	0.07
	正常运行时润滑油温	℃	40～45	50	40	
	主油泵进口压力	MPa	0.098～0.147		≤0.098	
	主油泵出口压力	MPa	1.372		≤1.205	
	主油箱油位	mm	0	100	−100	
抗燃油系统	EH 油压	MPa	11.2±0.2	14.2	9.2±0.2	7.8
	EH 油温	℃	32～54	60	18	
	EH 油箱油位	mm	−420～−100	−100	−420	

（二）汽轮机运行中的巡回检查

巡回检查是了解设备、掌握运行对象运行情况、发现隐患、保证设备安全运行的重要措施之一，因此，必须认真仔细地做好此项工作。

1. 汽轮机本体的检查

（1）前箱。汽轮机总膨胀指示、回油温度、回油量、振动情况、调节汽阀有无卡涩，油动机齿条工作是否正常。

（2）轴承。所有轴瓦的回油温度、油量、振动情况、油挡是否漏油。

（3）汽缸。轴封供汽、机组运转声音、相对膨胀、排汽缸振动情况及排汽温度。

（4）盘车设备。手柄应放在退出工作位置，并确认工作电源正常。

（5）自动主汽阀。主汽阀位置指示是否正确，冷却水是否畅通。

（6）主表盘。汽、水、油系统各压力指示值，真空、相对胀差、轴位移指示。

2. 辅助设备的检查

（1）润滑油箱、抗燃油箱、辅助油箱的油位正常、排烟风机工作良好。

（2）冷油器。出入口温度应正常，水侧无积气、漏水现象。无漏油，油压大于水压。

（3）各油泵、滤油机及低位油箱。油位应正常。

（4）凝汽器。凝汽器水位、循环水出入口压力和温度、凝结水温度、各截门开关位置。

在巡回检查中如发现异常情况，应仔细研究分析并找出原因，及时予以消除。不能很快消除的要采取措施，防止故障扩大，做好记录并及时汇报。

（三）汽轮机正常运行中的定期试验和辅助设备的切换

为了保证主机安全，要求其保护装置及辅助设备安全可靠，避免因保护装置或辅助设备问题造成主机的损坏或停机，所以必须进行以下工作：

（1）定期活动主汽阀和调节汽阀。经常带固定负荷的汽轮机，应定期对负荷做较大范围的变动，防止调节汽阀阀杆卡涩。在有左右两个主汽阀的情况下，应定期进行自动主汽阀、中压联合调节汽阀的活动试验。

（2）各回热抽汽管的水（汽）压止回阀、调整抽汽管路上的止回阀和安全阀均应按照规程规定定期进行试验校正。当某止回阀或安全阀存在缺陷时，应立即消除或采取相应措施。

（3）应定期做备用事故油泵及其自启动装置的试验。此外，汽轮机每次启动时或停机前也应进行此项试验。

（4）每天进行油位计活动试验，定期放出油箱底部积水。定期进行危急保安器充油试验。

（5）各种自动保护装置，包括音响、灯光信号，在运行中可以试验时均应定期进行试验。

（6）定期进行真空系统严密性试验，一般每月进行一次。

（7）定期进行辅助设备切换试验。包括真空泵、凝结水泵、凝升泵、疏水泵、工业水泵等。经常监督备用设备电动机绝缘状况，防止在紧急启动时电动机损坏而扩大事故。表4-3为某600MW汽轮机定期试验项目。

三、汽轮机非正常运行的监督

汽轮机不能按正常运行方式运行的各种工作状态统称为非正常运行（异常运行）状态，如汽轮机甩负荷、频率下降等。汽轮机处于非正常状态时，如果控制监视参数未超过极限允许值，机组仍可维持运行，但是各部件的热状态及受力情况均有改变，因此要重视非正常运行时机组的安全性。下面讨论汽轮机两种典型的非正常运行方式。

表4-3　某600MW汽轮机定期试验项目

序号	项　目	时 间
1	高压主汽阀、中压联合调节汽阀活动试验	每周一次
2	汽轮机交、直流油泵低油压联锁试验，密封油备用泵、EH油泵低油压联锁试验	每周一次
3	各段抽汽止回阀关闭试验	每月一次
4	危急保安器充油试验	每月一次
5	ETS系统通道试验	每月一次
6	凝结水泵、凝升泵、定子水泵、真空泵、电动给水泵、循环水泵、开式泵、闭式泵、EH油泵、轴封风机、各排污泵倒换	每月6日白班
7	给水泵汽轮机主汽阀活动试验	每月一次
8	凝汽器真空严密性试验	每月一次
9	超速遮断试验	（1）大小修后； （2）超速遮断装置检修后； （3）运行半年后
10	主汽阀、调节汽阀严密性试验	大、小修后
11	各旋转滤网清洗及各油箱放水	每日白班
12	主油箱油位计活动试验	每班一次
13	各转动机械轴承添加润滑剂	每班一次
14	各开式水冷却器反冲洗	每周一次

（一）汽轮机甩负荷

在运行过程中，汽轮发电机组的负荷突然从额定负荷降到零，这种现象称为汽轮发电机组的甩负荷。当汽轮发电机组发生甩负荷后，应根据出现的现象分别对待进行处理。甩负荷后，如果不是汽轮机保护动作的原因，汽轮机的转速会突然升高，正常情况下转速不会超过危急保安器的动作转速，避免停机。如果转速超过危急保安器的动作转速，而危急保安器仍未动作，此时应立即进行故障停机。

汽轮机甩负荷后带厂用电运行或者从电网上解列机组空转，机组本身处于恶劣工况下运行，对汽轮机的寿命损耗影响较大。汽轮机甩负荷后，由于锅炉负荷急剧下降时主蒸汽温度下降，调节级的汽温将急剧下降，而且反映在极短的时间内，对调节级金属产生很大的热冲击。试验证明，热冲击最严重的发生在甩负荷后的前15min内，据资料分析，这样的热冲击发生100～400次，部件就会损坏。汽轮机若维持空负荷运行，由于流过通流部分的蒸汽量减少，其通流部分温度会上升。例如K-200-130-1型汽轮机，当机组甩掉150MW负荷空转时，第12级导叶温度从315℃升高到428℃，给汽轮机加载后，此温度下降到282℃。在甩负荷200MW时，第12级导叶级在3～4min内便从320℃上升到448℃，因此，空负荷运行时，高压缸通流部分的加热非常剧烈。应重视此时该部分温度工况所造成的材料损伤。因此，机组甩负荷带厂用电运行时间不可太长，在此期间若电网故障仍未排除，只好停机停炉，不可将带厂用电方式作为机组的保安电源而长时间运行。

（二）低频率运行

汽轮发电机组在系统电频率低于49.5Hz情况下运行称为低频率运行。

电网频率改变时，汽轮机某些部件的振动性能会受到影响，低频率运行时汽轮机的低压级叶片有可能发生共振，所以低频率运行是一种危险的运行工况。频率下降的程度不同，对机组的危害性也不同，表4-4为汽轮机低频率运行对叶片的影响。

表4-4 汽轮机低频率运行对叶片的影响

频率下降值	对叶片的影响	频率下降值	对叶片的影响
1%	无影响	3%	10～15min破坏
2%	90min破坏	4%	1min破坏

为了减少汽轮机低频率运行对叶片的损害，制造厂对机组允许低频率运行的数值和时间均做了规定。例如，某600MW汽轮机空负荷时额定转速波动允许值为±1r/min，在整个寿命期间内允许频率在48.5～51.5Hz范围内持续稳定运行，机组在整个寿命期间内的频率允许变化范围及允许运行时间见表4-5。表4-6为某1000MW机组允许的频率变化范围。

表4-5 某600MW机组频率允许变化范围及运行时间

频率（Hz）	允许运行时间	
	每次（s）	累计（min）
48	300	300
47.5	60	60
47	10	10
48.5～51.5	连续运行	

汽轮发电机组保护系统中也设置了低频率保护，频率变化超过规定范围后，保护装置动作使汽轮机脱扣。

四、汽轮发电机组的振动及其监督

汽轮发电机组在运行中振动的大小，是机组安全和经济运行的重要指标，也是机组设计、制造、安装、检修质量的综合反映。若振动过大，可能造成严重危害和后果：

表 4-6　　某 1000MW 机组允许的频率变化范围

频率（Hz）	允许运行时间	
	每次（s）	累计（min）
52.5～53.0	6	6
52.0～52.5	34	34
51.5～52.0	134	134
48.5～51.5	连续运行	连续运行
48.5～48.0	300	300
48.0～47.5	60	60
47.5～46.5	不允许	不允许

（1）使转动部件损坏。机组振动过大时，叶片、叶轮等转动部件上会产生很大的应力，导致疲劳损坏。

（2）使连接部件松动。机组发生过大振动，将使与其相连的轴承座、主油泵、凝汽器等发生强烈振动，引起螺栓松动甚至断裂，从而造成重大事故。

（3）使机组动、静部分摩擦。如轴端汽封及隔板汽封与轴的摩擦，轻则使汽封磨损，间隙增大，漏汽损失增加，汽轮机相对内效率降低，严重时会造成主轴弯曲。

（4）引起基础甚至厂房建筑物的共振损坏。

（5）有可能引起危急保安器误动作而发生停机事故。

由此可知，为保证机组长期安全运行，必须将它的振动幅度控制在规定范围内。

（一）机组振动的评价标准

机组振动值一般用轴承振幅或轴的振幅大小来衡量。振动允许值随机组的不同而不同，一般的振动标准见表 4-7。

表 4-7　　汽轮发机组振动标准

机组转速（r/min）	轴承的双峰振幅（mm）		
	优秀	良好	合格
3000	<0.02	<0.03	<0.05
1500	<0.03	<0.05	<0.07

双峰振幅是测点单峰振幅的 2 倍，也称全振幅或峰-峰值，取轴承座垂直、水平和轴向三个方面上的最大测量值。

由于受到轴承及油膜刚度等的影响，在轴承上测得的振幅不能完全反映出转动部分的振动情况，因此还应直接测量转子的振动数值作为振动标准才是合理的。随着测量技术的发展，现在已有直接测量转子振动的非接触式仪表，并在机组上安装使用。国家规定了 3000r/min 汽轮机轴承和轴的振动标准，见表 4-8。

（二）机组发生振动的原因

造成和影响机组振动的原因是多方面的，也是十分复杂的，它与机组的制造、安装、检修和运行水平等有直接的关系。下面介绍引起机组振动的常见原因。

表 4-8 **轴承和轴的振动评价标准**

评价		优	良	正常	合格	需重新找平衡	允许短时运行	立即停机
全振幅(mm)	轴承	<0.0125	<0.02	<0.025	<0.03	0.03～0.058	<0.05	0.05～0.063
	轴	<0.038	<0.064	<0.076	<0.089	0.102～0.127	—	0.152

1. 引起机组强迫振动的原因

(1) 转子质量不平衡。加工检修偏差，个别元件断裂、松动，转子被不均匀磨损及叶片结垢等均会使转子产生质量偏心，引起机组发生强迫振动。转子质量不平衡引起的振动，特点是振动随转速升高而加剧，振动频率与转子的转速一致，相位稳定，在通过临界转速时振幅明显增加。现场发生的振动中，较多的是这一种。

(2) 转子弯曲。

1) 汽轮机启动过程中，盘车或暖机不充分、升速或升负荷过快，以及停机后盘车不当，使转子沿径向温度分布不均匀而产生热弯曲。

2) 转子的材质不均匀或有缺陷，受热后出现热弯曲。

3) 动、静部分之间的碰磨使转子弯曲。

(3) 转子中心不正。联轴器平面与主轴中心线不垂直（称为瓢偏），或转子在连接处不同心，在旋转状态下都会产生引起振动的扰动力，从而引起机组振动。

(4) 转子支承系统变化。若轴瓦或轴承座松动、安装着轴承的汽缸变形、机组基础框架不均匀下沉、轴承供油不足或油温不当使油膜遭到破坏，都会使轴系的受力发生变化，引起机组振动。

(5) 电磁力不平衡。发电机转子与定子间间隙不均匀或转子线圈匝间短路时，磁场力分布不均匀，将引起机组振动。

2. 引起机组自激振动的原因

振动系统通过本身的运动不断向自身馈送能量，自己激励自己，这样产生的振动称为自激振动。引起机组自激振动的原因主要是油膜自激和间隙自激，它们引起的振动分别为油膜振荡和间隙自激振动。

间隙自激振动的产生：当汽轮机转子与汽缸不同心时，动、静部分径向间隙不均匀。间隙小的一侧漏汽量小，作用于叶片上的力就大；相反，间隙大的一侧叶片上的力就小。这样，叶轮上产生了不平衡的力，两侧力的合力不为零。当合力的切向分力大于阻尼力时，就可能使转子产生涡动。涡动产生后，涡动离心力使合力的切向分力增加，从而使涡动加剧。周而复始，形成自激振动。

消除间隙自激振动的措施有：①改善转子与汽缸的同心位置，以减小自激振力；②减小轴承间隙，增加润滑油黏度等，以增加阻尼。

3. 引起机组轴系扭振的原因

机组稳定运行时，作用在其轴系上汽轮机的蒸汽力矩和发电机的电磁力矩相平衡。当受到瞬间冲击扭矩或周期性交变扭矩作用时，轴系将产生扭转振动，在转轴上产生交变的扭应力，造成疲劳损坏。

引起轴系扭振的原因有汽轮机组和电气系统两方面。

（1）汽轮机组方面。蒸汽力矩由汽轮机进汽阀门开度决定，若汽轮机组故障或操作使蒸汽力矩迅速发生变化，将对轴系扭矩平衡造成冲击，引起扭振。

1）汽轮发电机组突然甩负荷。正在稳定运行的机组，如果甩负荷，电磁力矩将突然减小或等于零。而汽轮机调节系统动作需要时间，蒸汽力矩的减少略为滞后，造成了力矩的极大不平衡，引起扭振。

2）汽轮机调节阀快速控制。在调节阀快关—快开或慢开过程中，蒸汽力矩与电磁力矩不平衡，对轴系产生冲击。

3）调节系统快速调节。

（2）电气系统方面。在电力系统短路、快速重合闸、非同期并网及三相电力负荷不平衡等情况下，电磁力矩会发生突变或振荡，激起轴系扭振。

轴系扭振会加快转轴疲劳寿命的损耗、造成轴系零部件的损坏及低压级叶片的疲劳损坏。因此，应改进机组与电力系统结构设计，完善和加强保护、监测和运行，以防止扭振的发生及减小其影响。轴系应具有足够的扭转强度，在工作温度下能抵抗扭振引起的交变扭应力以及疲劳损伤。

五、汽轮机低负荷运行的监督

汽轮机低负荷运行是带基本负荷的机组参加电网调峰的主要运行方式之一，低负荷运行时，汽轮机大幅度地偏离设计工况，必然导致经济性的降低，同时对安全性也会带来威胁，如排汽缸过热和末级叶片颤振等。

（一）低压级叶片蒸汽流动特性

1. 小容积流量工况

容积流量减小过程中，动叶根部开始出现脱流工况以及此后容积流量更小的工况称为级的小容积流量工况。

汽轮机低压级叶片较长，顶部叶型薄而微弯，叶型扭曲厉害，叶片的出口汽流速度很高，绕流流场处于跨声速。当低压级在小容积流量下工作时，会导致低压通流部分尤其是末级叶片中的流动发生较大变化。当负荷降低时，容积流量减小，使压力沿径向剧烈变化，当负荷降低到一定程度时，叶片根部、顶部出现扩压区导致产生涡流，流线急剧弯曲。

对汽轮机模型透平级做从额定负荷到空负荷的试验，得到低压级流动流线，如图 4-31 所示。由图可以看出，低压级的负荷降低时，叶片根部、顶部均会出现脱流现象，使得该处的蒸汽倒流，速度三角形发生了很大的变化。在正常的容积流量下，流体可以充满整个流道，流动是正常的。当容积流量减小到 54%时，动叶后根部出现沿圆周方向运动的涡流，但速度比圆周速度小得多，动叶根部流线向上倾斜，且随着容积流量的减小，动叶后根部涡流区与脱流高度增大。当容积流量减小到 46%时，动叶后涡流和叶根脱流高度更大，而且喷嘴与动叶的间隙中出现涡流，喷管中流线向下弯曲，动叶中流线向上弯曲更大；当容积流量减小到 28%时，动叶后涡流几乎占据了整个叶高，只有外缘有流量，动叶内流线呈对角线，动叶、静叶间间隙涡流扩大到大部分叶高，只有隔板体附近有蒸汽流过。当叶根脱流超过 1/3 叶高时，叶间外缘涡流沿轴向深入喷嘴。

发生脱流的必要条件是轴向扩压流动和流体黏性的作用，因此涡流必将发生在扩压区和叶栅上下端部的边界层增厚处。叶片的根部、顶部脱流易形成漩涡区，不仅对叶片有冲蚀作用，而且还形成了稳定的扰动源，引起叶片的振动，导致末级叶片损坏。为了消除或减少根

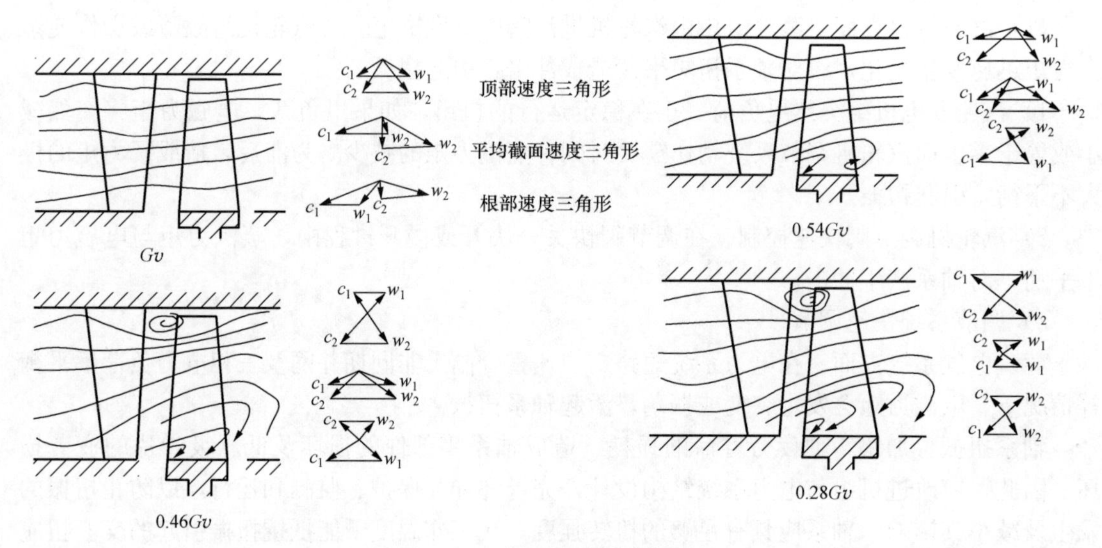

图 4-31 低压级流动流线示意

部脱流现象，必须增加根部反动度。

2. 鼓风工况和过渡工况

汽轮机的级能对外做有效功的工况称为透平工况。如果某级不但不对外做功，而且还要消耗轴上机械功，级的这种工况称为鼓风工况，也称耗能工况或压气机工况。

汽轮机低压级在容积流量较低的工况下运行时，会出现脱流以至于蒸汽的倒流，影响了动叶进出口的速度三角形（见图 4-31），有的部位的速度三角形已呈倒置状，这种情况下不仅不能产生功率，还会对正常流动的蒸汽产生阻碍，并消耗功率，出现鼓风工况。在鼓风工况下，动叶起鼓风机叶片的作用，有时动叶后静压力还会大于动叶前静压力。

在由透平工况向鼓风工况过渡的某中间工况，级的有效比焓降 $\Delta h_i=0$，级的相对内效率 $\eta_{ri}=0$，此工况称为过渡工况。在低负荷运行下，希望透平工况的范围扩大，鼓风工况的范围缩小，因此过渡工况出现的越迟越好。试验表明，在容积流量减小过程中，当喷嘴与动叶间间隙开始出现脱流时，透平级就会进入过渡工况。因此，推迟涡流的发生将有利于扩大透平工况的范围。

（二）汽轮机低负荷运行中的问题

1. 低压缸排汽室过热

汽轮机的级出现鼓风工况时，要消耗一部分机械功并转变为热能，加热蒸汽，再由蒸汽加热转子。由于末级通流面积最大，因此在容积流量减小的过程中，末级最先达到鼓风工况，最先被加热。容积流量进一步减小，末二级也将出现鼓风工况，也被加热。如此逐级向前推进。单缸凝汽式汽轮机在空载工况下，将只有调节级的喷管有蒸汽膨胀做功，其余各级都在接近于排汽压力下空转。凡处在空转下的级都将受到加热。某汽轮机在空载工况下，低压缸进汽温度为 110～130℃，但由于鼓风工况加热，排汽温度高达 200～250℃。

为了使排汽室温度不超限，在排汽室设置喷水减温装置。当排汽室温度超过规定值时，喷水装置向排汽室喷水，降低其温度。例如，某 300MW 汽轮机组当排汽温度大于 70℃时，喷水装置自动投入。试验表明，喷水冷却装置投运时，若凝汽器真空较高，则末级动叶后汽温沿整个叶高都将降到排汽压力下的饱和温度，如50～60℃，比较安全。

小容积流量工况下，末级动叶根部为负反动度，喷水冷却装置喷出的水滴将通过根部涡流被吸入动叶，随着涡流运动，冷却动叶。单元再热机组在汽轮机负荷很小时，再热器来的多余蒸汽将通过减温减压器送入凝汽器。减温减压器中喷出的部分水滴，也将经过凝汽器倒流入末级动叶根部，冷却末级。若停用喷水冷却装置且切除减温减压器通入凝汽器的排汽，则几分钟后末级动叶后汽温就升高到200℃左右，有的机组末级叶间间隙外缘温度可达250℃左右。因此，在这种工况下，不能停用喷水冷却装置。

在低负荷运行时，由于末级叶片表面的脱流现象，产生部分回流蒸汽，有可能将喷水装置喷出来的水卷入叶片，使叶片产生水蚀。

2. 低压级叶片颤振

叶片颤振是一种自激振动，其激振力是由叶片本身的振动形成的。当汽流流过叶片时，如果叶片受到外部的作用发生轻微的振动，则由于叶片和汽流的相互作用，在叶片表面产生一个波动的压力分布，这样就会产生一个力和运动元间的相位移，在叶片上做功。如果在叶片一个振动周期内汽流对叶片做的功小于叶片振动机械阻尼所消耗的功，叶片获得的总能量为负值，此时叶片振幅会逐渐减小直至消除，不会发生颤振；如果汽流流过叶片做的功大于机械阻尼所消耗的功，则叶片振幅逐渐增大，发生叶片颤振。

汽轮机低负荷运行时，叶片顶部出现较大负冲角，并出现脱流，因而容易引起颤振。叶片发生颤振后，叶片内部动应力显著增大，可能引起叶片裂纹。为了消除叶片颤振现象，一般从改变叶片型线或者增加机械阻尼两方面考虑。前者可以消除负冲角，后者可通过采用适当的拉金围带结构，使机械阻尼增大。

六、凝汽设备的运行监视与维护

（一）凝汽设备的运行监视

凝汽器运行的好坏直接影响汽轮机组运行的安全性与经济性。对凝汽器运行的要求主要是能保证达到最有利真空、减小凝结水过冷度和保证凝结水品质合格。

1. 凝汽器真空的监视

由于凝汽器压力低于大气压力，其表压力必然为负值。在这种情况下，通常以真空度表示其表压力的大小。因此，在当地大气压下，对凝汽器真空的监视即是对凝汽器压力的监视。在运行中，凝汽器真空是影响汽轮机安全性和经济性最重要的监视参数之一。国产引进型300MW汽轮机机组凝汽器压力升高1kPa，会使热耗增加0.9%～1.8%，功率减少1%左右；亚临界压力600MW汽轮机组真空下降1%，热耗将增加0.05%。

2. 凝结水过冷度的监视

理想情况下，凝结水的温度应等于凝汽器压力所对应的饱和温度。但在实际运行上，凝结水温度会低于凝汽器压力所对应的饱和温度，即为凝汽器凝结水过冷。人们将凝结水温度与凝汽器压力所对应的饱和温度之间的差值称为凝结水的过冷度。

在实际运行中所出现的凝结水过冷现象，将对汽轮机组的安全性和经济性产生不利影响。凝结水过冷表明汽轮机排汽在凝结过程中，传给冷却水的热量增大，冷却水将带走额外的热量而产生附加的冷源损失，汽轮机将消耗更多的回热抽汽，直接影响机组的热经济性。一般凝结水的过冷度每增加1℃，就相当于机组的燃料消耗量增加0.1%～0.15%。另外，由于凝结水过冷还会造成凝结水含氧量增加，使凝结水系统管道、低压加热器等设备受到氧腐蚀。因此，凝结水过冷度应尽可能的小，一般为0.5～1℃。

凝汽器在实际运行中出现凝结水过冷，一方面是凝汽器自身特性的局限或设计的问题；另一方面可能是运行控制不当而产生。

因凝汽器自身特性局限或设计问题使凝汽器在实际运行中出现凝结水过冷的原因如下：

(1) 冷却水管外表面的蒸汽分压力低于管束之间混合汽流的压力。

(2) 冷却水管外存在凝结水膜。凝汽器内蒸汽凝结时，在冷却水管外形成凝结水膜，被管内冷却水冷却，因而水膜的平均温度必然低于水膜外表面的温度即所处压力下的饱和温度。

(3) 凝汽器汽阻的影响。凝汽器汽阻的存在，使得凝汽器内管束中、下部形成的凝结水温度降低而产生过冷。

(4) 设计中冷却水管管束排列不当。这就使得蒸汽在凝汽器上部管束凝结产生的水珠，在下落过程中，又被下部冷却水管进一步冷却。

现代凝汽器都设有专门的蒸汽通道，使部分刚进入凝汽器的蒸汽直接到达热井加热凝结水，这种结构的凝汽器被称为回热式凝汽器。回热效果好时，凝结水的过冷度可小于1℃左右。若回热通道与管束设计排列得当，可使凝结水温度接近排汽温度，例如，600MW超临界压力汽轮机组可保证在任何工况下凝结水温度小于0.5℃。

因运行控制不当使凝汽器在实际运行中出现凝结水过冷的原因是：

(1) 凝汽器水位过高。在运行中凝汽器水位过高会使凝汽器下部冷却水管被淹没，凝结水被进一步冷却，使凝结水产生过冷。因此，在运行中除必须将凝汽器水位保持在正常范围内之外，现代电厂都利用凝结水泵的汽蚀特性，采用低水位运行方式，以避免水位过高的现象。

(2) 凝汽器内积存空气。这主要是由于真空系统不严密，空气漏入凝汽器中；或者是抽气设备工作不正常，造成凝汽器内空气的积存，使蒸汽分压力降低，空气分压力升高。所以凝结水温度必然低于凝汽器压力下的饱和温度，而产生凝结水过冷。因此，在运行中要保持真空系统的严密性，并要维护好抽气设备。

3. 凝汽器真空系统严密性的监视

凝汽器的空气主要是通过汽轮机设备中处于真空状态下低压各级与其相应的回热系统、排汽缸、凝汽设备等不严密处漏入的；还有新蒸汽进入汽轮机时也可能带进来极少量的不凝结气体。设备真空严密性好时，进入凝汽器的空气量不到排汽量的万分之一。它虽然很少，但危害很大，主要危害有以下三点：

(1) 漏入空气量增大，使空气分压力升高，从而使凝汽器真空降低。

(2) 空气阻碍蒸汽凝结，使传热系数 K 减小，δt 增大，从而使真空下降。空气含量即使只有0.1%左右，表面传热系数也降低10%左右。当蒸汽空气混合物一起流向冷却水管时，蒸汽在冷却水管外表面凝结为水后滴下来流走。空气在冷却水管外围增多，使蒸汽分子只有通过扩散才能靠近冷却水管外侧，所以凝汽器中空气的存在大大地阻碍了蒸汽的凝结。

(3) 凝结水过冷度和含氧量增大。因此，必须监视凝汽设备在运行中的严密性，要定期做真空严密性试验。严密性试验方法有多种，常用的是在汽轮机额定负荷80%～100%工况下，暂时关闭真空抽气阀，观察其真空下降的速度，从中判断凝汽器真空系统的严密性。

对于功率大于 100MW 的汽轮机，真空下降速度不大于 0.39996kPa/min；功率小于 100MW 的汽轮机，真空下降速度不大于 0.6666kPa/min，可认为其真空严密性合格。对于功率为 300MW 及以上的汽轮机，真空下降速度不大于 0.19998kPa/min 才为合格。

如果发现真空系统严密性不合格必须认真检漏。在火电厂中，对凝汽器真空系统检漏的方法多种多样，较常用的检漏方法有鸡毛法、烛光法、薄膜法、静水压法（包括在水中加荧光素的荧光法）等以及现有的卤素检测法。但是这些检测方法中有的受到机组运行条件和漏气量大小的限制，如氢冷发电机就严禁采用烛光法检漏，而静水压法和薄膜法必须停机检漏。

卤素检测法，目前正在普遍推广。它是利用特定的卤化物气体向可能泄漏的部位喷射，如果泄漏处能吸收卤化物气体，经过抽气泵出口时，可用专用的卤素检测仪测量卤化物气体的含量，来判断真空系统泄漏量的大小。卤素检测法使用范围广、检测精度高、安全可靠，因此在现代汽轮发电机组真空系统检漏中得到广泛的应用。

4. 凝结水含氧量的监视

空气漏入凝汽器不仅使凝汽器真空下降、凝结水过冷，而且使凝结水含氧量增加，导致冷却水管、凝结水系统管道与设备腐蚀，同时增加了除氧器的负担。因此，不但在运行中要监视凝结水的含氧量，而且凝汽器都设有真空除氧装置。国外为了降低电厂投资，克服布置困难，不设除氧器，只靠真空除氧。例如，法国大多数核电站和一部分火电厂就不设除氧器，这样对真空除氧的要求更高。

图 4-32 是一种设置在凝汽器热井中的淋水盘式凝结水真空除氧装置。凝结水进入热井时，首先流入带有许多小孔的淋水盘，水自小孔流下，形成水帘，凝结水表面积增大，被上面流下的蒸汽加热。只要能将凝结水加热到饱和温度，就可把溶于水中的氧气和其他气体除掉。水帘落下，落在角铁上，溅成水滴，表面积又增大，可被蒸汽进一步加热与除氧。不能凝结的气体经过许多根空气导管引入空气冷却区，由抽气器抽走。

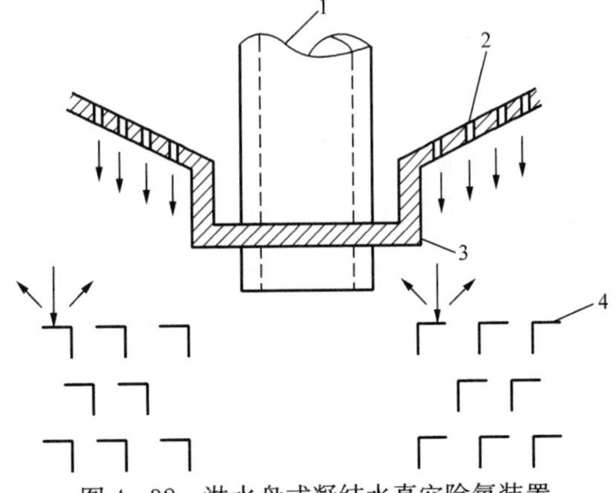

图 4-32　淋水盘式凝结水真空除氧装置

1—空气导管；2—淋水盘；3—长水槽；4—溅水角钢

一般真空除氧装置在大约 60%额定负荷以上工作时的除氧效果较好，满负荷工作时的除氧效果最好。但是在低负荷和机组启动时，由于蒸汽量少，蒸汽在管束上部就已凝结，不能到达热井加热凝结水，使凝结水的过冷度增大，导致真空除氧装置效果较差。而且，低负荷时汽轮机内负压区域的扩大使漏入的空气量增大，这样就使得凝结水的含氧量增大。这时可增设如图 4-33 所示的热井鼓泡除氧装置加以解决。热井中的凝结水被蒸汽鼓泡搅动而混合加热至饱和温度，使非凝结气体从水中逸出。这种装置可在汽轮机组启动、低负荷和其他非正常工况下投运。

5. 凝结水质的监视

为了防止热力设备结垢和腐蚀，必须经常通过化学分析对凝结水水质进行监督，以保证各项水质指标符合要求。特别是亚临界与超临界压力机组，对凝结水品质的要求更为严格。

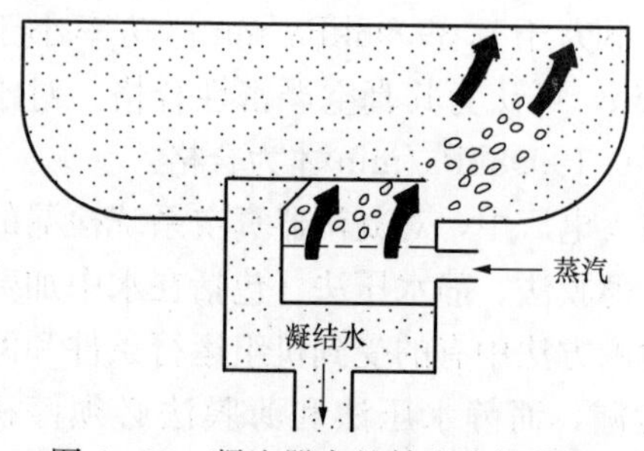

图 4-33 凝汽器中的鼓泡除氧装置

运行中凝结水水质不良的主要原因是，冷却水漏到凝汽器的汽侧。若发现凝结水水质不合格，则应查出泄漏的冷却水管并消除泄漏。

在运行中若凝结水水质不合格，但硬度又不很高，可能是由于管板胀口不严，有轻微的泄漏所致。这时若停止凝汽器运行，不易找出泄漏处。电厂的应急做法是在循环水泵吸入口水中加锯木屑，木屑进入水室里，在泄漏处受到真空的吸引将“针孔”堵塞，便可维持硬度在合格范围内。

运行中如果由于腐蚀、振动以及机械性损伤等原因使冷却水管损坏，冷却水便会大量漏入凝结水中。这时凝结水含盐量将大大增加，凝结水电导率和 Na^+ 明显升高。这时必须停止凝汽器运行并查漏，将发生泄漏的冷却水管堵死即可。

（二）凝汽器的维护

在运行中凝汽器冷却水管会受到污染，它分为汽侧污染和水侧污染。汽侧污染主要由于亚硝酸盐和石碳酸盐附着所致，用 80～90℃热水冲洗，即可获得良好效果。水侧污染则是由于冷却水质不良或冷却水中生长有机物及含有杂物，都会使凝汽器冷却水管内壁在运行中逐渐脏污或结垢，从而引起凝汽器的真空下降，机组的热经济性降低；冷却水管内壁脏污后还容易引起腐蚀与泄漏，影响汽轮机的安全运行。因此在运行中形成的污垢必须定时除去。

目前，国内多数电厂使用胶球自动清洗装置除污，如图 4-34 所示。胶球自动清洗系统由胶球泵、装球室、收球网、二次滤网、分配器、阀门和相应的管道组成。二次滤网是胶球自动清洗装置中的主要设备。它的任务是过滤冷却水，除去可能堵塞铜管的杂物，保证胶球正常投入、回收。装置中所用的胶球是密度与水相近的海绵胶球。将胶球装入装球室后，启动胶球泵，用稍高于循环水压力的水流将胶球带入凝汽器水室。胶球直径比铜管内径大 1～2mm，柔软而有弹性。随水流进入铜管后，被压缩成椭球状，并与铜管内壁有一整圈接触。

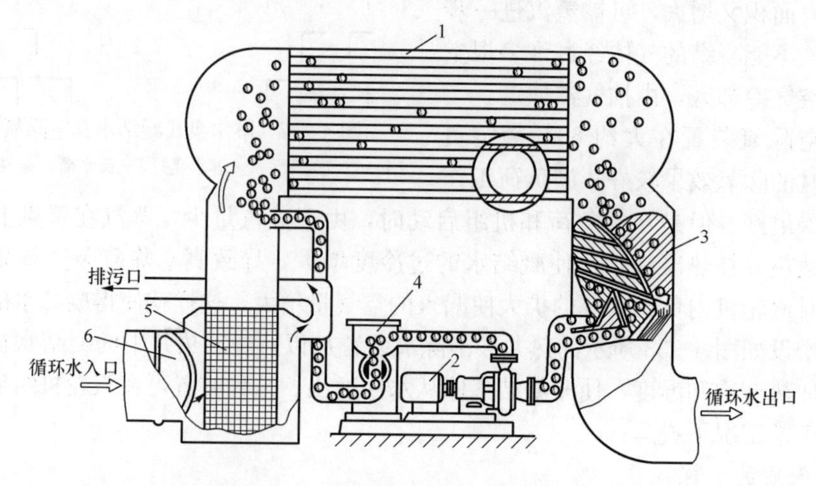

图 4-34 凝汽器胶球自动清洗系统

1—凝汽器；2—胶球泵；3—收球网；4—装球室；5—二次滤网；6—蝶阀

在行进过程中，将铜管内壁的污垢擦除。当它流出管口时，在自身弹性的作用下，突然恢复原形，弹掉了表面的污垢，并随循环水流入收球网。由于胶球泵进水管口接在收球网网底，所以胶球在进口负压的作用下被吸入泵内，重复以上的运动。根据机组的大小、胶球管道的长短及冷却水流速的不同，胶球在系统中循环一周的时间为10～40s。

【学习情境总结】

（1）在实际运行中，汽轮机的运行条件往往偏离其设计条件，发生了变工况。在变工况运行时，汽轮机的经济性和安全性都会发生变化。

（2）对一定尺寸的斜切喷嘴，在喷嘴前滞止压力 p_0^* 不变时，流经喷嘴的流量 G 只与喷嘴后压力 p_1 有关：当 $p_0^*>p_1>p_{cr}$（p_{1a}）时，随着压力 p_1 的降低，流量 G 逐渐增加；当 $p_1\leqslant p_{cr}$（p_{1a}）时，流量保持与初压对应的临界流量，此时流量不随 p_1 的变化而变化。在喷嘴前蒸汽温度变化不大时，通过喷嘴的临界流量与喷嘴前蒸汽滞止压力成正比。

（3）若变工况前后级均在临界状态下工作，则通过该级的流量与级前压力成正比，而与级后压力无关。当变工况前后级内未达到临界状态时，通过级的流量与级前后参数均有关。

（4）在变工况前后如果级组均处于临界状态，则通过该级组的流量与级组中达到临界状态的级及其前面各级的级前压力成正比。当工况变化前后级组均未达到临界状态时，通过级组的流量与级组前后压力平方差的平方根成正比。

（5）蒸汽流量变化时，汽轮机级前后压力、比焓降、反动度、级内功率、级内效率等参数可能发生相应的变化，对于采用不同调节方式的汽轮机及汽轮机的不同级，其变工况特性是不同的。

（6）汽轮机运行过程中，通常通过节流调节、喷嘴调节、旁通调节和滑压调节方式调节进入汽轮机的蒸汽量或改变蒸汽在汽轮机中的做功能力来调节汽轮机的功率，以适应外界负荷的变化。

（7）汽轮机的进、排汽参数变化会对汽轮机运行的经济性和安全性产生相应的影响，在运行过程中要将蒸汽参数控制在允许范围内。

（8）汽轮机正常带负荷运行是电力生产过程中的重要环节之一，汽轮机运行人员应正确执行规程，认真操作、检查、监视以及定期试验和调整。

（9）汽轮机在甩负荷、低频率运行、低负荷运行及振动过大等情况下运行时，各部件的受力情况均有改变，对机组的安全工作会带来威胁，因此要重视此时机组的安全性。

复习思考题

1. 什么是汽轮机的设计工况和变工况？
2. 汽轮机发生变工况的原因主要有哪些？
3. 通过喷嘴的流量与喷嘴前后压力有什么关系？
4. 分析通过级的流量与其前后压力的关系？
5. 什么是级组？通过级组的流量与其前后压力有什么关系？
6. 什么是汽轮机的监视段压力？
7. 分析凝汽式汽轮机调节级、中间各级和末级的级前压力、比焓降、反动度、效率随流量的变化规律。

8. 什么是节流调节？这种调节方式有什么特点？

9. 什么是喷嘴调节？这种调节方式有什么特点？

10. 什么是调节级？调节级的危险工况是什么工况？

11. 影响汽轮机轴向推力变化的因素有哪些？

12. 当汽轮机的进汽压力变化时，对汽轮机的安全运行有何影响？

13. 当汽轮机的进汽温度变化时，对汽轮机的安全运行有何影响？

14. 当汽轮机的排汽参数变化时，对汽轮机的安全运行有何影响？

15. 什么是小容积流量工况、透平工况、鼓风工况和过渡工况？

16. 什么是汽轮机的汽耗特性和汽轮机的工况图？请分析凝汽式汽轮机和背压式汽轮机的汽耗特性。

17. 请分析一次调节抽汽式汽轮机工况图上的各工况线。

18. 请分析二次调节抽汽式汽轮机的工况图。

19. 汽轮机日常维护的主要内容有哪些？

20. 汽轮机正常运行时运行人员应做的主要工作有哪些？

21. 汽轮机运行中应经常监视哪些参数？

22. 汽轮机本体检查主要有哪些内容？

23. 引起机组强迫振动的原因有哪些？

24. 什么是凝结水的过冷度？凝结水过冷却对运行安全性和经济性有何不利影响？汽轮机运行中引起凝结水过冷的原因及采取的措施有哪些？

25. 运行中凝汽器内空气的来源有哪些？凝汽器内聚集空气有哪些危害？

学习情境五

汽 轮 机 停 机

【学习情境描述】

以火电机组仿真运行系统及汽轮机实物、模型为教学载体，通过具体工作任务的实施，引导学生学习汽轮机正常停机和异常停机的知识，培养学生进行汽轮机停运及对汽轮机运行状态进行监视和分析的技能。

【教学目标】

1. 知识目标

(1) 掌握汽轮机的停机方式及各停机方式的特点。

(2) 掌握汽轮机正常停机的主要步骤。

(3) 掌握汽轮机停机时应注意的主要问题。

(4) 掌握汽轮机停机后的冷却方式及各冷却方式的特点。

(5) 掌握汽轮机紧急停机的情况。

2. 能力目标

(1) 能在仿真机上进行汽轮机的停运操作。

(2) 能看懂汽轮机运行规程。

(3) 能根据机组具体情况选择停机方式。

(4) 会填写操作票。

【教学环境】

多媒体教室及多媒体课件，火电机组仿真运行系统，汽轮机实物或模型。

任务一　汽轮机正常停机

【教学目标】

1. 知识目标

(1) 掌握汽轮机的停机方式及各停机方式的特点。

(2) 掌握汽轮机正常停机的主要步骤。

(3) 掌握汽轮机停机时应注意的主要问题。

(4) 掌握汽轮机停机后的冷却方式及各冷却方式的特点。

2. 能力目标

(1) 能在仿真机上进行汽轮机的正常停运操作。

(2) 能看懂汽轮机运行规程。

(3) 能根据机组具体情况选择停机方式。

(4) 会填写汽轮机停机操作票。

3. 素质目标

(1) 培养安全和责任意识。

(2) 树立团队意识与协作精神。

(3) 树立爱岗、敬业的精神。

(4) 培养理论与实践相结合的能力。

【任务描述】

通过火电机组仿真运行系统上的模拟，熟悉汽轮机正常停机中的内容，培养学生进行汽轮机正常停运的技能。

【任务准备】

分析汽轮机正常停机任务单，明确该任务的内容、目标和要求；查阅资料；制定实施工作任务的方案。

【任务实施】

分析汽轮机正常停机工作任务单；查阅机组运行规程等资料，了解汽轮机正常停机的内容；在教师的指导下，学习汽轮机正常停机的知识，在仿真机上进行汽轮机正常停运操作。

【相关知识】

汽轮机停机是将带负荷的汽轮机卸去全部负荷、发电机从电网中解列、切断进汽使转子静止以及进行盘车的全过程。汽轮机的停机过程是汽轮机的冷却过程，随着温度的下降，会在各零部件中产生热变形、热应力和胀差等，其情况与启动过程相反。停机也应保持必要的冷却工况，以防止发生事故。

汽轮机停机可分为正常停机和事故停机。正常停机是指根据机组或电网的需要，有计划地停机，如按检修计划停机、调峰机组根据需要停机等。故障停机是机组监视参数超限，保护装置动作或手动打闸的停机。

正常停机可分为额定参数停机和滑参数停机两类。

一、额定参数停机

额定参数停机时，主蒸汽参数保持不变，依靠关小调节汽阀逐渐减负荷到零，直到转子静止。这种停机方式能保持汽缸处于较高的温度水平，便于下一次启动；热应力小；负胀差小。但靠调节汽阀节流，使汽轮机各部件降温速度较慢，检修工期长；温度场也不均匀；不能利用锅炉余热。这种停机方式适用于调峰或消缺后很快就要恢复运行的大容量机组和采用母管制供汽的机组。

停机过程是启动的逆过程，一般有停机前的准备、减负荷、发电机解列、转子惰走（降速)、停机后的处理等阶段。

1. 停机前的准备

对机组设备和系统要进行全面检查，并按规定进行必要的试验，例如，试验电动油泵能否确保汽轮机惰走及盘车过程中轴承润滑冷却用油，空转盘车电动机检查等，使设备处于随时可用的良好状态等。

2. 减负荷

关小调节阀，汽轮机进汽量随之减少，机组所带的有功负荷下降。

在减负荷过程中，要注意调整汽轮机轴封供汽，以减小胀差和保持真空；减负荷速度应满足汽轮机金属温度下降速度不超过 1～1.5℃/min；为使汽缸、转子的热应力、热变形和胀差都在允许的范围内，每减去一定负荷后要停留一段时间，使转子和汽缸的温度均匀下降，减少各部件间的温差。在减负荷时，通过汽轮机内部蒸汽流量减少，机组内部逐渐冷却，这时汽缸和法兰内壁将产生热拉应力，并且汽缸内蒸汽压力也将在内壁造成附加的拉应力，使总的拉应力变大。实践运行经验表明，在快速减去汽轮机全部负荷后迅速停机，汽缸和转子并未很快冷却，也没有发现汽缸和法兰间出现很大温差，但在减去部分负荷后使机组维持较低负荷运行或维持空负荷运行，将产生过大的热应力，这是十分危险的。

3. 发电机解列及转子惰走

当有功负荷降到接近零值时，拉开发电机断路器，发电机解列。解列后，应密切注意汽轮机的转速变化，防止超速。

停止汽轮机的进汽时须先关小自动主汽阀，以减轻打闸时自动主汽阀阀芯落座的冲击。然后手打危急保安器，检查自动主汽阀和调速汽阀，使之处于关闭位置。

打闸汽轮机后，转子惰走，转速逐渐降到零。汽轮机打闸后，自动主汽阀和调节汽阀关闭时起到转子完全静止的这段时间称为转子惰走时间。转子惰走时间与转速下降的关系曲线称为转子惰走曲线。惰走曲线的形状及惰走时间随汽轮机的不同而异，如图 5-1 所示。

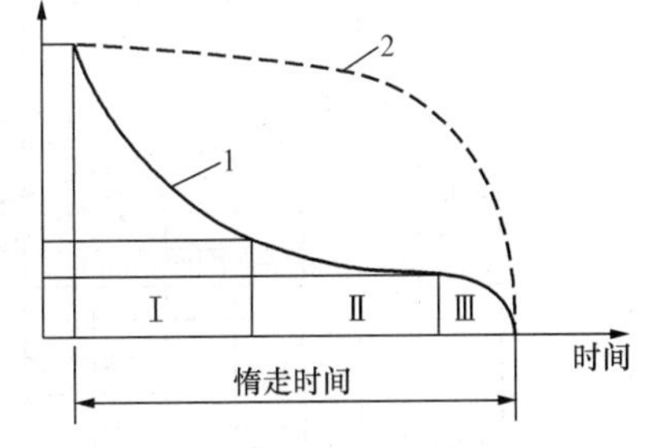

图 5-1　汽轮机停机时的转子惰走曲线和真空变化曲线

1—惰走曲线；2—真空变化曲线

惰走曲线可分三个阶段：第Ⅰ段转速下降最快，因为在此期间，转速较高，摩擦鼓风损失的功率大（该损失与转速成三次方关系，与蒸汽密度成正比）；第Ⅱ段转速下降缓慢，因为转速较低，摩擦鼓风损失小，而轴承润滑良好，摩擦阻力小，功率损失小；第Ⅲ段转速下降较快，因为轴承油膜开始破坏，轴承机械摩擦阻力损失消耗功率大。

根据惰走时间的长短，可以判断机组是否正常。惰走曲线与真空度变化值密切相关，如果按同样真空变化规律停机，惰走时间比标准时间长，说明因主蒸汽或再热蒸汽阀门或抽汽止回阀关闭不严有蒸汽漏入；如果惰走时间短，则可能是机组通流部分的动静部件发生摩擦或轴承磨损。

转子惰走时，轴封送汽不可停止过早，以防止大量冷空气从轴封处漏入汽缸，发生局部冷却。转子静止后可停止轴封供汽，否则轴封进汽使汽轮机上下缸温差及转子温差增大，造成热变形。因此，最佳方法是转子转速到零，控制真空到零，同时停止轴封供汽。

二、滑参数停机

滑参数停机是在调节汽阀接近全开位置并保持开度不变的条件下，依靠主蒸汽、再热蒸汽参数的降低来卸载，降低转速直至停机。其优缺点与额定参数停机相反。大容量机组广泛采用这种停机方式。

滑参数停机有汽温不变只滑变汽压和汽温汽压同时滑变两种方式。

(1) 汽温不变只滑变汽压方式。在该方式下，调节阀保持全开，主、再热蒸汽温度不变，逐渐降低主蒸汽压力，使负荷逐渐下降。采用该方式停机，停机后汽轮机的金属温度水平较高，再次启动时即使温升率较大，汽轮机部件的热应力不会超过允许值，从而缩短了启动时间，增加了机组运行的灵活性。该方式主要在消除缺陷后或调峰要求再次启动的情况下采用。

(2) 汽温汽压同时滑变方式。在该方式下，蒸汽参数分阶段交替滑变：保持蒸汽压力不变，降低蒸汽温度，使负荷下降；当汽缸金属温度下降缓慢且蒸汽过热度接近 50℃时，降低蒸汽压力，负荷下降；当负荷滑减到所需值时，再次降温，这样交替进行。

机组滑参数停机时需要按照冷态启动曲线逆向控制主蒸汽和再热蒸汽的降温速度和降压速度，适当进行暖机，保持 50℃以上的过热度。图 5 - 2 所示为某 660MW 汽轮机正常停机曲线。

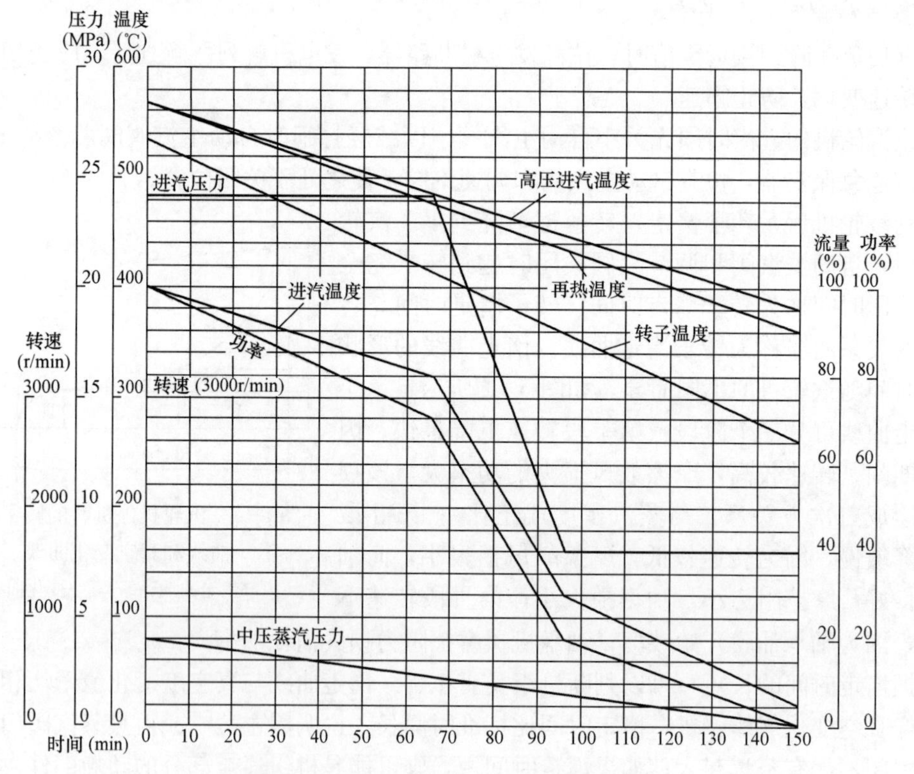

图 5 - 2 某 660MW 汽轮机正常停机曲线

(一) 滑参数停机的主要操作

滑参数停机一般有停机前的准备、减负荷、发电机解列、转子惰走、停机后的处理等过程。下面以某超临界压力 660MW 机组停机过程为例说明滑参数停机的主要操作。

1. 停机前的准备

停机前的准备工作主要有以下几项：

（1）准备好必要的操作工具。

（2）做好辅助蒸汽、轴封及除氧器汽源切换的准备。

（3）进行汽轮机交流辅助油泵、直流事故油泵、交流启动油泵、顶轴油泵、盘车电动机试转，检查其正常并在自动位备用。

（4）检查汽轮机旁路系统正常备用。

（5）检查电动给水泵辅助油泵运行正常，电动给水泵处于良好的备用状态。

（6）检查 DEH 及 TSI 监测系统运行正常。

（7）检查自动调节系统，确认状态良好。

（8）对机组及辅助设备和系统进行全面检查，做好设备缺陷的检查登记和操作记录。

2. 减负荷

减负荷操作一般是分阶段进行的，该 660MW 机组减负荷过程如下：

（1）机组负荷由 660MW 减至 500MW。

1）设定目标负荷为 500MW，按照锅炉、汽轮机停运曲线要求，开始降温、降压。

2）设定负荷变化率不高于 16.5MW/min，主蒸汽压力变化率不高于 0.3MPa/min，缓慢减小锅炉燃烧率，机组负荷随主蒸汽压力的降低而减小。

3）负荷为 530MW 时，根据情况做真空严密性试验。

4）负荷为 510MW 时，检查主机轴封压力正常，并注意轴封汽源切换。

5）当负荷降至 500MW 时，检查各系统运行参数、自动控制正常。

（2）机组负荷由 500MW 减至 330MW。

1）设定目标负荷为 330MW，控制负荷变化率不高于 16.5MW/min。

2）启动电动给水泵，并泵运行正常后，退出一台汽动给水泵（使用汽动给水泵停机时不进行此操作）。

3）当负荷降至 330MW 时，检查各系统运行参数、自动控制正常。

（3）机组负荷由 330MW 减至 200MW。

1）设定目标负荷为 200MW，控制负荷变化率不高于 9.9MW/min，主蒸汽压力变化率不高于 0.1MPa/min。

2）打开辅助蒸汽供给水泵汽轮机手动阀，为防止汽动给水泵打闸电动给水泵联启，解除电动给水泵备用后，停运一台汽动给水泵，投入电动给水泵备用。

3）负荷降至 200MW 时，全面检查各系统运行参数、自动控制正常。

4）当主蒸汽压力达 8.0MPa 时，及时调整汽轮机调节汽阀开度，维持汽轮机前压力 8.0MPa 定压运行。

（4）机组负荷由 200MW 减至 66MW。

1）当负荷降至 30%时，检查机组低压疏水阀应自动打开，否则手动打开。

2）以 3.3MW/min 速率继续降低负荷。

3）负荷降至 150MW 时，停止第二台汽动给水泵运行（使用汽动给水泵停机时不进行此操作，保留一台汽动给水泵运行）。

4）确认轴封汽源切换正常，检查调整轴封汽温使轴封供汽温度与转子表面温度相匹配，两者温差应不大于 111℃，并保证轴封蒸汽过热度大于 14℃，汽压正常。

5）注意凝结水流量、凝汽器、除氧器水位及各加热器水位。

6）给水流量降低至525t/h时，切除电动给水泵（汽泵）自动。

7）负荷减至20%时，检查汽轮机高中压疏水阀正常开启。

8）解列高、低压加热器。

9）除氧器汽源切换至辅助蒸汽，检查除氧器运行正常。

10）检查汽轮机低压缸排汽温度不大于80℃。

11）在减负荷过程中应不断监视汽轮机缸温、汽缸膨胀、胀差、轴向位移、机组振动、轴承温度，若超出正常范围应停止降温降压减负荷。如超过极限值，应立即打闸停机。

（5）机组负荷由66MW减至20MW。

3. 解列发电机停机和转子惰走

当滑降到较低负荷时，有两种停机方式。一种是手打危急保安器，同时锅炉熄火，解列发电机，转子惰走。这种停机方式，汽缸温度一般在250℃以上。另一种是锅炉先熄火，调节汽阀全开利用余热发电，负荷减至零时解列发电机，再利用锅炉余汽维持汽轮机空转直至停止。这种停机方式，汽轮机温度可降至150℃以下。

该660MW机组的解列发电机停机操作如下：

（1）检查机组负荷达低限约20MW时，同步减小机组无功功率至约10Mvar，汇报值长发电机准备解列。

（2）汽轮机准备打闸，启动主机交流辅助油泵、交流启动油泵运行，检查其正常。

（3）汽轮机打闸。

1）汽轮机打闸后，检查高、中压主汽阀、调节阀关闭，各级抽汽止回阀、高压排汽止回阀关闭，VV阀开启，转速开始下降。注意记录汽轮机惰走时间。

2）汽轮机转速降至2000r/min时，检查顶轴油泵自启动，否则应手动启动，调整顶轴油压在14MPa左右。

3）汽轮机惰走期间应严密监视各轴承振动、温度。

4）转速至零，检查盘车装置自投正常，就地检查机组动静部分声音正常。记录惰走时间、转子偏心、盘车电流及摆动值，当盘车电流大并伴有异声时应查明原因，及时汇报处理。

5）根据情况停止真空系统运行，真空到零，停轴封。

6）确认辅助蒸汽无用户，退出辅助蒸汽联箱运行。

7）调整主机润滑油温正常。

8）低压缸排汽温度及汽轮机疏水扩容器不喷水时温度小于50℃，确认无汽水进入凝汽器，凝结水系统的用户已停用，可停止凝结水泵运行。

9）当高压缸调节级金属温度小于180℃时，检查机组偏心及晃动度正常，停止主机盘车及顶轴油泵。

10）停机后做好重点参数监视及抄表，直至机组下次热态启动或高压缸调节级金属温度小于150℃为止，并采取可靠隔离措施，防止汽轮机进冷汽、冷水。

4. 盘车

当转子完全静止后，应立即投入盘车装置，防止转子产生热弯曲。

（二）滑参数停机的注意事项

（1）滑参数停机时，最好保证蒸汽温度比该处金属温度低20～50℃为宜。过热度始终保持 50℃，低于该值，开启疏水阀或旁路阀。

(2) 控制降温降压速度。当蒸汽温度低于高压内上缸壁温 30～40℃时，停止降温。

(3) 不同负荷阶段降温降压速度不同。较高负荷时，可快些，低负荷时，降温降压应缓慢进行，以保证金属降温速度比较稳定。

(4) 减负荷应等到再热蒸汽温度接近主蒸汽温度时，再进行下一次的降压。防止滑参数停机结束时，因再热蒸汽降温滞后于主蒸汽降温，使中压缸温度还较高。

(5) 正确使用法兰螺栓加热装置，以减小法兰内外壁温差和汽轮机的胀差。因为法兰冷却的滞后会限制汽缸的收缩。

(6) 滑参数停机时，不准做汽轮机的超速试验。因为新蒸汽参数较低，要进行超速试验就必须关小调节阀，提高压力，当压力提高后，可能使新蒸汽的温度低于对应压力下的饱和温度。此时再开大汽阀做超速试验，可能有大量凝结水进入汽轮机造成水冲击。

三、正常停机过程中注意的问题

1. 严密监视机组的参数

在停机过程中应严密监视主蒸汽压力、主蒸汽温度、再热蒸汽温度，汽轮机的胀差、绝对膨胀、轴向位移，转子的振动、轴承金属温度及汽轮机转子的热应力等。在减负荷的过程中，应掌握减负荷的速度。减负荷的速度是否合适，以高、中压转子的热应力不超值为标准。

2. 盘车的运行

汽轮机停机后，必须保持盘车连续进行。因为停机后，汽轮机汽缸和转子的温度还很高，需要有一个逐步的冷却过程。在这个过程中，必须由盘车保持转子连续旋转，一直到高、中压转子温度探针温度小于 150℃，才可停止盘车。在盘车运行时，不允许拆除保温层。

因故障停盘车过后再次启动前，必须先手动盘车 360°，确认转子转动正常方可投入盘车。如果手动盘车比较紧，必须连续手动盘车盘到转子轻松，才可再次投入连续盘车。故障停止盘车的同时，必须同时停止轴封蒸汽。在热态情况下，在停止轴封蒸汽的同时，必须破坏真空。因为如果停止轴封蒸汽仍保持真空，就会把冷空气抽进汽轮机，而汽轮机处于热态，因此造成汽轮机局部收缩，同时，外面的灰尘也会抽进汽轮机。

3. 盘车时润滑油系统的运行

停机后在盘车运行时，润滑油系统必须维持运行。当汽轮机调节级温度达到 150℃以下，盘车停止后，润滑油系统（包括顶轴油泵）才可以停止运行。

四、停机后的快速冷却

随着汽轮机参数、容量及其保温性能的提高，汽轮机停机后，冷却时间大大加长。汽缸温度在停机一天内温降可达 4℃/h，到后期平均温降不足 1℃/h。汽轮机正常或紧急停机时，依靠自然冷却汽缸温度至 150℃以下，300MW 机组大概需要 100～130h，600MW 机组需要 105～170h。为了缩短机组停运时间以缩短检修工期，提高机组可用系数，应设法缩短停机后的冷却时间。

强制冷却是快速冷却的最有效途径。根据使用的冷却介质不同，强制冷却的方法有蒸汽强制冷却和空气强制冷却两种。目前在我国这两种方式均有采用。

（一）蒸汽强制冷却

蒸汽强制冷却是利用低参数的蒸汽来冷却汽轮机。因为蒸汽比热容大，强制对流表面传热系数也大，所以用低温低压的蒸汽冷却汽轮机可获得较高的冷却速度。冷却用的汽源有以下三种：取自邻炉或邻机的抽汽；取自除氧器平衡管的蒸汽；利用锅炉余热或投锅炉底部加热产生微量蒸汽。

图5-3所示为汽轮机蒸汽快速冷却系统。在该系统中，冷却蒸汽由邻机二段或四段抽汽供给，也可由除氧器平衡管供给。部分冷却蒸汽经高压缸排汽管进入高压缸夹层，通过高压缸前轴封一段抽汽阀至六段抽汽；另一部分冷却蒸汽经高压缸导汽管、电动主汽阀后的疏水阀排至扩容器。中压缸的冷却蒸汽从蒸汽快冷阀，经止回阀、再热蒸汽冷段管路进入再热器，通过中压主汽阀进入中压缸，再经低压缸排至凝汽器。高压缸的冷却蒸汽为逆流，中压缸的冷却蒸汽为顺流。实践证明，采用这种冷却方式可在15h内将汽缸温度从412℃降至150℃左右，而自然冷却从375℃降至215℃就需要54h。

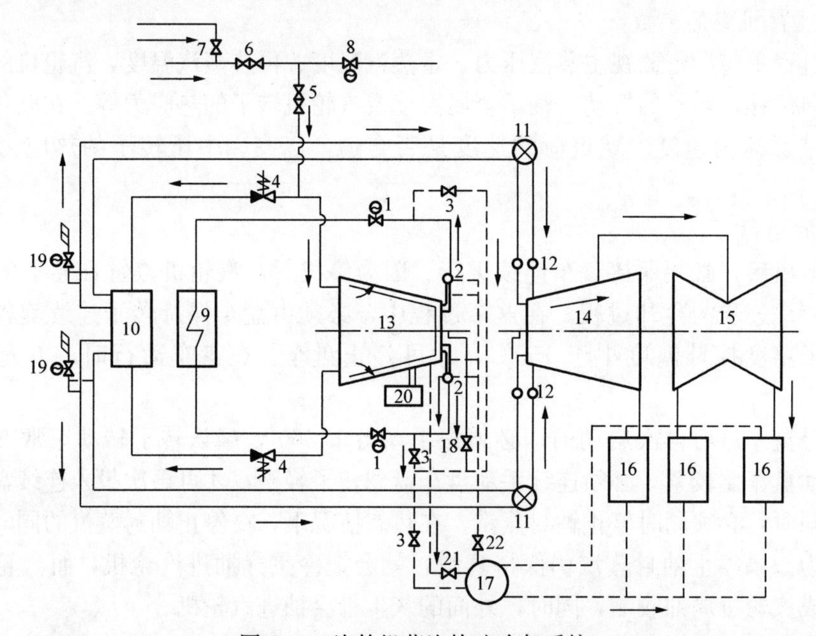

图5-3 汽轮机蒸汽快速冷却系统

1—电动主汽阀；2—高压调节汽阀；3—疏水阀；4—高压排汽止回阀；5—蒸汽快冷进汽阀；6—邻机二、四段抽汽至快冷阀；7—除氧器平衡汽至快冷阀；8—本机四段抽汽电动阀；9—过热器；10—再热器；11—中压主汽阀；12—中压调节汽阀；13—高压缸；14—中压缸；15—低压缸；16—凝汽器；17—疏水扩容器；18—高压缸前轴封一段抽汽阀；19—再热器向空排汽阀；20—法兰螺栓加热装置；21—调节级疏水至扩容器；22—调节汽阀及导管疏水阀

在蒸汽的快冷过程中，要保持高、中压缸的油动机全开，使主汽阀和调节汽阀得到均匀冷却，同时要严格控制以下指标：

（1）法兰沿宽度方向的逆温差。

（2）蒸汽恒温时的降负荷率。

（3）主蒸汽和再热蒸汽的降温速度。

（4）高中压缸的负胀差。

（5）高中压缸的上下缸温差。

采用蒸汽冷却的后期，冷却蒸汽流量小，温度低，锅炉控制困难，并且小流量冷却效果不明显，还要防止汽轮机进水，因此该方法不可能将汽轮机的汽缸温度降得很低，需采用其他方法继续降温。

（二）空气强制冷却

空气强制冷却又称强制通风冷却，是在汽轮机停机后，用强制通风对汽轮机进行冷却。由于空气量及表面传热系数均远小于蒸汽，因此热应力小，且容易控制。空气强制冷却因属于无相变换热，对汽轮机本身安全有利。

空气强制冷却按引入方式的不同分为两类：压缩空气冷却和抽真空吸入环境空气冷却。这两种方法可以单独或联合使用，联合使用效果更佳。

1. 压缩空气冷却

压缩空气冷却采用压缩空气经电加热后送入汽缸，对汽轮机通流部分进行冷却。一般预先将空气加热至250℃左右，以防止冷却开始阶段在空气引入口产生热冲击，随着汽缸温度的降低，空气温度也随之下降，同时流量不断增大。

根据空气引入的位置不同，压缩空气冷却方式可分为顺流冷却和逆流冷却两种，图5-4所示为汽轮机压缩空气冷却系统图。图5-4（a）为顺流冷却方式，冷却空气在汽轮机中的流动方向与蒸汽做功流动方向一致，冷却介质依次流过高、中压缸或同时进入高、中压缸。当冷却空气依次进入高、中压缸时，先经过热器、主汽阀，进入高压缸，然后经过再热器后流进中压缸，从中、低压缸连接管的人孔中引出。当冷空气同时进入高、中压缸时，冷空气分别从主汽阀前疏水管和再热器疏水管引入高、中压缸，冷却高压缸的空气从再热冷段的排汽管引出，冷却中压缸的空气从中、低压缸连接管人孔中排出。顺流冷却空气自高温区引入，自身温度高，传热温差较大，所以有可能产生较大的热冲击。但由于全周进汽，对转子和汽缸冷却比较均匀，可以减少主蒸汽和再热蒸汽管道、主蒸汽阀门等的热应力。压缩空气在冷却过程中，由于具有一定的能量，使转子的转速升高，但因空气量较少，压力较低，对转子的转速变化影响较小，盘车电流无明显变化。

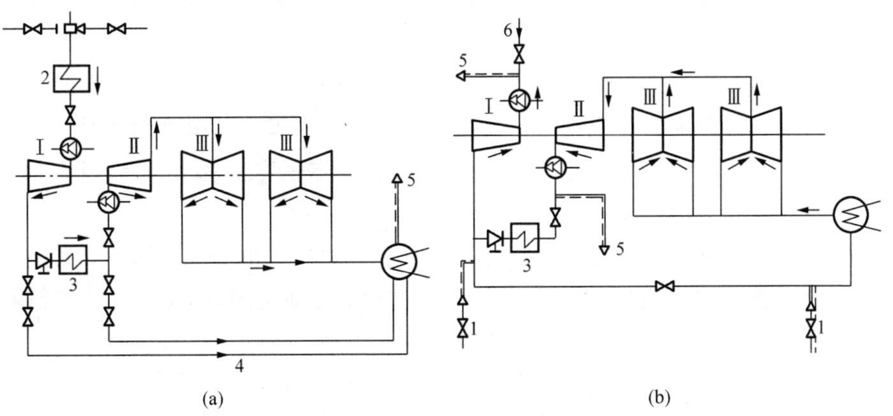

图5-4　汽轮机压缩空气冷却系统

（a）顺流冷却；（b）逆流冷却

1—冷却空气入口；2—过热器；3—再热器；4—旁路；5—冷却空气出口；6—自锅炉来的新蒸汽流向

图 5-4（b）为逆流冷却方式，冷却空气在汽轮机中流动方向与蒸汽流动方向相反。冷却空气同时引入高、中压缸，冷却高压缸的空气从排汽管引入，从主汽阀后的疏水管引出。冷却中压缸的空气从中、低压缸的联通管或从凝汽器中引入，从中压缸主汽阀前疏水管引出。逆流冷却的空气会对汽轮机产生一反向转矩，但此转矩较小，盘车电流基本不变。

图 5-5 所示为某 300MW 机组压缩空气顺流冷却系统，由压缩空气母管来的压缩空气进入汽水分离器，然后经加热器加热后分三路进入汽轮机：一路经阀 15 串联联络阀或阀 16 并联联络阀和阀 6、7 进入高压缸，从阀 12 排出，冷却高压缸；一路经阀 8、9 进入中压缸，从低压缸进汽管上的排气阀排出，冷却中压缸；一路经阀 10、11 控制分别进入法兰螺栓混温联箱、夹层混温联箱，冷却高、中压缸夹层部分。

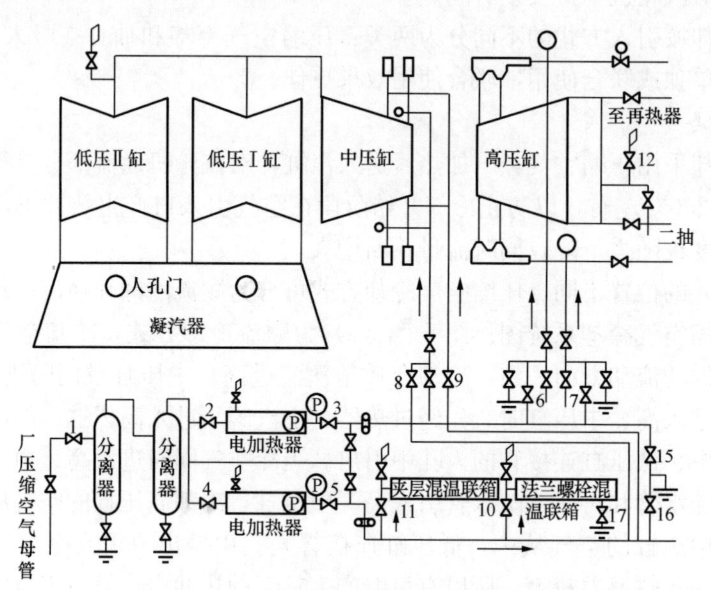

图 5-5 某 300MW 机组压缩空气顺流冷却系统

采用压缩空气冷却，汽缸降温速度可达 20～30℃/h，正常情况下，机组停运 40h 左右，可达到盘车要求。结合滑参数停机，效果更佳，可在 30h 以内将机组冷却，大大缩短机组停运时间。

2. 抽真空吸入环境空气冷却

汽轮机停机后连续盘车状态下，继续对凝汽器抽真空，使系统处于微负压（一般真空为 10～20kPa），从而引入环境空气对汽轮机进行冷却。这种方法既安全又经济，且系统的改造工作量少，运行操作也较方便。

抽真空冷却一般为逆流式，高压缸的冷却空气从再热冷段的安全阀吸入，经主汽阀前后的疏水管排向凝汽器，最后由抽气器引出。冷却过程中，通过控制真空来调整汽缸降温速度。一般降温速度可达到 8～12℃/h，比自然冷却缩短 30～40h。

图 5-6 所示为 K-300-240 型汽轮机空气冷却系统，通过再热冷段的安全阀 10 吸入冷空气，倒流通过高压缸，经调节阀、自动主汽阀和一级旁路排入凝汽器，对高压缸进行冷却；通过再热热段安全阀 11 吸入冷空气，流过中、低压缸后排入凝汽器，对中、低压缸进行冷却。

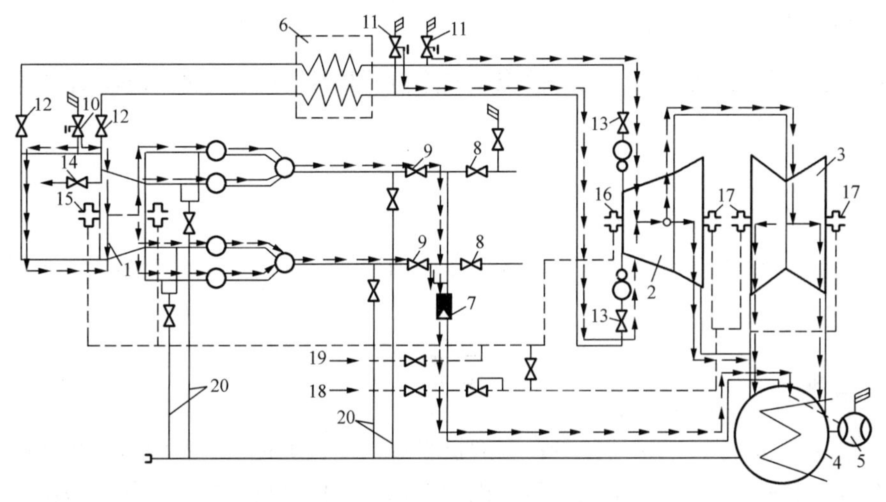

图 5 - 6　K - 300 - 240 汽轮机空气冷却系统

1—高压缸；2—中压缸；3—低压缸；4—凝汽器；5—抽气器；6—再热器；7—级旁路减温减压器；
8、9—主汽门；10、11—再热器冷、热段安全阀；12、13、14—截止阀；
15、16、17—轴封；18、19—轴封用低温和高温管道；20—疏水管

在利用抽真空冷却汽轮机时，为了防止大轴弯曲，应保持汽轮机连续盘车，严密监视上下缸温差和胀差。抽真空吸入环境空气冷却汽轮机方式比较安全、方便，但在低温区域处冷却果不明显，所需冷却时间较长。

无论采用什么方式实现快速冷却，都应在保证汽轮机安全的前提下进行，通过控制高、中压缸和转子的降温速度，使其热应力、热变形、胀差和上下缸温差等控制在允许范围内。

任务二　汽轮机故障停机

1. 知识目标

(1) 掌握汽轮机故障停机的主要情况。

(2) 掌握汽轮机故障停机的注意事项。

2. 能力目标

(1) 能说出汽轮机故障停机的类型。

(2) 能对汽轮机运行状态进行监视和分析。

(3) 能在仿真机上进行汽轮机的故障停机操作。

3. 素质目标

(1) 培养安全和责任意识。

(2) 树立团队意识与协作精神。

(3) 树立爱岗、敬业的精神。

(4) 培养理论与实践相结合的能力。

【任务描述】

通过火电机组仿真运行系统上的模拟，熟悉汽轮机故障停机中的内容，培养学生进行汽轮机非正常停运的技能。

【任务准备】

分析汽轮机故障停机任务单，明确该任务的内容、目标和要求；查阅资料；制定实施工作任务的方案。

【任务实施】

分析汽轮机故障停机工作任务单；查阅机组运行规程等资料，了解汽轮机故障停机的内容；在教师的指导下，学习汽轮机故障停机的知识，在仿真机上进行汽轮机故障停运操作。

【相关知识】

汽轮机故障停机根据故障的严重程度分为一般故障停机和紧急故障停机。当发生的故障对设备、人员构成严重威胁时，必须立即打闸、解列、破坏真空，进行紧急故障停机。一般故障停机可按规程规定将机组稳妥停下来。

一、紧急故障停机

紧急故障停机是指汽轮机出现了重大事故，不论机组当时处于什么状态、带多少负荷，必须立即紧急脱扣汽轮机，在破坏真空的情况下尽快停机。

运行规程中规定了紧急停机的条件，不同的机组有不同的规定。一般汽轮发电机组在运行过程中，如发生以下严重故障，必须紧急停机：

（1）汽轮发电机组发生强烈振动。

（2）汽轮机发生断叶片或明显的内部撞击声音。

（3）汽轮发电机组任何一个轴承发生烧瓦。

（4）汽轮机油系统着大火。

（5）发电机氢密封系统发生氢气爆炸。

（6）凝汽器真空急剧下降，真空无法维持。

（7）汽轮机严重进冷水、冷汽。

（8）汽轮机超速到危急保安器的动作转速而保护没有动作。

（9）汽轮发电机房发生火灾，严重威胁到机组安全。

（10）发电机空气侧密封油系统中断。

（11）主油箱油位低到保护动作值而保护没有动作。

（12）汽轮机轴向位移突然超限，而保护没有动作。

一旦发生以上事故，只能采用紧急安全措施，主控打闸或就地打闸，并从电网中解列。为加速汽轮机停止转动，打开真空破坏阀破坏汽轮机的真空，停止真空泵运行。这样冷空气进入汽缸，使叶轮的摩擦鼓风损失增加，对转子增加制动力，减少转子惰走时间，可加速停机。但一般不宜在高速时破坏真空，以免叶片突然受到制动而损伤。进入汽轮机的冷空气会引起转子表面和汽缸的内表面急剧冷却，产生较大的热应力，一般不希望采取这种措施。

二、一般故障停机

一般故障停机是指汽轮机已经出现了故障，不能继续维持正常运行，应采用快速减负荷的方式，使汽轮机停下来进行处理。一般故障停机，原则上是不破坏真空的停机。运行规程中也规定了故障停机的条件，不同的机组有不同的规定。一般汽轮发电机组在运行过程中，如发生以下故障，应采取一般故障停机方式：

（1）蒸汽管道发生严重漏汽，不能维持运行。

（2）汽轮机油系统发生漏油，影响到油压和油位。

（3）汽温、汽压不能维持规定值，出现大幅度降低。

（4）汽轮机热应力达到限额，仍向增加方向发展。

（5）汽轮机调节汽阀控制故障。

（6）凝汽器真空下降，背压上升至25kPa。

（7）发电机氢气系统故障。

（8）发电机密封油系统仅有空气侧密封油泵在运行。

（9）发电机检漏装置报警，并出现大量漏水。

（10）汽轮机辅助系统故障，影响到汽轮机的运行。

三、故障停机的注意事项

对故障停机，运行人员应给予特别的注意，主要应注意以下几个方面：

（1）停机过程中要严密监视汽轮机的各种参数，包括汽温、汽压、振动、轴向位移、真空、转速等。在惰走过程中，要到现场听各轴承的声音及汽轮机内部的声音；记录惰走的时间，以便与正常停机时做比较；严密注视故障的发展动态，采取相应措施，尽可能防止事故扩大。

（2）汽轮机转速接近盘车转速时，注意盘车应自动投入。盘车投入后，注意盘车电流和盘车过功率保护，确认汽轮机本体是否已经受到损坏。如果盘车投不上，不允许强行投入盘车，过一段时间，用手动试盘汽轮机转子，看看转子是否可以盘动。如果盘得动，则应先盘180°，过10min再试盘180°。如果10min后盘不动，可延长时间，直到盘动为止。定时将汽轮机转子盘180°，直到盘车可以投入连续运行为止。在这个阶段，润滑油系统必须保证正常运行，如果润滑油系统故障停止，则不允许盘动汽轮机转子。

（3）在汽轮机故障停机以后，要尽快查找事故原因，采取措施进行处理。在这个阶段，如果汽轮机仍处在真空状态，就必须保持轴封系统的正常运行；如果轴封系统发生故障不能正常运行，则必须破坏真空。

（4）如果发生汽轮机油系统着火或汽轮机房着火事故，在紧急停机过程中，运行人员要立即放掉发电机内的氢气。用氢气密封系统的排氢气阀将发电机内的氢气排到汽轮机房外，以防明火造成发电机内的氢气爆炸。

【学习情境总结】

（1）汽轮机的停机过程是汽轮机的冷却过程，会在各零部件中产生热变形、热应力和胀差等，停机过程中应保持必要的冷却工况，以防止发生事故。

（2）汽轮机正常停机的主要步骤有停机前的准备、减负荷、发电机解列及转子惰走。停机过程中要控制减负荷的速度，使其热应力、热变形、胀差等控制在允许范围内。

(3) 汽轮机停机后通过强制冷却方式对汽轮机进行快速冷却，可以缩短停机后的冷却时间。强制冷却的方法有蒸汽强制冷却和空气强制冷却两种。

(4) 汽轮机出现故障不能继续维持正常运行，应进行故障停机。故障停机分为一般故障停机和紧急故障停机。

复习思考题

1. 什么是汽轮机停机、额定参数停机、滑参数停机？
2. 简述汽轮机停机的主要步骤。
3. 什么是转子的惰走曲线？简述惰走曲线的形状。
4. 如何根据转子的惰走时间长短判断机组是否正常？
5. 滑参数停机时有哪些注意事项？
6. 汽轮机停机后强制冷却的方法有哪些？
7. 哪些情况下需要紧急故障停机？
8. 哪些情况下采取一般故障停机？
9. 故障停机时应注意哪些事项？

学习情境六

汽轮机典型事故处理

【学习情境描述】

以火电机组仿真运行系统、汽轮机实物及模型为教学载体，通过具体工作任务的实施，引导学生学习汽轮机叶片损坏、大轴弯曲等事故的知识，培养处理汽轮机事故的技能及对汽轮机运行情况进行监视与分析的技能。

【教学目标】

1. 知识目标

(1) 熟悉汽轮机事故处理的原则。

(2) 掌握汽轮机典型事故的象征。

(3) 掌握汽轮机典型事故发生的原因。

(4) 掌握汽轮机典型事故的处理方法。

(5) 掌握汽轮机典型事故的预防措施。

2. 能力目标

(1) 能根据现象判断汽轮机事故。

(2) 能在仿真机上处理汽轮机事故。

(3) 能找出汽轮机事故发生的具体原因。

(4) 能根据运行参数对汽轮机的运行情况进行分析。

【教学环境】

多媒体教室及多媒体课件，火电机组仿真运行系统，汽轮机实物或模型。

【相关知识】

事故是机组离开正常运行的各种不正常工况。在运行时，汽轮机受到各种事故的威胁。汽轮机发生运行事故，一般来自两个方面原因：①机组本身存在缺陷，包括结构缺陷、材料缺陷、制造缺陷、安装缺陷、检修缺陷；②运行操作调整不当。因为设备方面而发生的事故，运行人员一般不易防止，但当事故开始暴露时，运行人员如果能够及时发现，正确判断，采取措施进行处理，多数情况下能防止事故扩大。运行操作不当往往是运行人员对设备结构、系统不够熟悉或责任心不强，没有按运行规程执行运行，以及当发生不正常现象时没有及时处理或处理不当。严重事故会造成设备损坏、被迫停机，需要相当长的时间才能恢复发电。由于机组参数高、容量大，一旦发生事故，损失特别重大，因此应避免发生事故和正确处理事故，保证汽轮机的安全运行。

按部件损坏后对电站系统的影响程度，汽轮机事故分为致命事故、重大事故、一般事故和轻微事故四类。致命事故是指主机（或系统）损坏或导致人员死亡的事故；重大事故是由部件损坏引起整台机组非计划停运的事故；一般事故是部件损坏引起机组出力降低但没有造成整台机组非计划停运的事故；轻微事故是部件有损坏但不影响整台机组出力的事故。汽轮机的运行事故种类很多，本学习情境介绍几种典型事故。

对汽轮机运行中可能出现的事故，应以预防为主，要求运行人员熟练地掌握设备的结构和性能，熟悉系统和有关事故处理规定。

消除事故时一般应遵循下列原则：

（1）消除事故要快，要保障安全，不使事故扩大。

（2）要消除可能发生的人身危险事故。

（3）防止设备损坏。

（4）在消除事故的过程中，不允许遗忘对负荷、转速等基本工作参数的监视。

（5）事故处理过程中应尽可能与调度等上级部门取得联系，在值长或单元长统一指导下迅速处理。

（6）事故消除后，应将事故原因、事故发展过程、损坏范围、恢复正常运行采取的措施、防止类似事故发生的方法和事故发生时的监视过程以及机组的主要技术数据进行详细记录。

任务一　汽轮机叶片损坏处理

【教学目标】

1．知识目标

（1）掌握汽轮机叶片损坏的象征。

（2）掌握汽轮机叶片损坏的原因。

（3）掌握汽轮机叶片损坏的处理方法。

（4）掌握汽轮机叶片损坏事故的预防措施。

2．能力目标

（1）能根据现象判断汽轮机叶片损坏事故。

（2）能在仿真机上处理汽轮机叶片损坏事故。

（3）能找出汽轮机叶片损坏的具体原因。

（4）能根据运行参数对汽轮机的运行情况进行分析。

3．素质目标

（1）培养安全和责任意识。

（2）培养理论与实践相结合的能力。

（3）树立爱岗、敬业的精神。

（4）树立团队意识与协作精神。

【任务描述】

通过火电机组仿真运行系统上的模拟，熟悉汽轮机叶片损坏事故的内容，培养学生判断、分析、处理汽轮机叶片损坏事故的技能。

【任务准备】

分析汽轮机叶片损坏事故任务单，明确该任务的内容、目标和要求；查阅资料；制定实施工作任务的方案。

【任务实施】

分析汽轮机叶片损坏事故工作任务单；查阅机组运行规程等资料，了解汽轮机叶片损坏事故的内容；在教师的指导下，学习汽轮机叶片损坏事故的知识，在仿真机上进行汽轮机叶片损坏事故判断、处理操作。

【相关知识】

汽轮机事故中，由于叶片损坏而导致的事故占很大一部分，给设备安全、经济运行带来一定的影响。叶片损坏事故包括叶片裂纹、断落、水蚀，拉金开焊或断裂，围带飞脱，叶轮损坏等。表 6 - 1 列出了部分 600MW 机组叶片损坏事故。

表 6 - 1　　部分 600MW 机组叶片损坏事故

机组型号	末级叶片长度（mm）	叶片损伤情况
T2A650 - 30 - 4 - 46（GEC - ALSTHOM600MW 机组）	1080	末级叶片叶根底部支撑叶片纵向定位的弹簧片约 1/6 发生断裂，原因为材料热处理不当引起断裂。低压次末级也出现弹簧片断裂情况。中压第 9 级为自带围带、预扭安装 344.8mm 叶片，5 叉 3 销钉叶根，全级 64 片叶片有 53 片叶根出现裂纹。原因为叶片设计问题，整圈连接状态不佳。低压前 3 级叶片根部断裂均为此原因
T2A600 - 30 - 2 - 2F1 044（GEC - ALSTHOM600MW 机组）	1044	低压第 2 级 208.8mm 叶片为自带围带预扭安装双叉 2 销钉叶根，发现该级叶片叶根第 1 销孔处断 5 片，有 53 片叶片叶根出现裂纹。原因为叶片设计连接状况不佳
D4Y454（ABB600MW 机组）	867	调节级叶片运行约 5000h 断裂，原因为叶轮叶片系统振动强度不良。低压通流部分设计老化，使低压缸效率低

一、汽轮机叶片断落的象征

（1）当叶片或围带断落飞出时，汽轮机内部或凝汽器内有金属撞击声，伴随机组突然发生振动。

（2）调节级围带飞脱堵在下一级静叶片上时，使通流部分堵塞，导致调节汽室压力升高。

（3）当叶片不对称脱落较多时，使转子不平衡，引起机组振动明显增大。

（4）若机组抽汽部位叶片断落，则叶片可能进入抽汽管，使抽汽止回阀卡涩，或叶片进入加热器使管子损坏，水位升高。

(5) 低压末级叶片飞脱落入凝汽器内时，除了有较强的撞击声，且若打坏冷却水管，会使凝结水的硬度和导电率突增，热井水位增高，凝结水的过冷度增大。

二、汽轮机叶片损坏的原因

造成汽轮机叶片损坏的原因很多，机组启停过程中操作不当、发生水冲击、超负荷运行、叶片过负荷、低电网频率运行或其他事故的扩大进一步造成叶片的机械损伤等，都容易引起叶片断裂事故。

1. 叶片本身

(1) 叶片振动特性不合格。

(2) 加工工艺不良。

(3) 设计不当。叶片设计应力过高或叶栅结构不合理，以及振动强度特性不合格，均会导致叶片损坏。

(4) 材质不良或错用材料。

2. 运行方面

(1) 低电网频率运行。汽轮机的振动特性是按照50Hz设计的，当电网频率降低时，可能使叶片组处于共振范围引起共振。

(2) 超负荷运行。一般机组过负荷运行时，各级叶片应力增大，特别是末几级叶片。

(3) 蒸汽品质不良。蒸汽含盐会使叶片结垢腐蚀，还使蒸汽通道减小，级比焓降增加，导致叶片应力增大。

(4) 汽温过低。新蒸汽温度降低，带来两种危害：①末几级叶片处湿度过大使其水蚀；②在出力不降低时会使流量增加，引起叶片过负荷。

(5) 机组振动过大。造成动静部件碰磨，导致叶片损坏。

(6) 真空过高或过低。真空过高，使末几级叶片过负荷和湿度增大，加速水蚀使叶片损坏；真空过低仍维持最大出力不变时，也可能因流量增大使末几级叶片过负荷。

(7) 水冲击。水冲击使汽缸等部件产生不规则变形，造成动静部件碰磨，使叶片损坏。

(8) 启停与增减负荷时，操作不当，使胀差过大，导致动静部件碰磨，叶片损坏。

(9) 停机后维护不当。如停机后少量蒸汽漏入汽缸，导致叶片严重锈蚀。

3. 检修方面

(1) 动静部件间隙不合标准。

(2) 隔板安装不当，起吊过程碰伤、损坏叶片。

(3) 机内或管道内留有杂物。

(4) 通流部分零件安装不牢固等。

三、汽轮机叶片损坏的处理方法

汽轮机内部发出明显的金属撞击声、机组发生强烈振动时应破坏真空紧急停机。正常运行中，若调节级或某级抽汽压力异常变化，应立即进行综合分析，如果在相同工况下伴随出现负荷下降，轴向位移、推力瓦温度有明显变化或相应轴承的振动明显增大，应申请减负荷故障停机。

四、预防汽轮机叶片损坏的措施

为了提高汽轮机运行的安全性和经济性，应采取预防措施把叶片的损坏事故控制在最小程度。

1. 运行管理方面

(1) 电网应保持在额定频率和正常允许变动范围内稳定运行，避免机组低频率运行。

(2) 经常倾听机内声音，检查振动情况的变化。

(3) 当初、终蒸汽参数及抽汽参数超过规定值时，应相应减负荷。

(4) 加强汽水品质监督，防止叶片结垢、腐蚀。

(5) 停机后加强对主汽门严密性的检查，防止汽、水漏入汽缸。

2. 检修方面

(1) 严格保证叶片检修工艺。

(2) 新机组投运前需全面测定叶片的振动特性。对不调频叶片检验频率分散率；对调频叶片除需检验频率分散率外，还需检验其共振安全率。

(3) 对异常水蚀或腐蚀的叶片损伤应查明原因，采取措施，消除不利因素等。

(4) 发现叶片有明显的热处理工艺不当而遗留下过大残余应力时，应进行高温回火处理。

(5) 在机组大修时，对通流部分进行全面细致的检查，存在缺陷，及时处理。

叶片检查包括如下内容：

(1) 检查叶片拉金附近及叶片进出口边缘、铆钉头及叶片顶端的交界处、叶片工作部分靠近叶根截面变化的地方、叶片根部露出轮槽的地方、叶片表面硬化区域等是否损伤。

(2) 检查叶片表面受到冲蚀、腐蚀或损伤缺口的情况。

(3) 检查拉金有无脱焊、断开、冲蚀、腐蚀的现象。

(4) 检查围带铆钉孔处有无裂纹、铆钉的严密程度、围带是否松动、铆钉有无剥落或裂纹。

(5) 在冲洗叶片前，要检查叶片积垢情况并进行化学分析。

对于较长的末几级叶片和曾发生过损坏的叶片，在大修中要进行静态频率测量和探伤试验。振动特性不合格的要进行调频处理，叶片存在的缺陷要及时处理，保持动、静叶片完整无缺。

任务二　汽轮机大轴弯曲处理

【教学目标】

1. 知识目标

(1) 掌握汽轮机大轴弯曲的象征。

(2) 掌握汽轮机大轴弯曲的原因。

(3) 掌握汽轮机大轴弯曲的处理方法。

(4) 掌握汽轮机大轴弯曲事故的预防措施。

2. 能力目标

(1) 能根据现象判断汽轮机大轴弯曲事故。

(2) 能在仿真机上处理汽轮机大轴弯曲事故。

(3) 能找出汽轮机大轴弯曲的具体原因。

(4) 能根据运行参数对汽轮机的运行情况进行分析。

3. 素质目标

(1) 培养安全和责任意识。

(2) 培养理论与实践相结合的能力。

(3) 树立爱岗、敬业的精神。

(4) 树立团队意识与协作精神。

【任务描述】

通过火电机组仿真运行系统上的模拟，熟悉汽轮机大轴弯曲事故的内容，培养学生分析、预防汽轮机大轴弯曲事故的技能。

【任务准备】

分析汽轮机大轴弯曲事故任务单，明确该任务的内容、目标和要求；查阅资料；制定实施工作任务的方案。

【任务实施】

分析汽轮机大轴弯曲事故工作任务单；查阅机组运行规程等资料，了解汽轮机大轴弯曲事故的内容；在教师的指导下，学习汽轮机大轴弯曲事故的知识。

【相关知识】

汽轮机大轴弯曲事故，大多发生在机组启动（特别是热态启动）或滑停过程中和停机后。大轴弯曲通常分为热弹性弯曲和永久性（塑性）弯曲。前者当温度均匀后，热弯曲会消失，而后者不能。

汽轮机大轴弯曲时，由于转子质量中心与回转中心不重合，存在偏心，引起摩擦，摩擦热变形进一步加大偏心，使汽轮机转子振动，且随转速升高振动加剧。

一、汽轮机大轴弯曲的象征

(1) 汽轮机转子偏心度超限，连续盘车 4h 不能恢复到正常值。

(2) 临界转速下振动显著增大。

二、汽轮机大轴弯曲的原因

(1) 汽缸受热不均，造成上下缸温差过大，法兰内外壁温差过大，使汽缸产生热变形，可能导致轴端和隔板汽封径向间隙消失而产生摩擦。

(2) 转子自身的动不平衡。转子动平衡质量不高或转子质量平衡定位不完善，造成转子在升速过程中，产生异常振动，可能引起机组动静部分摩擦。

(3) 机组热态启动前，大轴晃动度超过规定值，当转速升高时，不平衡离心力增大，将引起机组剧烈的振动，不及时停机，弯曲的转子必然加剧和汽封的摩擦。

(4) 水冲击。汽缸进水后，汽缸与转子急剧冷却，造成汽缸变形，转子弯曲。

(5) 设计制造、安装等方面存在缺陷。

三、汽轮机大轴弯曲的处理方法

确认大轴发生弯曲，应立即紧急停机，手动盘车直轴，正常后投入连续盘车。查明原因并消除后方可再次启动。

四、预防汽轮机大轴弯曲的措施

1. 设计、制造、安装、检修方面

在设计制造汽轮机时，要保证机组结构合理、通流部分膨胀通畅、动静部分间隙（尤其是轴封间隙）合适，主蒸汽和再热蒸汽管及汽轮机本体有完善的疏水装置。

安装检修时，应按要求调整轴封间隙，不得任意缩小动静部分的径向间隙；联轴器找中心后，要保证大轴晃动值小于0.05mm；机组要有良好的保温。

对机组的胀差、大轴晃动值、轴或轴承振动、汽缸的膨胀、轴向位移、汽缸壁温等设置测点，安装表计，各表计指示正确。

2. 运行方面

汽轮机运行时，一旦确认汽轮机存在设备缺陷且有可能造成大轴弯曲时，必须停机予以消除。只有设备本身处于健康状态下才能在运行中采取防范措施。

（1）汽轮机冲转前，必须符合下列条件：大轴晃动度不超过原始值的0.02mm；高压内缸上下温差不超过35℃，高压外缸及中压缸上下温差不超过50℃；主蒸汽和再热蒸汽温度在不超过额定值的前提下至少比汽缸最高金属温度高60～100℃，且至少有50℃的过热度。

（2）启动前大轴弯曲值未超过限值但却较大时，应先盘车和送轴封蒸汽，然后再抽真空。如果先抽真空，则会使冷空气漏入汽缸内，使大轴弯曲程度加大。

（3）冲转前应充分盘车，一般不少于2～4h。

（4）热态启动应严格遵守运行规程中的所有规定。

（5）启动升速过程中应严格监视轴承振动。任一轴承处振动值突增，应停止升速，并查明原因。任一轴承处振动过大，应立即停机，转速到零投入连续盘车，测量大轴晃度，若大轴晃度值发生变化，应分析原因，并盘车，直到大轴晃度恢复到原始值，才可再次冲转汽轮机。

（6）严格做好防止汽轮机进冷（热）汽、冷（热）水的措施。启动过程中严格按照规程及时疏水，疏水系统投入时，应注意保持凝汽器的水位低于疏水扩容器的标高，以防止汽轮机发生水冲击或热冲击。正常运行时，主蒸汽温度瞬时下降50℃以上或主蒸汽温度下降不能维持50℃以上过热度时，必须打闸停机。停机时应隔离公用系统的热汽、热水进入汽轮机。

（7）机组运行中，轴承振动值一般不应超过0.03mm，大于0.05mm时应设法消除。

（8）停机后应认真监视凝汽器、除氧器、加热器的水位，防止产生水冲击。

（9）停机后应立即投入盘车。如果由于某种原因暂时停止投盘车，在恢复连续盘车前，应先将转子盘动180°，停留相等的一段时间，以消除转子的暂时弯曲。

（10）汽轮机处于热状态，若主蒸汽系统截止阀不严，锅炉不宜进行水压试验。

（11）转子处于静止状态时，禁止向轴封供汽和进行暖机。

（12）机组启停和变工况运行，应按规定的曲线控制参数变化，严格控制汽轮机的胀差及轴向位移变化。当10min内汽温直线下降50℃以上，应立即打闸停机。

任务三　汽轮机进水处理

【教学目标】

1. 知识目标

（1）掌握汽轮机进水的象征。

（2）掌握汽轮机进水的原因。

（3）掌握汽轮机进水的处理方法。

（4）掌握汽轮机进水事故的预防措施。

2. 能力目标

（1）能根据现象判断汽轮机进水事故。

（2）能在仿真机上处理汽轮机进水事故。

（3）能找出汽轮机进水的具体原因。

（4）能根据运行参数对汽轮机的运行情况进行分析。

3. 素质目标

（1）培养安全和责任意识。

（2）培养理论与实践相结合的能力。

（3）树立爱岗、敬业的精神。

（4）树立团队意识与协作精神。

【任务描述】

通过火电机组仿真运行系统上的模拟，熟悉汽轮机进水事故的内容，培养学生判断、分析、处理汽轮机进水事故的技能。

【任务准备】

分析汽轮机进水事故任务单，明确该任务的内容、目标和要求；查阅资料；制定实施工作任务的方案。

【任务实施】

分析汽轮机进水事故工作任务单；查阅机组运行规程等资料，了解汽轮机进水事故的内容；在教师的指导下，学习汽轮机进水事故的知识，在仿真机上进行汽轮机进水事故判断、处理操作。

【相关知识】

水或低温饱和蒸汽进入汽轮机，会导致严重的结构损坏、机械故障和非计划停机。汽轮机进水造成的事故称为进水事故，也称水冲击。

汽轮机进水主要有以下危害：

(1) 导致汽缸变形，造成汽缸或法兰的结合面漏汽。

(2) 引起汽轮机部件裂纹。金属在高的热应力或者交变不大的热应力作用下，都可能出现裂纹。例如，由于受到汽封供汽系统来的水或低温蒸汽的反复急剧冷却，汽封套或汽封套处转子表面就会出现裂纹并不断扩大。

(3) 引起动静部分碰磨。水或低温蒸汽进入汽轮机使汽缸变形，胀差急剧变化，导致动静部分轴向和径向碰磨。径向碰磨严重时会产生大轴弯曲事故。

(4) 造成叶片的损伤与断裂。汽轮机通流部分进水，使动叶片受到水冲击而损伤或断裂。

(5) 引起推力轴承的损伤。水进到汽轮机将引起轴向推力增大，轴向推力过大时使推力轴承超载而损坏。原因是水打在叶片背弧上，产生轴向推力；另外，由于水不能顺利通过叶片通道，使叶片中的压降增大，也使轴向推力增大。在实际中，轴向推力可增大到正常情况的 10 倍左右。

对于中间再热机组，若主蒸汽温度急剧下降，高压缸进水，使负轴向推力增大，而非工作瓦块承载能力较小，且轴承球面和瓦枕的接触面也小，会烧毁推力瓦，发生轴向碰磨。

一、汽轮机进水的象征

(1) 汽缸上下缸温差增大。进入汽轮机的水将进入汽缸的下部，引起上下缸温差迅速增大。

(2) 轴封处冒白汽。这是因为汽封环冷却较快、汽缸冷却较慢，两者之间产生间隙，引起漏汽。

(3) 蒸汽管道中有水击声。

(4) 汽轮机轴向位移、振动、胀差负值大。

(5) 蒸汽温度急剧下降。

(6) 蒸汽管道振动，管道法兰、阀门、密封环有白色湿蒸汽冒出。

(7) 监视段压力异常升高，机组负荷骤然下降。

(8) 推力瓦乌金温度和回油温度急剧增高。

(9) 加热器满水或汽包、凝汽器满水。

二、汽轮机进水的原因

进入汽轮机的水或冷蒸汽，主要来自以下系统及设备：

(1) 来自锅炉。由于误操作或自动调整装置失灵，锅炉蒸汽温度或汽包水位失去控制，有可能使水或冷蒸汽从锅炉经主蒸汽管道进入汽轮机，严重时发生水冲击。

过热蒸汽采用减温器调节温度。对混合式减温器，当喷水量调节不当或调节失灵使喷水量过多时，会使汽温突降；对表面式减温器，当传热面破裂时，会有大量减温水漏入蒸汽侧，使汽温突降。

锅炉临检水压试验时，若隔离门关闭不严，会有水漏入汽轮机。

再热蒸汽系统中通常设有减温水装置，用以调节再热蒸汽温度。如果阀门关闭不严或减温器喷水阀失灵打开，或误操作，水有可能从再热蒸汽冷段反流到高压缸或积存在冷段内，启动时会造成汽轮机进水或管道振动。对再热热段，如果疏水管径太小，疏水不畅，启动时也会造成汽轮机进水。

（2）来自抽汽系统和给水加热器。加热器管子泄漏或加热器疏水不畅使加热器疏水满水，可能引起水从抽汽管道倒流进入汽轮机。

（3）来自凝汽器。若凝汽器满水，会使水倒流入汽轮机。

（4）来自轴封系统。汽轮机启动时，如果轴封母管和轴封供汽管道疏水不畅，或者轴封系统暖管不充分，疏水将被带入轴封内。正常运行中，对于轴封供汽来自除氧器平衡管的机组，若除氧器满水，就会引起轴封进水。在停机过程或事故情况下，切换备用汽源，轴封也有进水可能。

（5）来自疏水系统。若疏水系统设计不当，可能引起从疏水系统向汽缸返水。如把不同压力的疏水接到同一联箱上且泄压管的尺寸又偏小，压力大的疏水就可能从低压疏水管返回汽缸。

三、汽轮机进水的处理方法

当机组发生水冲击事故时，应立即破坏真空紧急停机，密切监视推力瓦温度、回油温度、振动、轴向位移和机内声音，开启汽轮机本体及有关蒸汽管上的疏水阀，注意转子惰走情况。停止后，立即投入盘车，注意盘车电流并测量大轴弯曲值。转子如果在停机过程中没有发现任何不正常情况，可小心谨慎地重新启动。若停机或再次启动有异常情况时，应开缸检查。

四、预防汽轮机进水的措施

1. 设计方面

（1）正确设置疏水点和布置疏水管。

（2）疏水扩容器与凝汽器间连通管的尺寸应足够大，使扩容器的压力基本接近凝汽器压力。

（3）汽缸的疏水不应与压力高的疏水管接在一起。

（4）在再热蒸汽的减温水调节阀前设置一动力操纵的截止阀。当再热蒸汽停止流动时，两个阀门能迅速自动关闭等。

（5）疏水管道有足够的通流面积，能排尽疏水。

2. 运行维护方面

（1）对防止进水的保护系统应定期试验、检查和维护。

（2）密切监视汽缸金属温度和上下缸温差。

（3）注意监视汽包、给水加热器、除氧器、凝汽器水位，防止发生满水事故。

（4）正确设置疏水点和布置疏水管。启动时，主蒸汽系统、再热蒸汽系统、汽封系统应充分暖管，疏水应通畅。

（5）当高压加热器保护装置故障时，不能投入运行。

（6）定期检查汽封系统的连续疏水，确保不被堵塞。

（7）在滑参数停机时，按规定逐渐降低汽温和汽压，且保证蒸汽有50℃的过热度。

（8）打闸停机前，不得切除轴向位移保护。

（9）抽汽管上的止回阀在加热器水位高时，应能自动关闭。

任务四　真 空 下 降 处 理

【教学目标】

1. 知识目标

(1) 掌握汽轮机真空下降的象征。

(2) 掌握汽轮机真空下降的原因。

(3) 掌握汽轮机真空下降的处理方法。

(4) 掌握汽轮机真空下降事故的预防措施。

2. 能力目标

(1) 能根据现象判断汽轮机真空下降事故。

(2) 能在仿真机上处理汽轮机真空下降事故。

(3) 能预防汽轮机真空下降事故。

(4) 能根据运行参数对汽轮机的运行情况进行分析。

3. 素质目标

(1) 培养安全和责任意识。

(2) 培养理论与实践相结合的能力。

(3) 树立爱岗、敬业的精神。

(4) 树立团队意识与协作精神。

【任务描述】

通过火电机组仿真运行系统上的模拟，熟悉汽轮机真空下降事故的内容，培养学生判断、分析、处理汽轮机真空下降事故的技能。

【任务准备】

分析汽轮机真空下降事故任务单，明确该任务的内容、目标和要求；查阅资料；制定实施工作任务的方案。

【任务实施】

分析汽轮机真空下降事故工作任务单；查阅机组运行规程等资料，了解汽轮机真空下降事故的内容；在教师的指导下，学习汽轮机真空下降事故的知识，在仿真机上进行汽轮机真空下降事故判断、处理操作。

【相关知识】

真空下降会导致排汽压力升高，蒸汽做功能力减小，使机组出力减小；排汽容积减小，使末级产生脱流和旋涡；排汽缸和轴承座受热膨胀，轴承负荷分配发生变化，机组产生振动；凝汽器冷却水管受热膨胀产生松弛、变形，甚至断裂。真空下降时若保持负荷不变，需要增加汽轮机的蒸汽流量，将使轴向推力增大和叶片过负荷。

一、汽轮机真空下降的象征

（1）真空表指示下降。

（2）低压缸排汽温度升高。

（3）凝结水过冷度增大。

（4）凝汽器端差增大。

（5）在汽轮机调节汽阀开度不变的情况下，负荷降低。

按真空下降速度的不同，真空下降可分为真空急剧下降和真空缓慢下降两种情况。

二、汽轮机真空缓慢下降的原因与处理方法

1. 循环水量不足

循环水量不足表现在同一负荷下，凝汽器循环水进出口温差增大。造成循环水量不足的原因及处理方法主要有以下几个方面：

（1）凝汽器冷却水管内有杂物进入或结垢严重而使部分管堵塞。此时要清洗凝汽器。

（2）循环水泵进口法兰或盘根等处漏气，表现为循环水泵进口真空降低。处理方法是调整水泵盘根、密封水，拧紧法兰螺栓。

（3）凝汽器出口虹吸被破坏，表现为凝汽器出口虹吸真空降低且入口压力增大。此时应启动循环水系统的辅助抽气器，使形成出水真空，必要时启动备用泵增大循环水量恢复虹吸作用；当循环水系统没有备用泵或抽空气装置时，应关小循环水出水阀放空气并维持较高的循环水母管压力运行；管板堵塞或循环水真空部位漏空气造成的虹吸破坏，需清理管板堵物并消除漏气。

（4）循环水出口管积存空气，会使凝汽器的传热热阻增大，导致传热量减少，凝汽器真空下降，此时应开启出水管的放空气阀。

2. 凝汽器内冷却水管结垢或脏污

冷却水管结垢或脏污的象征是凝汽器传热端差逐渐增大，抽气器抽出的空气混合物温度也随着增高。经真空严密性试验证明不是由于真空系统漏入空气而又有以上现象时就可确认凝汽器真空缓慢下降是由凝汽器表面脏污引起的，处理方法是清洗凝汽器。

3. 凝汽器水位升高

导致凝汽器水位升高的原因可能有：凝结水泵入口汽化、冷却水管破裂、补充水阀未关、备用凝结水泵的止回阀损坏等。对应的处理方法为：启备用泵，停故障泵；降低负荷停半面凝汽器，查漏堵管；关补充水阀；关闭备用泵的出水阀，更换止回阀。

4. 真空系统管道及阀门不严密

空气漏入真空系统，使真空降低，还表现为凝结水过冷度增加，凝汽器传热端差增大。真空系统是否漏入空气，可通过严密性试验来检查。

5. 真空泵密封水水位不正常或射水抽气器工作水温升高

工作水温升高，使抽气室压力升高，降低了抽气器的效率。当水位不正常、水温升高时，应补水。

6. 冷却水温上升

夏季通常出现这种情况。为保证凝汽器真空应适当增加循环水量。

三、汽轮机真空急剧下降的原因与处理

1. 循环水中断

循环水中断的主要表征为凝汽器真空急剧下降；排汽温度显著升高；循环水泵电动机电流和进出口压差到零。

循环水中断的原因及处理如下：

（1）循环水泵故障。表现为循环水泵出口压力、电动机电流大幅度下降。处理方法为启动备用循环水泵，关闭事故泵的出水阀；当两台泵均处于运行状态同时跳闸，及时发现并未反转时，可强行合闸；无备用泵时，应迅速将负荷降到零，打闸停机。

（2）循环水泵失电或跳闸。需不破坏真空紧急停机。

（3）循环水泵吸入水位过低、入口滤网脏堵。表现为循环水泵出口压力、电动机电流摆动，此时应尽快采取措施，提高水位或清除杂物。

（4）循环水泵运行中出口误关，备用泵出口误开，造成循环水倒流。若在未关死前及时发现，应设法恢复供水，根据真空情况紧急减负荷；若发现较晚，需不破坏真空紧急停机。

2. 真空泵或射水抽气器工作失常

真空泵或射水泵跳闸、泵本身故障等，应启动备用真空泵或射水抽气器。射水抽气器水位过低时应补水至正常水位。

3. 低压轴封供汽中断

轴封供汽中断的原因有：负荷降低时未及时调整轴封供汽压力使供汽压力降低；汽源压力降低蒸汽带水；轴封压力调整器失灵，调节阀芯脱落。因此在机组负荷降低时，要及时调整轴封供汽压力为正常值；若轴封压力调整器失灵应切换为手动，待修复后投入；若因轴封供汽带水造成，则应及时消除供汽带水。

4. 真空系统管道严重漏气

运行中真空管道严重漏气，可能是由于膨胀不均使管道破裂，或误开与真空系统连接的阀门所致。若真空管道破裂漏气则应查漏补漏予以解决；若是误开阀门引起的，应及时关闭。

5. 凝汽器满水

凝汽器在短时间内满水，一般是由于铜管泄漏严重，大量循环水进入汽侧或凝结水泵故障所致。处理方法是：立即开大水位调节阀并启动备用凝结水泵，必要时将凝结水排入地沟，直至水位恢复正常。

四、预防汽轮机真空下降的措施

（1）加强对循环水供水设备的维护工作，确保正常运行。

（2）加强对凝汽器水位和轴封供汽压力的监视，轴封供汽压力自动、凝汽器水位自动要可靠投用，调节阀动作要可靠。

（3）加强对凝结水泵、抽气设备的维护工作，确保正常运行。

（4）凝结水泵、循环水泵、真空泵、射水泵的自启动装置应定期试验，确保可靠投入，并保证备用设备可靠备用。

（5）加强监视分析至凝汽器的汽水水封设备的运行，防止水封设备损坏或水封头失水漏入空气。

任务五　汽轮机轴承损坏处理

【教学目标】

1. 知识目标

（1）掌握汽轮机轴承损坏的原因。

（2）掌握汽轮机轴承损坏的处理方法。

（3）掌握汽轮机轴承损坏事故的预防措施。

2. 能力目标

（1）能在仿真机上处理汽轮机轴承损坏事故。

（2）能找出汽轮机轴承损坏的具体原因。

（3）能预防汽轮机轴承损坏事故。

（4）能根据运行参数对汽轮机的运行情况进行分析。

3. 素质目标

（1）培养安全和责任意识。

（2）培养理论与实践相结合的能力。

（3）树立爱岗、敬业的精神。

（4）树立团队意识与协作精神。

【任务描述】

通过火电机组仿真运行系统上的模拟，熟悉汽轮机轴承损坏事故的内容，培养学生分析、处理汽轮机轴承损坏事故的技能。

【任务准备】

分析汽轮机轴承损坏事故任务单，明确该任务的内容、目标和要求；查阅资料；制定实施工作任务的方案。

【任务实施】

分析汽轮机轴承损坏事故工作任务单；查阅机组运行规程等资料，了解汽轮机轴承损坏事故的内容；在教师的指导下，学习汽轮机轴承损坏事故的知识，在仿真机上进行汽轮机轴承损坏事故判断、处理操作。

【相关知识】

汽轮机轴承油膜被破坏，会引起轴承烧瓦事故，损坏轴承。轴瓦乌金烧熔时，转子因轴颈局部受热而弯曲，引起轴承振动和噪声。推力瓦乌金烧熔时，转子向后窜动，轴向位移增大，会引起汽轮机通流部分碰磨，导致机组损坏。

一、汽轮机轴承损坏的原因

（1）润滑油中断。原因主要有主油泵故障；油系统管道堵塞；油箱油位过低使主油泵不能正常工作。

（2）润滑油压过低。原因主要有：入口滤网脏堵；主油泵磨损；油系统止回阀不严密，使部分油从辅助油泵倒流入油箱；各轴承的压力进油管及连接法兰漏油。

（3）润滑油温过高。原因是冷油器运行失常。

（4）油质不良。主要是油质劣化，油中含有机械杂质、水。

（5）乌金脱落。原因主要是轴承振动过大；乌金质量不良或乌金材料因疲劳而变形；推力轴承负载过大；浇铸乌金时温度过高，使发生大小不一的块状剥落。

（6）轴瓦与轴的间隙过大。轴瓦间隙正常为轴径的 0.001～0.003 倍。若过大，油从轴瓦中流出速度过快，难形成连续油膜；随轴上负荷的增大，更多的润滑油被挤出，使油膜厚度减小。

（7）发电机或励磁机漏电，使推力瓦块产生电腐蚀，承载能力下降。

二、汽轮机轴承损坏的处理方法

（1）当发现轴向位移逐渐增加时，迅速减负荷使恢复正常，特别注意推力瓦金属温度和回油温度。

（2）当推力轴承轴瓦乌金温度及回油温度急剧升高冒烟，振动增大时，说明轴瓦烧损，此时应立即手打危急保安器，解列发电机。

三、预防汽轮机轴承损坏的措施

（1）装设监视和保护装置。如轴承温度、推力瓦块温度、润滑油温测量装置、油箱油位监视装置、油压低保护装置和轴向位移监视保护装置等。

（2）保证润滑油泵的电源可靠。

（3）机组启动时先开启交流润滑油泵，缓开出口阀，通过充油阀排除供油系统积存的空气后，开启启动油泵。定速后停用启动油泵时，要缓慢关闭出口阀，监视主油泵出口油压和润滑油压。

（4）冷油器油侧进、出油阀应有明显禁止操作的警告牌，以防止切换油系统时误操作。

（5）安装和检修时，对可能发生位移的瓦块应加止动装置。

任务六　汽轮机严重超速处理

【教学目标】

1. 知识目标

（1）掌握汽轮机严重超速的象征。

（2）掌握汽轮机严重超速的原因。

（3）掌握汽轮机严重超速的处理方法。

（4）掌握汽轮机严重超速事故的预防措施。

2. 能力目标

（1）能根据现象判断汽轮机严重超速事故。

（2）能在仿真机上处理汽轮机严重超速事故。

（3）能找出汽轮机严重超速的具体原因。

（4）能根据运行参数对汽轮机的运行情况进行分析。

3. 素质目标

（1）培养安全和责任意识。

（2）培养理论与实践相结合的能力。

（3）树立爱岗、敬业的精神。

（4）树立团队意识与协作精神。

【任务描述】

通过火电机组仿真运行系统上的模拟，熟悉汽轮机严重超速事故的内容，培养学生判断、分析、处理汽轮机严重超速事故的技能。

【任务准备】

分析汽轮机严重超速事故任务单，明确该任务的内容、目标和要求；查阅资料；制定实施工作任务的方案。

【任务实施】

分析汽轮机严重超速事故工作任务单；查阅机组运行规程等资料，了解汽轮机严重超速事故的内容；在教师的指导下，学习汽轮机严重超速事故的知识，在仿真机上进行汽轮机严重超速事故判断、处理操作。

【相关知识】

汽轮机严重超速是指转速超过危急保安器的动作转速后还继续上升。汽轮机高速旋转，转动时各转动部件会产生很大的离心力，离心力与转速的平方成正比。运行中，若转速超过极限，各转动部件就会超过设计强度极限而断裂，造成机组强烈振动而损坏设备。严重时，会造成汽轮机飞车事故。

一、汽轮机严重超速的象征

（1）汽轮机转速表和频率表指示值超过高限值并继续上升。

（2）主油泵出口油压成比例升高。

（3）运转声音不正常，机组振动加剧。

（4）机组突然甩负荷到零。

二、汽轮机严重超速的原因

汽轮机发生严重超速的原因主要是调节保安油系统故障或设备故障，使该系统工作不正常，起不到控制转速的作用。

在下列情况下，汽轮机的转速上升很快，这时如果调速系统工作不正常，不能起到控制转速的作用，就会发生超速事故：

（1）汽轮机在启动过程中，闯过临界转速后定速运行时或定速后空负荷运行时。

（2）汽轮机运行中，由于电力线路故障，汽轮机负荷突然甩到零。

（3）单台机组带负荷运行时，负荷骤降。

（4）正常停机过程中，解列时或解列后空负荷运转时。

（5）运行中操作不当。如启动升速过程中主汽阀开启过快；停机过程带负荷解列等。

（6）危急保安器做超速试验时。

调速系统工作不正常的原因很多，主要有以下几点：

（1）调节系统速度变动率过大，当负荷突然由满负荷降至零时，转速上升太大导致超速。

（2）调节系统迟缓率过大，在甩负荷时，调节汽阀不能迅速关闭切断进汽导致超速。

（3）同步器的下限太高，当汽轮机甩负荷时，调节汽阀不能关小。

（4）危急保安器卡涩，行程不足，动作转速偏高、附加超速保护装置设定值不当或拒动。

（5）因蒸汽品质不良，自动主汽阀和调节汽阀阀杆结垢卡涩。

（6）油质不良，含有水或机械杂质，使调节保安系统部套锈蚀或卡涩。

（7）抽汽止回阀、高压缸排汽止回阀卡涩或关闭不到位。

三、汽轮机严重超速的处理方法

发现汽轮机严重超速应立即破坏真空紧急停机。检查各抽汽电动阀是否关闭，否则手动关闭。对机组进行全面检查，查明故障原因，待故障消除后并进行试验正常后方可重新启动，定速后进行超速保护试验合格后方可并列带负荷。

四、预防汽轮机严重超速的措施

（1）严格监视汽轮机的转速。

（2）设置超速保护装置。

（3）调节系统有良好的静态和动态特性，迟缓率应小于0.2%。

（4）定期进行调节保安系统的试验。

（5）加强油质监督，防止调节保安系统部套锈蚀和卡涩。

（6）加强汽水品质监督，防止因蒸汽带盐造成汽阀阀杆结垢卡涩。

任务七　汽轮机油系统故障处理

【教学目标】

1. 知识目标

（1）掌握汽轮机油系统着火的象征。

（2）掌握汽轮机油系统着火和油系统进水的原因。

（3）掌握汽轮机油系统着火的处理方法。

（4）掌握汽轮机油系统着火和油系统进水的预防措施。

2. 能力目标

（1）能根据现象判断汽轮机油系统着火事故。

（2）能在仿真机上处理汽轮机油系统着火事故。

（3）能找出油系统着火和油系统进水的原因。

（4）能预防汽轮机油系统进水和油系统着火事故。

3. 素质目标

（1）培养安全和责任意识。

（2）培养理论与实践相结合的能力。

（3）树立爱岗、敬业的精神。

（4）树立团队意识与协作精神。

【任务描述】

通过火电机组仿真运行系统上的模拟，熟悉汽轮机油系统进水和油系统着火事故的内容，培养学生判断、分析、处理汽轮机油系统事故的技能。

【任务准备】

分析汽轮机油系统事故任务单，明确该任务的内容、目标和要求；查阅资料；制定实施工作任务的方案。

【任务实施】

分析汽轮机油系统事故工作任务单；查阅机组运行规程等资料，了解汽轮机油系统事故的内容；在教师的指导下，学习汽轮机油系统事故的知识，在仿真机上进行汽轮机油系统事故判断、处理操作。

【相关知识】

一、油系统进水

（一）油中含水的危害

轴承箱与汽缸的外轴封相邻，如果外轴封向外漏汽，就有可能使部分蒸汽进入轴承箱与油相混，使油中进水。当油中水分较多时，则油会呈乳白色，称油被乳化。当油中溶水超过饱和点（一般为 200～750mg/L）时，则将出现游离水，会加速金属的氧化生锈和腐蚀。当油中含水时有以下危害：

（1）使油质恶化。当油含有较多水分时，油的黏度降低，油的润滑性能恶化，在轴承中不能形成连续的油膜，降低了轴承的承载能力，甚至发生轴颈、轴瓦摩擦，使油温升高，油质加速恶化。当油中有水时，油的氧化物与水化合，形成酸类，会对金属造成腐蚀，增加油中杂质，又进一步恶化油质。

为改进汽轮机润滑油的化学性能，常加入少量的添加剂，如防锈剂、抗老化剂、抗乳化剂等，这些添加剂中有一些会与水发生反应产生沉淀而失效，并与水有一定的亲和力，随排水排出。

（2）使调节保安系统部套锈蚀。油中有水与调节保安系统部套接触，会引起部套锈蚀和卡涩。

（3）使调节保安系统电磁线圈绝缘下降。在轴承箱中常布置一些调节保安系统的电磁线圈、电磁式变送器，如果轴承箱中油中的水与电磁线圈相接触，则会破坏其绝缘，可能使保护等失灵，危及机组安全。

(4) 影响发电机绝缘。如果氢冷发电机的密封油中有水，水会汽化混到氢中，影响发电机的绝缘；同时会增加密封瓦的磨损，使用油量增加，并增大漏氢的可能，影响机组运行安全。

(二) 油中进水的途径及预防

(1) 由轴封系统进入。轴承座和汽缸的外轴封相邻，当轴封处有蒸汽漏出时，则可能进入轴承箱的油中，这是汽轮机油系统进水的重要来源。为防止轴封处往外漏汽，汽轮机的外轴封通常都设计为最外有一微负压腔室，不会有蒸汽漏出。

(2) 由汽缸不严密处漏出蒸汽。高中压缸的缸内压力较高，当汽缸法兰、汽封套结合面等处漏汽，若漏汽点接近轴承箱，则漏汽可能进入轴承箱混入油中。

(3) 冷油器换热面泄漏。在正常运行时，为防止冷油器泄漏使水漏入油中，规定油压大于水压，这样即使传热面有泄漏，水也不会进入油中。但在运行时因冷却水调整不当，可能使水压偏高，此时如果换热面泄漏，则会有水漏入油中，因此应有压力表指示油和水的压力。

二、油系统着火

汽轮机设备中包含有大量的用油设备及供油管路，形成油系统。汽轮机油系统一旦发生火灾，会造成非常严重的后果。因此，必须重视对汽轮机油系统的防火工作。

随着汽轮机容量的增加和蒸汽参数的提高，油系统发生火灾的可能性增大，这是由于大容量汽轮机调节油压升高，以及汽轮机甩负荷时迅速关闭主汽门所引起的油压冲击，更增加了法兰连接的破坏和油管路破裂的可能性。另外，蒸汽初温的提高，使得热力设备的外表面温度可能达到更高的温度，当油喷到其上时更容易着火。因此，尽管现代汽轮机组采取了措施防止油系统着火，也必须重视汽轮机油系统的运行，防止油系统火灾事故的发生。

(一) 油系统着火的象征

汽轮机轴承或油箱、油系统管道等处有明亮的火光或浓烟。

(二) 油系统着火的原因

油系统发生火灾与许多因素有关系。一般说来，油系统发生火灾应具备两个条件：①油系统漏油；②漏油处附近存在外表面温度较高的热力设备或热力管道，即所谓热体。汽轮机的润滑用油，燃点低的只有200℃，而高温蒸汽管道的保温层外表面温度可达到200℃左右，油喷上就会着火。汽轮机的漏油点一般在高压油管法兰、油动机、表管接头等处。表6-2为汽轮机油系统着火的主要原因。从表中可以看出，油管道法兰垫在运行中发生破裂而喷油起火是主要原因。油系统喷油还与下列因素有关：压力油管破裂、油管路法兰安装不合格使法兰垫损坏、油管路法兰垫材料选用不当、油表管断裂等。

表6-2　汽轮机油系统着火的主要原因

起火原因	油管道橡胶垫或塑料垫老化腐烂破裂，喷油起火	运行操作或维护不当，漏油起火	调节油管或油压表管断裂，喷油起火	其他
百分数	50%	25%	17%	8%

（三）油系统着火的处理

为防止油系统着火，当稍有漏油时，应及时处理，加以消除。如果已经发生火灾，应正确判断是否需要紧急停机，并发出事故信号。若须紧急停机，应进行下列操作：

（1）打闸停机，同时破坏真空。

（2）调节阀、主汽阀等关闭后，操作防火油门，切断高压油。

（3）在停机时若高压辅助油泵自动联动启动，应停下高压油泵，启动低压辅助油泵。

（4）开启事故放油门，将油箱内的油放至主厂房外的油箱内。

（5）用消防器材灭火。

（四）防止油系统着火的措施

1. 防止油系统漏油

汽轮机油系统管道应尽可能装在蒸汽管道下方，管道的连接少用法兰、螺栓，尽可能使用焊接。若采用法兰连接，对于易损坏的法兰采用耐油橡胶、石棉板等材料。管道的布置应充分考虑管道受热或冷却后的伸缩量。在油系统的法兰接头及一次表门集中地点装设防爆箱或保护罩。

运行人员应认真进行巡回检查，注意监视油压、轴承回油、轴承挡油环处情况是否正常，当调节系统大幅度摆动或机组油管发生振动时，应检查油系统管道是否漏油，发现漏油及时处理。

2. 隔绝热源

调节系统的液压部件应远离高温热体；对油系统附近的热体保温良好，要求室温为25℃时，保温层表面不超过50℃，并及时更换浸油保温层。

在油系统周围不进行明火作业；厂区内禁止游动吸烟。

3. 采用抗燃油

汽轮机上采用的磷酸酯类抗燃油，其自燃温度高于过热蒸汽的温度，即使油喷到热体外表面也不会引起火灾。抗燃油除具有燃点高的特点外，还具有良好的润滑性能，对金属无腐蚀，抗氧化性能稳定；但它有一定的毒性，而且价格较高，在一定程度上限制了应用。

4. 采用隐蔽式管路结构

隐蔽式油管路就是将高压油管套装于低压回油管内。当高压油管发生泄漏时，油漏在回油管内，避免了油喷到热体上造成火灾事故。

5. 消防设施齐全

汽轮机房内应配置足够的消防器材，并放置在明显的位置，附近不得堆放杂物，要保持厂房内通道畅通。在油箱等管道密集区的上方，最好能装设感烟报警探测装置和消防喷管，当发生油系统着火时，能自动报警和向火源处喷洒灭火剂。

任务八　厂用电中断处理

【教学目标】

1. 知识目标

（1）掌握厂用电中断的象征。

(2) 掌握厂用电中断的处理方法。

2. 能力目标

(1) 能根据现象判断厂用电中断事故。

(2) 能在仿真机上处理厂用电中断事故。

(3) 能根据运行参数对汽轮机的运行情况进行分析。

3. 素质目标

(1) 培养安全和责任意识。

(2) 培养理论与实践相结合的能力。

(3) 树立爱岗、敬业的精神。

(4) 树立团队意识与协作精神。

【任务描述】

通过火电机组仿真运行系统上的模拟，熟悉厂用电中断事故的内容，培养学生判断、分析、处理厂用电中断事故的技能。

【任务准备】

分析厂用电中断事故任务单，明确该任务的内容、目标和要求；查阅资料；制定实施工作任务的方案。

【任务实施】

分析厂用电中断事故工作任务单；查阅机组运行规程等资料，了解厂用电中断事故的内容；在教师的指导下，学习厂用电中断事故的知识，在仿真机上进行厂用电中断事故判断、处理操作。

【相关知识】

厂用电中断分为全部中断和部分中断两种。

一、厂用电部分中断

厂用电部分中断表现为某段厂用电母线失电。发生的区域不同，故障现象、处理方法也不同。

(一) 凝结水泵电源失去

1. 象征

跳闸凝结水泵电流到零，红灯灭、绿灯闪；联锁备用泵投入运行，红灯闪，绿灯灭。

2. 处理方法

(1) 合上联动备用泵开关在“运行”位置，检查运行是否正常。

(2) 断开跳闸泵开关，检查是否倒转，置“停用”位置。

(3) 监视凝结水母管压力，将另一台泵设为联动备用。

(4) 询问电气人员并要求尽快恢复电源。

(5) 若备用泵不能联动投入运行，允许重合闸两次，跳闸泵重合一次，若仍不能启动备用泵，应紧急通知电气并报告班长，根据给水量相应调整负荷，电源恢复立即投入运行。

(6) 备用泵不联动时，还需进行以下操作：迅速减去负荷，避免凝汽器满水；对射汽式抽气器机组切换为辅助抽气器；用新蒸汽向轴封供汽；停止各段抽汽；严格监视热水井水位和凝汽器真空，当凝汽器满水或真空下降到极限时，该部分的厂用电仍无法恢复，应立即故障停机。

(二) 循环水泵电源失去

1. 象征

跳闸循环水泵电流到零，红灯灭、绿灯闪；联锁备用泵投入运行，红灯闪，绿灯灭。

2. 处理方法

根据循环水母管压力下降情况，尽量减少循环水用途，打开工业水补水阀，必要时根据现场具体情况，凝汽器半面运行。若汽动给水泵有自己的凝汽器，可将该凝汽器的循环水停用，以提高循环水供水压力。循环水量减小，使凝汽器真空下降。根据真空下降情况按相关规定进行处理，必要时减负荷，直至停机。

二、厂用电全部失去

1. 象征

(1) 交流照明灯灭，直流事故照明灯亮，并发出声光报警信号。

(2) 所有运行的泵与风机跳闸停止转动，电流表指示到零。

(3) 新蒸汽温度、压力及凝汽器真空迅速下降，排汽温度升高。

(4) 凝汽器热水井水位升高。

(5) 锅炉主燃料跳闸动作。

(6) 汽轮机跳闸。

2. 处理方法

(1) 无论有无停机保护或是否动作，都要立即停机。

(2) 在事故停机过程中，启动直流油泵向各轴承供油。

(3) 与厂用电部分中断一样，除失电的泵与风机置“停用”位置外，其他操作也相同，如切换为辅助抽气器运行、倒换轴封汽源为新蒸汽等。

(4) 事故处理过程中，应要求电气尽早恢复事故保安电源的供电。

(5) 厂用电恢复后，应迅速启动各泵与风机，全面检查负荷启动要求后，根据值长命令重新启动带负荷。

【学习情境总结】

(1) 汽轮机运行时出现事故，会威胁设备和人员安全，因此应采取预防措施，避免事故的发生。当发生事故时，应根据事故象征正确判断及处理。

(2) 汽轮机发生运行事故的原因主要有：由于设计、制造、安装、检修方面的缺陷使机组本身存在缺陷；运行过程中操作调整不当。

1. 汽轮机叶片损坏的原因有哪些?

2. 如何处理和预防汽轮机叶片损坏？
3. 汽轮机大轴弯曲的原因是什么？如何处理？
4. 预防汽轮机大轴弯曲的措施有哪些？
5. 汽轮机进水有哪些危害及现象？
6. 汽轮机进水的原因及预防措施有哪些？
7. 凝汽器真空缓慢下降的原因有哪些？如何处理？
8. 凝汽器真空急剧下降的原因有哪些？如何处理？
9. 汽轮机轴承损坏的原因是什么？如何处理？
10. 如何预防汽轮机轴承损坏？
11. 汽轮机严重超速的原因有哪些？如何处理？
12. 如何预防汽轮机严重超速？
13. 油中进水的途径及预防措施有哪些？
14. 油系统着火如何处理？如何防止油系统着火？
15. 厂用电部分中断如何处理？
16. 厂用电全部失去如何处理？

参 考 文 献

1. 孙为民，杨巧云. 电厂汽轮机. 2版. 北京：中国电力出版社，2010.
2. 李建刚，杨雪萍，等. 汽轮机设备及运行. 2版. 北京：中国电力出版社，2010.
3. 黄保海，白玉，牛卫东. 汽轮机原理与构造. 北京：中国电力出版社，2002.
4. 孙奉仲. 大型汽轮机运行. 北京：中国电力出版社，2008.
5. 黄树红. 汽轮机原理. 北京：中国电力出版社，2008.
6. 华东六省一市电机工程（电力）学会. 汽轮机设备及其运行. 2版. 北京：中国电力出版社，2006.
7. 胡念苏. 国产600MW超临界火力发电机组技术丛书：汽轮机设备及系统. 北京：中国电力出版社，2006.
8. 赵义学. 电厂汽轮机设备及系统. 北京：中国电力出版社，1998.
9. 朱新华，江运汉，张延峰. 电厂汽轮机. 北京：中国电力出版社，1999.
10. 韩中合，田松峰，马晓芳. 火电厂汽轮机设备及运行. 北京：中国电力出版社，2002.
11. 吴季兰. 300MW火力发电机组丛书：汽轮机设备及系统. 北京：中国电力出版社，1999.
12. 中国华东电力集团公司科学技术委员会. 600MW火电机组运行技术丛书：汽轮机分册. 北京：中国电力出版社，2003.
13. 赵素芬. 汽轮机运行. 北京：中国电力出版社，1999.
14. 华北电力集团公司. 300MW级火力发电机组集控运行典型规程. 北京：中国电力出版社，2001.
15. 高澍芃. 大型火电机组运行维护培训教材：汽轮机分册. 北京：中国电力出版社，2010.
16. 胡念苏. 1000MW火力发电机组培训教材：汽轮机设备系统及运行. 北京：中国电力出版社，2010.
17. 靳智平. 电厂汽轮机原理及系统. 2版. 北京：中国电力出版社，2006.
18. 上海发电设备成套设计研究院等. 大型火电设备手册：汽轮机. 北京：中国电力出版社，2009.
19. 望亭发电厂. 660MW超超临界火力发电机组培训教材：汽轮机分册. 北京：中国电力出版社，2011.
20. 沈士一，庄庆贺，等. 汽轮机原理. 北京：水利电力出版社，1992.
21. 邱丽霞，郝艳红，等. 直接空冷汽轮机及其热力系统. 北京：中国电力出版社，2006.
22. 肖增弘，徐丰. 汽轮机数字电液调节系统. 北京：中国电力出版社，2003.
23. 杨志磊，等. 600MW汽轮机转子热应力及寿命损耗分析研究，汽轮机技术. Vol. 53，No. 5，2011，10.
24. 韩炜，等. 1000MW超超临界压力汽轮机转子启动过程的热应力分析. 华电技术，2013，35（2）：2.